실무 CAD

입면도, 평면도 그리기

김태곤 저

문운당

- 목 차 -

Chapter 4. 단면도 그리기 / 152

Chapter

1

작업환경 설정

Chapter 1. 작업환경 설정

Options 설정

[바탕색과 커서의 크기 설정]

화면에 커서를 위치시키고 마우스 오른쪽 버튼 클릭.

[화면표시] 탭 -> [색상] 버튼 ->

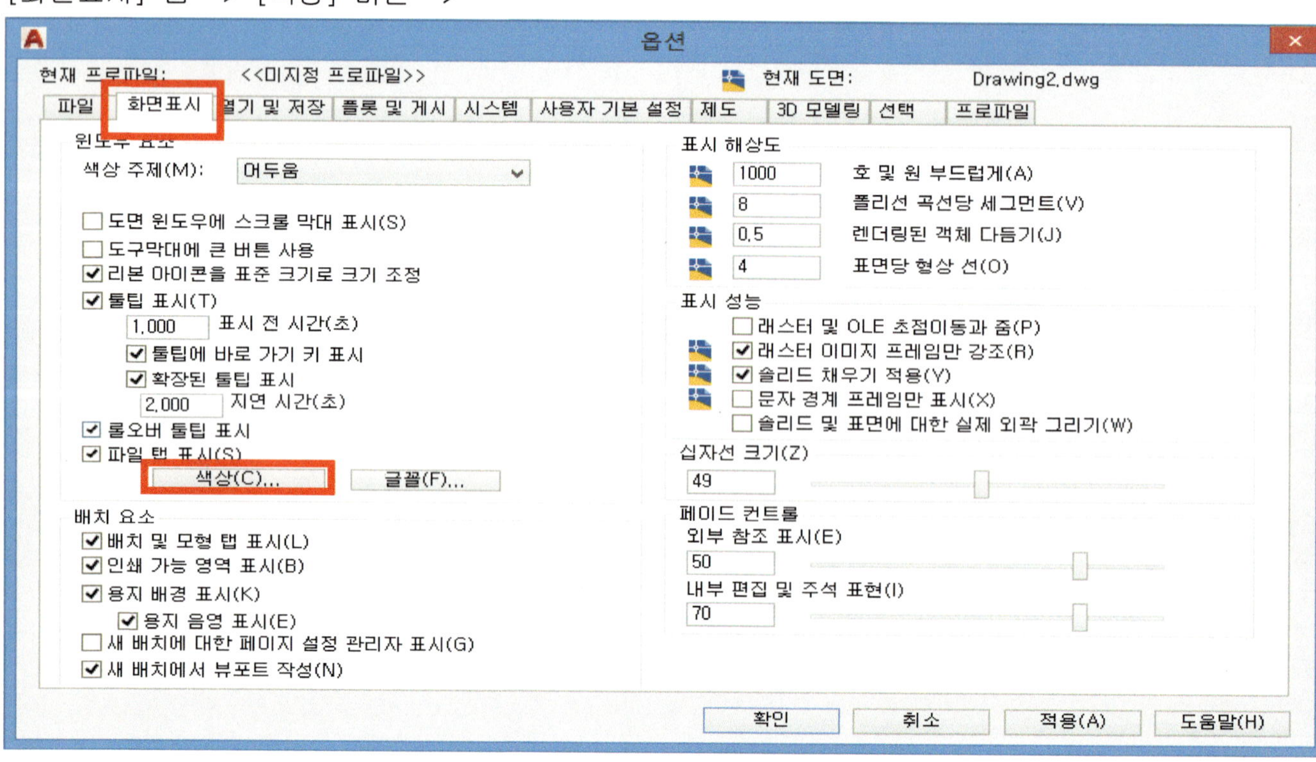

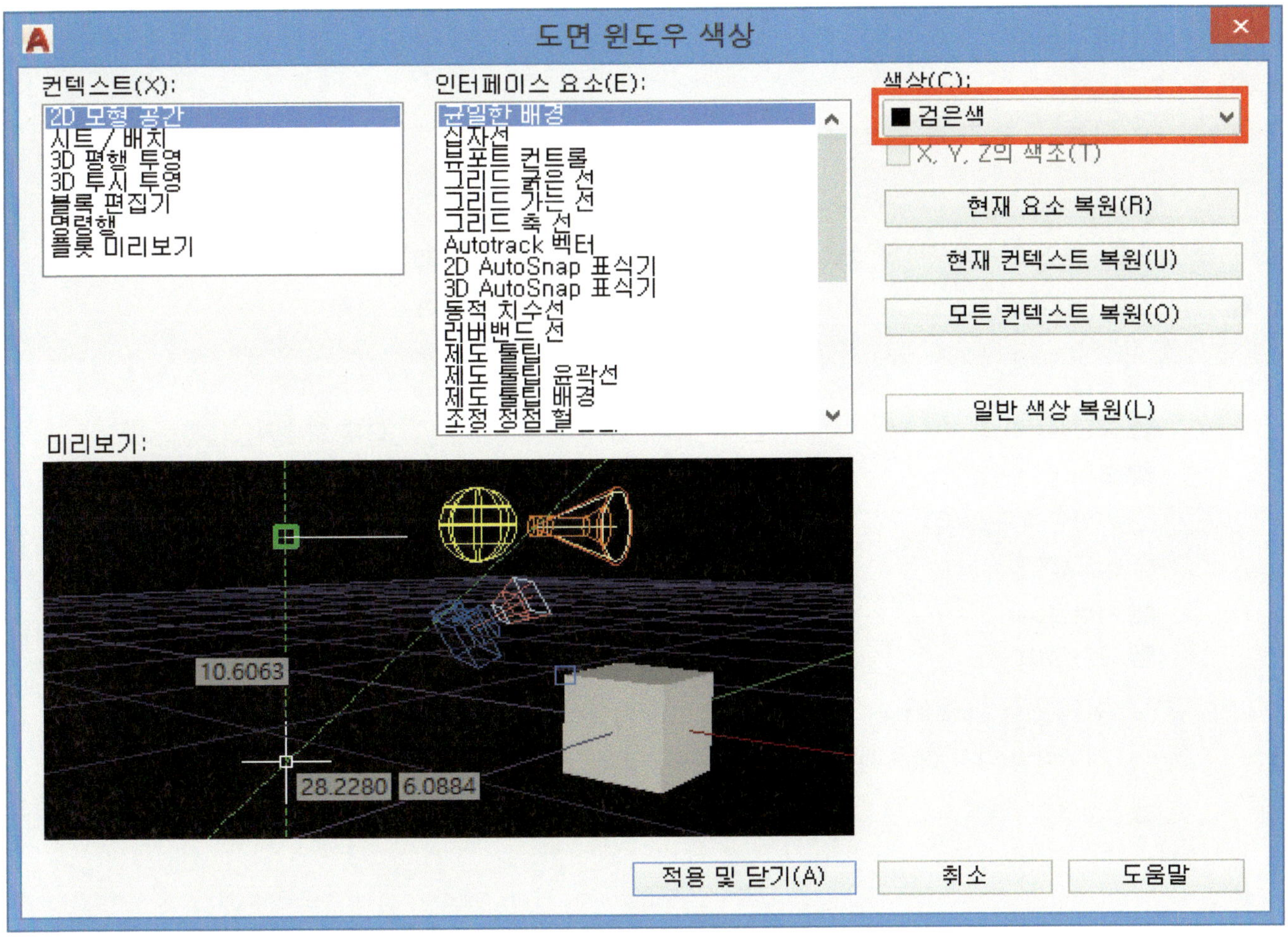

커서의 크기 설정

[선택] 탭 -> [확인란 크기], [그립 크기] 조절

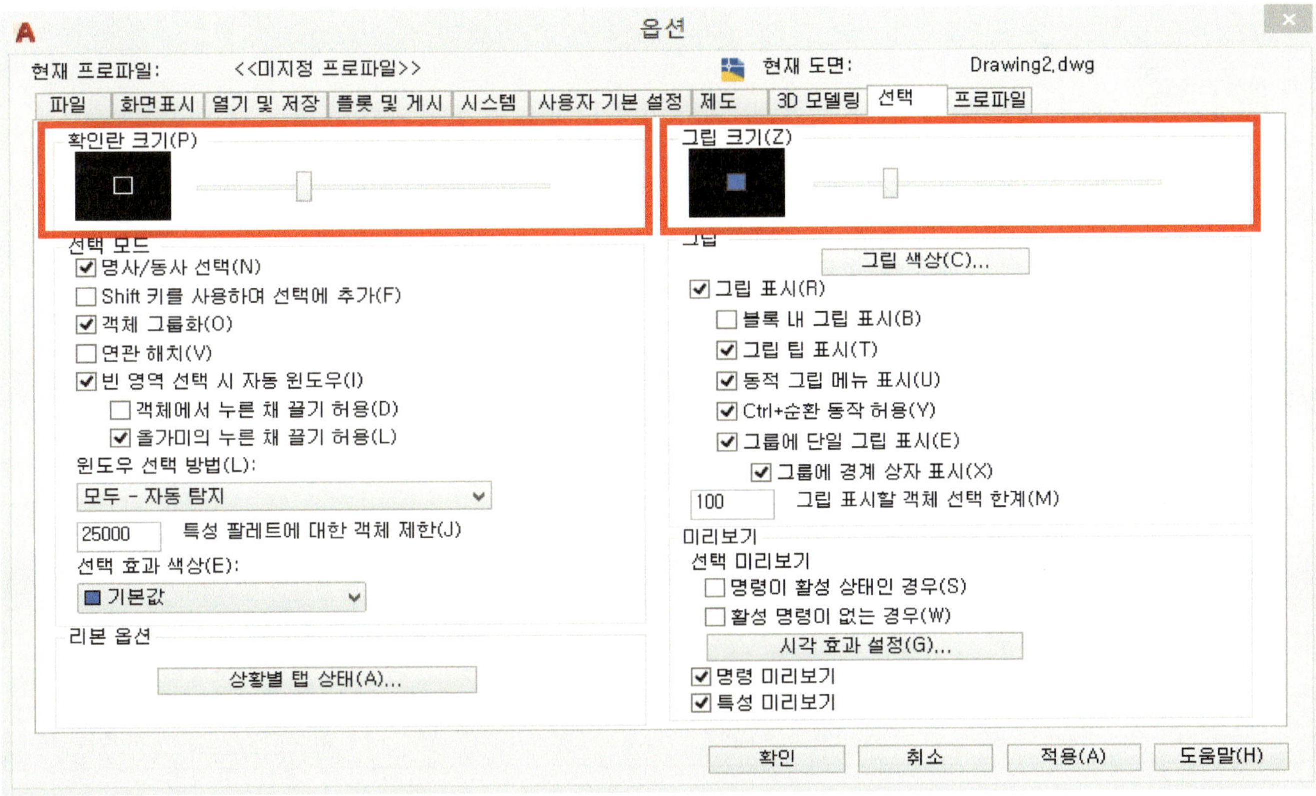

Osnap 설정

[객체스냅 변경]

OS Enter↵ -> 아래 그림과 같이 선택

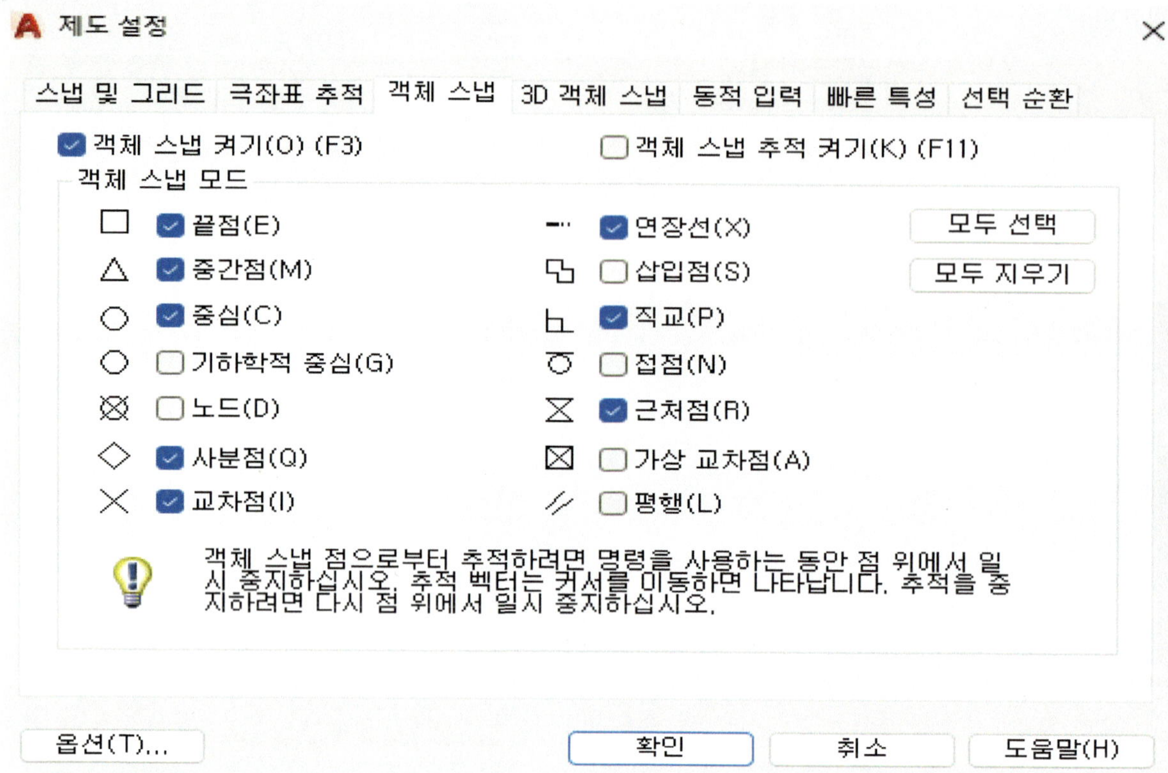

글꼴 설정

ST Enter↵ -> 글꼴: '굴림' 설정

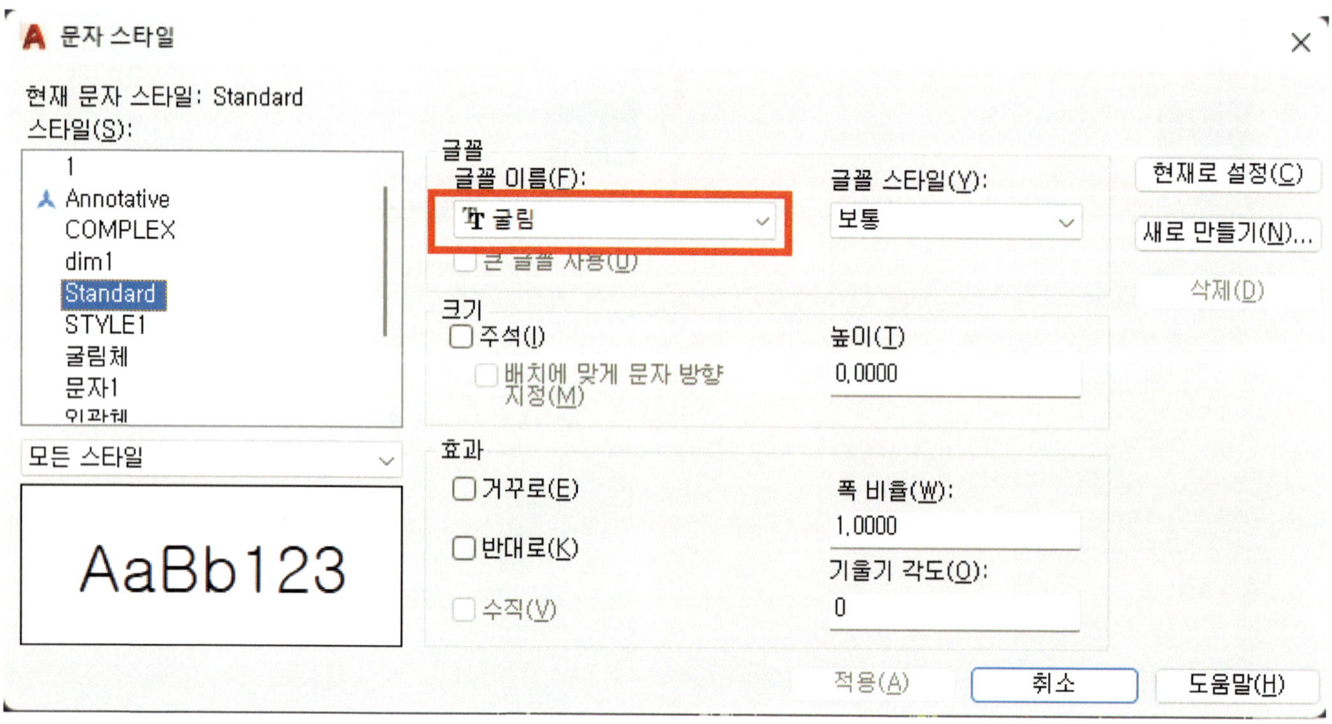

선 유형 설정

LT Enter↵ -> '로드' 클릭 -> Center, Hidden, Batting 선을 불러옴

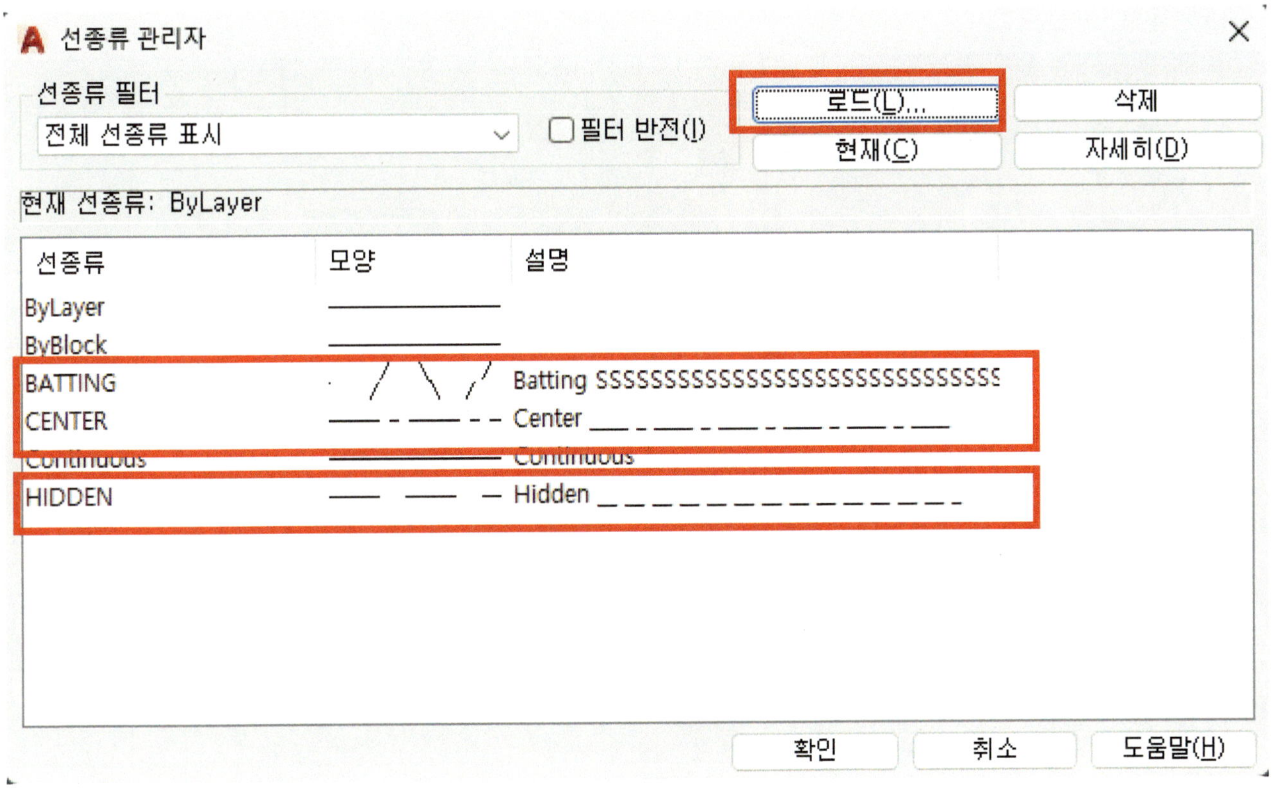

LT Enter↵ -> '자세히' 클릭 -> '전역 축척 비율' 15 설정

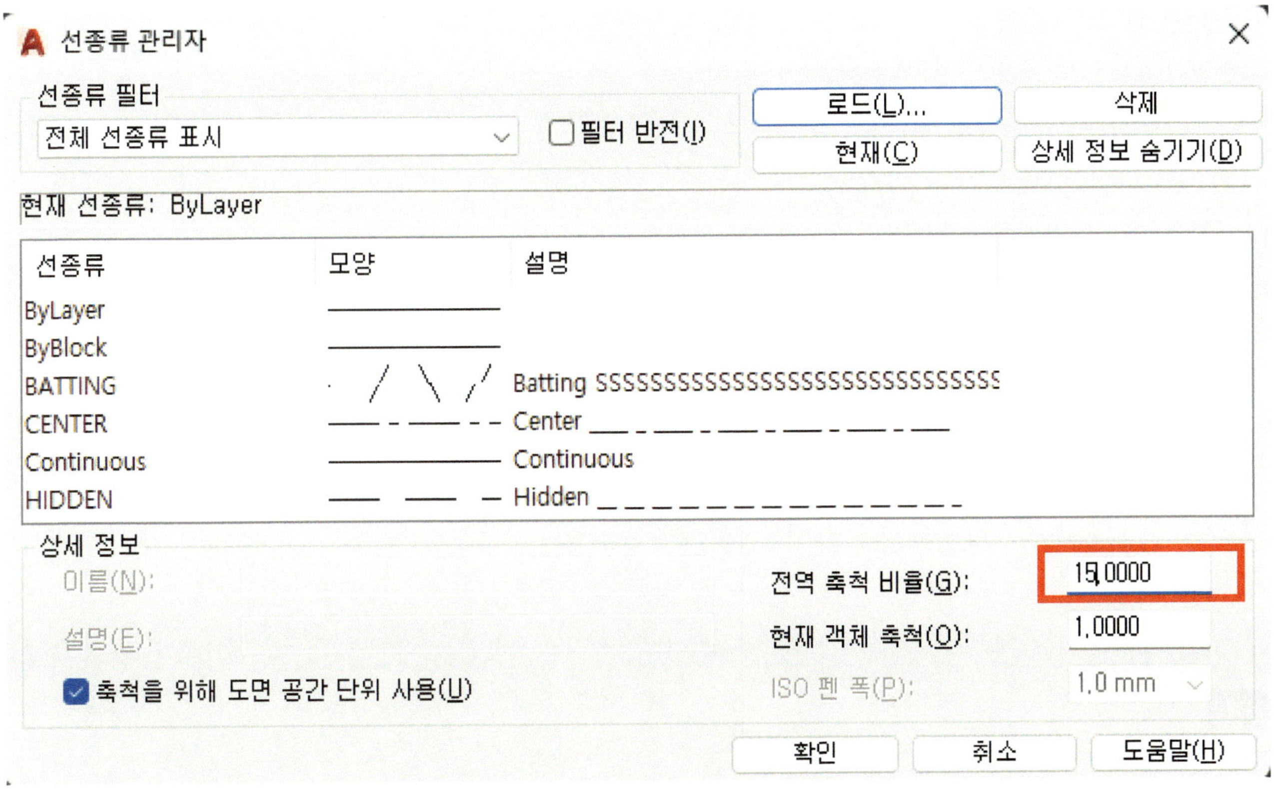

도면층 설정

LA Enter↵ -> 도면층 추가 -> 각 도면층의 색상, 선, 두께 설정

현재 도면층을 단면선으로 설정

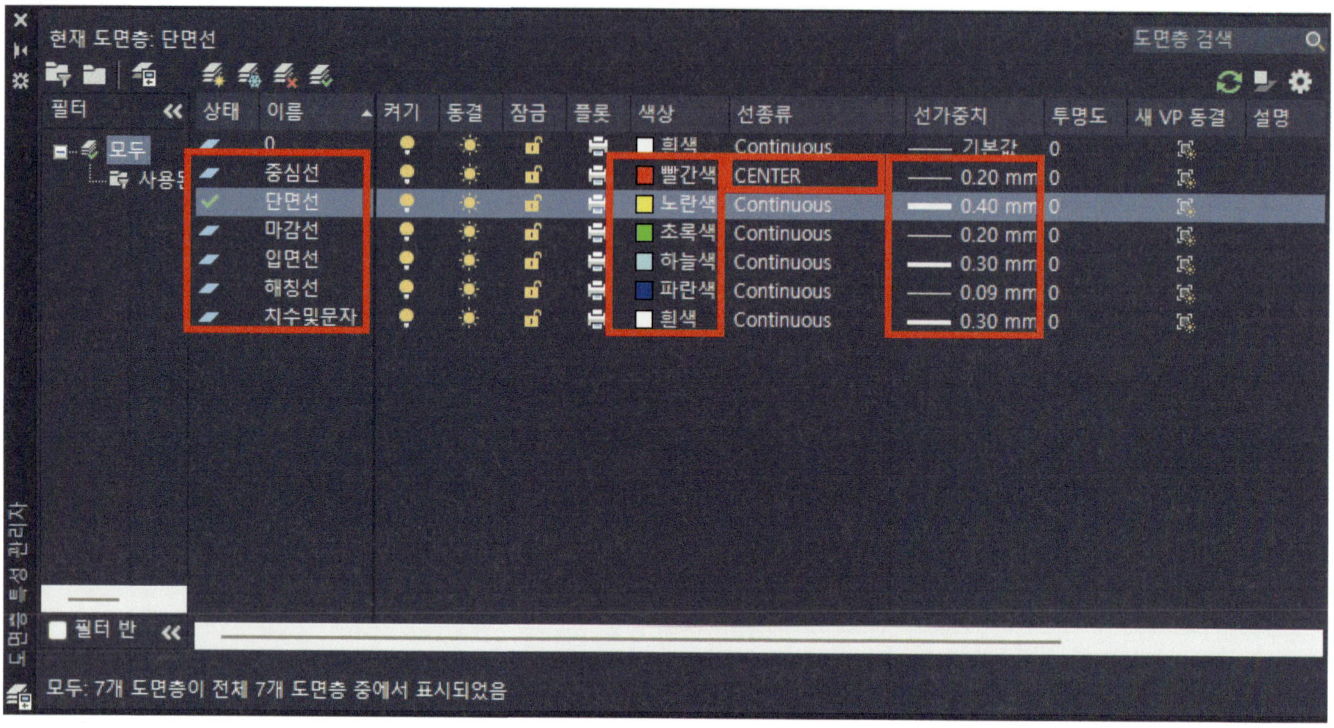

도면양식 작성

- A부분단면상세도와 입면도는 A3 용지에 출력
- A부분단면상세도는 1/40축척으로, 입면도는 1/50축척으로 출력해야 하므로 각 도면에 맞는 양식을 작성

단면도 양식작성 : 축척 1/40

RECtangle(명령)으로 가로420, 세로 297 사각형 작성

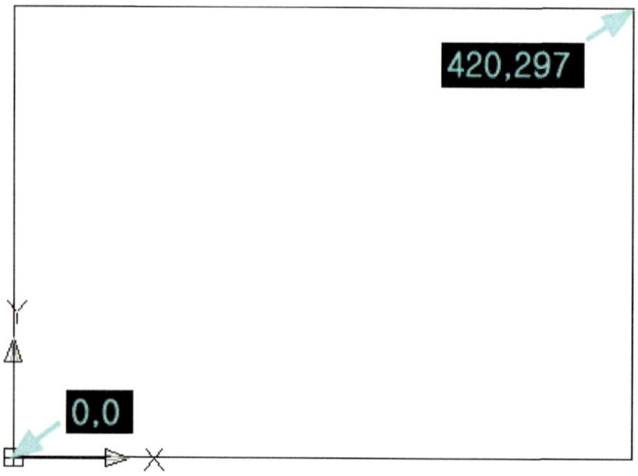

Offset(명령)으로 안쪽으로 10 간격

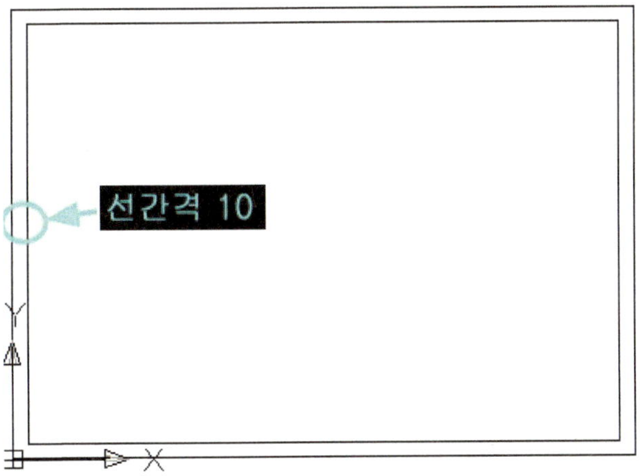

RECtangle(명령), Offset(명령)으로 다음과 같은 표제란 작성

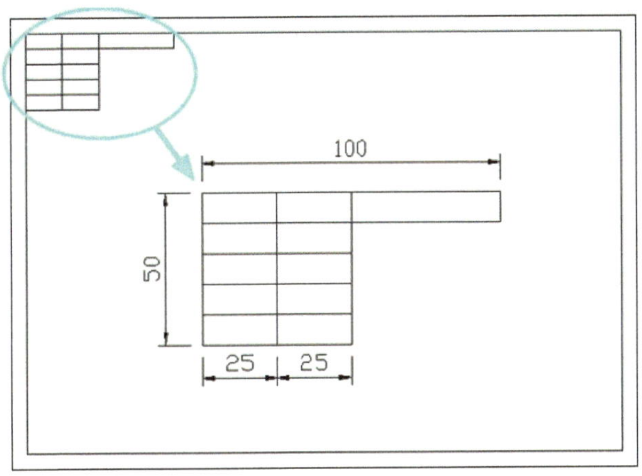

SCale(명령)으로 40배 확대

DText(명령)으로 문자높이: 120, 각도: 0

문자 하나만 작성한 후 COpy(명령)으로 복사하여 사용

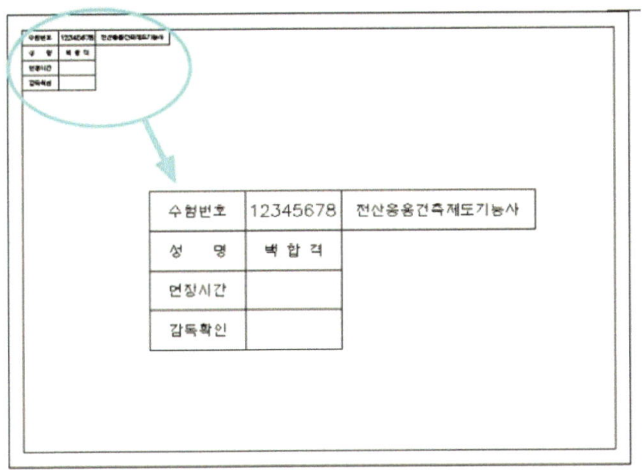

작성한 도면양식을 모두 선택하여 '치수및문자' 도면층으로 변경

입면도 양식작성 : 축척 1/50

작성된 단면도 양식을 복사

SCale(명령)의 Reference(참조) 옵션을 사용하여 복사한 양식을 1/50으로 변경

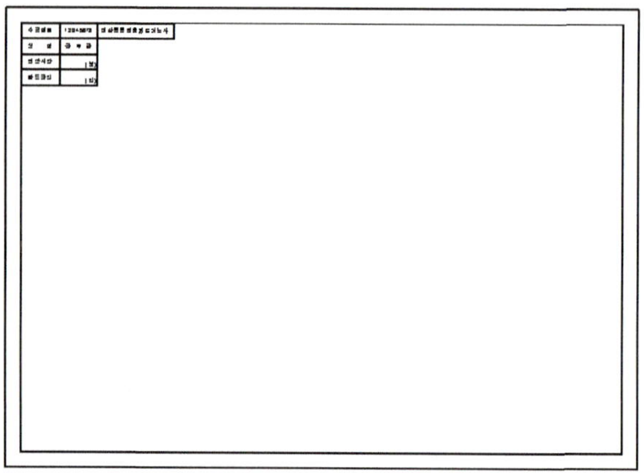

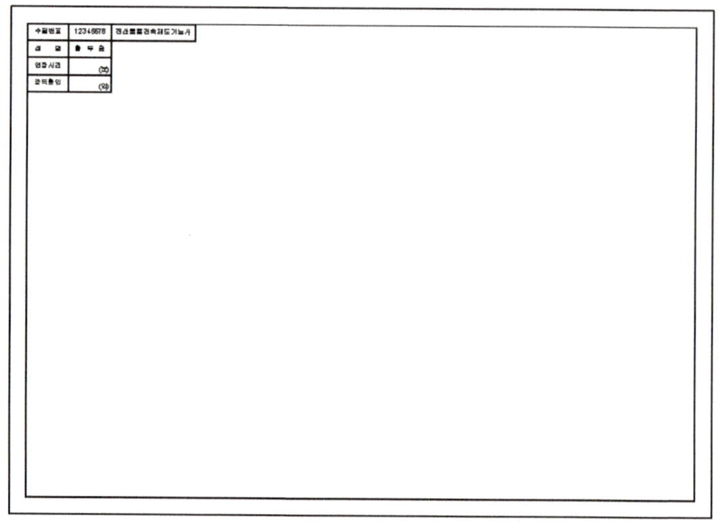

Chapter

2

CAD 명령어

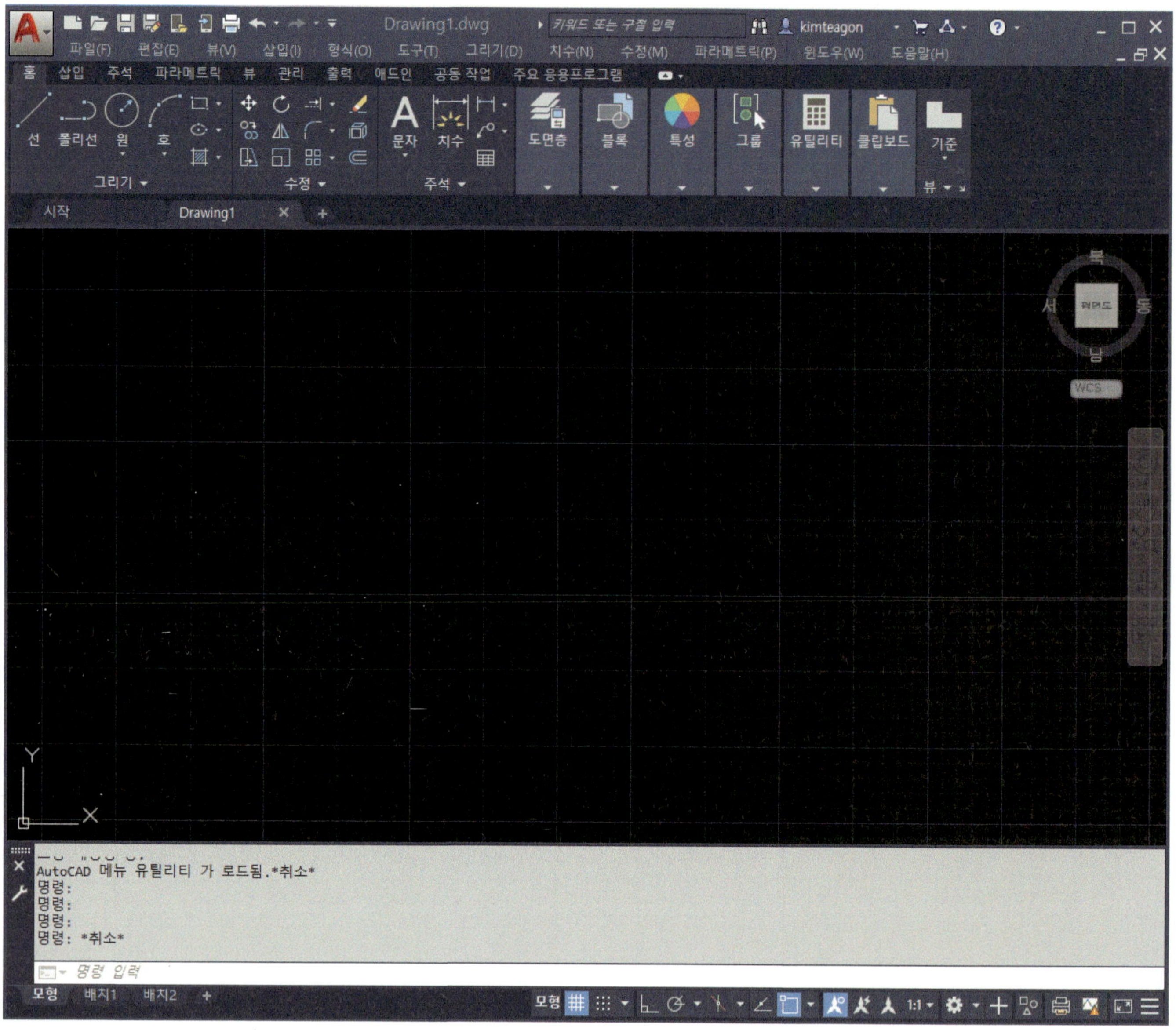
Drawing1.dwg
키워드 또는 구절 입력
kimteagon
파일(F) 편집(E) 뷰(V) 삽입(I) 형식(O) 도구(T) 그리기(D) 치수(N) 수정(M) 파라메트릭(P) 윈도우(W) 도움말(H)
홈 삽입 주석 파라메트릭 뷰 관리 출력 애드인 공동 작업 주요 응용프로그램
선 폴리선 원 호
그리기
수정
문자 치수
주석
도면층 블록 특성 그룹 유틸리티 클립보드 기준
뷰
시작 Drawing1
북 서 동 남
WCS
AutoCAD 메뉴 유틸리티 가 로드됨.*취소*
명령:
명령:
명령:
명령: *취소*
명령 입력
모형 배치1 배치2
모형
1:1

그리기 명령

LINE(명령)	
아이콘	
메뉴	그리기 → 선
명령행	line
단축키	L

-Line 명령어는 도면의 가장 기본적인 요소로 선을 작도

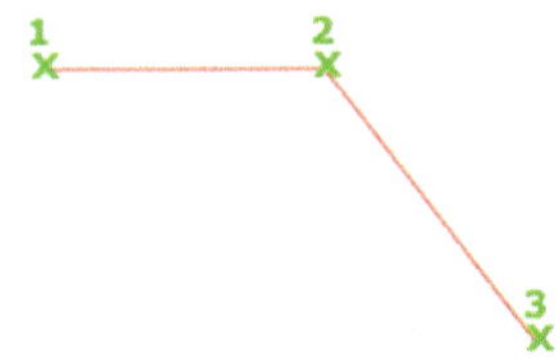

PLINE(명령)	
아이콘	
메뉴	그리기 → 폴리선
명령행	Pline
단축키	PL

-Pline (Polyline)은 연속적인 직선이나 호로 이루어진 선을 작도

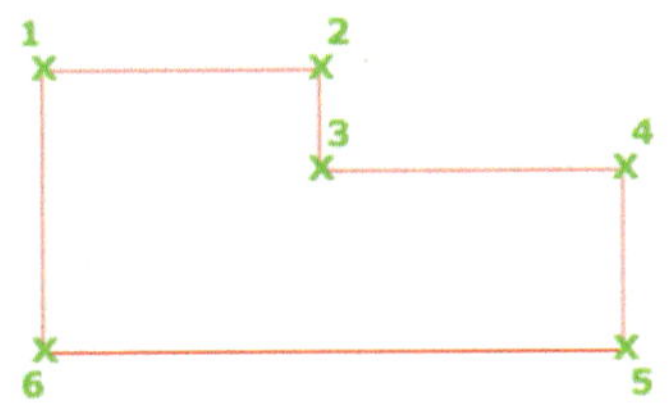

XLINE(명령)	
아이콘	
메뉴	그리기 → 구성선
명령행	line
단축키	XL

-사용자가 입력한 각도나 방향으로 무한대선을 생성

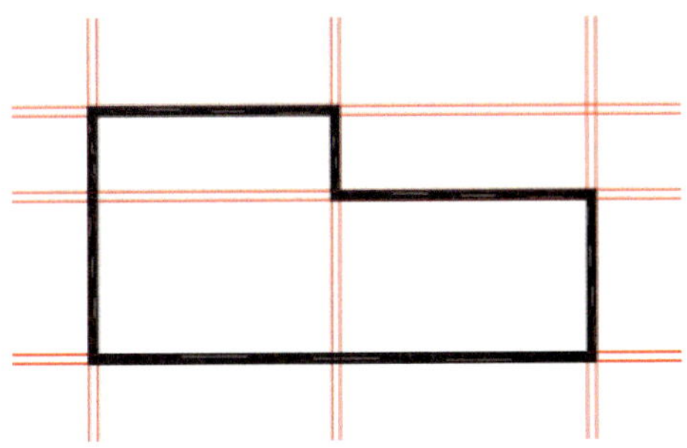

CIRCLE(명령)	
아이콘	
메뉴	그리기 → 원
명령행	CIRCLE
단축키	C

-원을 그리는 명령

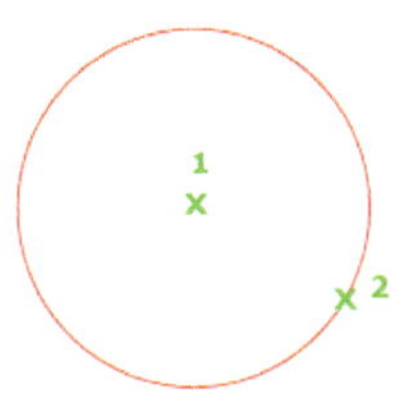

ARC(명령)	
아이콘	
메뉴	그리기 → 호
명령행	ARC
단축키	A

-호를 그리는 명령

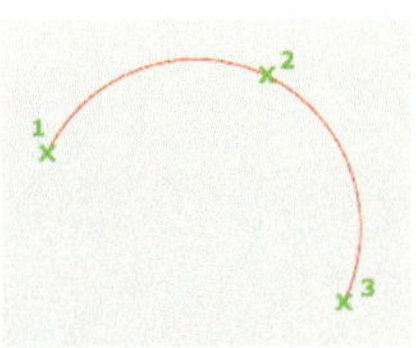

ELlipse(명령)	
아이콘	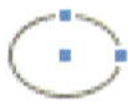
메뉴	그리기 → 타원
명령행	ELlipse
단축키	EL

-타원을 그리는 명령

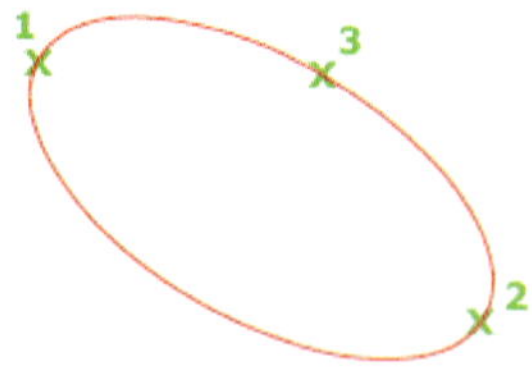

RECTANG(명령)	
아이콘	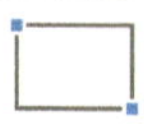
메뉴	그리기 → 직사각형
명령행	RECTANG
단축키	REC

-사각형을 그리는 명령

HATCH(명령)	
아이콘	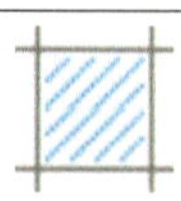
메뉴	그리기 → 해치
명령행	HATCH
단축키	H

-닫힌 영역이나 선택한 객체에 해치 패턴을 그리는 명령

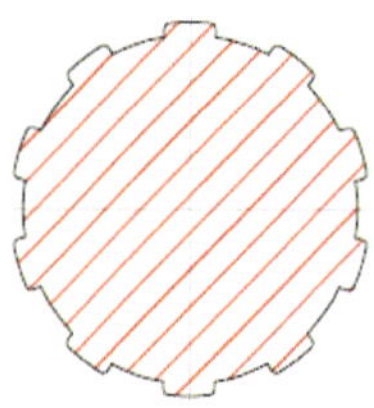

DONUT(명령)	
아이콘	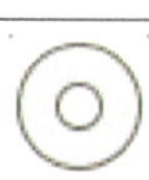
메뉴	그리기 → 도넛
명령행	DONUT
단축키	DO

-크고 작은 점과 도넛 모양을 그리는 명령

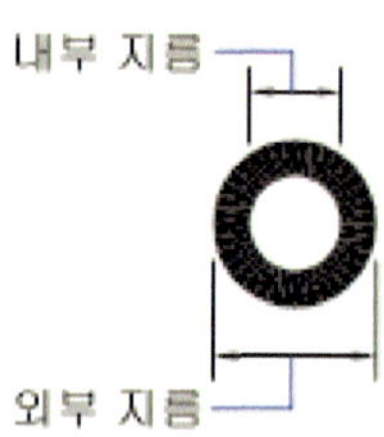

편집 명령

ERASE(명령)

-선택한 객체를 삭제

아이콘	
메뉴	수정 → 지우기
명령행	ERASE
단축키	E

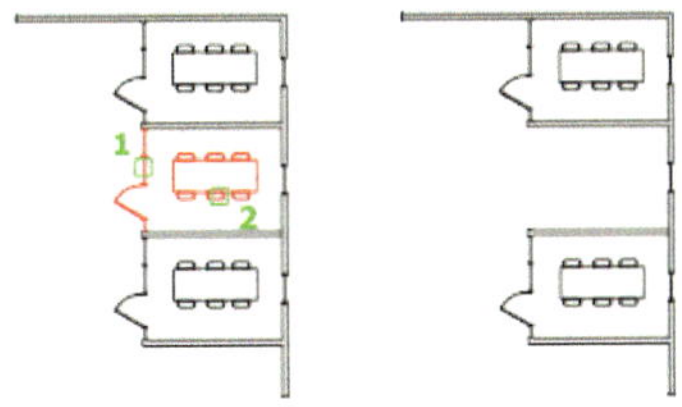

OFFSET(명령)

-선택한 객체를 지정된 간격으로 객체와 평행이동시켜 복사

아이콘	
메뉴	수정 → 간격 띄우기
명령행	offset
단축키	O

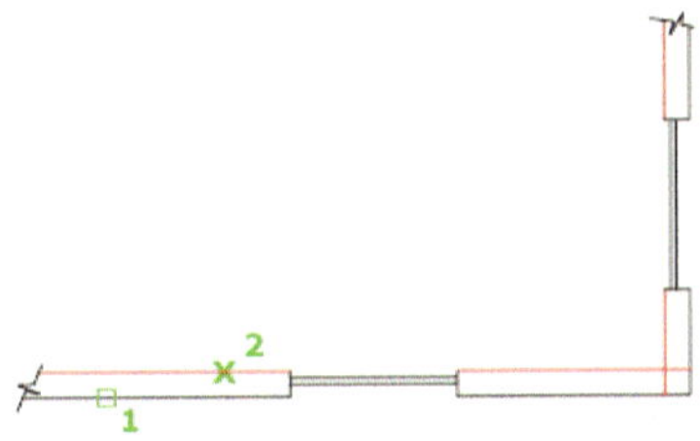

TRIM(명령)

-선택된 객체를 경계로 하여 객체의 일부를 잘라 낼 때 사용

아이콘	
메뉴	수정 → 자르기
명령행	trim
단축키	TR

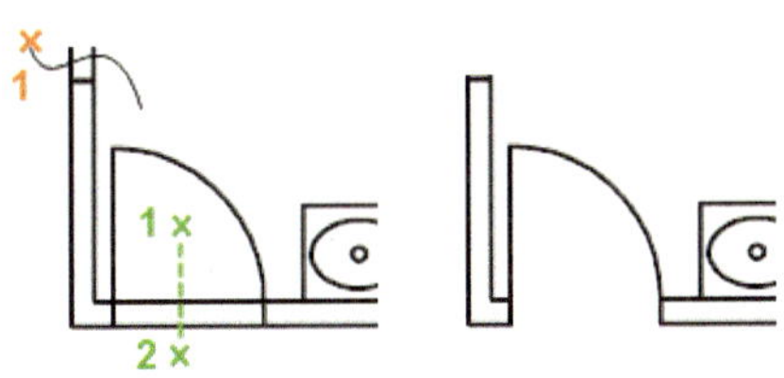

MOVE(명령)

-하나 이상의 객체를 이동할 수 있는 명령

아이콘	
메뉴	수정 → 이동
명령행	move
단축키	M

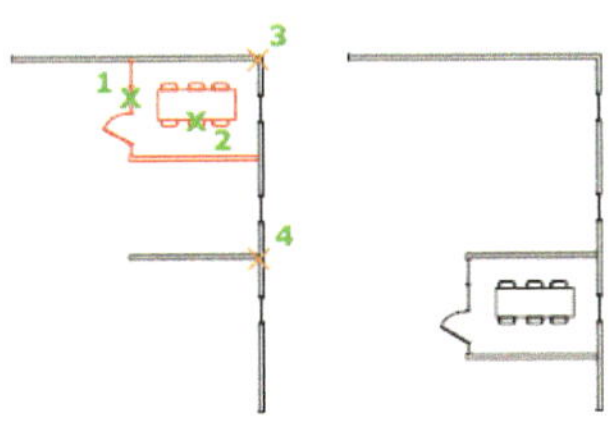

COPY(명령)

-객체를 복사하는 명령

아이콘	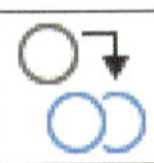
메뉴	수정 → 복사
명령행	copy
단축키	CO 또는 CP

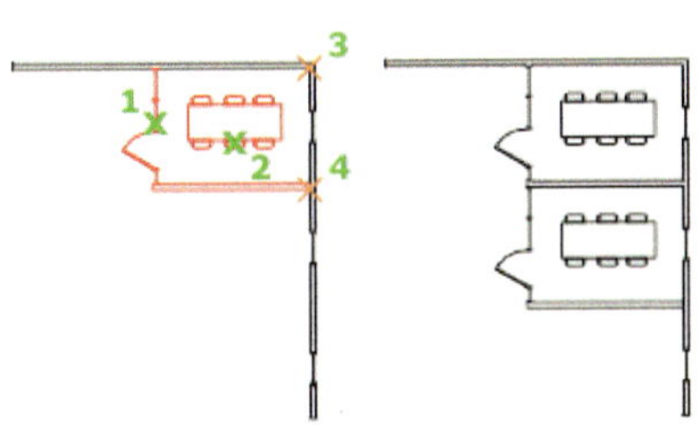

PEDIT(명령)		-Polyline의 특성(결합, 두께 등)을 변경
아이콘		
메뉴	수정 → 폴리선 편집	
명령행	PEDIT	
단축키	PE	

EXPLODE(명령)		- 복합객체를 분해 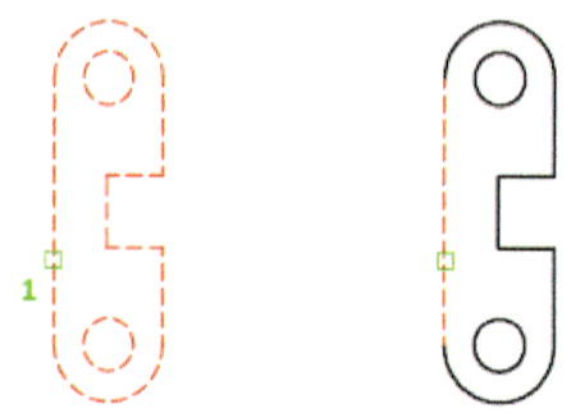
아이콘		
메뉴	수정 → 분해	
명령행	EXPLODE	
단축키	X	

EXTEND(명령)		-선택된 객체를 경계까지 객체의 끝점을 연장할 때 사용 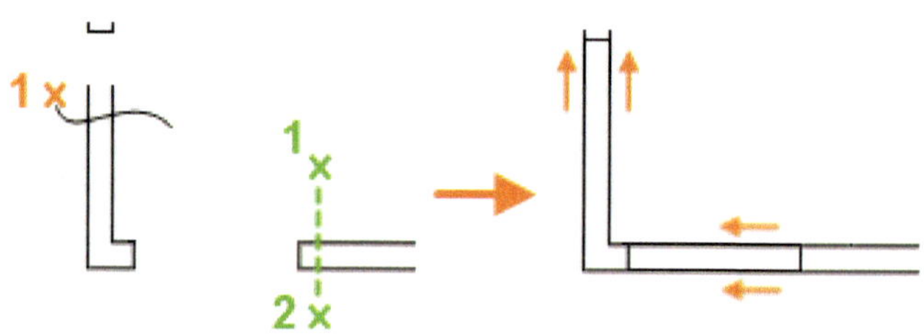
아이콘		
메뉴	수정 → 연장	
명령행	extend	
단축키	EX	

STRETCH(명령)		-선택 윈도우에 걸쳐 있는 객체를 늘이거나 줄일 때 사용한다. 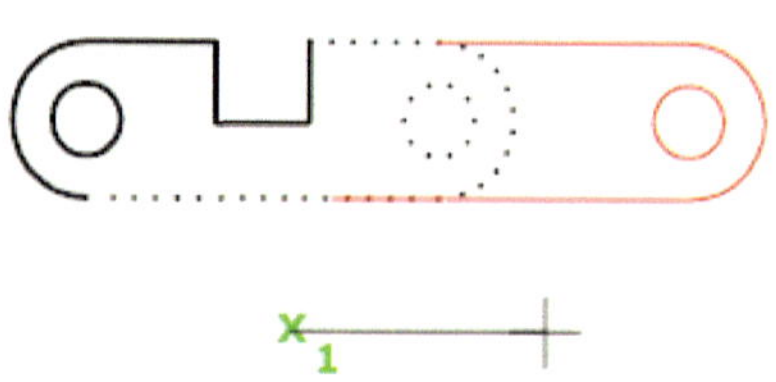
아이콘		
메뉴	수정 → 신축	
명령행	stretch	
단축키	S	

FILLET(명령)		-선택된 두 개의 직선이나 곡선의 모서리를 지정된 반지름을 가진 호로 모깎기 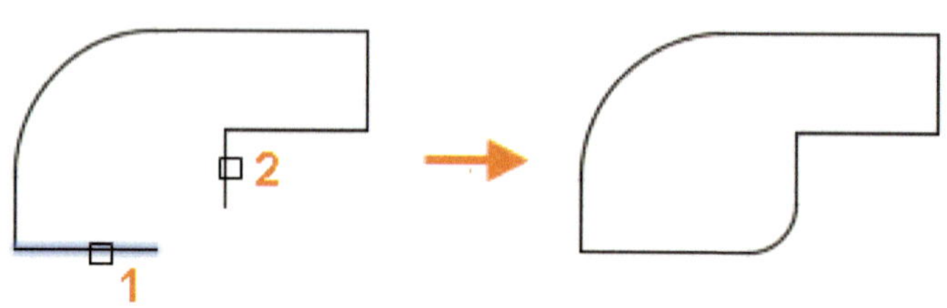
아이콘		
메뉴	수정 → 모깎기	
명령행	fillet	
단축키	F	

BREAK(명령)	
아이콘	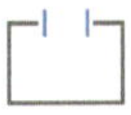
메뉴	수정 → 끊기
명령행	BREAK
단축키	BR

-선택한 객체를 두 점 사이에서 끊기

ROTATE(명령)	
아이콘	
메뉴	수정 → 회전
명령행	rotate
단축키	RO

-선택한 객체를 기준점을 중심으로 지정된 각도로 회전

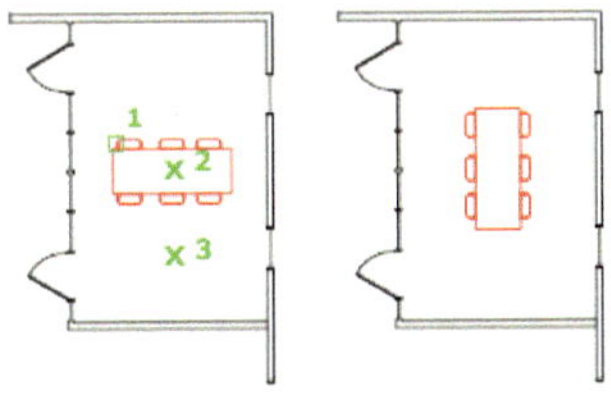

SCALE(명령)	
아이콘	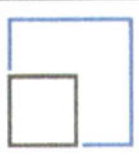
메뉴	수정 → 축척
명령행	scale
단축키	SC

-선택한 객체를 기준점을 중심으로 축소 또는 확대

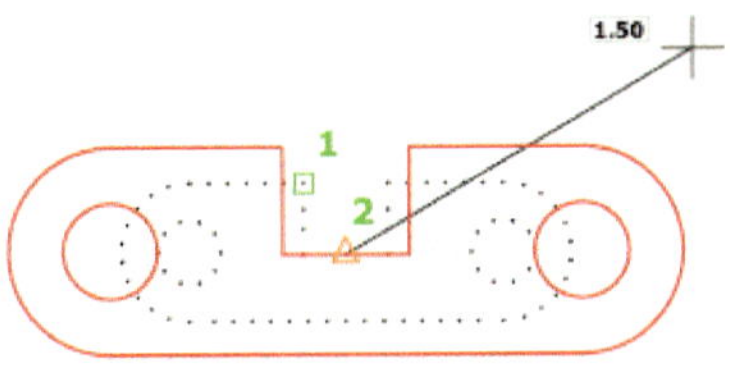

MIRROR(명령)	
아이콘	
메뉴	수정 → 대칭
명령행	mirror
단축키	MI

-선택한 객체를 두 점으로 지정된 대칭선(Mirror line)을 기준으로 반사시켜 대칭 복사 또는 대칭 이동하는 명령

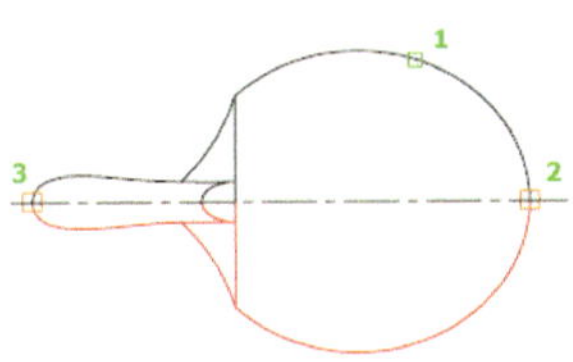

ARRAY(명령)	
아이콘	
메뉴	수정 → 배열
명령행	array
단축키	AR

-선택한 객체를 직교 배열, 원형 배열을 실행

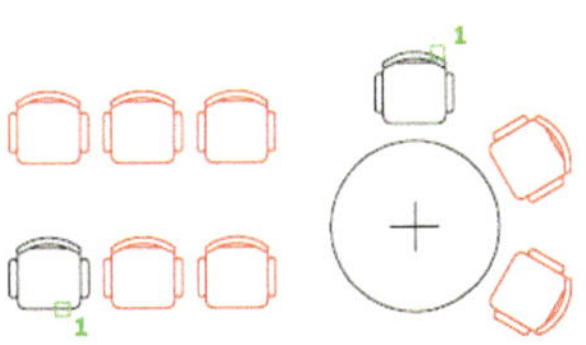

<table>
<tr><td colspan="2">MATCHPROP(명령)</td><td rowspan="5">-선택한 객체의 특성(색상, 도면층, 선종류, 선종류 축척, 선가중치, 플롯 스타일, 투명도 등)을 다른 객체에 적용</td></tr>
<tr><td>아이콘</td><td></td></tr>
<tr><td>메뉴</td><td>수정 →</td></tr>
<tr><td>명령행</td><td>MATCHPROP</td></tr>
<tr><td>단축키</td><td>MA</td></tr>
</table>

<table>
<tr><td colspan="2">ALIGN(명령)</td><td rowspan="5">-선택한 객체를 객체와 정렬
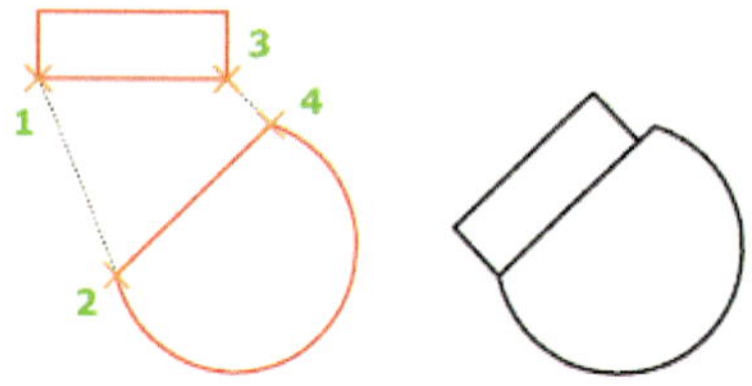</td></tr>
<tr><td>아이콘</td><td>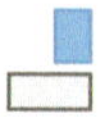</td></tr>
<tr><td>메뉴</td><td>수정 → 정렬</td></tr>
<tr><td>명령행</td><td>MATCHPROP</td></tr>
<tr><td>단축키</td><td>MA</td></tr>
</table>

문자, 치수 명령

STYLE(명령)		-문자 스타일을 작성, 수정 또는 지정
아이콘		
메뉴	주석 → 문자스타일	
명령행	STYLE	
단축키	ST	

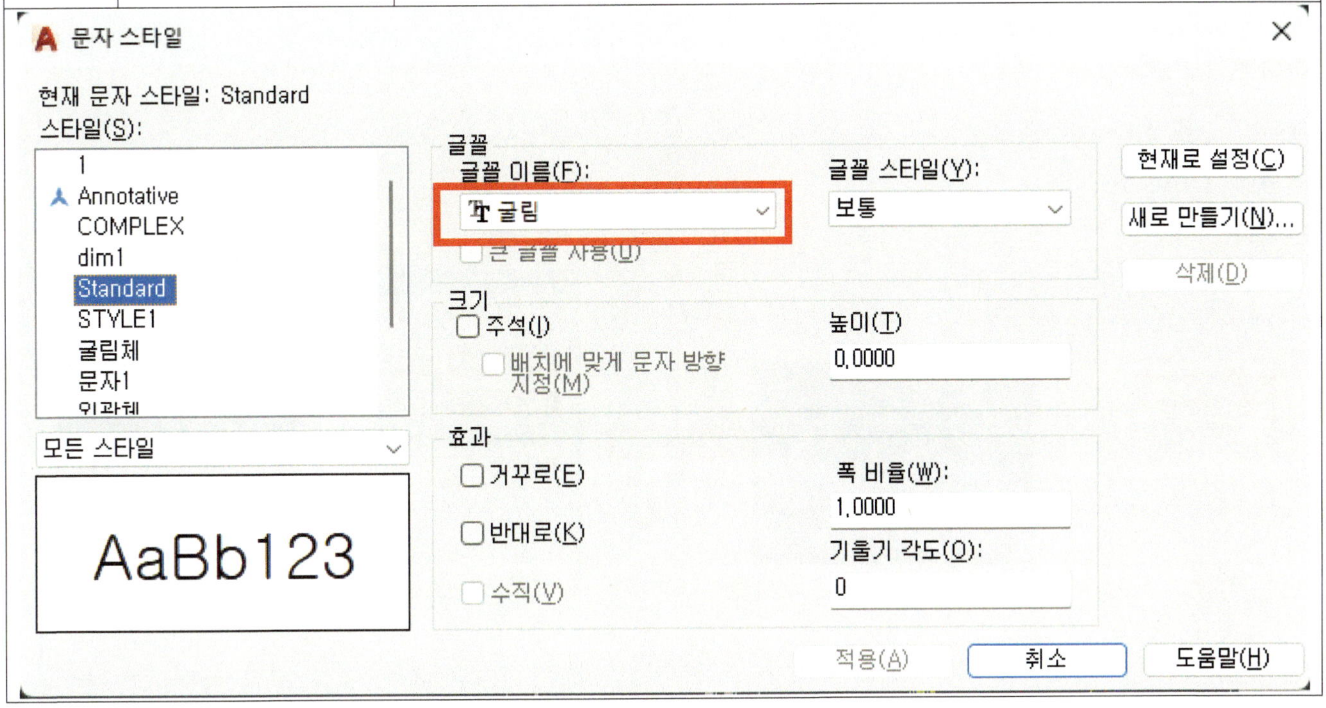

TEXT(명령)		-단일행 문자 작성
아이콘		
메뉴	주석 → 문자	
명령행	TEXT	
단축키	T	

DIMLINEAR(명령)		-선형 치수를 작성
아이콘		
메뉴	주석 → 선형	
명령행	DIMLINEAR	
단축키	DLI	

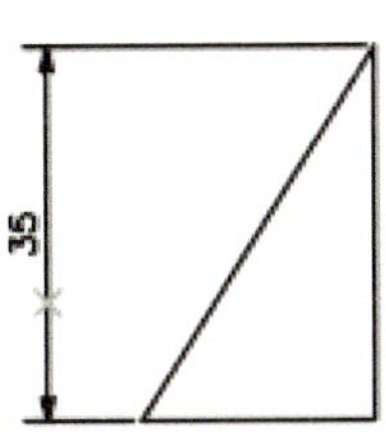

MLEADER(명령)		-다중 지시선 작성
아이콘	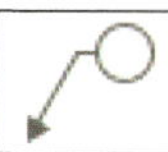	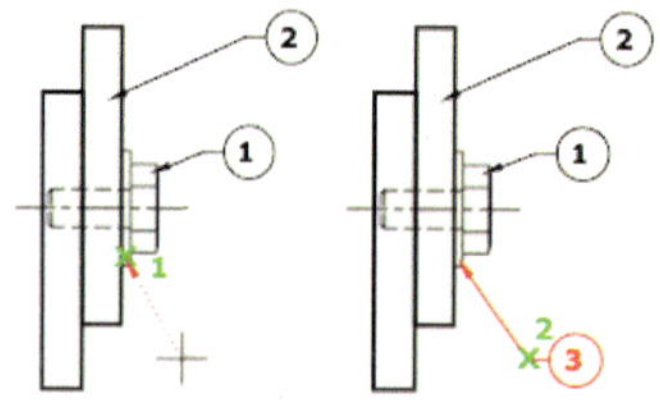
메뉴	주석 →	
명령행	QLEADER	
단축키	LE	

DIMSTYLE(명령)		-치수 스타일을 작성하고 수정
아이콘	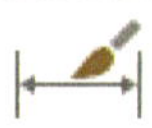	
메뉴	주석 → 치수스타일	
명령행	DIMSTYLE	
단축키	D	

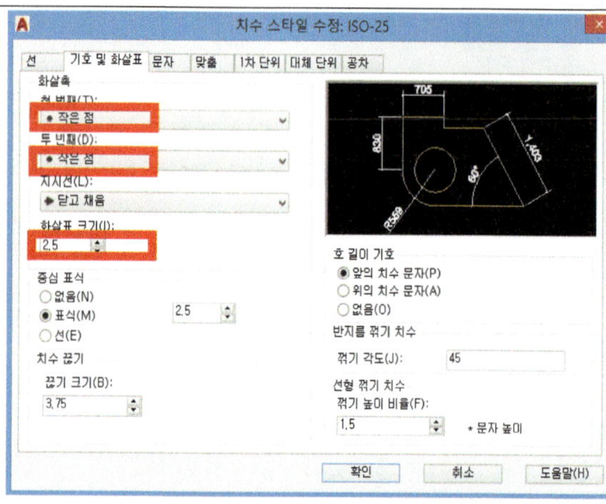

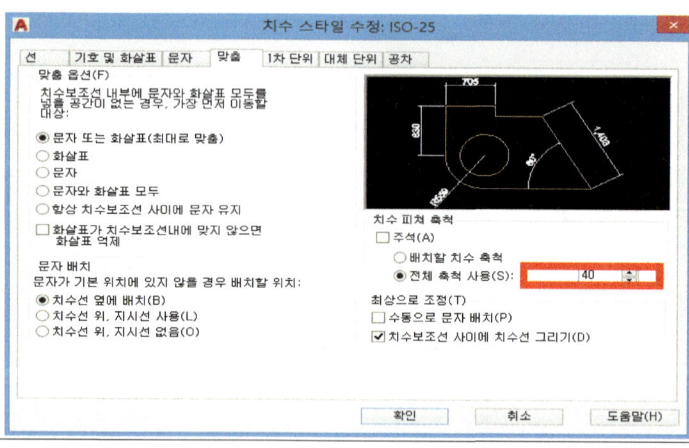

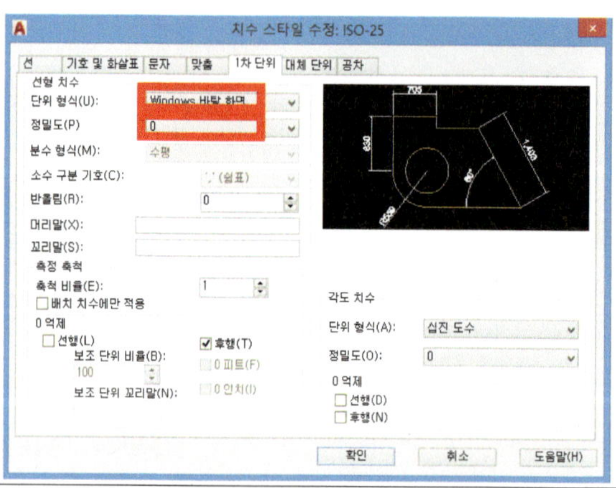

Chapter

3

단면도 작성에 필요한 도면요소

Chapter 3. 단면도 작성에 필요한 도면요소

3.1. 기초 그리기

- 기초는 철근콘크리트 줄기초입니다.
- 기초 두께는 외벽과 내벽의 두께에 따라 하부의 기초 또한 두께가 달라집니다.

[줄기초 부분 상세도]

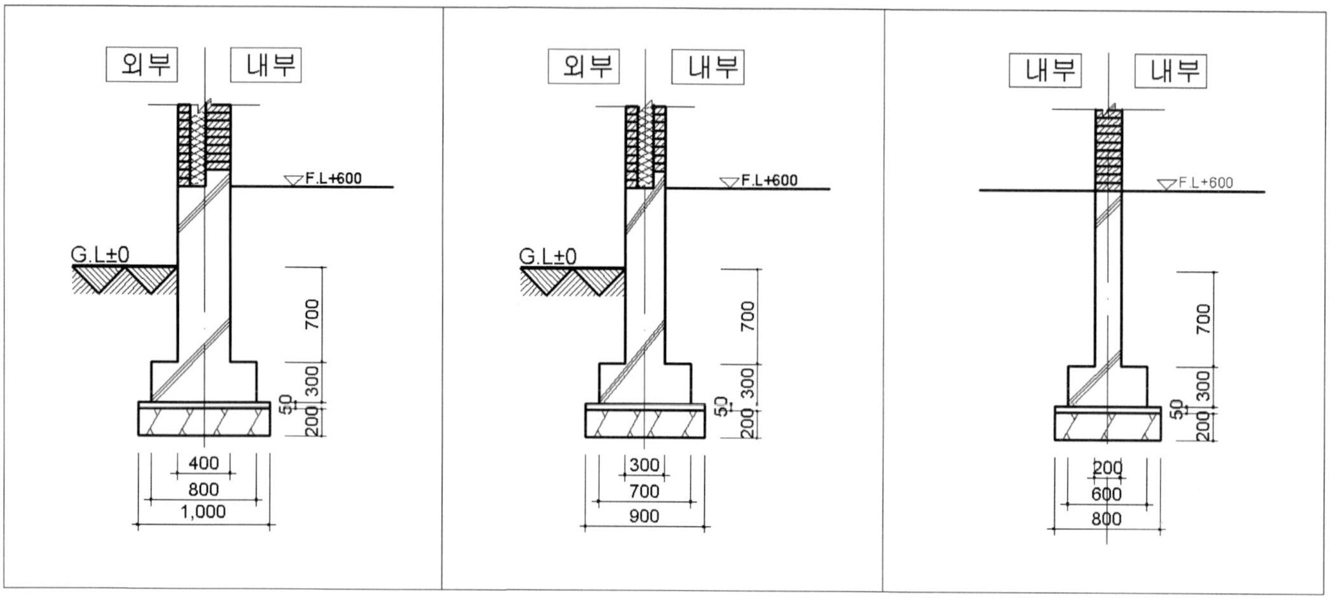

[온통기초 부분 상세도]

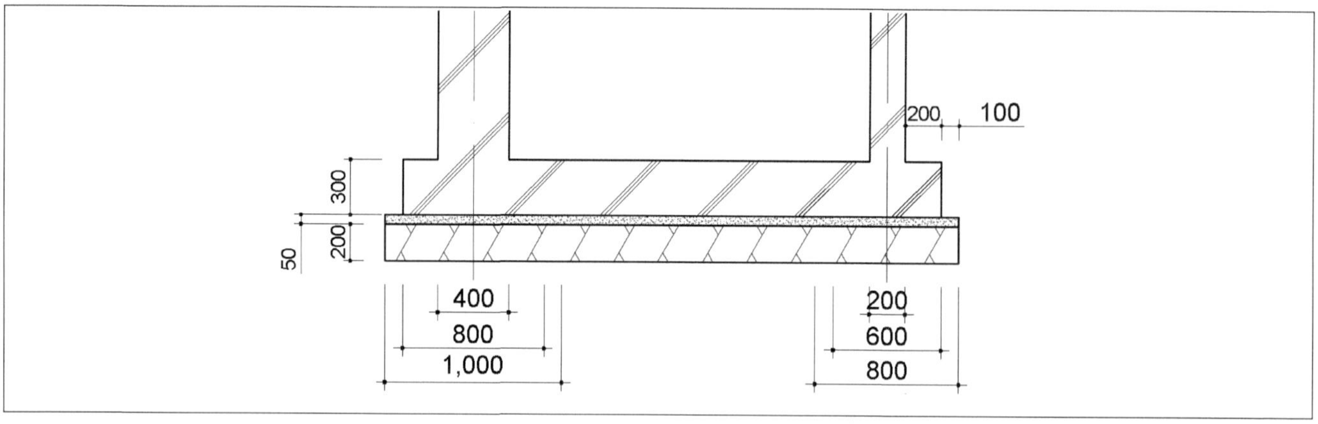

■ 바닥의 높이

- 주어진 평면도에서 현관의 계단수를 보고 확인
- 계단 한단의 높이를 150mm(폭은 300mm)로 계산
- 현관의 계단수 + 현관에서 거실부분(150mm). 예) 보통 바닥의 높이 600mm(계단 3단일 경우)

■ 외벽기초와 내벽기초의 차이

- 외벽에는 단열재가 꼭 들어감(일반적으로 120mm)
- 외벽기초(주로, 1.5B 공간쌓기 기초)는 재료 절약을 위해 G.L(지반선)에서 250mm 아래부터 45도 기울기로 꺾어주어 공사를 했으나, 요즘은 기초벽를 줄이는데 쓰이는 거푸집과 그 시공이 복잡해 벽두께와 같이 함.

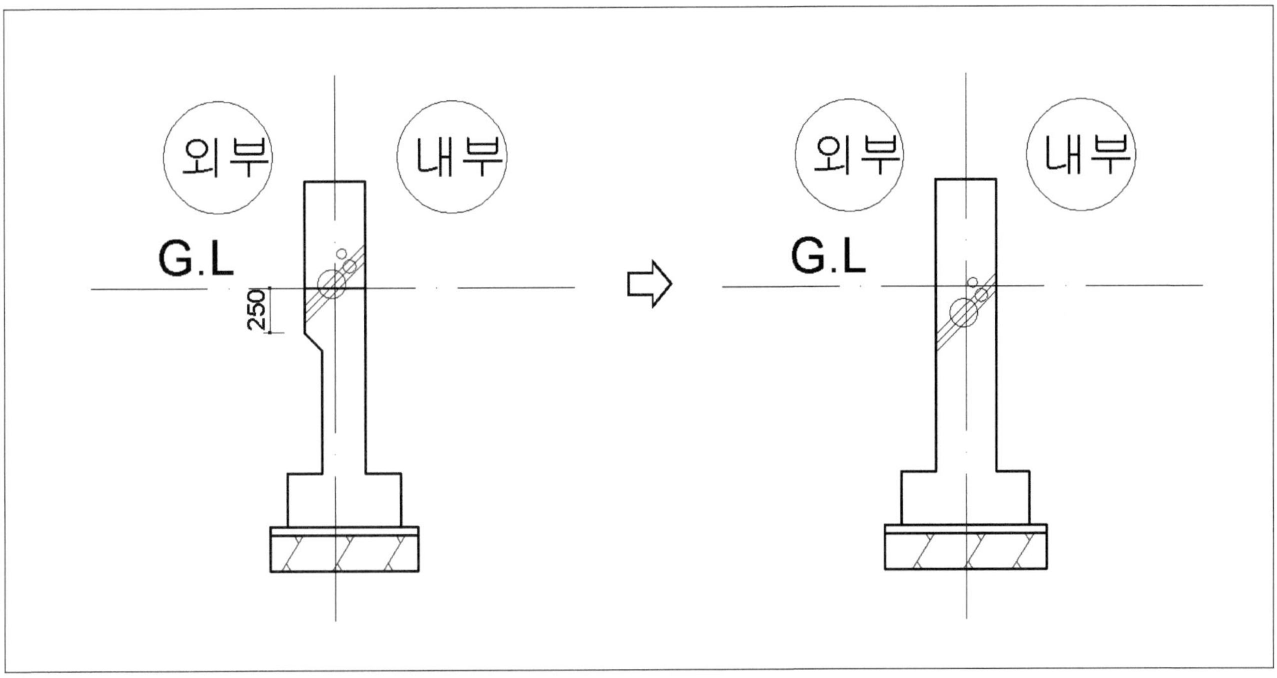

■ 외벽체에 턱 두는 이유

- 외벽 : 빗물이 타고 들어오는 것을 막음.
- 내벽 : 벽체 턱이 필요 없음.

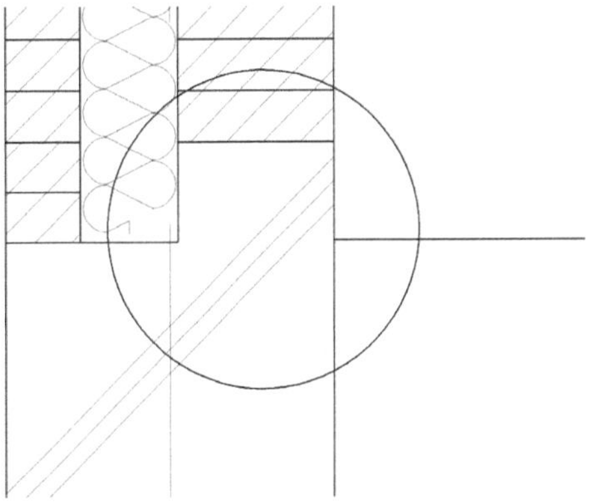

■ 동결선의 위치

- 동결선은 지하수가 어는 위치
- 일반적으로 1,000mm로 설정

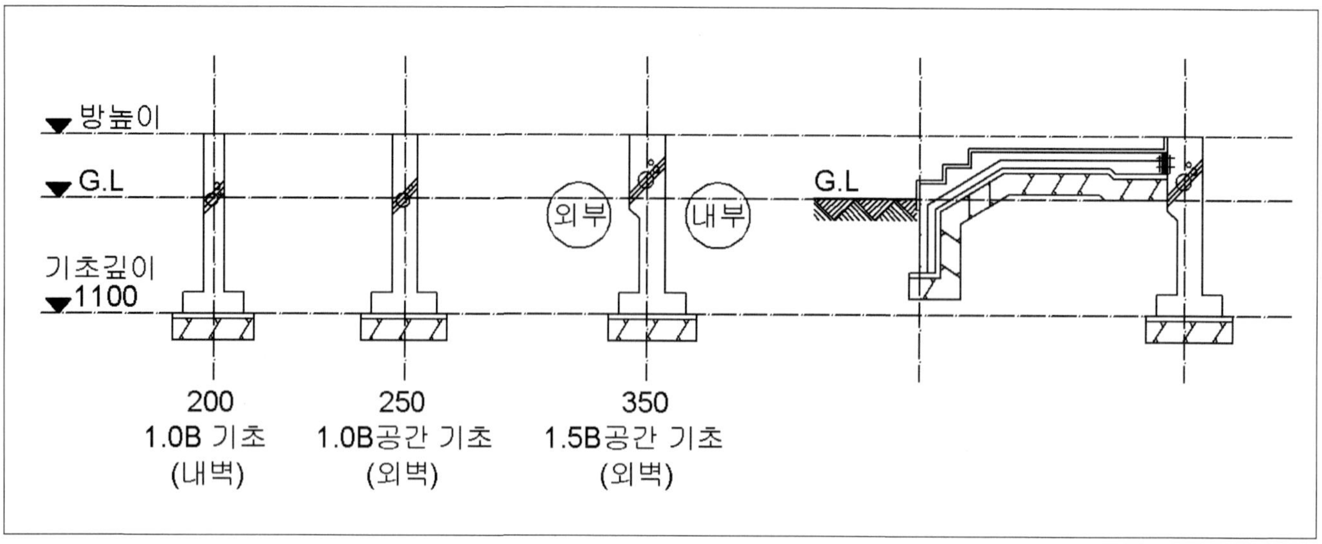

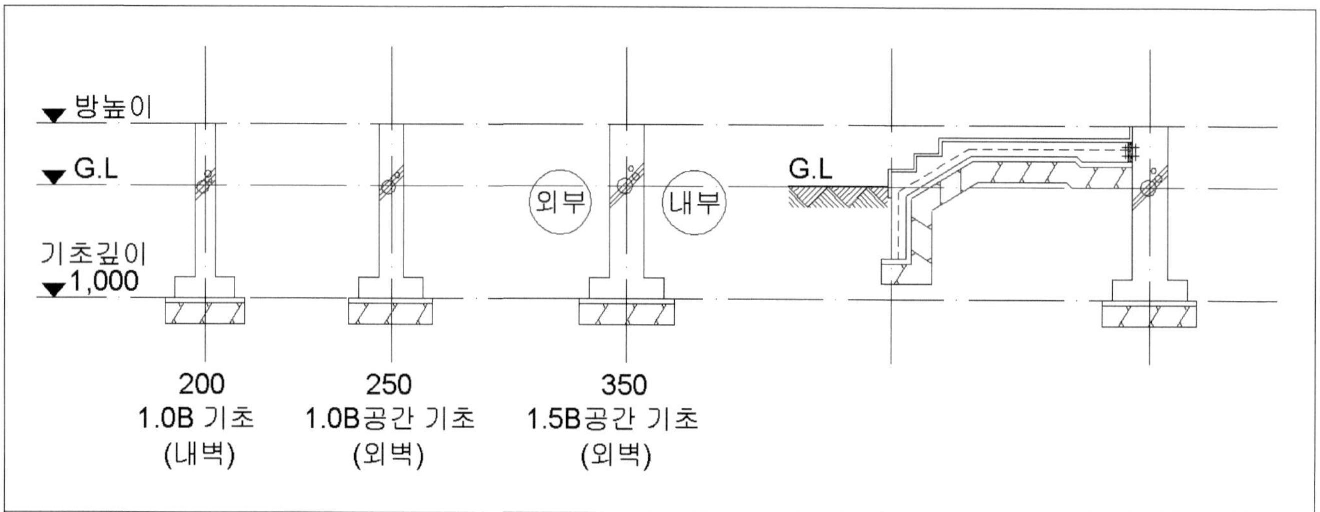

기초벽를 줄이는데 쓰이는 거푸집과 그 시공이 복잡해 벽 두께와 같이 하기도 함.

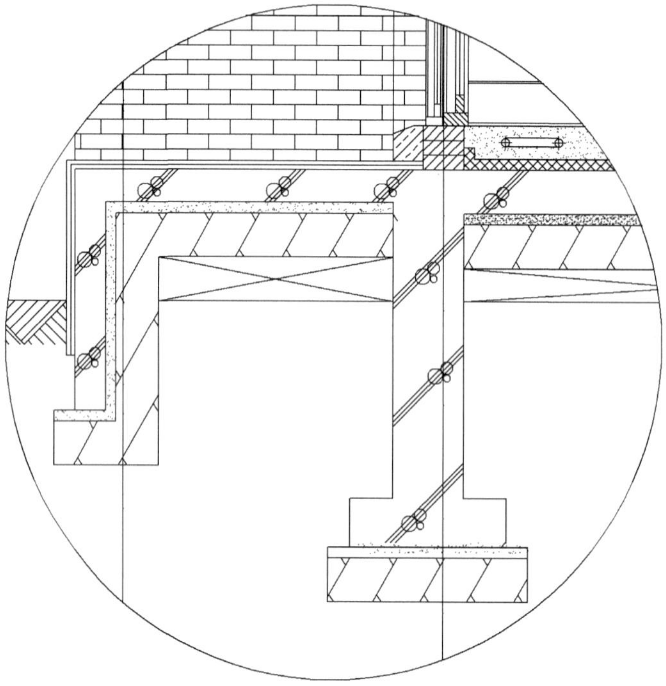

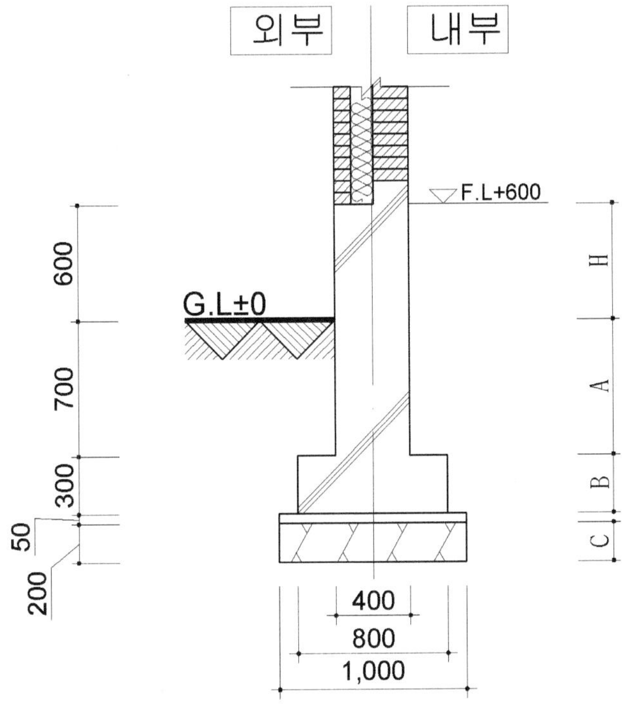

H(바닥높이) : GL선에서 내실바닥까지의 높이로 이 선이 기준이 되어 각 실의 부재들이 깔려져 내려간다. ([바닥높이 잡는 방법] 참조)

A(주각) : 건축물의 하중을 안전하게 지반에 전달하기 위한 목적으로 지정에 설치한 구조

B(푸팅,기초판) : 주각을 통하여 전달된 힘을 분산시키기 위해 기초가 펼쳐진 부분

C(지정) : 기초를 지정하기 위해 기초를 보강하거나 지반의 내력을 보강해 주기 위한 설치물.

■ **동결선 깊이** : 1,000, A(700)+B(300)

기초의 종류

■ **줄기초** : 우리가 도면상에서 다루는 기초는 벽돌조 콘크리트 줄기초로서 벽돌조 콘크리트 줄기초의 단부가 모든 실로 연속되어 이어지는 기초라 할 수 있다.

■ **온통기초** : 지하실 바닥 전체를 기초로 한 경우

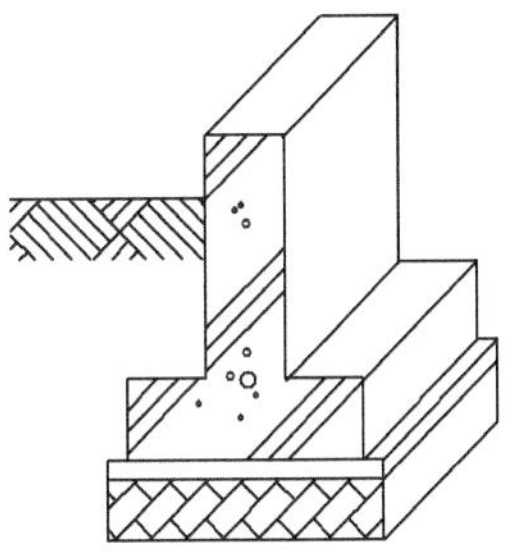

(줄기초)

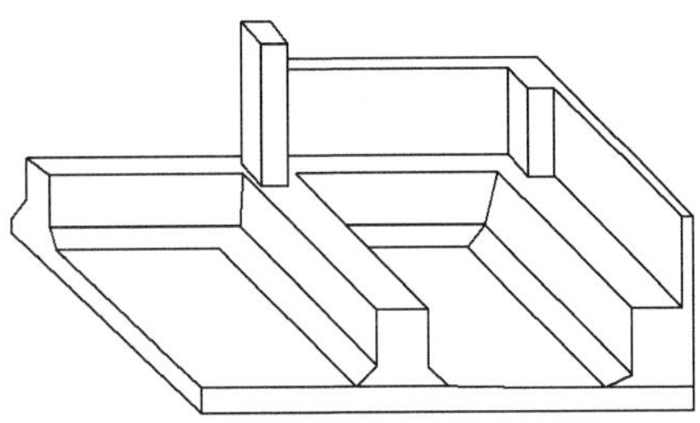

(온통기초)

* 기초 작도 순서

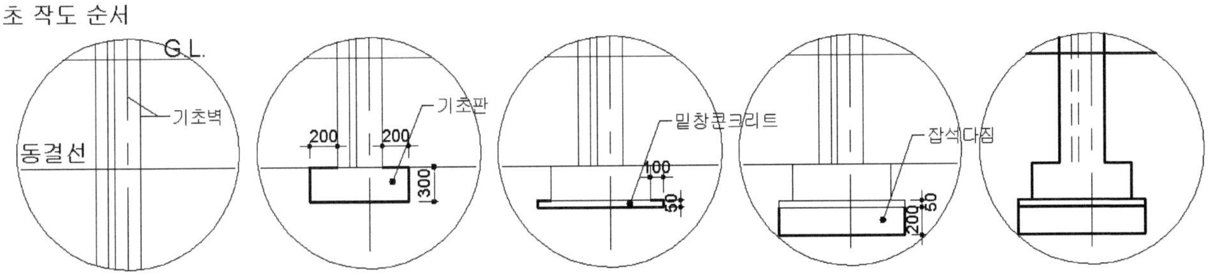

기초 작도법

1. 기초의 구성

A 주각 : 건물의 하중을 기초로 전달하는 구조물

B 푸팅(기초판) : 주각을 통해 전달된 하중을 고루 분포하는 부분.

C 지정 : 기초를 보강 지반의 내력을 보강해 주기 위한 구조물.

H 고막이 : G.L에서 실의 바닥까지의 높이.

2. 기초부분 작도법

① G.L을 설정한다.

② 중심선을 그린다.

③ 하변의 치수대로 세로선을 긋는다.

④ 우측의 치수대로 가로선을 긋는다.

⑤ 단면처리후 부재표현을 해 도면을 완성한다.

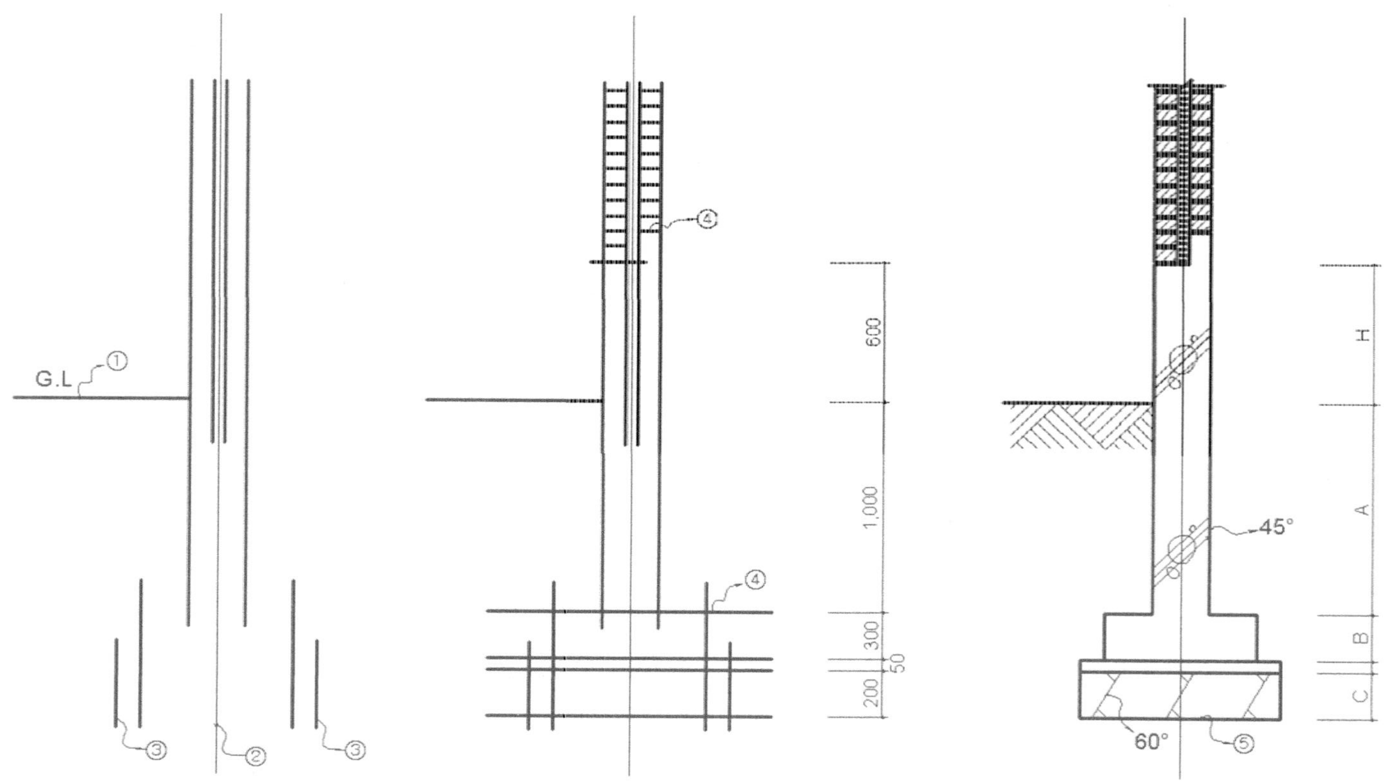

기초 부분 상세도

줄기초 상세도

우리가 도면상에서 다루는 기초는 벽돌조 콘크리트 줄기초로서 그림에 나와 있는 벽돌조 콘크리트 줄기초의 단부가 모든 실로 연결되어 이어지는 기초라 할 수 있다.

줄기초 외에도 온통 기초가 있는데 이 온통 기초는 지하실 바닥 전체를 기초로 하는 경우이다.

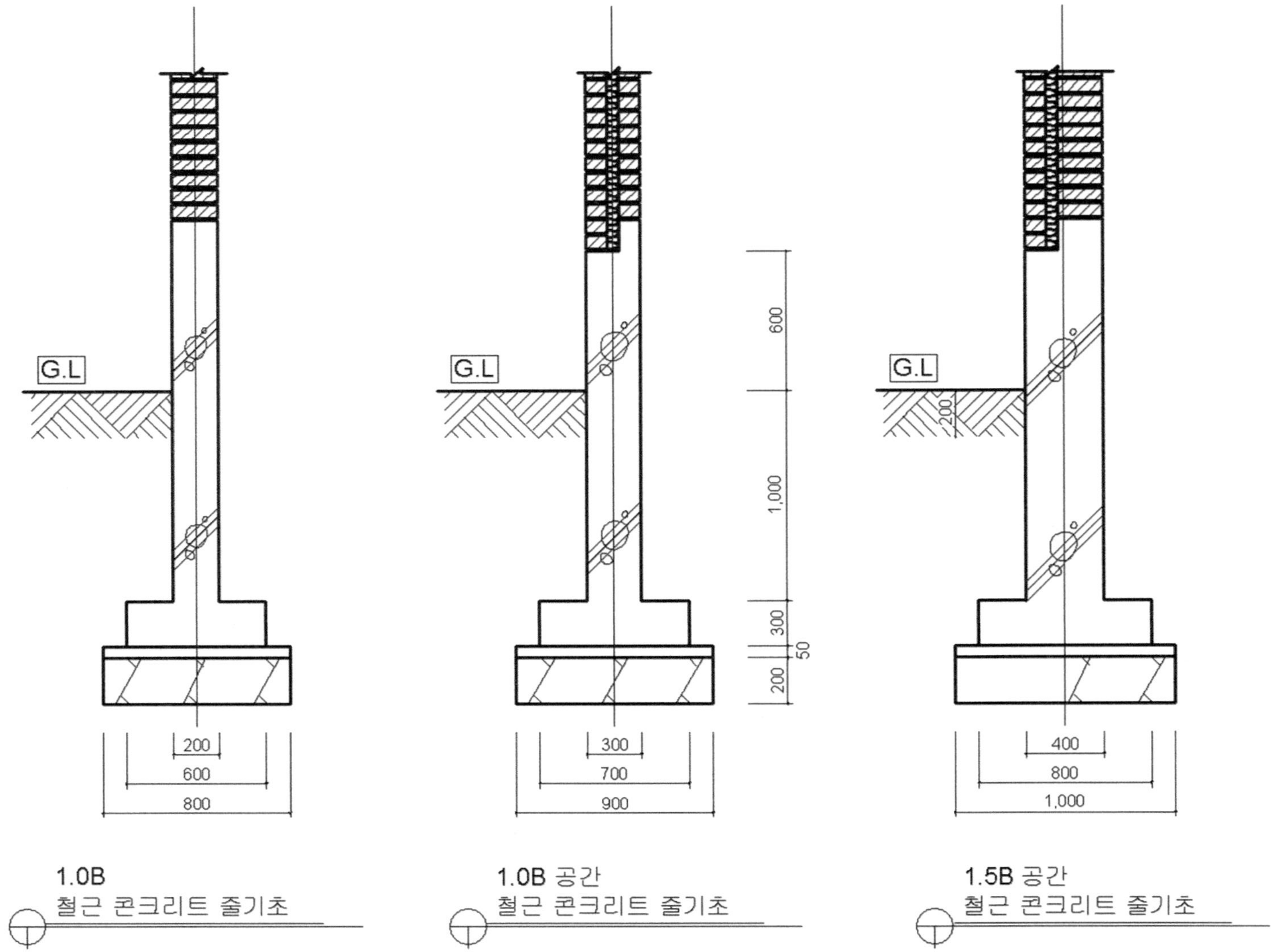

외벽기초

■ 외벽체에 턱 두는 이유

- 외벽 : 빗물이 타고 들어오는 것을 막음.
- 내벽 : 벽체 턱이 필요 없음.

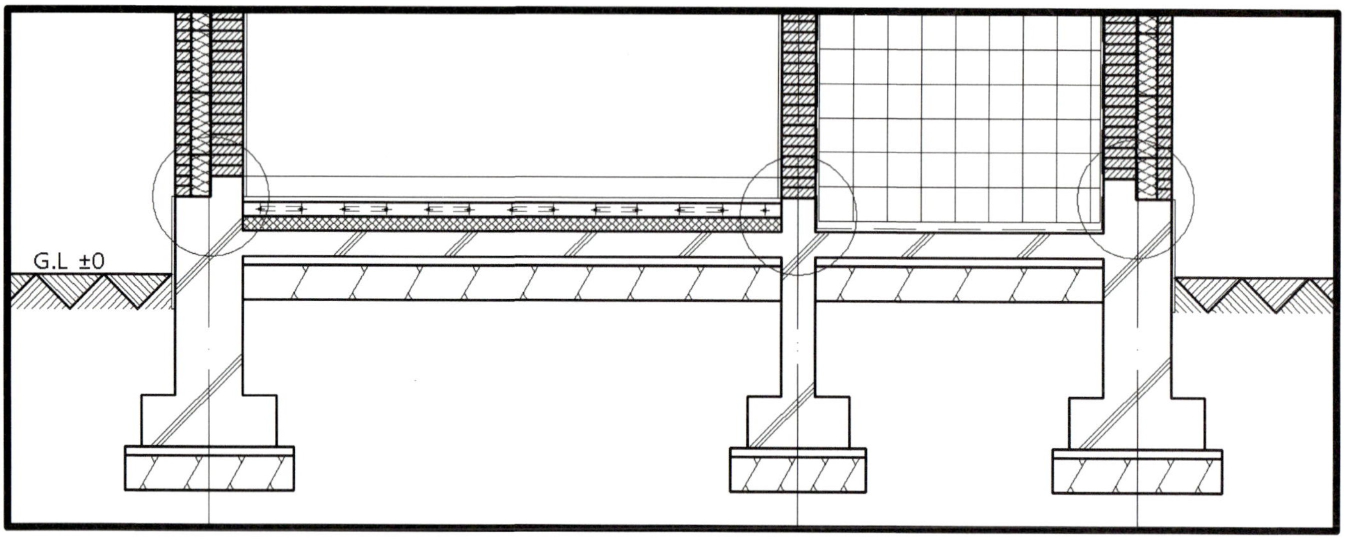

1.5B공간쌓기 벽체 & 줄기초

■ (1.5B공간쌓기) 벽체 두께 : 90(0.5B) + 120(단열재) + 190(1.0B) = 400

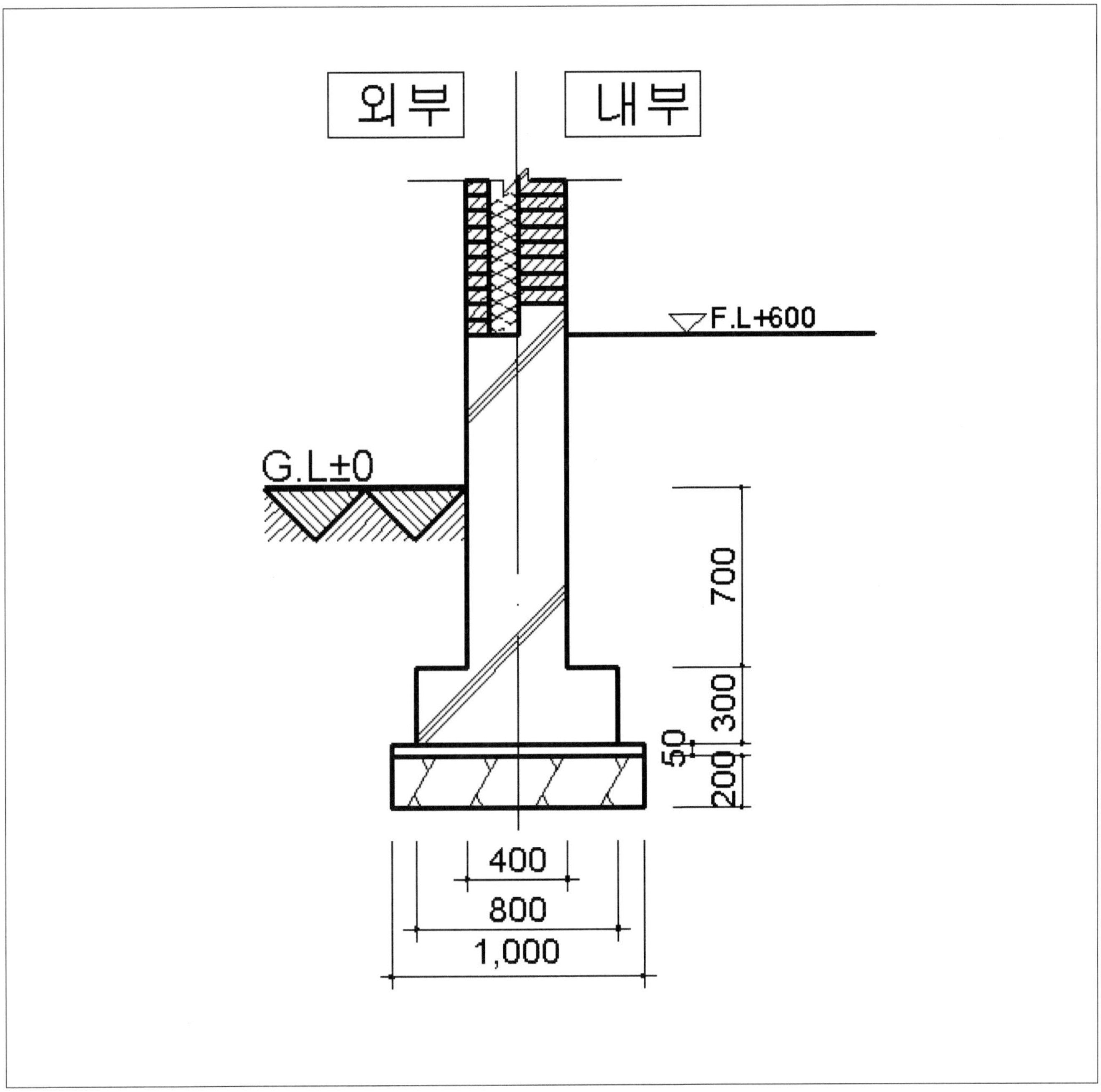

1.5B공간쌓기 벽체 & 줄기초 단면 작도 순서

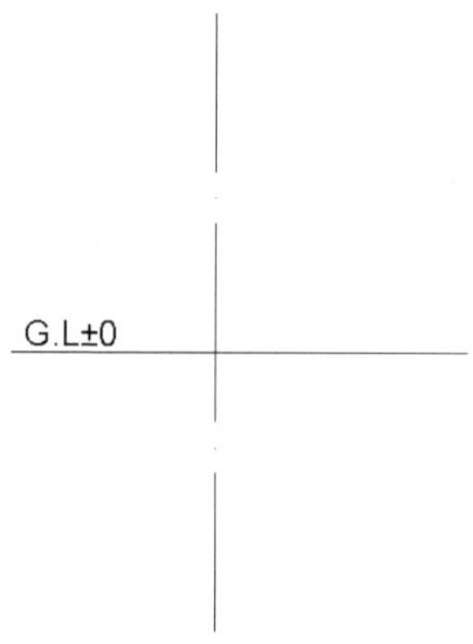

1. 공간쌓기를 작도하기 위한 기준선을 그린다.
- 지반선을 임의로 그린다. (수평선 임의로 그리기)
- 벽체 중심선을 임의로 그린다. (수직선 임의로 그리기)

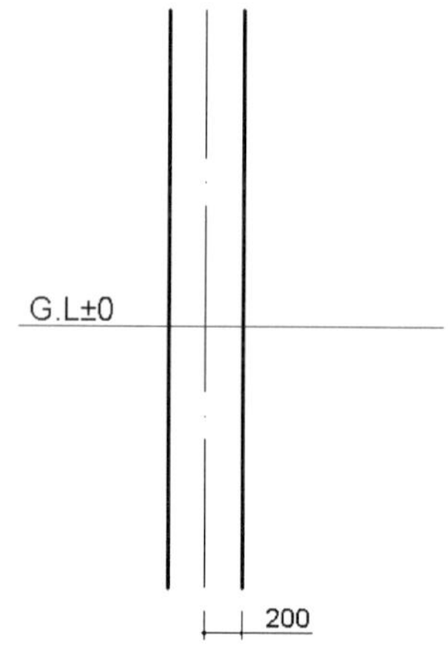

2. 벽체 전체 두께를 만든다.
- 벽체 두께를 계산해 Offset 명령으로 중심선에서 200

> * 여기서는 1.5B 공간쌓기를 적용하며 다음의 치수를 적용하도록 한다.
> - 벽돌크기 : 190x90x57
> - 공간쌓기 : 120

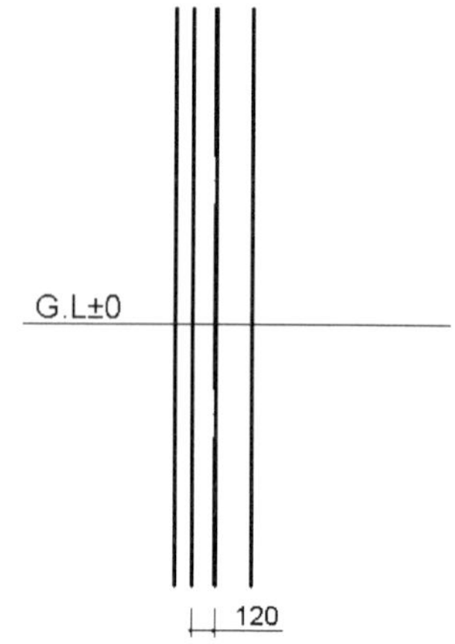

3. 벽체에 공간 쌓기(120) 등을 표현한다.

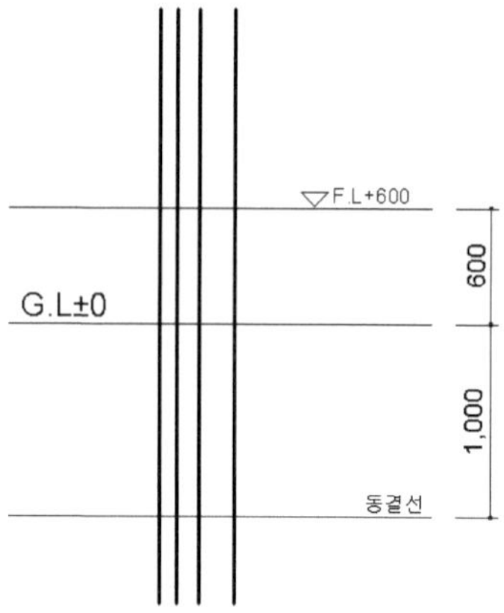

4. 기초 벽의 높이와 깊이를 표현한다.
- Offset(명령)
- 기초 벽 높이 : 실 높이와 같게 한다. => 여기서는 임의로 600으로 한다.
- 기초 벽 깊이 : 동결선 깊이까지 => 여기서는 1,000으로 한다.

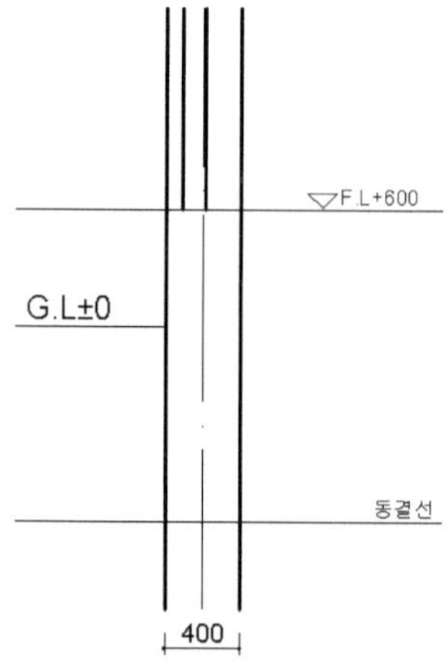

5. 기초벽 선을 정리한다.
- TRim(명령)

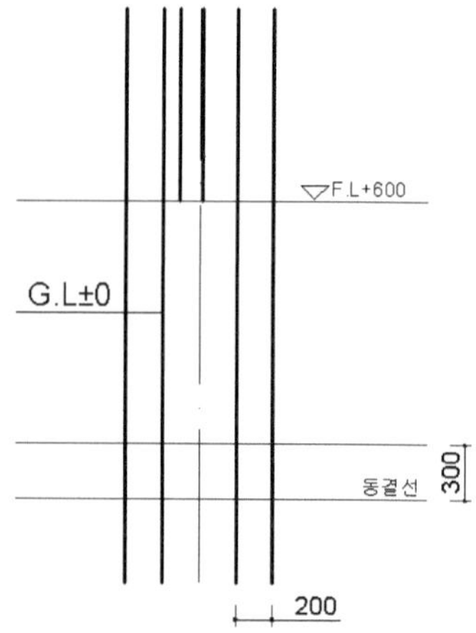

6. 기초판을 작성한다.
- Offset(명령)
- 기초판 높이 : 300

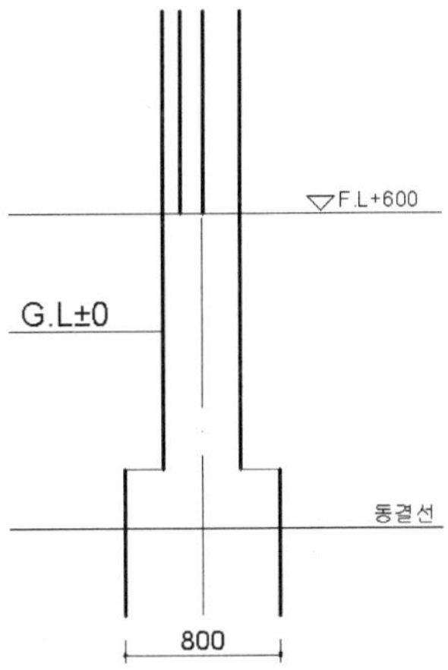

7. 선을 정리해 기초판을 완성한다.

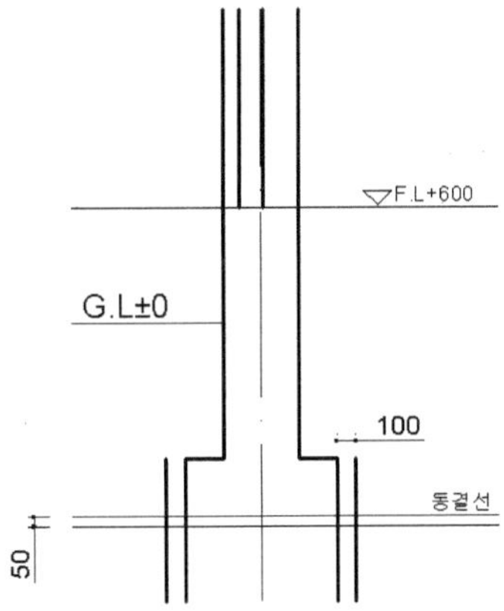

8. 버림콘크리트를 작성하기 위해 간격띄우기를 한다.

- Offset(명령)
- 버림콘크리트 두께 : 50

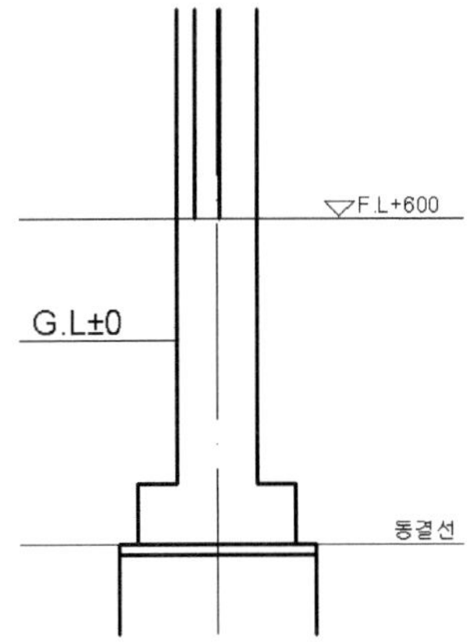

9. 선을 정리해 버림콘크리트를 완성한다.

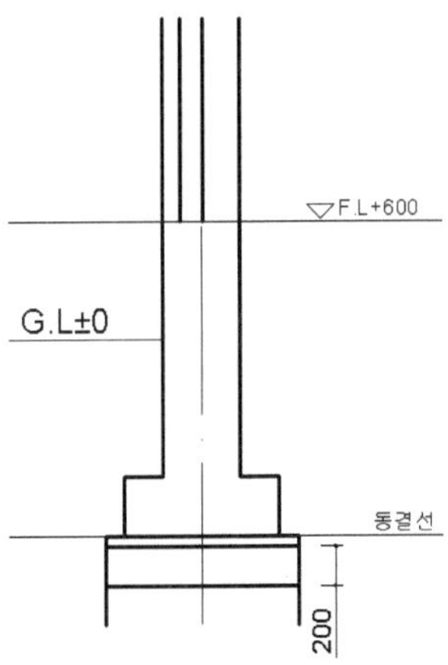

10. 잡석지정을 작성한다.

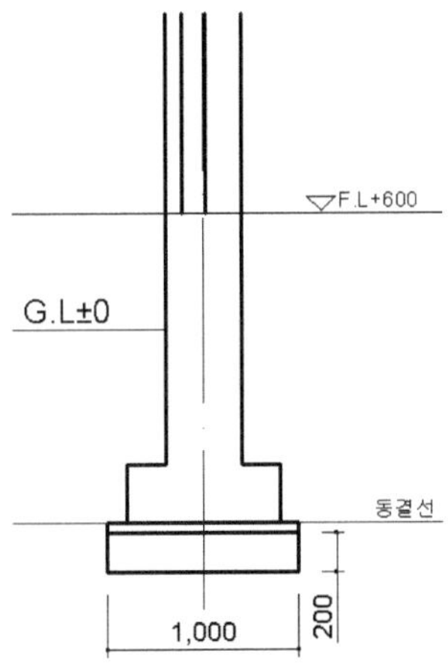

11. 잡석지정을 완성한다.

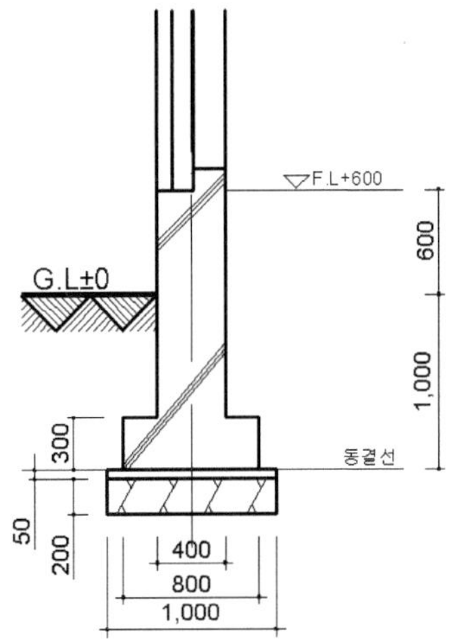

11. 완성

기초상식	동결선이란

지하수가 어는 깊이를 나타낸 한계선(기온이 영하로 내려가면 흙속의 수분들이 얼어버린다.) 얼어 있는 지반은 기온의 상승에 따라 서서히 녹는다. 기초 침하의 원인이 됨으로 기초는 동결선 이하에 둔다.

북부지역 : 1,200mm

중부지역 : 900mm

남부지역 : 600~700mm

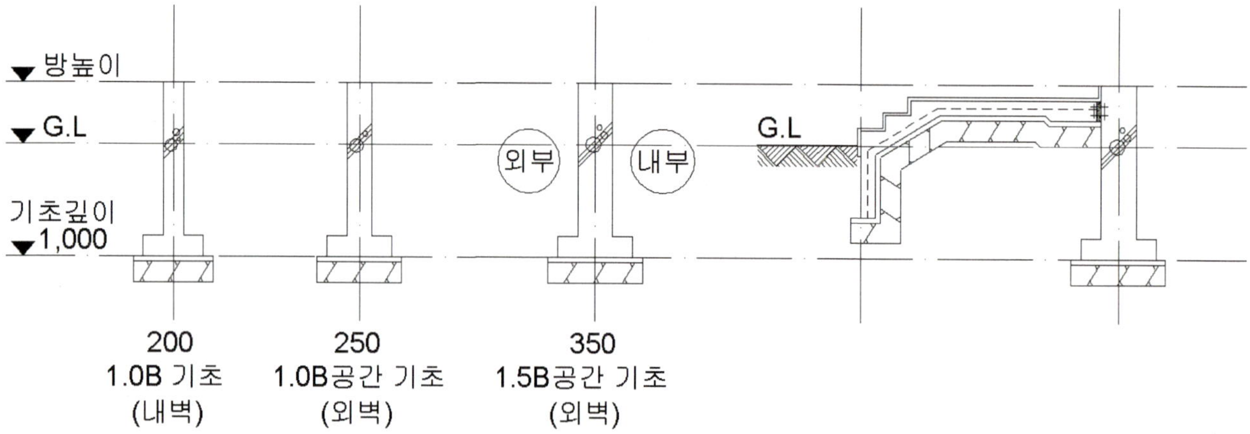

G.L선 그리기

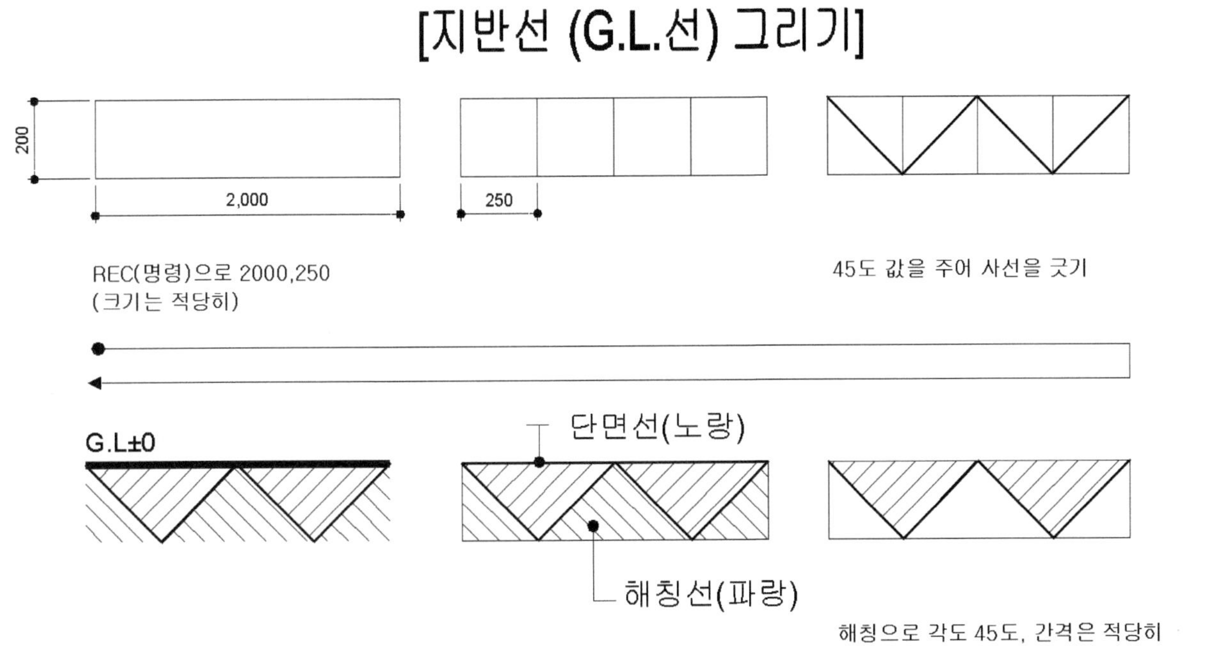

잡석 기호 표시

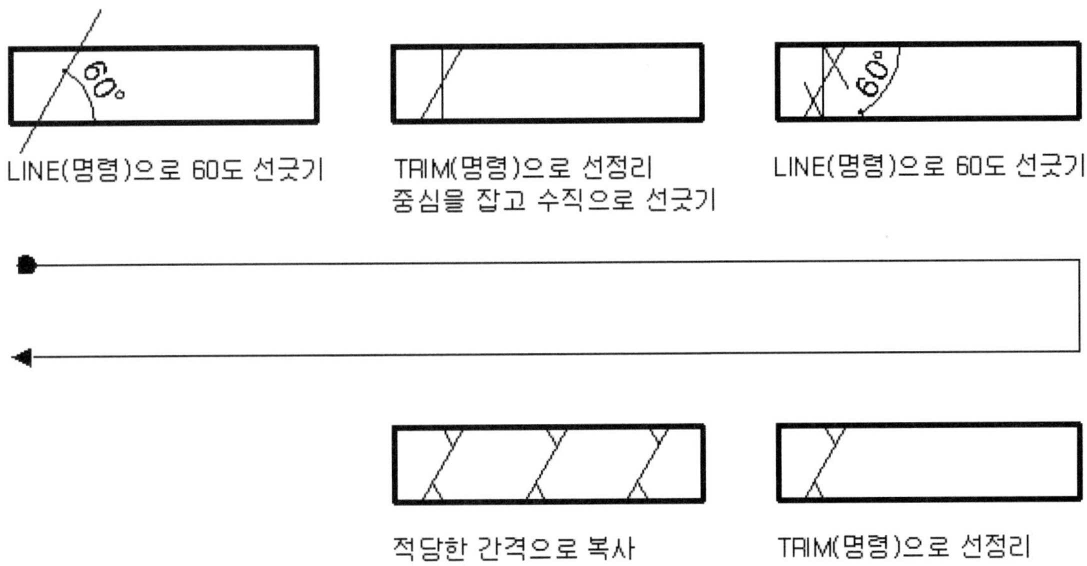

철근콘크리트 기호 표시

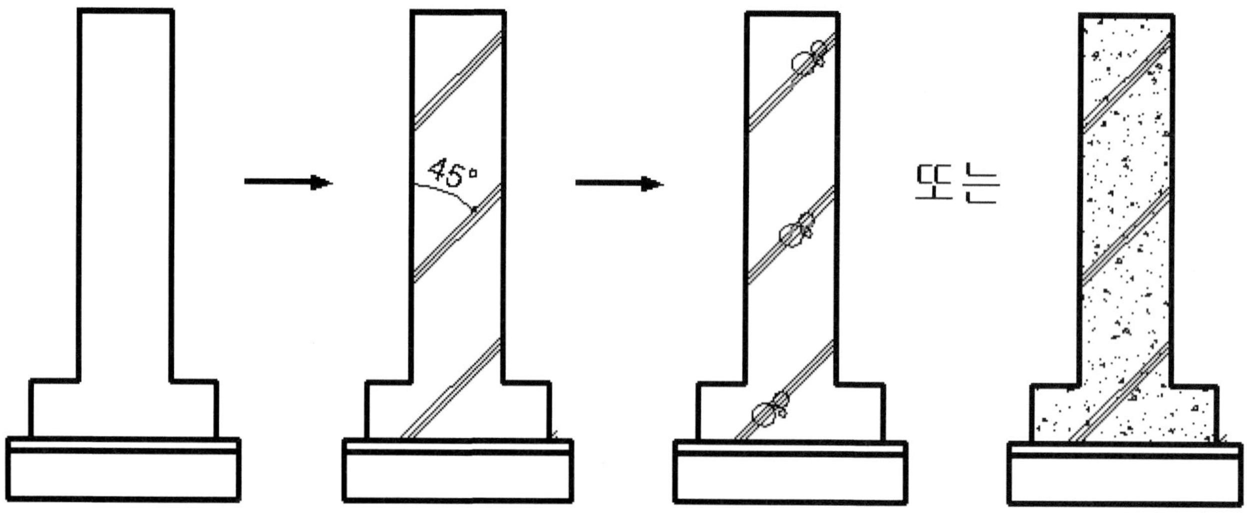

LINE(명령)으로 450도 선긋기
OFFSET(명령)으로 간격 20, 3줄

해칭(AR-CONC,
축척값 3~4정도)

1.0B공간쌓기 벽체 & 줄기초

■ (1.0B공간쌓기) 벽체 두께 : 90(0.5B) + 120(단열재) + 90(1.0B) = 300

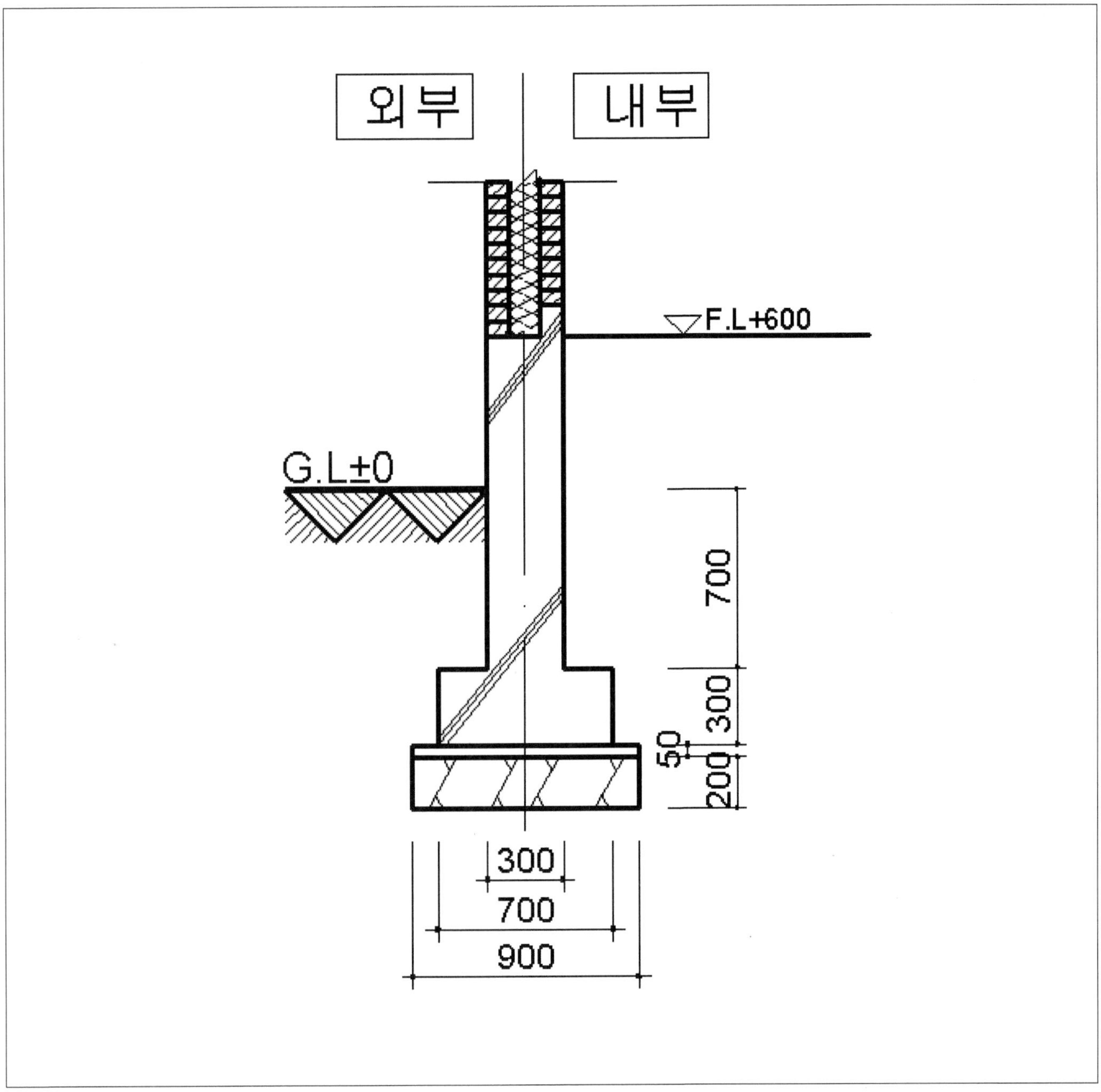

1.0B공간쌓기 벽체 & 줄기초 작도 순서

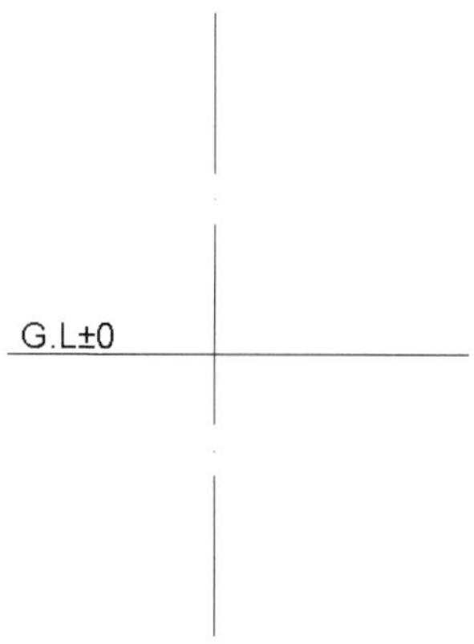

1. 공간쌓기를 작도하기 위한 기준선을 그린다.

- 지반선을 임의로 그린다. (수평선 임의로 그리기)
- 벽체 중심선을 임의로 그린다. (수직선 임의로 그리기)

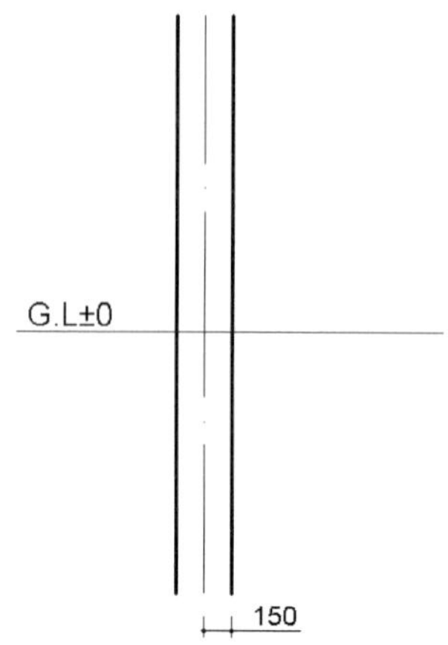

2. 벽체 전체 두께를 만든다.

- 벽체 두께를 계산해 Offset 명령으로 중심선에서 150

* 여기서는 1.0B 공간쌓기를 적용하며 다음의 치수를 적용하도록 한다.

- 벽돌크기 : 190x90x57
- 공간쌓기 : 120

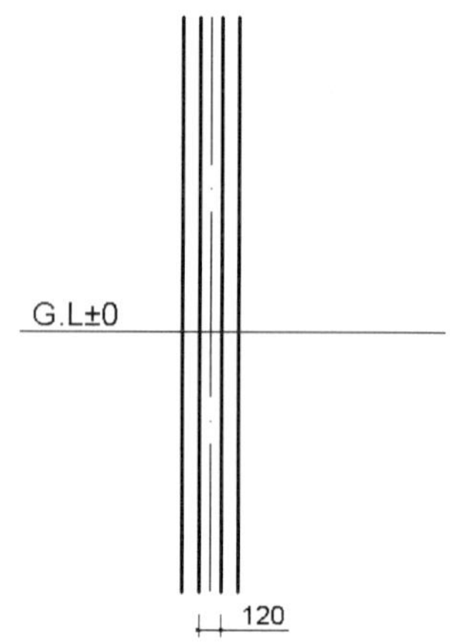

3. 벽체에 공간 쌓기(120) 등을 표현한다.

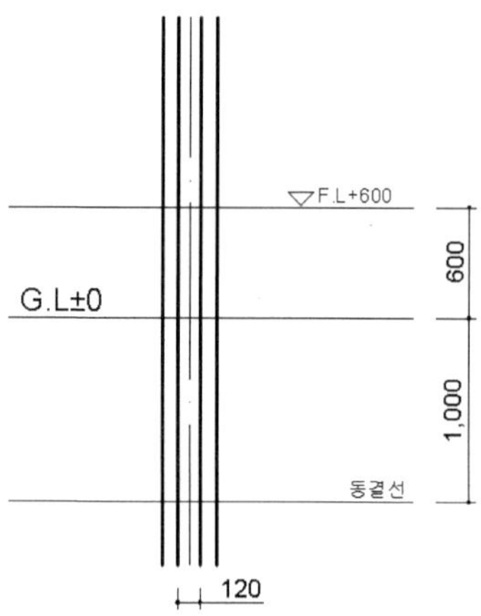

4. 기초 벽의 높이와 깊이를 표현한다.

- Offset(명령)
- 기초 벽 높이 : 실 높이와 같게 한다. => 여기서는 임의로 600으로 한다.
- 기초 벽 깊이 : 동결선 깊이까지 => 여기서는 1,000으로 한다.

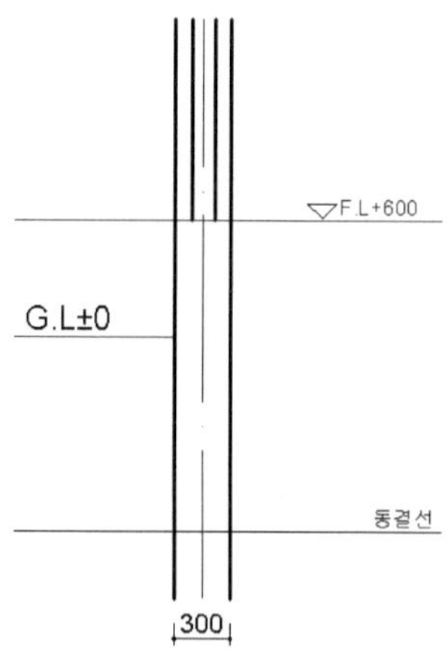

5. 기초벽 선을 정리한다.

- TRim(명령)

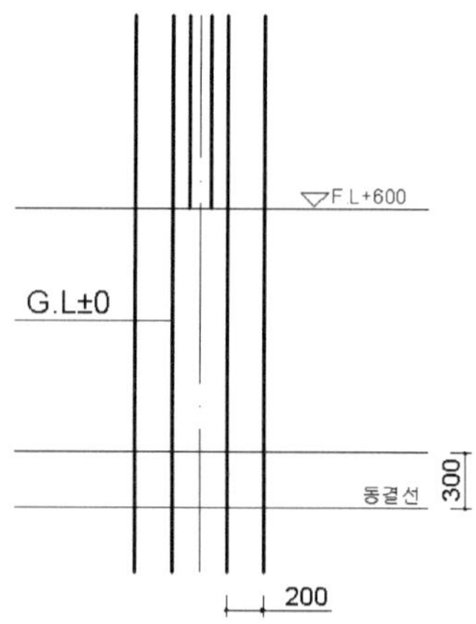

6. 기초판을 작성한다.

- Offset(명령) 200
- 기초판 높이 : 300

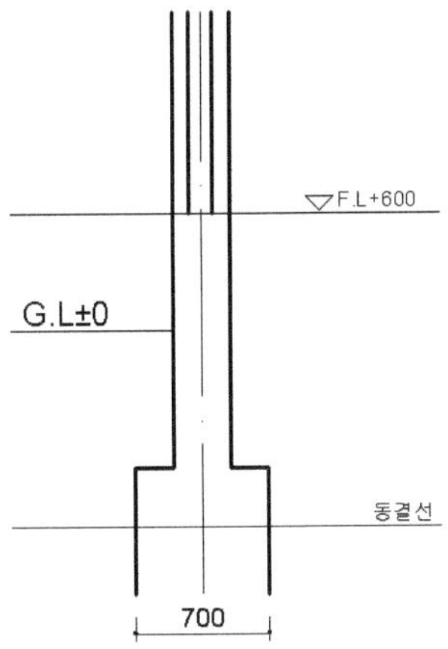

7. 선을 정리해 기초판을 완성한다.

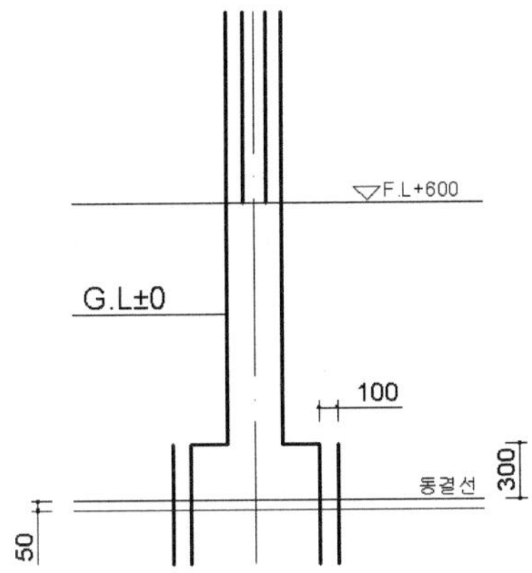

8. 버림콘크리트를 작성하기 위해 간격띄우기를 한다.

- Offset(명령)
- 버림콘크리트 두께 : 50

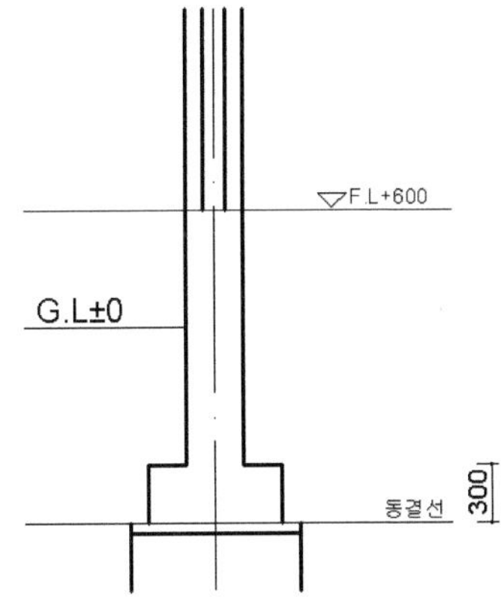

9. 선을 정리해 버림콘크리트를 완성한다.

- TRim(명령)

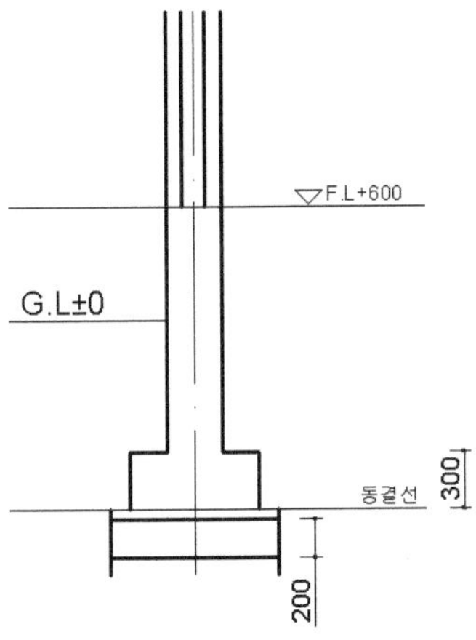

10. 잡석지정을 작성한다.

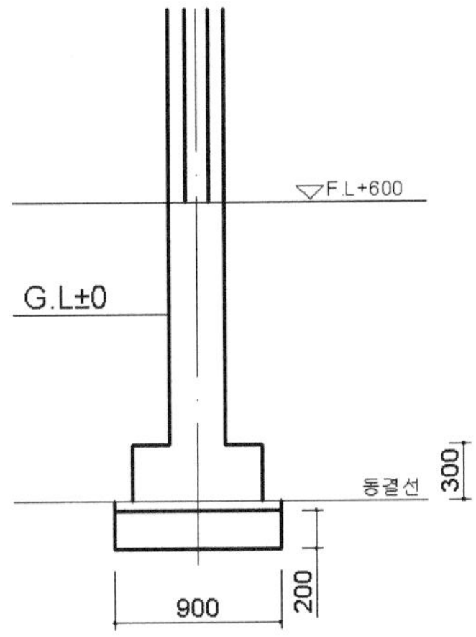

11. 잡석지정을 완성한다.

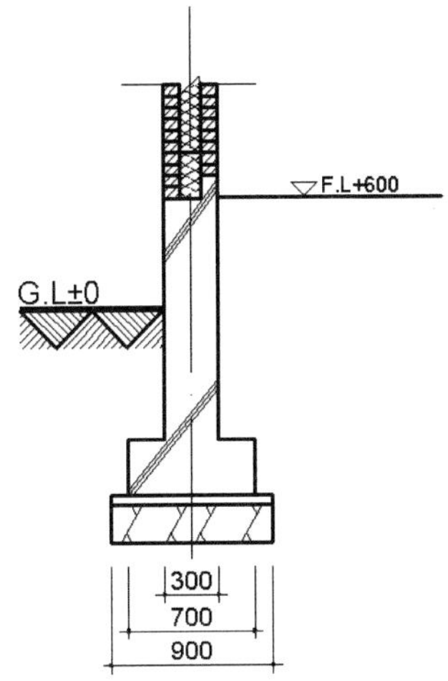

11. 완성

내벽기초

1.0B쌓기 벽체 & 줄기초

■ (1.0B쌓기) 벽체 두께 : 200

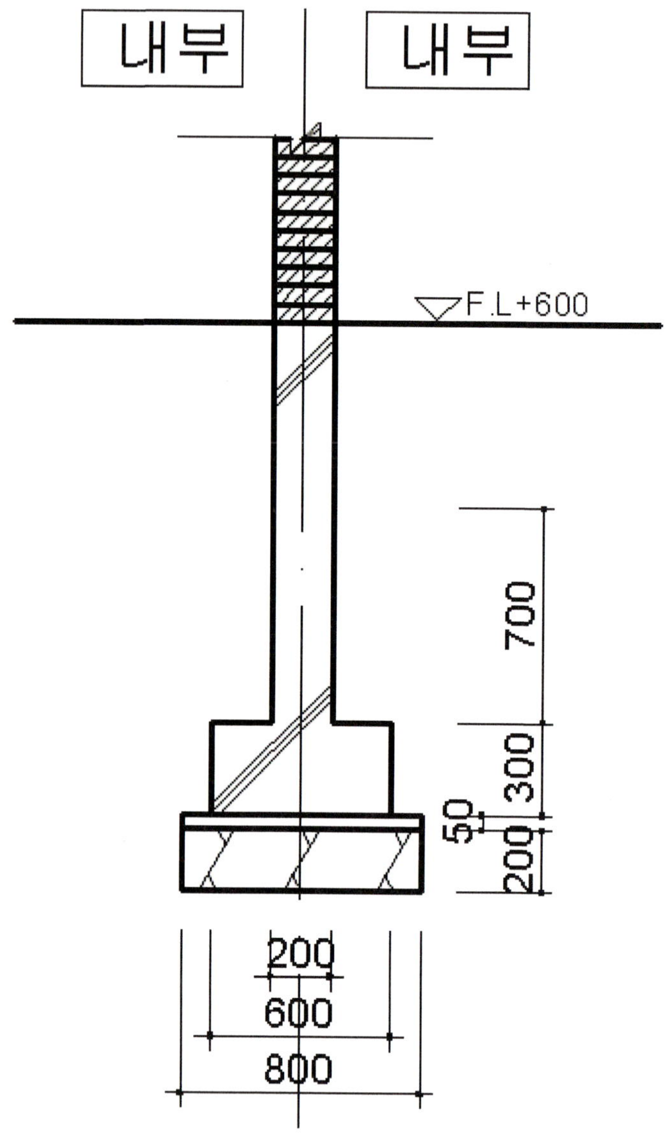

1.0B쌓기 벽체 & 줄기초 단면 작도 순서

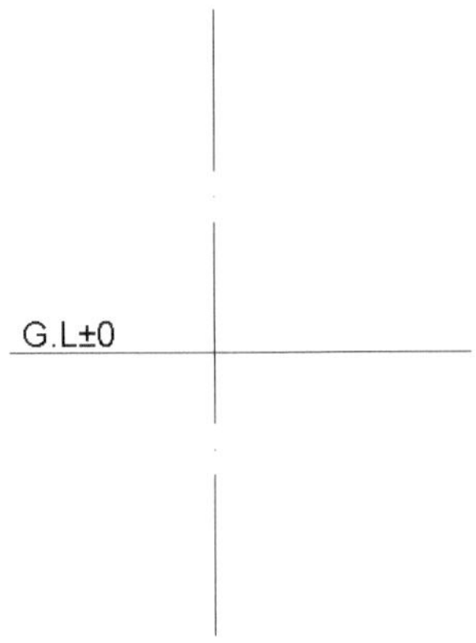

1. 1.0B쌓기를 작도하기 위한 기준선을 그린다.
- 지반선을 임의로 그린다. (수평선 임의로 그리기)
- 벽체 중심선을 임의로 그린다. (수직선 임의로 그리기)

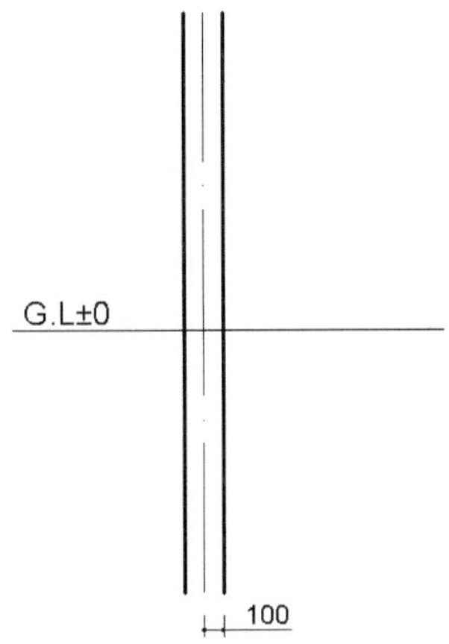

2. 벽체 전체 두께를 만든다.
- 벽체 두께를 계산해 Offset 명령으로 중심선에서 100

> * 여기서는 1.5B 공간쌓기를 적용하며 다음의 치수를 적용하도록 한다.
> - 벽돌크기 : 190x90x57
> - 공간쌓기 : 120

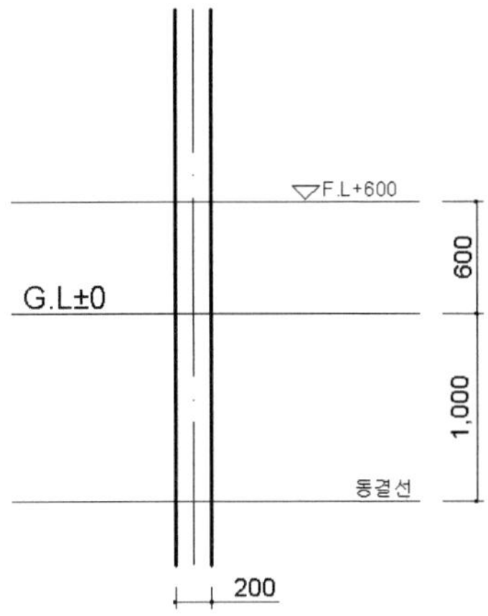

3. 기초 벽의 높이와 깊이를 표현한다.
- Offset(명령)
- 기초 벽 높이 : 실 높이와 같게 한다. => 여기서는 임의로 600으로 한다.
- 기초 벽 깊이 : 동결선 깊이까지 => 여기서는 1,000으로 한다.

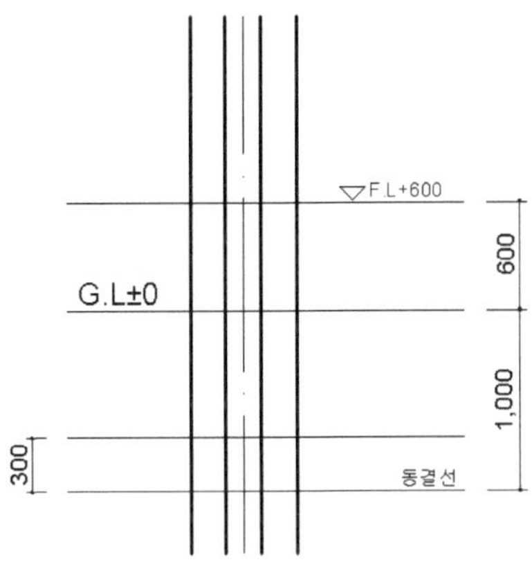

4. 기초판을 작성한다.
- Offset(명령)
- 기초판 높이 : 300

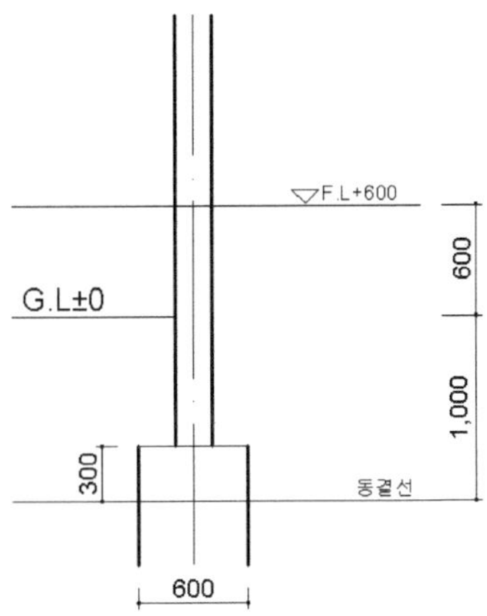

5. 선을 정리해 기초판을 완성한다.

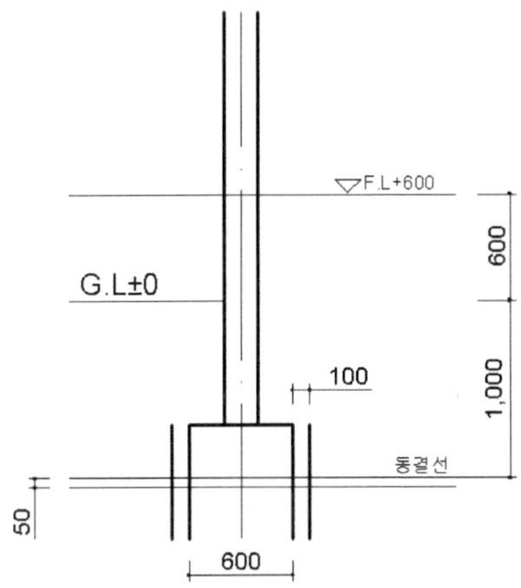

6. 버림콘크리트를 작성하기 위해 간격띄우기를 한다.
- Offset(명령)
- 버림콘크리트 두께 : 50

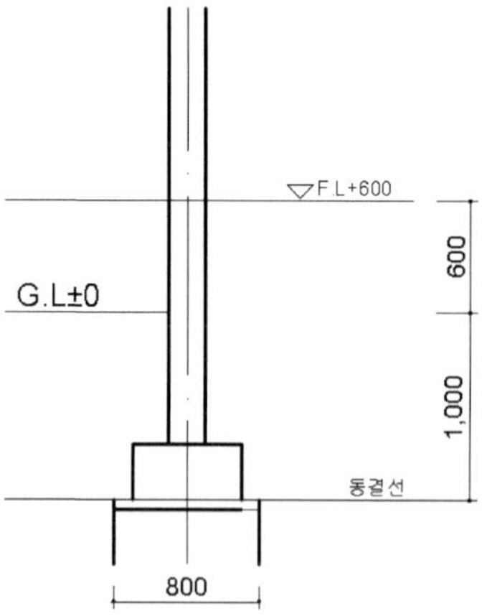

7. 선을 정리해 버림콘크리트를 완성한다.

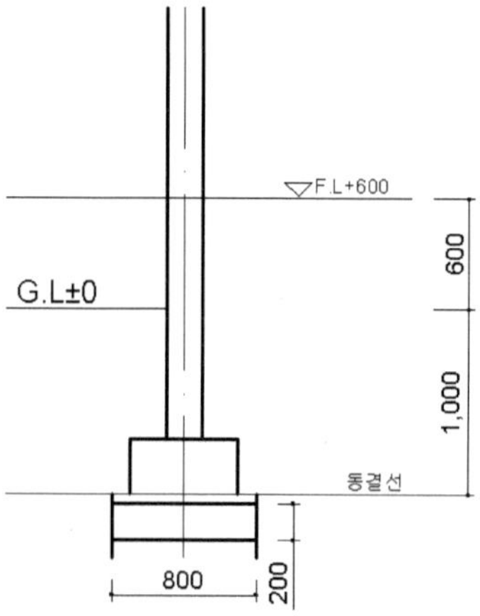

8. 잡석지정을 작성한다.

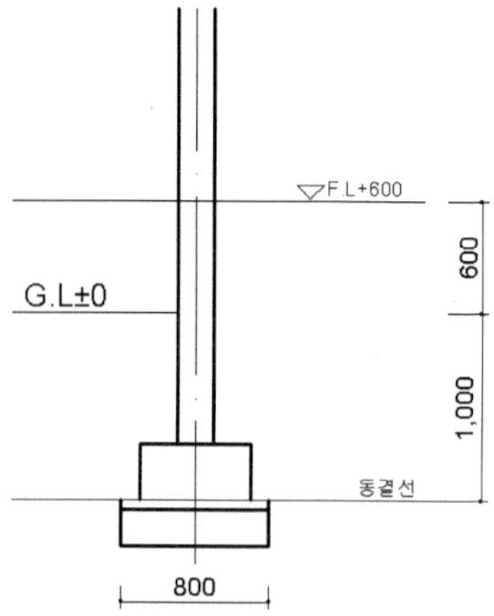

9. 잡석지정을 완성한다.

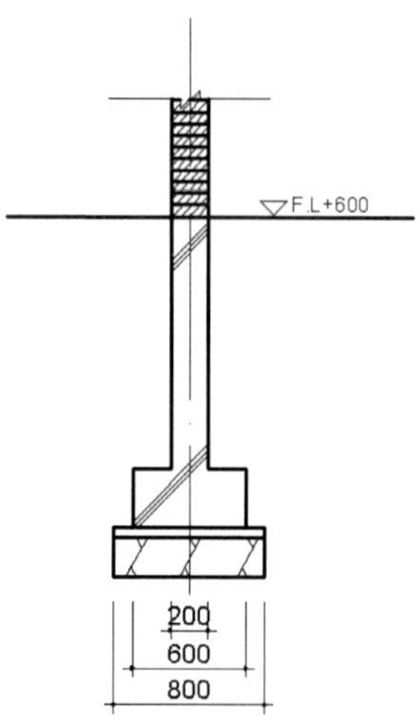

10. 완성

온통기초

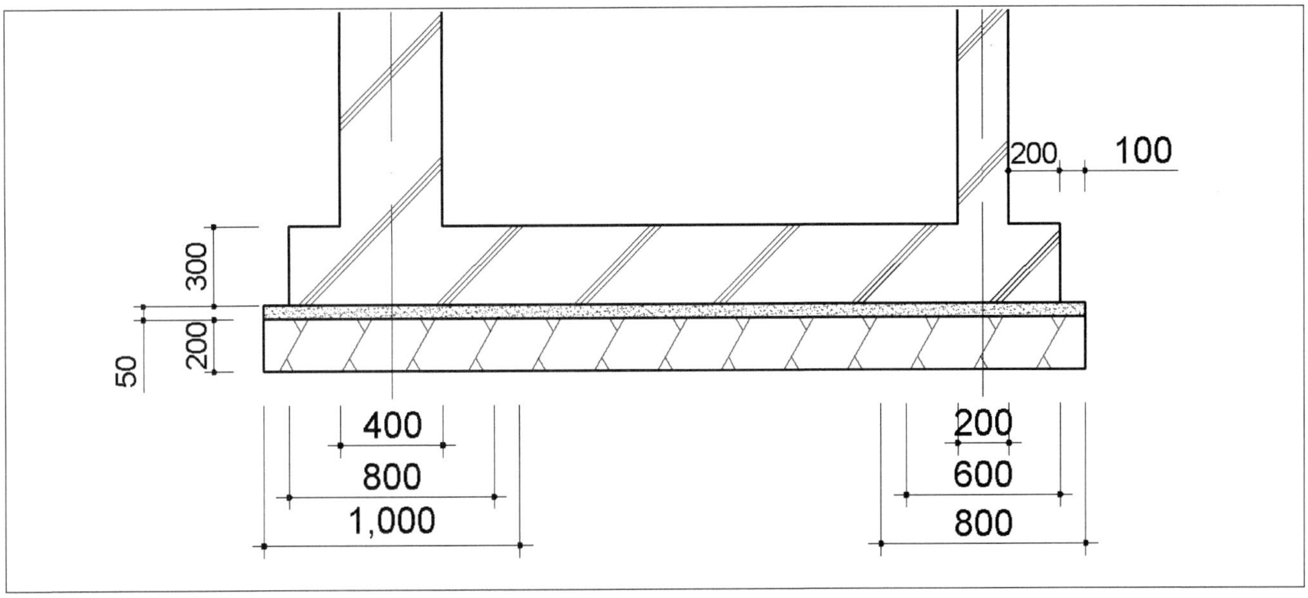

온통기초 단면 작도 순서

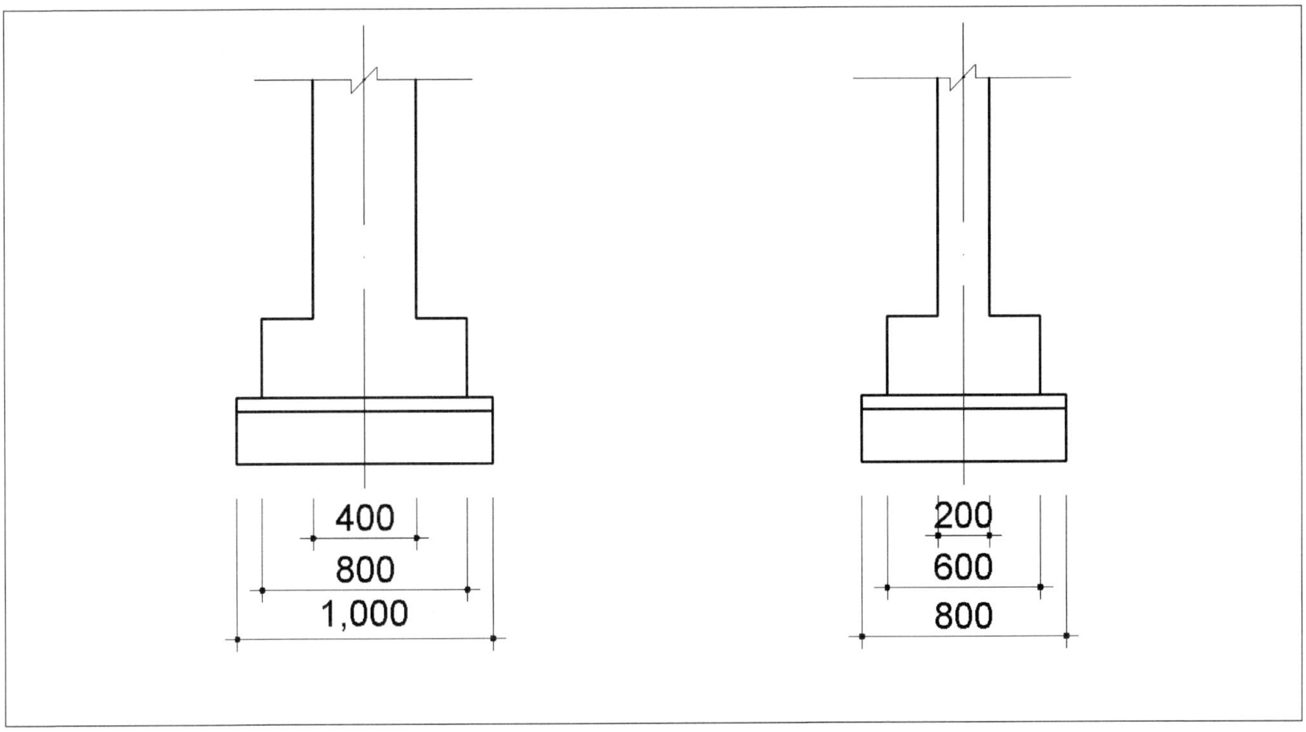

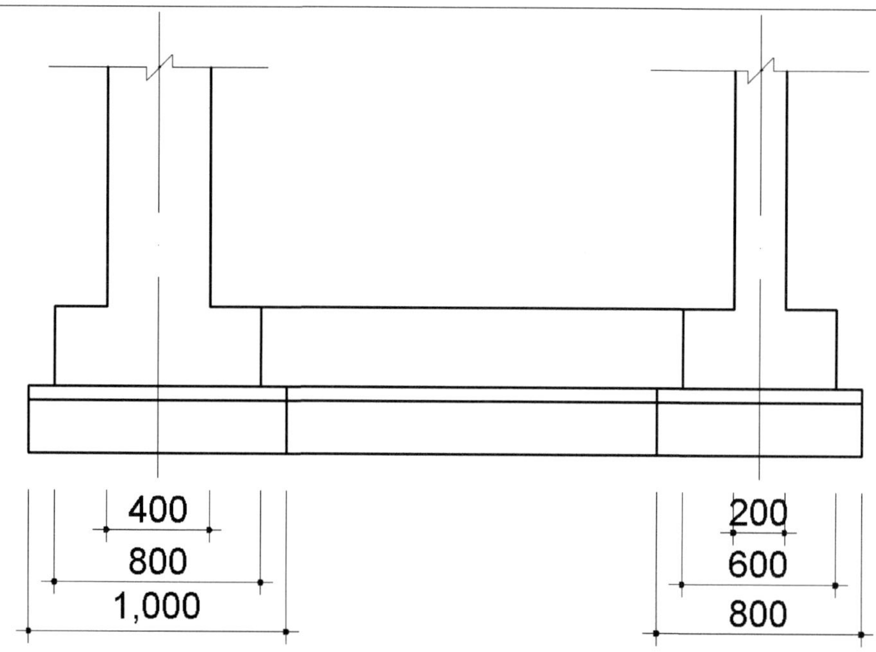
400
800
1,000
200
600
800

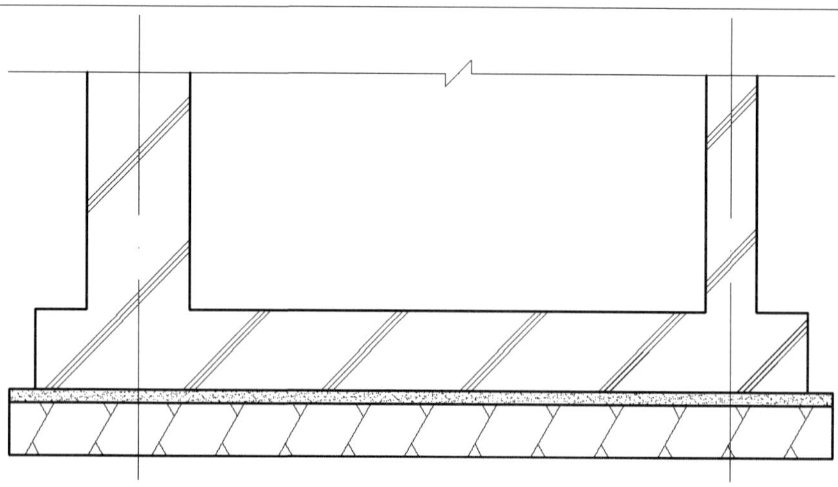

기타 줄기초 그리기

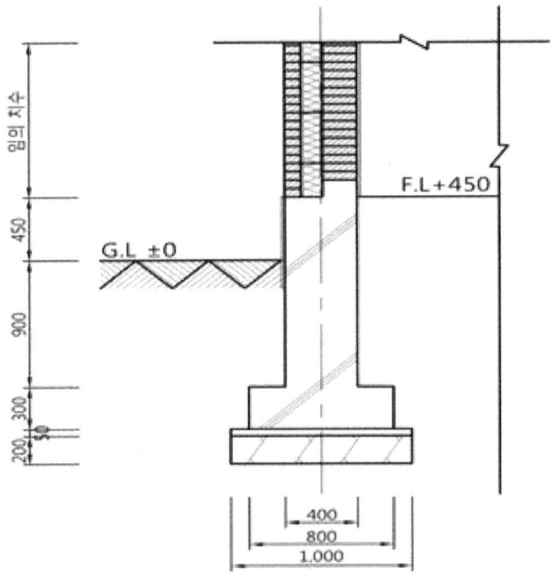

1.5B공간쌓기
(외벽)

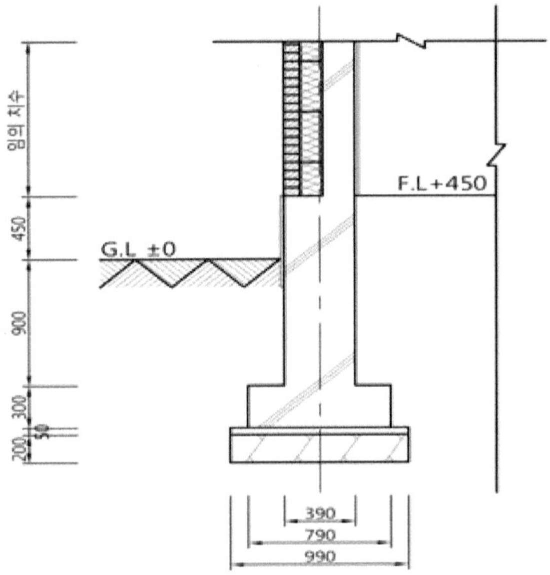

0.5B+콘크리트
(외벽)

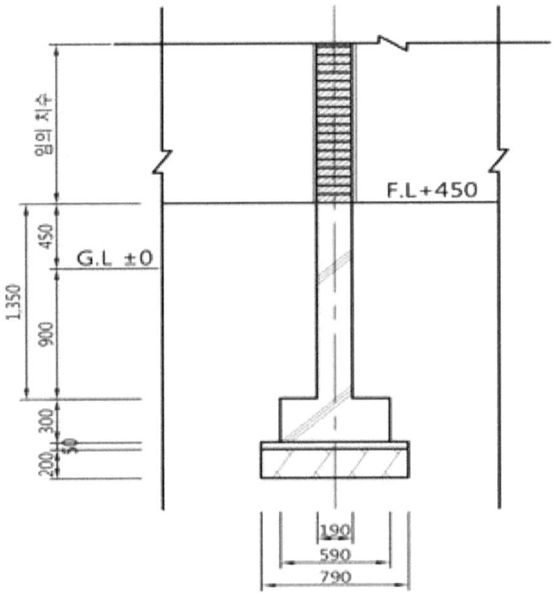

1.0B쌓기
(내벽)

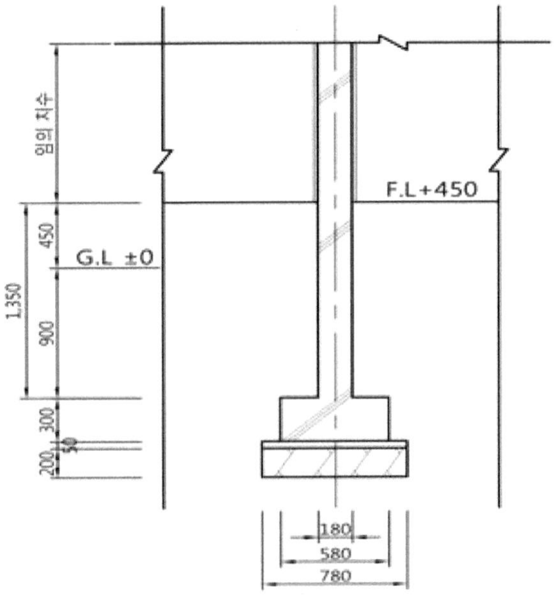

콘크리트
(내벽)

3.2. 벽체 그리기

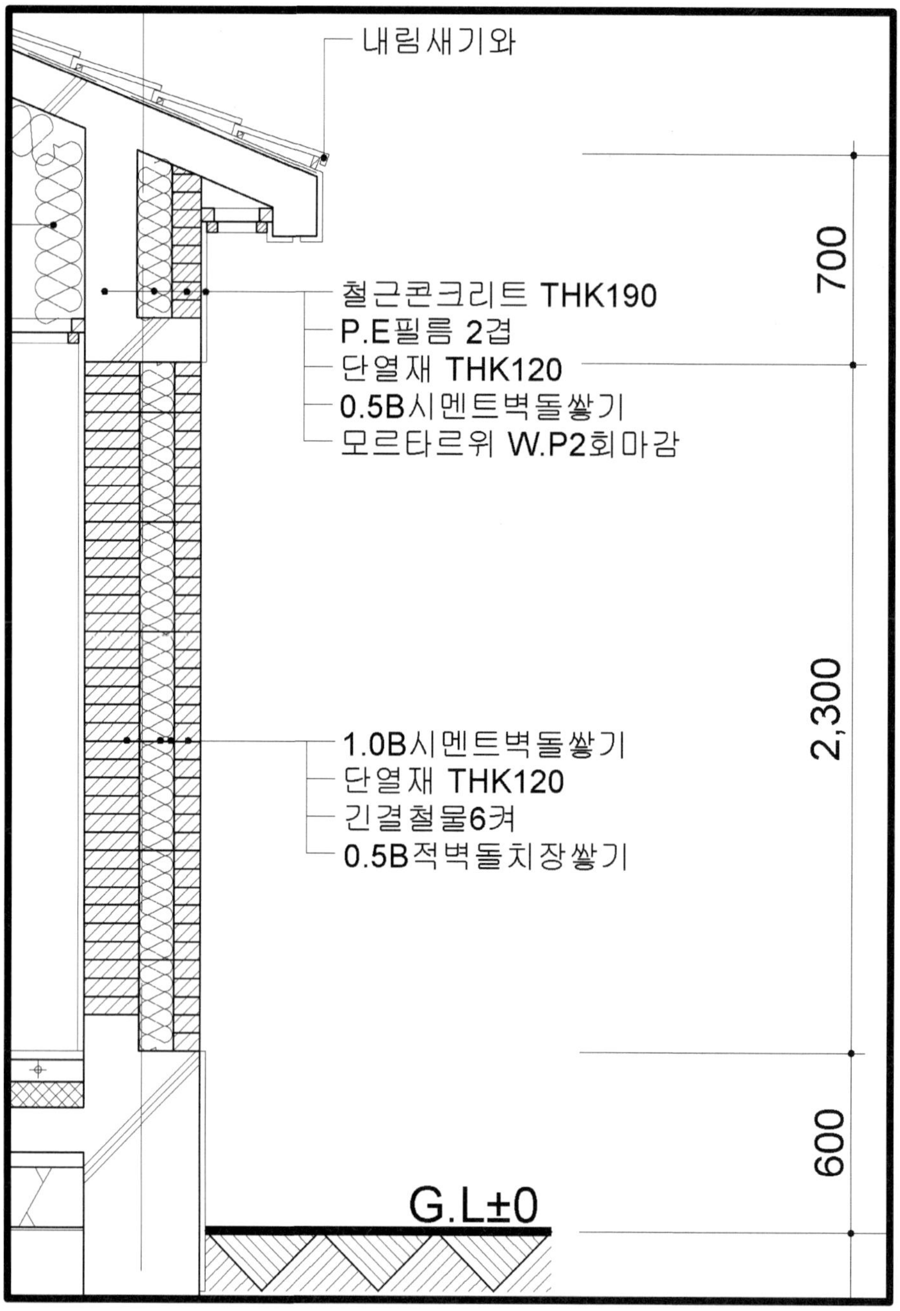

▼1.0B시멘트벽돌쌓기	시멘트벽돌을 길이방향으로 쌓기
▼단열재 THK120	단열재(두께120)
▼긴결철물6켜	공간쌓기에서 양쪽의 벽돌을 고정하여 긴결하는 철물(수직으로 6켜마다 1개씩 설치)
▼0.5B적벽돌치장쌓기	적벽돌을 마구리 방향으로 치장쌓기
▼P.E필름 2겹	바닥이나 벽을 통해 올라오는 습기를 차단하는 비닐(2장,두께0.02)
▼0.5B시멘트벽돌쌓기	시멘트벽돌을 마구리 방향으로 쌓기
▼마감모르타르 THK20	
▼모르타르위 W.P2회 마감	모르타르를 바른 후 수성페인트2회 칠
▼지정고급벽지마감	정해진 고급벽지로 마감

벽돌의 크기

- 벽돌의 크기는 190×90×57
- 일반적으로 200×100×60으로 작도 (줄눈10mm 포함)

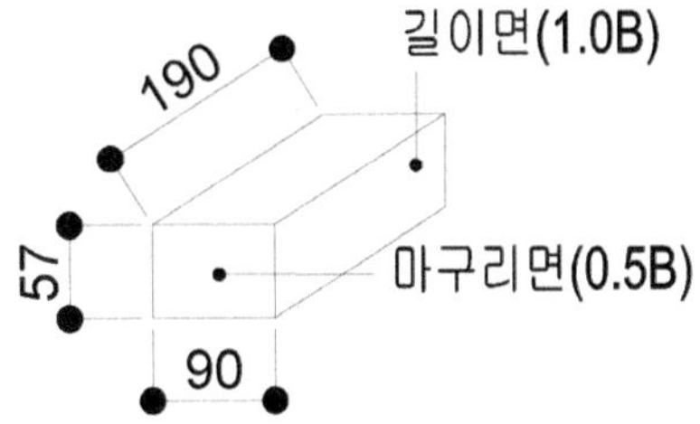

벽 두께에 따른 벽돌쌓기 방법

- 외벽용 : 단열재 들어감. 1.0B 1.5B
    - 1.5B공간쌓기=0.5B붉은벽돌(90)+단열재(120)+1.0B시멘트벽돌(190)=90+120+190=400
    - 1.0B공간쌓기=0.5B붉은벽돌(90)+단열재(120)+0.5B시멘트벽돌(90)=90+120+90=300
- 내벽용 : 단열재 안들어감. 1.0B 0.5B
    - 1.0B쌓기=1.0B시멘트벽돌=200
    - 0.5B쌓기=0.5B시멘트벽돌=100

1.5B 공간쌓기의 시공 순서도

1 1켜 쌓기

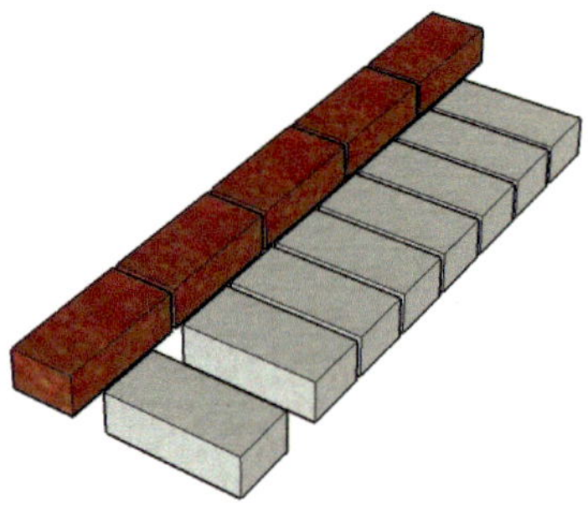

2 2켜 쌓기

3 긴결철물 끼우기

4 4켜 쌓기

5 단열재 시공

6 벽체 쌓기 마무리

7 미장

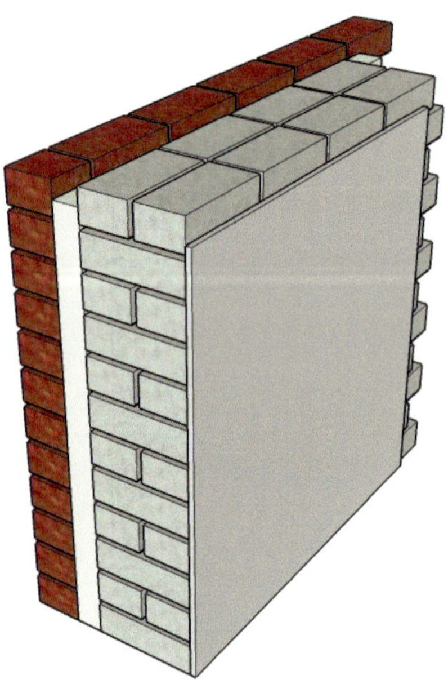

8 도배

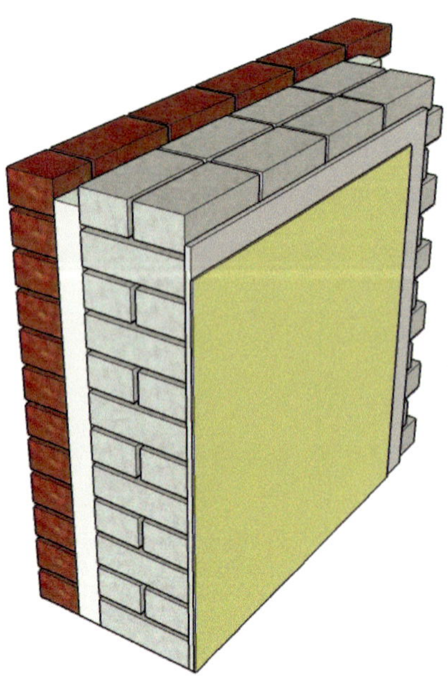

1.5B공간쌓기 단면 작도 순서

 1. 중심선 확인	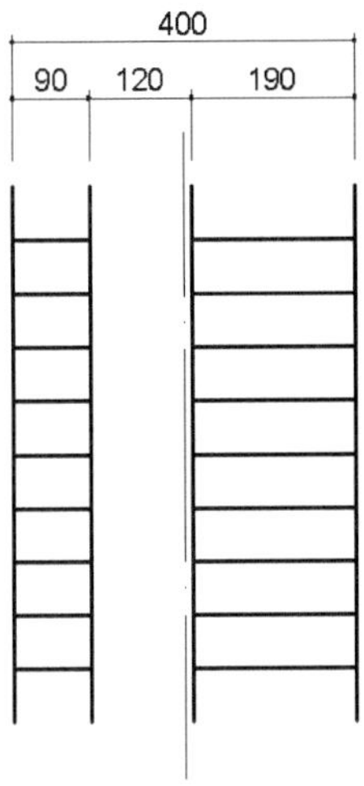 2. 벽체선을 그린다.	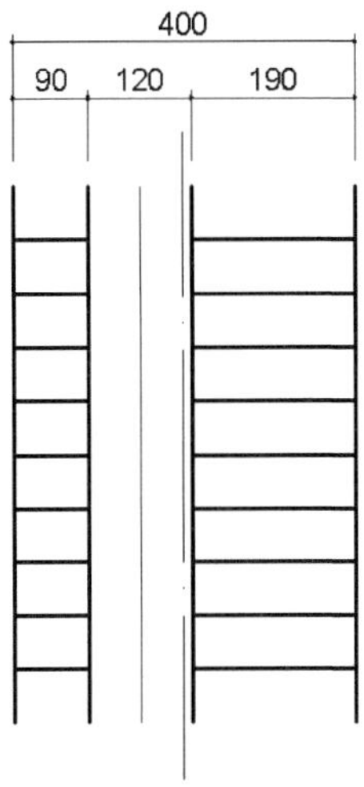 3. 단열재 부분 가운데선을 그린다. - 단열재: 파랑선
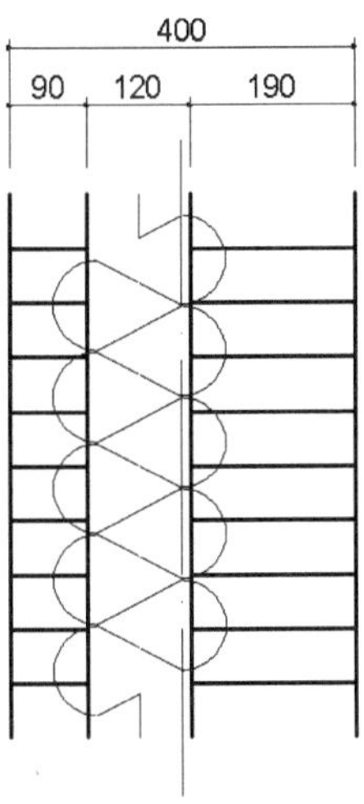 4. LineType에서 Batting으로 선택	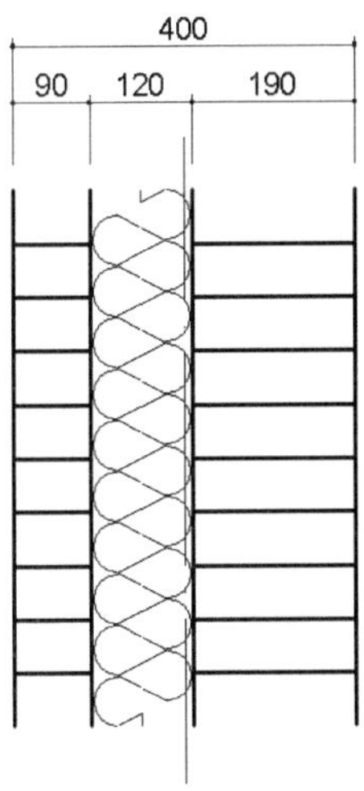 5. 단열재 부분 선택하고, (선 종류 축척) 조정	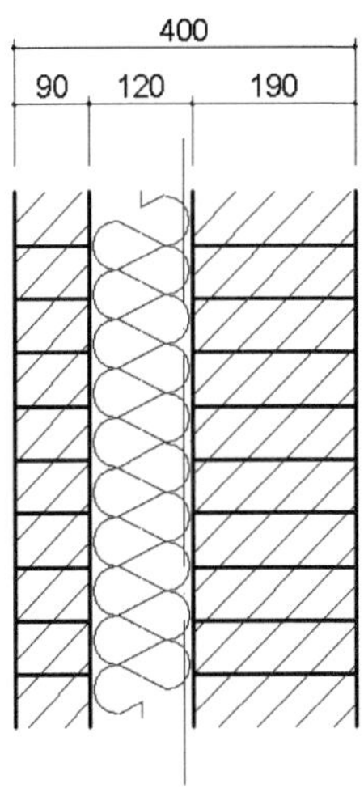 6. 해칭하기->완성

중심선의 위치 알아보기

- 1.5B 공간쌓기는 중심선의 위치가 평면도에 표시된 방법으로 한다.
- 1.5B 공간벽에는 중심선의 위치가 **[내측 내력벽의 중심에 있는 경우]**와 **[전체의 중심에 있는 경우]**가 있습니다.
- 1.5B 공간벽에서 중심선의 위치는 2가지가 있으나, 시험에서는 **[전체의 중심에 있는 경우]로** 그리는 것이 옳습니다.

내측 내력벽의 중심에 있는 경우

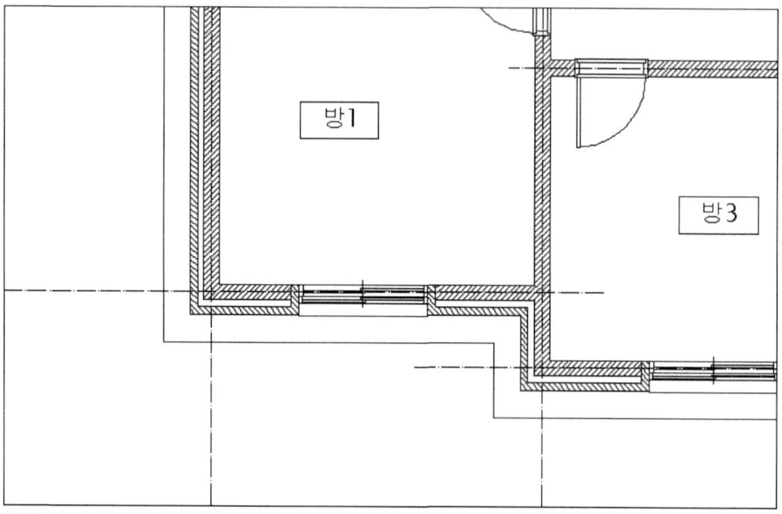

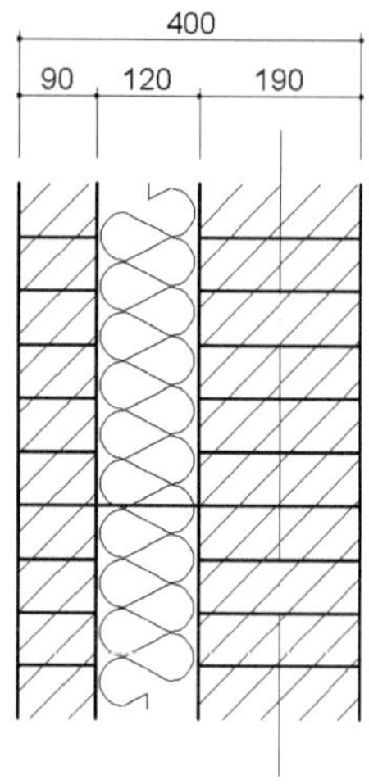

전체의 중심에 있는 경우

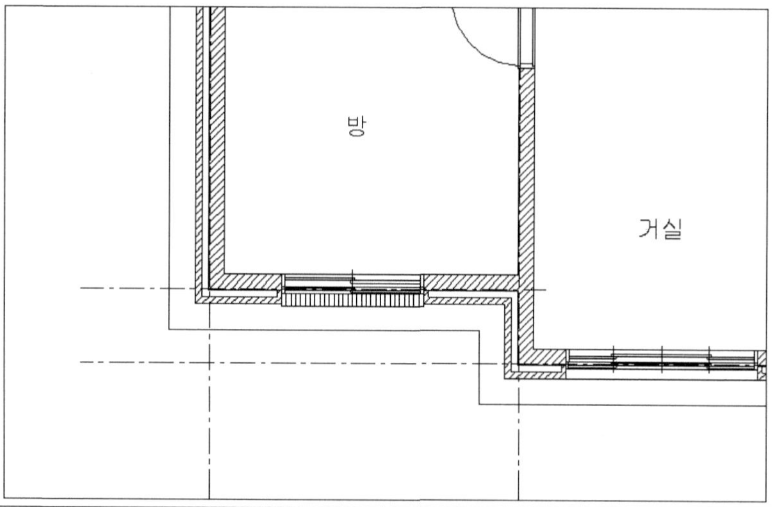

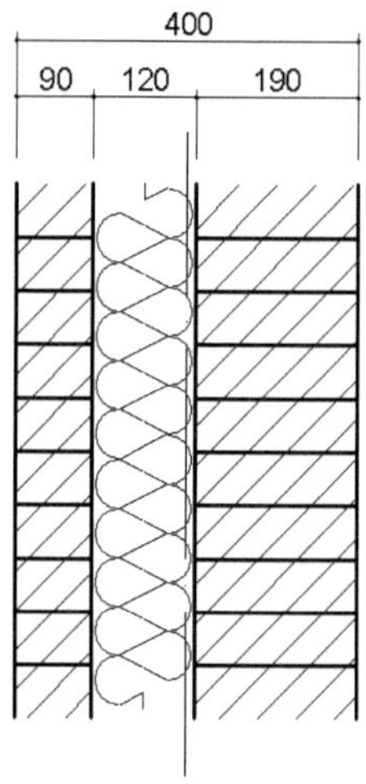

벽체의 두께

지금까지 출제된 벽체의 두께 종류를 살펴보면 3종류가 있습니다.

㉮ 1.0B 내 벽: 내부에 시멘트벽돌 1.0B (단열재 없음), (200 벽체)

㉯ 1.0B 공간벽: 외부로부터 0.5B 붉은벽돌, 단열재 120mm, 내부에 시멘트벽돌 0.5B (300 벽체)

- 붉은벽돌(90)+단열재(120)+시멘트벽돌(90) = 300mm

㉰ 1.5B 공간벽: 외부로부터 0.5B 붉은벽돌, 단열재 120mm, 내부에 시멘트벽돌 1.0B (400 벽체)

- 붉은벽돌(90)+단열재(120)+시멘트벽돌(190)= 400mm

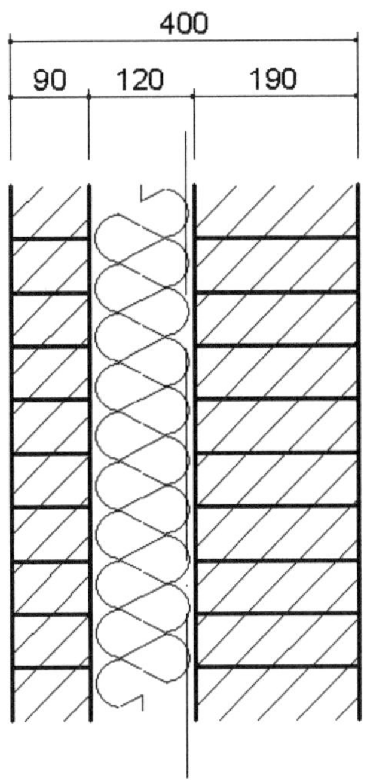

1.5B공간벽(외벽)

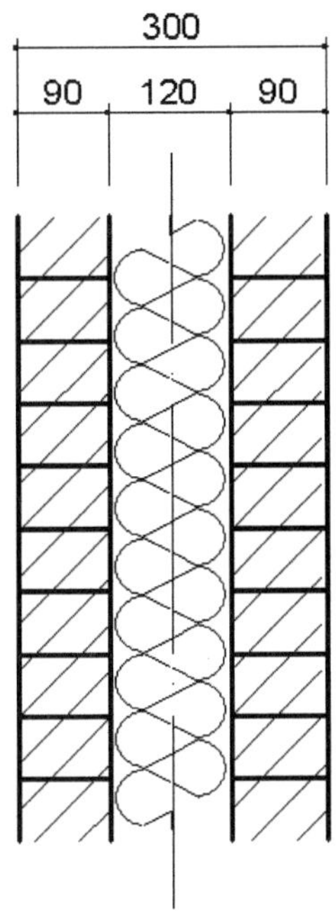

1.0B공간벽(외벽)

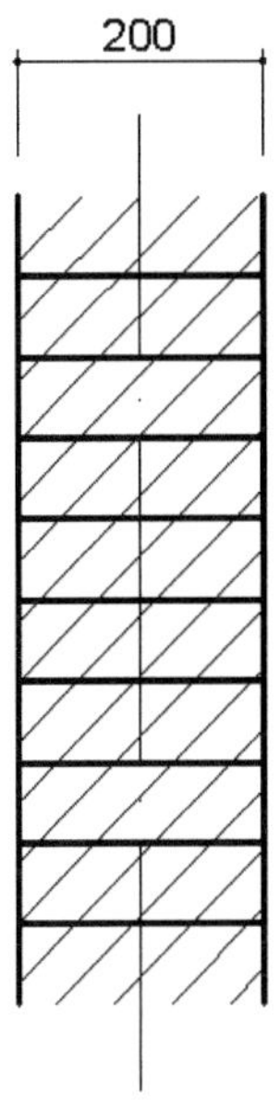

1.5B벽(내벽)

공간벽(단열재)의 두께를 70mm로 주었을 때...

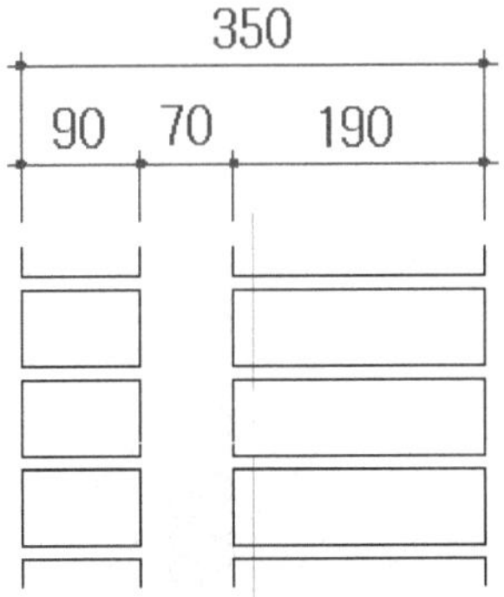

기초상식

벽돌쌓기(벽체의 두께)

■ 벽돌의 치수는 190x90x57이며 표준몰탈의 두께는 10mm를 표준으로 합니다.

(벽돌 한장의 길이를 1.0B로 표시합니다.)

그러나 설계에서는 <시공오차>와 <제도 편의상> 다음과 같이 합니다.

벽체의 두께는 축척에 따라 달리 그리는데 1/30~1/50축척에서는 1.5B 공간벽은 400, 1.0B 공간벽은 300으로 그립니다.

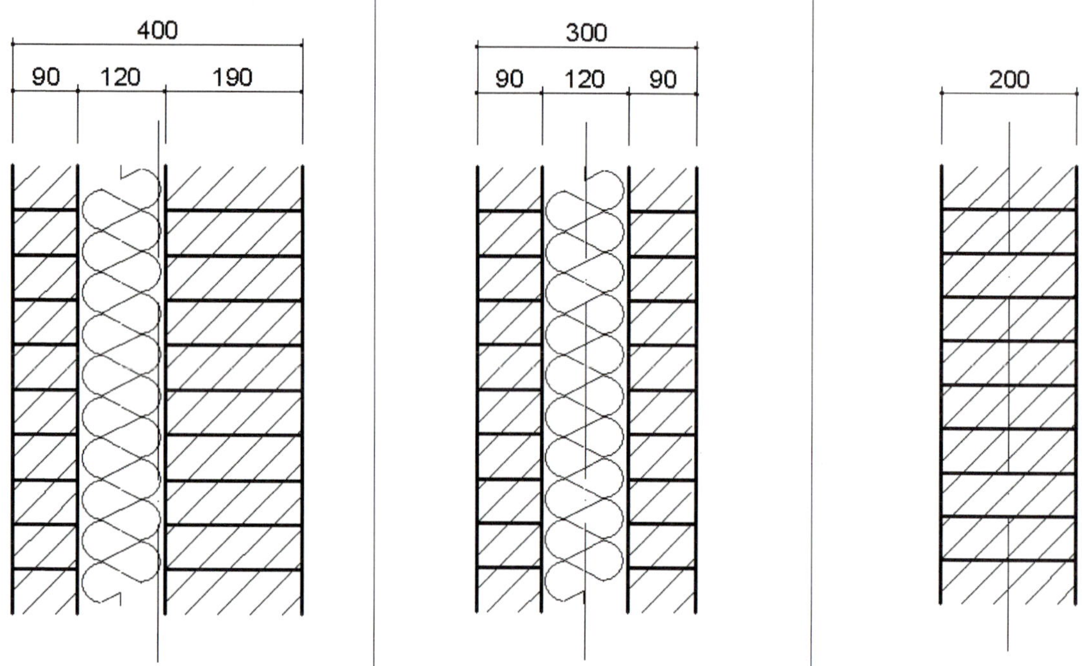

1.5B공간벽(외벽) | 1.0B공간벽(외벽) | 1.5B벽(내벽)

■ 벽체의 종류

㉠ **1.5B 공간벽:** • 외부로부터 적벽돌 0.5B, 단열재(120mm), 시멘트벽돌 1.0B
• 가공오차와 제도의 편의성을 고려하여 400으로 그립니다.

㉡ **1.0B 공간벽:** • 외부로부터 적벽돌 0.5B, 단열재(120mm), 시멘트벽돌 0.5B
• 가공오차와 제도의 편의성을 고려하여 300으로 그립니다.

㉢ **1.0B 내 벽:** • 시멘트벽돌 1.0B
• 정확한 두께는 190mm이나 200으로 그립니다.

■ 벽돌높이: 모르타르를 포함한 벽돌의 높이는 57+10=67mm이나 몰탈을 포함하여 70의 두께로 그립니다.

벽돌 쌓기 단면 상세도

작도순서

① 중심선을 설정한다.

② 중심선을 기준으로 공간과 벽체가 대칭을 이루도록 나눈다.

③ 그림을 참고하여 입. 단처리를 하여 도면을 완성시킨다.

◎ 벽돌의 치수

일반형 190X90X57
재래형 210X100X60

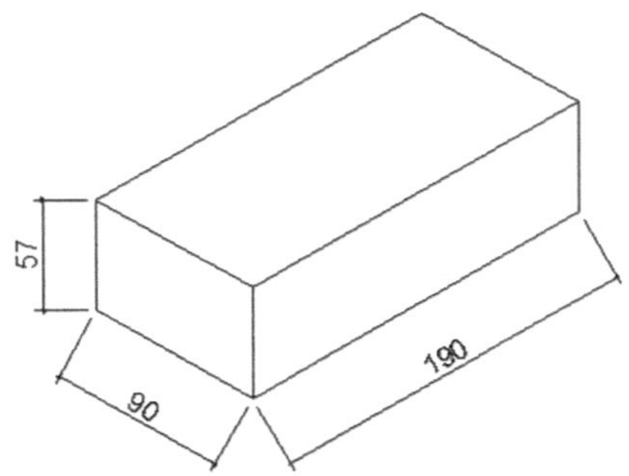

1.0B 쌓기

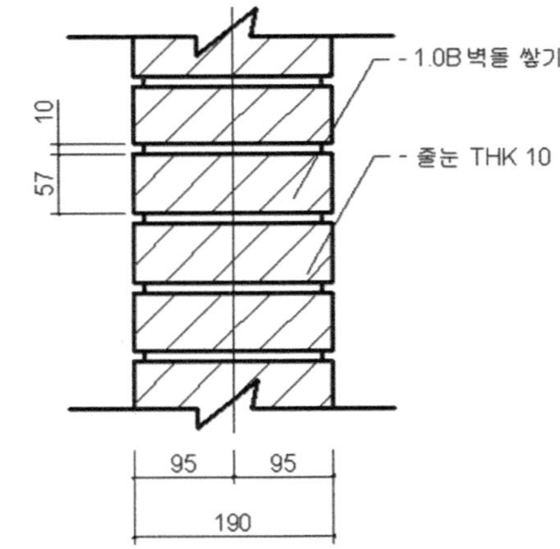

1.0B 공간 쌓기

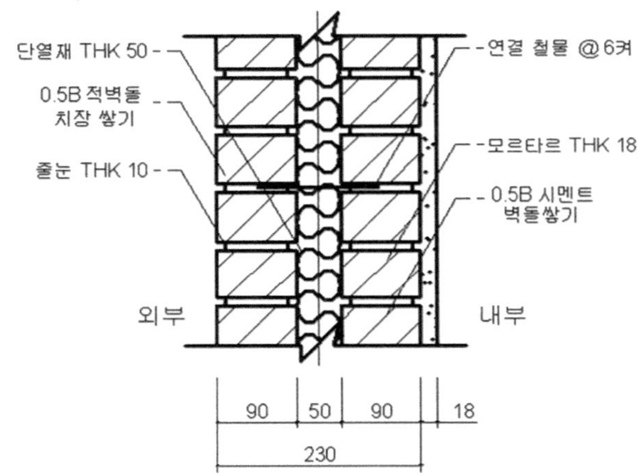

1.5B 공간 쌓기

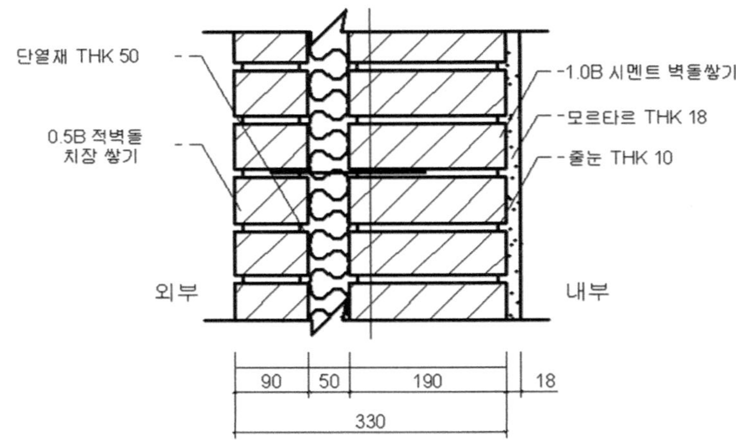

축척별 사용하는 치수

1.5B 공간벽

축척 1/5~1/10

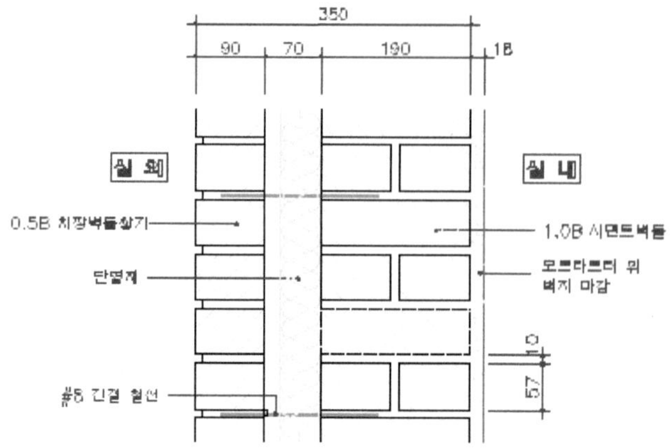

축척 1/30~1/50

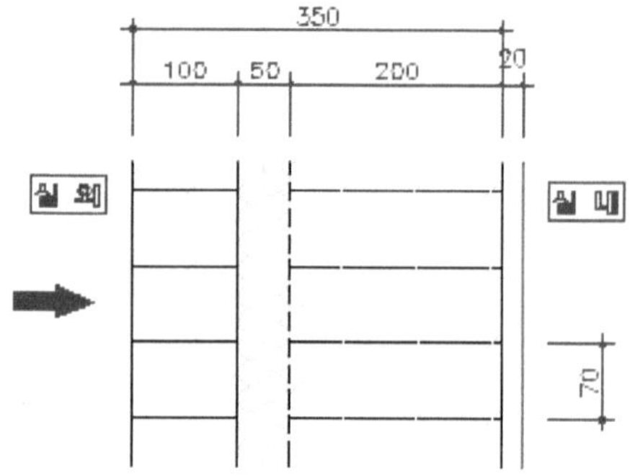

1.0B 공간벽

축척 1/5~1/10

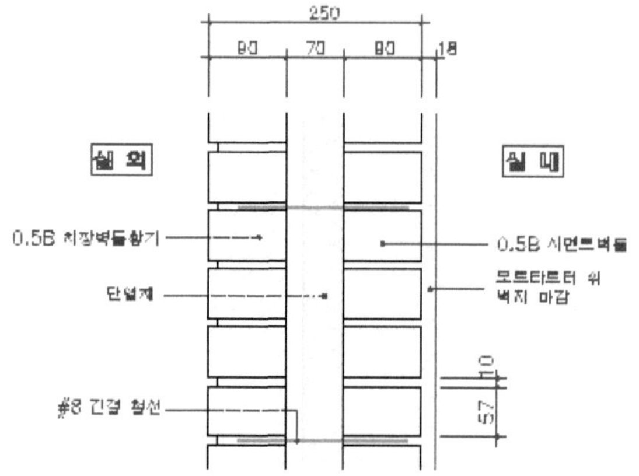

축척 1/30~1/50

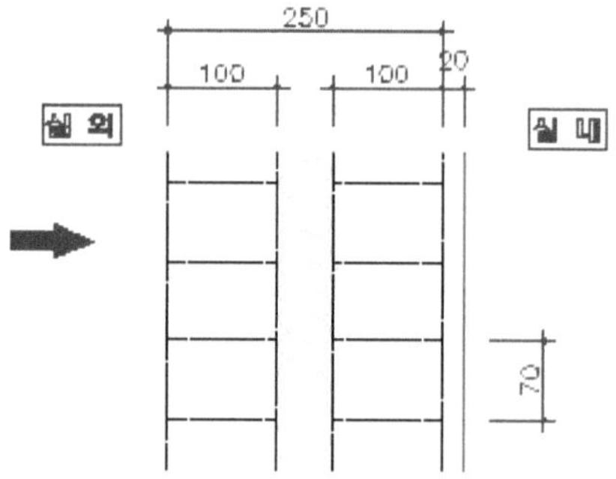

1.0B 실내벽

축척 1/5~1/10

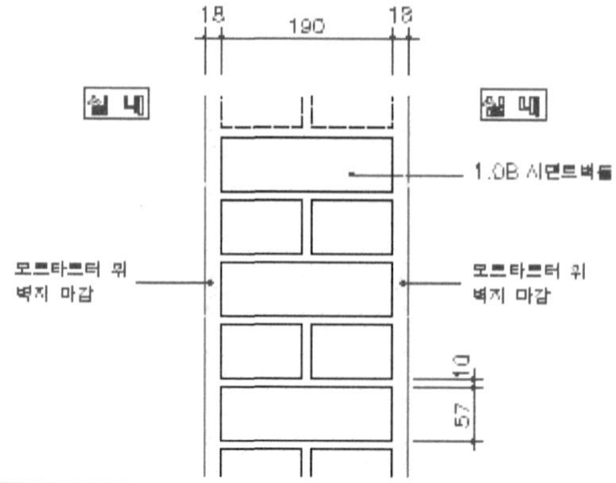

축척 1/30~1/50

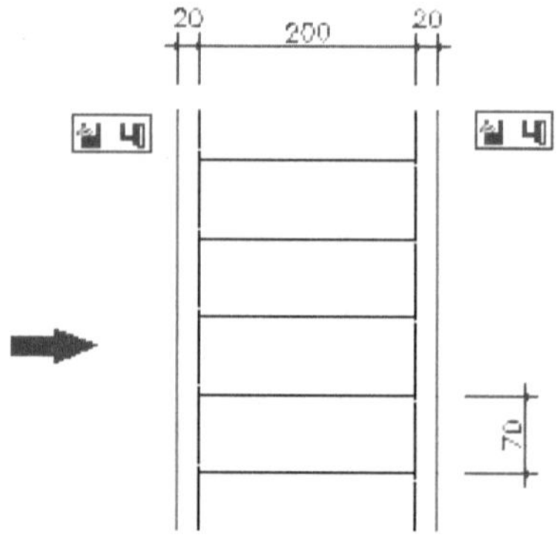

콘크리트 벽과 벽돌벽이 혼합되었을 때 벽의 두께

외벽 : 외부로부터 붉은벽돌 0.5B, 단열재 65mm, 콘크리트옹벽 150mm로 하고 외부마감은 제물치장으로 한 경우

	1/5~1/10 축척	1/30~1/50 축척	
1.5B 공간벽	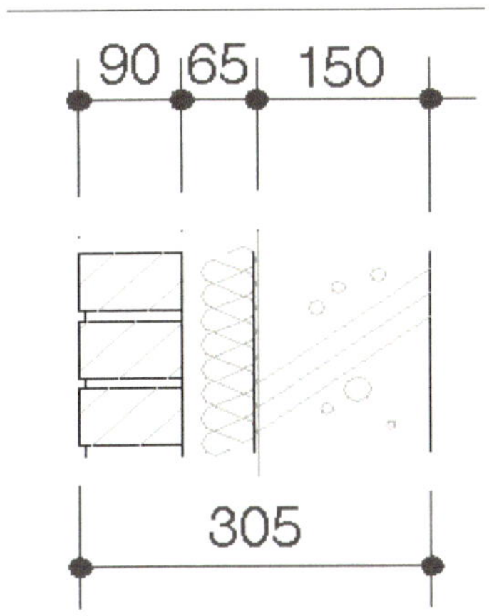	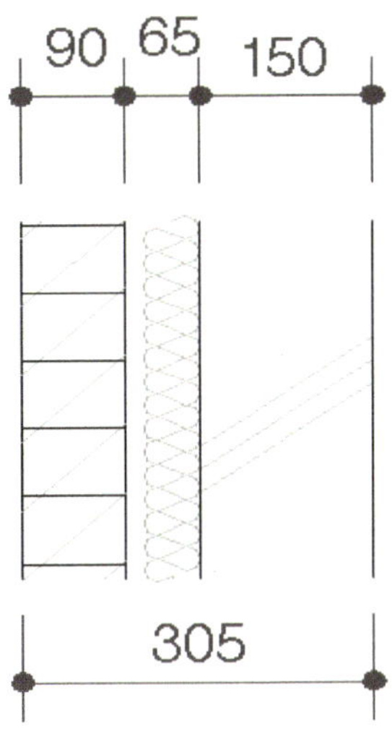	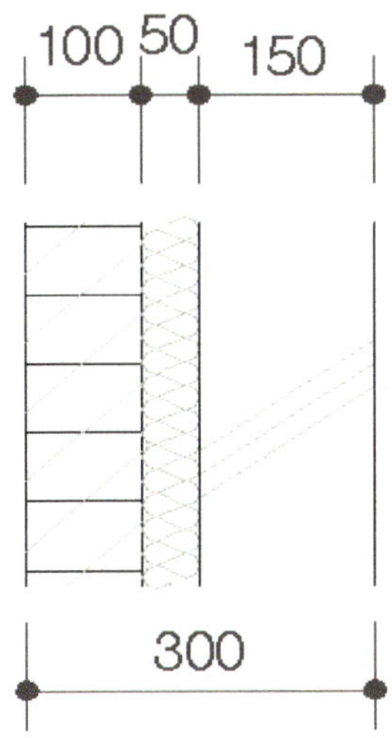

기초상식 모르타르 마감 등 마감재료의 표시

■ 마감재료의 표시

- 설계에서 작게 그려지는 도면에는 원칙적으로 마감재료의 두께는 표시하지 않습니다. 현장의 여건에 따라 적절히 증감하기 때문입니다.
- 두께는 현장에 따라 변화합니다. 그러므로 너무 두께에 연연하지 말고, CAD작도시 30mm정도로 하여 그립니다.
- 마감재료는 마감선(초록)으로 마감선도 단면선이지만 굵은선으로 그리면 벽돌이나 콘크리트 등의 단면선과 붙어 버립니다.
- 마감재료는 모르타르 마감, 타일 마감이 있습니다.

3.3. 바닥 그리기

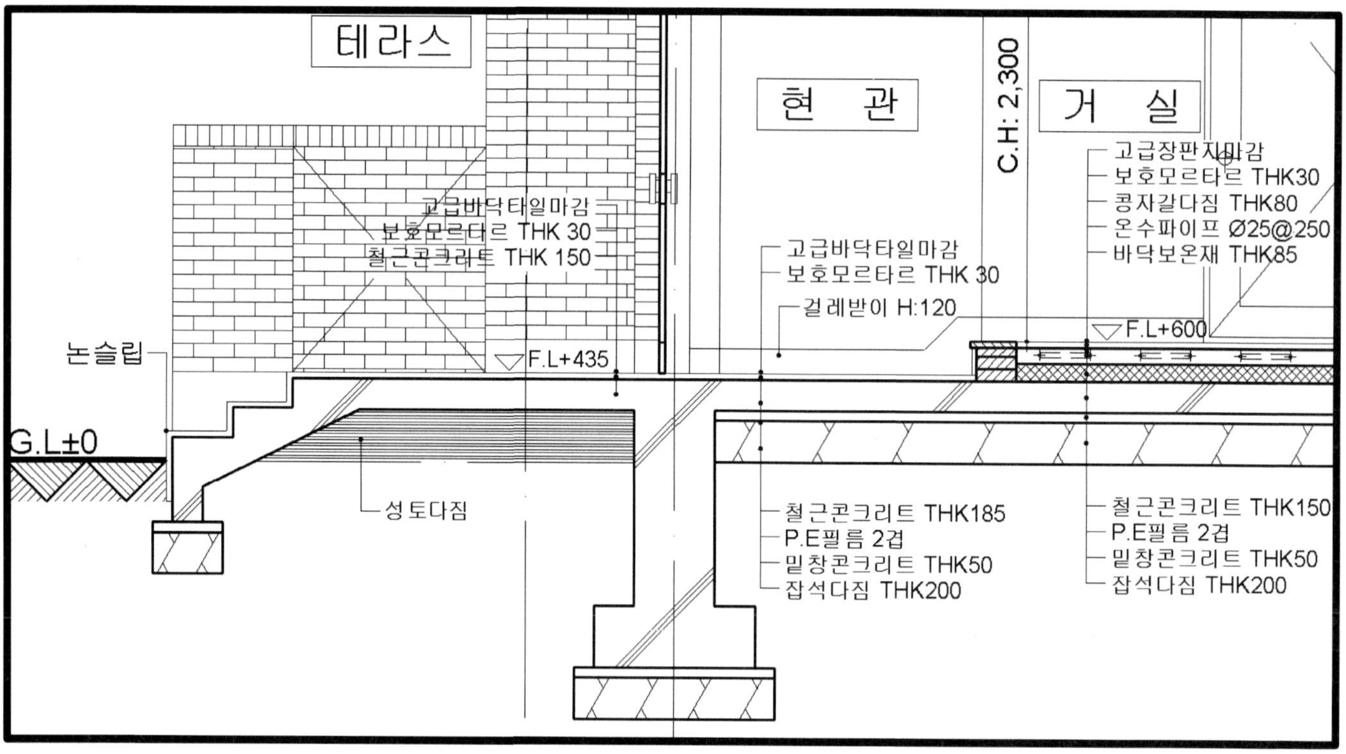

▼지정고급장판지마감	정해진 고급장판지로 마감
▼지정바닥타일마감	정해진 바닥타일로 마감
▼마감모르타르 THK30	일반적인 모르타르 미장(두께30)
▼보호모르타르 THK60	다음 공정 작업 전이나 작업 중에 운반, 타설, 보행 및 이동 등에 손상될 수 있어 이를 보호하는 모르타르(두께60)
▼온수파이프 Ø25@250	난방수가 도는 파이프(지름25, 간격250)
▼콩자갈다짐 THK80	난방을 하기 위해 깔아놓은 자갈층
▼단열재 THK85	단열재료(두께85)
▼철근콘크리트 THK150	철근이 배근된 콘크리트(두께150)
▼P.E필름2겹	바닥이나 벽을 통해 올라오는 습기를 차단하는 비닐(2장, 두께0.02)
▼밑창콘크리트 THK50	버림콘크리트, 기초공사시 얇게 쳐 구조와 관계없는 콘크리트로 면을 고르게 하고, 먹매김 등의 용도로 까는 콘크리트
▼잡석다짐 THK200	밑창콘크리트 타설 전에 크고 작은 돌로 바닥을 단단히 다지는 과정
▼성토다짐	지내력을 확보하기 위해 흙으로 다짐
▼걸레받이 H:120	바닥과 만나는 벽의 하부에 돌이나 타일, 칠 등으로 테를 둘러 오염을 막고 장식을 겸한 부재(높이120)
▼논슬립	계단 모서리 끝에 대는 미끄럼 방지 철물로 다양한 재료가 사용됨

방수바닥과 난방바닥

바닥은 크게 난방을 하지 않는 구조(테라스, 현관 / 욕실)과 난방을 하는 구조(거실, 주방, 방)로 구분한다. 난방을 하지 않는 구조는 난방에 관련된 콩자갈다짐, 온수파이프, 바닥보온재가 들어가지 않는다.

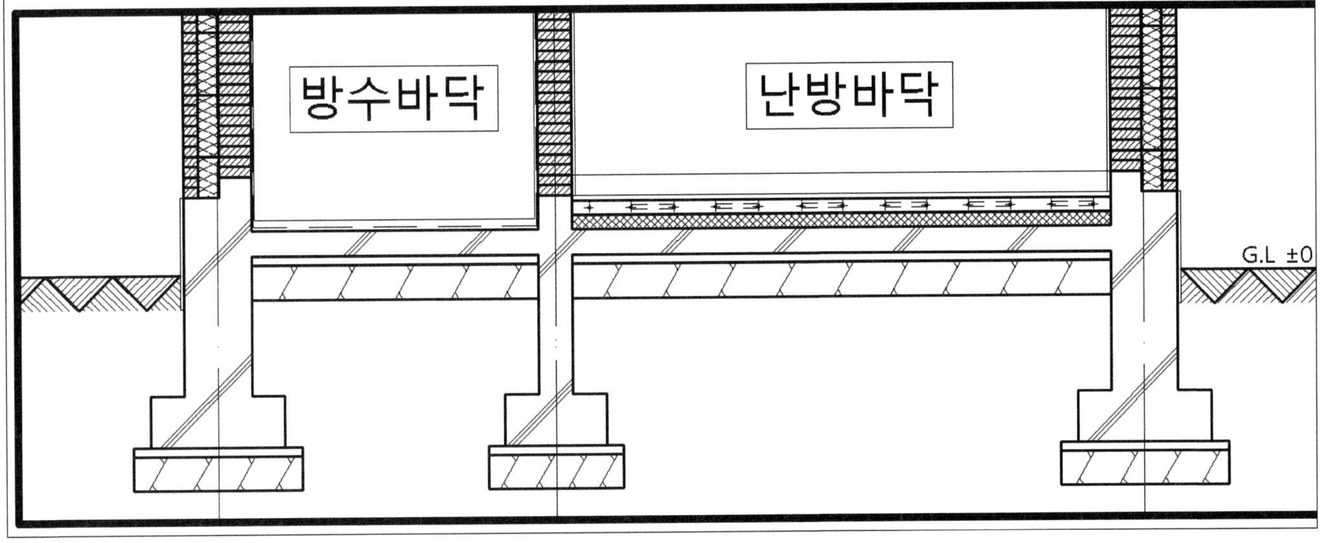

▶ 온수온돌난방바닥-투상도

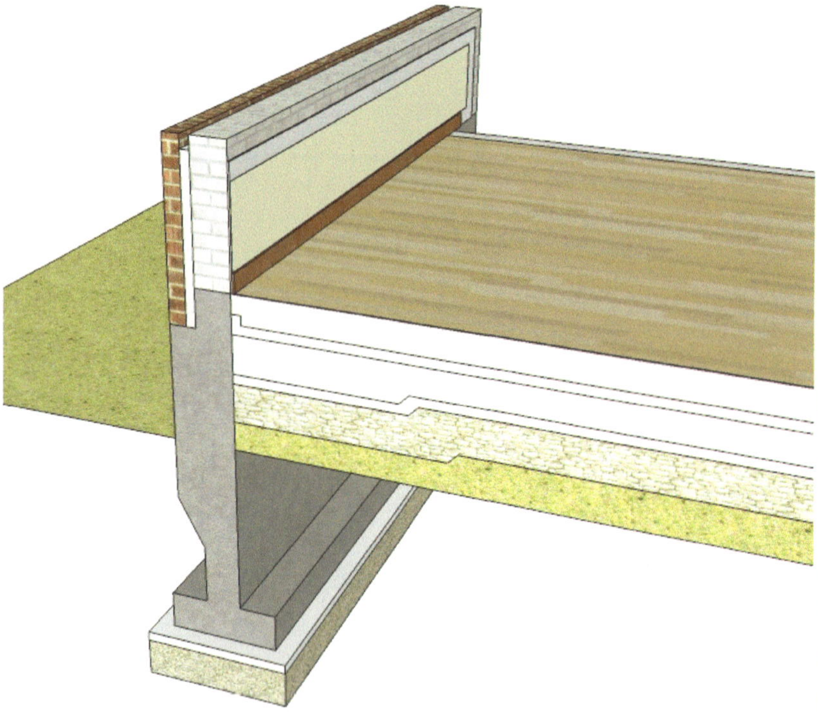

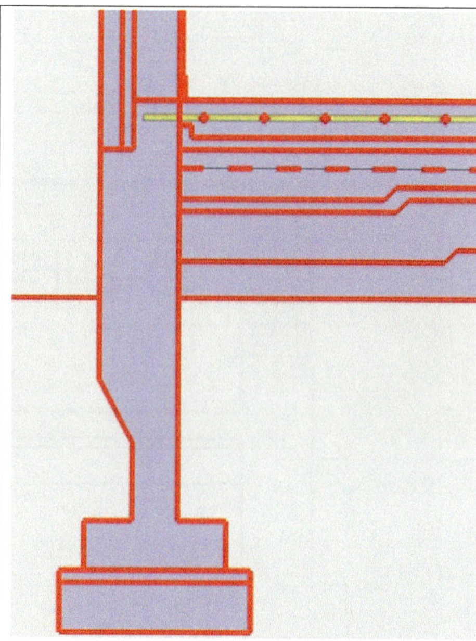

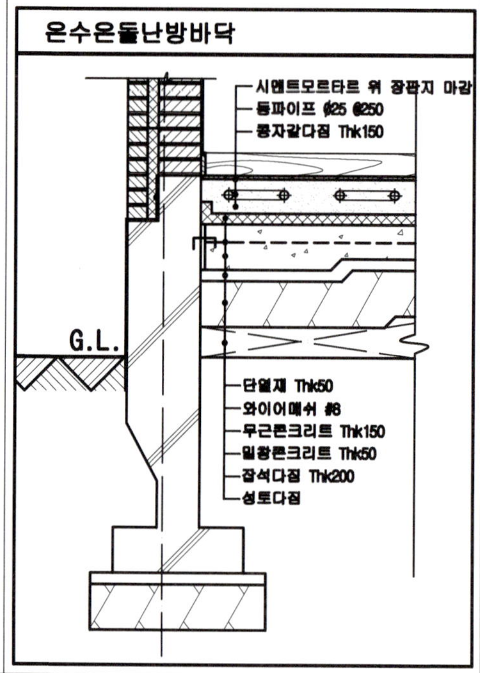

이 투상도는 정면을 기준으로 잘라 바라본 것으로 단면은 오른쪽 상단의 그림과 같다.
빨간선은 단면선이며 오른쪽 아래와 같이 도면(CAD)에서는 굵고 진하게 표현한다.

온수난방 바닥 시공순서도

1 잡석다짐 Thk200

(잡석다짐 Thk200)

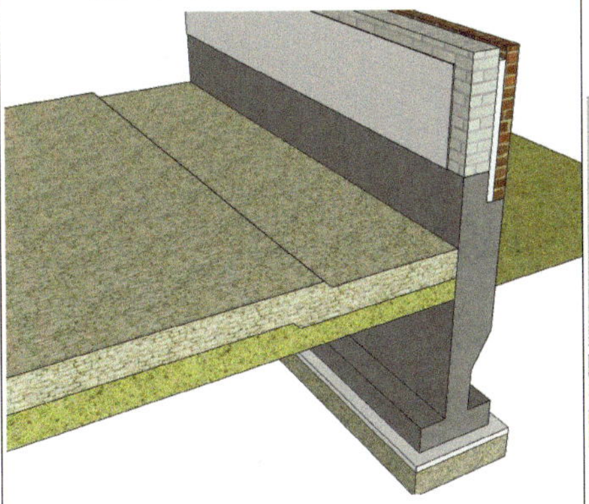

바닥에 흙을 채운 후(성토) 잡석을 200mm두께로 깐다

2 밑창콘크리트 Thk50

(밑창콘크리트 Thk50)

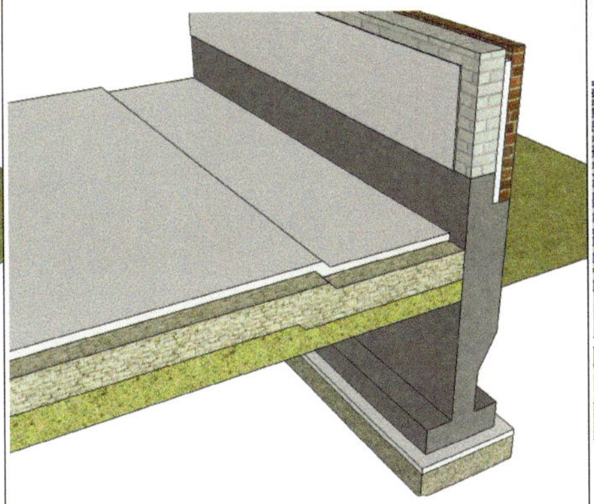

잡석들을 접착시키고 콘크리트 시공면을 고르게 하기 위하여 밑창콘크리트(묽게)를 50mm두께로 깐다

3 용접철망

(와이어매쉬 #8)

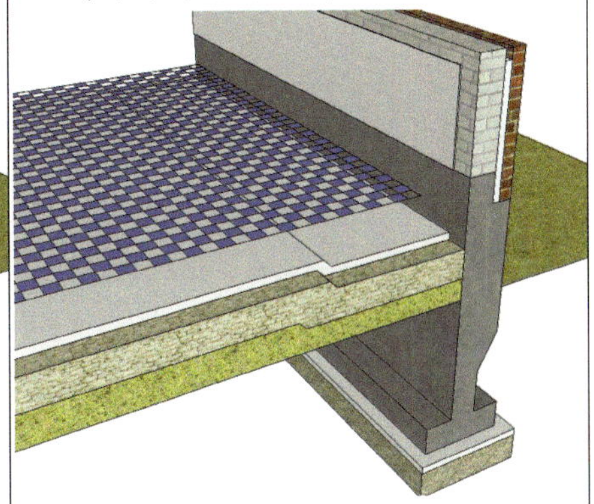

무근 콘크리트에 작용하는 인장력을 부담 할 수 있도록 용접철망을 무근 콘크리트 속에 배치한 후 타설

4 무근콘크리트 Thk150

(무근콘크리트 Thk150)

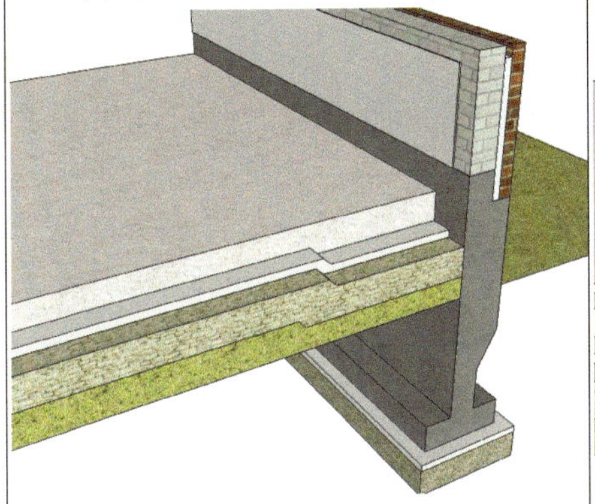

단단한 바닥층 형성을 위해 150mm 두께로 콘크리트 타설(단부에는 50mm 정도를 두껍게 한다)

5 단열재 Thk50

(단열재 Thk50)

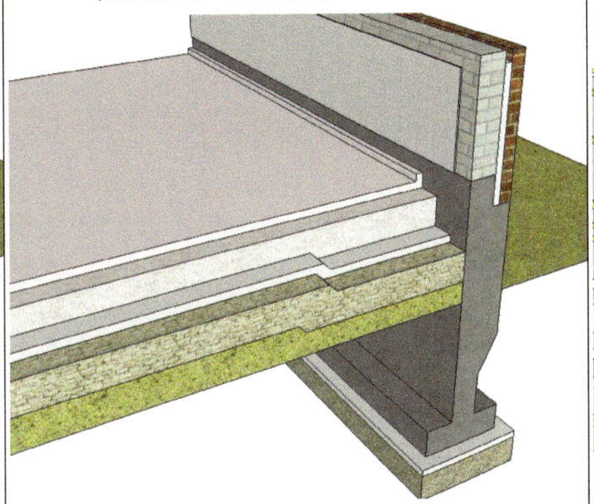

난방용 열량이 지반으로 손실 되는 것을 방지하기 위하여 단열재(질석 보온재)를 시공

6 온수파이프 ∅25 @250

(동파이프 ∅25 @250)

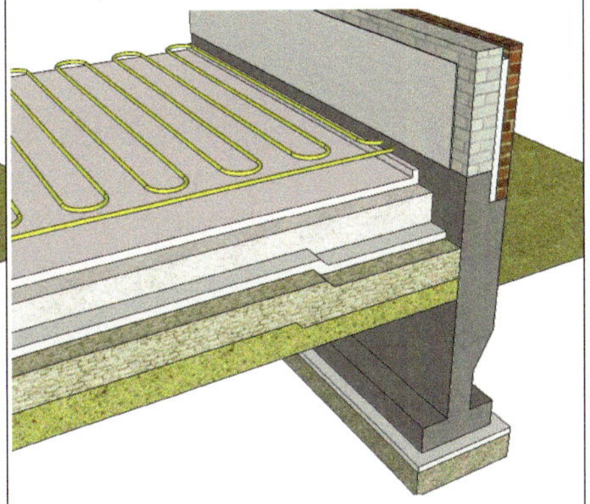

무근 콘크리트 위에 콩자갈을 깔고 ∅25 동파이프를 간격250mm 정도로 실 전체에 골고루 배치

7 온돌난방영역 Thk150

(콩자갈 다짐 Thk150)

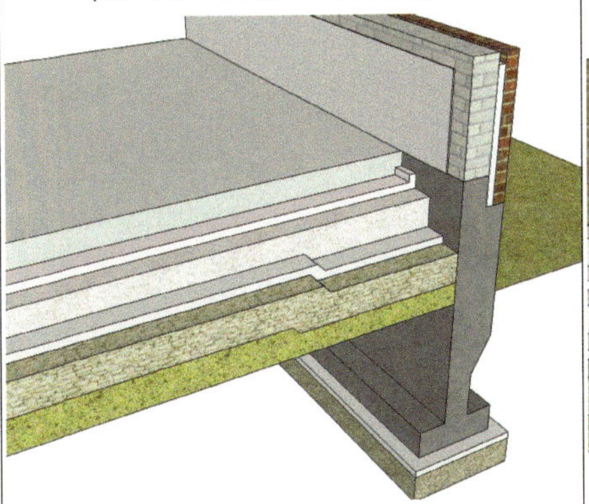

콘크리트위에 깐 콩자갈과 온수파이프를 덮을 수 있는 모르타를 두께 100~150mm 두껍게 발라 시공

8 장판지

(시멘트모르타르 위 장판지 마감)

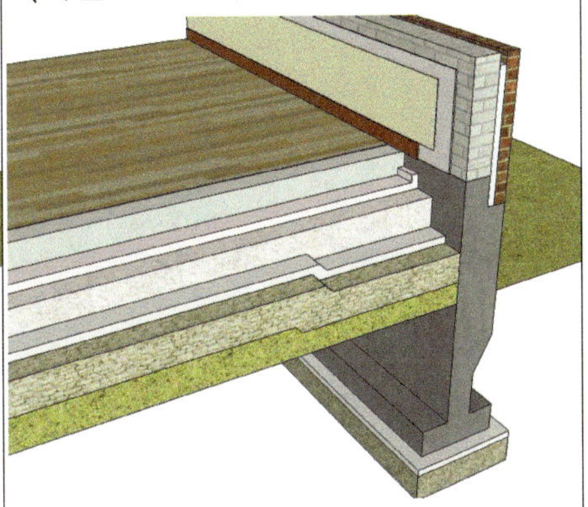

잘 마감된 면 위에 고급 장판지나 온돌마루를 깔아 마무리 시공

[테라스, 현관 바닥]-난방을 하지 않는 구조

[테라스 바닥]-1

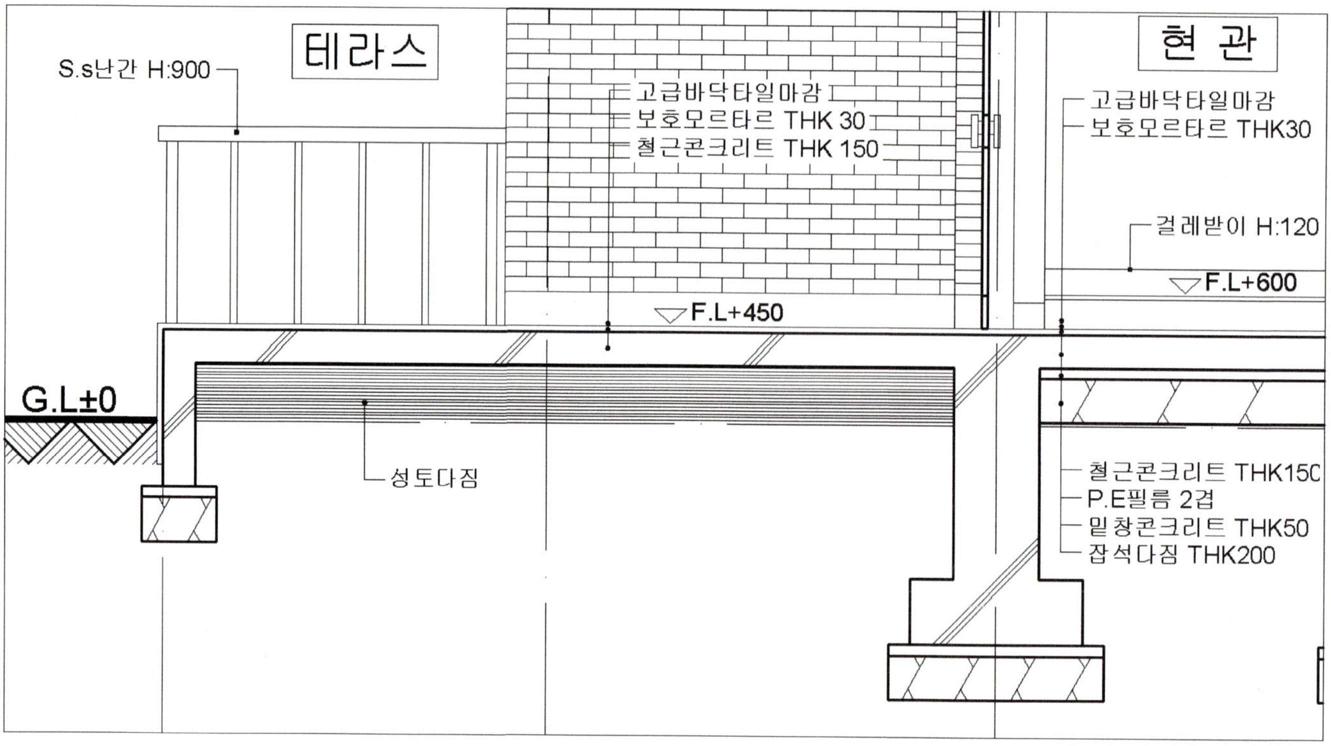

- 재료명 표기

콘크리트 기초
▼ 철근콘크리트 THK150
~~▼ P.E필름 2겹~~
~~▼ 밑창콘크리트 THK50~~
~~▼ 잡석다짐 THK200~~
▼ 성토다짐

테라스 기초
▼ 고급바닥타일마감
▼ 보호모르타르 THK30
~~▼ 콩자갈다짐 THK80~~
~~▼ 온수파이프 Ø25@250~~
~~▼ 바닥보온재 THK85~~

[테라스 바닥] 단면 작도 순서

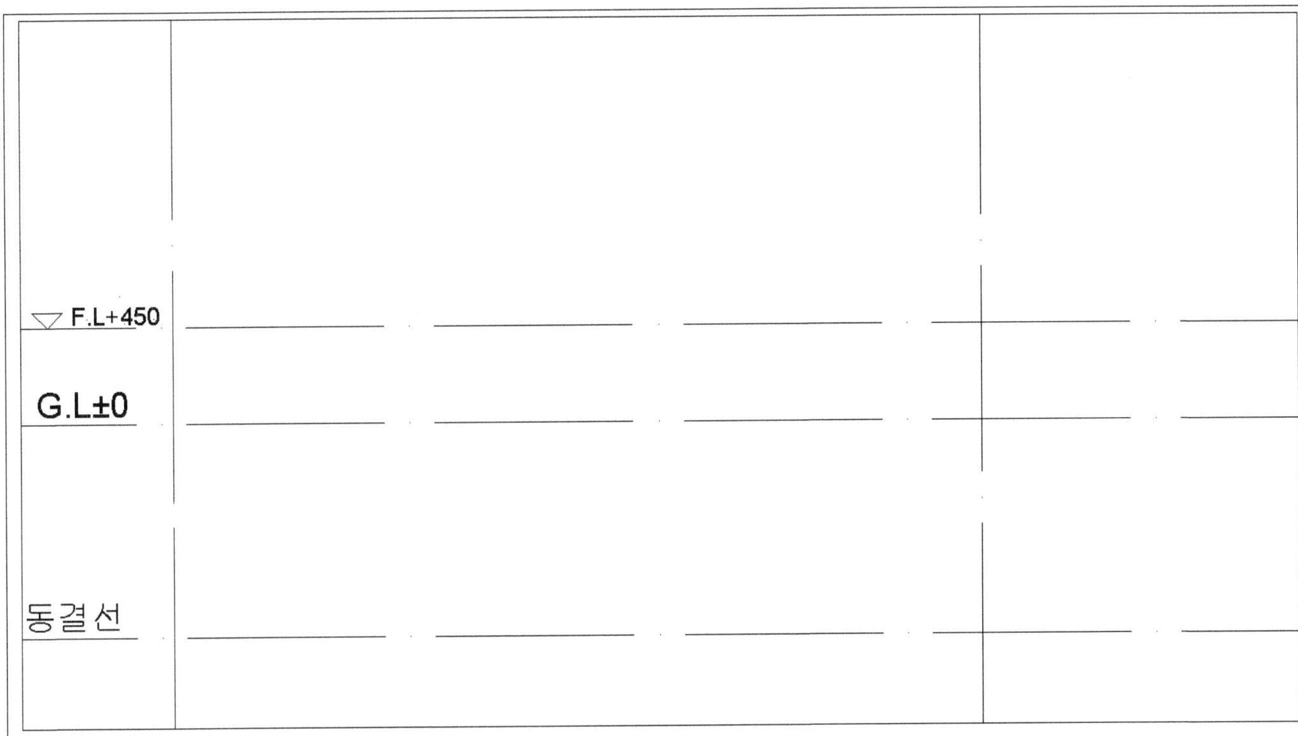

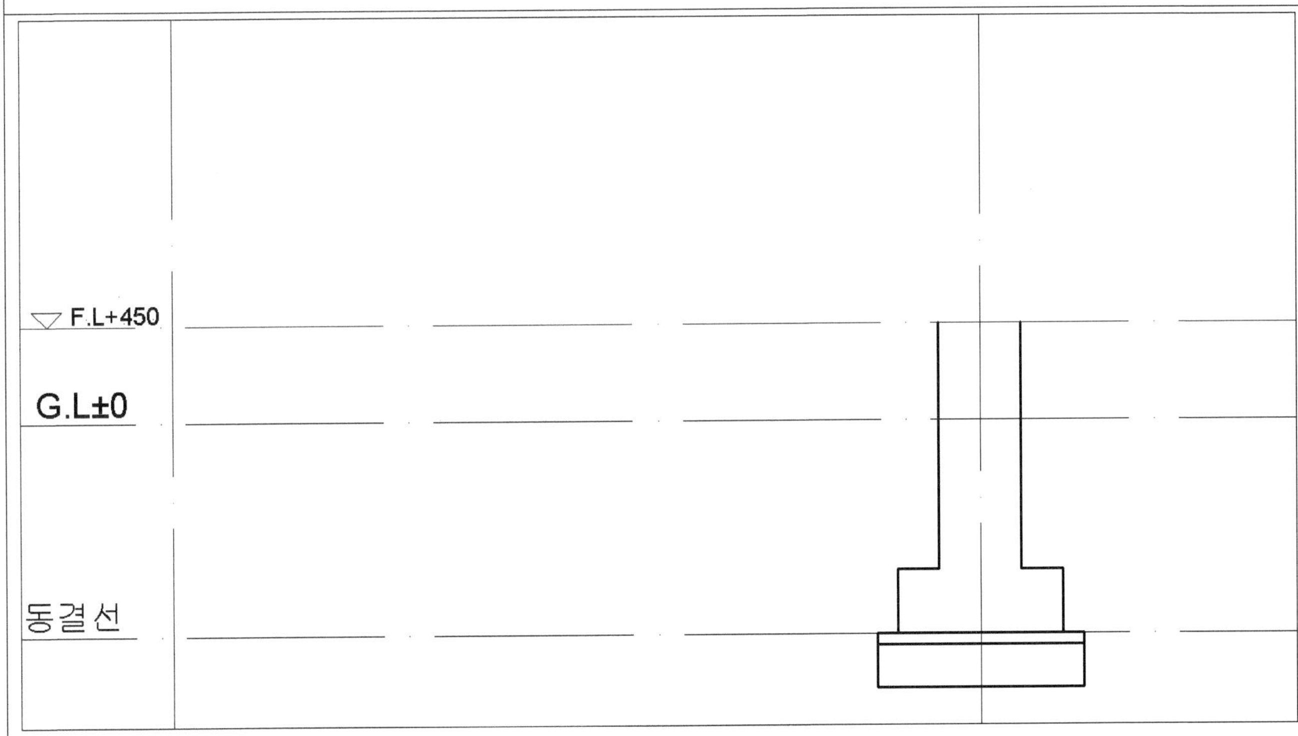

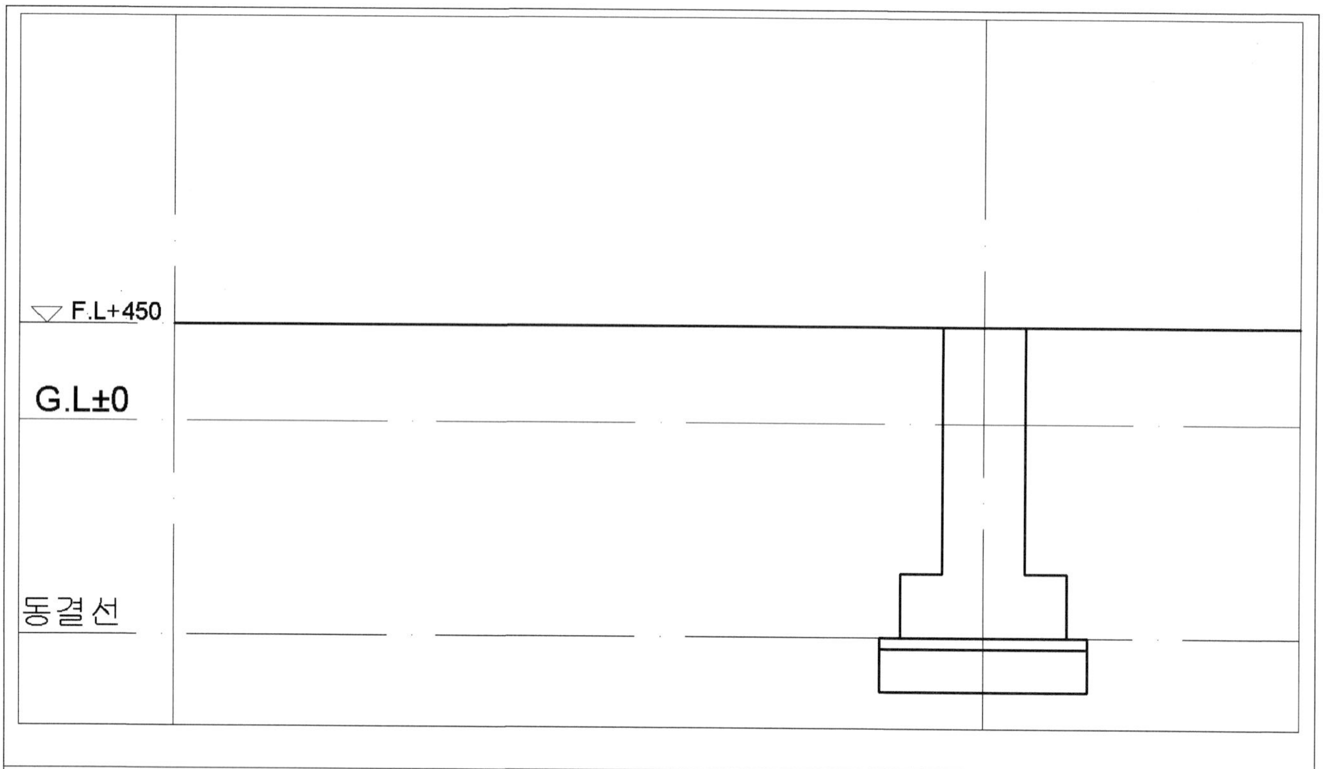
F.L+450
G.L±0
동결선

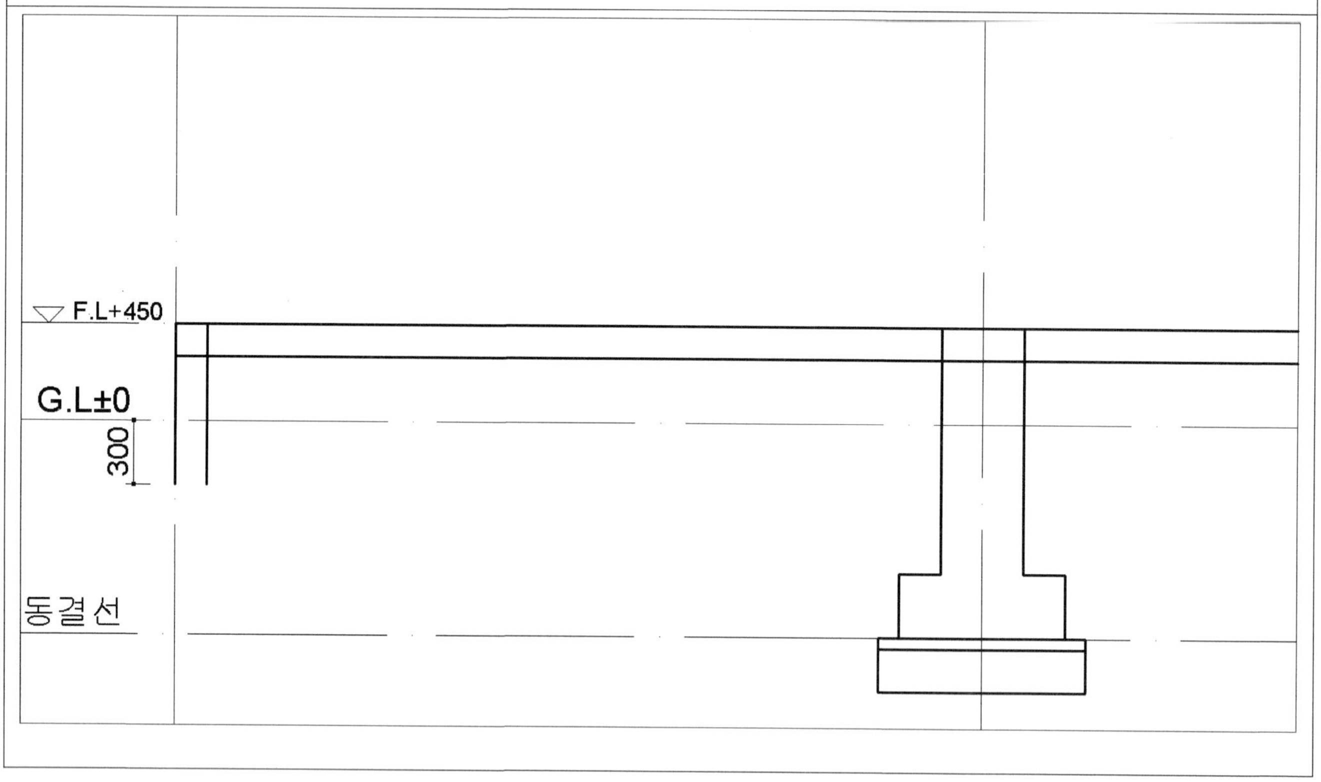
F.L+450
G.L±0
300
동결선

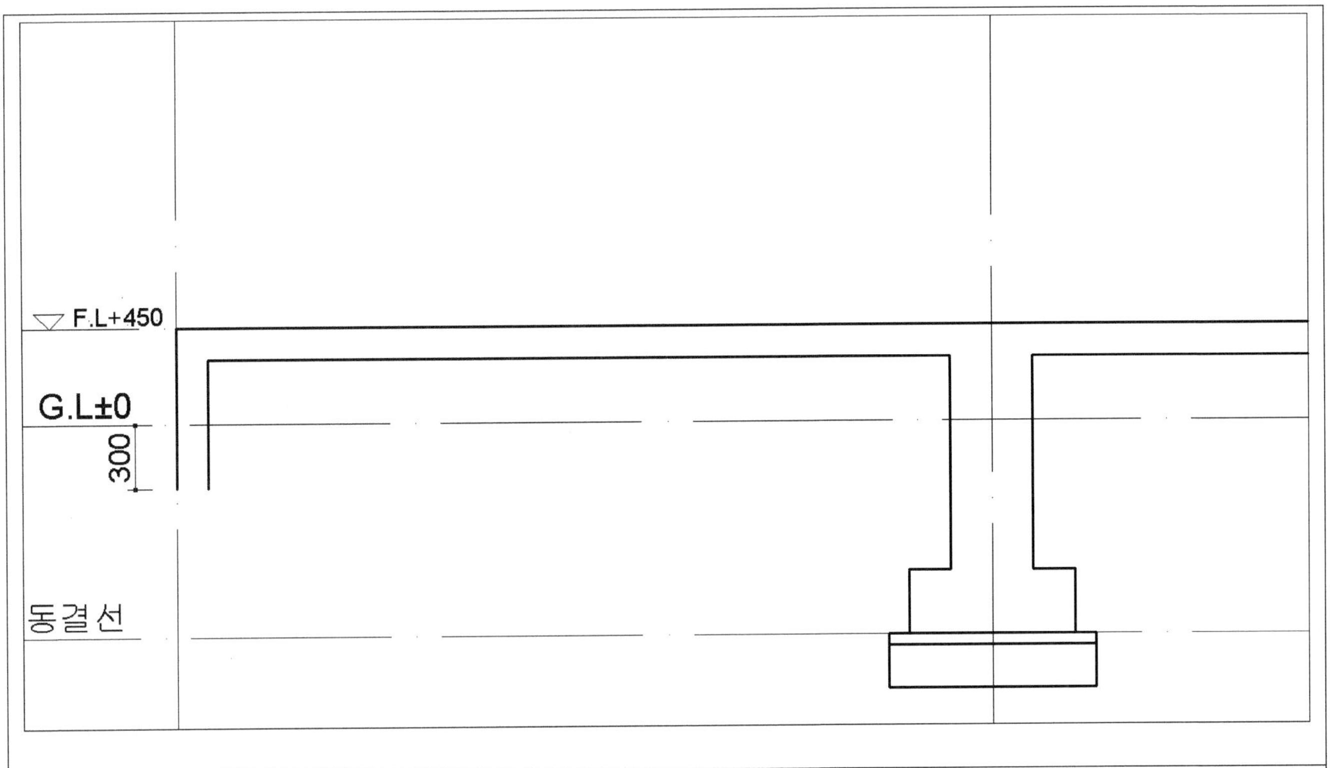
F.L+450
G.L±0
300
동결선

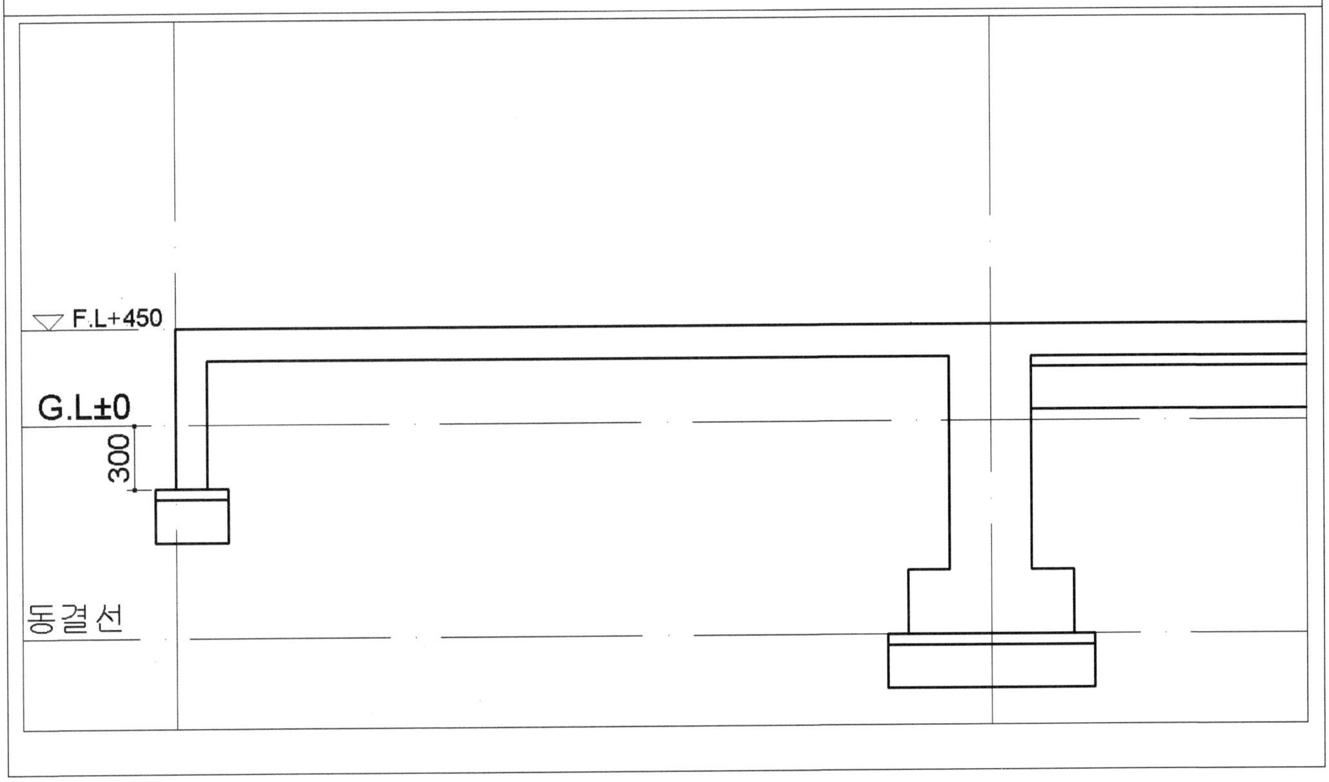
F.L+450
G.L±0
300
동결선

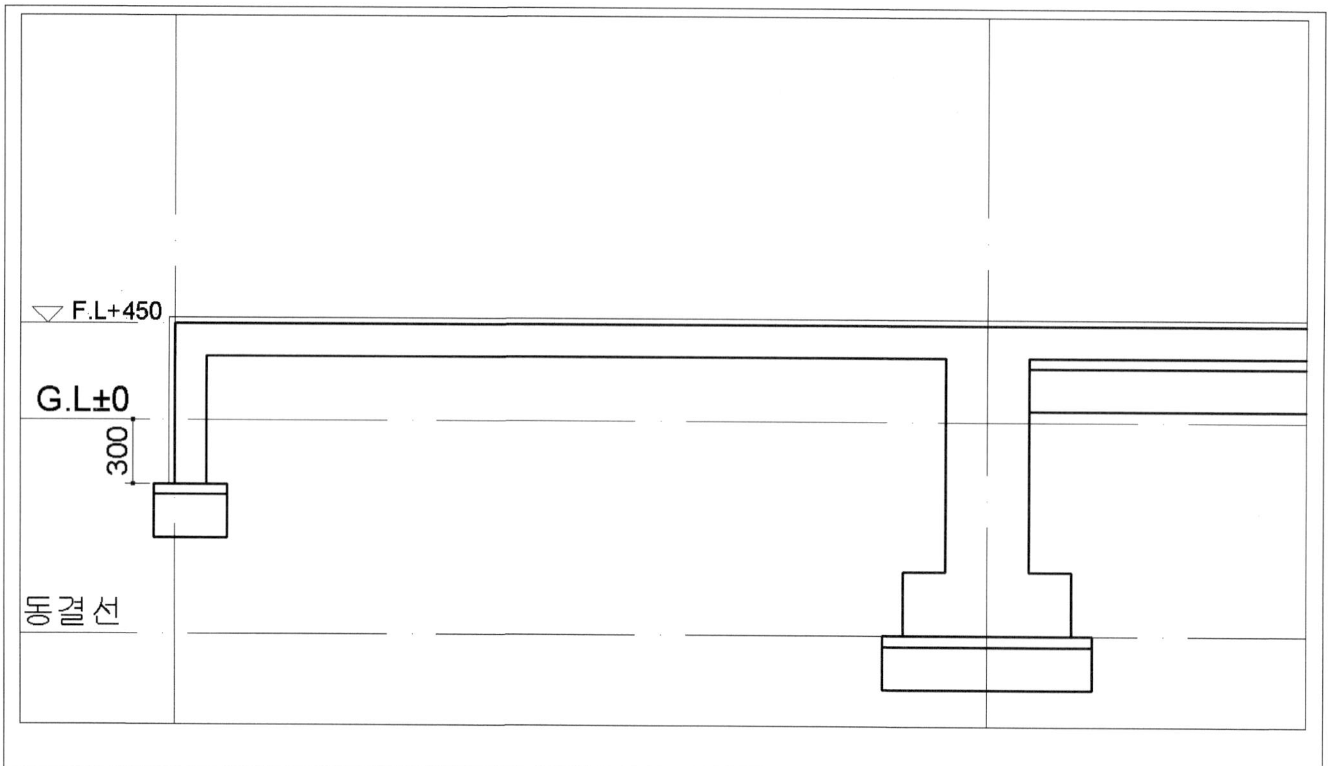
F.L+450
G.L±0
300
동결선

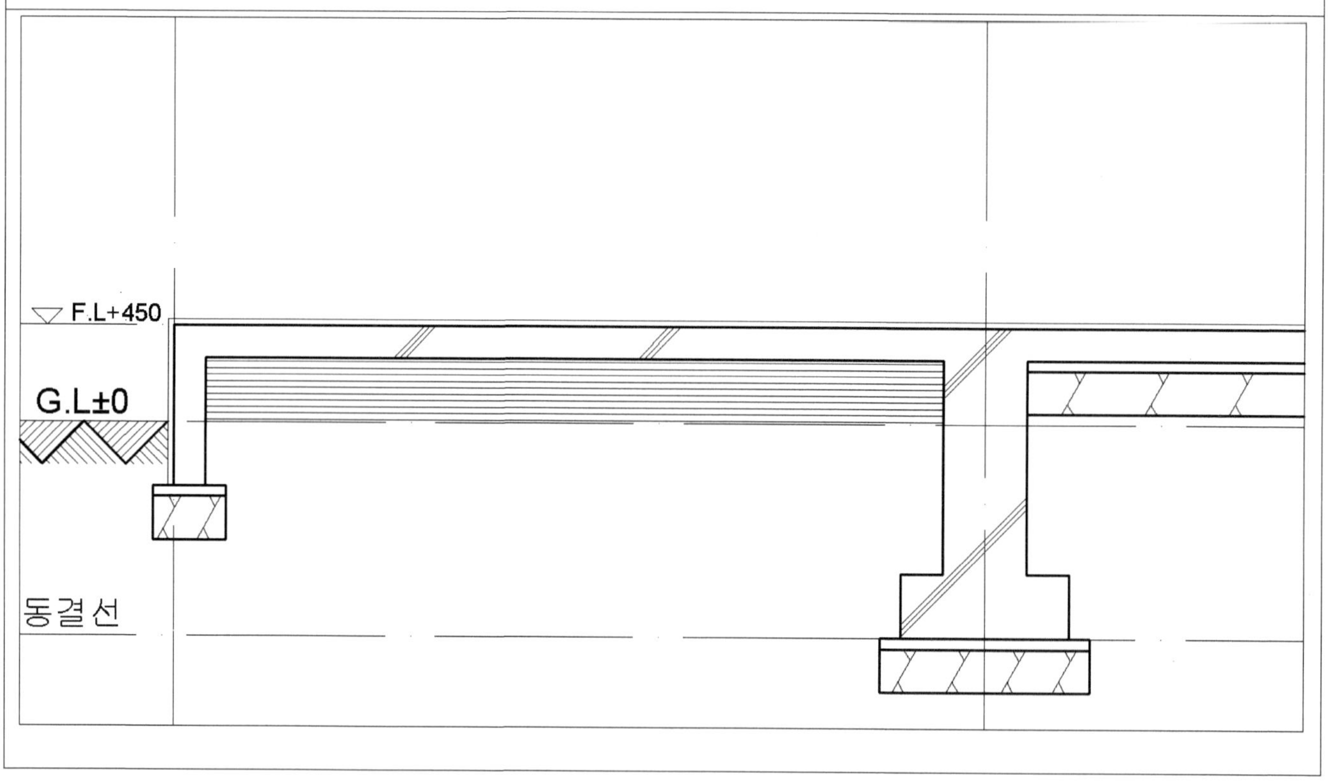
F.L+450
G.L±0
동결선

[테라스 바닥]-2

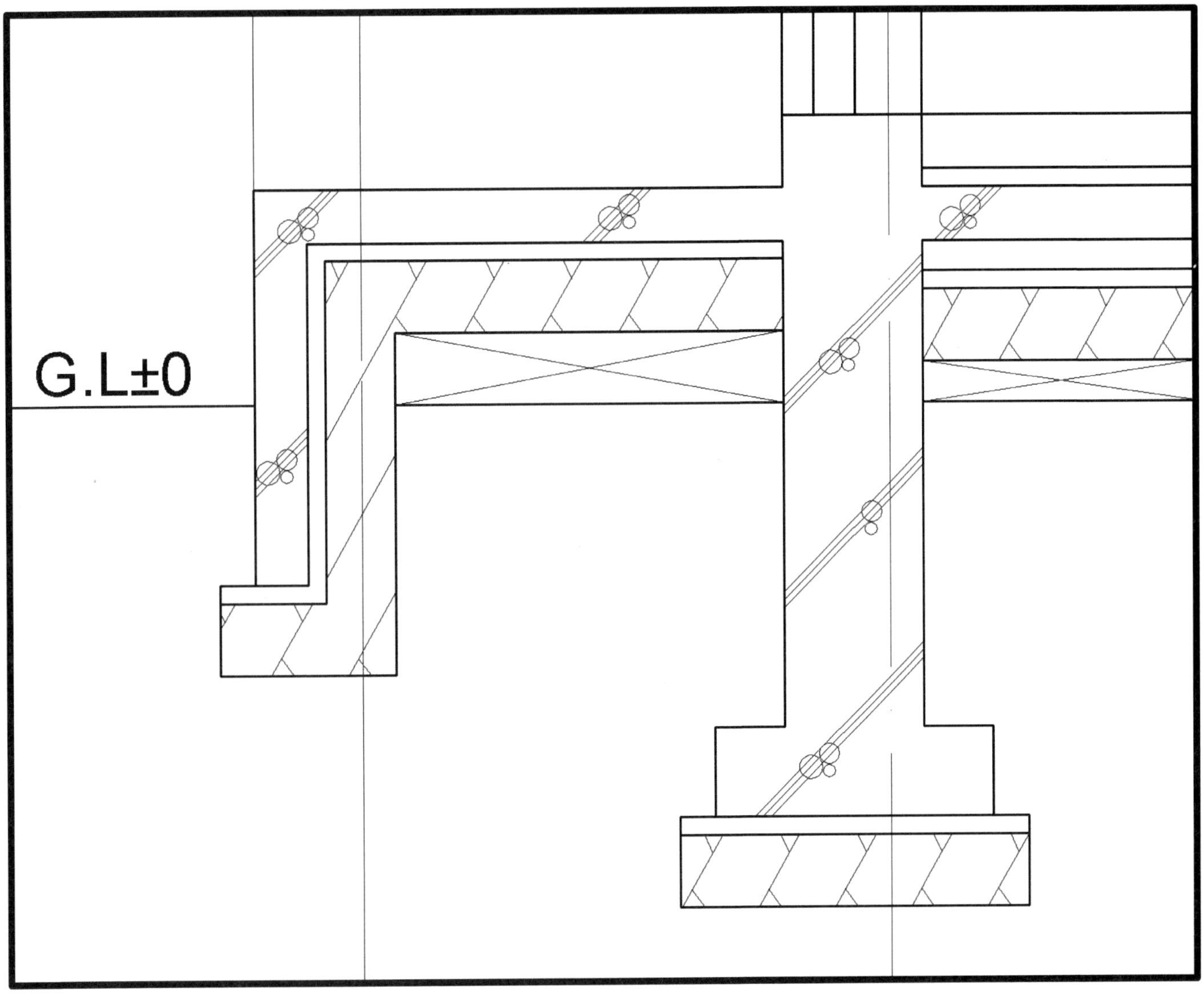

[테라스 바닥]-2 단면 작도 순서

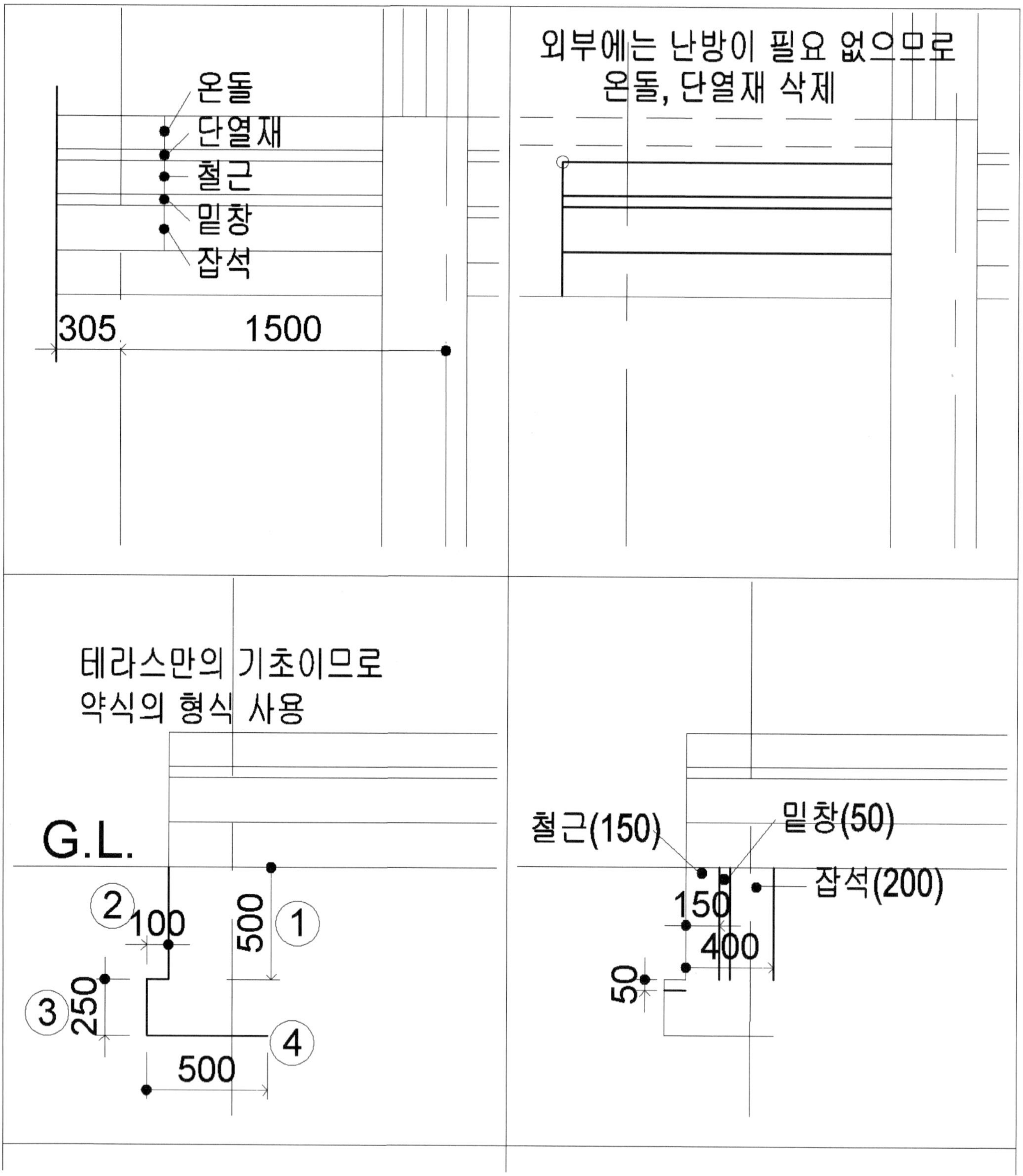

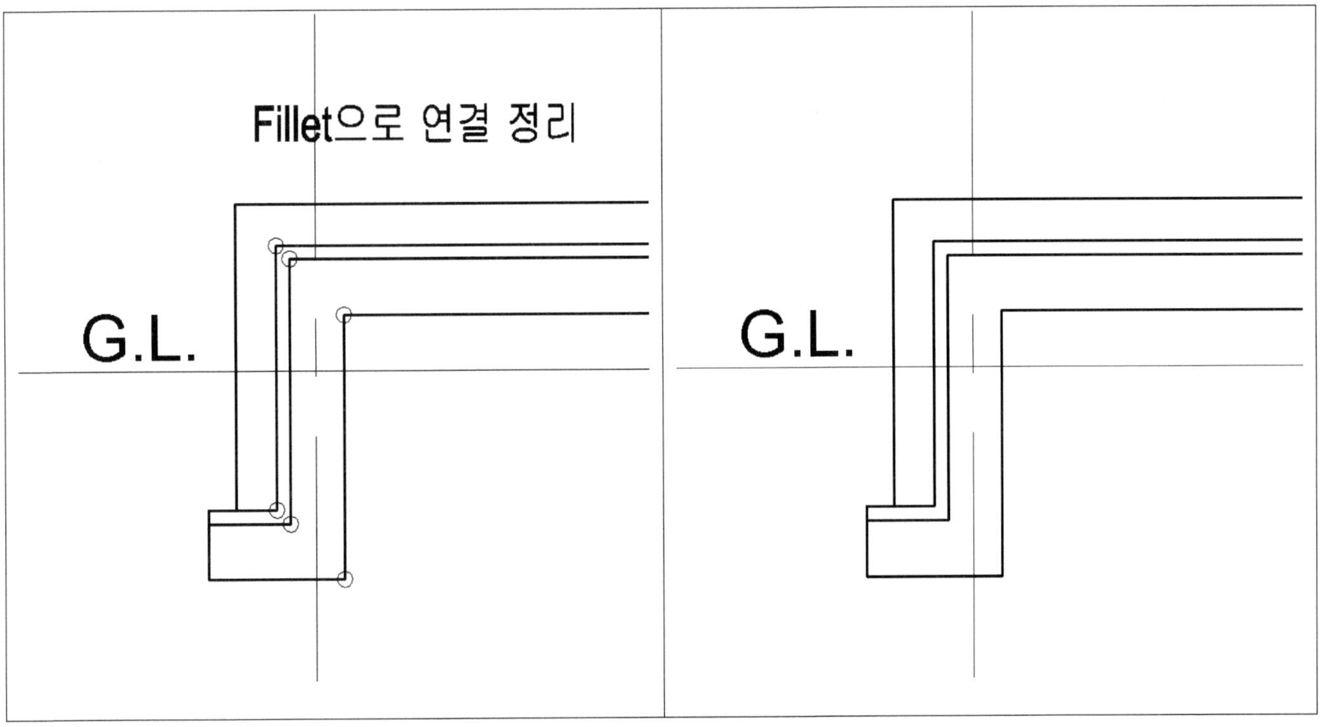
Fillet으로 연결 정리
G.L.
G.L.

[현관 바닥]

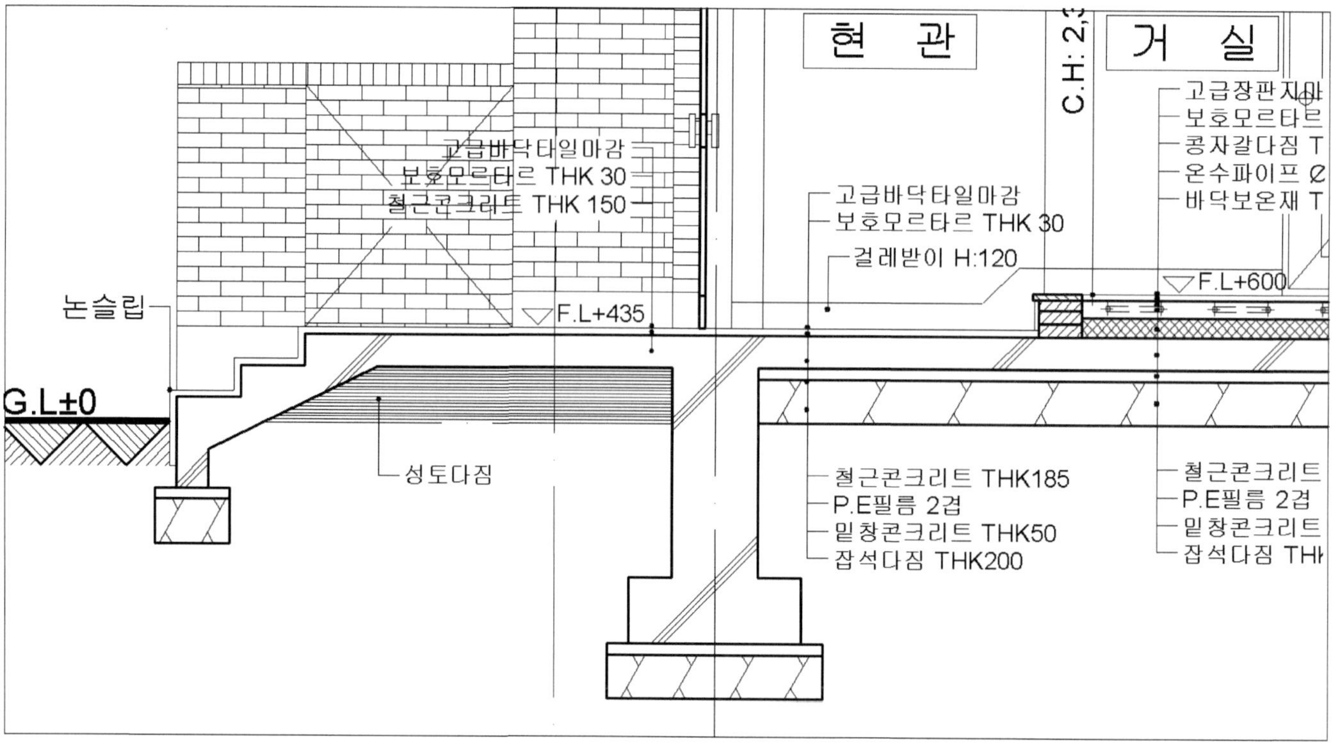

- 실의 높이 결정 : 평면도의 현관의 계단 수를 보고 높이를 정한다.

  (계단 1단의 높이 :150, 너비 :300)

- 현관의 기초 높이 : 현관의 기초는 커다란 힘을 받지 않음. 벽체 줄기초의 깊이 : 1,000 정도
- 재료명 표기

콘크리트 기초
▼ 철근콘크리트 THK150
▼ P.E필름 2겹
▼ 밑창콘크리트 THK50
▼ 잡석다짐 THK200

현관 기초
▼ 고급바닥타일마감
▼ 보호모르타르 THK30
~~▼ 콩자갈다짐 THK80~~
~~▼ 온수파이프 Ø25@250~~
~~▼ 바닥보온재 THK85~~

[현관 바닥] 단면 작도 순서

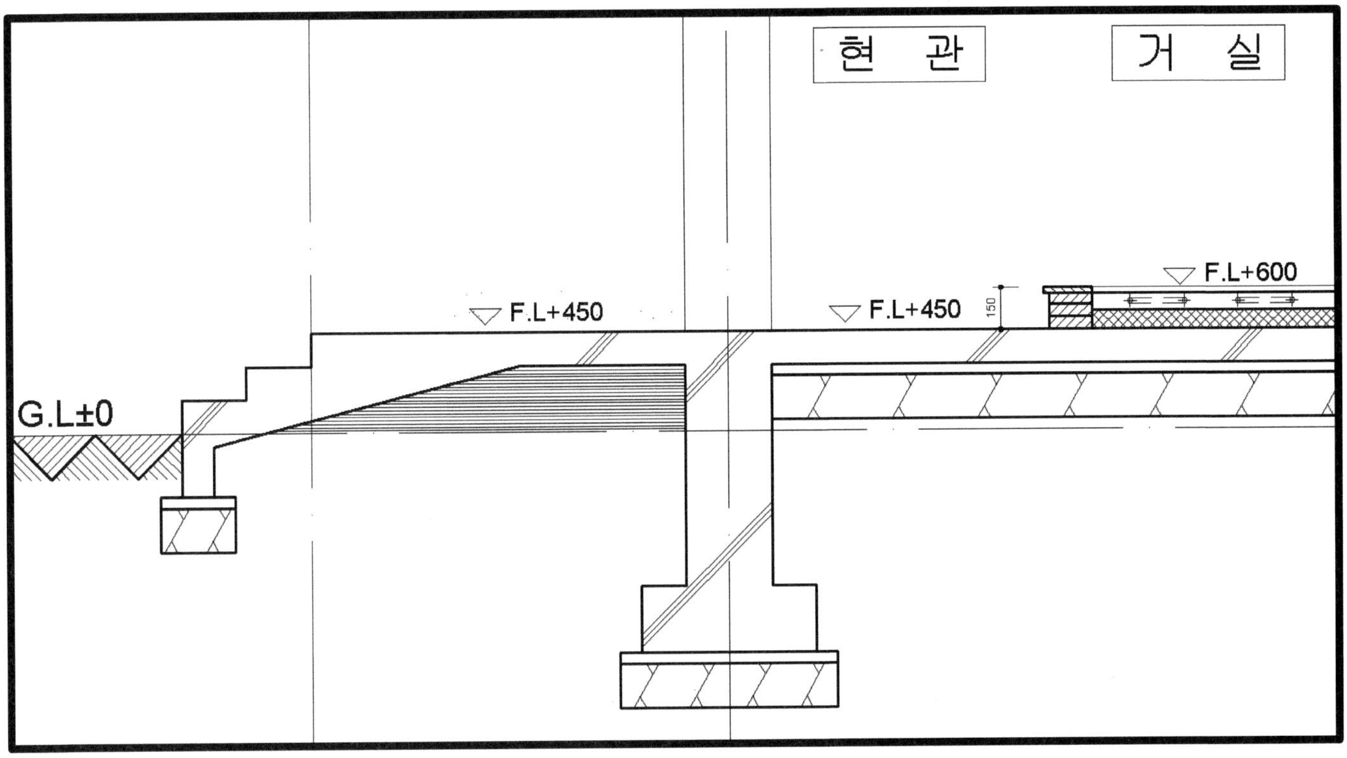
현 관
거 실
F.L+450
F.L+450
150
F.L+600
G.L±0

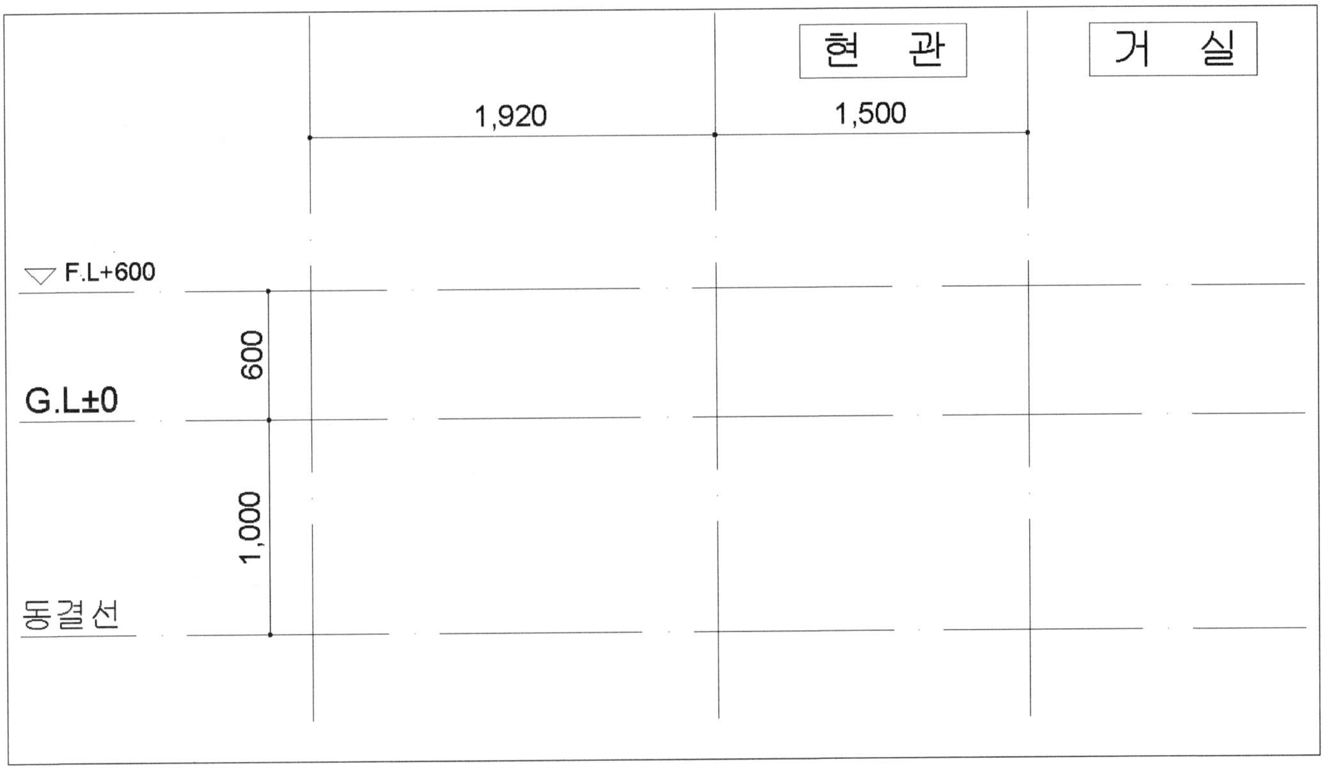
현 관
거 실
1,920
1,500
F.L+600
600
G.L±0
1,000
동결선

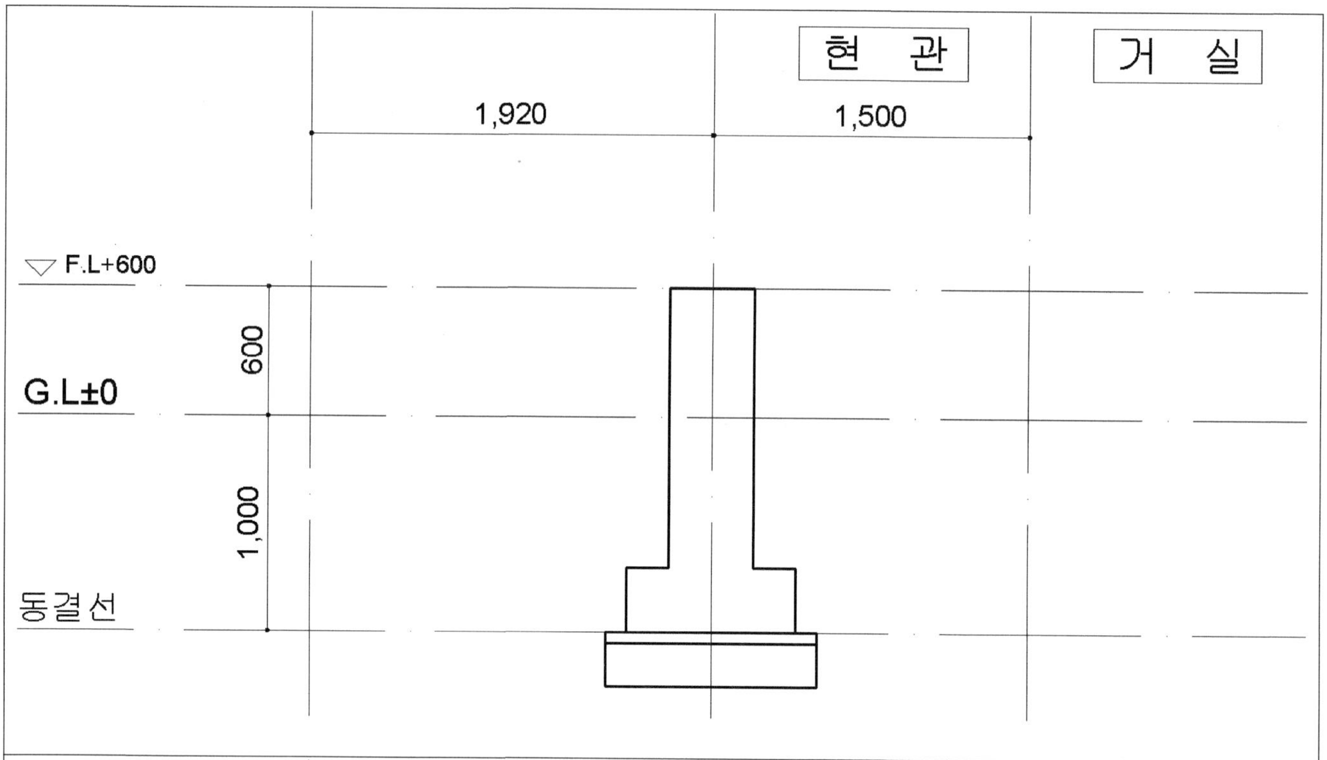
현 관
거 실
1,920
1,500
F.L+600
600
G.L±0
1,000
동결선

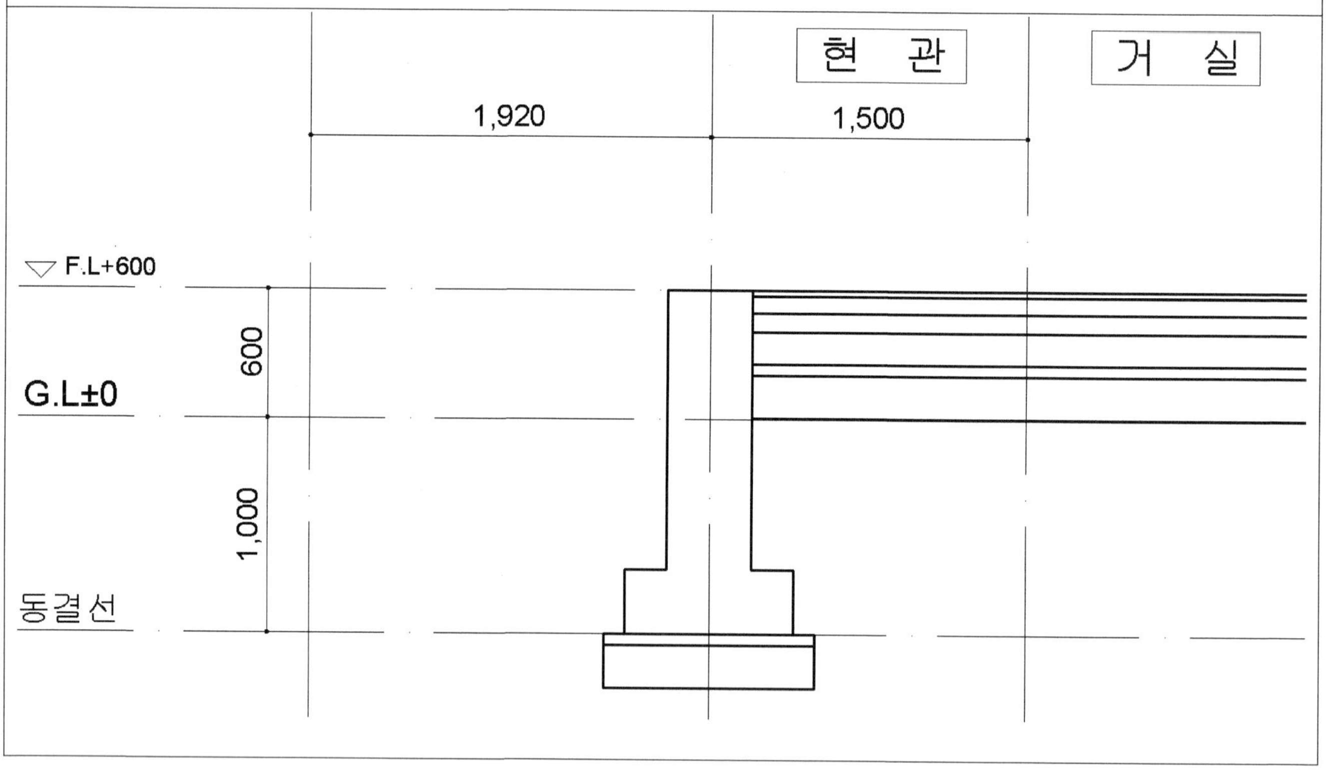
현 관
거 실
1,920
1,500
F.L+600
600
G.L±0
1,000
동결선

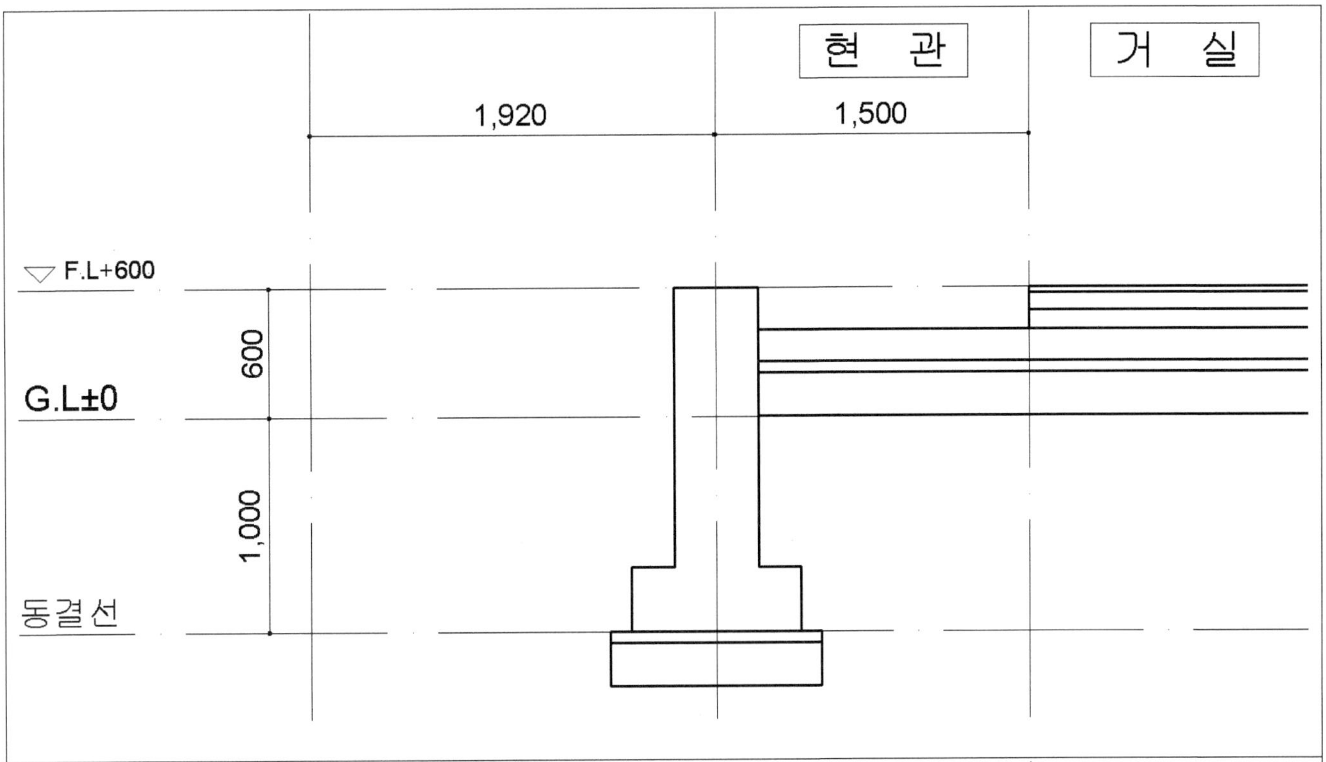
현 관
거 실
1,920
1,500
F.L+600
600
G.L±0
1,000
동결선

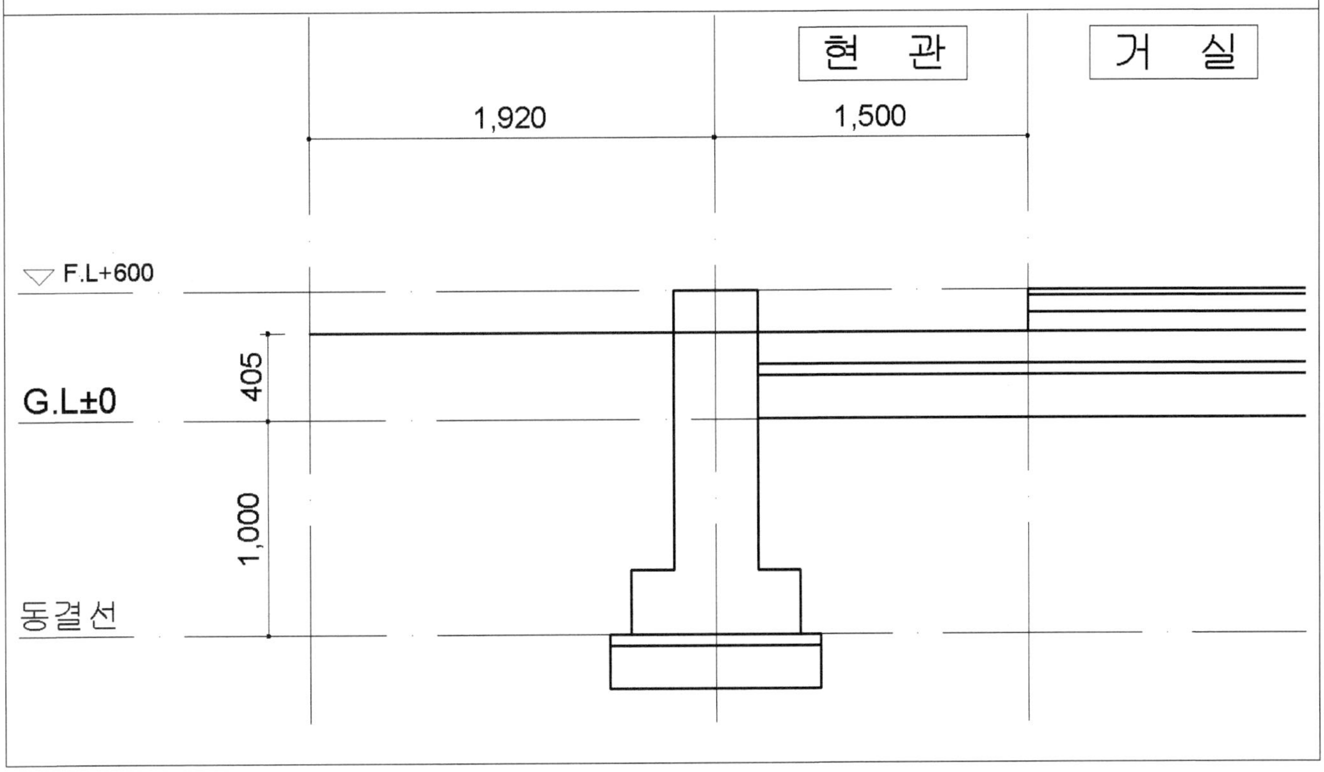
현 관
거 실
1,920
1,500
F.L+600
405
G.L±0
1,000
동결선

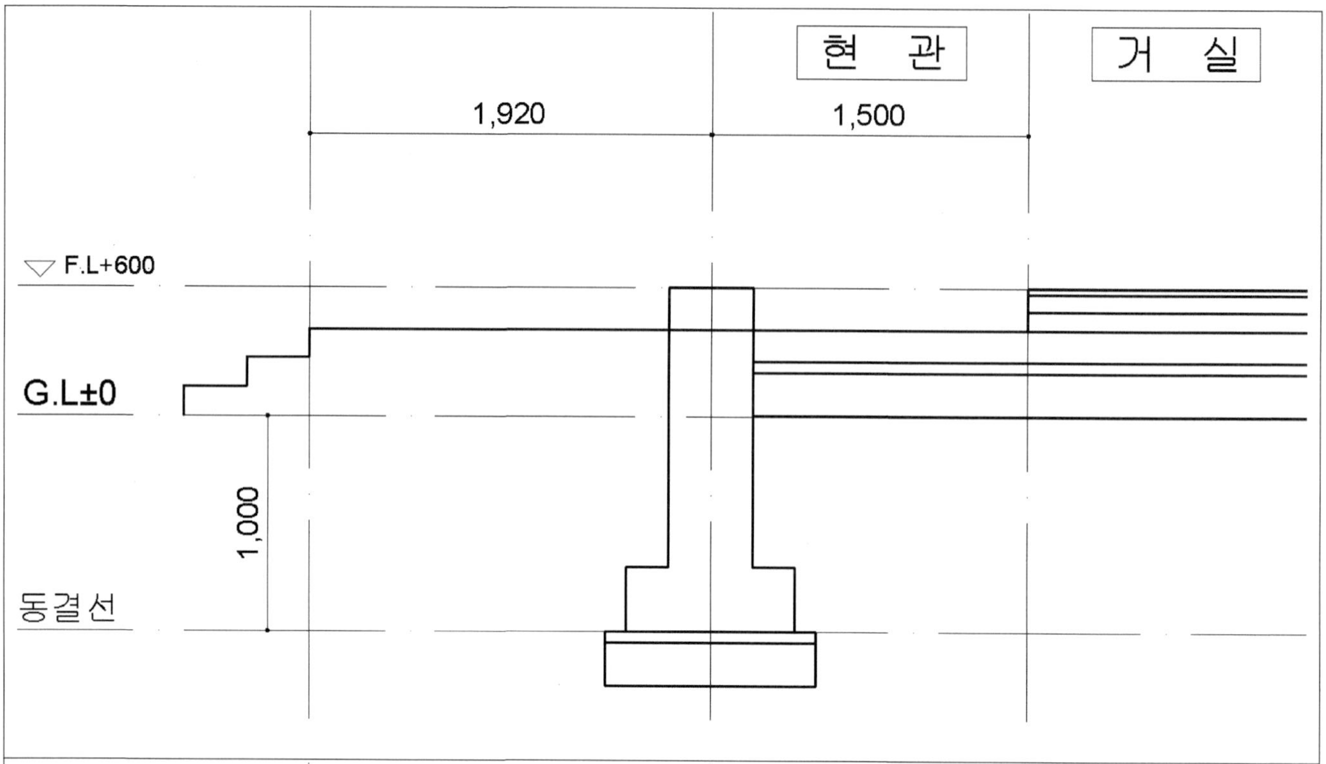
현 관
거 실
1,920
1,500
F.L+600
G.L±0
1,000
동결선

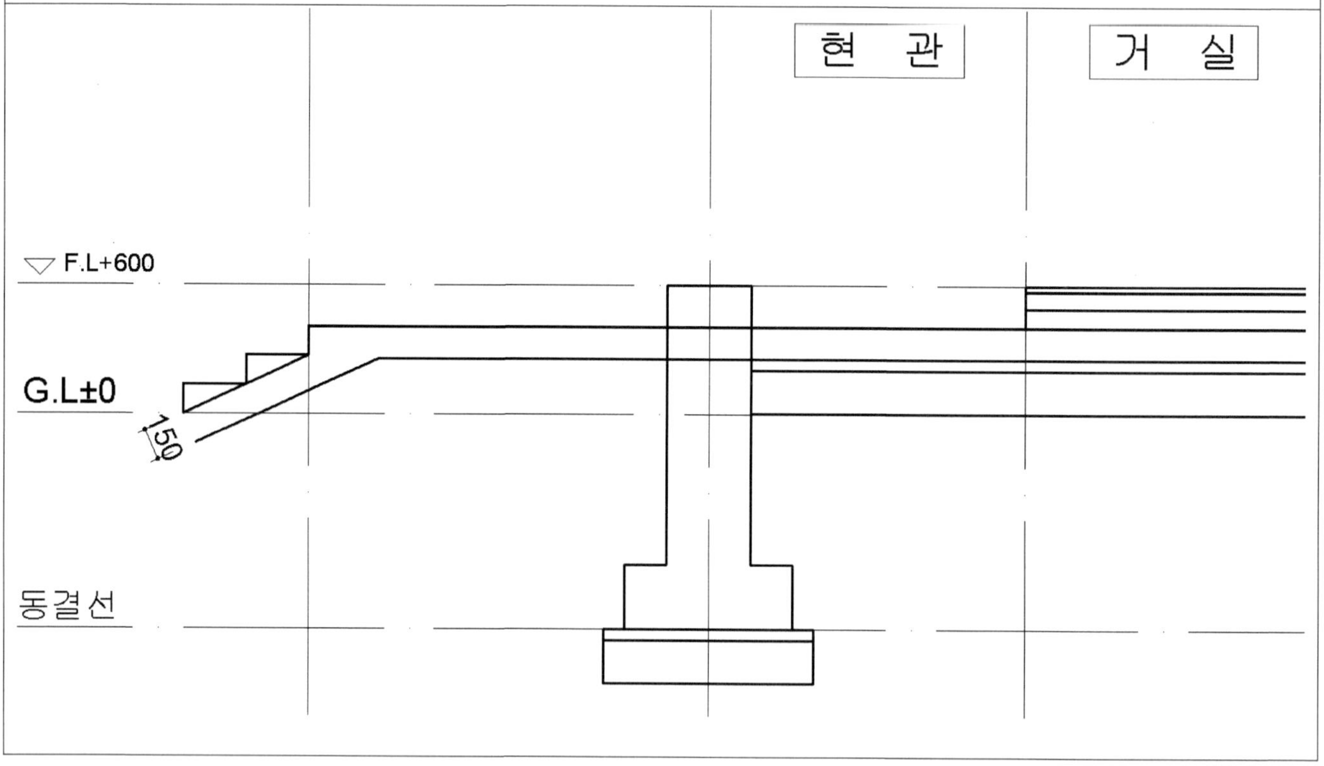
현 관
거 실
F.L+600
G.L±0
150
동결선

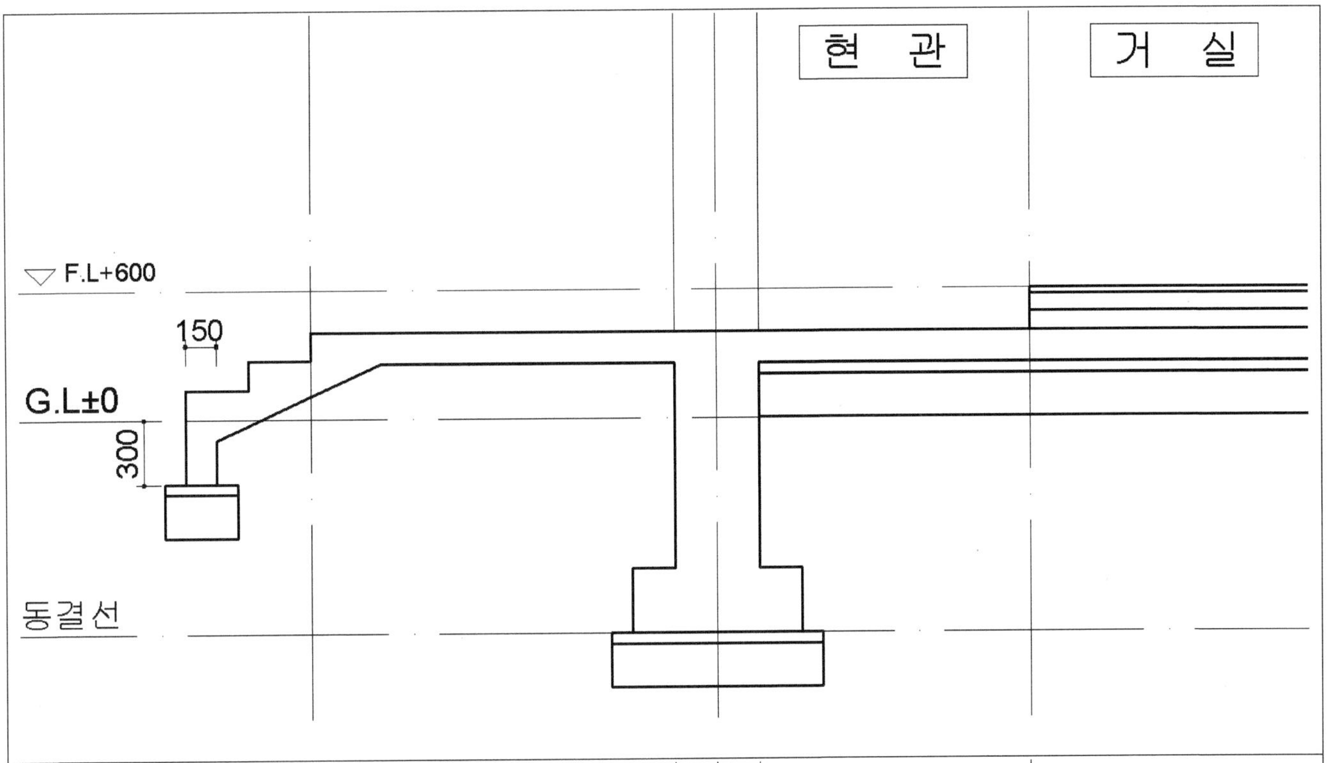

현 관
거 실
F.L+600
150
G.L±0
300
동결선

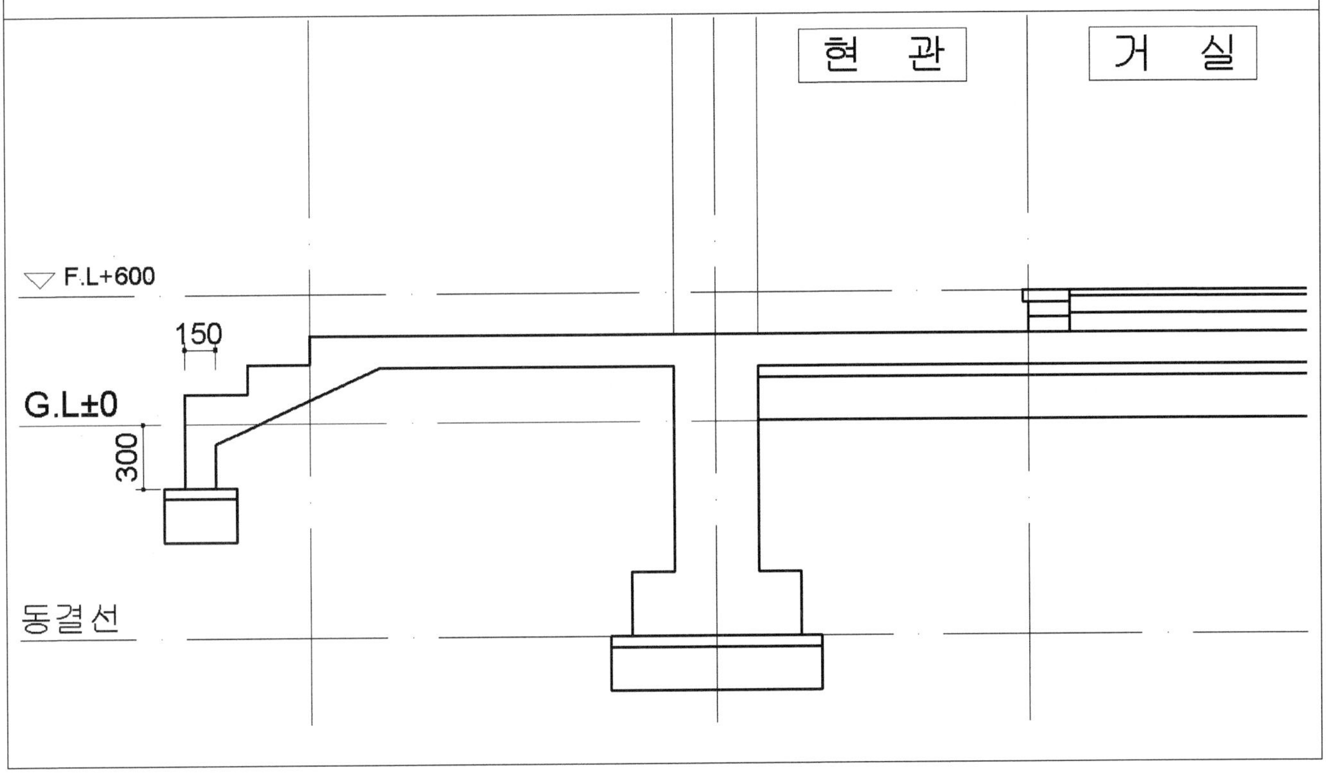

현 관
거 실
F.L+600
150
G.L±0
300
동결선

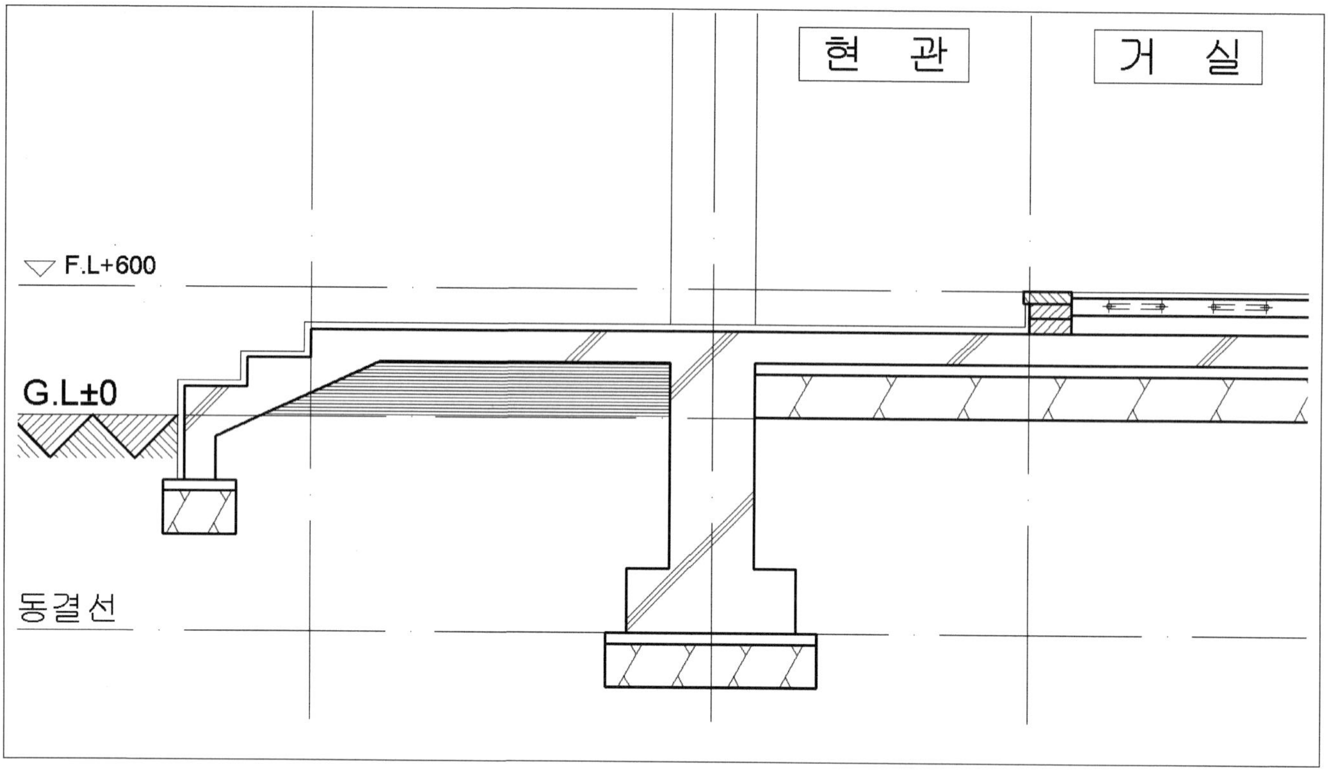

현관의 길이 정하기

테라스나 현관의 길이가 평면도에 표시되기도 합니다. 그러나 대부분의 시험에서는 테라스의 길이가 주어지지 않습니다. 이때는 스스로 정해서 그리면 됩니다. 임의로 적당히 정해도 되지만 깅이를 정하는 방법은

① 평면도상의 다른 길이와 비교해서 적절하게 정하거나

② 필요한 만큼을 정해 산정합니다. 예를 들어, 계단이 3개 있고 현관문이 있다면 계단의 폭을 300정도 잡고 현관문을 1,000정도 잡아 합계하여 정합니다.(300+300+1,000=1,600)

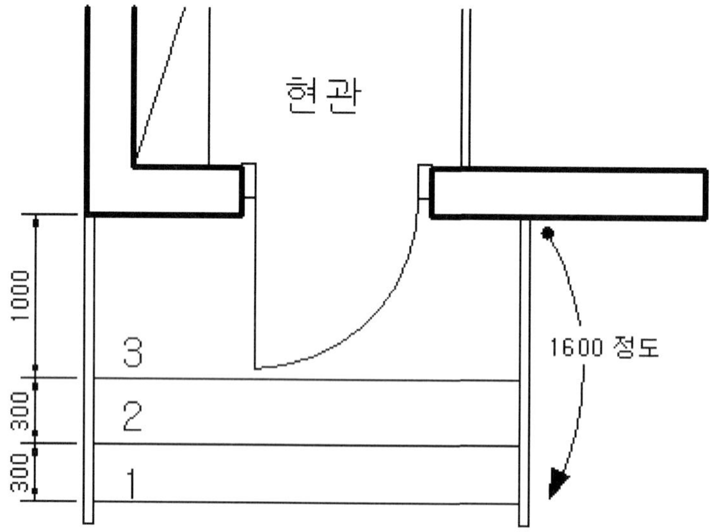

현관 계단의 개수
평면도에서 선의 개수는 계단의 개수에 해당. 예) 3단

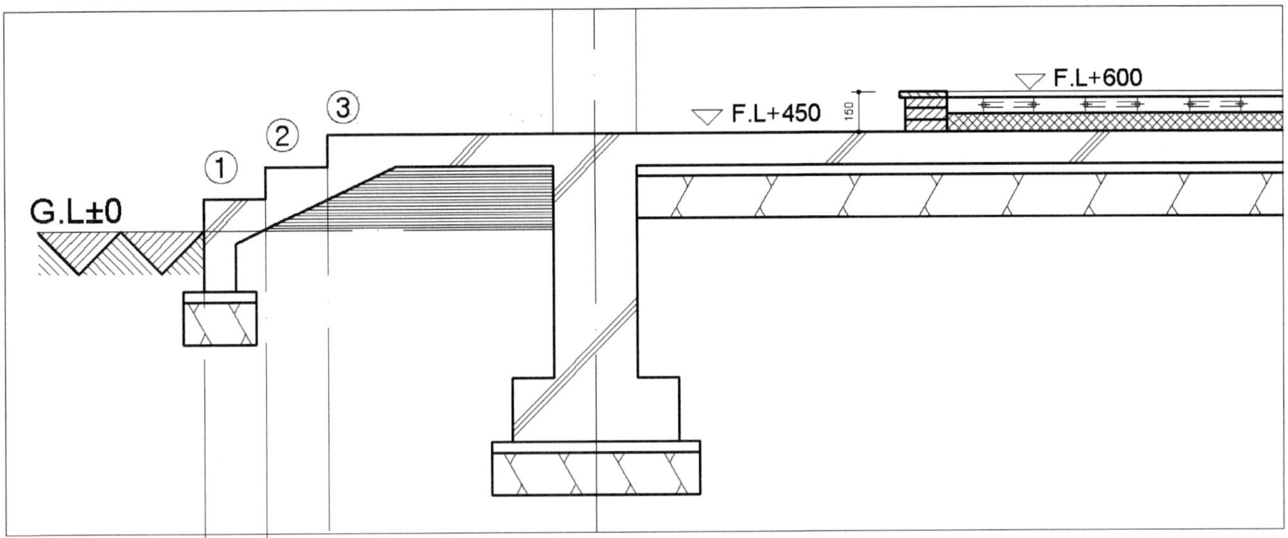

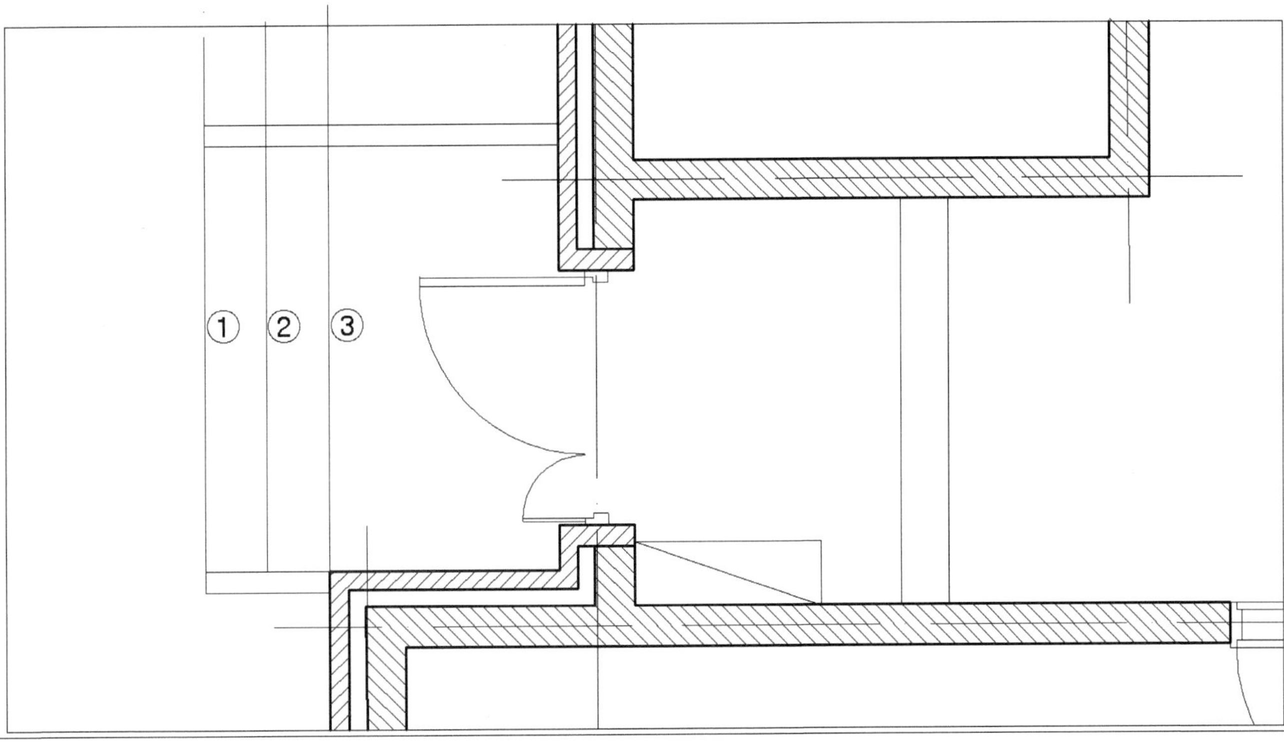

계단의 단면 작도 순서

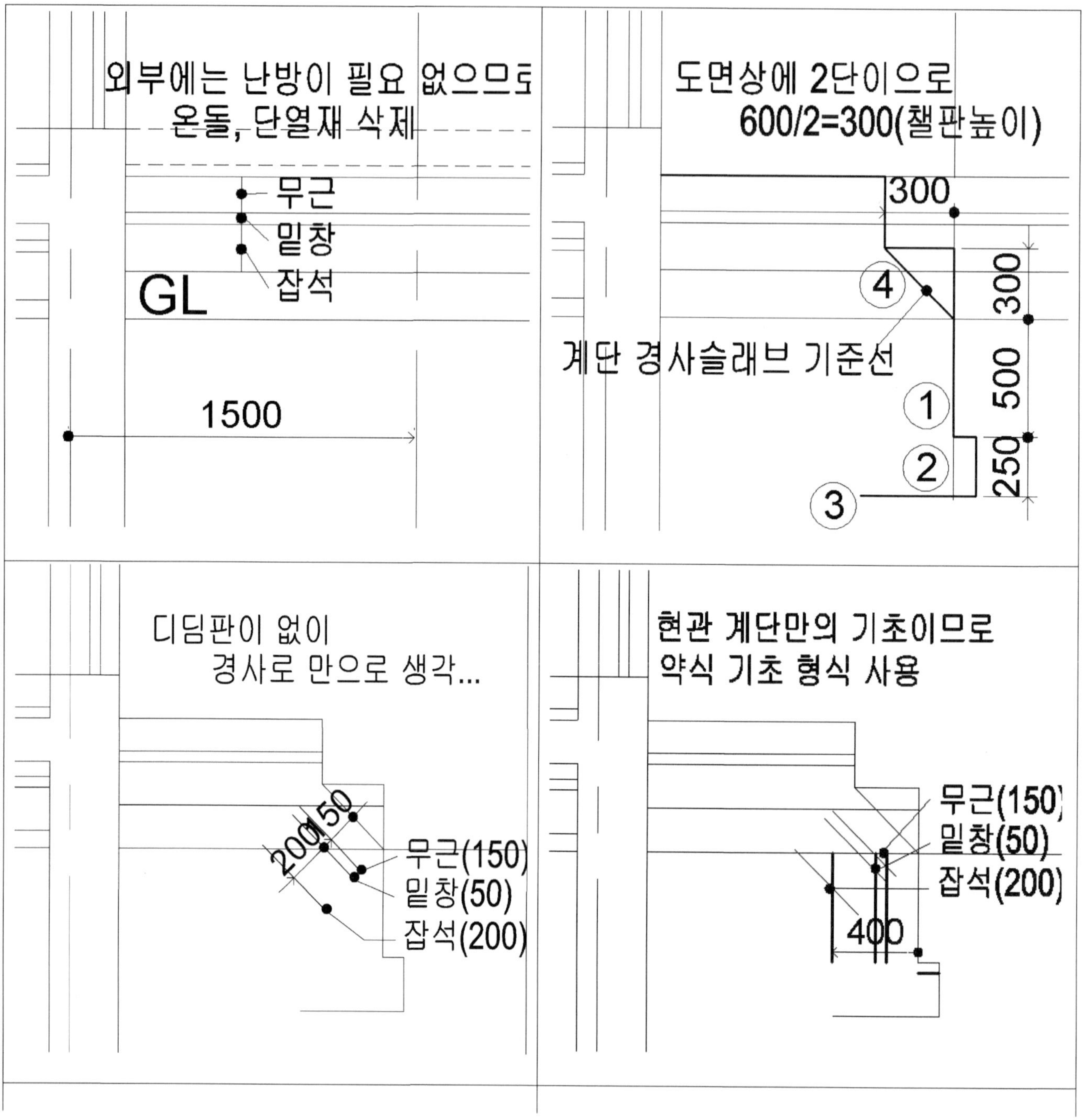

외부에는 난방이 필요 없으므로
온돌, 단열재 삭제
무근
밑창
잡석
GL
1500
도면상에 2단이으로
600/2=300(챌판높이)
300
4
계단 경사슬래브 기준선
1
2
3
300
500
250
디딤판이 없이
경사로 만으로 생각...
200
50
무근(150)
밑창(50)
잡석(200)
현관 계단만의 기초이므로
약식 기초 형식 사용
무근(150)
밑창(50)
잡석(200)
400

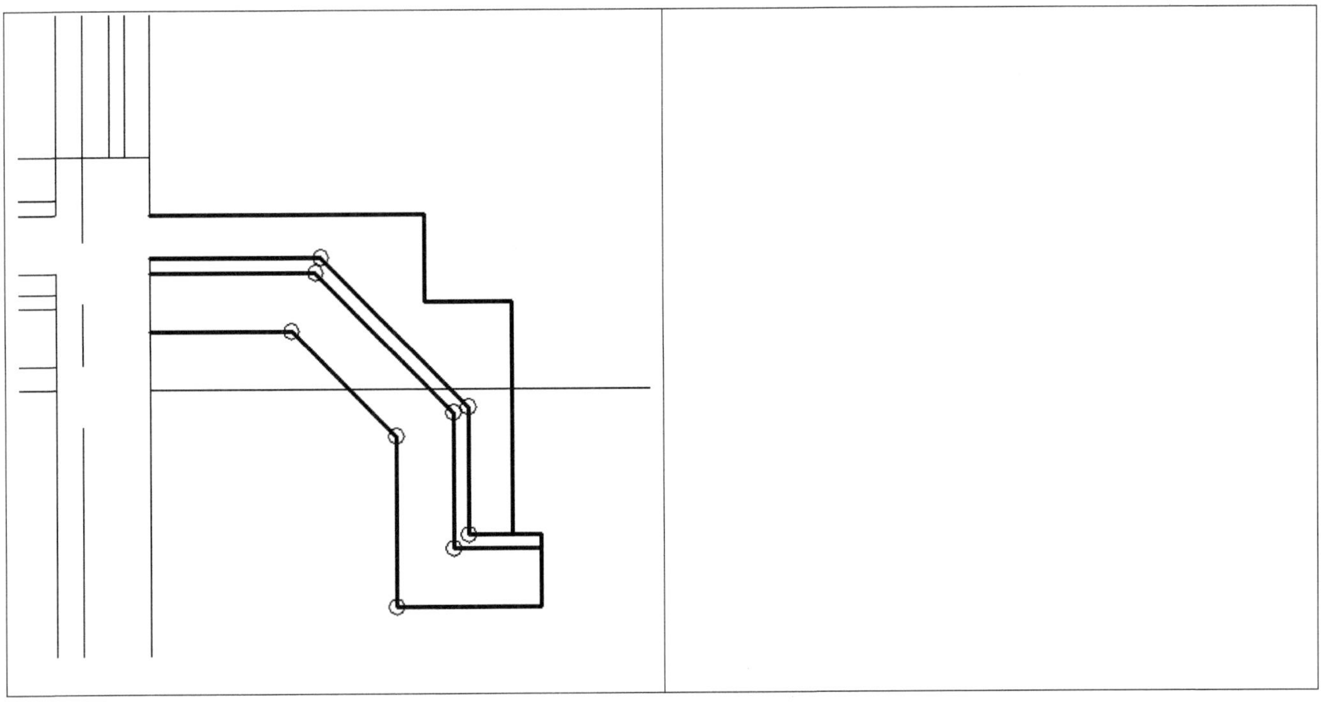

현관턱의 단면 작도 순서

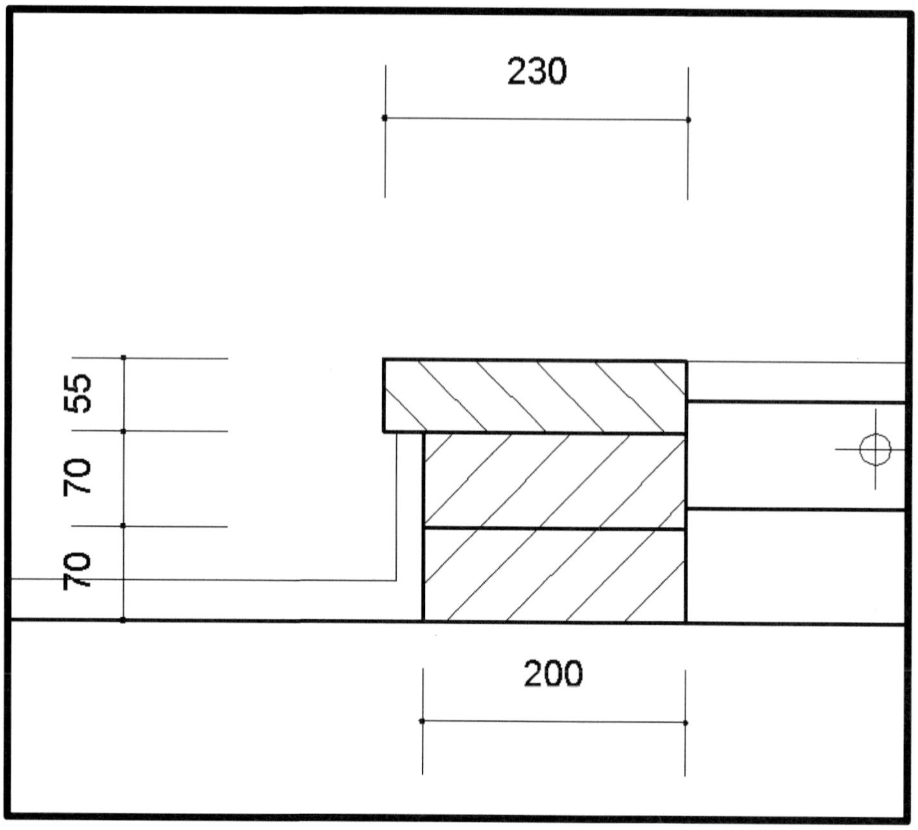

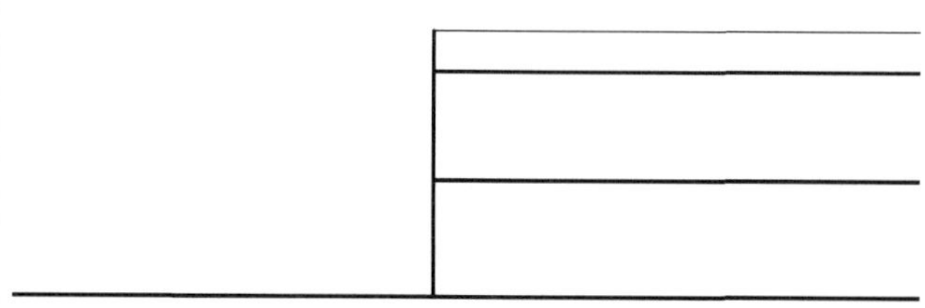

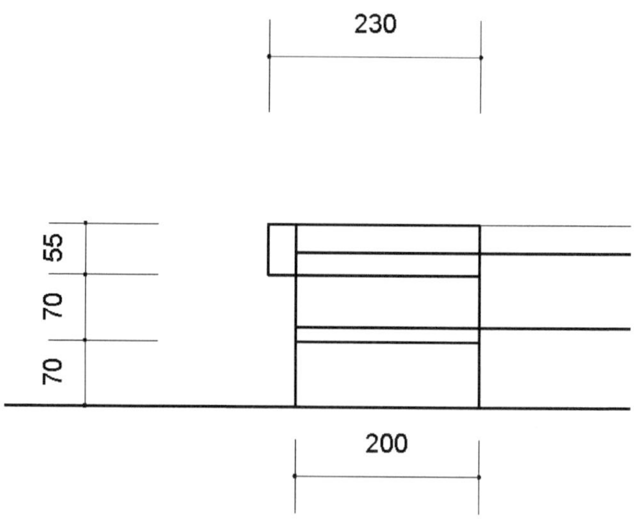

방바닥의 선을 이용하여 벽돌 2장(200*70), 거실턱(230*55)을 그린다.

- RECtangle(명령)

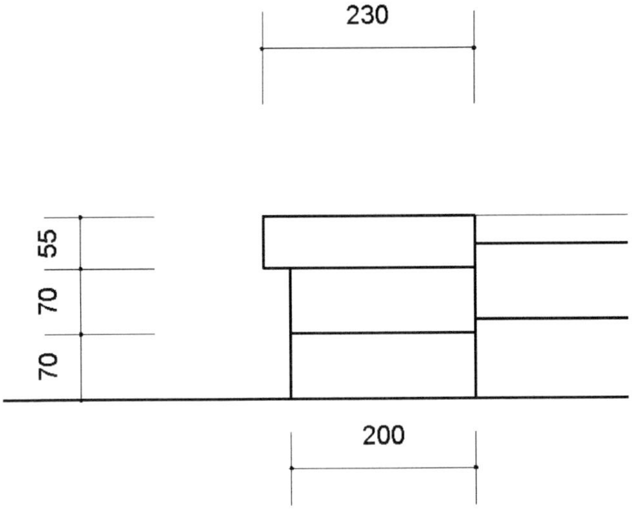

앞에서 만든 선들을 정리.
- Trim(명령)

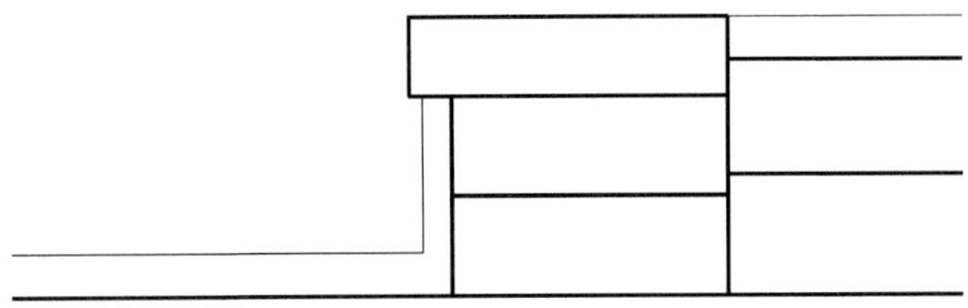

마감선(바닥 30, 벽 20)을 그린다.

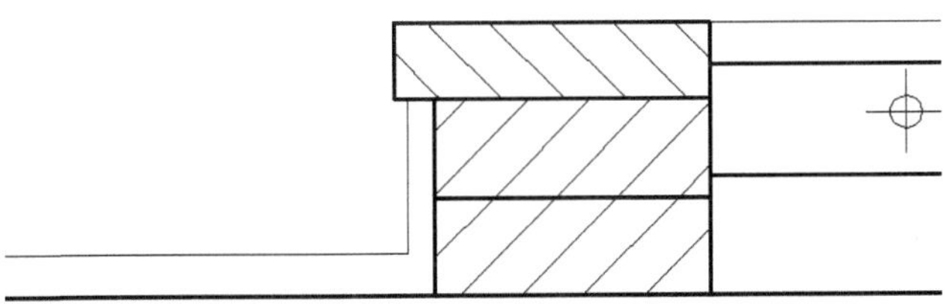

재료 표현을 한다.
- Hatch(명령)

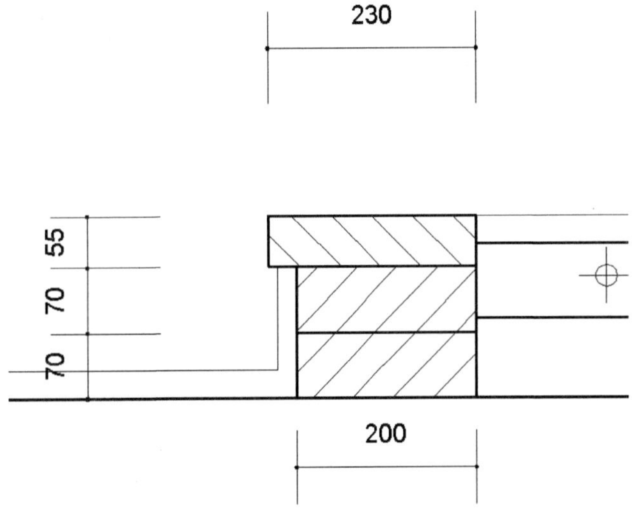

완성.

[바닥높이 잡는 방법]

1) 평면도에서 우선 현관 입구를 잘 보고 계단수를 확인
2) ①->②->③ 순서대로 계단을 확인
3) 계단의 높이는 대략 150mm(계단폭은 300mm)
4) ①에서 3단(450mm)
5) ②에서 0단(0mm)
6) ③에서 1단(150mm)
7) 총 단수가 4단이므로 600mm
8) 거실바닥까지의 높이는 600으로 잡고 그리기

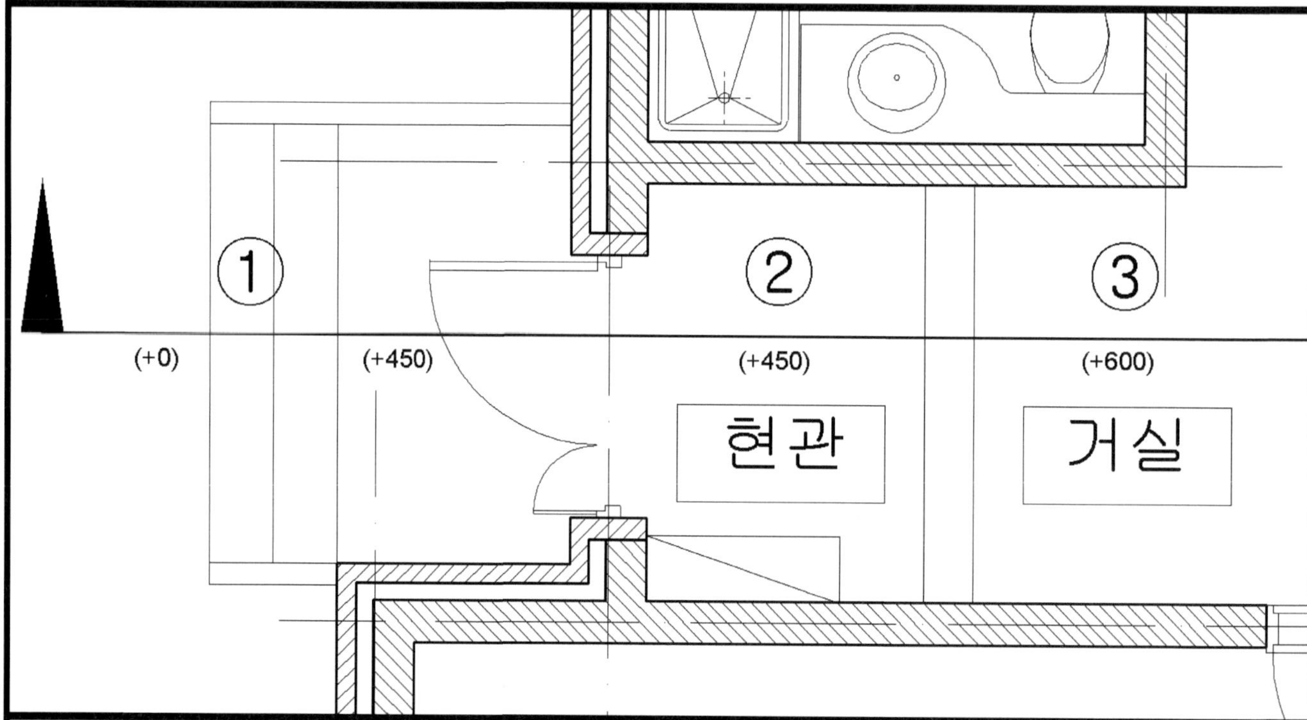

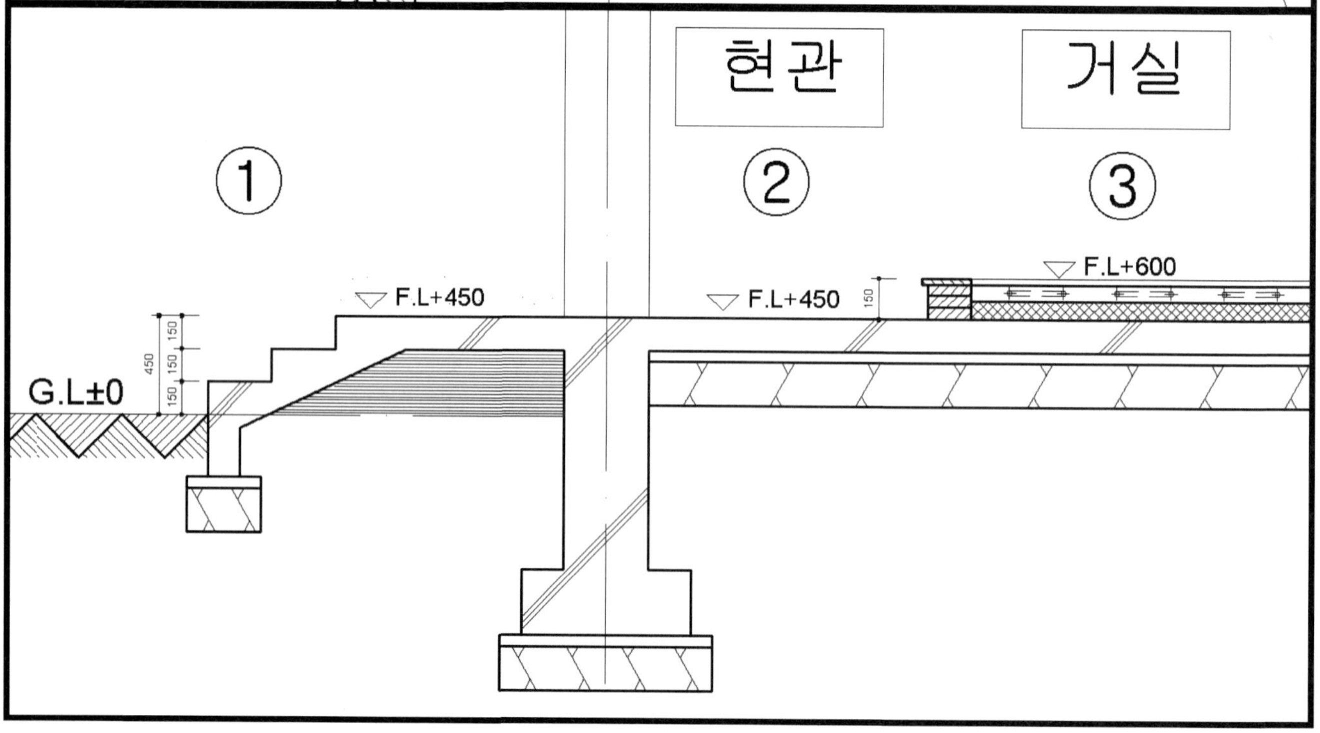

[바닥높이 잡는 방법]

1) 평면도에서 우선 현관 입구를 잘 보고 계단수를 확인
2) ①->②->③ 순서대로 계단을 확인
3) 계단의 높이는 대략 150mm(계단폭은 300mm)
4) ①에서 3단(450mm)
5) ②에서 0단(0mm)
6) ③에서 1단(150mm)
7) 총 단수가 4단이므로 600mm
8) 거실바닥까지의 높이는 600으로 잡고 그리기

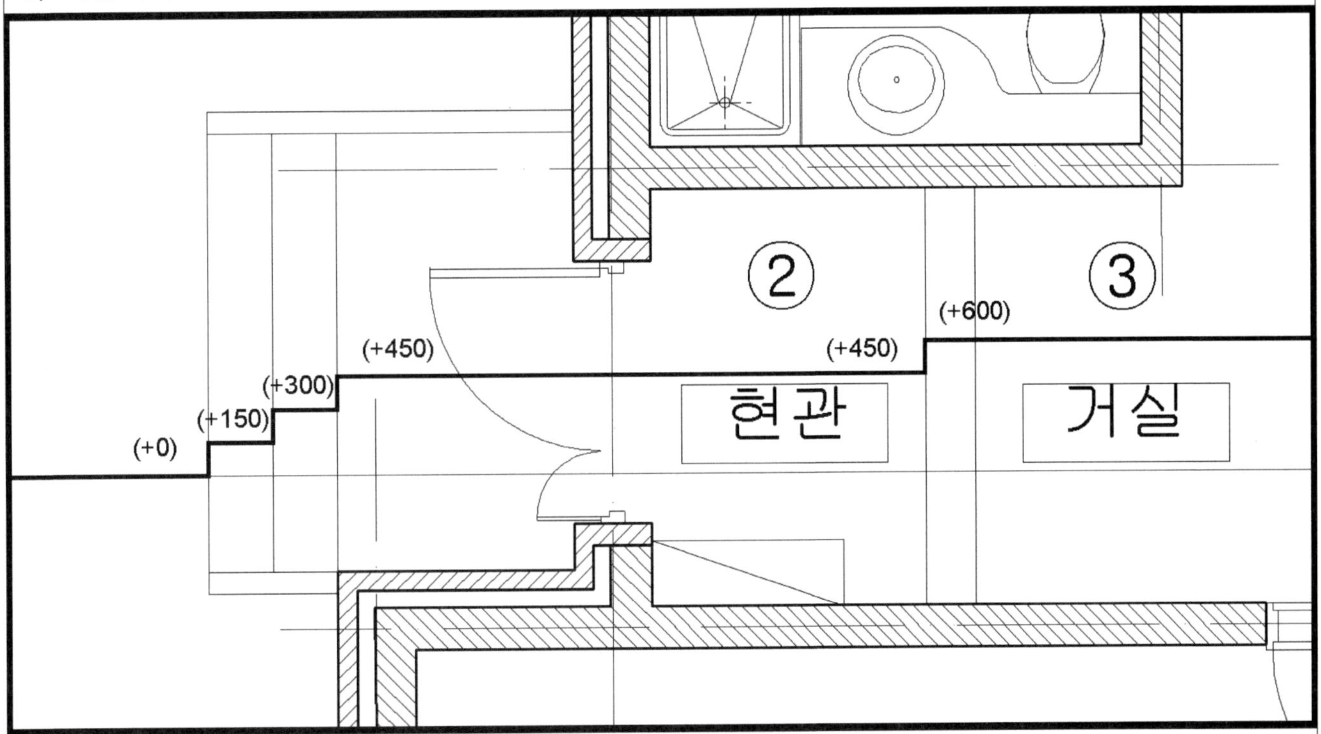

[거실 바닥높이 잡는 방법]- 평면도에 바닥높이가 표시된 경우

■ 평면도에 바닥높이가 표시된 경우

- 거실 바닥높이: 반자높이 계산시 기준은 제일 높은 거실을 기준으로 한다. (+650)
- 현관 바닥높이: 계단 단수의 높이와 현관의 높이는 같다. (+485)
- 계단 1단의 높이: 현관 바닥높이÷3

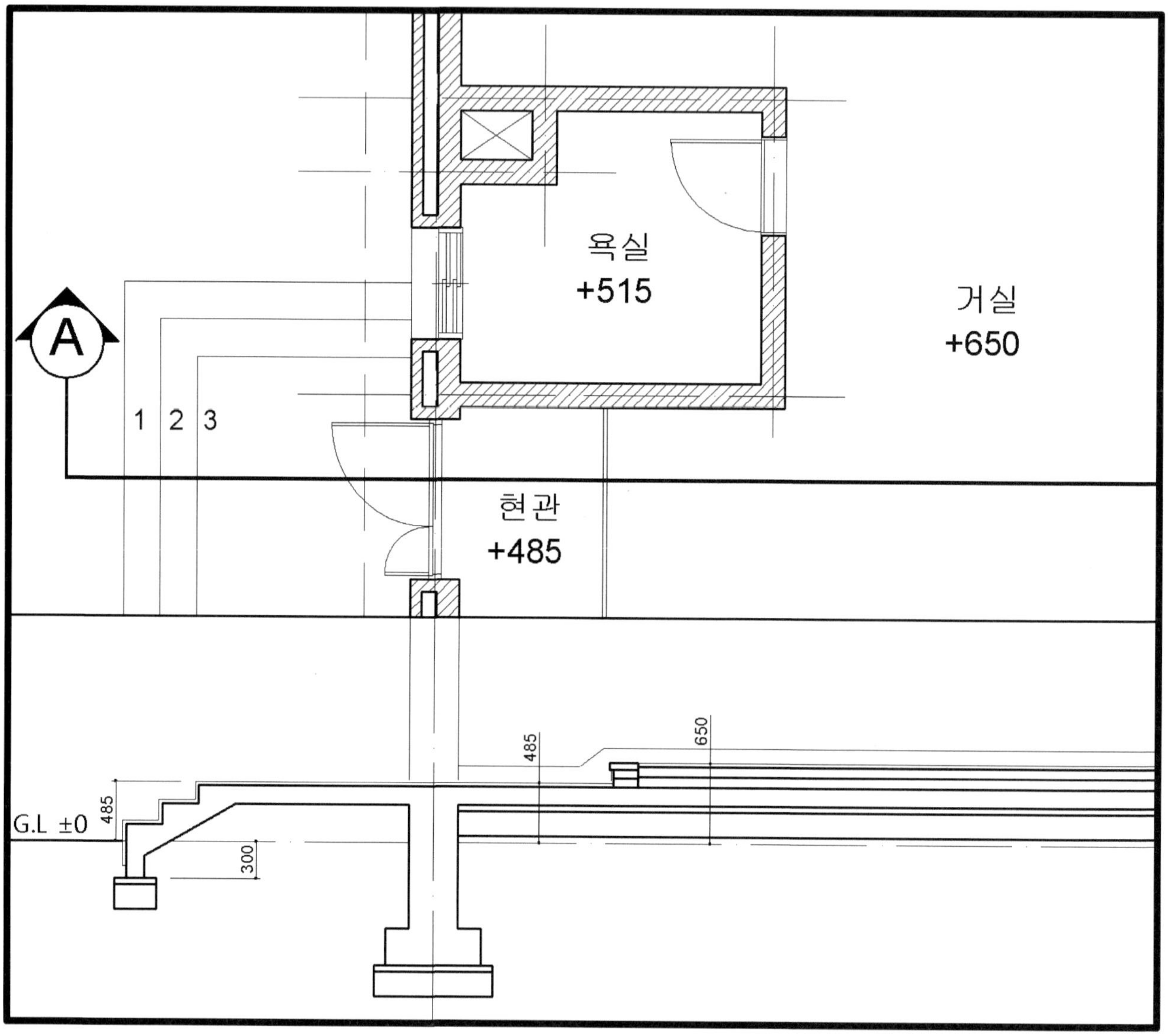

[거실 바닥높이 잡는 방법]- 평면도에 바닥높이가 표시되지 않은 경우

■ 평면도에 바닥높이가 표시되지 않은 경우

- 실외부터 실내까지의 단수를 확인하여 바닥높이 계산
- 계단 1단의 높이를 150으로 계산, 현관(테라스)와 거실 사이의 단을 계단 1단(150)으로 계산
- 거실 바닥높이: 계단 3단의 경우, 거실 바닥높이는 (▽F.L+600)
- 테라스 바닥높이: 거실 바닥구조 중 철근콘크리트 두께(150)을 연장하고 보호모르타르 두께 30을 더하면, 테라스 바닥높이는 (▽F.L+435)
- 테라스 계단높이: G.L과 테라스의 높이를 계단 단수로 나누어 작성

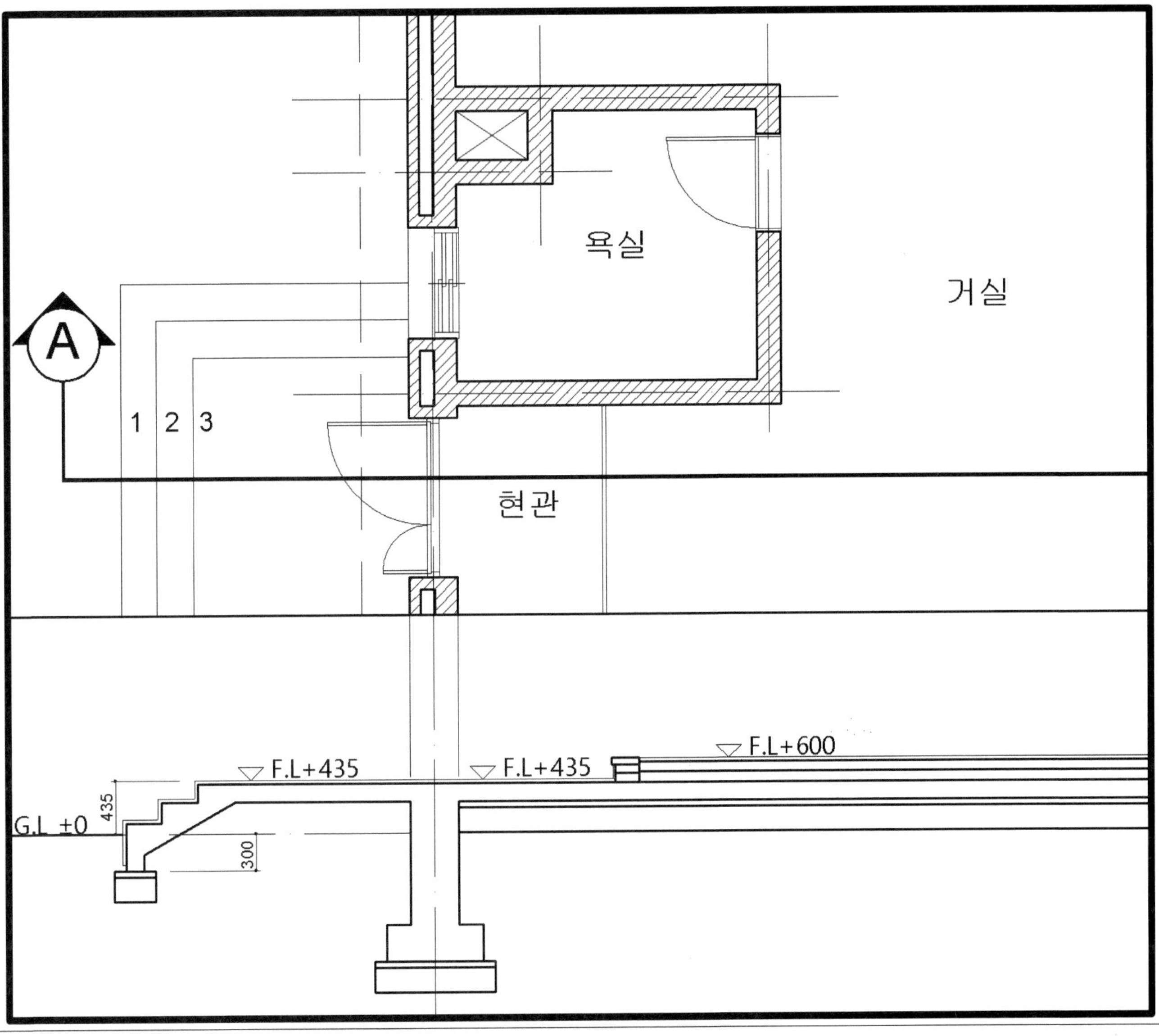

[거실, 주방, 방 바닥]-난방을 하는 구조

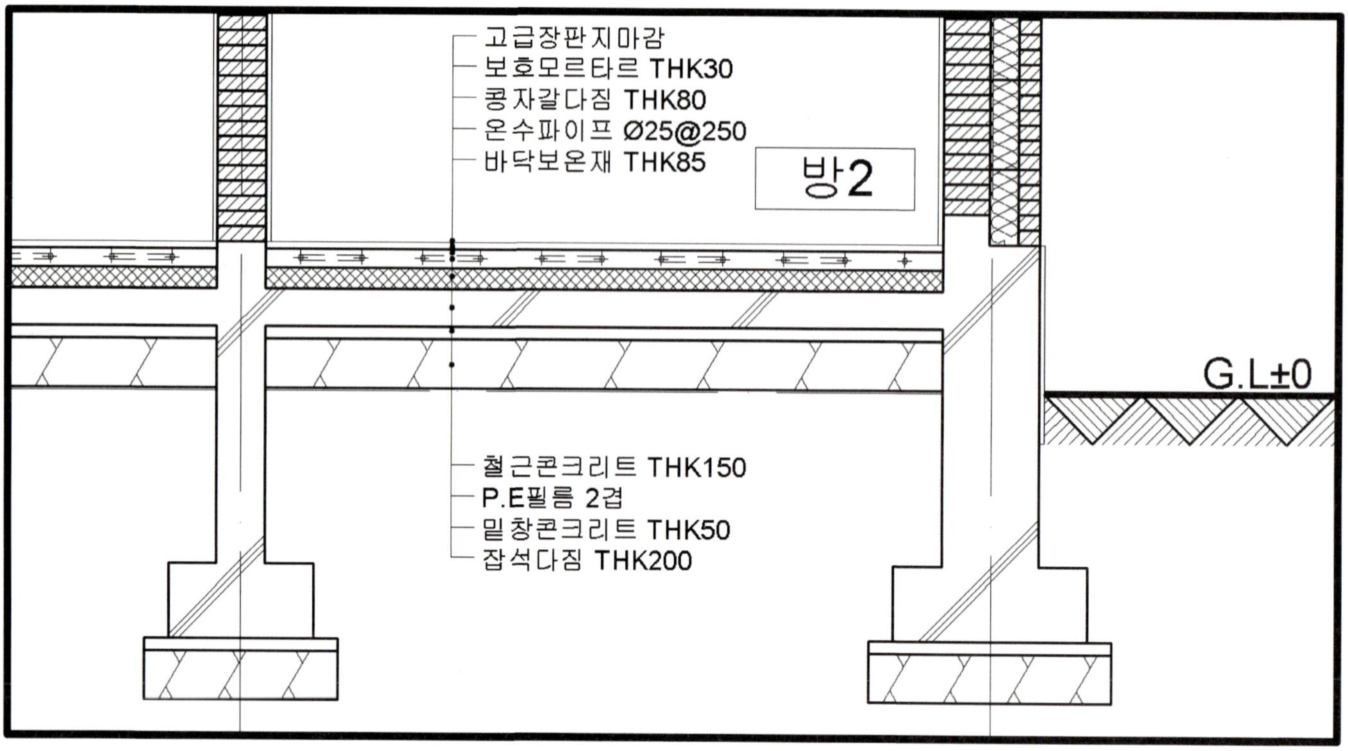

(거실, 주방, 방) 바닥 실의 높이는 계단의 높이와 [현관 턱] 또는 [거실 턱]의 높이가 더해집니다.

예를 들어, 계단 하나의 높이가 150이고, 단이 3이라면 계단의 높이는 150×3단=450이고 여기에 현관 턱(거실턱)의 높이 150을 더해 600이 됩니다.

- 계단 하나의 높이 : 보통 150~200정도
- 각실의 난방 : 온수파이프 난방
- 거실과 주방에는 걸레받이를 꼭 작도한다.
- 재료명 표기

콘크리트 기초
▼ 철근콘크리트 THK150
▼ P.E필름 2겹
▼ 밑창콘크리트 THK50
▼ 잡석다짐 THK200

방 기초
▼ 고급장판지마감
▼ 보호모르타르 THK30
▼ 콩자갈다짐 THK80
▼ 온수파이프 Ø25@250
▼ 바닥보온재 THK85

[거실, 주방, 방 바닥] 단면 작도 순서

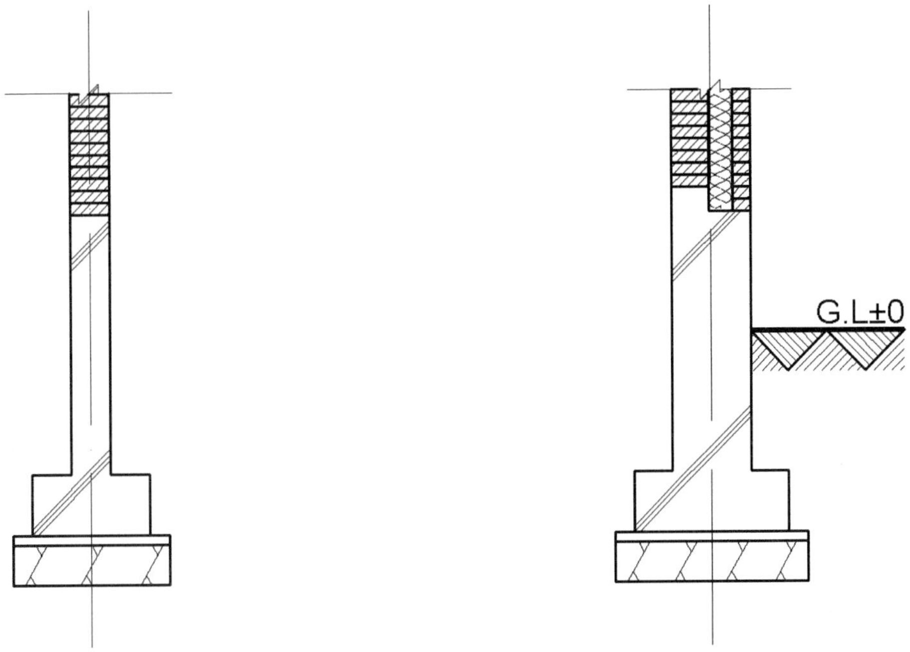

1. 다음과 같이 내벽과 외벽 기초를 작성
- G.L선 표기

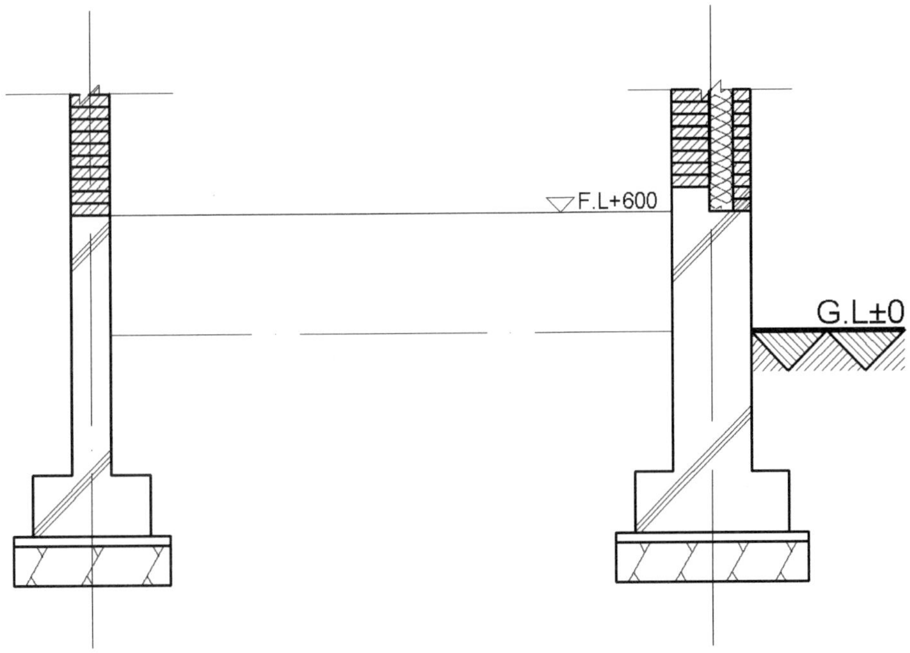

2. 바닥높이 선(F.L)을 작성
- 바닥높이는 G.L선에서 600(마감선)

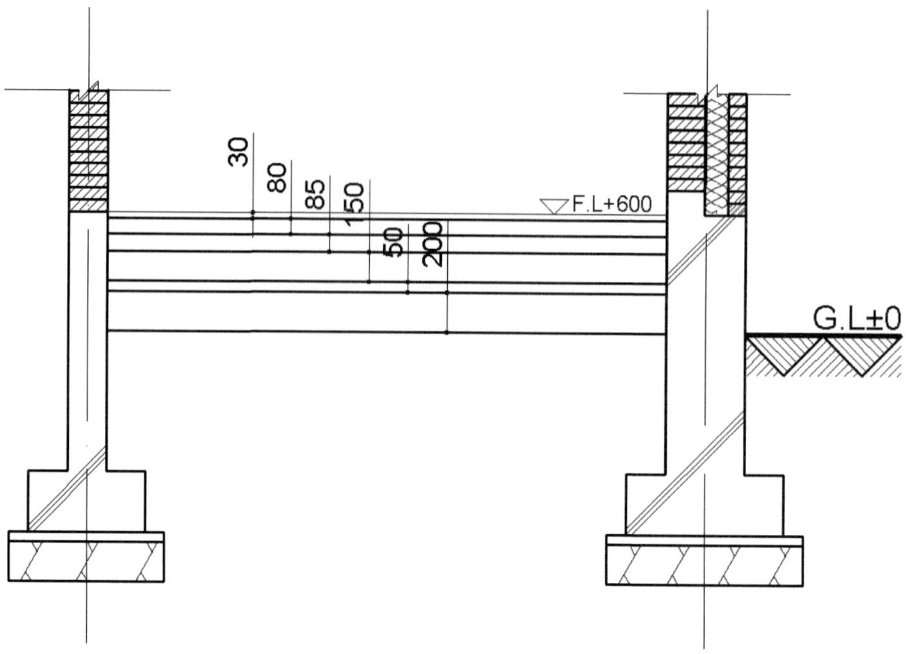

3. Offset(명령)으로 바닥의 두께를 표시

- F.L선에서 아래로 보호모르타르(30), 콩자갈다짐(80), 바닥보온재(85), 철근콘크리트(150), 밑창콘크리트(50), 잡석다짐(200)

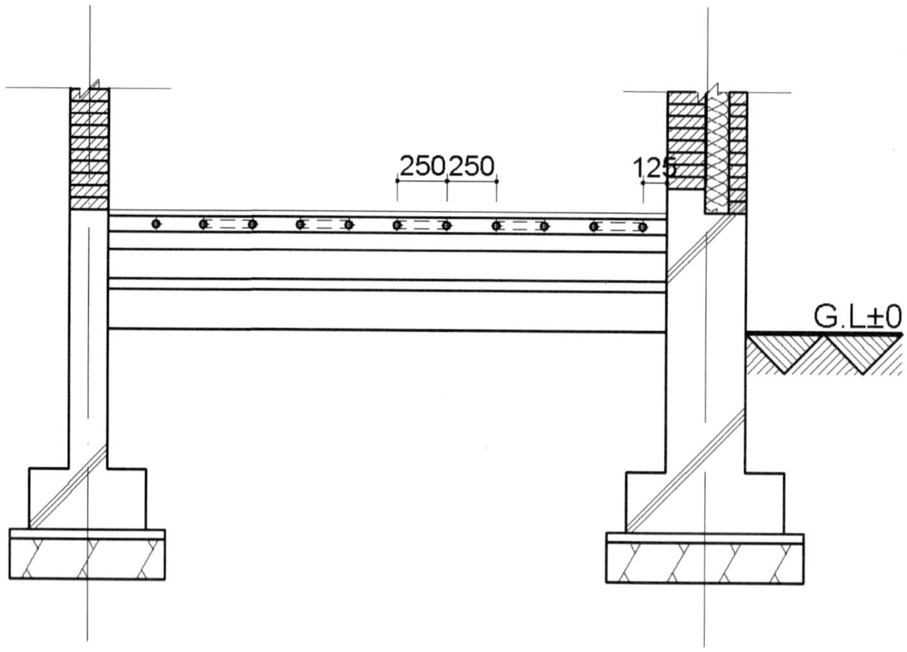

4. 온수파이프 그리기

온수 파이프를 Ø25 @250로 만들어 준 후 2개 1조로하여 파선(hiden)으로 묶는다.

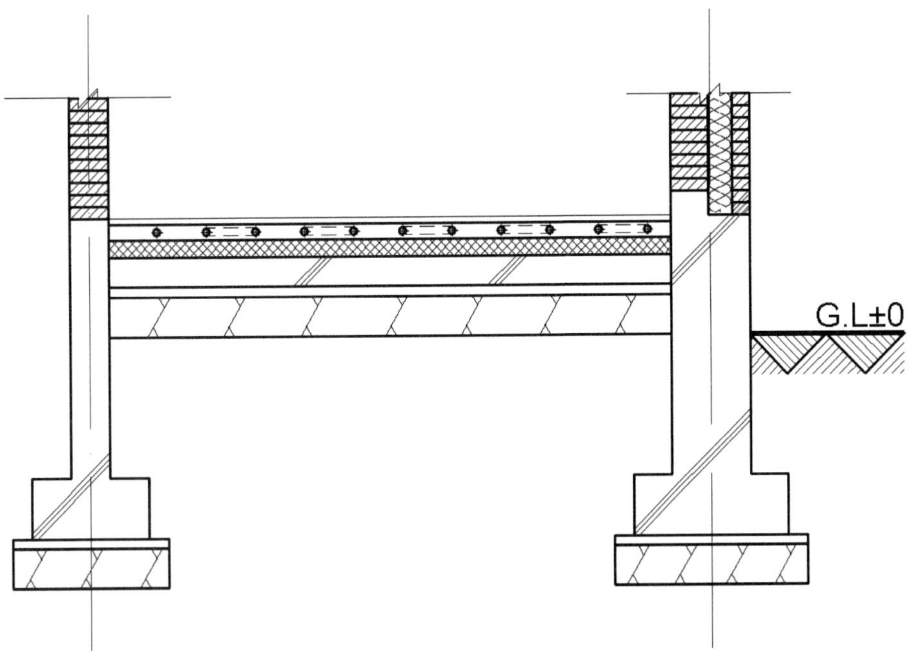

5. 단열재, 콘크리트, 잡석 해칭

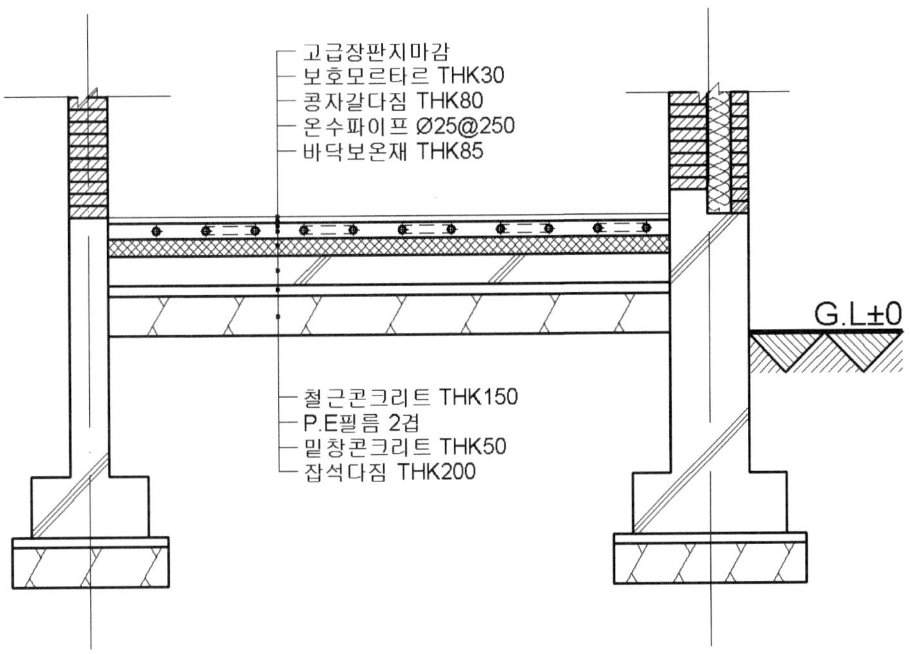

6. 재료명 표기

온수파이프 그리기 Ø25 @250

- 동파이프의 지름 25mm이지만 너무 작으므로 반지름 15mm로 Circle 작도

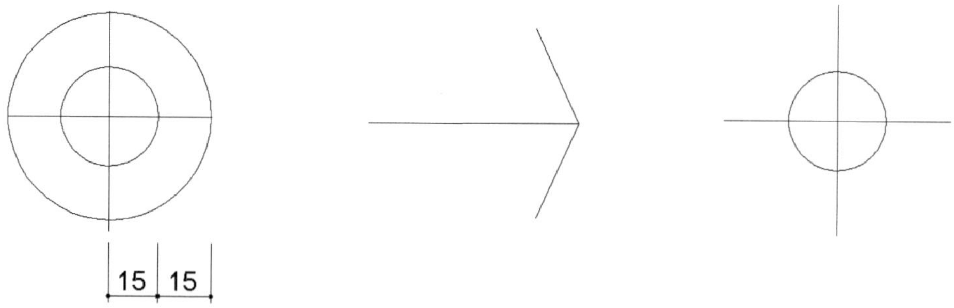

- ARray/R(사각형)으로 1열로 간격 250으로 생성, Line(명령)으로 선을 두 줄을 그린 뒤 HIdden선으로 변경(파랑)

기초상식 온수난방의 배관

■ 온수난방의 배관

◈ 배관 간격과 직경

세대내에 설치되는 난방코일은 지정된 간격을 유지하여야 하며, 받침대에 완전고정하여 이완이 없도록 하여야 하고 난방코일의 간격은 아파트를 기준으로 다음에 준합니다.

① 1층, 최상층 침실 및 기준층 끝세대 측벽침실 : @200㎜

② 기준층, 끝세대 내벽침실 : @230㎜

③ 거실 및 주방 : @250㎜

관의 직경은 방의 크기와 난방분배기로부터의 거리에 따라 Ø12, Ø15, Ø20, Ø25mm를 선택하여 사용하며 관은 동관도 쓰지만 주로 [가교화 폴리에틸렌관] 일명 XL파이프를 사용합니다.

◈ 시공순서

가. 보온재 깔기 보온재를 바탕면과 밀착시켜 깐다.
보온재 이음부위는 밀착되도록 하고 테이프를 붙여 틈새가 없도록 한다.

나. 폴리에틸렌 필름 깔기 바닥면 전면과 벽면 하부보온재 상부까지 빈틈없이 깔고 이음부는 접착테이프를 사용하여 10㎝ 이상 겹쳐 잇는다.

다. 난방관 배치 받침대 등을 이용하여 난방관을 배치하고 누수시험을 한다.

라. 자갈 또는 부순돌 깔기 하부의 배관공사가 완료된 후 자갈 또는 부순돌을 설계높이까지 평탄하게 깐다.
(아파트 시공에서는 자갈이나 부순돌 대신 경량기포콘크리트를 많이 사용 합니다.)

마. 마감 모르타르 바르기 시멘트와 모래의 배합비는 1:3으로 하며,
섬유보강재는 모르타르 1㎥당 900g을 혼입한다.

바. 모르타르 바르기

1) 온돌층 내부공사를 완전히 완료하고, 이를 확인한 후 모르타르 바르기를 시작한다.

2) 온돌바닥 모르타르 바르기는 피니셔를 사용하고 기계사용이 곤란한 부분은 쇠흙손을 사용하여 마감한다.

3) 바닥마감을 표면에 물기가 걷힌 상태에서 하고 흙손자국이 남지 않도록 한다.

■참고: 위의 글은 시방서 대로 완벽한 시공했을 때의 것이고 실제 주택에서는 좀 간단히 시공합니다.
콘크리트위에 50mm 스치로폴을 깔고 그 위에 와이어매쉬를 놓은 후 XL 파이프를 결속선으로 와이어매쉬에 고정합니다. 그리고 모르타르로 마감을 합니다.

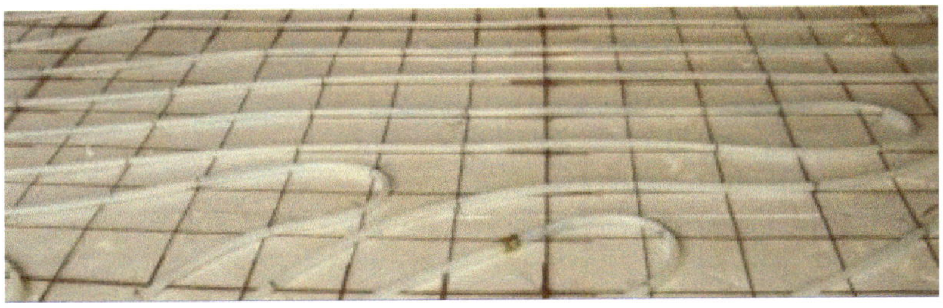

◈제도에서의 요령

난방의 표준 두께는 없습니다. 현장의 상황에 따라 정해지기 때문이다. 대체로 다음의 두께로 하면 무난합니다.

㉠난방관의 간격: 250mm 난방관의 굵기: 20mm

㉡단열재의 두께: 50mm

㉢부순돌(콩자갈)의 두께: 50~100mm, 모르타르 바르기: 20mm

[욕실 바닥]-방수구조

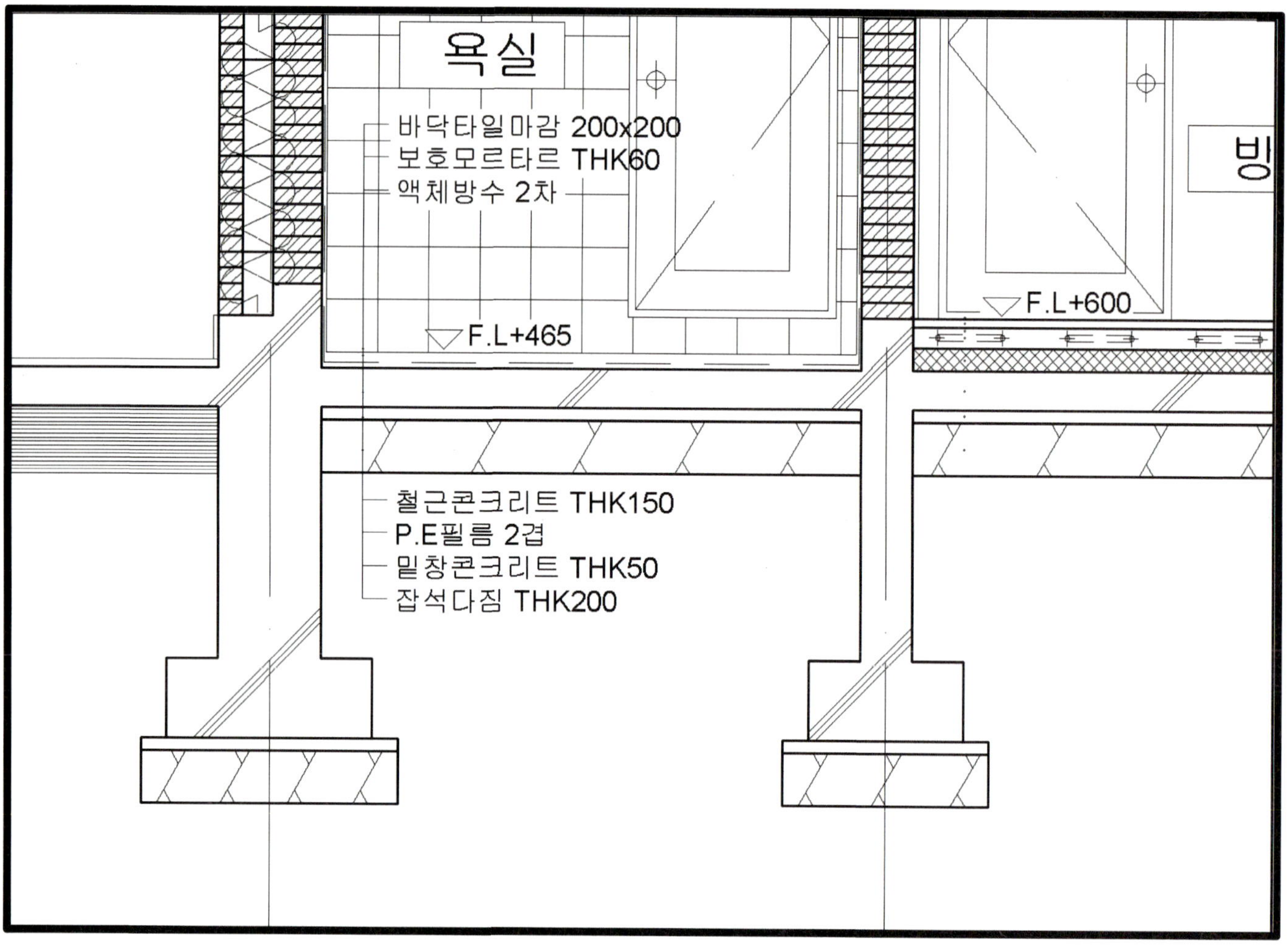

- 욕실의 바닥 높이는 거실 바닥 높이에서 아래로 150mm 내림
- 욕실은 물을 사용하는 공간입니다. 바닥과 벽에 방수가 되어야 합니다.-액체방수 2차
- 기초는 다른 실과 같으나 철근콘크리트 위에 시멘트 액체 방수 2차, 바닥타일마감을 한다.
- 재료명 표기

콘크리트 기초
▼ 철근콘크리트 THK150
▼ P.E필름 2겹
▼ 밑창콘크리트 THK50
▼ 잡석다짐 THK200

방 기초
▼ 바닥타일마감 200×200
▼ 보호모르타르 THK60
▼ 액체방수2차

기초상식	액체방수란?

■ 액체방수

- 방수용액을 사용하였으므로 액체방수라 합니다. 방수의 신뢰성이 부족하여 경미한 부분에 시공합니다. 방수 방법은 방수용액은 그냥 바르거나 시멘트풀에 혼합하여 바르거나, 모르타르에 방수액을 혼합하여 바릅니다.

◈ 1차 방수- 방수시멘트 묽은 풀칠 / 방수액 도포 위의 방법을 2번한 다음 "방수 모르타르"를 바른다.

◈ 2차 방수- 방수시멘트 묽은 풀칠 / 방수용액 도포 / 방수시멘트 된 풀칠/ 방수몰탈 바름 위의 방법을 2회 시행한다.

*방수시멘트 풀칠: 시멘트+물+방수제

*방수용액 도포 : 방수제+물

*방수모르타르 : 시멘트+모래+물+방수제

- 방수층의 두께: 방수층의 두께는 방수모르타르의 두께로 생각하면 됩니다. (다른 것들의 두께는 거의 없음), 2차방수의 경우 방수몰탈을 바닥은 10mm, 벽은 6mm로 2회 발라줌으로 바닥의 총두께는 약 20mm 정도 벽체는 약 12mm 정도가 됩니다. 그러나 대개는 방수층을 만든 후 방수층을 보호하기 위하여 보호몰탈(12-24mm)이나 타일 등으로 마감함으로 더 두꺼워집니다.
- 캐드시험에서의 대책: 위의 내용에 신경을 쓰지 말고 액체방수가 들어가는 곳은 30 정도의 두께로 그리고 중간에 짧은 파선(Dashed선, Linetype Scale=0.1)으로 방수를 표시하세요.

욕실 바닥의 단면 작도 순서

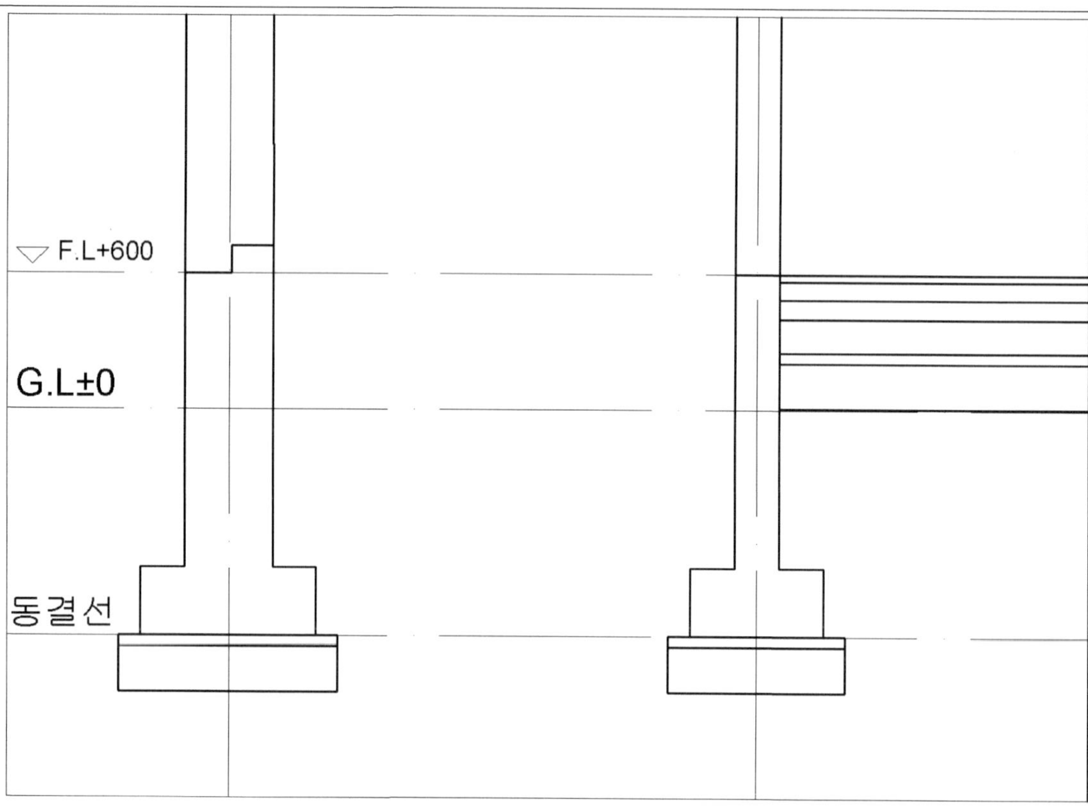

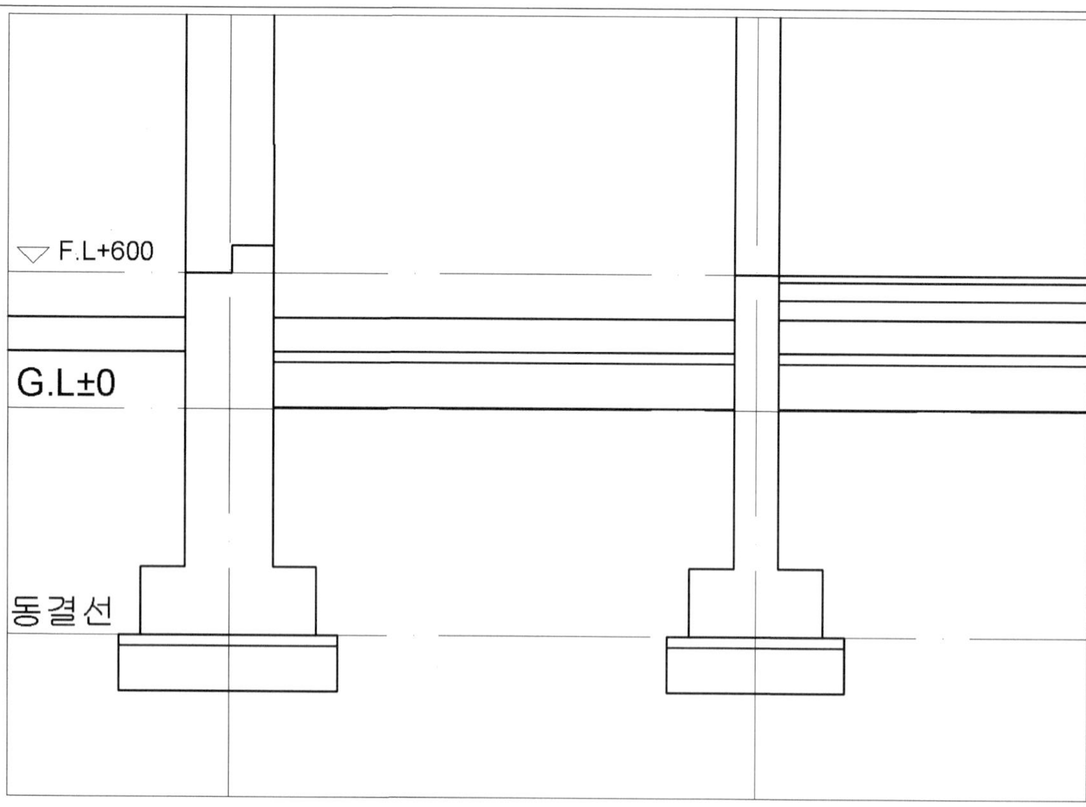

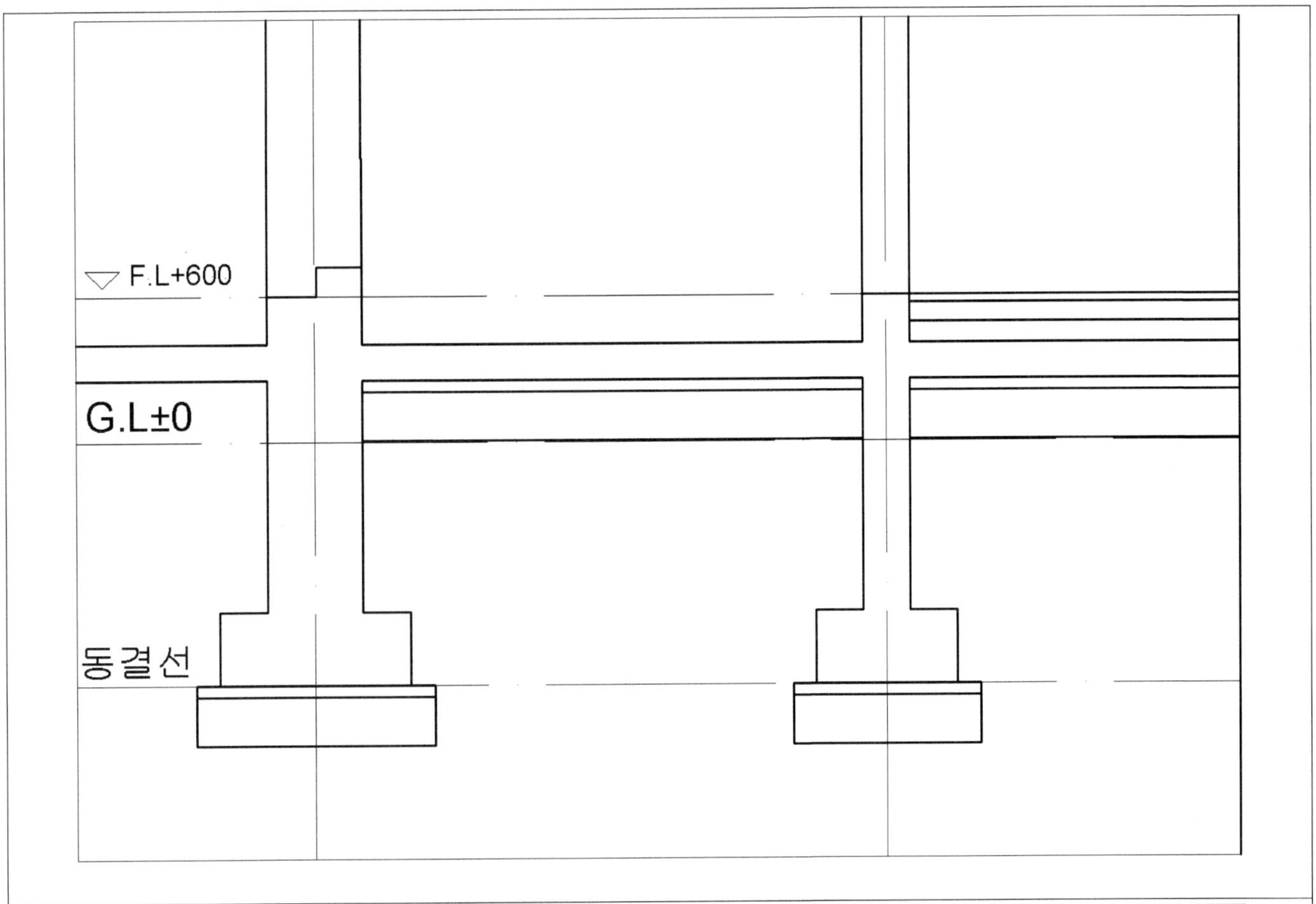
F.L+600
G.L±0
동결선

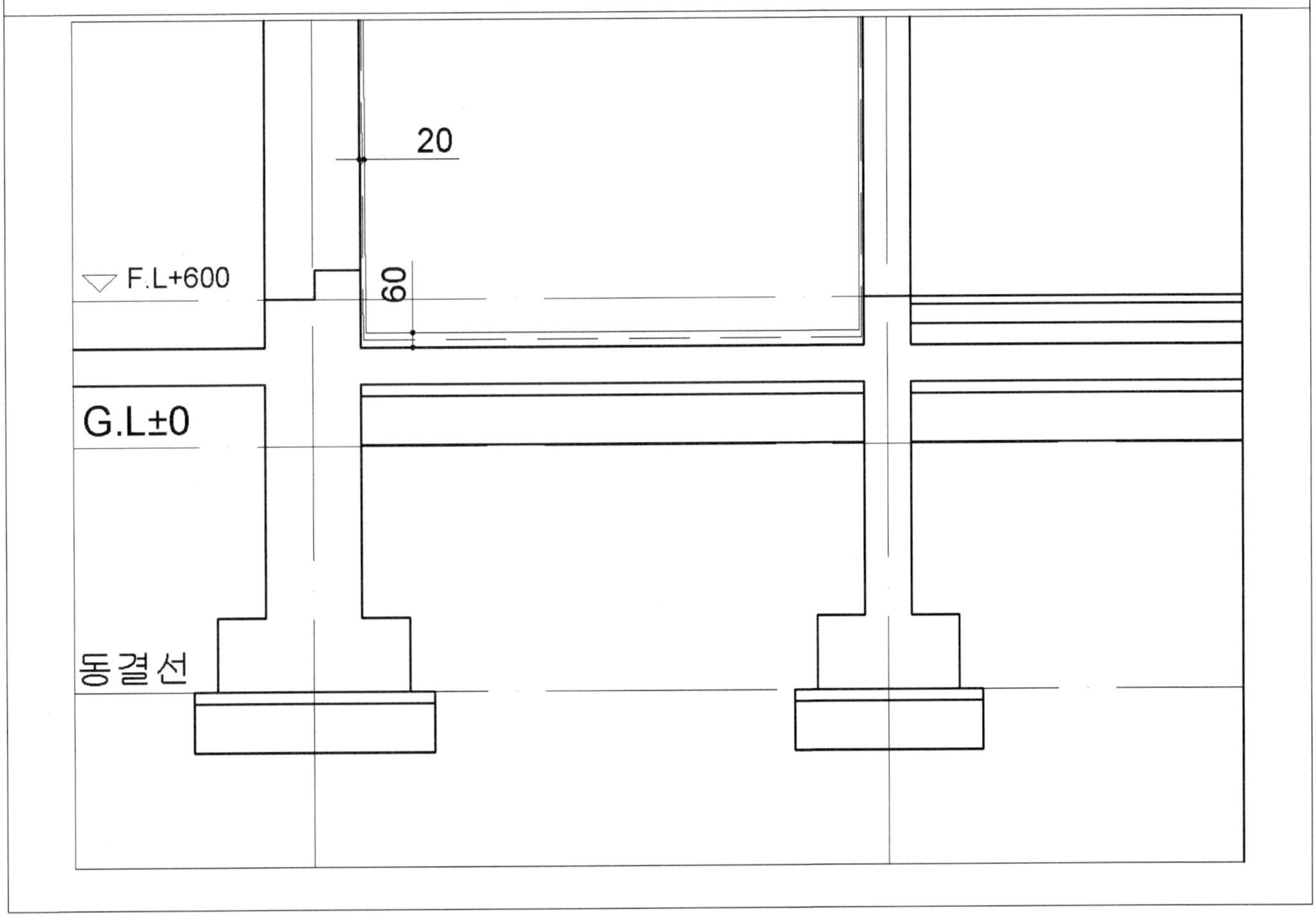
20
F.L+600
60
G.L±0
동결선

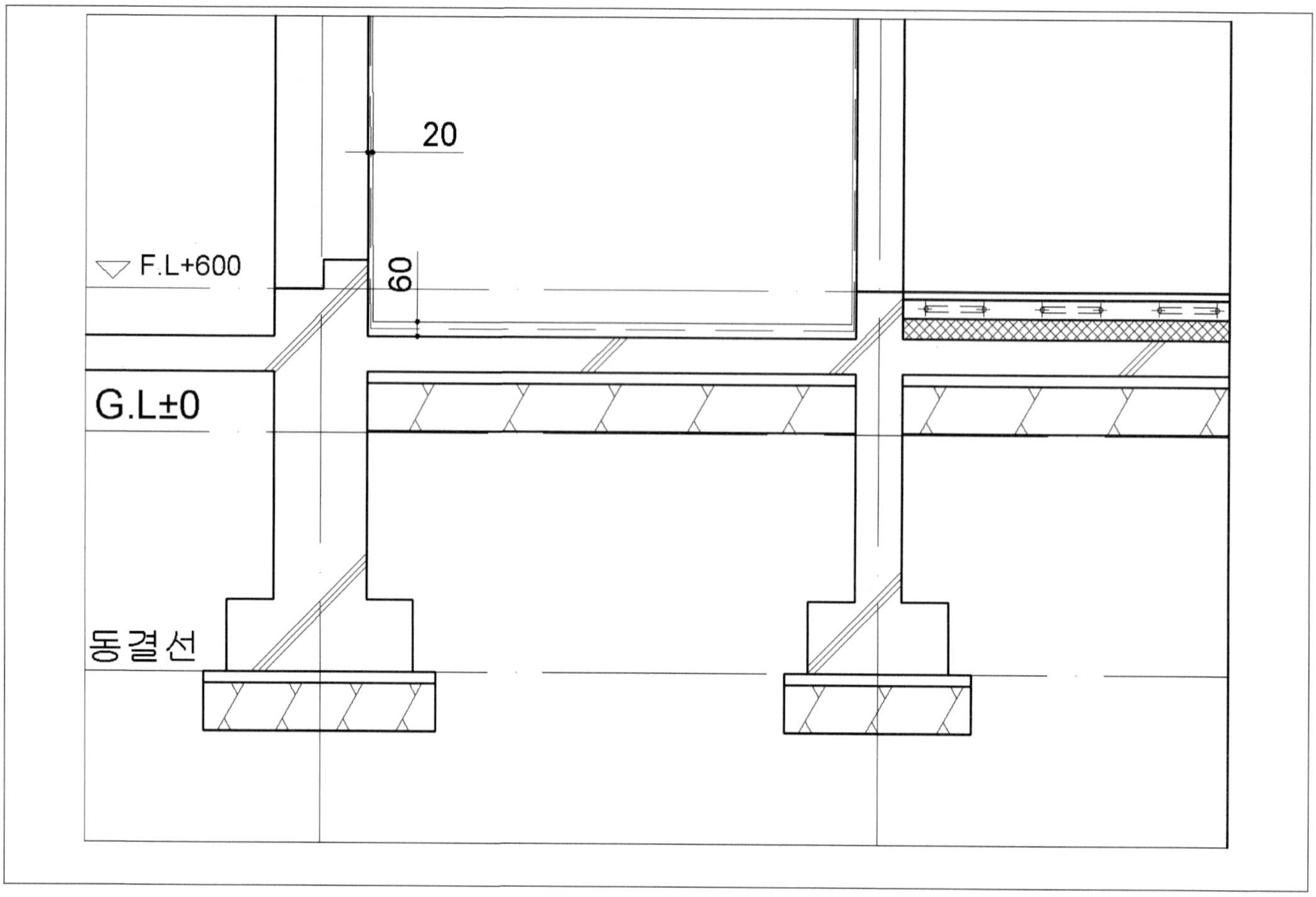
20
F.L+600
60
G.L±0
동결선

[지하실 바닥]

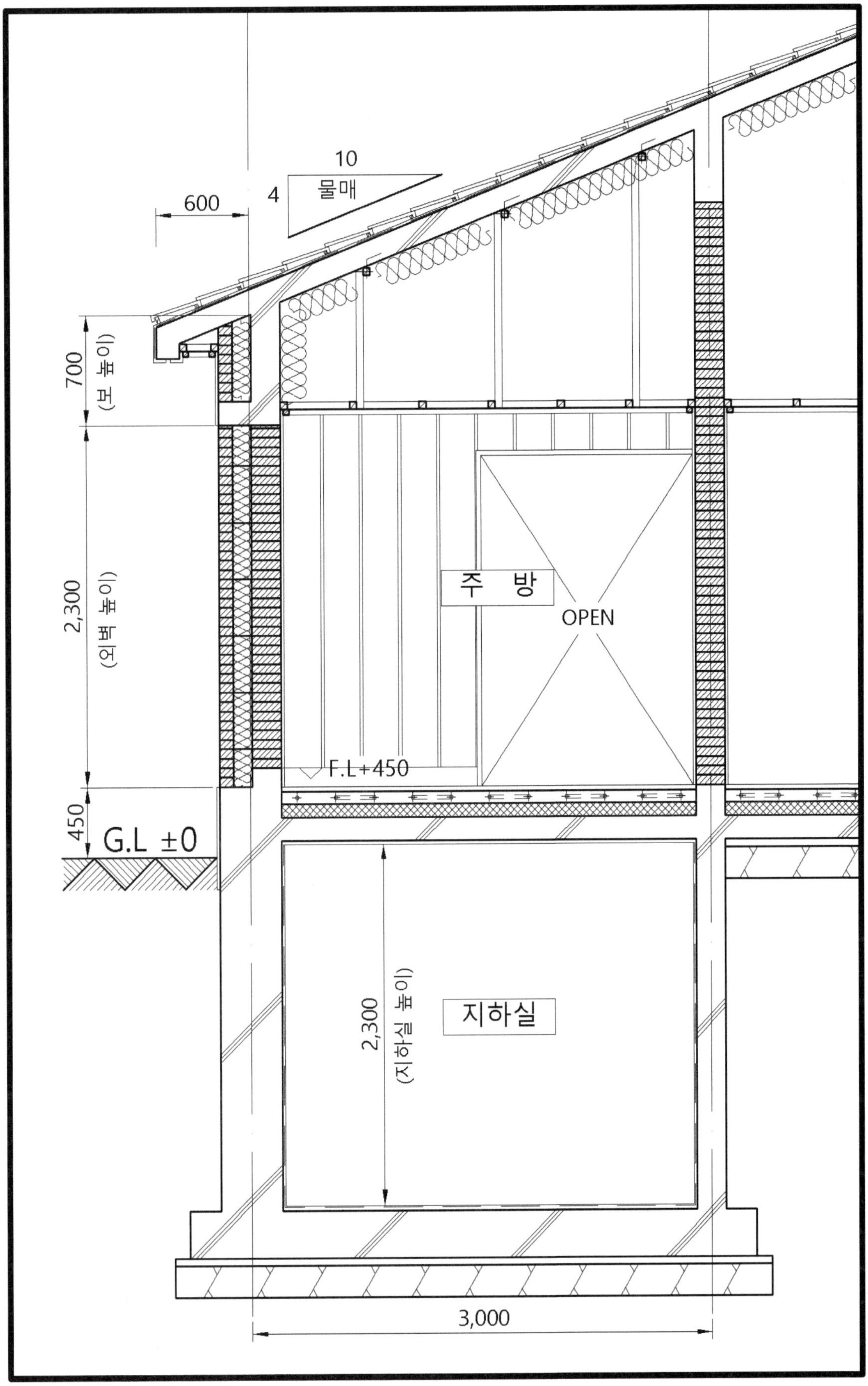

10
4
물매
600
700
(보 높이)
2,300
(외벽 높이)
450
G.L ±0
주 방
OPEN
F.L+450
2,300
(지하실 높이)
지하실
3,000

3.4. 지붕 그리기

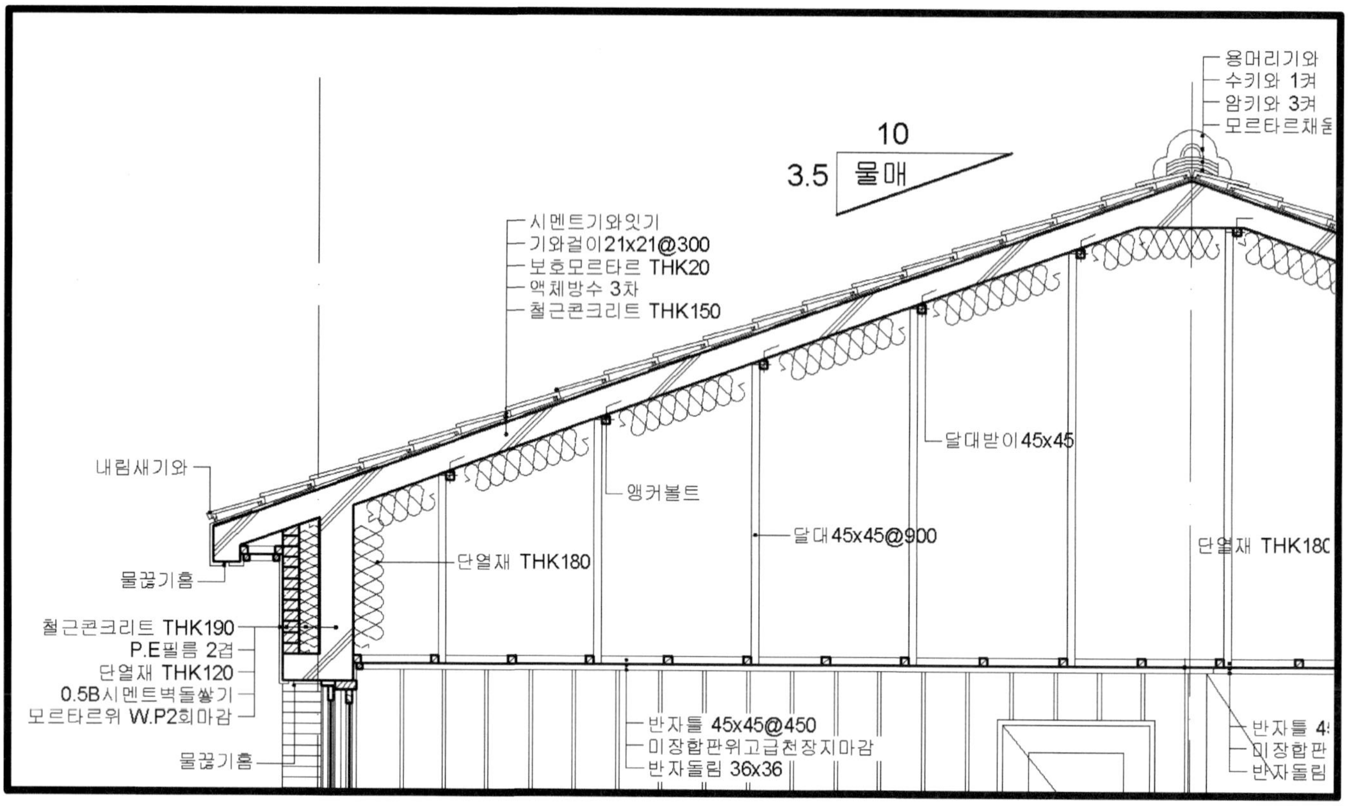

▼시멘트기와잇기	시멘트로 만든 기와를 지붕면에 걸어서 이음
▼기와걸이21×21@300	기와를 거는 턱(가로21, 세로21, 간격300)
▼보호모르타르 THK20	방수층을 보호하는 모르타르(두께20)
▼액체방수 3차	액체방수 공정을 3회 작업
▼철근콘크리트 THK150	철근이 배근된 콘크리트(두께150)
▼용머리기와	마룻대 시작과 끝의 장식용 기와
▼수키와1켜	
▼암키와3켜	
▼물끊기홈	창문 상부나 처마 끝에 홈을 내어 물이 내부로 흐르는 것을 방지

지붕은 철근콘크리트 슬래브로 (테두리)보와 처마까지 일체식으로 되어 있다.

▶ 시멘트기와이기-투상도

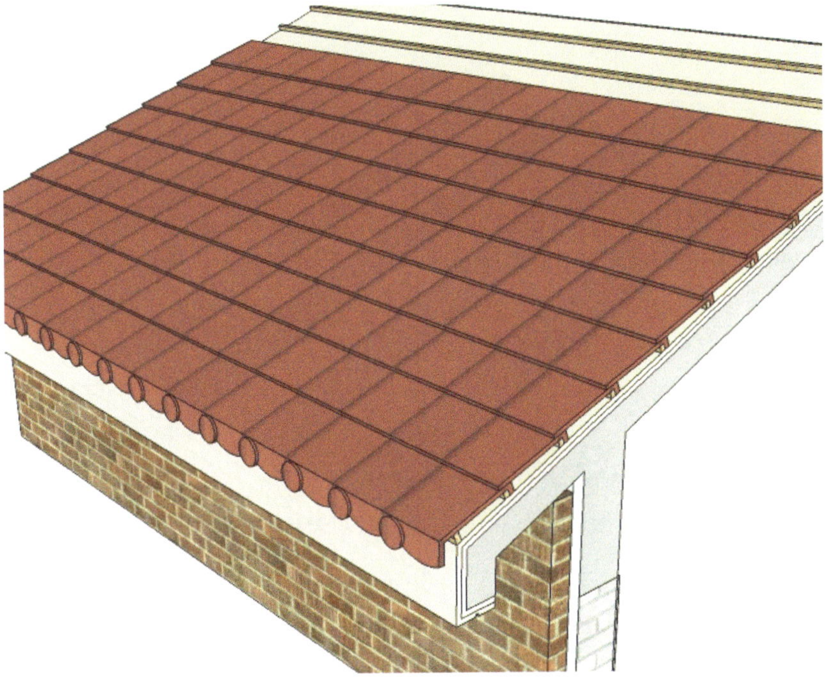

이 투상도는 정면을 기준으로 잘라 단면을 바라 본 그림으로 오른쪽 상단의 그림과 같다.
빨간선은 단면선으로서 도면(CAD)에는 오른쪽 아래와 같이 굵고 진하게 그린다.

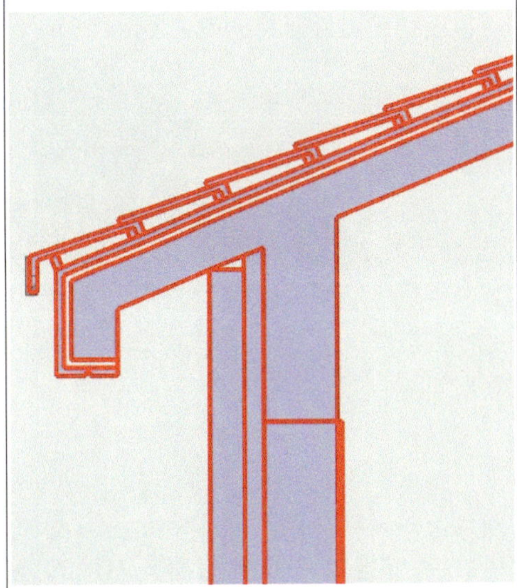

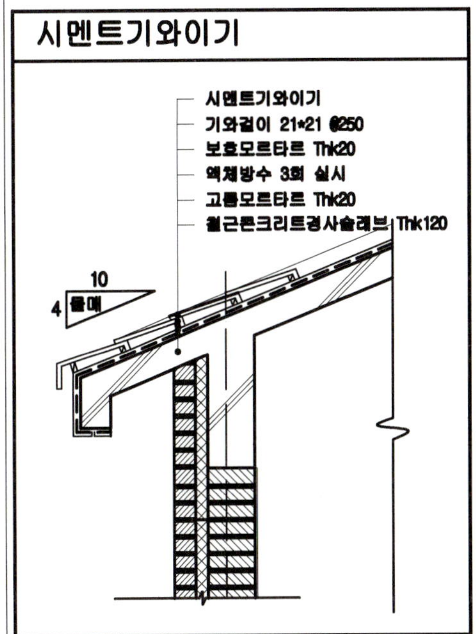

시멘트기와 시공순서도

1 철근콘크리트지붕슬래브

(철근콘크리트경사슬래브THK120)

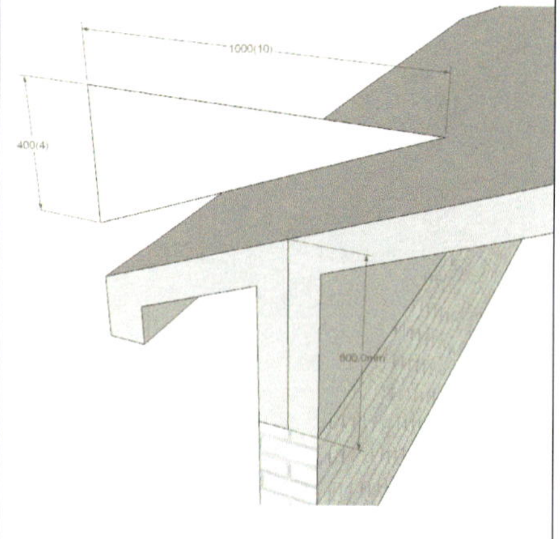

테두리보 상단선과 벽체의 중심선이 만나는 교점에서 지붕물매(4/10) 잡기

2 처마나옴과 처마돌림

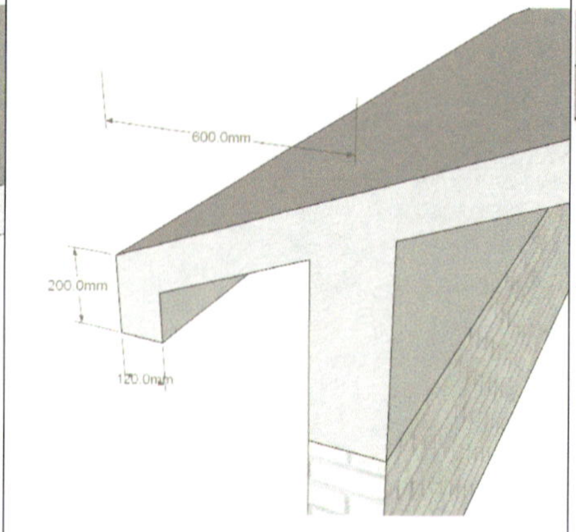

벽체의 중심선에서 처마나옴(600)과 처마끝부분의 처마돌림(200) 잡기

3 고름모르타르

(고름모르타르 THK20)

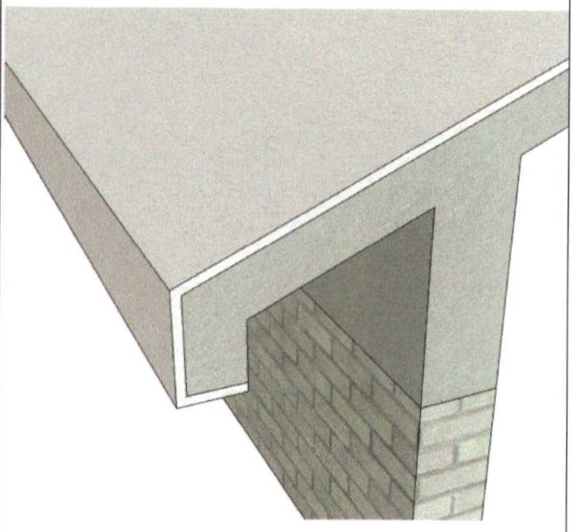

철근콘크리트 지붕슬래브의 거친 면을 액체방수를 위해 고르게 다듬기

4 액체방수

(액체방수 3회 실시)

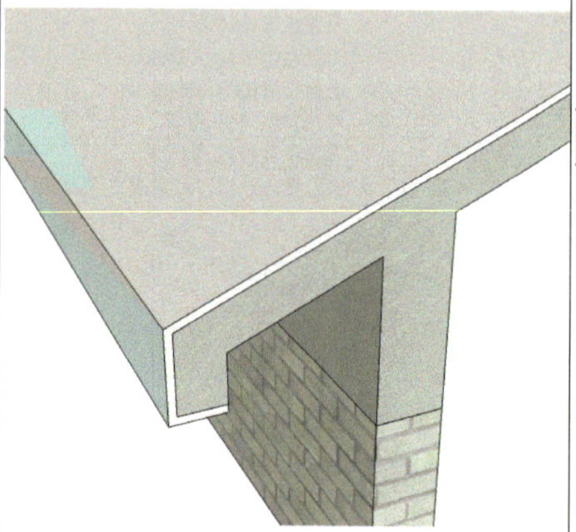

고르게된 면 위에 액체 방수제를 3회 정도 덧발라 시공

5 보호모르타르

(보호모르타르 THK20)

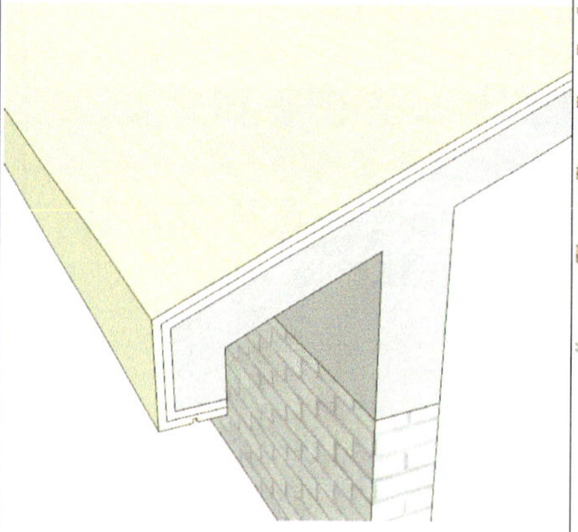

액체 방수의 보호와 방수 성능 향상을 위해 모르타르 시공

6 기와걸이

(기와걸이 21×21 @300)

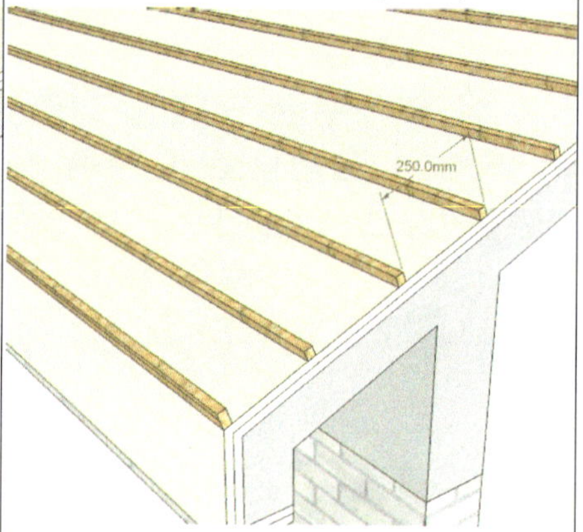

기와를 걸기 위한 각재를 250mm 간격으로 지붕면에 가로방향으로 설치

7 기와이기(내림새기와)	8 기와이기 (시멘트기와이기)	
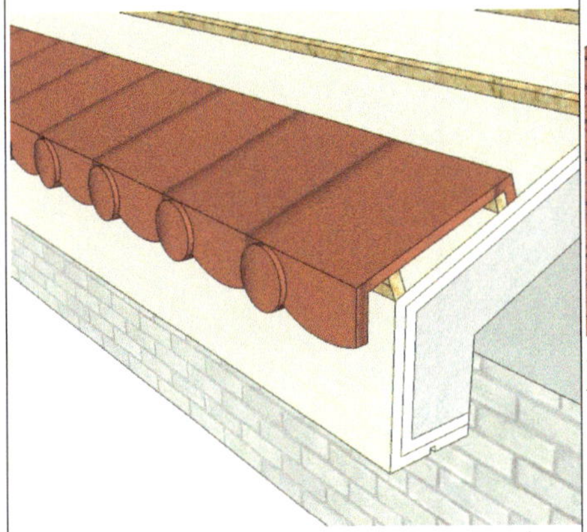		
처마끝 부분에 평고대를 세운 후 내림새 기와를 먼저 설치	기와걸이 간격에 맞추어 기와를 50mm씩 겹쳐지게 올려 완성	

기와

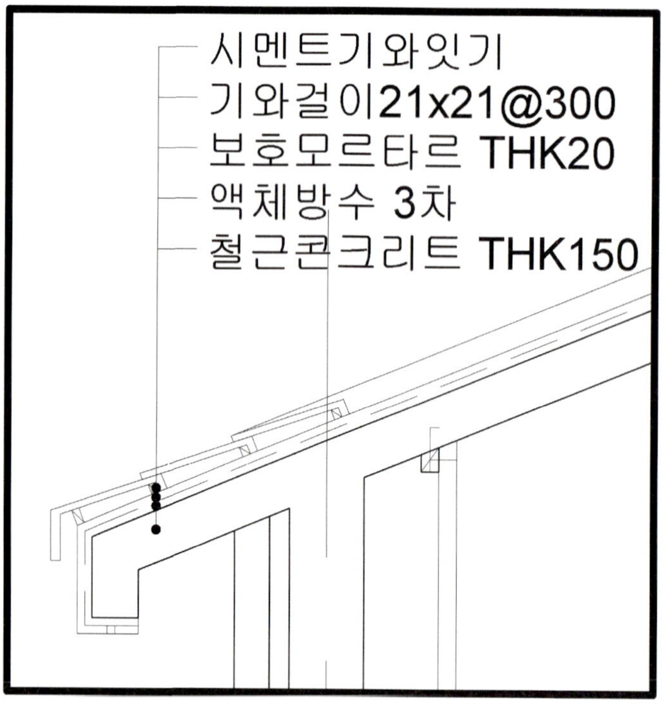

- 기와는 외형으로 보아 <일본식기와> 보다는 <스페인식 S형 기와>를 많이 사용합니다.
- 재료로 보면 <시멘트 기와(=가압시멘트판 기와>와 토기에 속하는 <오지 기와>가 많이 쓰입니다.
- 기와도 단면선이지만 마감재이므로 콘크리트 뼈대선 보다는 가늘게 그려야 합니다. CAD에서 권장선 : 마감선(녹색)

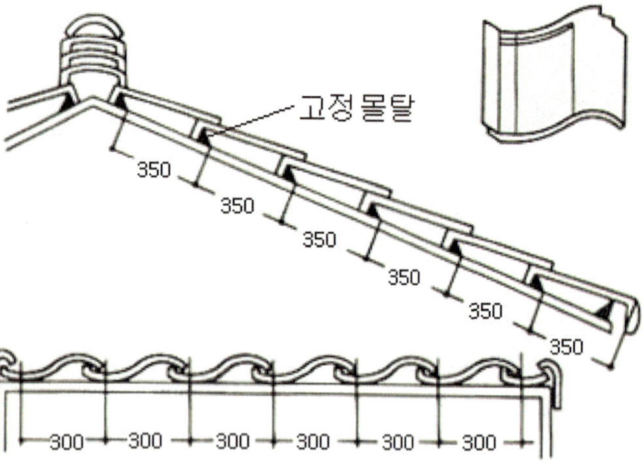

오지기와

철근콘크리트 경사지붕에서 기와 고정 방법 2가지

① 시멘트 모르타르로 고정하는 방법(콘크리트 슬래브 지붕에서 대부분 사용하는 방법)

콘크리트 지붕의 경우 기와걸이는 시멘트모르타르가락으로 줄대를 가로로 설치하고 구배가 4/10 이내인 경우는 처마끝부터 3열까지, 기타부분은 5열마다 1열씩. 구배가 4/10이상인 경우는 매장당마다 모르타르로 완전충진하여 접착 시공한다.

② 목재로 기와 걸침턱으로 고정하는 방법(목조건물에서 주로 사용하는 방법)

목조바탕 지붕에서 주로 사용하는 방법으로 아스팔트 루핑 또는 아스팔트 시트를 깔고 육송 방부목재(30×30정도의 각재)로 기와걸이 작업후 구배 4/10이내인 경우는 처마끝부터 3열과, 기타 부분은 5열마다 1열씩. 구배가 4/10이상인 경우 매장마다 1열씩 스텐 못으로 고정하여 시공한다.

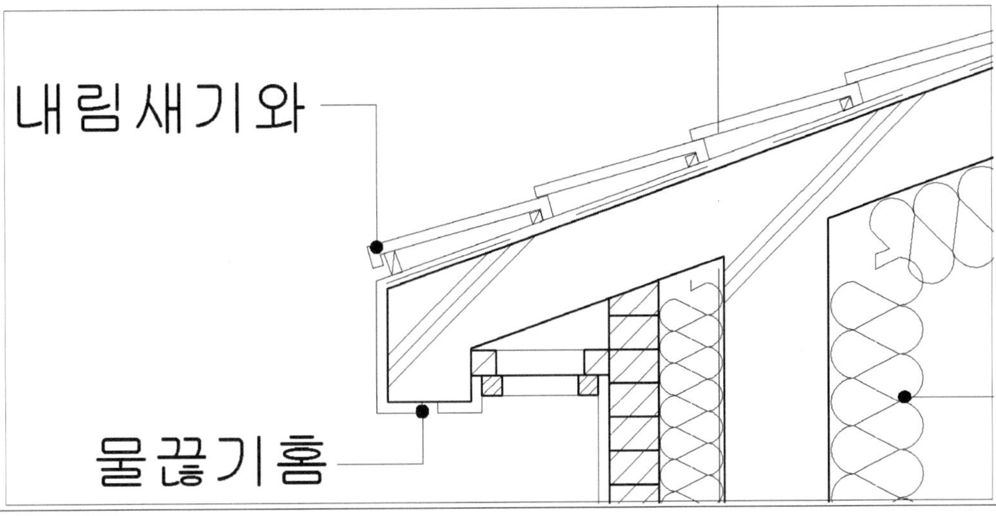

목재의 단면 표시법

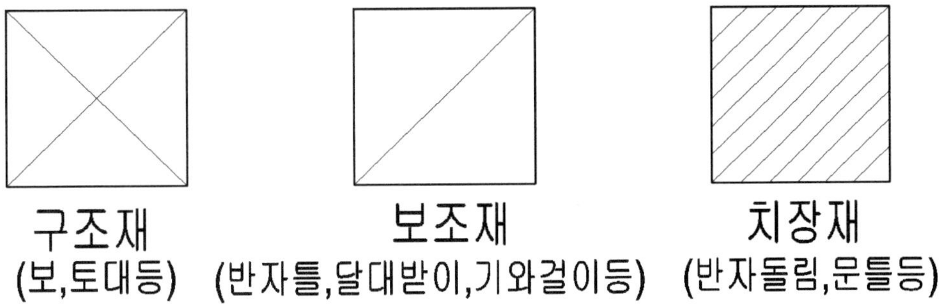

기와 단면 작도 순서

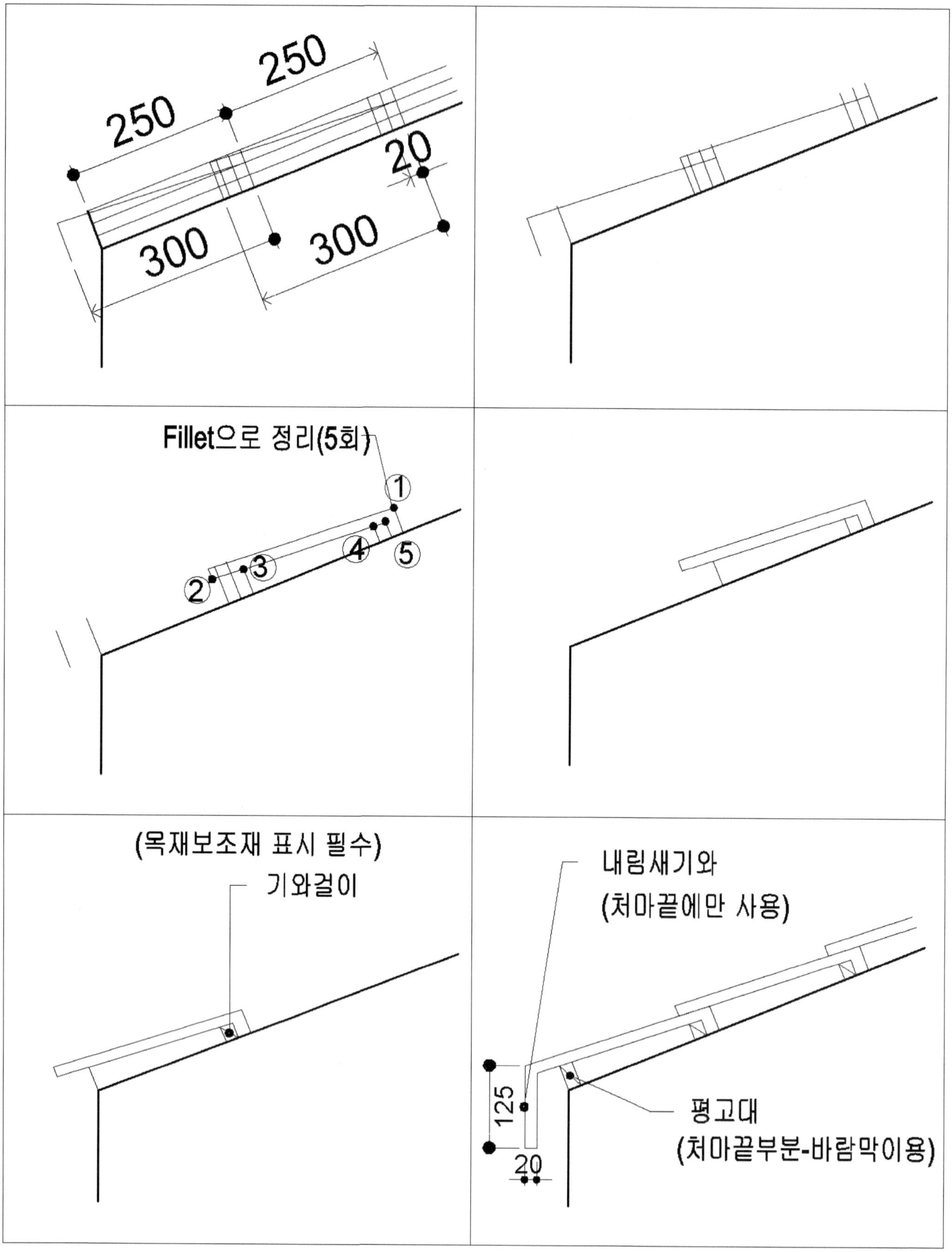

250
250
20
300
300
Fillet으로 정리(5회)
1
2
3
4
5
(목재보조재 표시 필수)
기와걸이
내림새기와
(처마끝에만 사용)
125
20
평고대
(처마끝부분-바람막이용)

마룻대

마룻대 부분은 암키와, 수키와, 용머리기와로 구성됩니다.

마룻대 단면 작도 순서

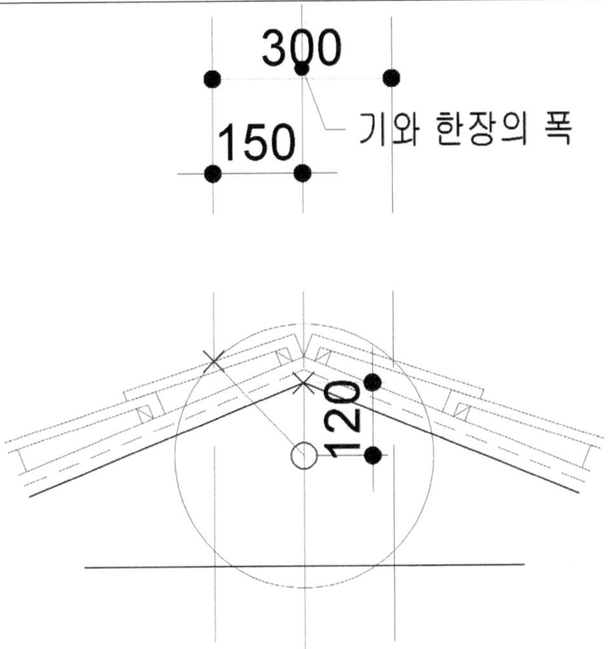

- 용머리를 그리기 위해서 지분의 맨 중앙의 위부분에 Line(명령)을 이용하여 선을 그려 줍니다.
- Offset(명령)을 이용하여 양쪽으로 150씩 복사합니다.

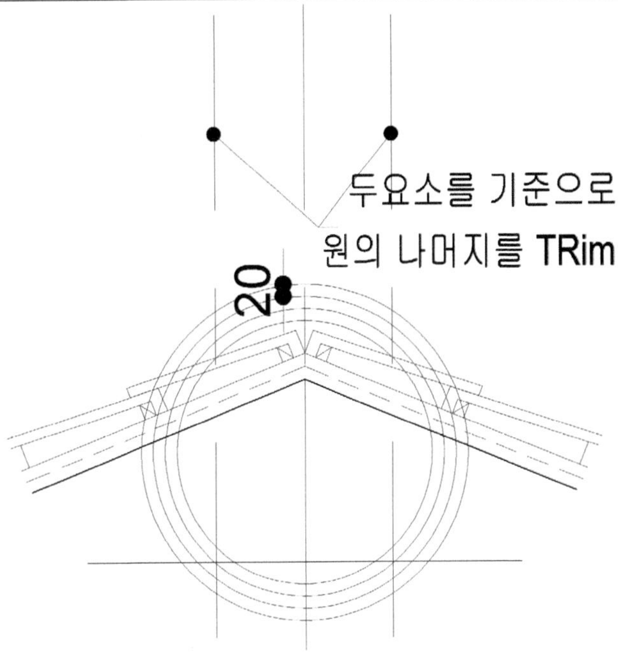

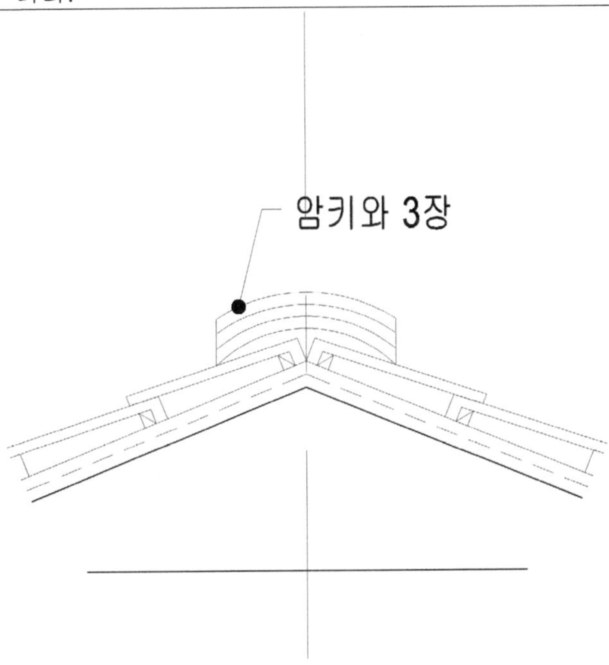

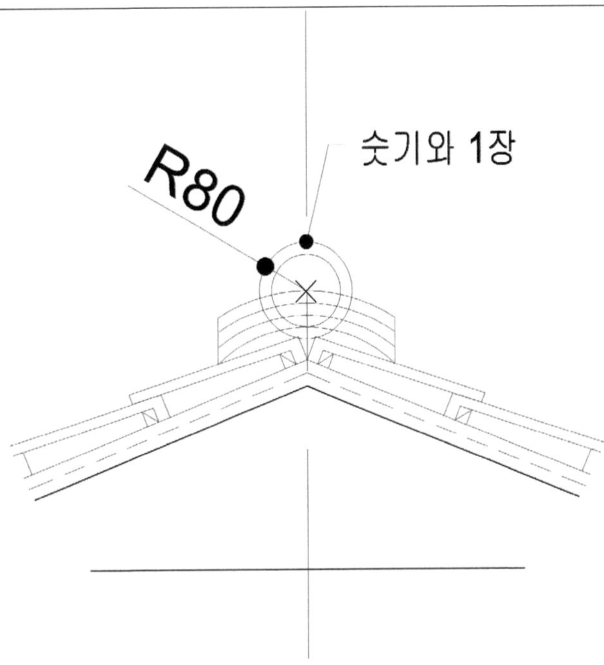

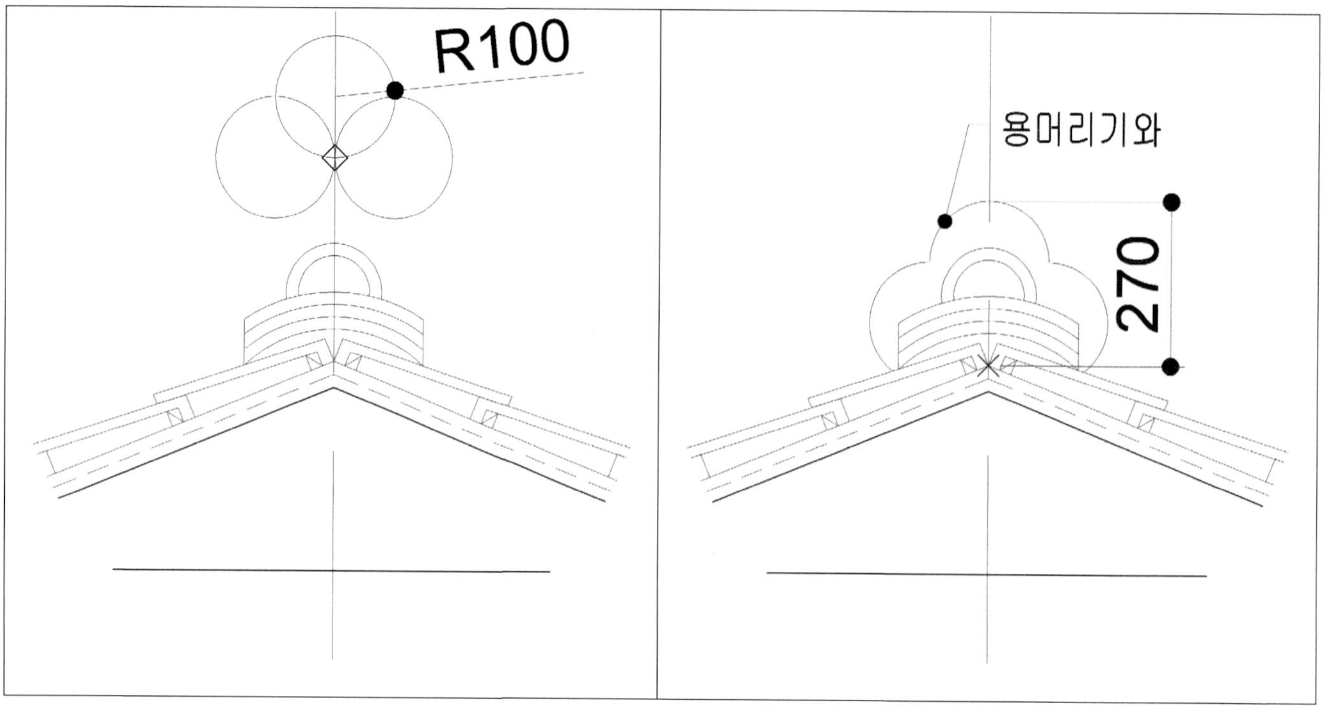
R100
용머리기와
270

처마와 테두리보

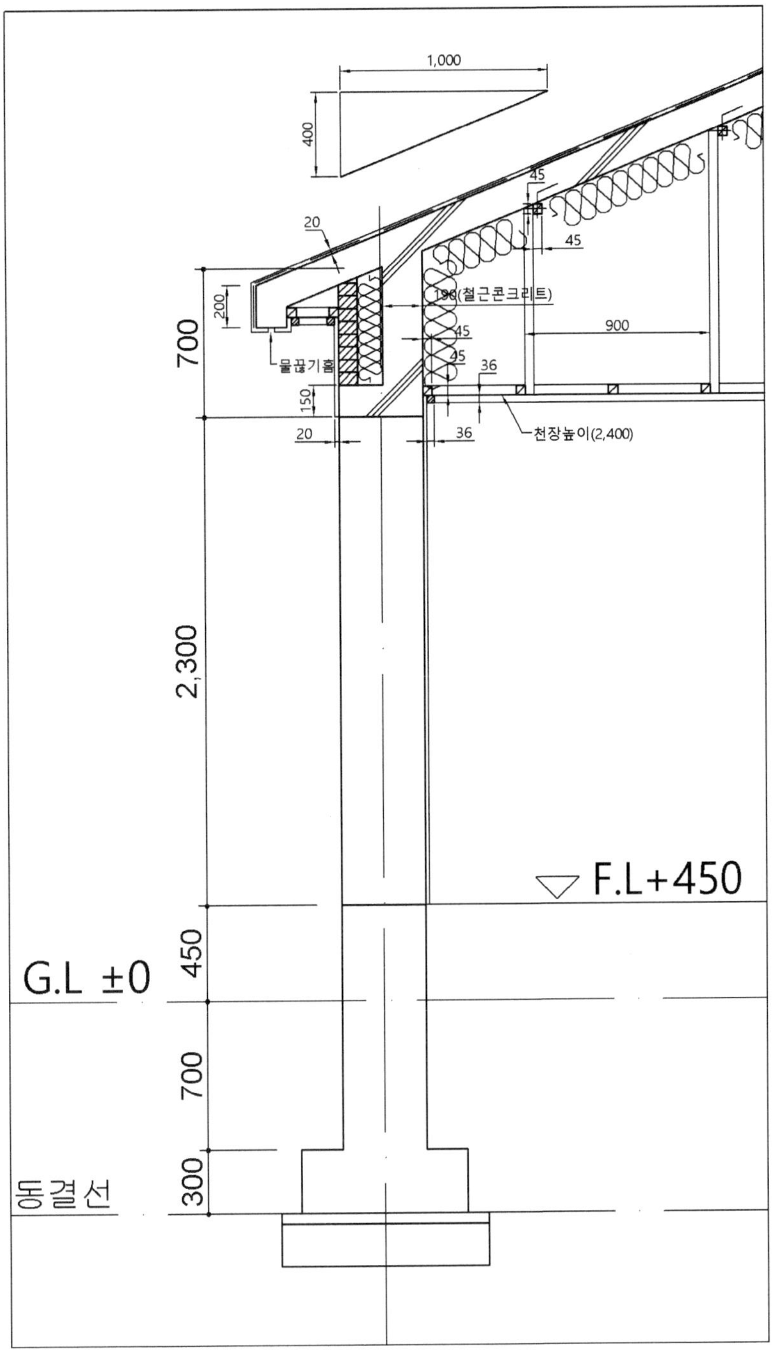

■ 처마나옴

-시험조건에 따라 달라지므로 시험지 조건을 파악한다

-일반적으로 벽체 중심에서 500-600으로 주어진다.

■ 테두리보 (벽돌구조에서 벽체를 일체화시키기 위해 사용하는 보)

-외벽 위로 벽두께의 1.5배 이상 철근콘크리트 보를 만든다.

-ex) 1.5B 공간쌓기(단열재(50 mm) ->330*1.5 -> 테두리보 춤의 높이를 500이상으로 한다

-ex) 1.5B 공간쌓기(단열재(70 mm) ->350*1.5 -> 테두리보 춤의 높이를 600이상으로 한다.

-보통, 마룻대에서 가장 먼 쪽의 외벽을 기준으로, 보의 높이는 700

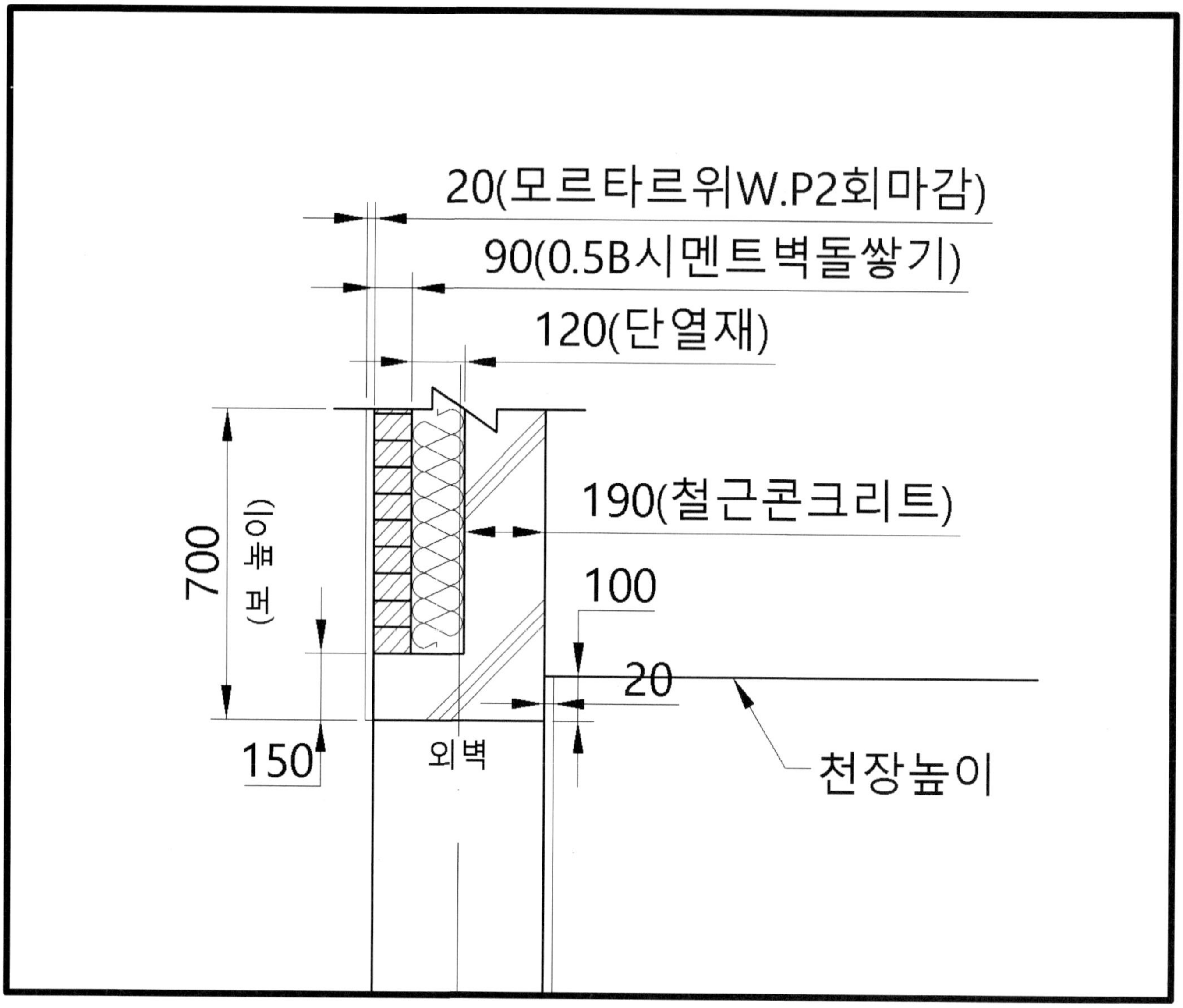
20(모르타르위W.P2회마감)
90(0.5B시멘트벽돌쌓기)
120(단열재)
190(철근콘크리트)
700
(보 높이)
100
20
150
외벽
천장높이

처마와 테두리보 단면 작도 순서

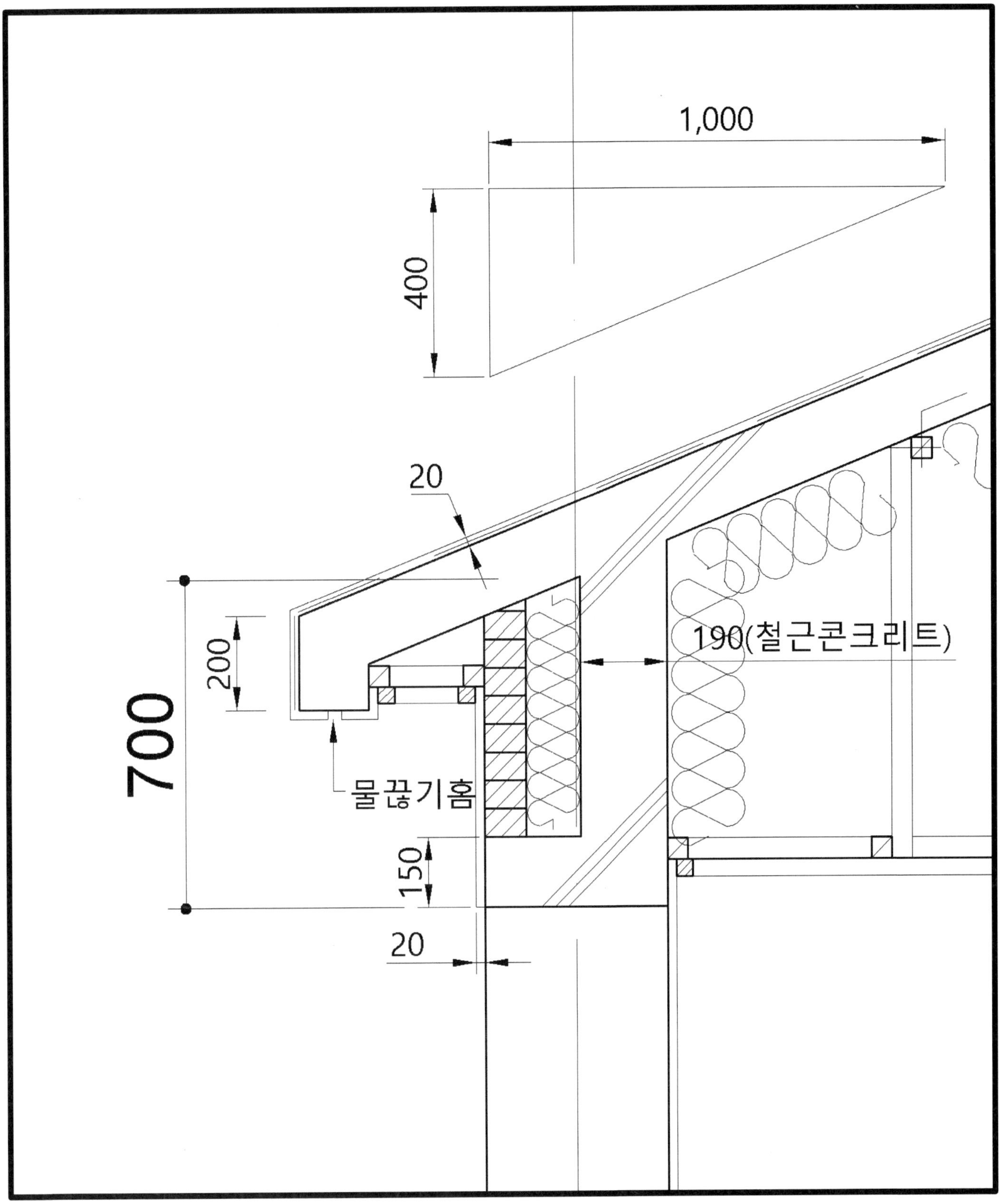

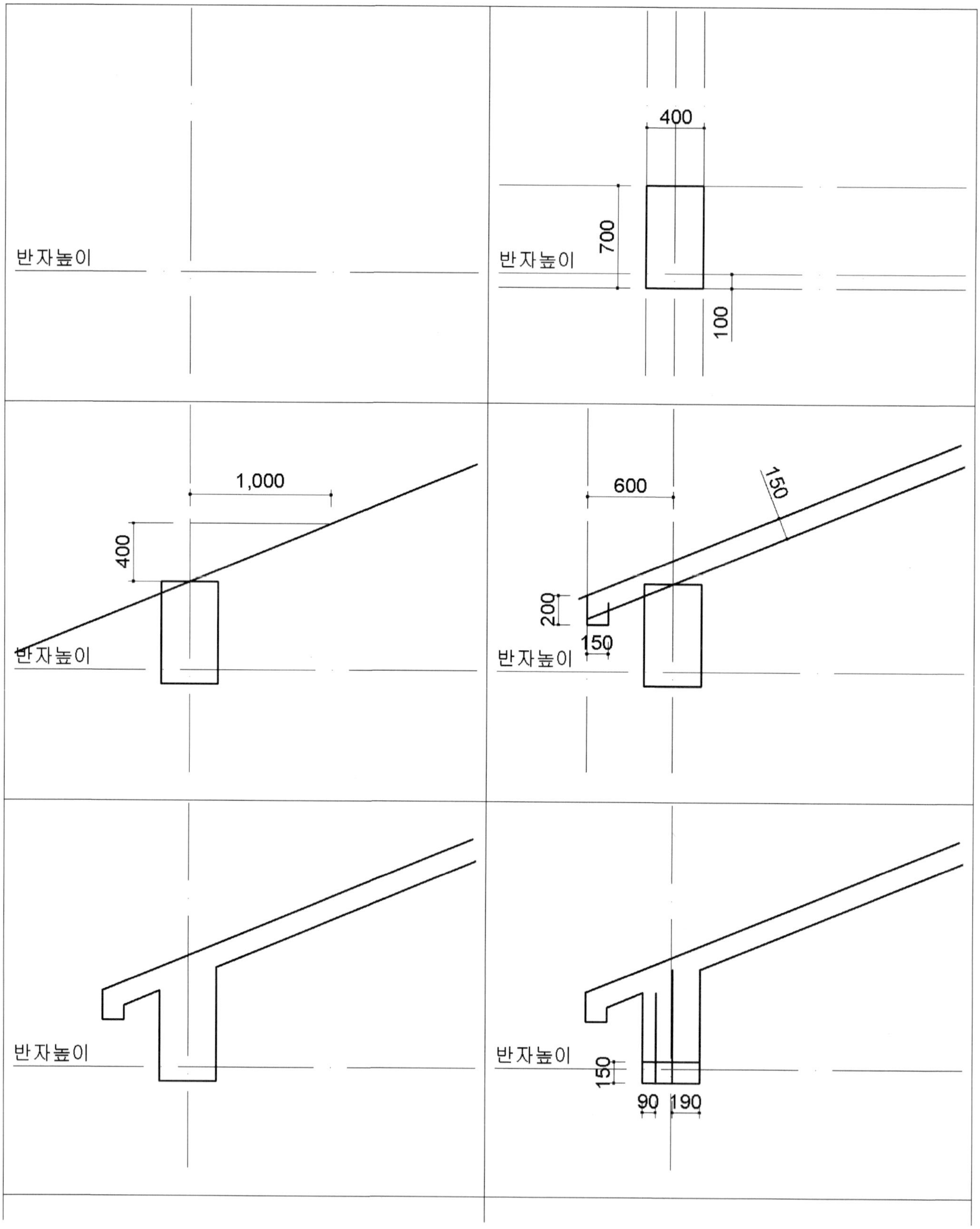
반자높이
400
700
반자높이
100
1,000
400
반자높이
600
150
200
150
반자높이
반자높이
반자높이
150
90
190

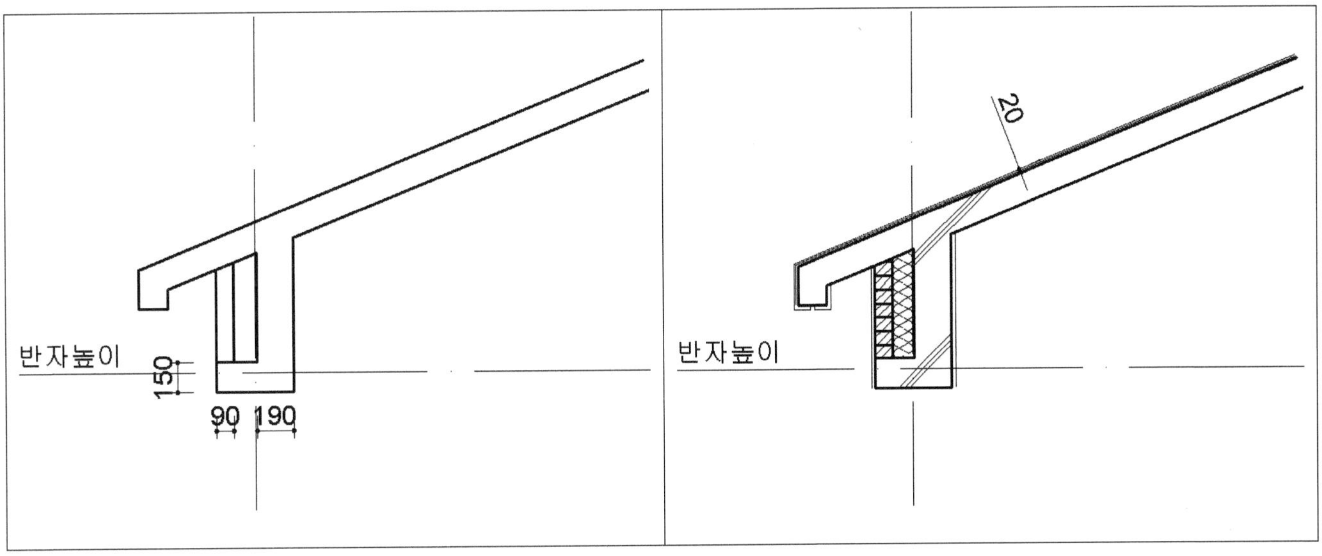
반자높이
150
90 190
20
반자높이

테두리보의 높이에 관하여

조적조에서 내력벽의 상부에는 의무적으로 테두리보를 넣습니다.
조적조(벽돌조)는 약하기 때문에 하중의 분산을 위하고 벽체상부를 고정하기 위해 넣습니다.
테두리보의 높이는 건축법규에서는 벽두께의 1.5배 높이로 규정하고 있습니다.
테두리보는 건물의 외벽에만 넣는 것이 아니라 하중의 분산을 위해 내벽에도 넣습니다.

- 설계에서 테두리보의 높이는 벽두께의 1.5배 이상으로 설계자 스스로 정해야 합니다.
- 철근콘크리트조 테두리보의 높이는 테두리보 하단에서 슬래브면 상단면까지(슬래브 두께 포함)
- 외벽은 처마반자를 만들거나 켄틸레버설치, 또는 내부에 다락방을 만들기 위해 조금 높게 처리합니다.
- 처마나옴 길이가 600정도면 테두리보 높이는 800정도면 충분합니다.
- 내벽은 두께가 200이면 높이를 300이상으로 넉넉하게 적당히 정해 그리면 됩니다.

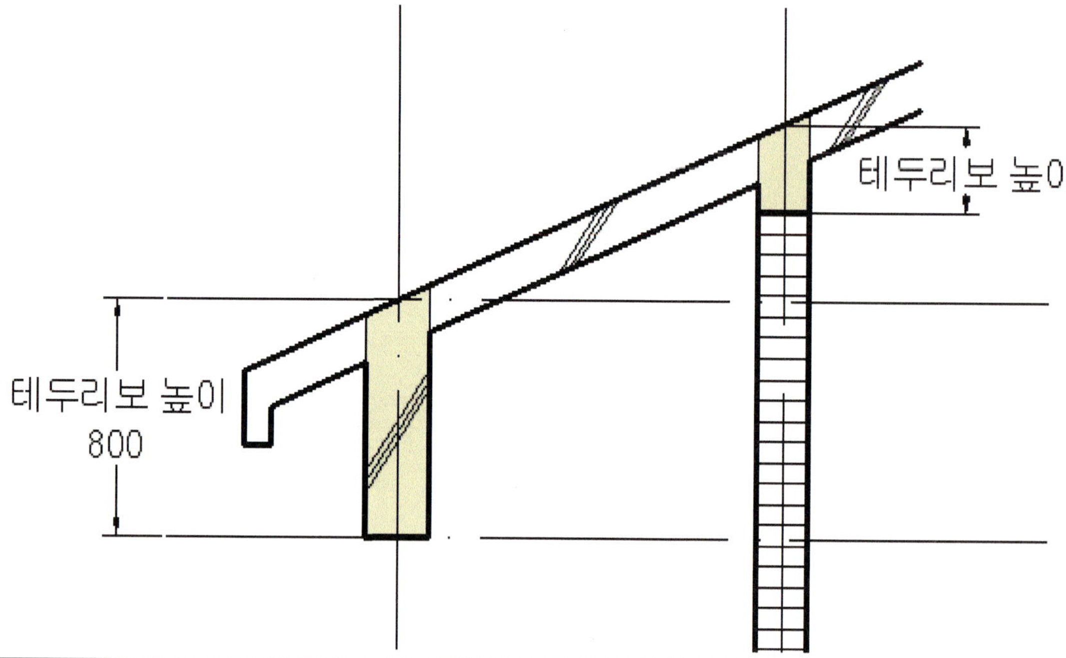

마룻대 위치에 따른 테두리보의 높이 차이

- 지붕마룻대의 위치에 따라 물매(지붕경사)의 기준이 달라집니다.
- 물매의 기준은 항상 마룻대에서 가장 먼쪽의 외벽을 기준으로 작성

■ 절단된 외벽이 마룻대에서 가장 먼 경우

- 테두리보의 높이 : 700

■ 절단된 외벽이 마룻대에서 가장 먼 경우가 아닌 경우

- 반대편의 가장 먼 외벽에서 물매를 작성해서 대칭복사하면 테두리보의 높이는 700보다 높음

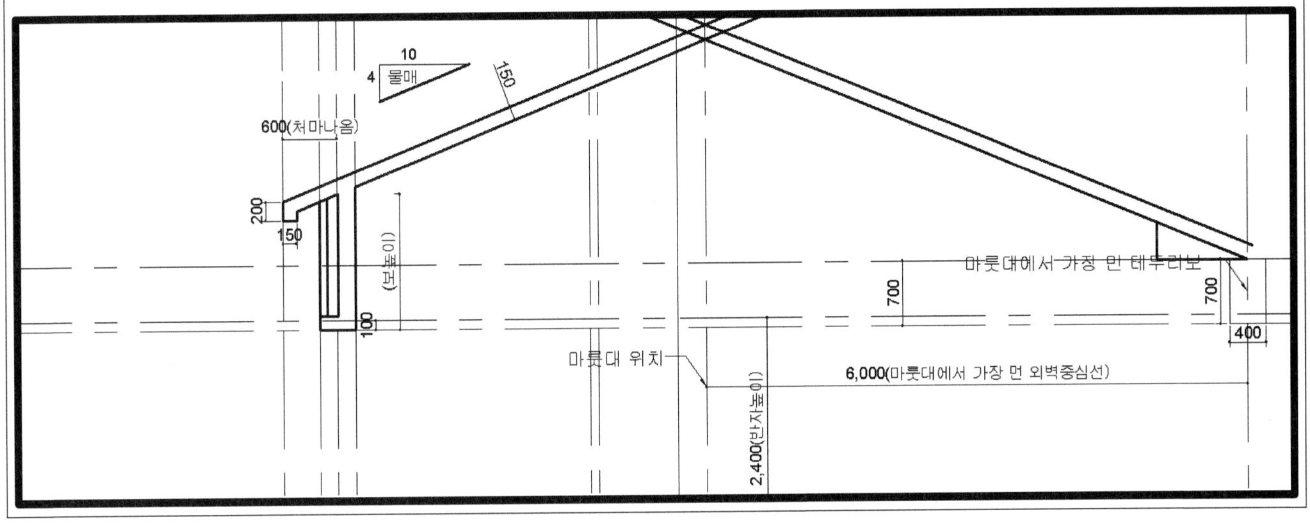

처마나옴 길이가 길어질 때

- 처마나옴은 평면도의 외벽 바깥쪽에 파선으로 표현
- 처마나옴은 보통 벽체 중심에서 600으로 주어진다.(주택에서 기둥 없이 처마나옴 길이가 지나치게 길어지는 것은 구조상 바람직한 일은 아니다.)
- 현관이나 테라스 부분은 좀 더 돌출되는 경우가 있음.(이는 조건에 명시되지 않아 도면을 보고 치수를 파악)
- 처마나옴이 600정도일 때는 테두리보의 높이는 700~800정도면 된다.

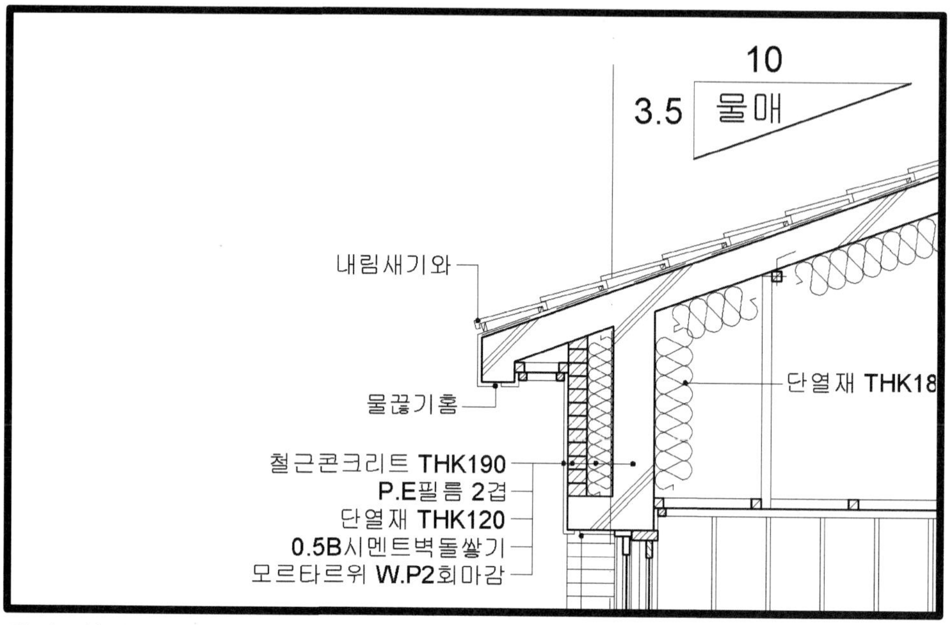

- 그러나, 처마가 길어지면 처마끝이 밑으로 많이 내려와 건물의 사용성이 어려워진다. 즉, 처마가 길어지면 길어질수록 테두리보의 높이는 점점 더 높아져야 한다.

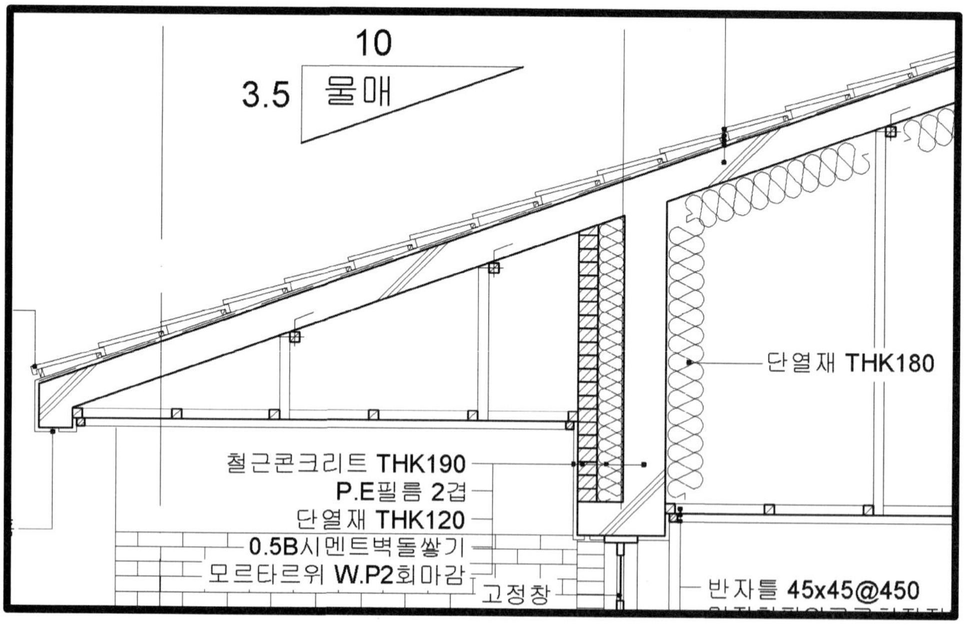

- 처마길이에 따른 테두리보의 높이

처마길이	테두리보 높이
600	700~800
1,500	900
1,800	1,000

캔틸레버

캔틸레버 작도 순서

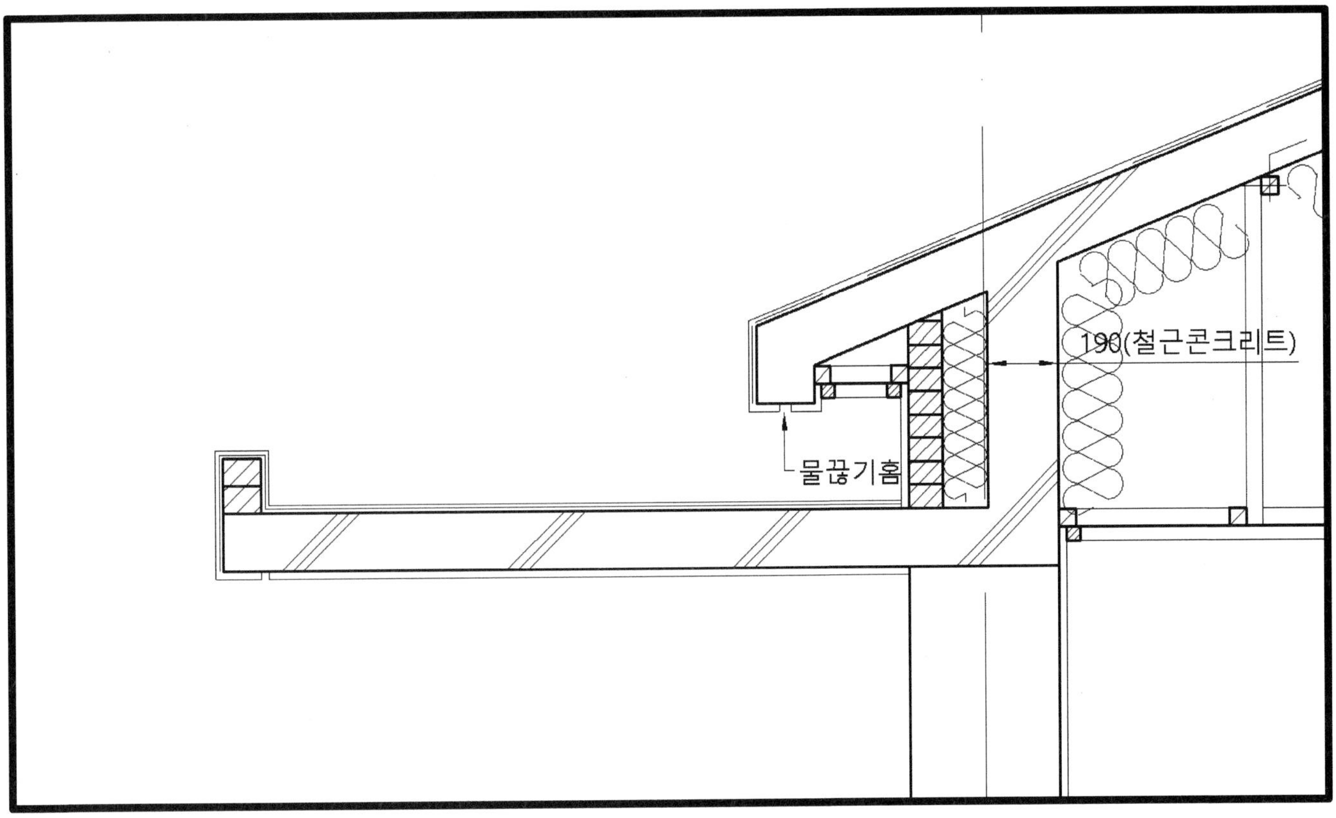

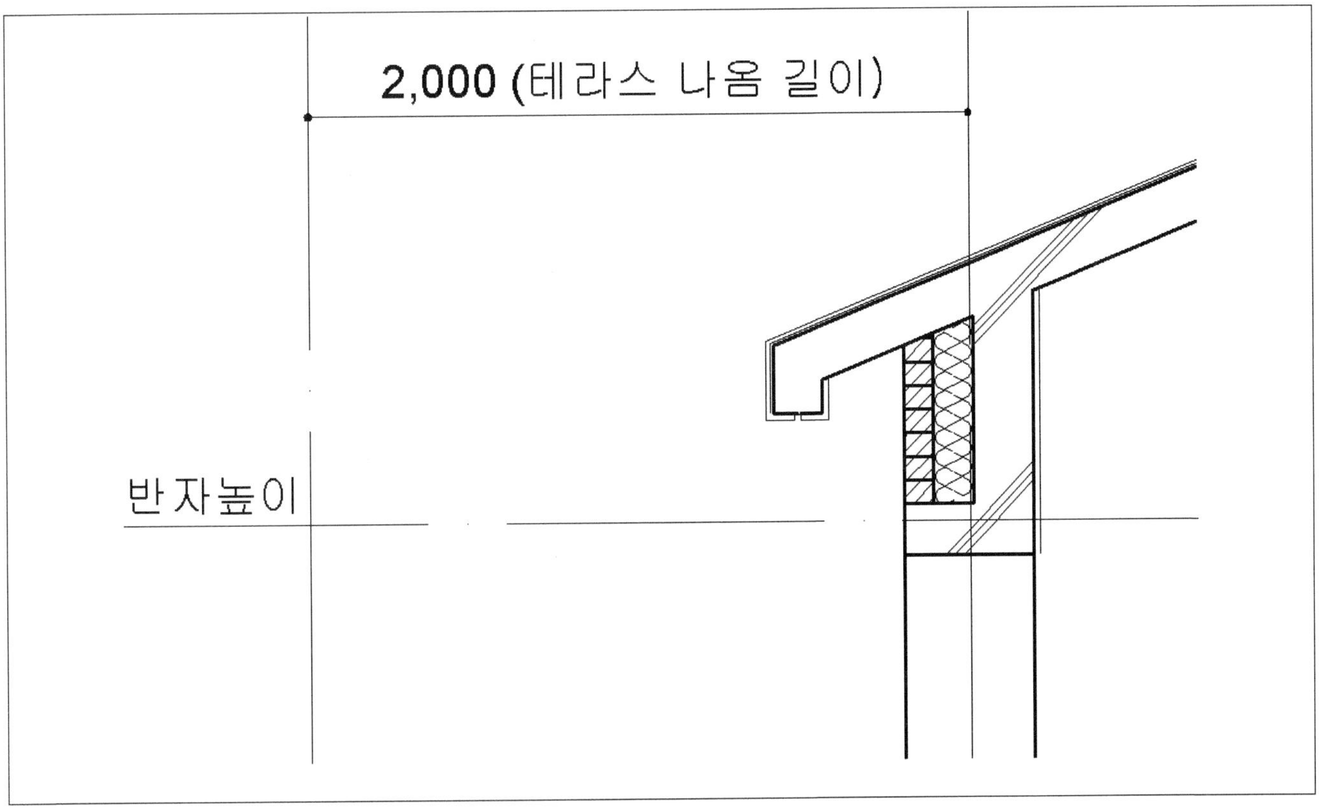

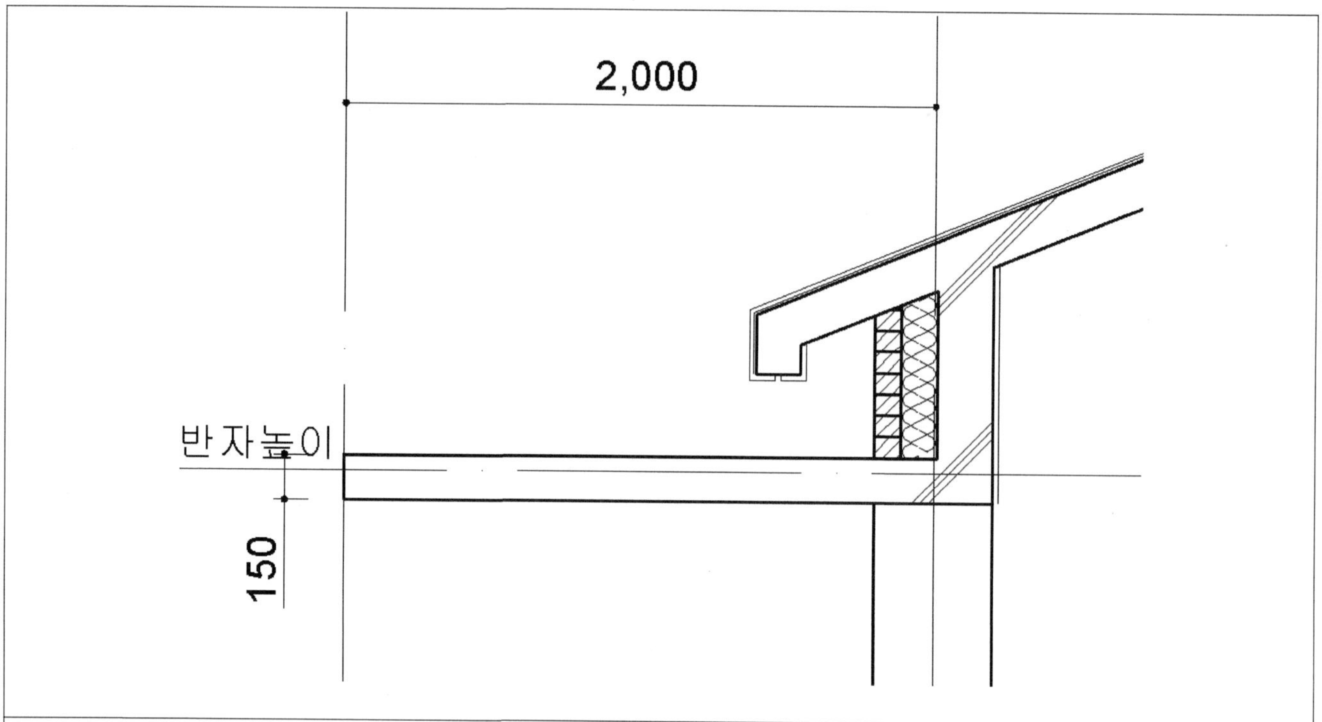
2,000
반자높이
150

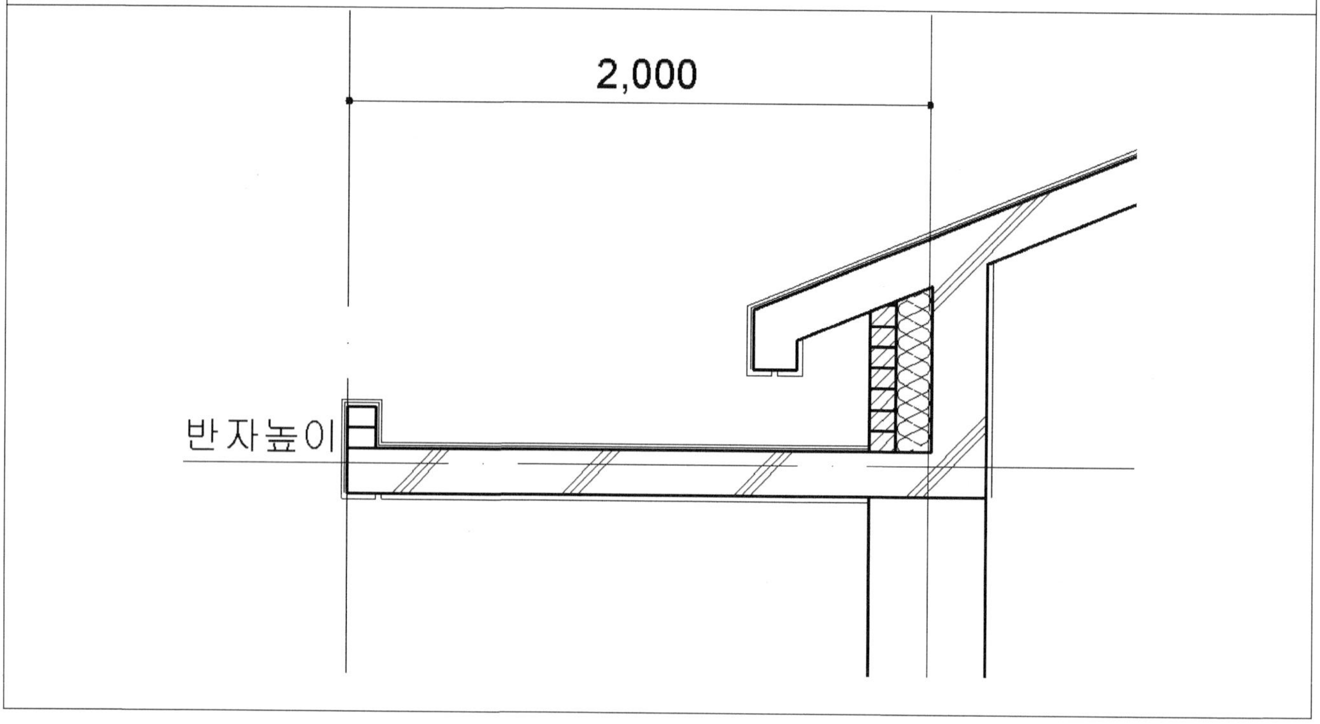
2,000
반자높이

캔틸레버 길이 정하기

- 시험문제에서 캔틸레버의 위치가 지정되는 일은 거의 없다. 스스로 정해 캔틸레버를 설치하거나 차양을 설치하면 된다. 필요가 없다고 생각되면 그리지 않아도 된다.
- 캔틸레버의 길이는 설계자 스스로가 필요한 만큼을 정해 그리면 된다. 예를 들어 테라스가 있다면 테라스에 비가 들이치지 않아야겠다고 생각했다면 최소한 테라스 끝까지가 캔틸레버의 길이가 된다. 스스로 필요한 만큼만 정하면 된다.
- 그리고, 조적조(벽돌조)에서 콘크리트 캔틸레버는 무거운 불안전한 구조이다. 길어지면 위험하므로 가능한 짧게 한다.

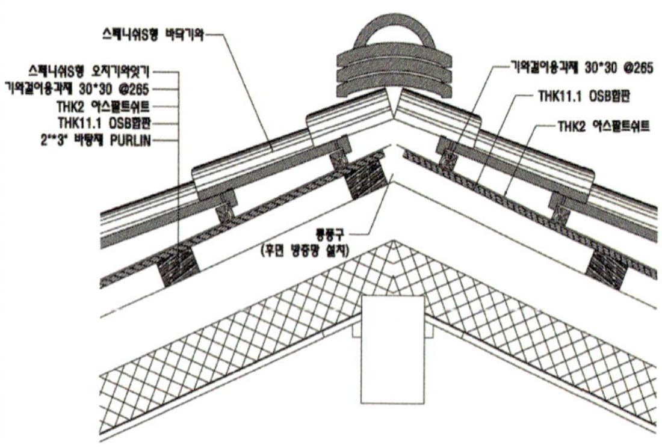

용마루 상세도

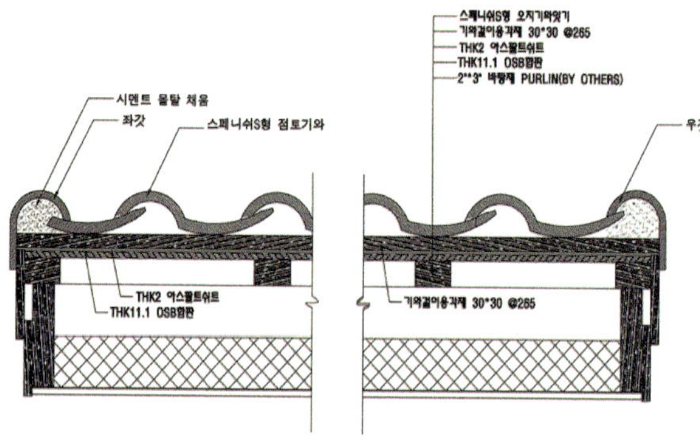

측면 시공상세도 (좌,우)

Tip 단면도 작성에 꼭 필요한 사진 (용머리 부분)

용머리 기와 부분

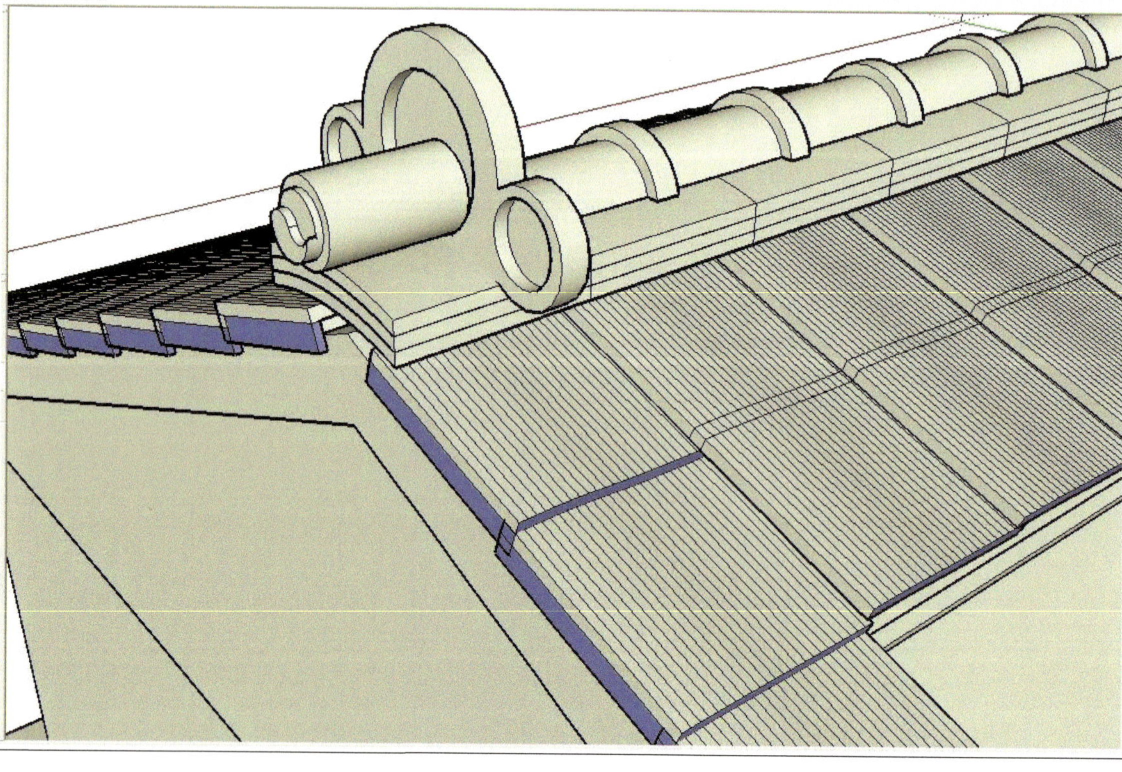

단열재선 그리기

단열재선은 지붕/벽의 단열재와 방바닥의 단열재 2종류가 있습니다.

① 지붕의 단열재선- 지붕은 스치로폼과 같은 발포성 수지를 사용합니다.

[그리기 요령]

㉠ 지붕의 단열재선은 Batting선을 사용합니다.

㉡ 지붕 단열재선의 Layer는 해칭(파랑)으로 Linetype을 Batting선으로

● 단면도에서 지붕의 단열재가 실선으로 보일 때는 RE(regen) 하세요.

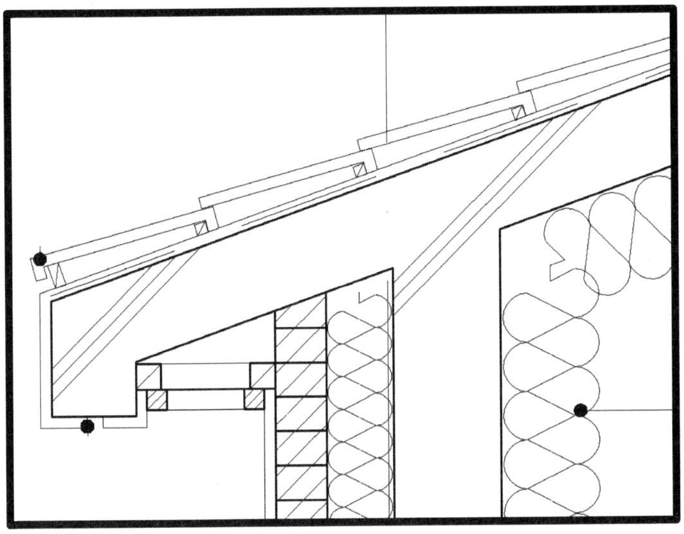

② 방의 바닥 단열재- 질석과 같은 경량골재를 사용 (스치로폼을 사용해도 됨)

[그리기 요령]

Hating(H)에서 Pattern Type을 ANSI37을 사용.

레이어는 해칭(Hat)의 파란색 레이어로 넣는다.

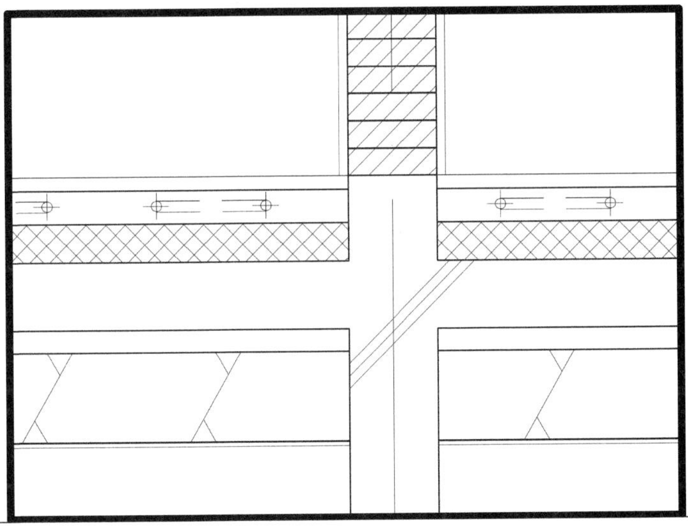

3.5. 반자 그리기

▶ 반자-투상도

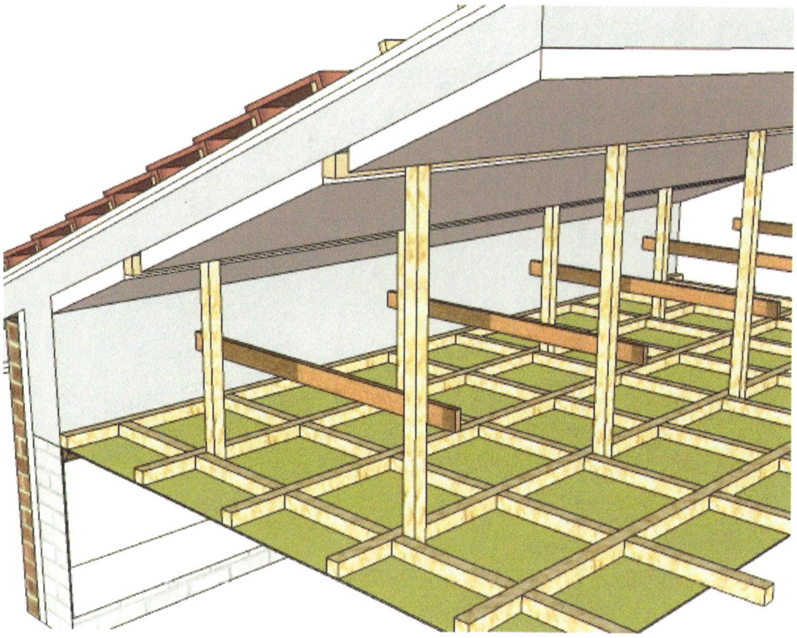

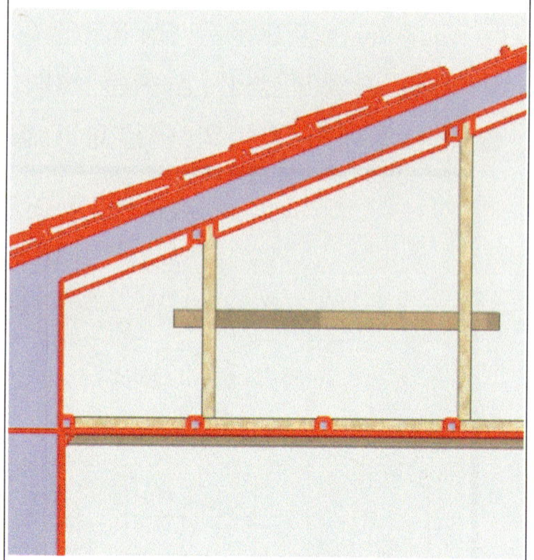

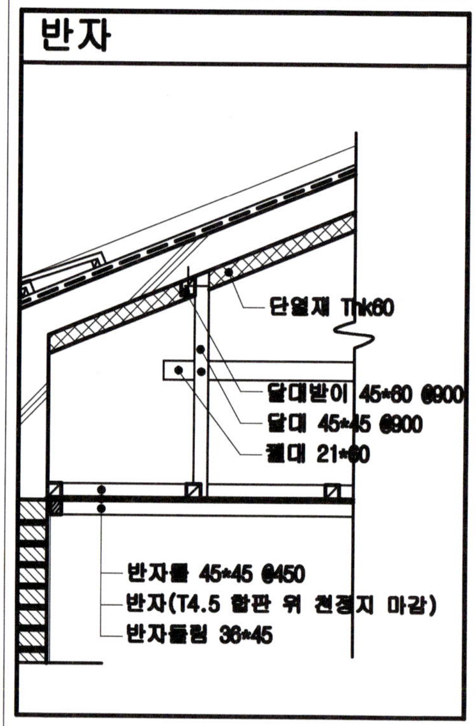

본 투상도를 정면을 기준으로 잘라서 단면을 보면 오른쪽 상단의 그림과 같다.
빨간선이 단면선으로서 오른쪽 아래 그림과 같이 제도(CAD)시 굵고 진하게(노란색) 그린다.

반자 시공순서도

1 달대받이 (달대받이 45×45)

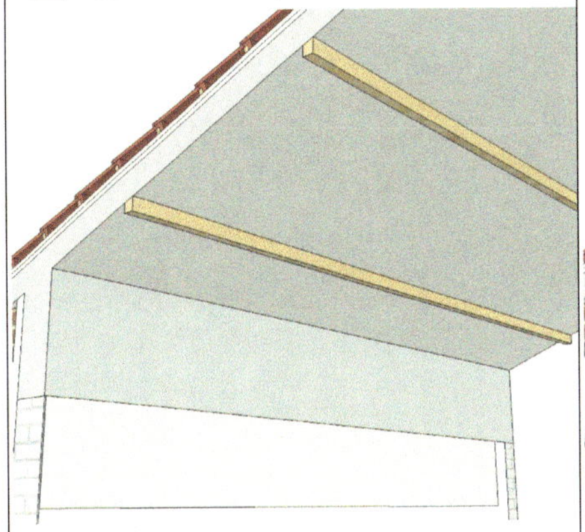

달대를 고정시킬 수 있는 달대받이를 지붕슬래브에 미리 철물로 고정

2 달대 (달대 45×45 @900)

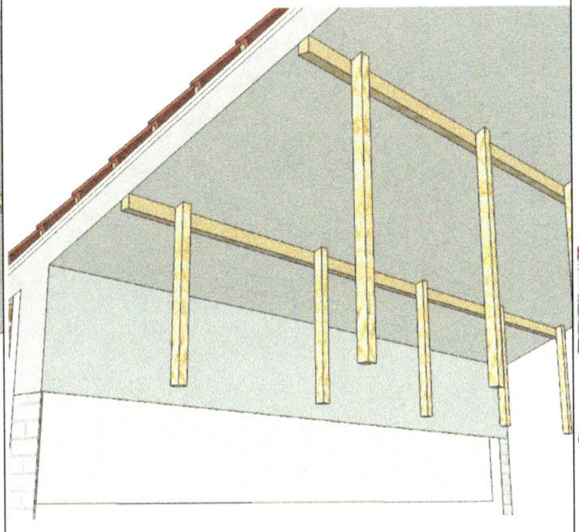

달대를 달대받이에 철물로 고정

3 단열재 (단열재 Thk180)

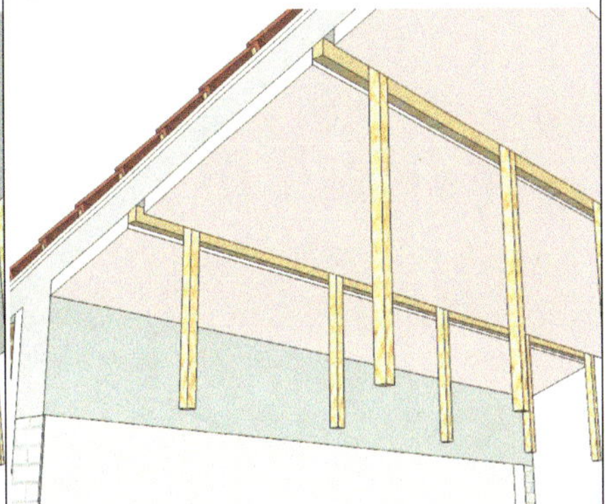

다른 단열재와 달리 두께를 약간 두껍게(180) 시공

4 꿸대 (꿸대 21×60)

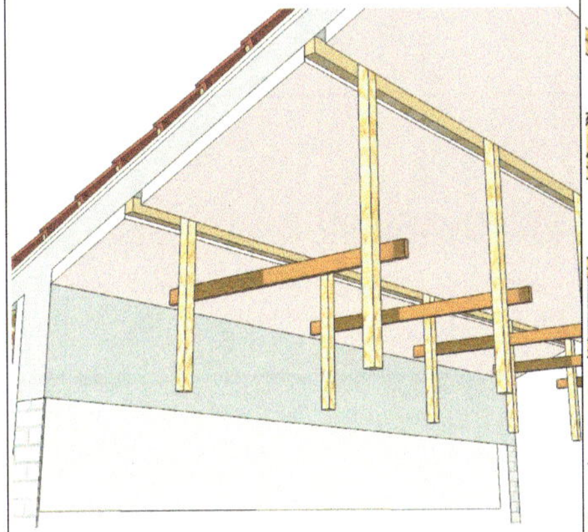

달대와 달대를 흔들리지 않게 얇은 쫄대 형식으로 각각을 꿰어 시공

5 반자틀(반자틀 45×45 @450)

각재(45*45)를 간격 450정도로 바둑판 모양으로 엮어 달대에 고정

6 반자 (T 4.5 합판 위 천정지)

반자틀에 합판(3자*6자)을 밑에서 붙여 시공

7 천정지

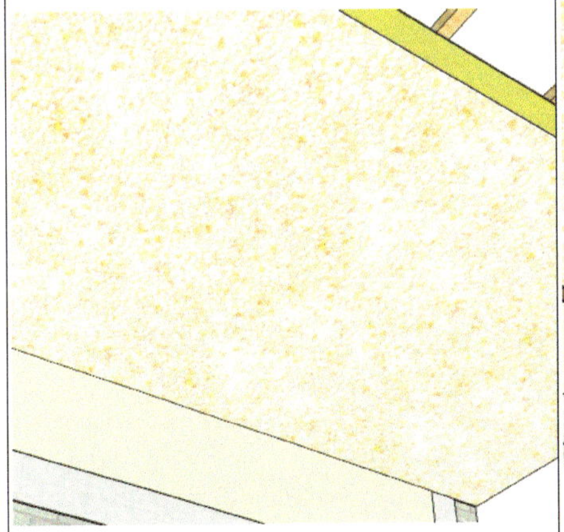

지정된 천정지를 바름

8 반자돌림 (반자돌림 36×36)

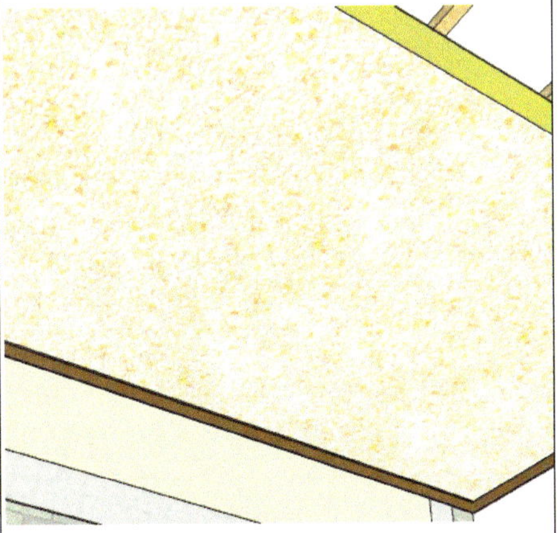

벽체와 천정의 반자가 만나는 벽의 가장자리 윗부분을 한바퀴 돌려 시공

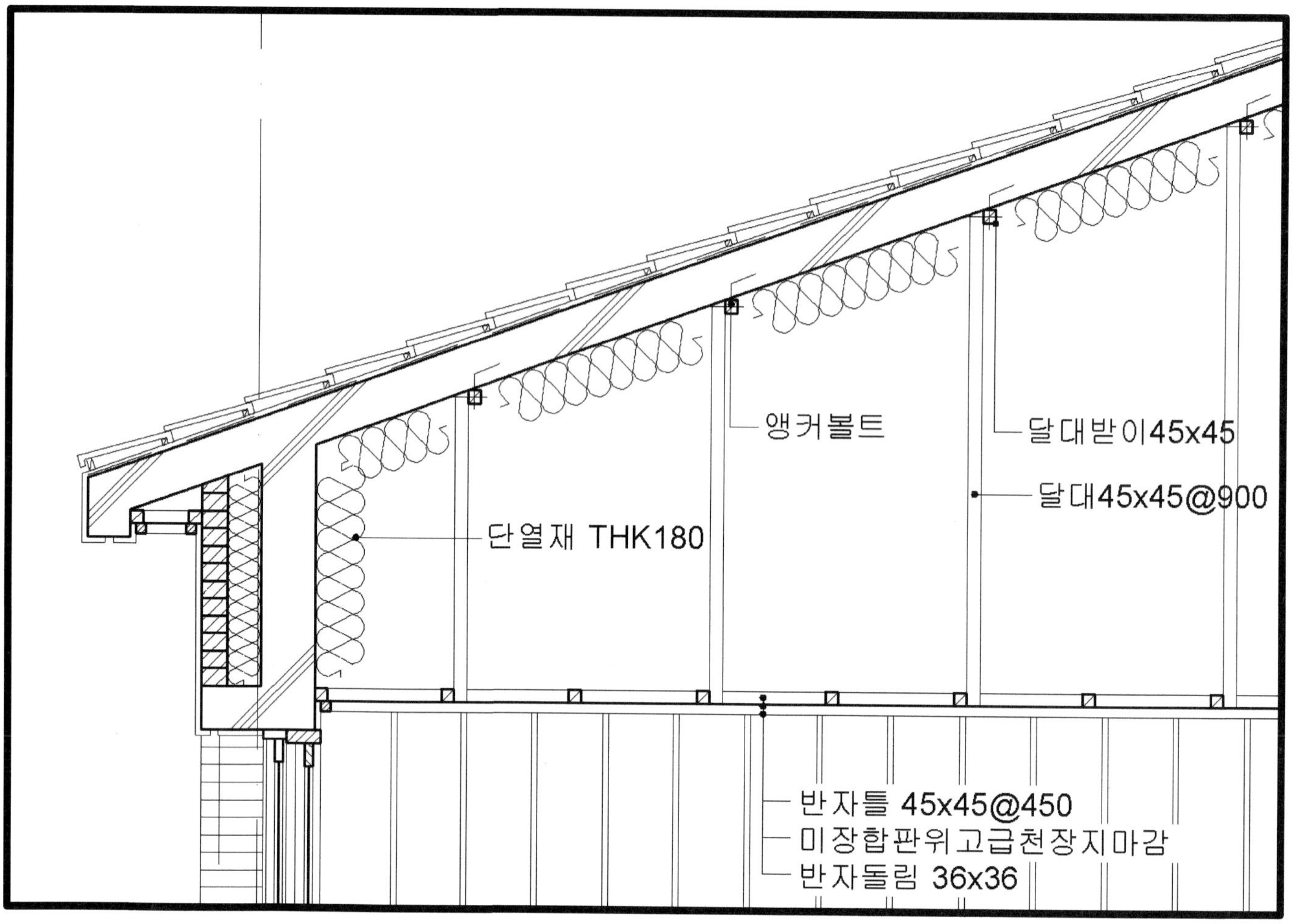

반자틀구조
▼ 달대받이 45*45@900
▼ 달대 45*45@900
▼ 반자틀45*45@450
▼ 합판위 천장지 마감 THK4.5
▼ 반자돌림 36*36

달대받이 45*45@900	달대를 지붕슬래브에 고정하는 부재(가로45, 세로45, 간격900)
달대 45*45@900	천장반자를 지붕슬래브에 달아매는 수직부재
반자틀45*45@450	천장재를 붙이는 긴 부재로 천장을 수평으로 막기 위한 틀
합판위 천장지 마감 THK4.5	
반자돌림 36*36	천장과 벽의 모서리에 대는 치장재, 천장몰딩

반자틀

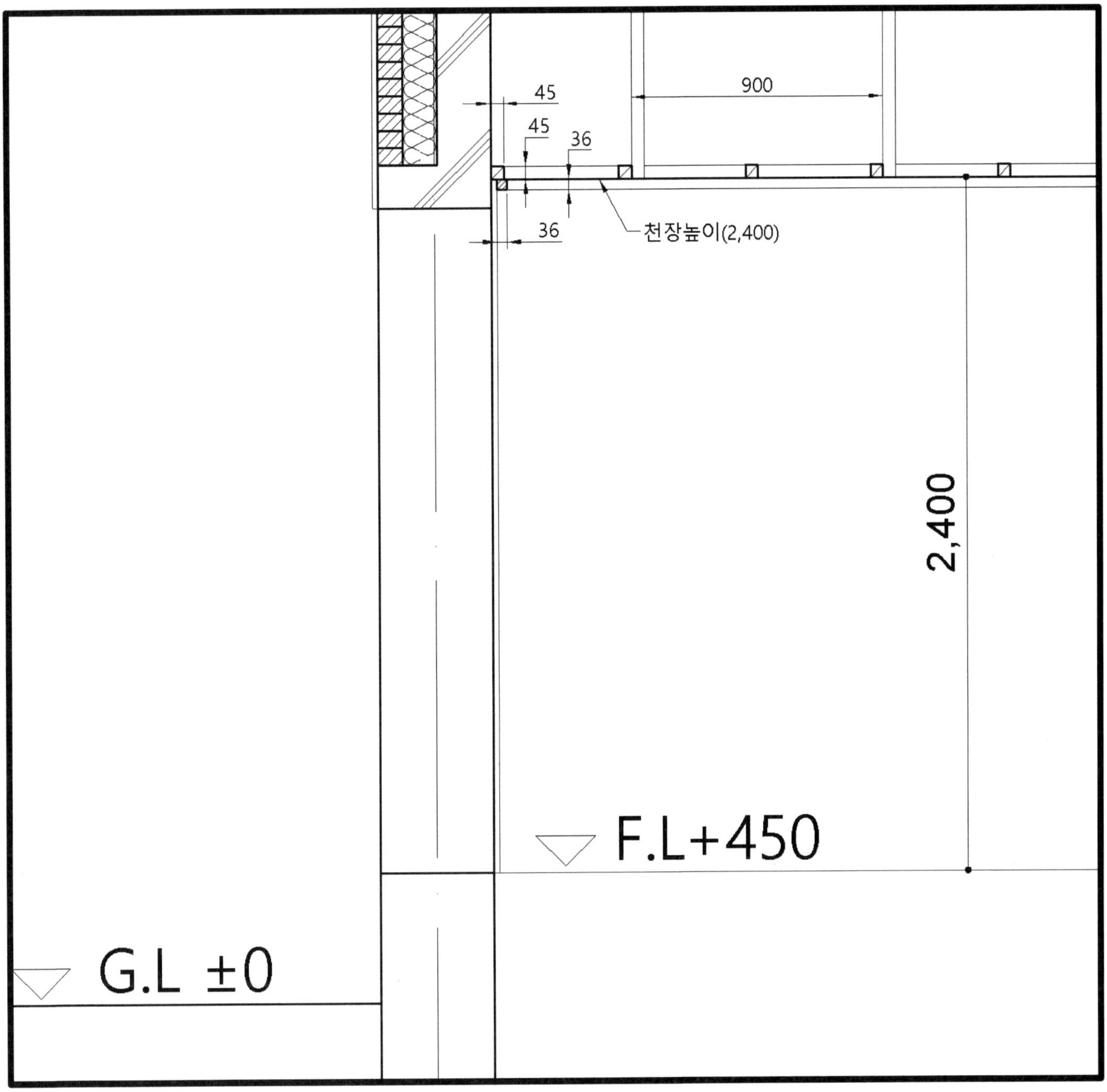

반자틀 작도 순서

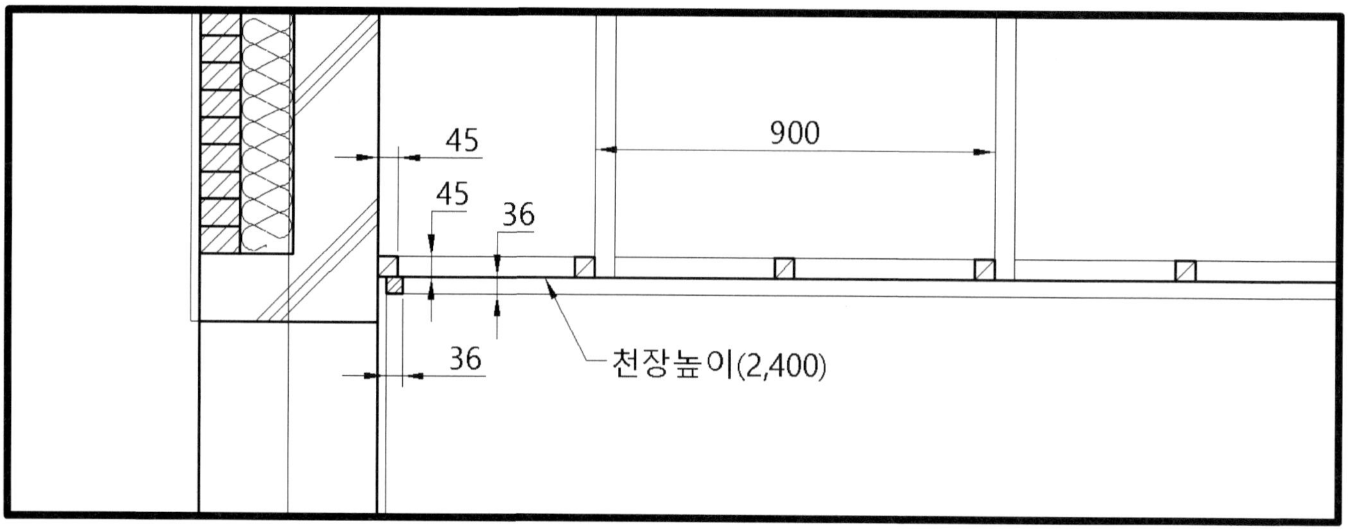

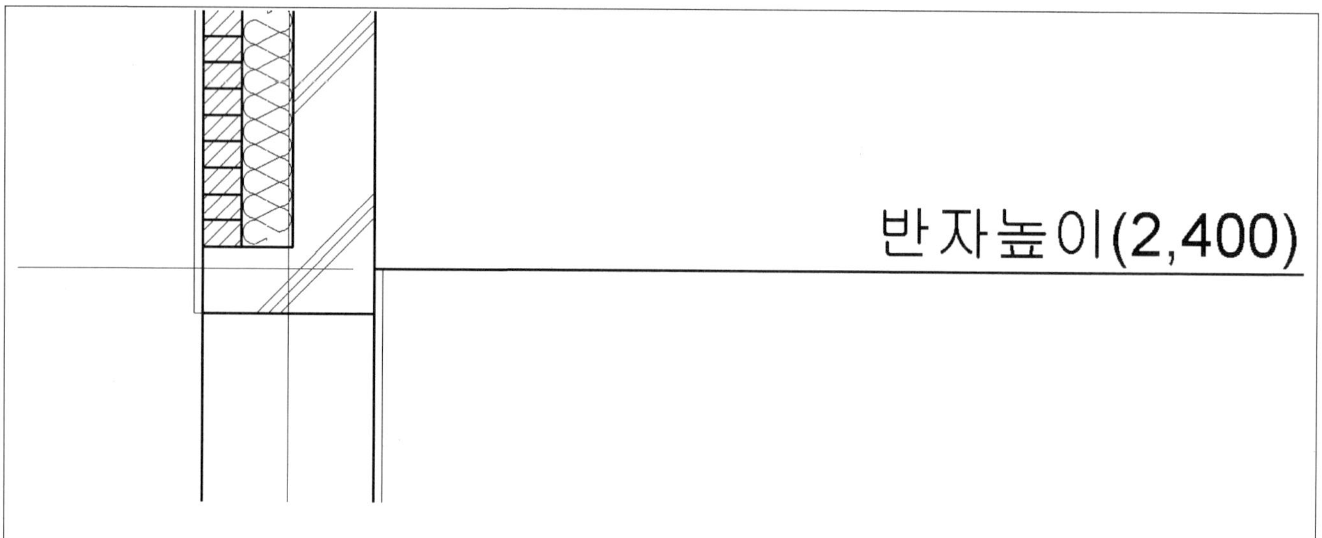

바닥에서 반자높이(2,400) 그리기(단면선)

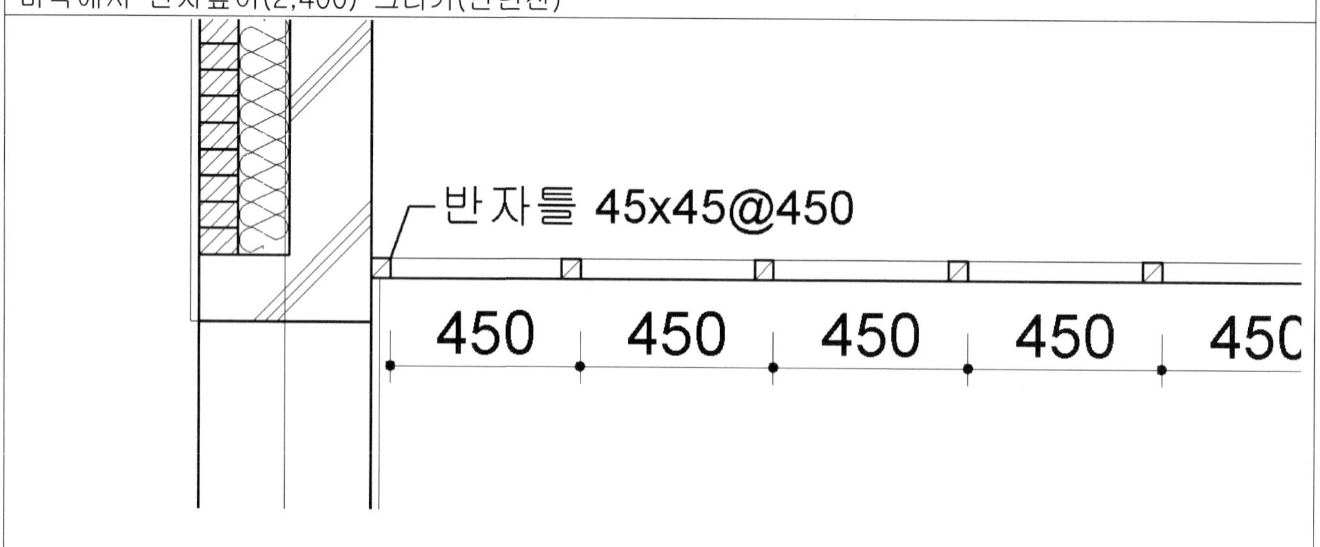

반자틀 45*45@450 그리기(단면선)

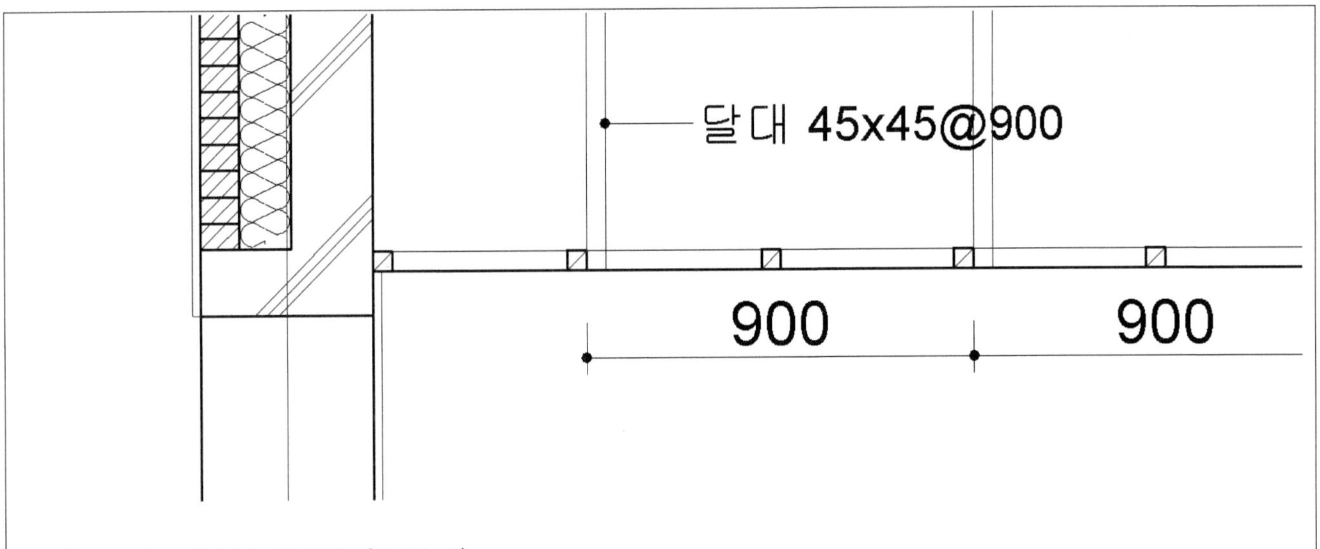

달대 45*45 @900 그리기(입면선)

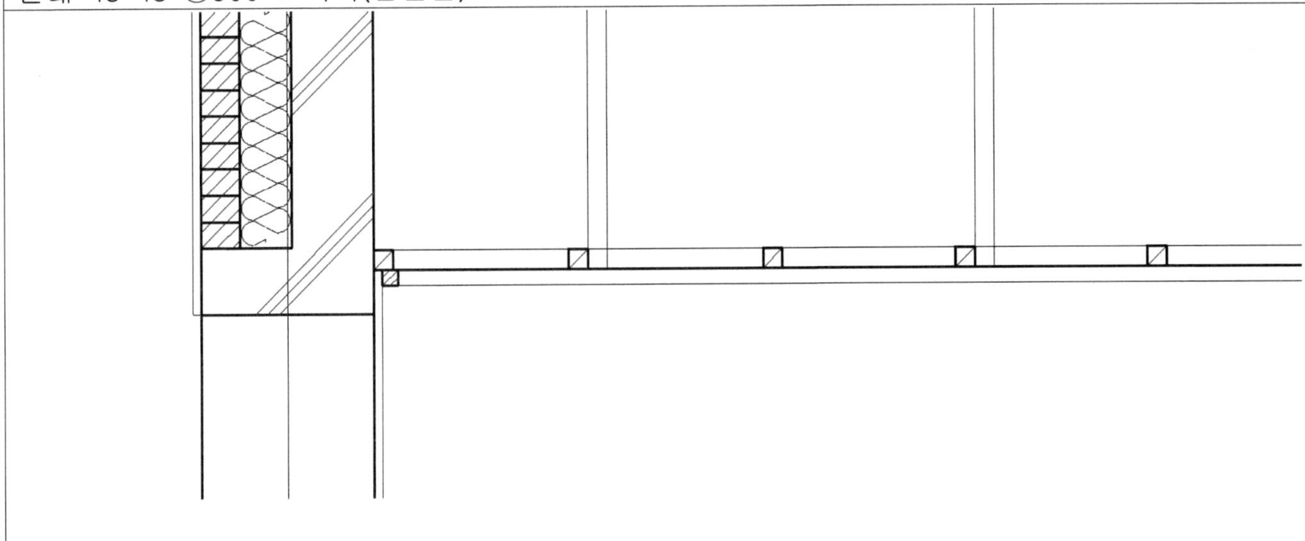

반자돌림 36*36 그리기(단면선)

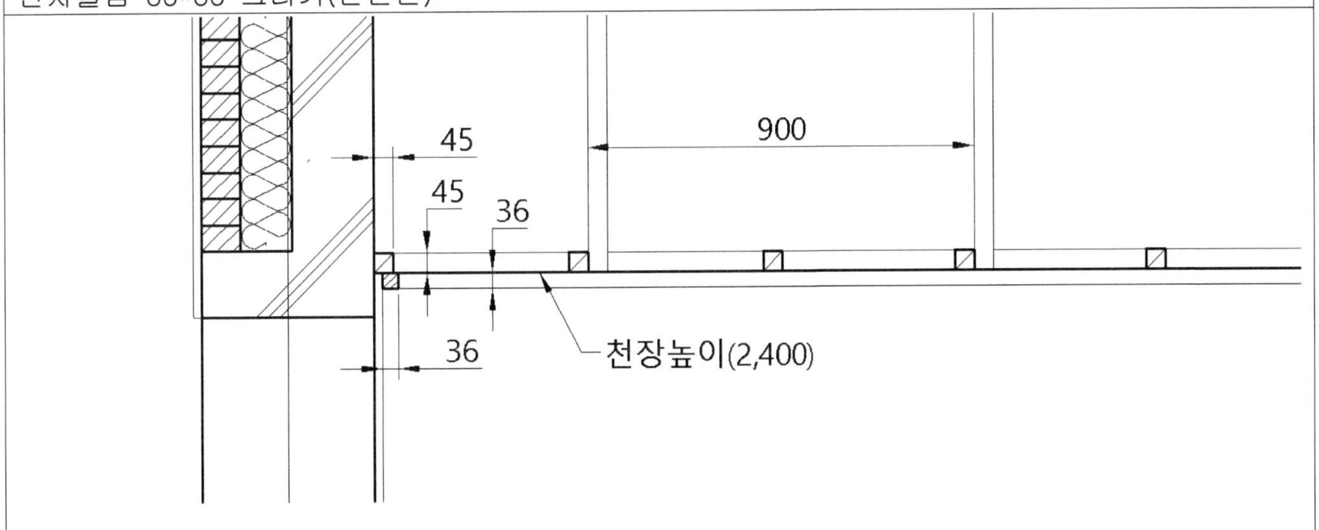

완성

처마반자

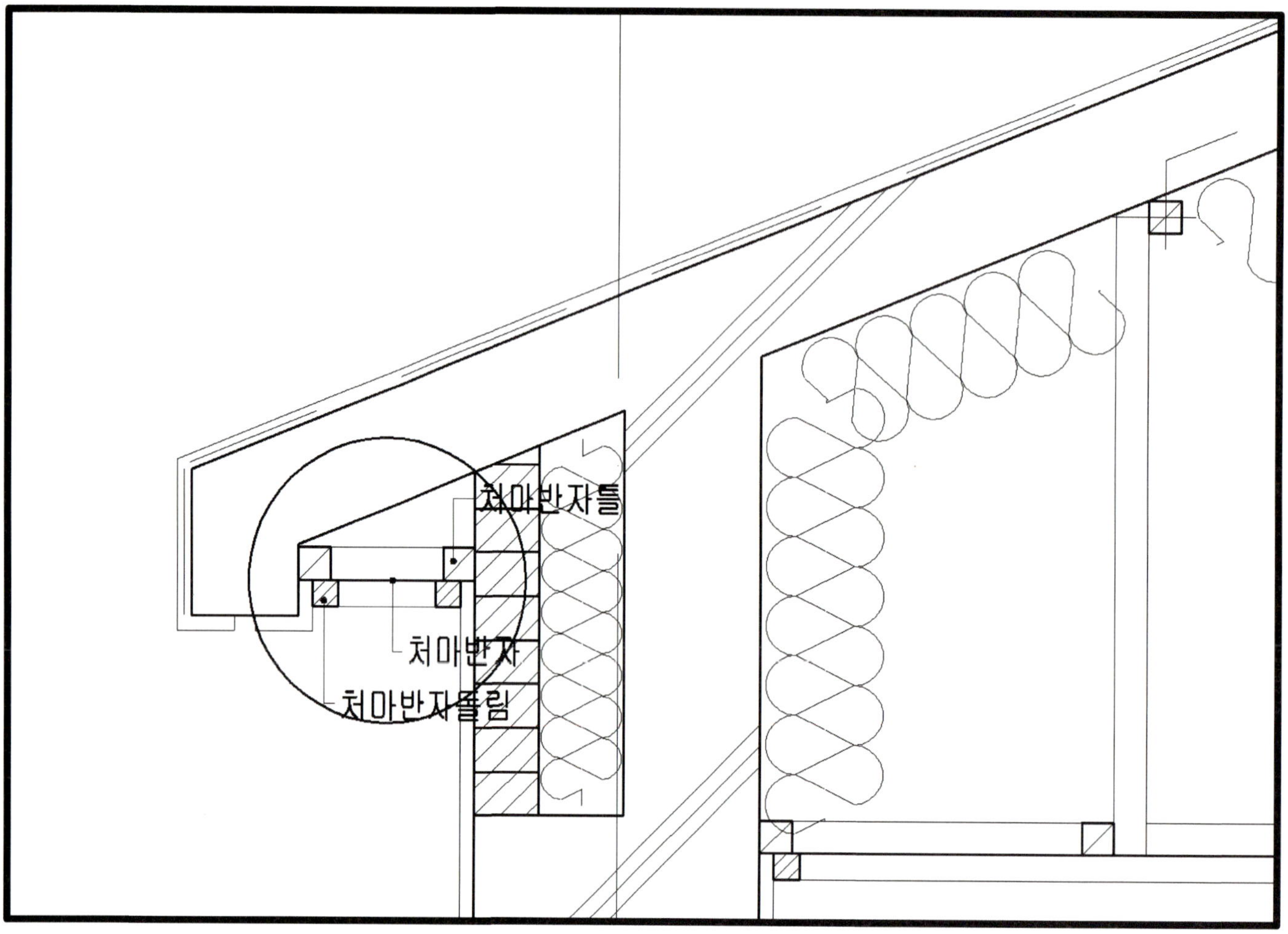

처마반자 작도 순서

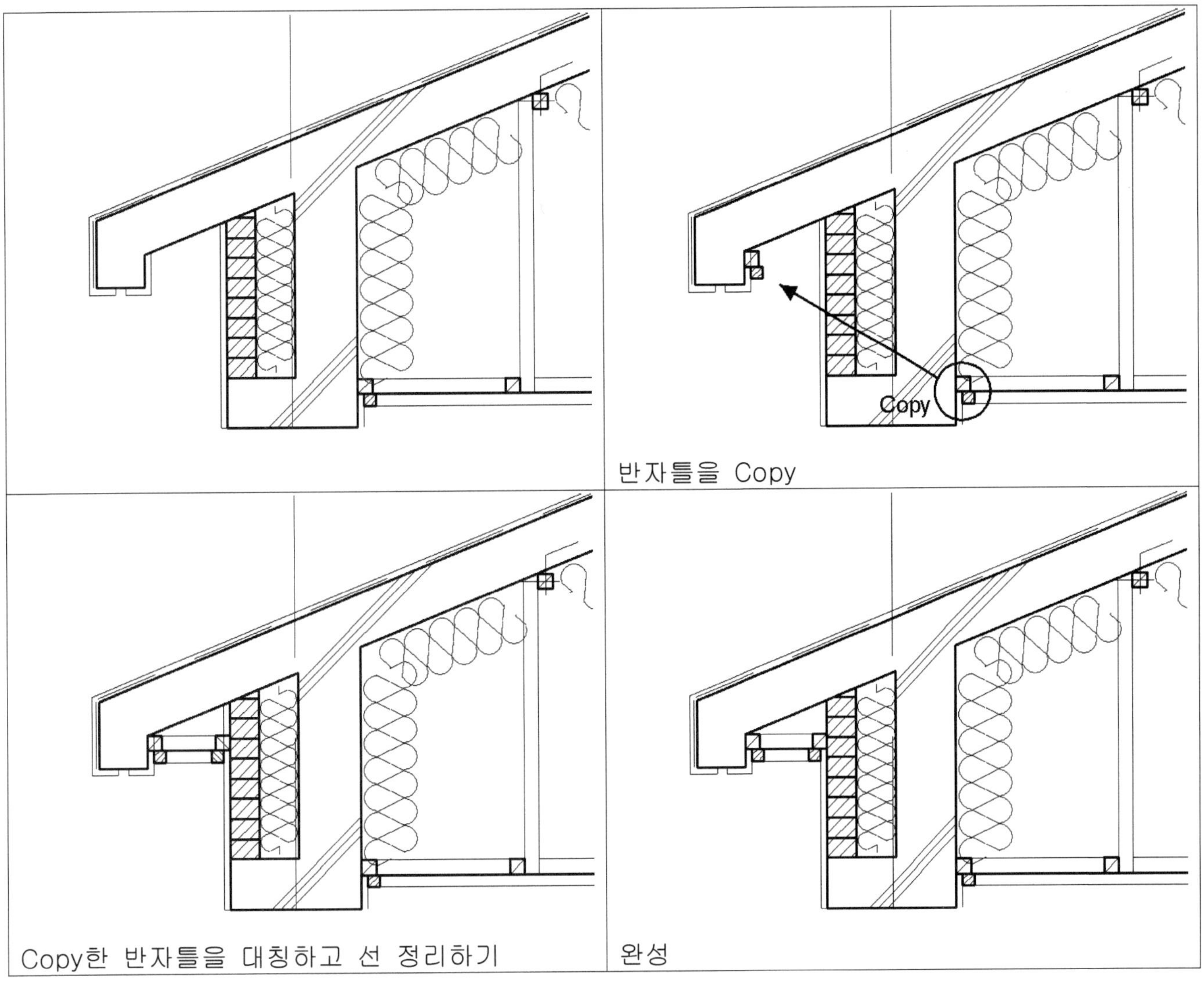

반자틀을 Copy

Copy한 반자틀을 대칭하고 선 정리하기

완성

커텐박스

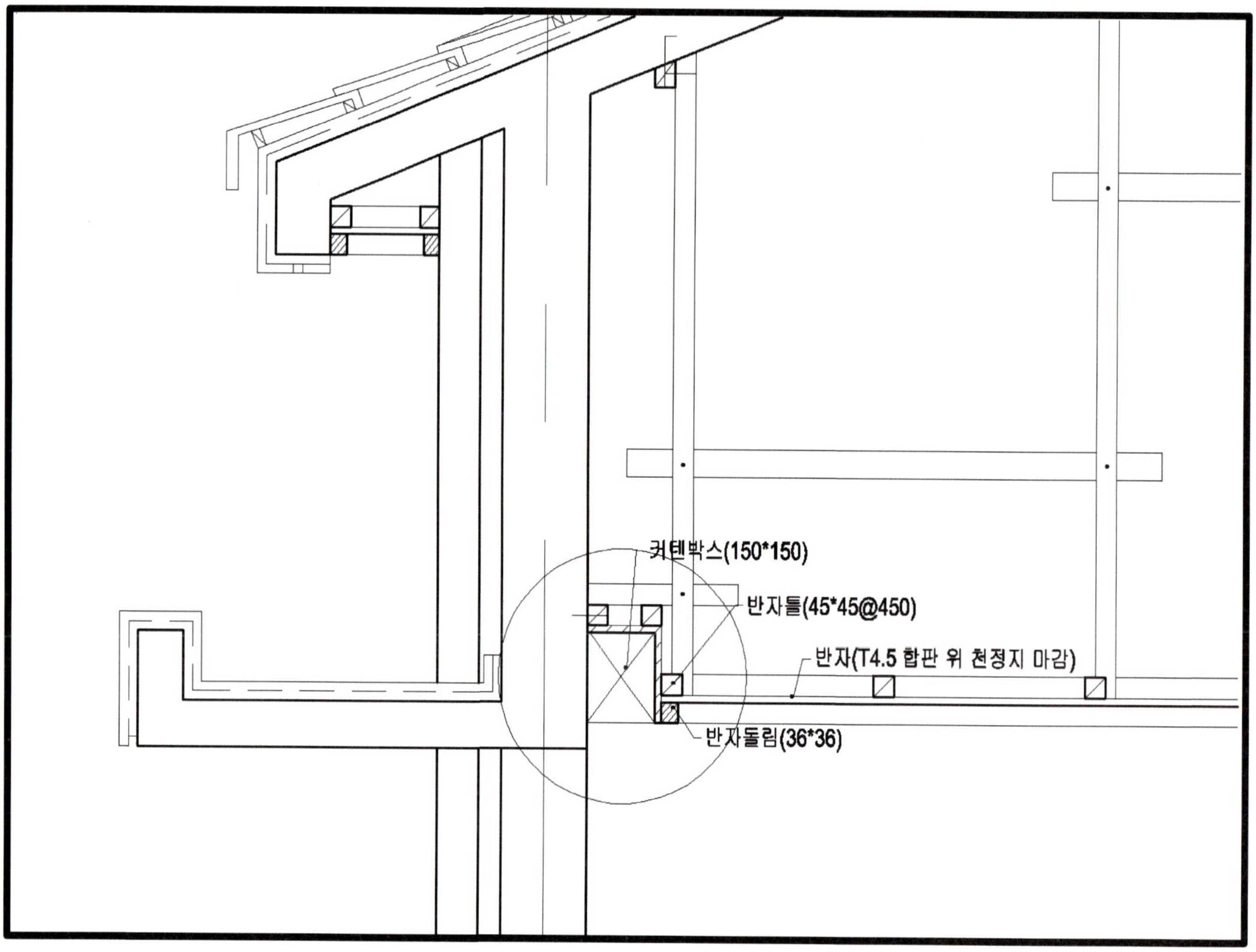

커텐박스 작도 순서

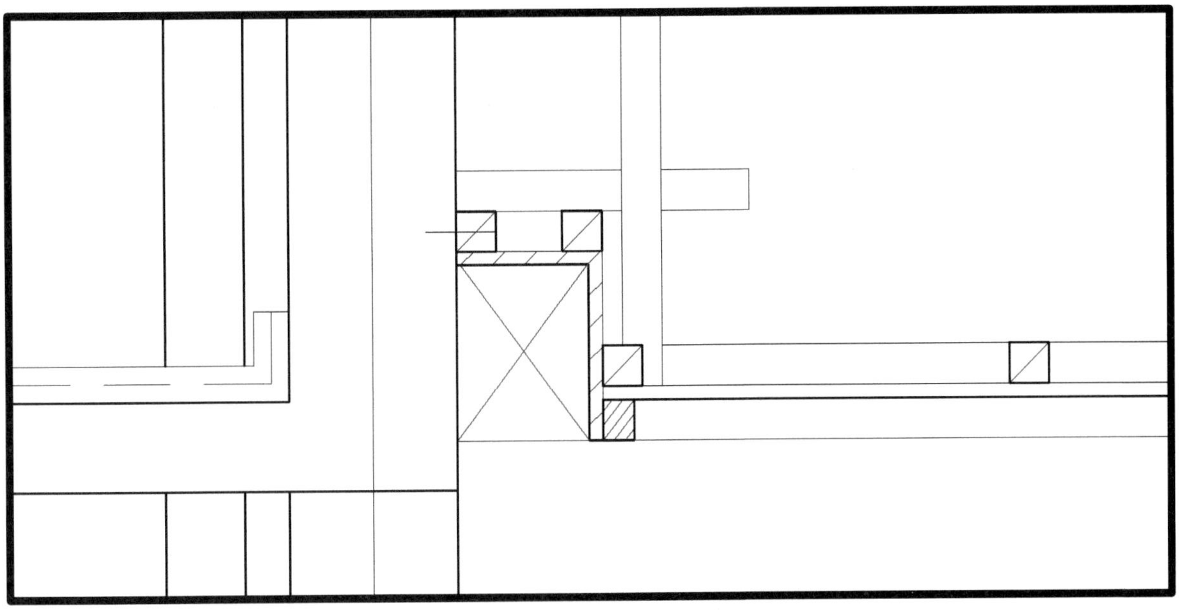

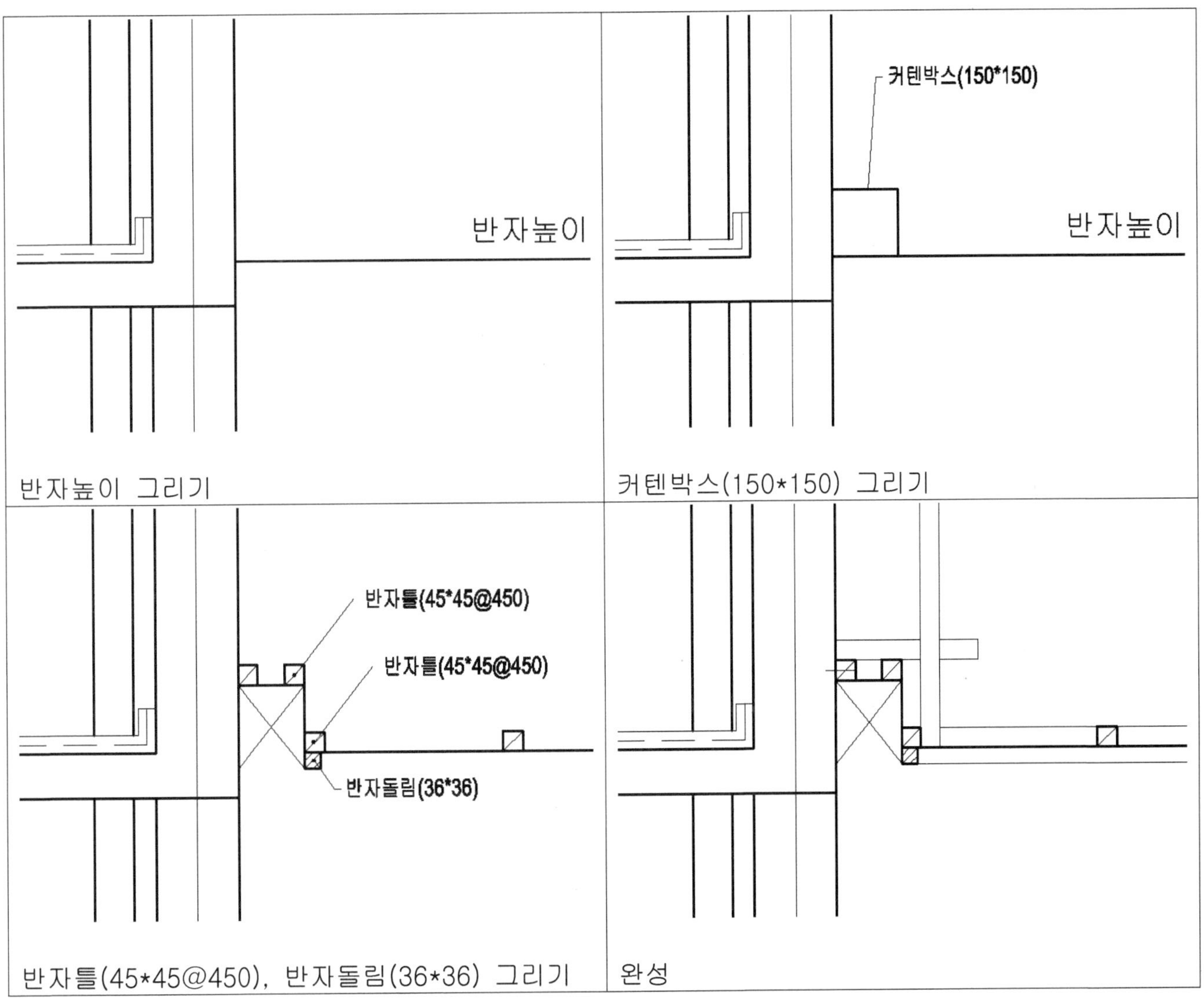

반자높이 그리기

커텐박스(150*150) 그리기

반자틀(45*45@450), 반자돌림(36*36) 그리기

완성

3.6. 창호 그리기

방문

- 창이나 문의 가로, 세로 치수는 문틀을 포함한 치수를 말합니다.
- 방문이나 창문의 치수는 꼭 정해진 치수는 없습니다. 설치 공간의 여유에 따라 가감하기 때문입니다.
- 여닫이 방문의 표준치수는 900×2,100 입니다.

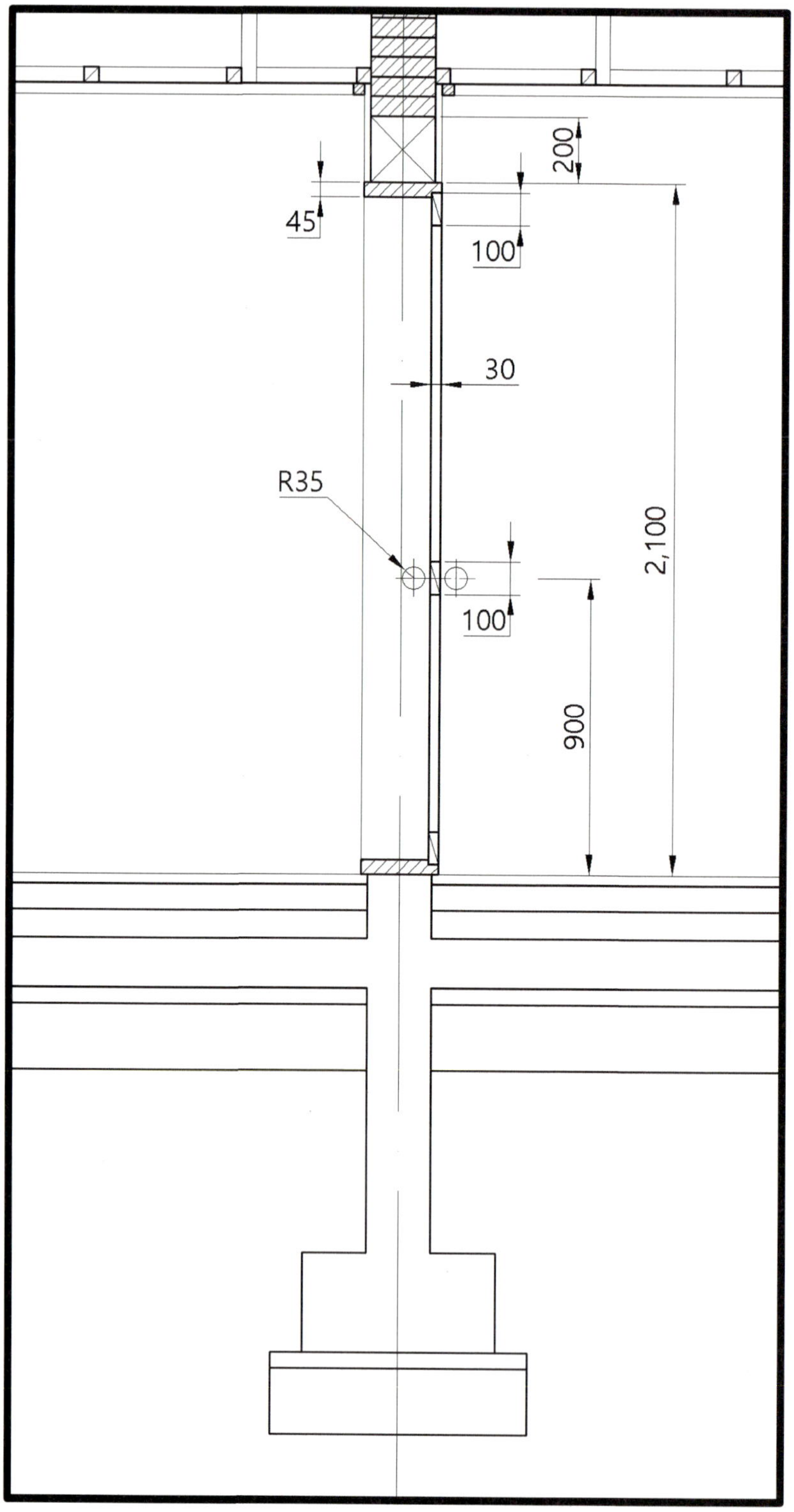

방문 단면 작도 순서

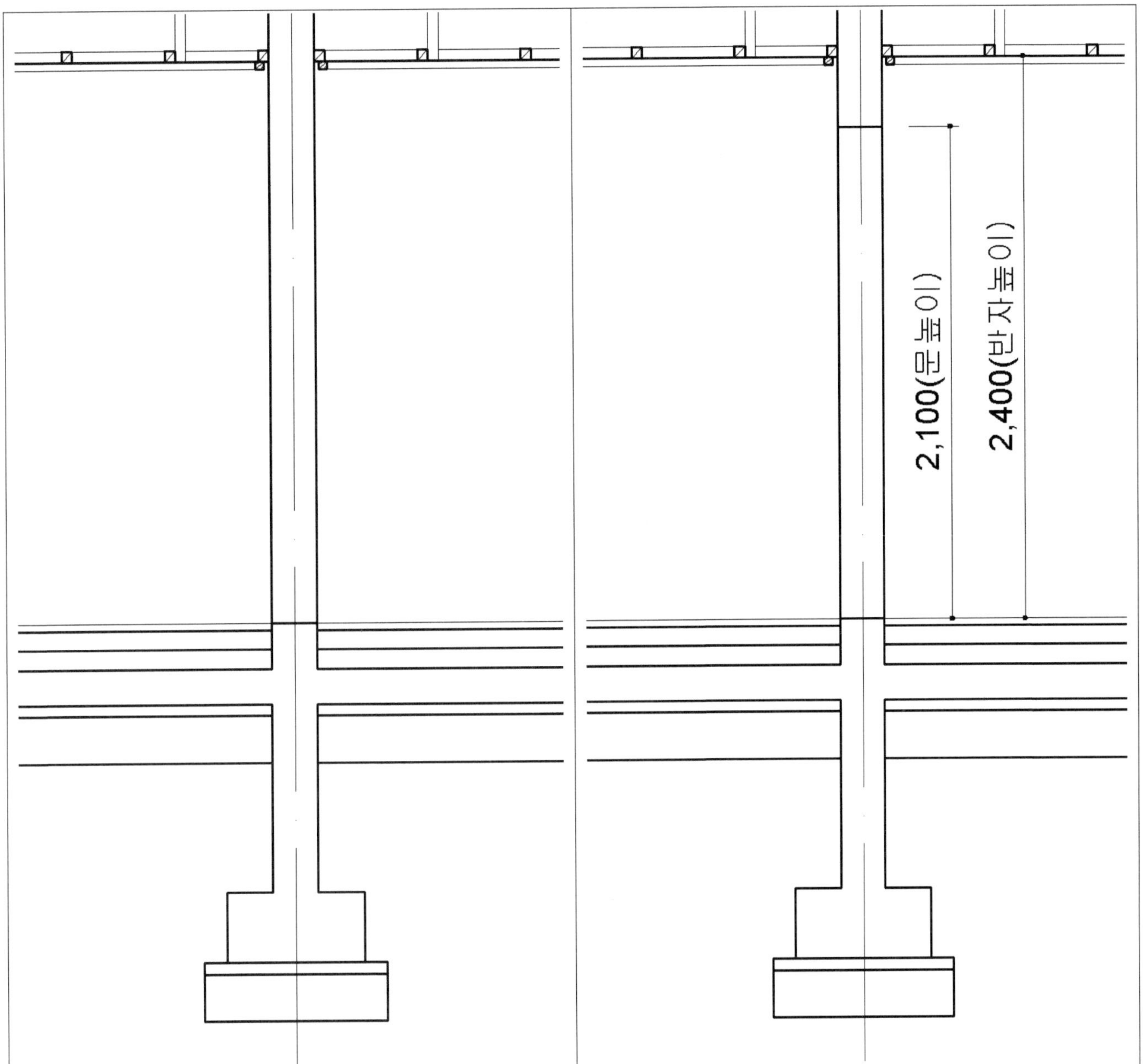

문높이(2,100)
-Offset(명령)

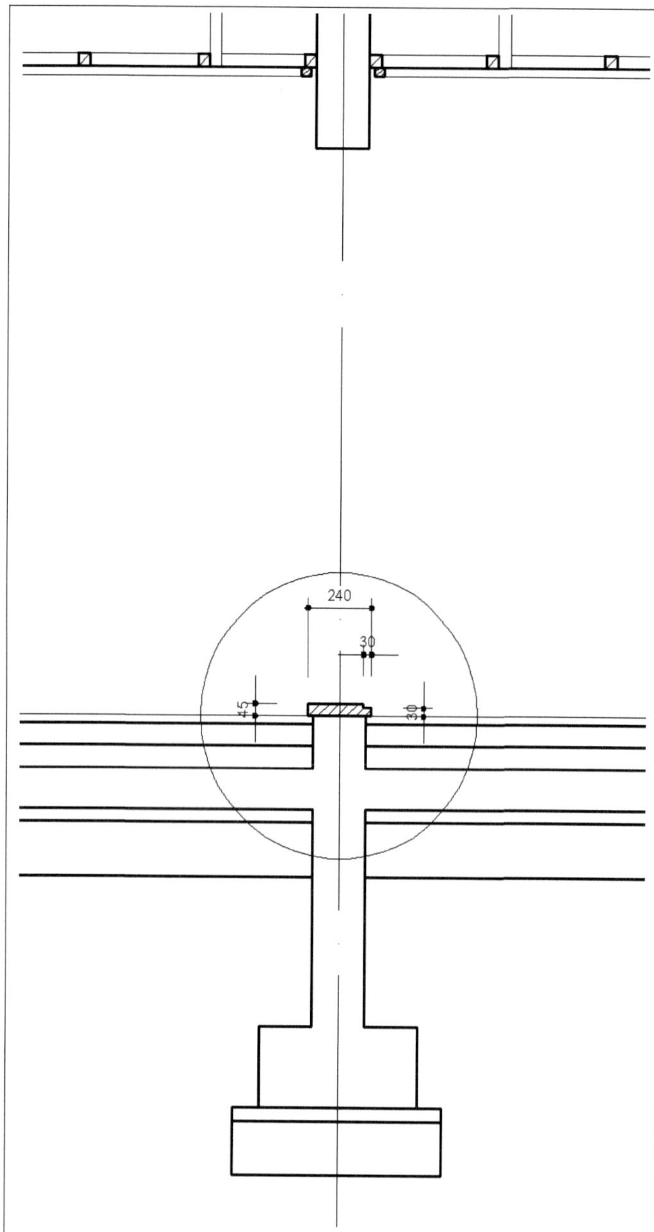

하부틀 작성

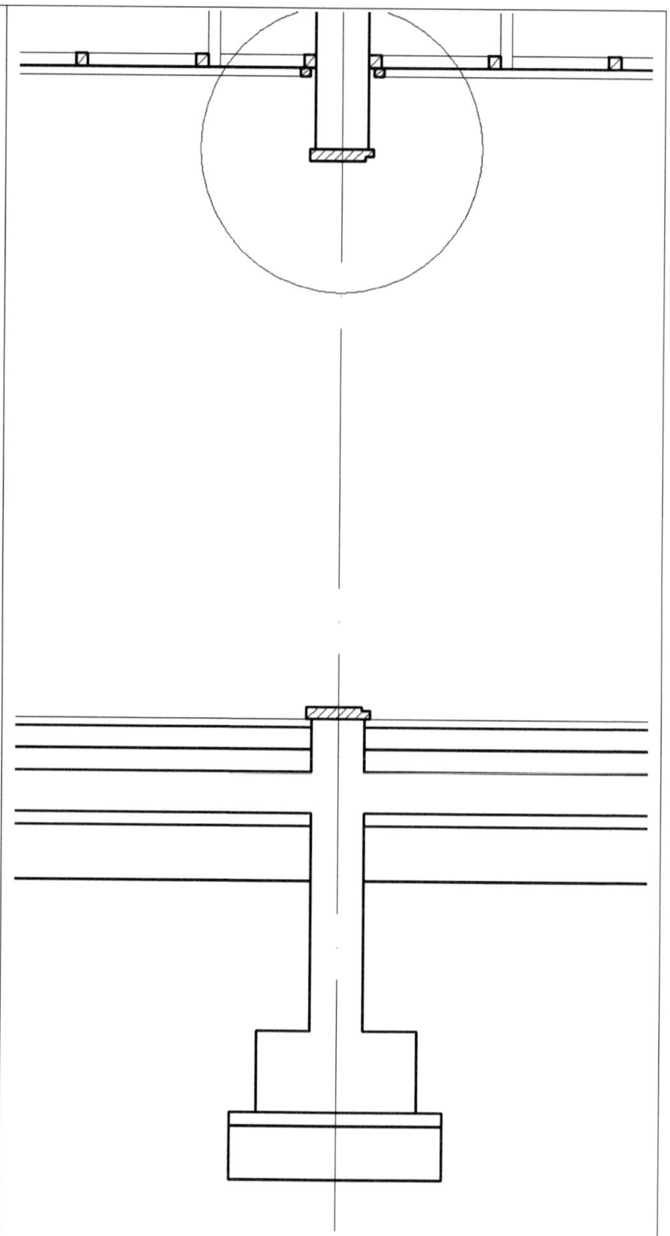

하부틀을 Mirror(명령)으로 복사하여 상부틀 작성

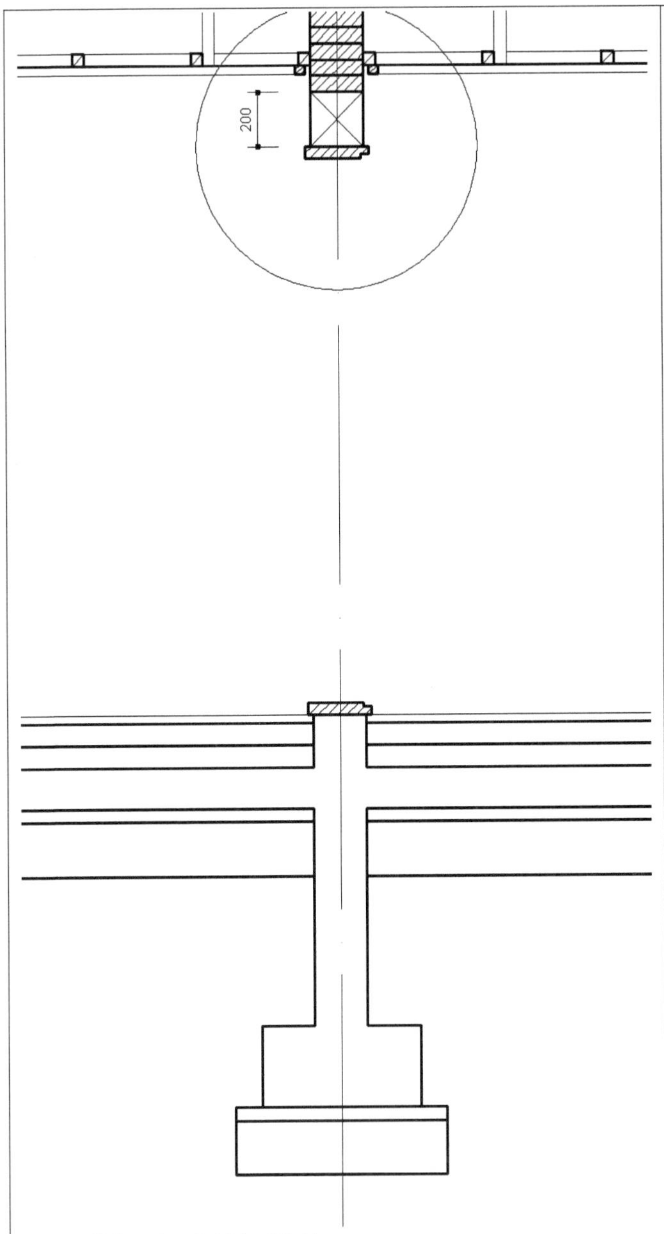

상인방(200×200) 작성

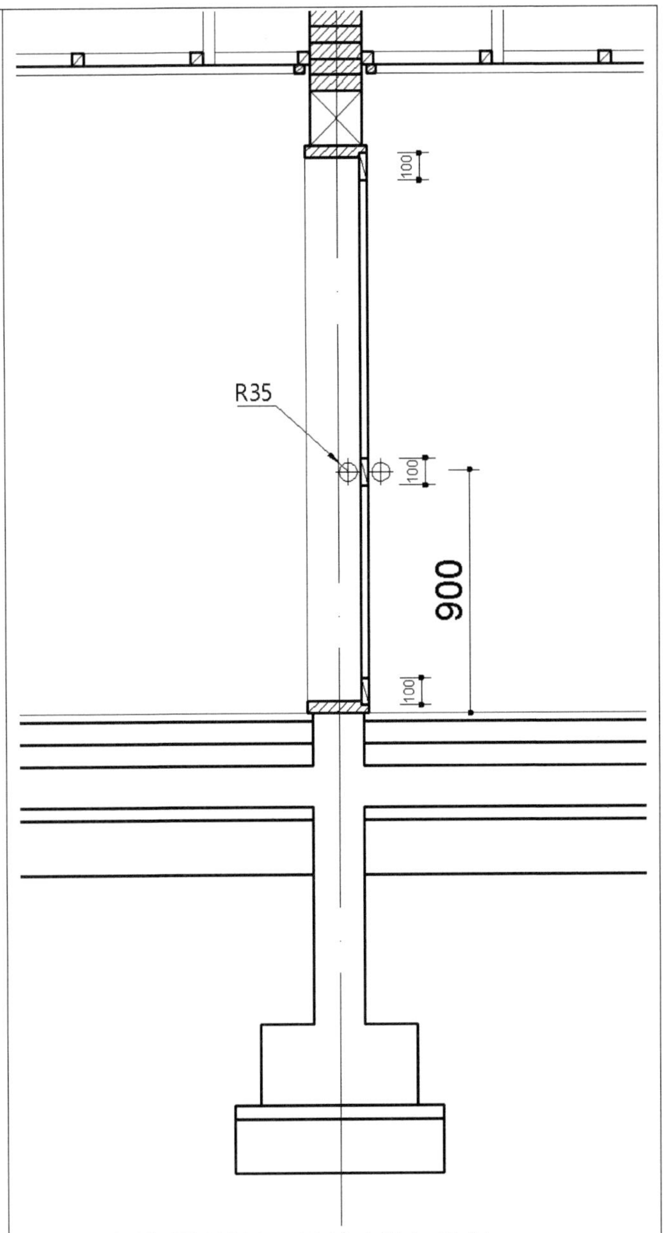

문의 상,하,중간(30×100) 부분 작성

욕실문

- 여닫이 방문의 표준치수는 900×2,100 입니다.
- 욕실이나 창고 문은 (700~800)×(1,800~2,100)으로 가감할 수 있습니다.
- 여기서는 800×2,000

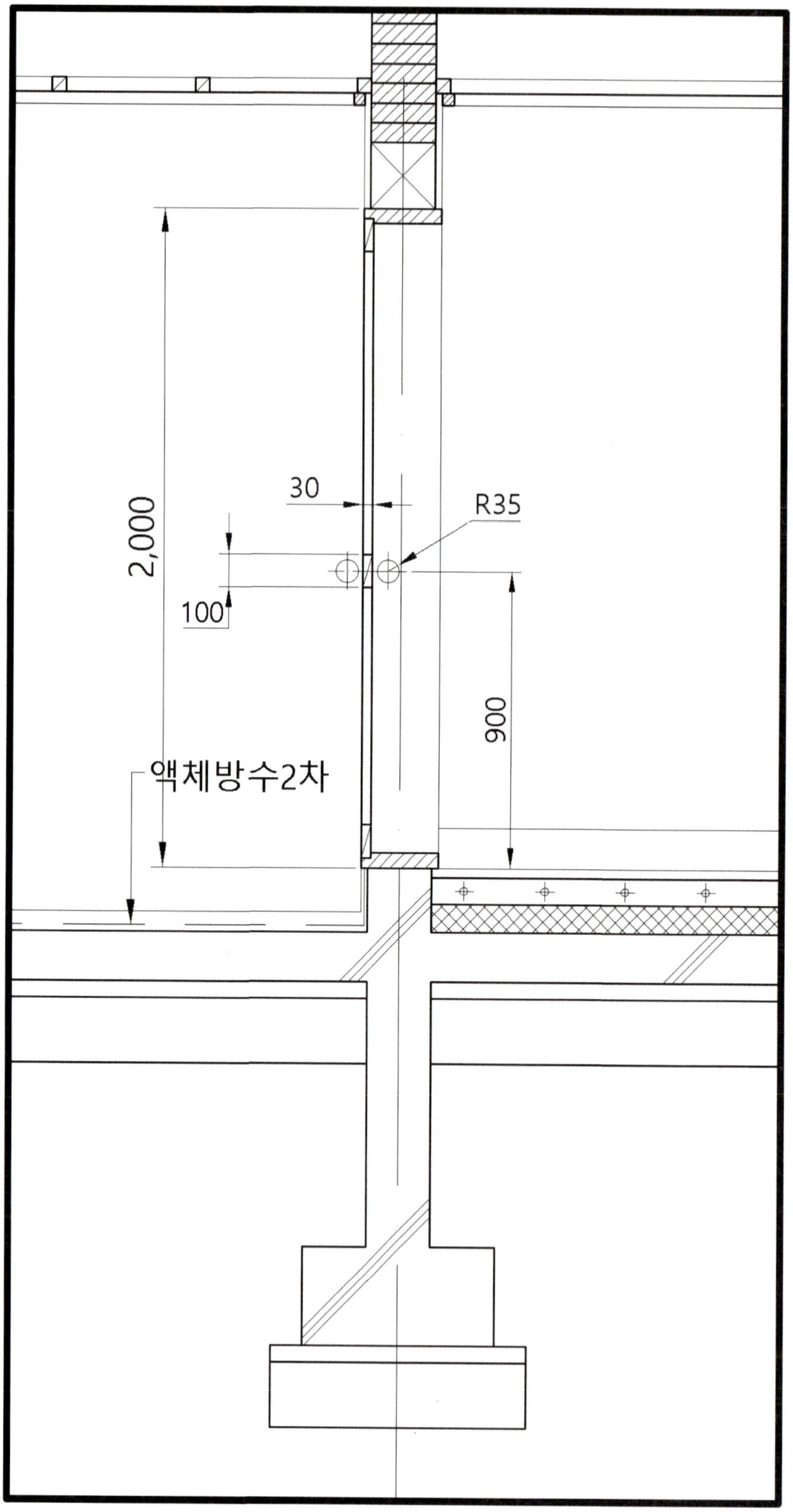

현관문

- 현관문은 문과 고정창으로 구성.
- 문은 1,000×2,100
- 고정창은 문을 작성한 후 남는 공간을 고정창으로 작도.

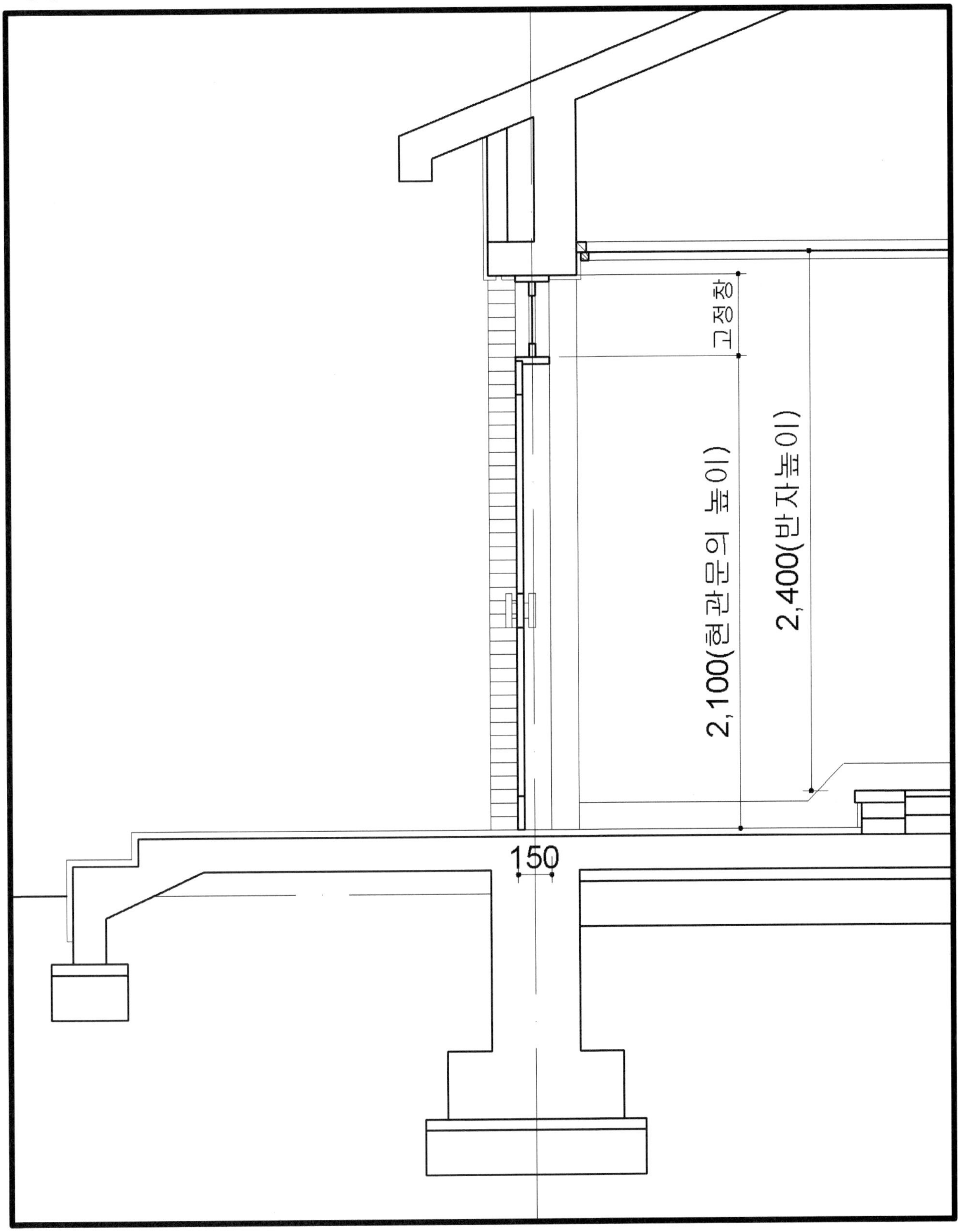

현관문 단면 작도 순서

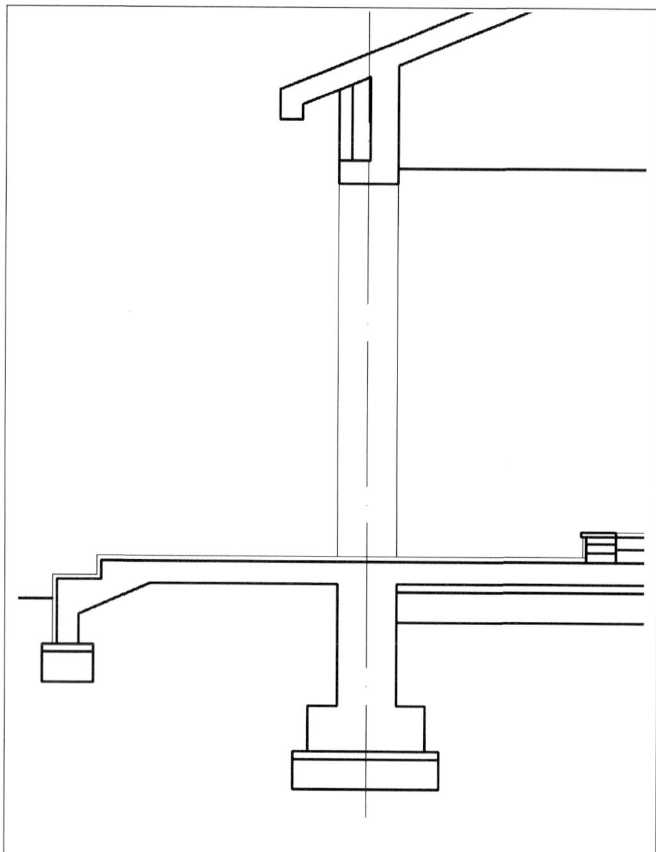

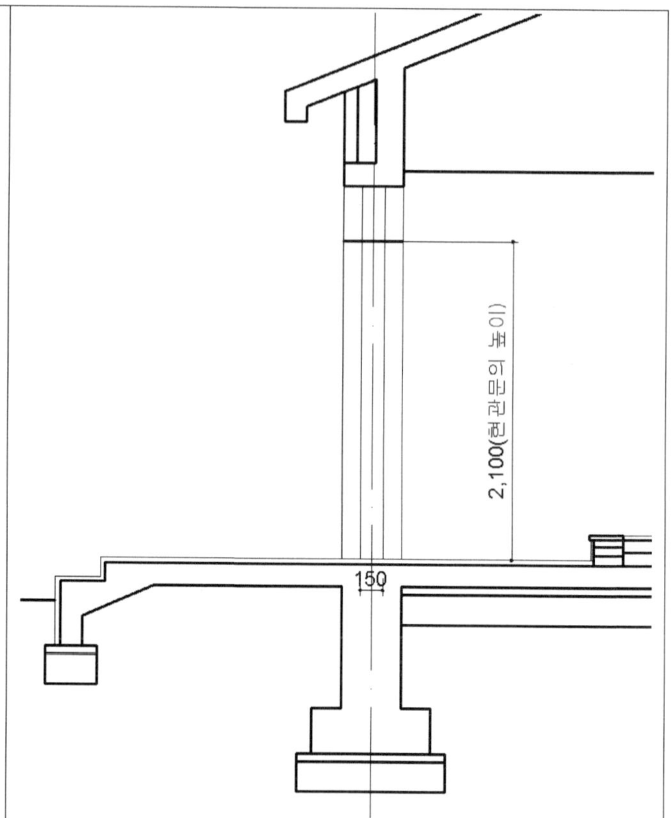

현관문의 높이(2,100)와 두께(150) 표시

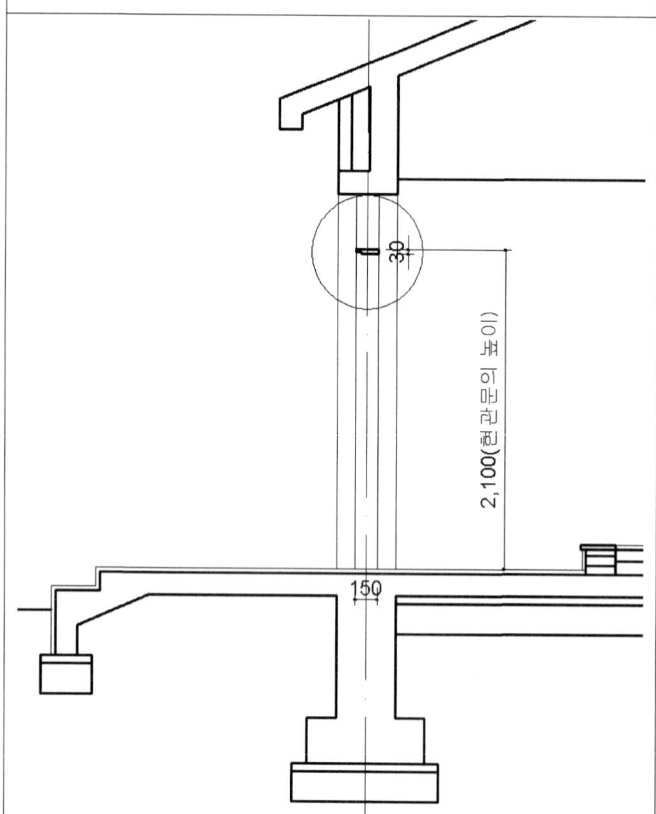

상부틀(150×30) 작성

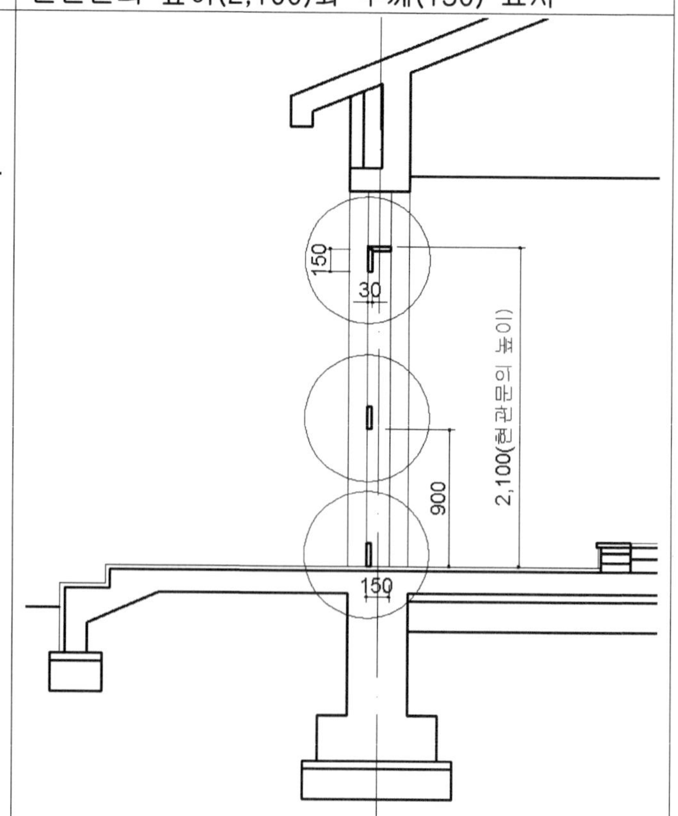

현관문의 윗막이(30×100), 중간막이(30×100),

밑막이(30×100) 부분 작성

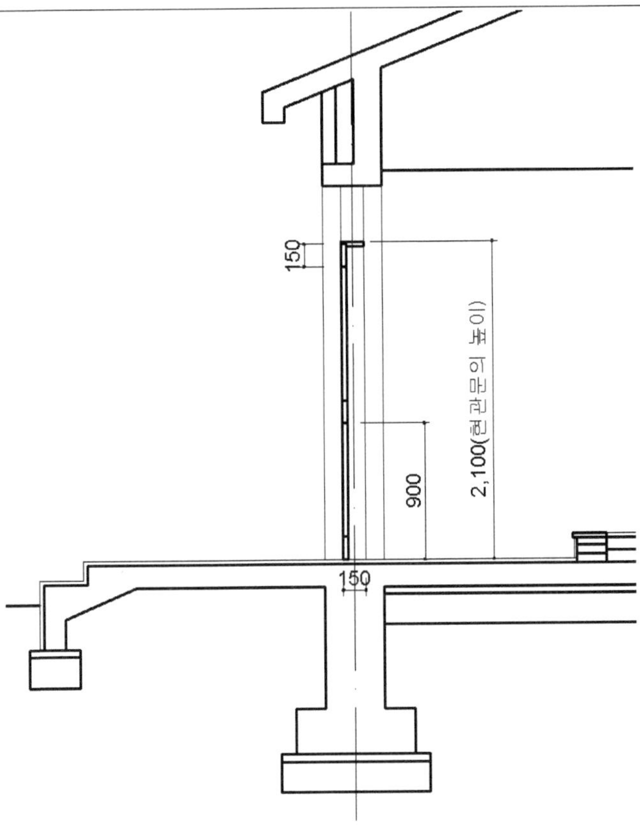

현관문의 틀 작성

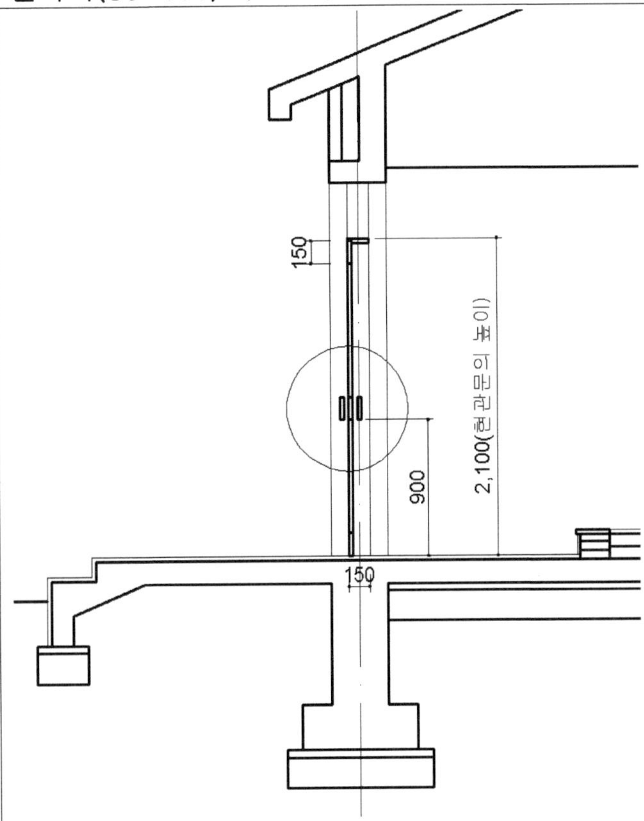

높이(900)으로 손잡이(30×100) 작성

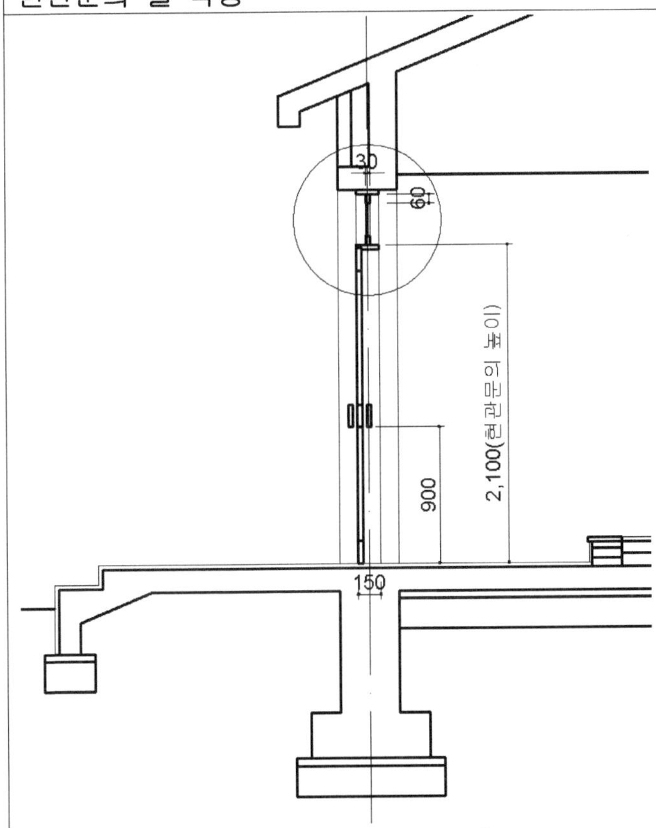

고정창 상부틀(150×30), 상,하 부분(30×60)

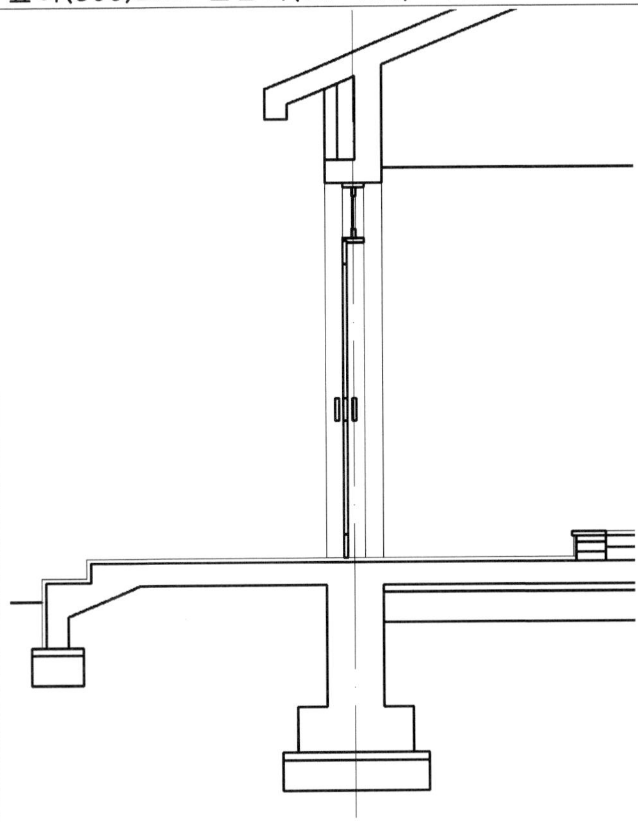

완성

현관문의 치수에 관하여

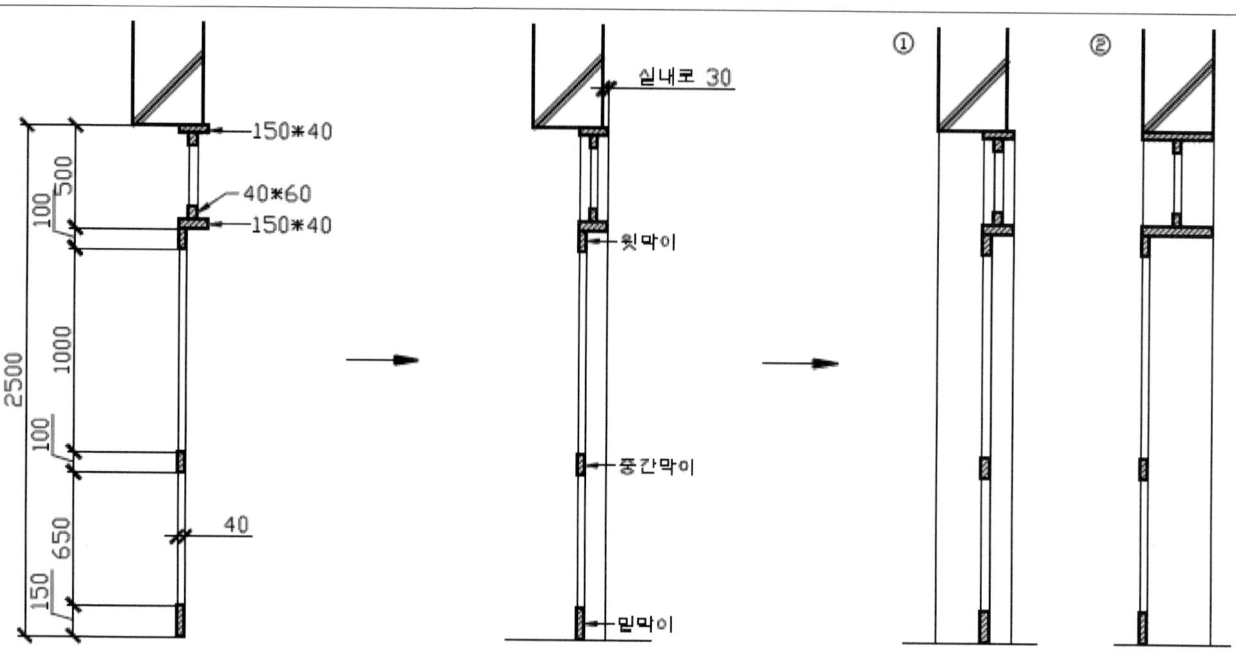

* 1/40으로 현관문 단면 작도시 위의 치수를 그대로 사용하셔도 되고 본인이 적당한 사이즈로 그려주셔도 됩니다.

* 1, 2번처럼 그려도 됩니다.

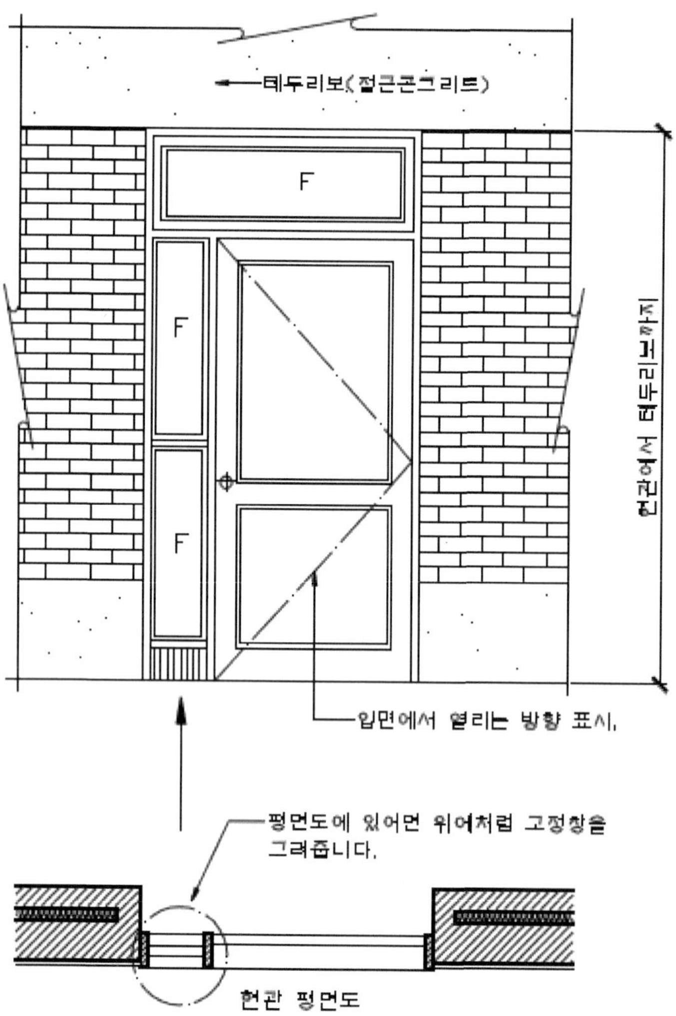

현관 중문

- 현관에서 거실로 이어지는 부분에 현관 중문 설치 가능.
- 현관 중문 높이 : 240×2,100

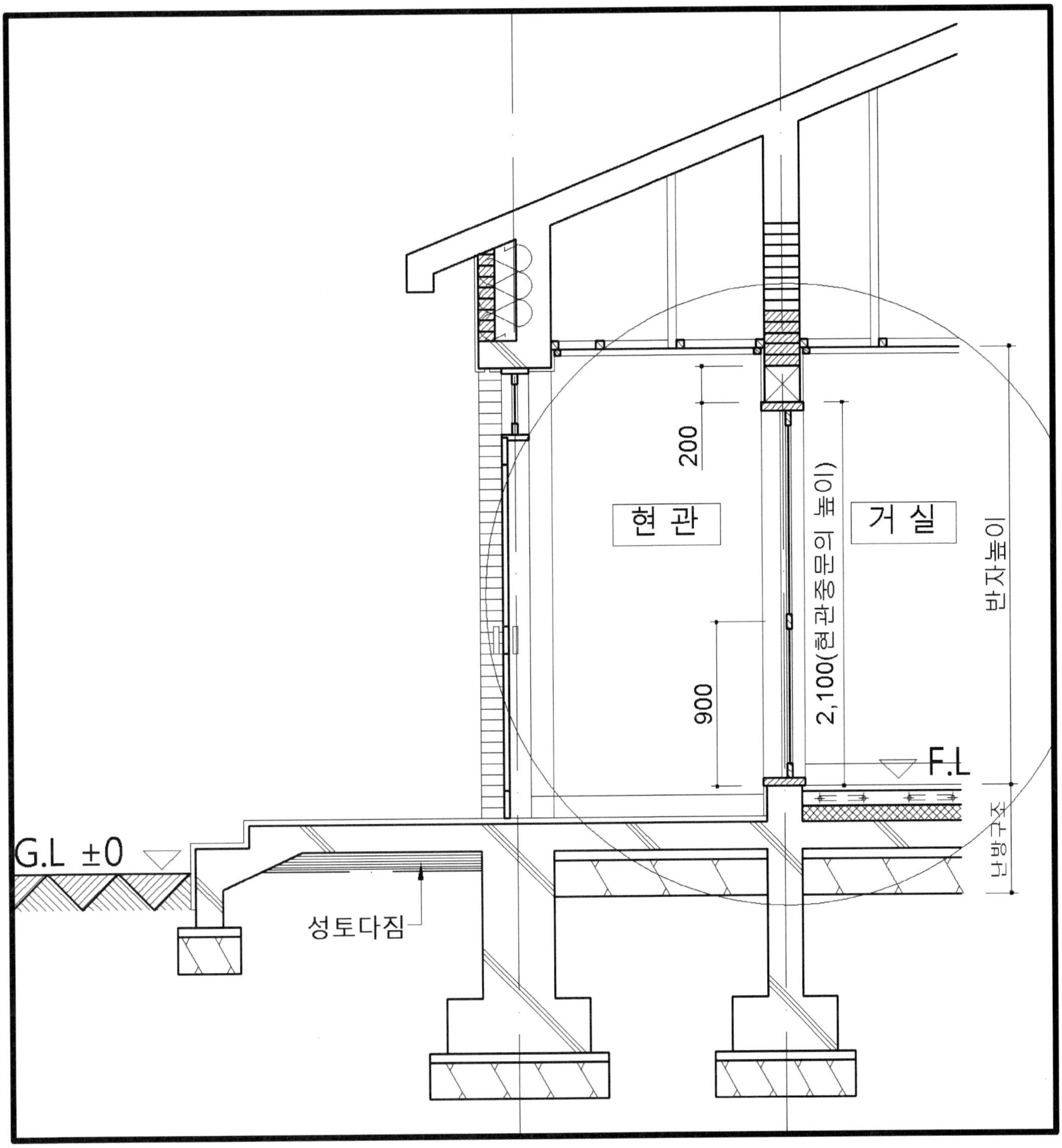

현관 중문 단면 작도 순서

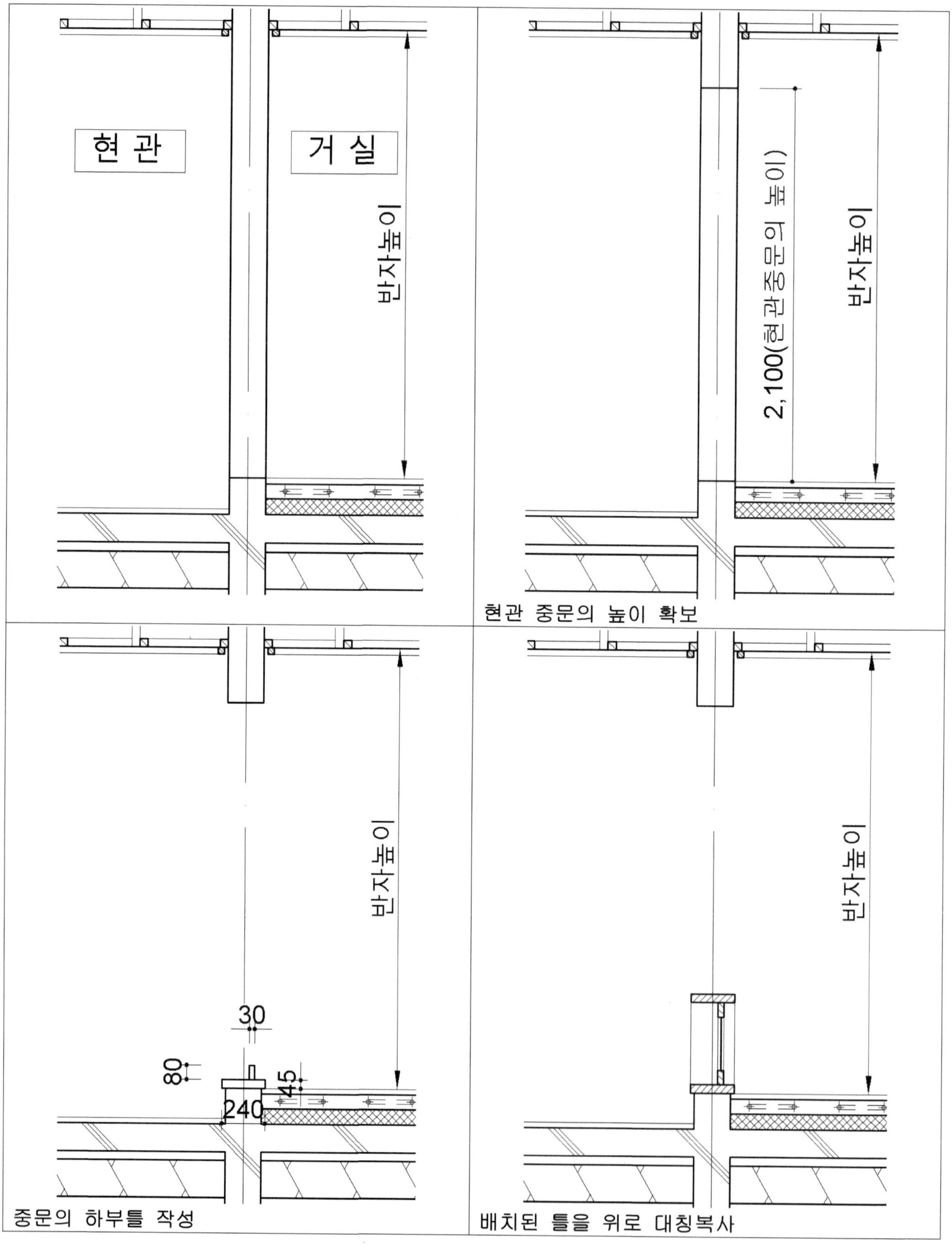
현 관
거 실
반자높이
2,100(현관중문의 높이)
현관 중문의 높이 확보
30
80
45
240
중문의 하부틀 작성
배치된 틀을 위로 대칭복사

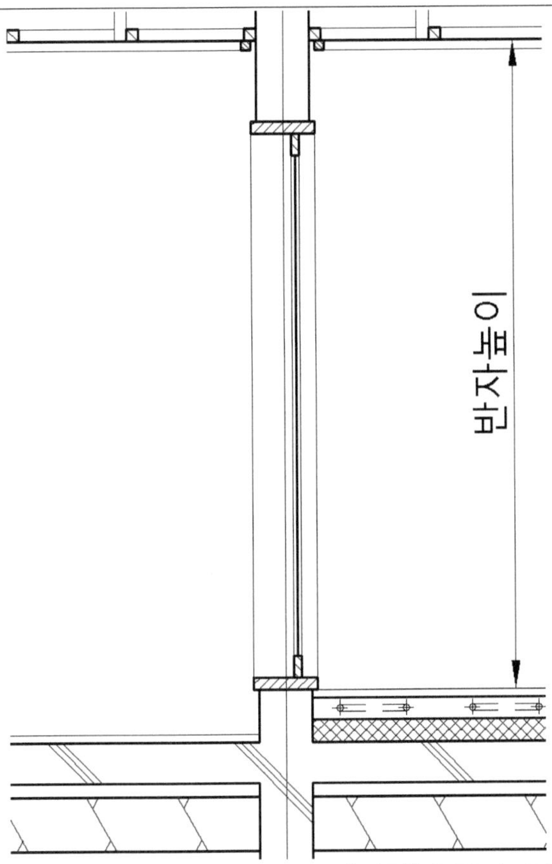

현관중문의 높이까지 Stretch(명령)으로 늘림

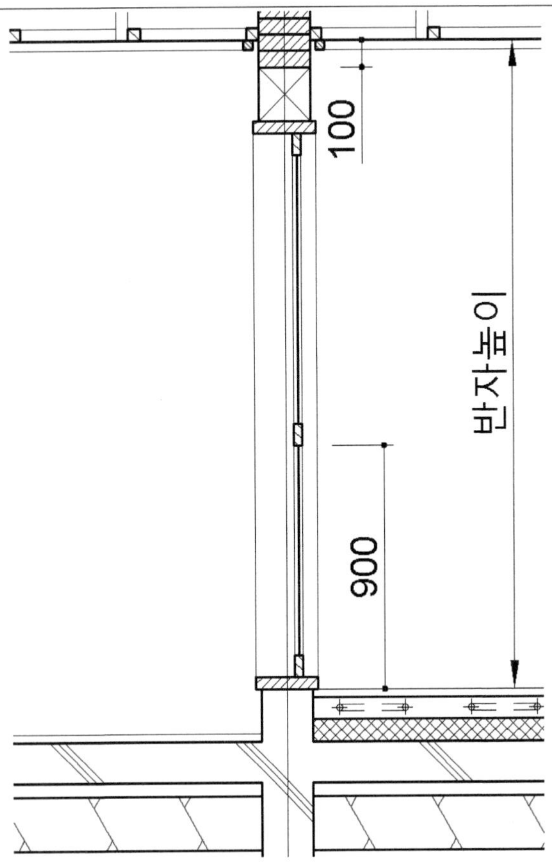

중간의 틀은 하부틀을 복사

방창

- 방창의 높이는 1,200
- 실내쪽 목재 창, 실외쪽 알루미늄 창

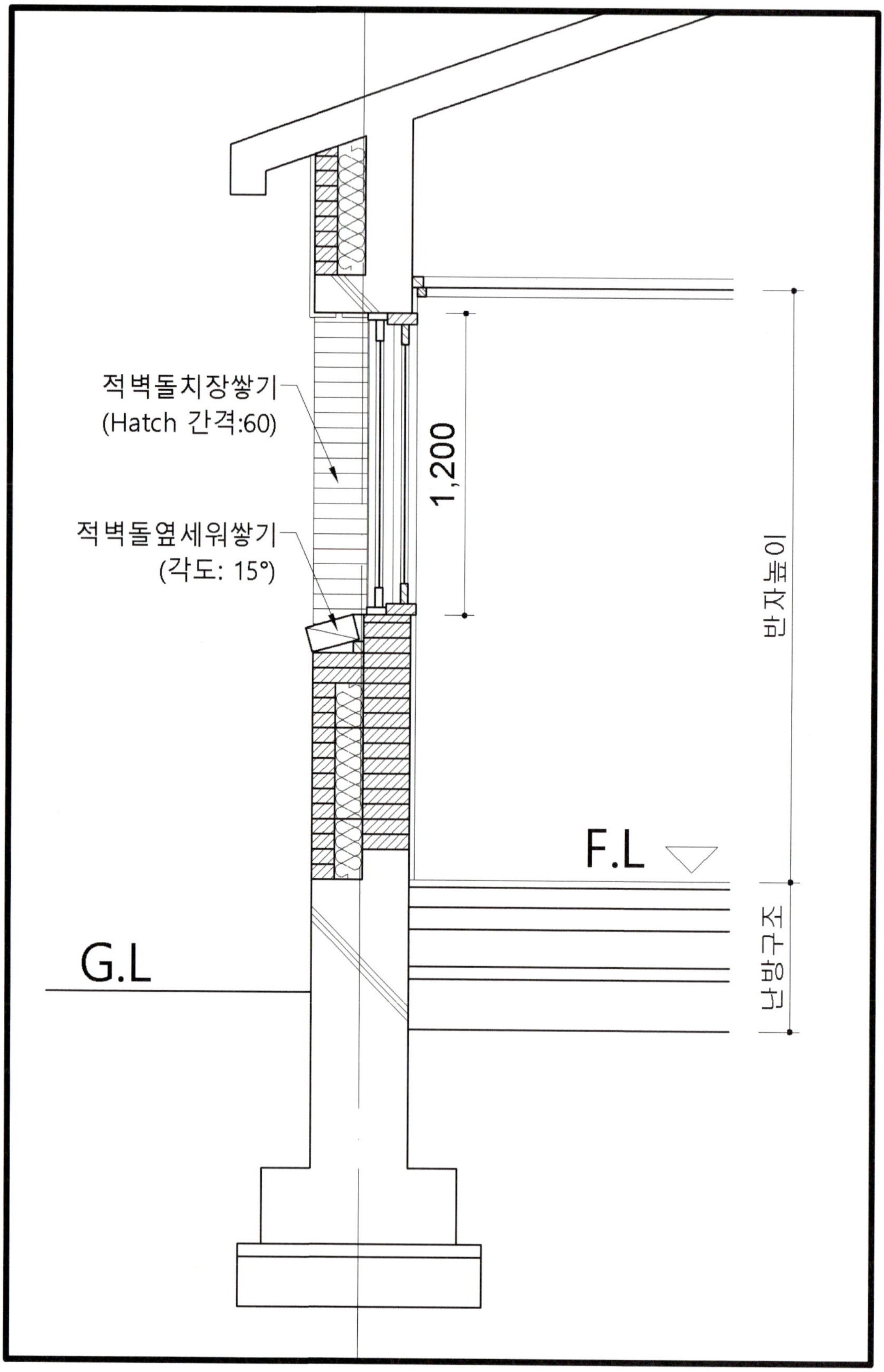

방창 단면 작도 순서

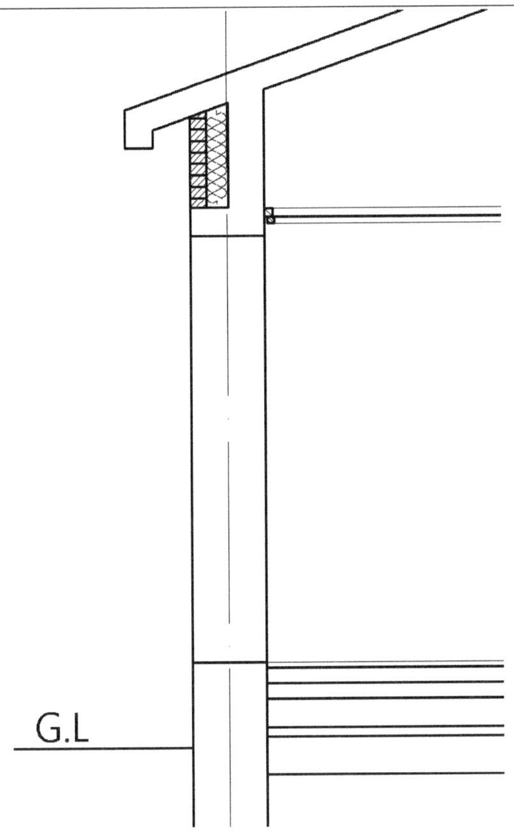

1.

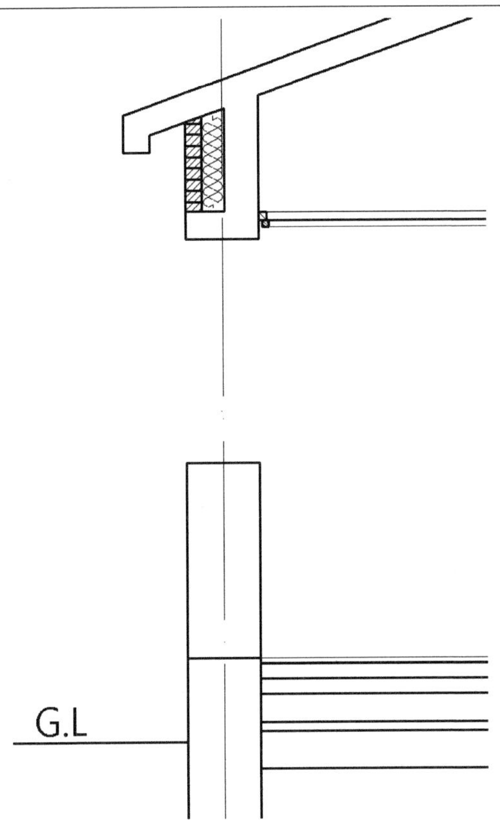

2. 방창의 높이(1,200) 확보

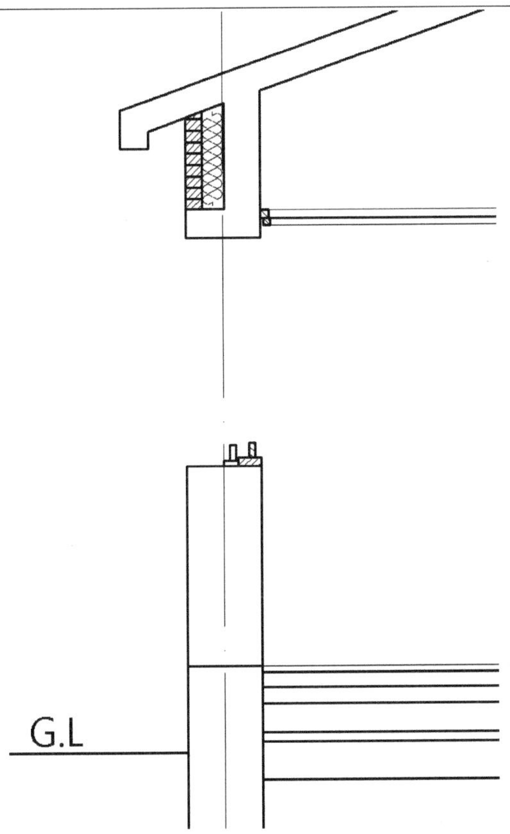

3. 하부틀 작성

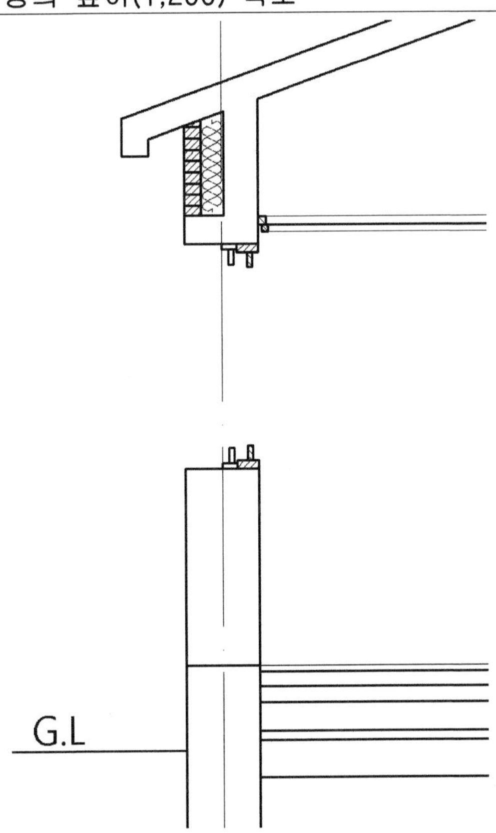

4. 하부틀을 Mirror(명령)으로 상부틀 작성

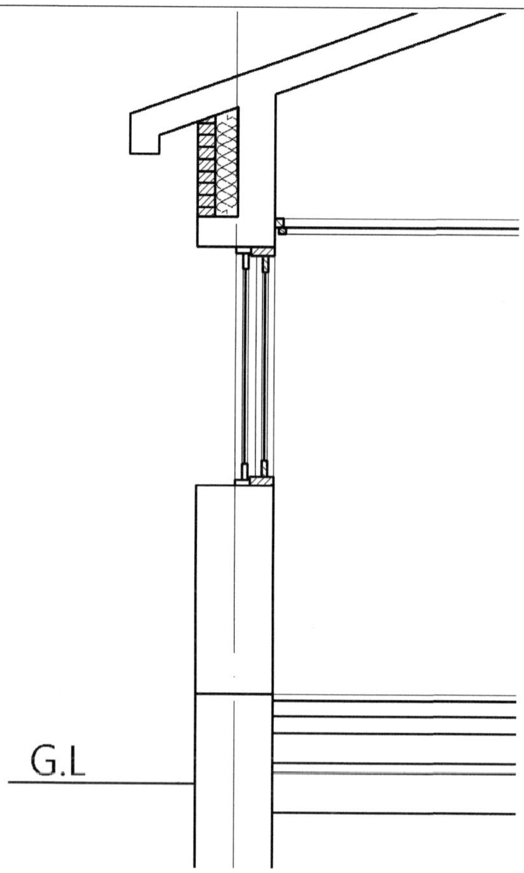

5. 틀을 연결한 세로선 작성

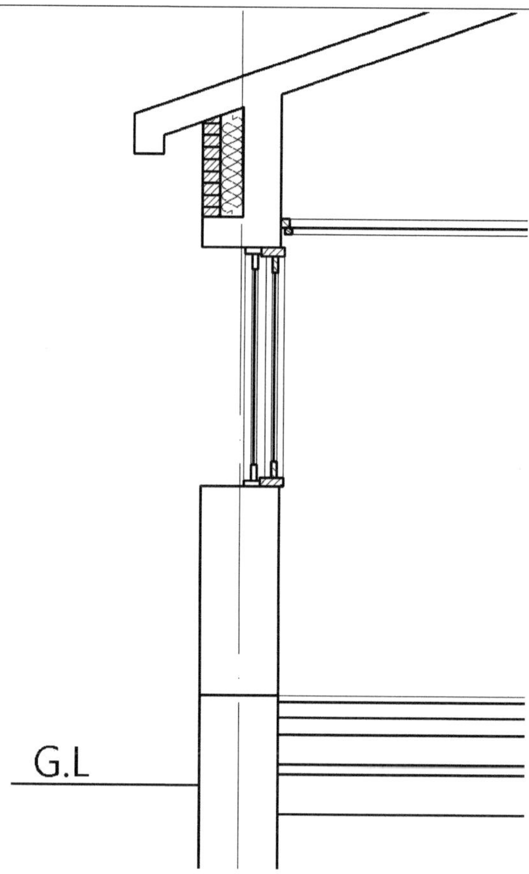

6. 작성된 틀과 창틀을 실내방향으로 20 이동

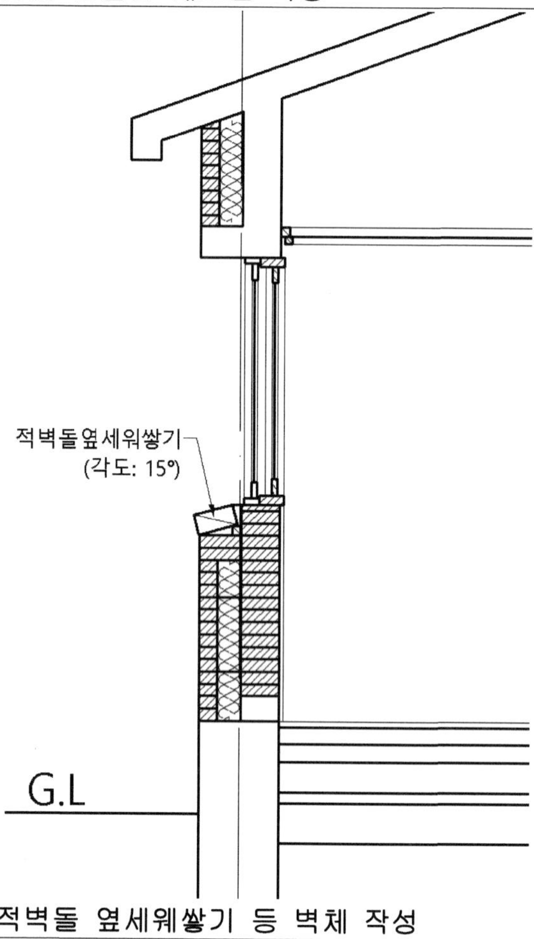

7. 적벽돌 옆세워쌓기 등 벽체 작성

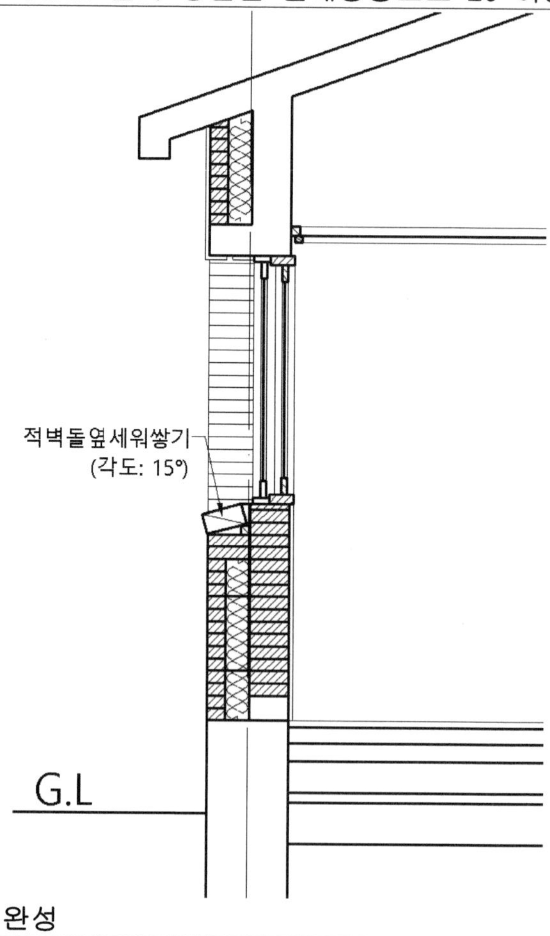

8. 완성

창 단면 치수

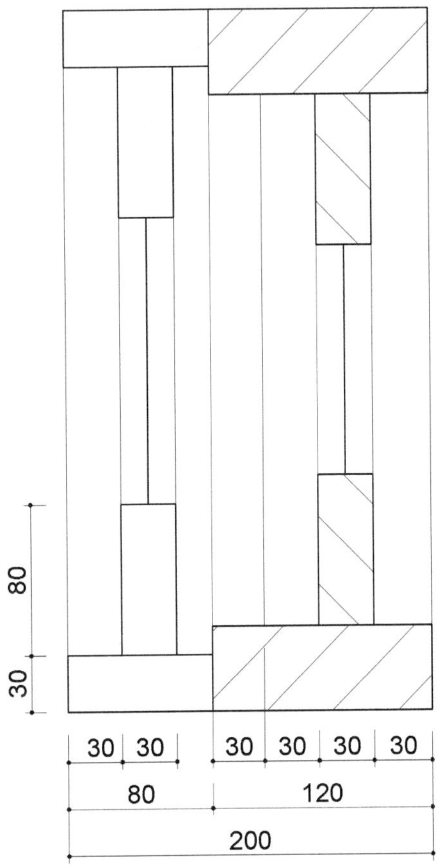

거실창

-거실창은 출입이 가능하게 바닥부터 보까지 크게 작성

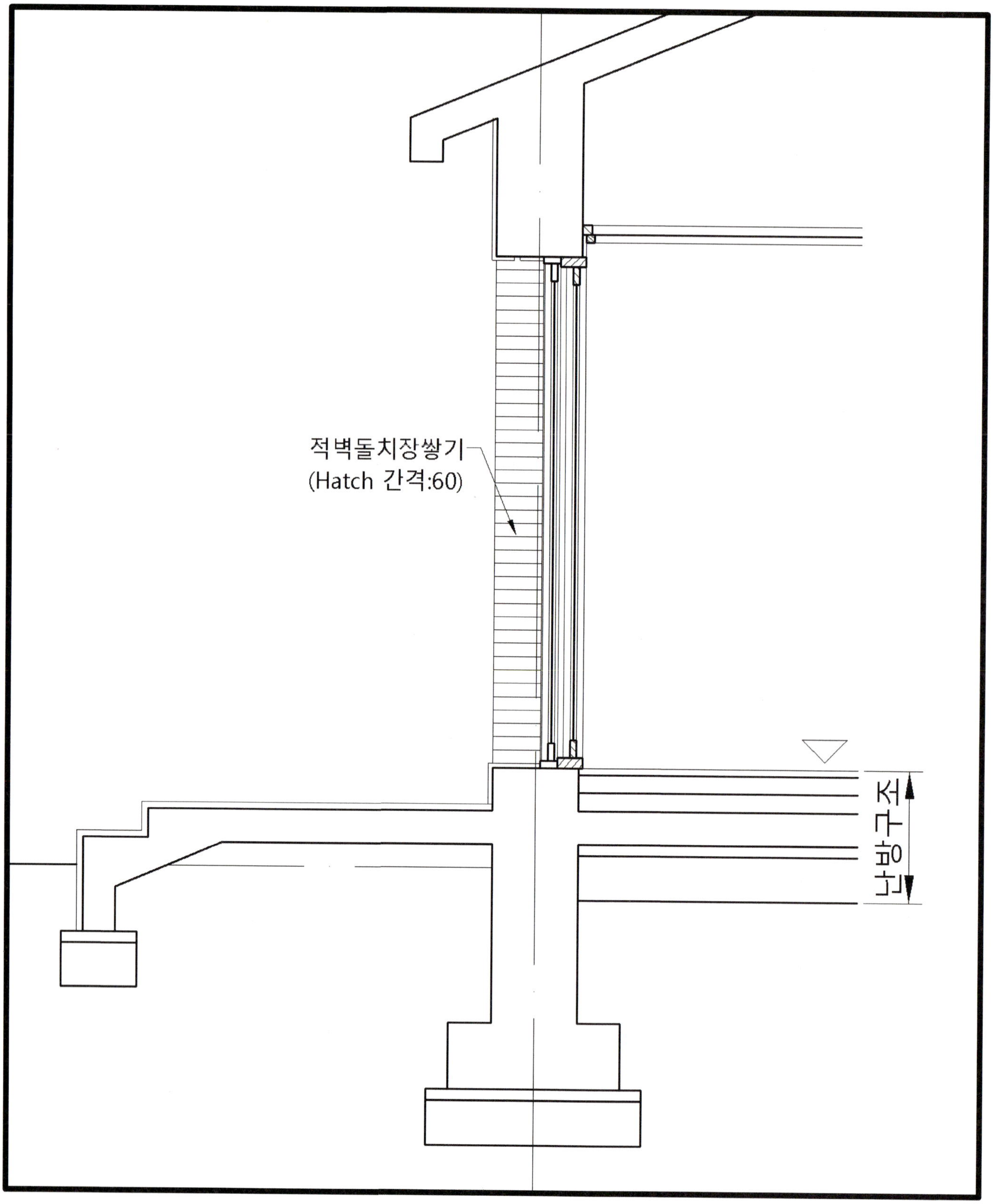

욕실창

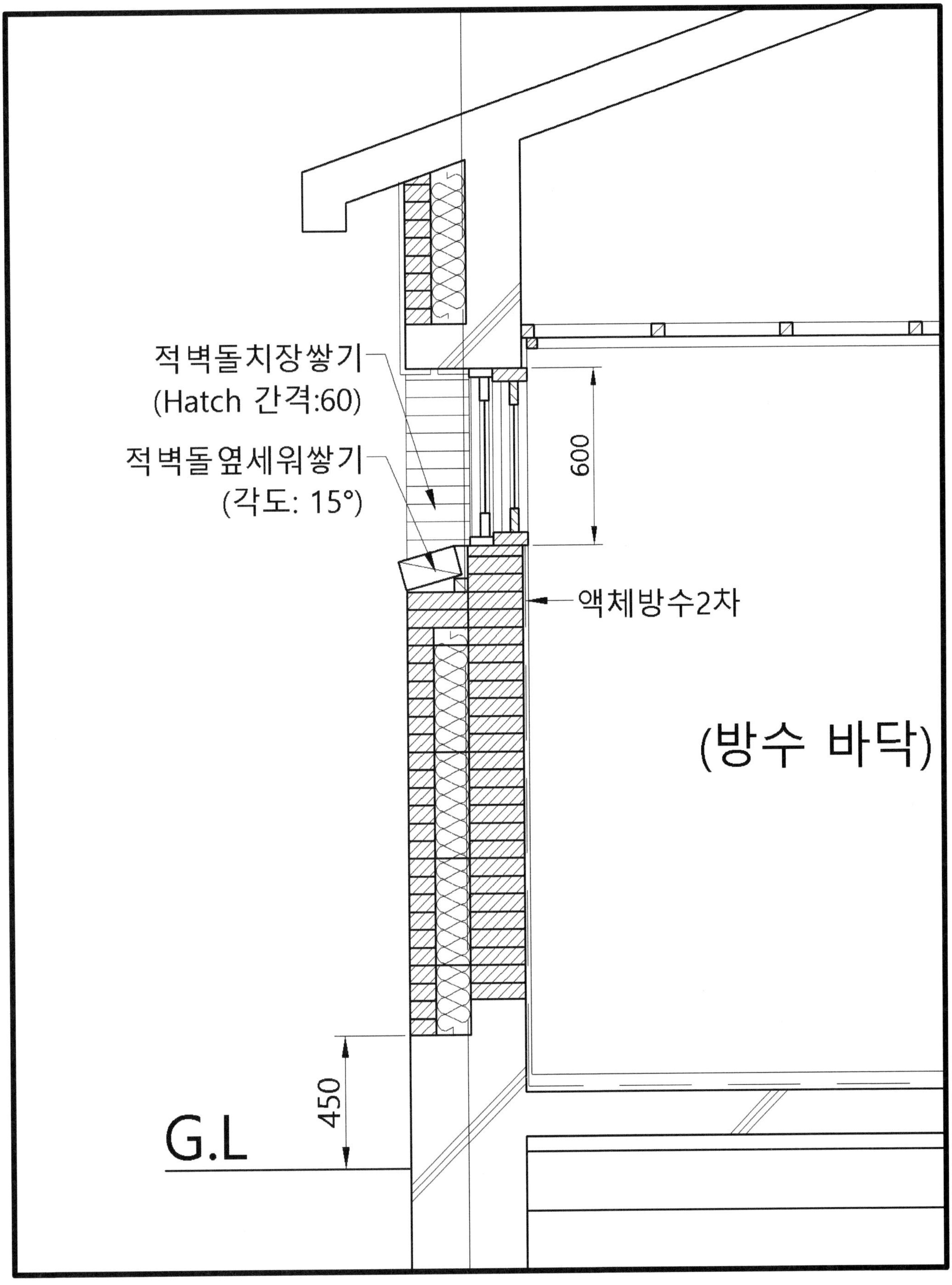

3.7. 지하실 그리기

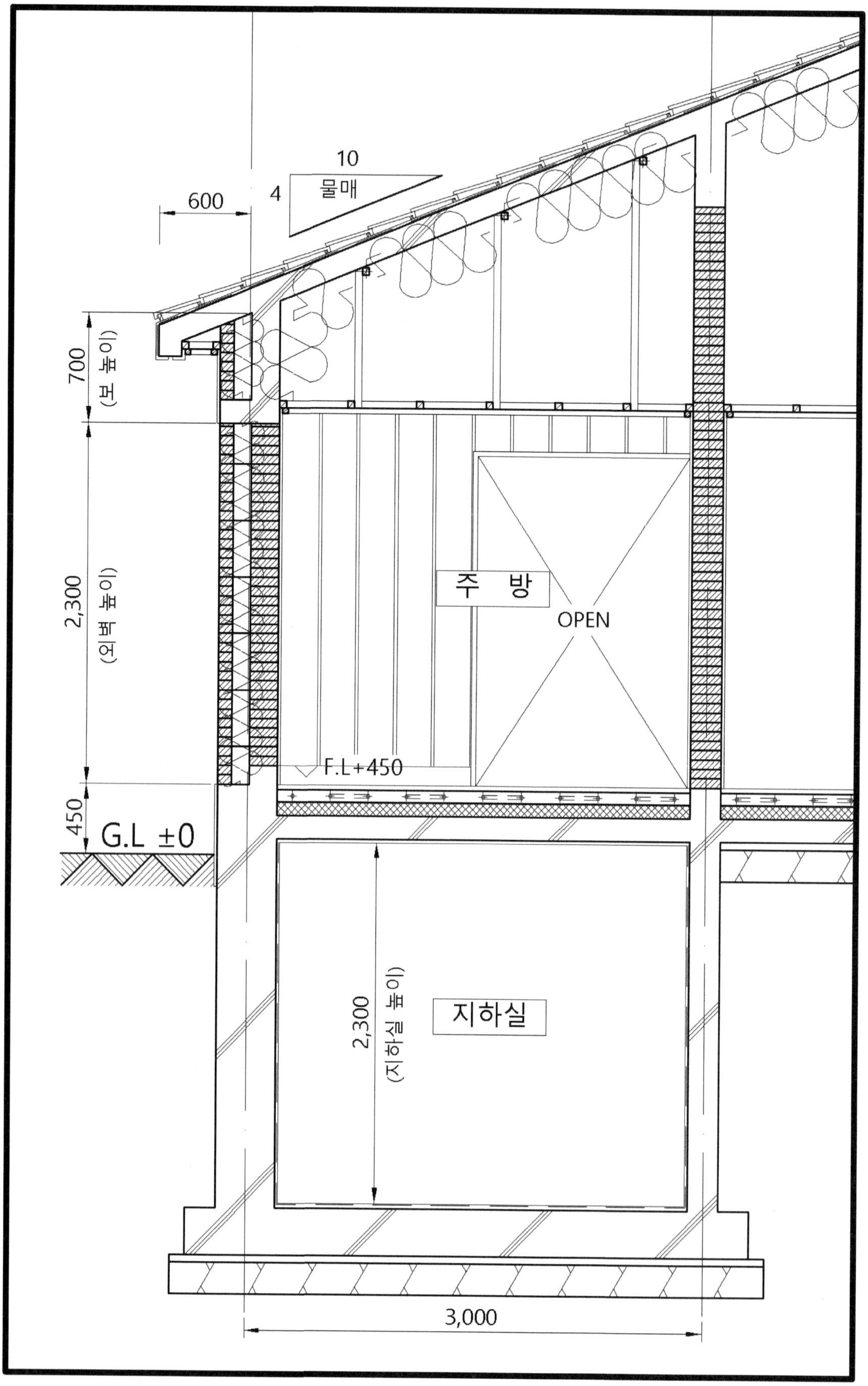
10
4
물매
600
700
(보 높이)
2,300
(외벽 높이)
450
G.L ±0
주 방
OPEN
F.L+450
2,300
(지하실 높이)
지하실
3,000

Chapter

4

단면도 그리기

Chapter 4. 단면도 그리기

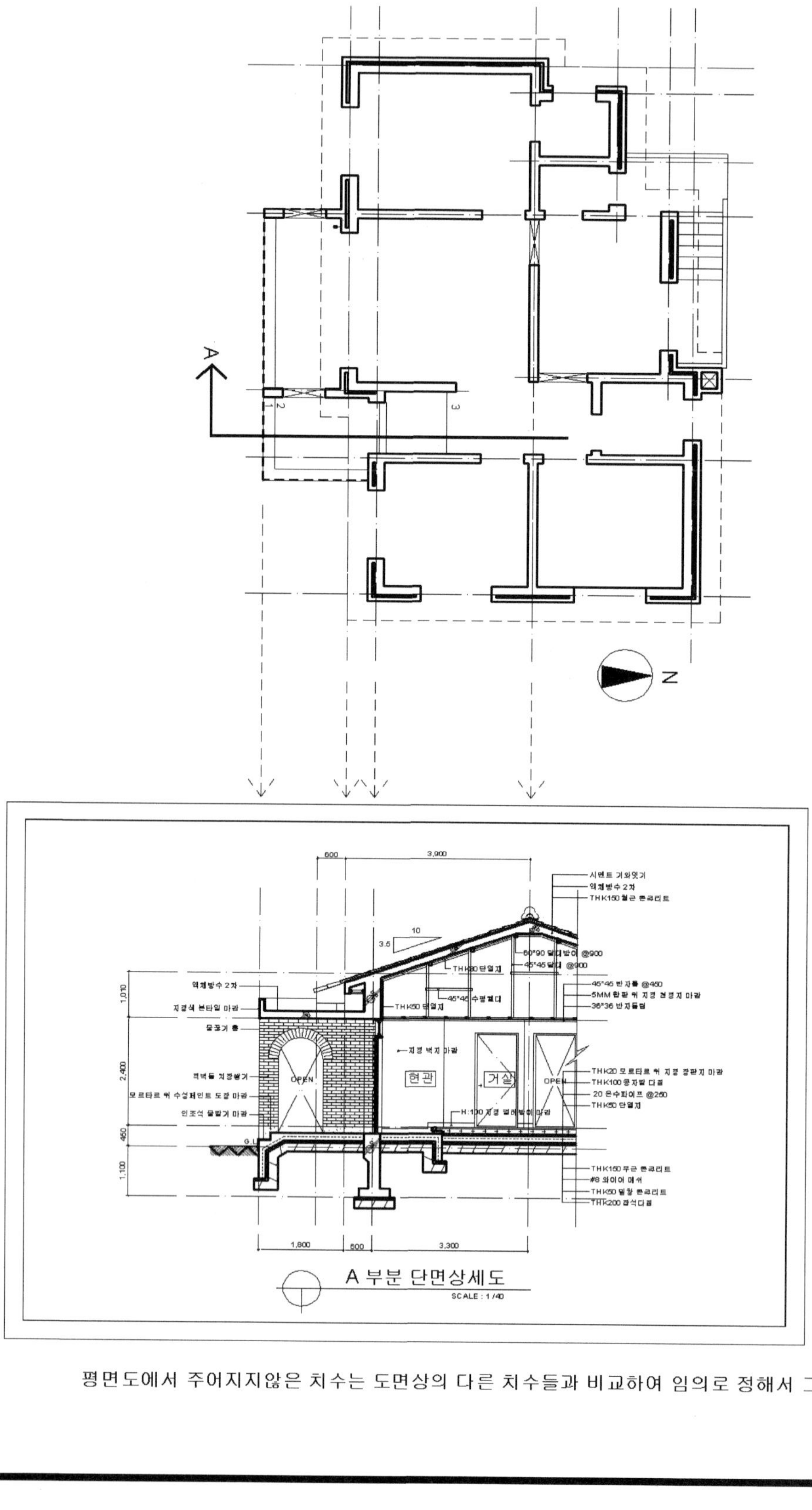

테두리보높이 (처마나옴600 --> 800)

반자높이 (2400)

방바닥높이 (3칸*150=450)

기초깊이 (1100)

평면도에서 주어지지않은 치수는 도면상의 다른 치수들과 비교하여 임의로 정해서 그릴것

단면도란?

단면도는 건축물을 수직으로 잘라 절단면을 수평방향에서 본 그림이다. 단면의 모양과 수직방향의 치수를 나타낸다.

단면도는 건축물과 지반과의 관계 및 건축물 각 부의 높이, 실내의 입면을 나타낼 목적으로 그린 도면이다.

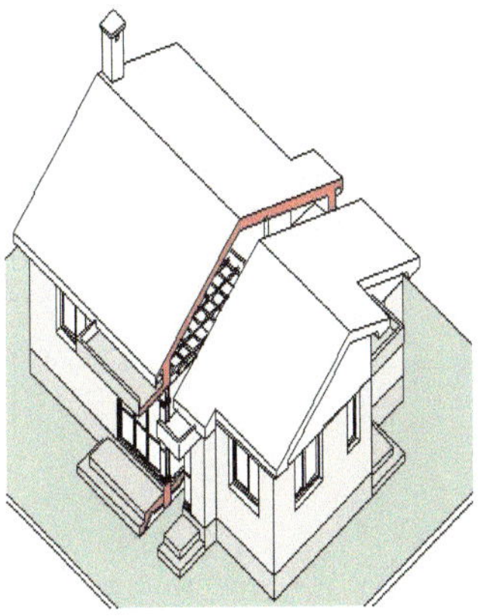

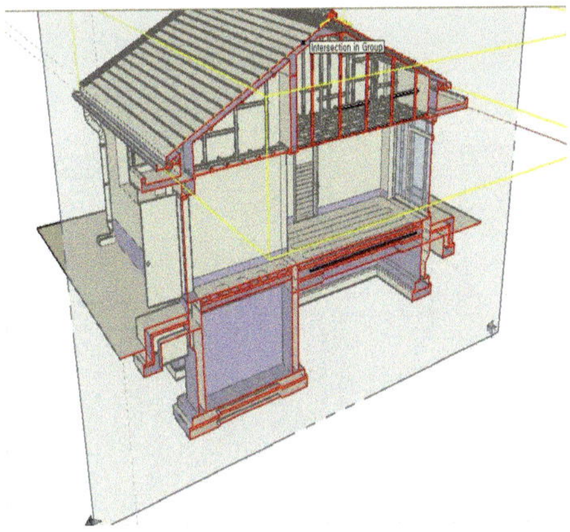

단면도 작업 순서

1. 지반선(G.L.)
2. 벽체 중심선
3. 벽체 두께
4. 기초
5. 바닥(F.L.)-거실, 테라스부분
6. 지붕 슬래브(물매)
7. 기와이기
8. 반자틀
9. 창호
10. 입면 표시 부분
11. 재료 표시
12. 치수 기입
13. 문자 쓰기
14. 도면명등 정리

평면도에 절단선이 꺾어지는 경우---> 단면도에서 표현

가끔 평면도의 절단선을 꺾어 출제하는 경우가 있습니다.
절단선상의 단면을 그리고
꺾어지는 곳에 파단선을 넣어주세요.

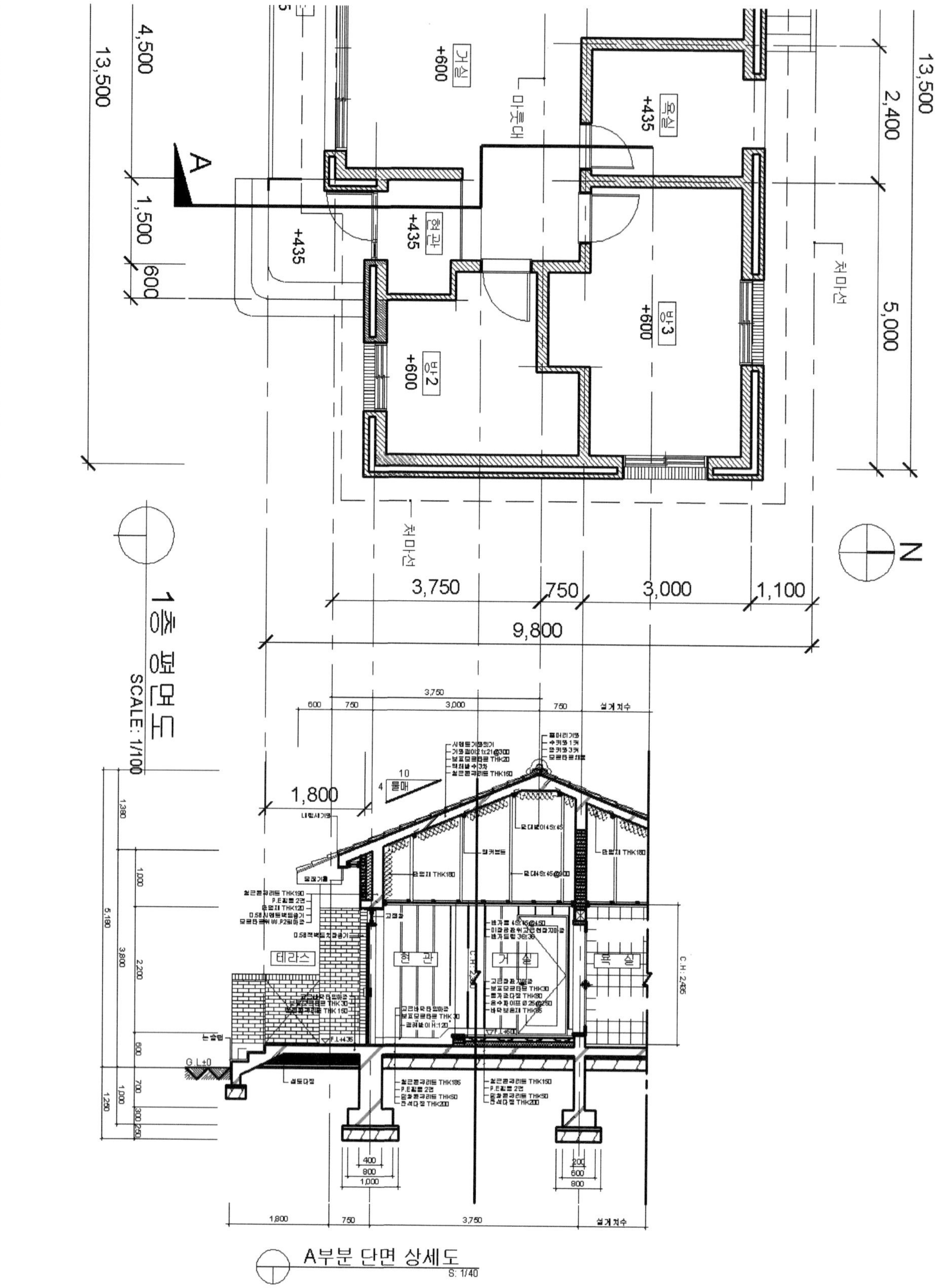

치수 스타일 설정

① D 클릭 -> 수정(M) 클릭

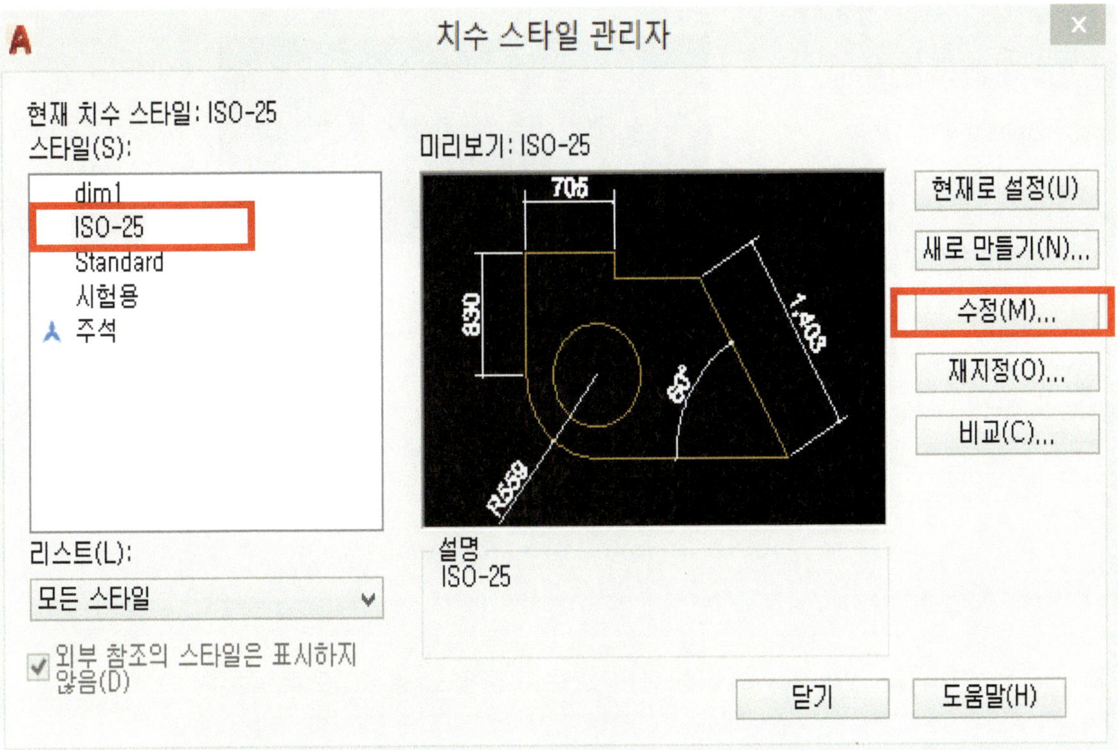

② [기호 및 화살표]탭: 화살표 모양을 모두 '작은 점'으로 설정

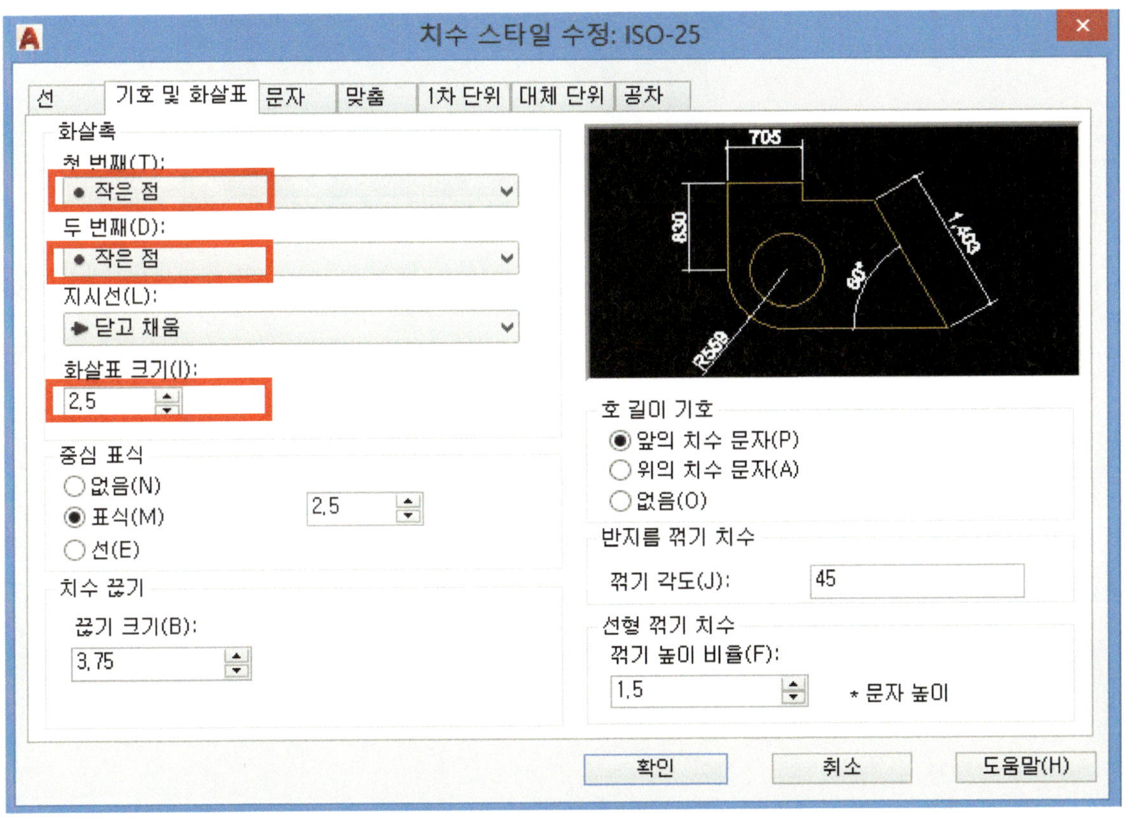

③ [맞춤]탭: '전체 축척 사용'을 '40'으로 설정

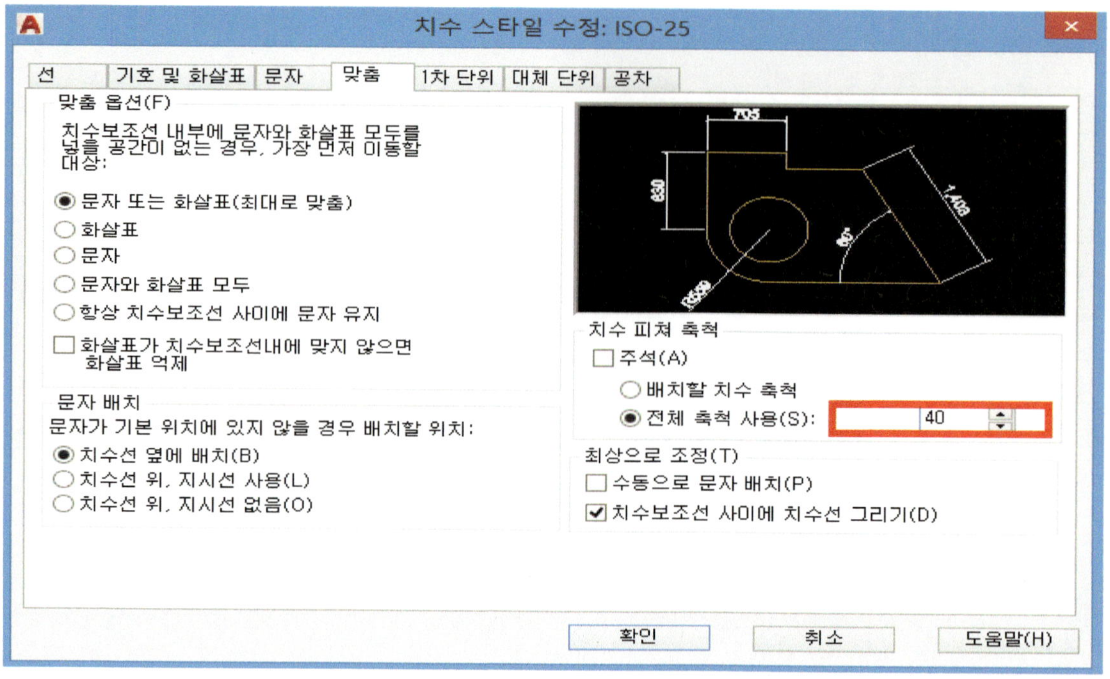

④ [1차단위]탭: '단위 형식'을 'Windows 바탕화면'으로, '정밀도'를 '0'으로 설정

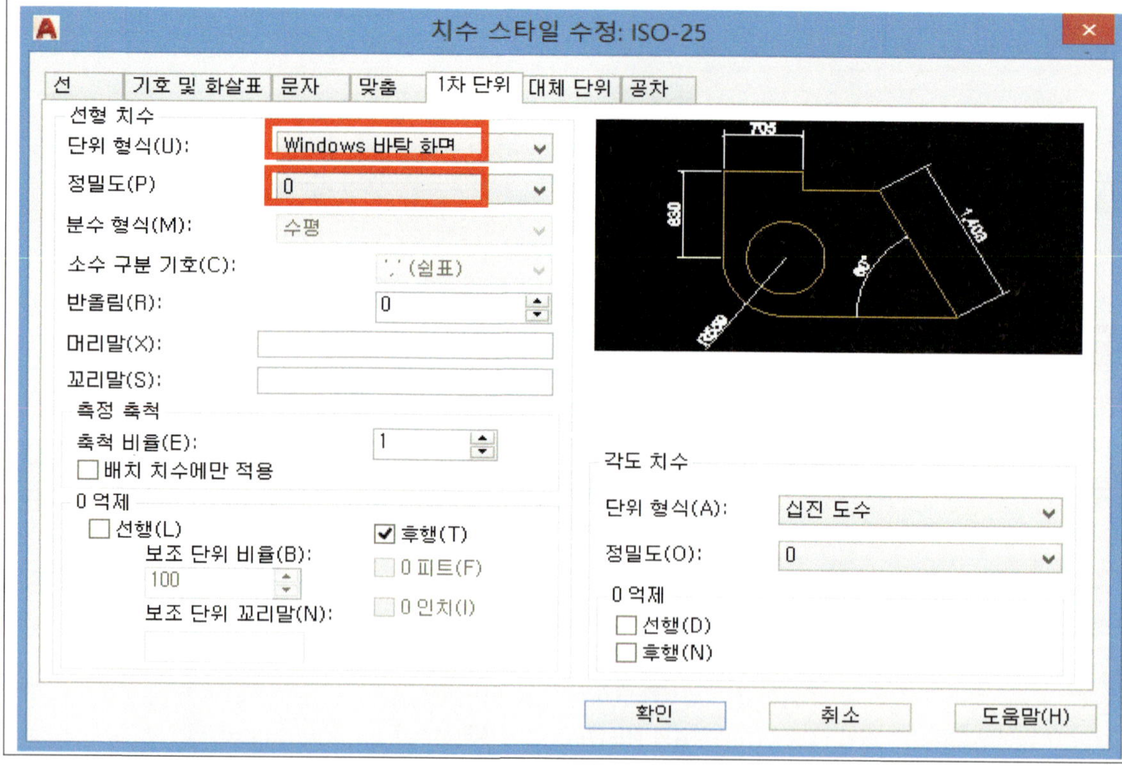

[단면도 문자넣기]

- 글꼴: 굴림
- 문자의 높이: 80
- 물매, G.L SCALE 의 높이: 120

지붕(처마)	마룻대	캔틸레버
▼시멘트기와잇기 ▼기와걸이21×21@300 ▼보호모르타르 THK150 ▼액체방수 3차 ▼철근콘크리트 THK150	▼용머리기와 ▼수키와1켜 ▼암키와3켜 ▼모르타르 채움	▼액체방수3차 ▼모르타르위 W.P 마감 ▼철근콘크리트 THK150

지붕 속	천장
-단열재 THK180 -달대받이 45×45@900 -댈대 45×45@900	▼반자틀 45×45@900 ▼미장합판위고급천장지마감 ▼반자돌림 36×36

테라스 바닥	현관 바닥	[거실,주방,방] 바닥	욕실 바닥
▼고급바닥타일마감 ▼보호모르타르 THK30	▼고급바닥타일마감 ▼보호모르타르 THK30	▼고급장판지마감 ▼보호모르타르 THK30 ▼콩자갈다짐 THK80 ▼온수파이프 Ø25@250 ▼바닥보온재 THK85	▼바닥타일마감 200×200 ▼보호모르타르 THK60 ▼액체방수2차
▼철근콘크리트 THK150 ▼성토다짐	▼철근콘크리트 THK150 ▼P.E필름 2겹 ▼밑창콘크리트 THK50 ▼잡석다짐 THK200	▼철근콘크리트 THK150 ▼P.E필름 2겹 ▼밑창콘크리트 THK50 ▼잡석다짐 THK200	▼철근콘크리트 THK150 ▼P.E필름 2겹 ▼밑창콘크리트 THK50 ▼잡석다짐 THK200

지하실 천장	지하실 바닥
▼철근콘크리트 THK150 ▼액체방수 2차 ▼모르타르위 W.P2회 마감	▼보호모르타르 THK30 ▼액체방수 2차 ▼철근콘크리트 THK300 ▼P.E필름 2겹 ▼밑창콘크리트 THK50 ▼잡석다짐 THK200

특수기호

Ø

온수파이프Ø25@250

지름표시인 Ø는 [“ㄲ” 입력후, 한자key 클릭] 또는 [“%%c” 입력]

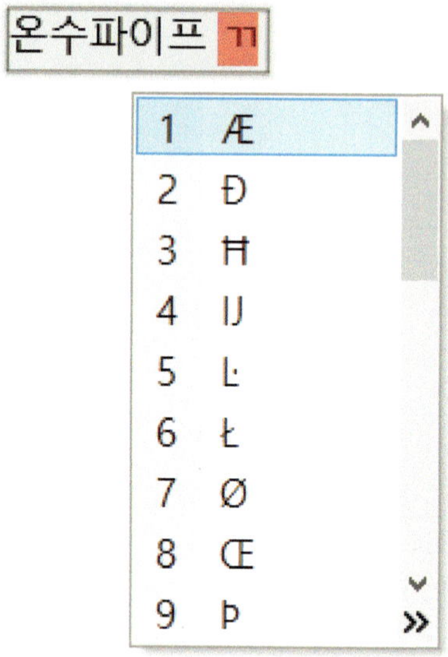

±

G.L±0

공차표시인 ±는 [“ㄷ” 입력후, 한자key 클릭] 또는 [“%%P” 입력]

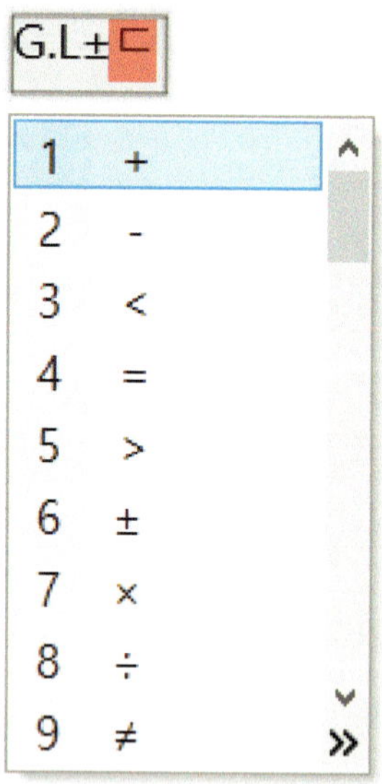

절단선 그리기

절단선: 평면도에 단면의 위치를 나타낸 선을 말하며, 단면의 방향도 표시된다.

파단선 그리기

파단선: 직선이 계속되는 것을 생략할 때 사용한다.

지시선 그리기

명령어: LE
- 문자높이: 80

다중 지시선 그리기

명령어: Line(명령)과 DOnut(In: 0, Out: 25)
- 문자높이: 80
- Offset(125)

실명 그리기

- 테두리 사각형을 작성한 후 실의 명칭을 높이 150으로 기입

테라스	현 관	거 실	주 방	욕 실	방

도면명 그리기

- 도면명의 높이: 250
- SCALE의 높이: 120

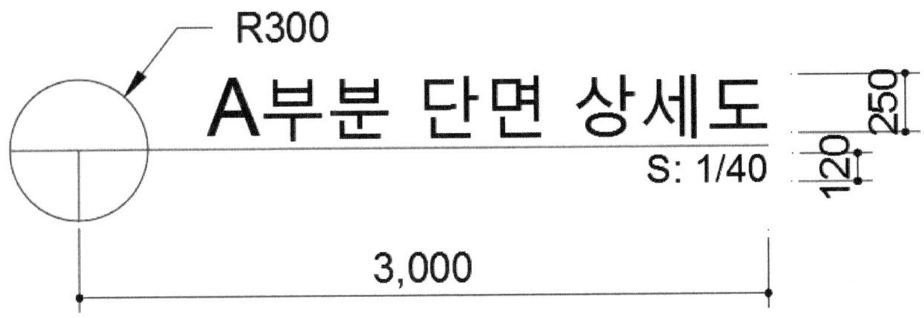

선의 굵기의 원칙

- 건축CAD의 특징으로 선의 종류별 레이어를 만들고 레이어의 색은 선의 굵기로 통합니다.
- 선의 색은 회사마다 표준이 없고 다르게 사용하는 경우가 많지만 다음에서 예시하는 색은 시험에서 레이어의 지정색입니다.

단면도의 굵기	-콘크리트 뼈대나 벽돌벽체 등 골조가 되는 단면선은 가장 굵게(노랑) -마감재(모르타르, 타일, 합판, 석고보드)와 보조적 재료선(잡석, 밑창콘크리트, 단열재두께선, 기와 등)등은 가늘게(녹색) -단면속의 재료를 표시하는 선(단열재, 벽돌, 콘크리트, 목재)은 해칭선으로 가장 가늘게(파랑)
입면도의 굵기	-입면의 외형선(노랑) -문자(흰색) -재료 표시선은 해칭선(파랑)
중심선의 굵기	가는 일점쇄선(빨강)
치수선의 굵기	중간적인 굵기(하늘색)

표시기호와 약자

C.H: 천장높이

G.L: 지반선

F.L: 바닥 마감선

물매: 지붕의 경사를 말하는 용어

SLOPE: 구배, 바닥의 경사

도면양식 작성

- A부분단면상세도를 A3 용지에 출력
- A부분단면상세도는 1/40축척으로 출력해야 하므로 각 도면에 맞는 양식을 작성

단면도 양식작성 : 축척 1/40

RECtangle(명령)으로 가로420, 세로 297 사각형 작성

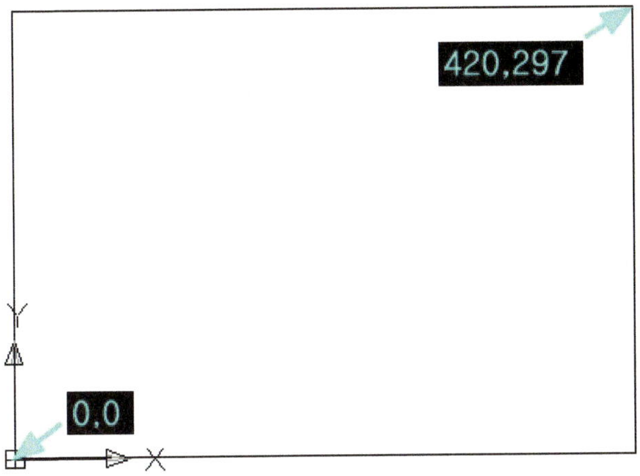

Offset(명령)으로 안쪽으로 10 간격

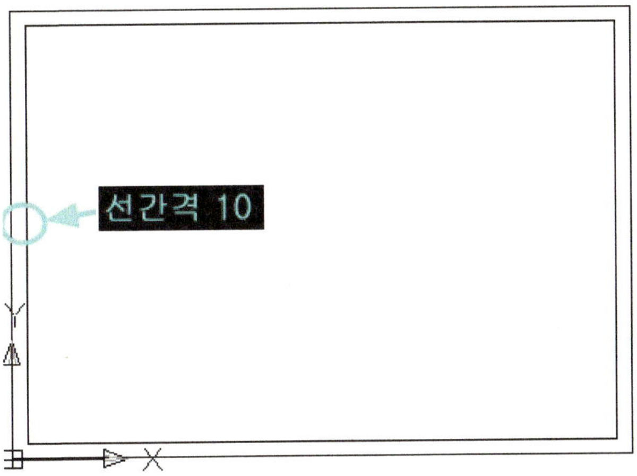

RECtangle(명령), Offset(명령)으로 다음과 같은 표제란 작성

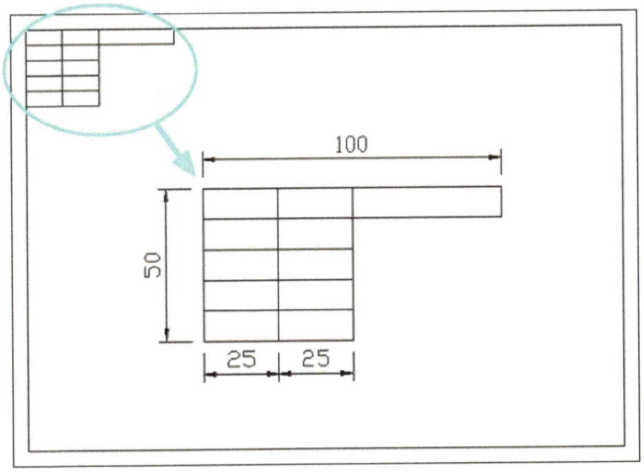

SCale(명령)으로 40배 확대

DText(명령)으로 문자높이: 120, 각도: 0

문자 하나만 작성한 후 COpy(명령)으로 복사하여 사용

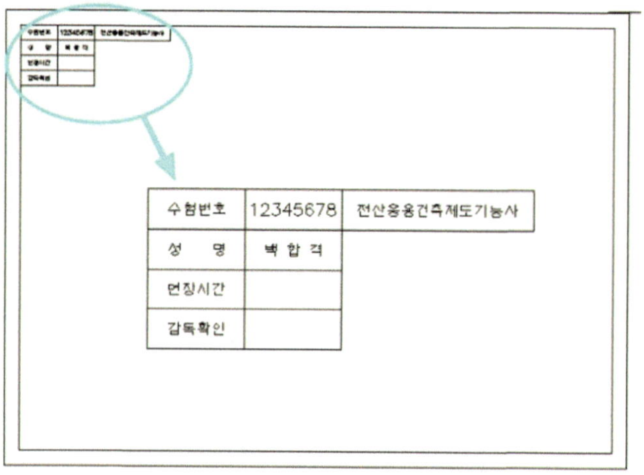

작성한 도면양식을 모두 선택하여 '치수및문자' 도면층으로 변경

4.1. (현관,테라스)->(거실,주방,방) 단면 상세도

현관->거실

- 각 실의 바닥높이가 표시
- 절단된 외벽이 마룻대에서 가장 먼 외벽이 아님.(반대편의 가장 먼 외벽에서 물매를 작성해서 대칭복사)

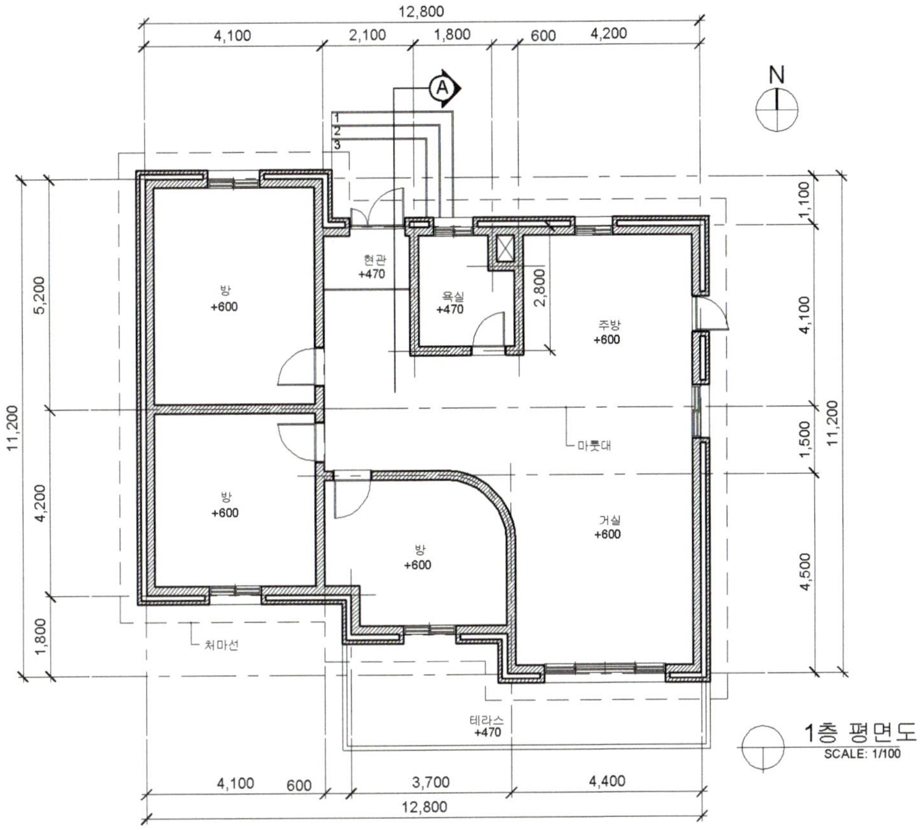

1층 평면도
SCALE: 1/100

제도 조건
• 기초 및 지하실 벽체: 철근콘크리트 구조 • 벽체: 외벽- 외부로부터 붉은 벽돌 0.5B, 단열재, 시멘트 벽돌 1.0B 내벽- 두께 1.0B 시멘트벽돌 쌓기 • 단열재: 외벽 120mm, 바닥 85mm, 지붕 180mm • 지붕: 철근콘크리트 경사 슬래브위 시멘트기와 잇기 마감 (물매 4/10) • 처마나옴: 벽체 중심에서 600mm • 반자높이: 2,400mm, 처마반자 설치 • 창호: 합성수지(PVC) 2중창 • 각 실의 난방: 온수 파이프 온돌 난방으로 한다. • 1층 바닥슬래브와 기초는 일체식으로 표현 • 평면도에 표현되지 않은 현관 상부 캐노피는 작도하지 않는다. • 기타 각 부분의 마감, 치수 등 주어지지 않은 조건은 일반적인 시공수준으로 한다.

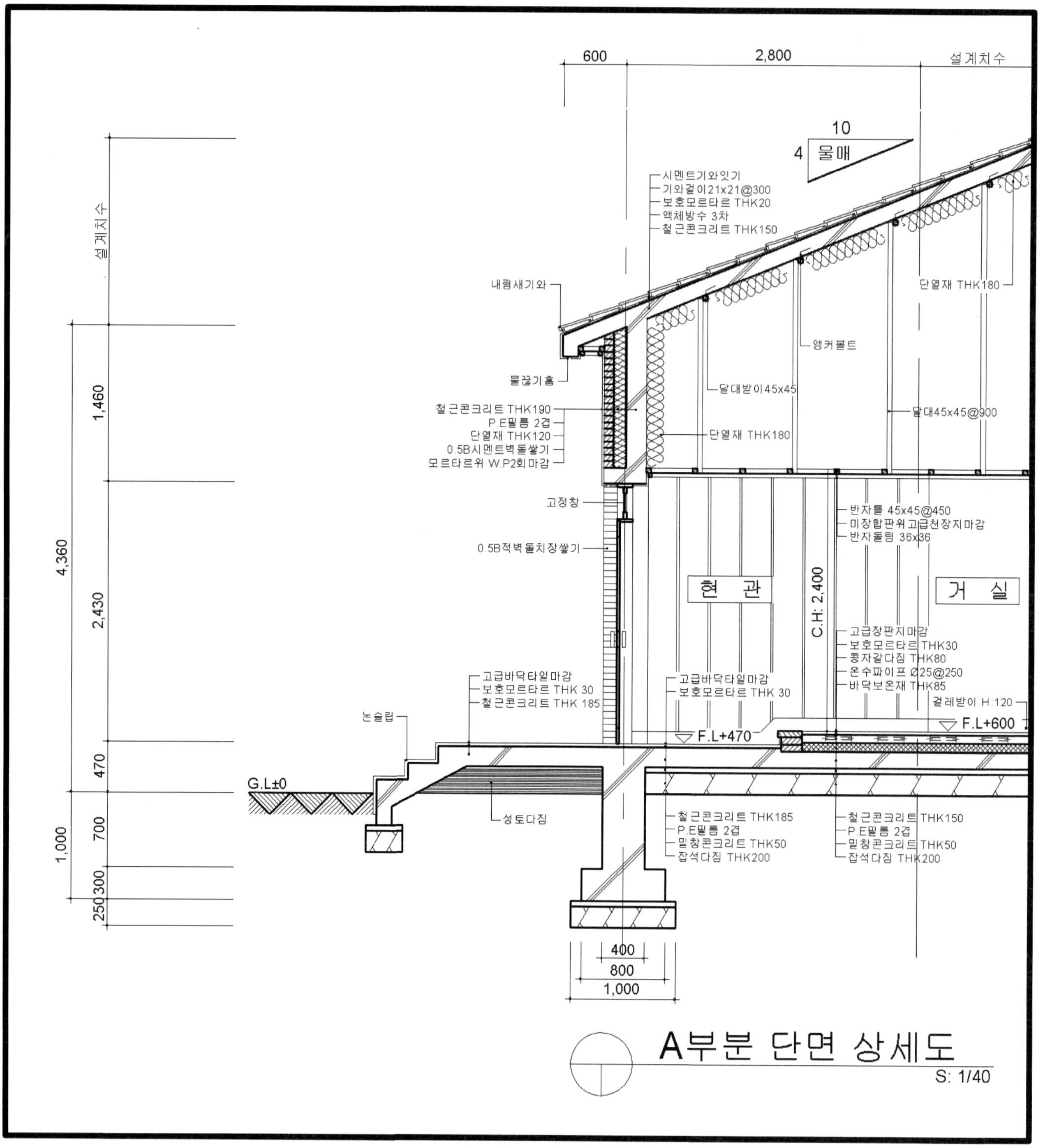

A부분 단면 상세도

S: 1/40

골조 그리기

1. 지반선(G.L)

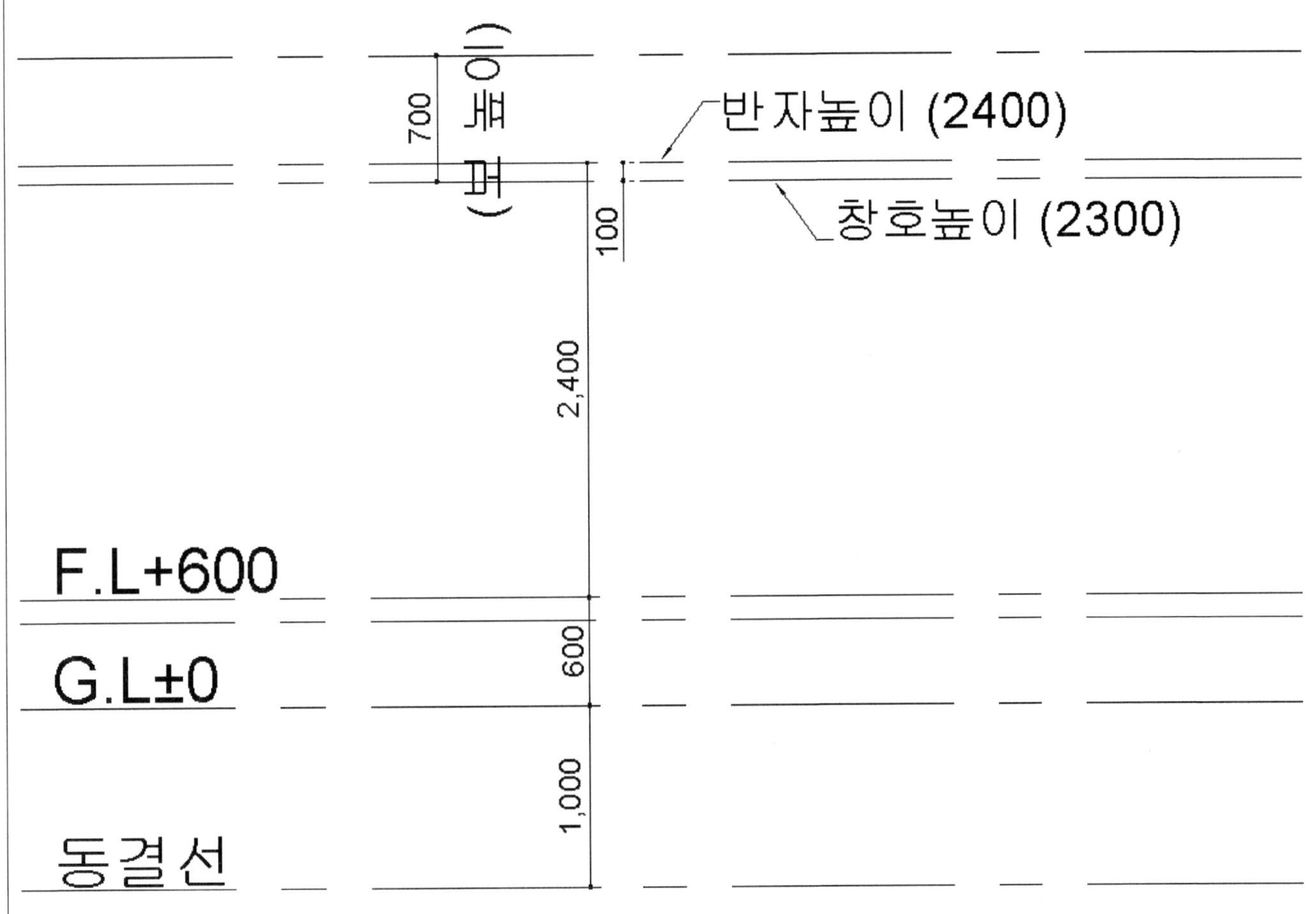

(수평방향 기준선)

① G.L선(+0)-> 동결선(-1000)-> F.L선(거실:+600, 현관:+470)

② 반자높이->테두리보 하부(-100)->테두리보 높이(+700)

거실 바닥높이가 +600 으로 평면도에 표기되어 있음.

2. 벽체 중심선

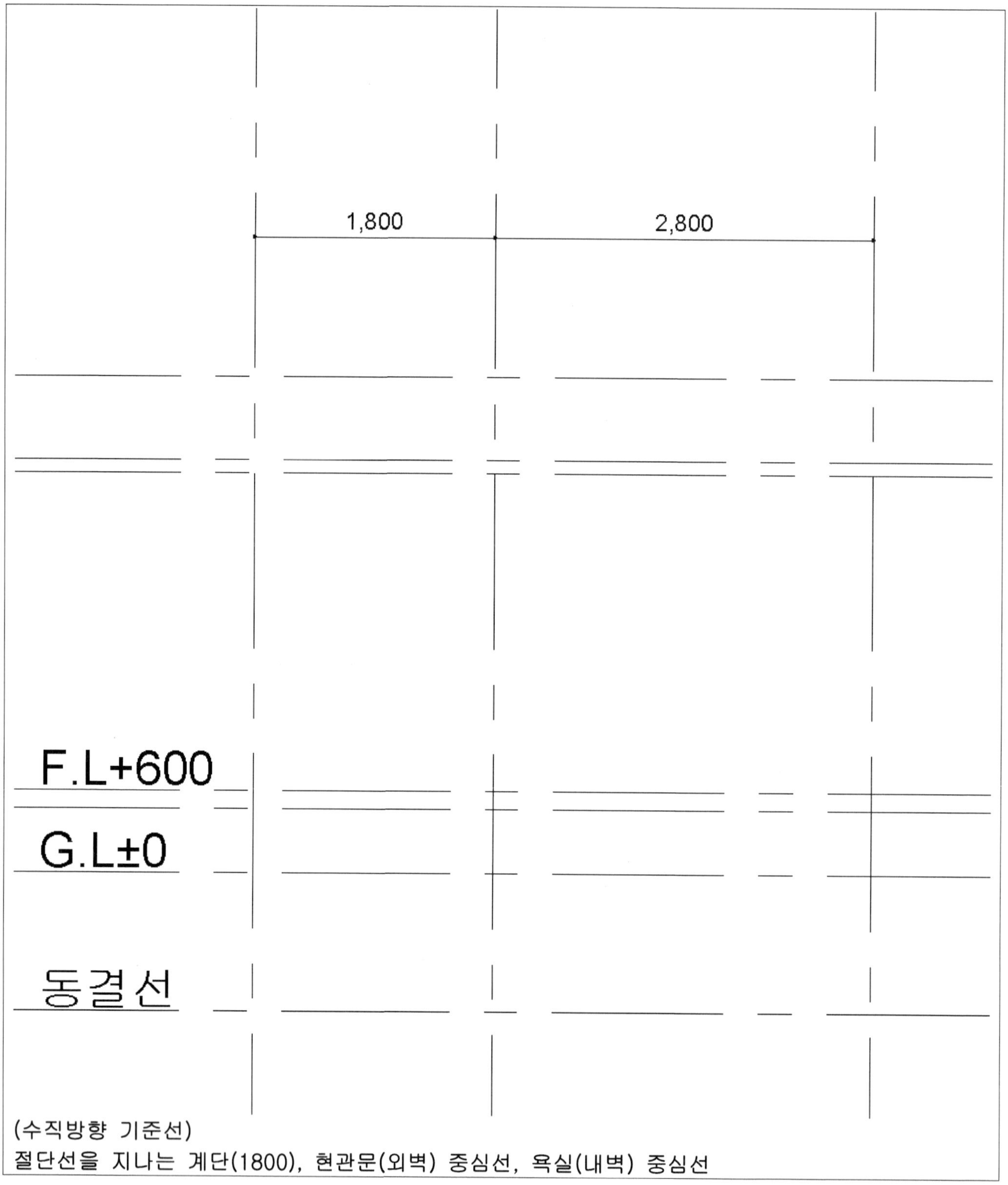

테라스의 폭은 주변치수를 참조하여 임의로 작성(1800)

3. 벽체 두께

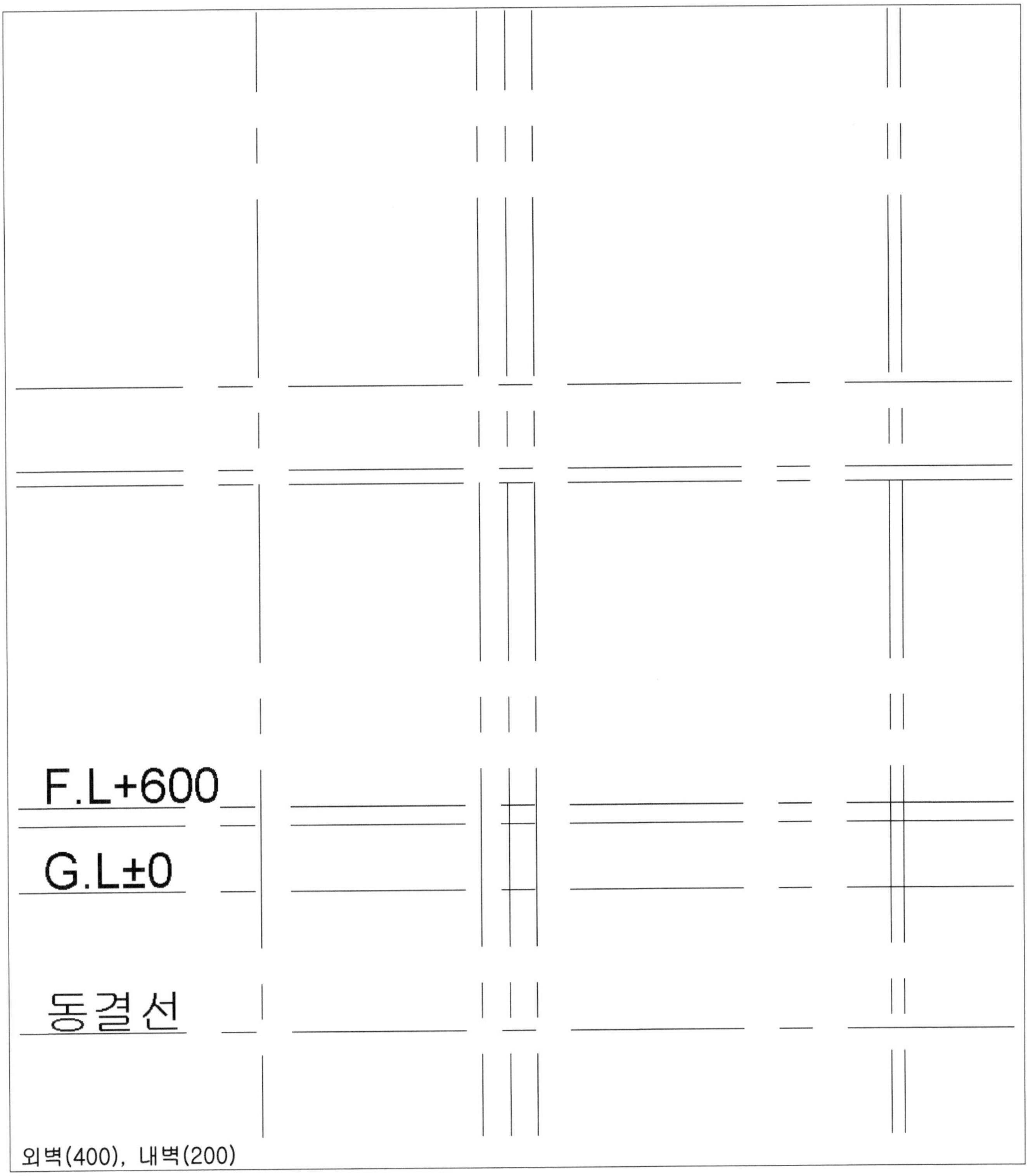

4. 기초

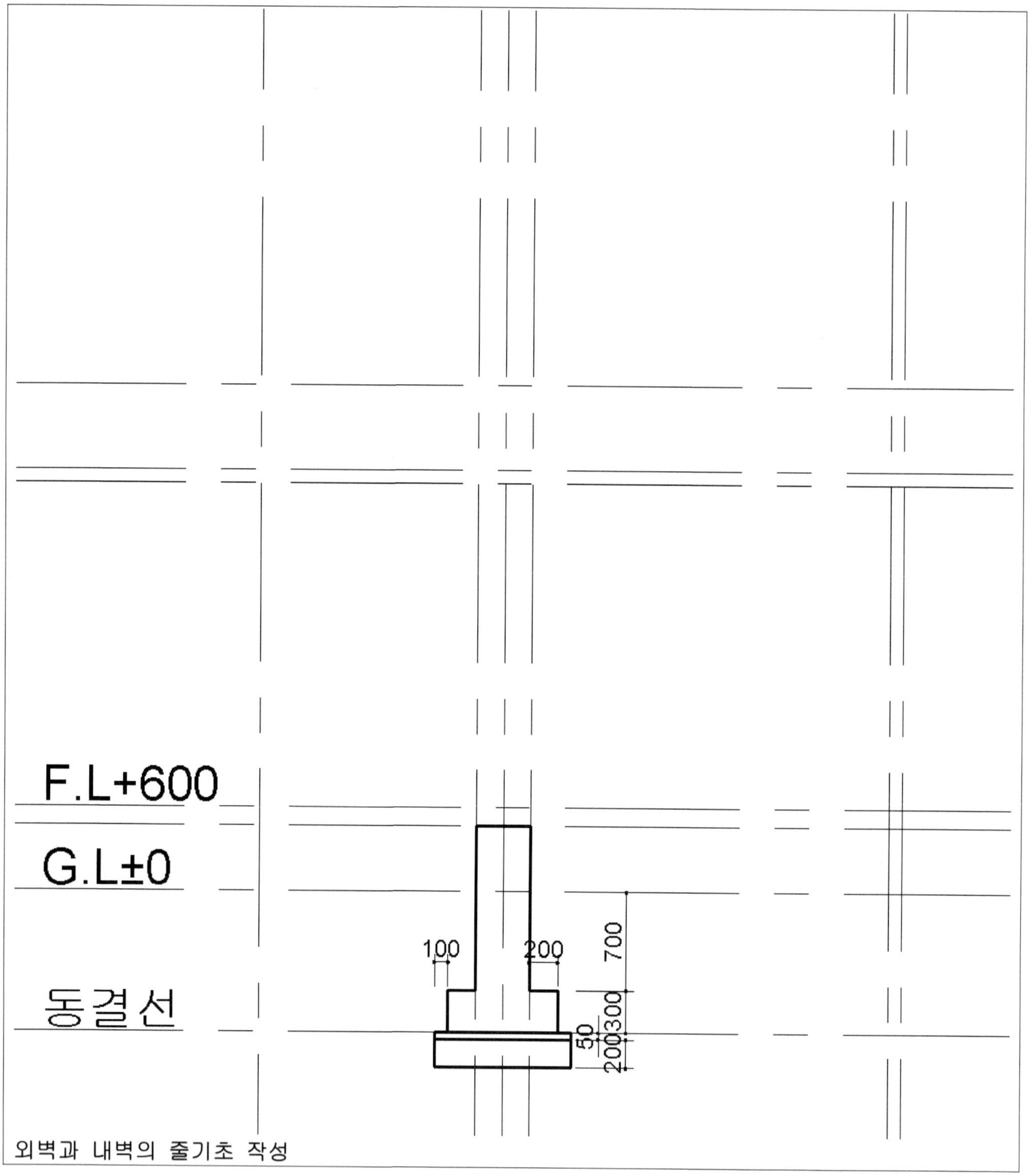

5. 바닥(F.L.)- 거실, 현관부분

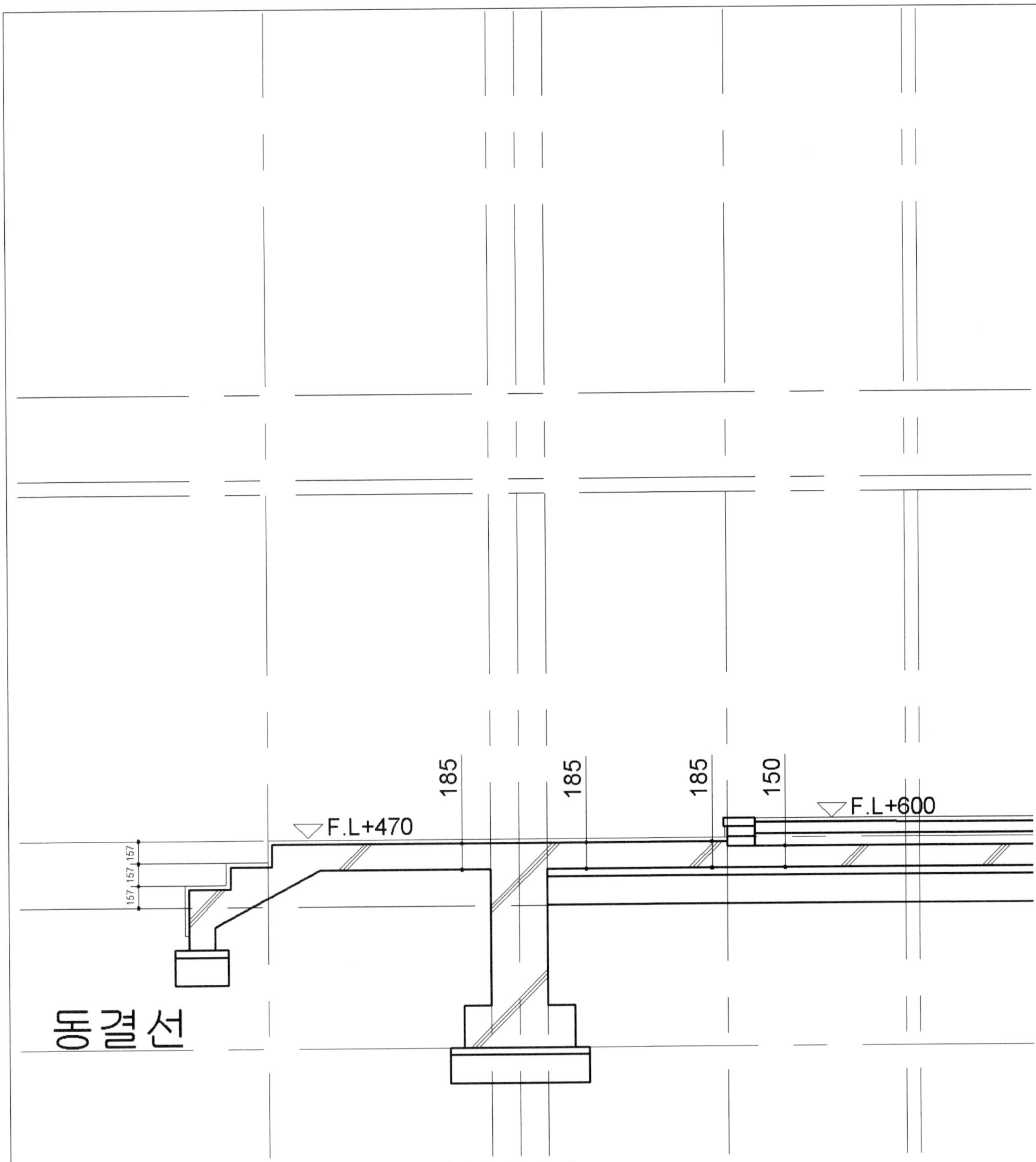

① 거실의 바닥높이(+600)을 기준으로 바닥구조 작성
(보호모르타르(30), 콩자갈다짐(80), 단열재(85))

② 거실과 현관의 바닥높이 차가 150미만이므로 각 실의 바닥구조를 따로 작성하되 철근콘크리트(150) 하단의 선만 일치시킨다.

- 계단 1단의 높이: 현관 바닥높이÷3

도면요소 표현

6. 지붕 슬래브(물매)

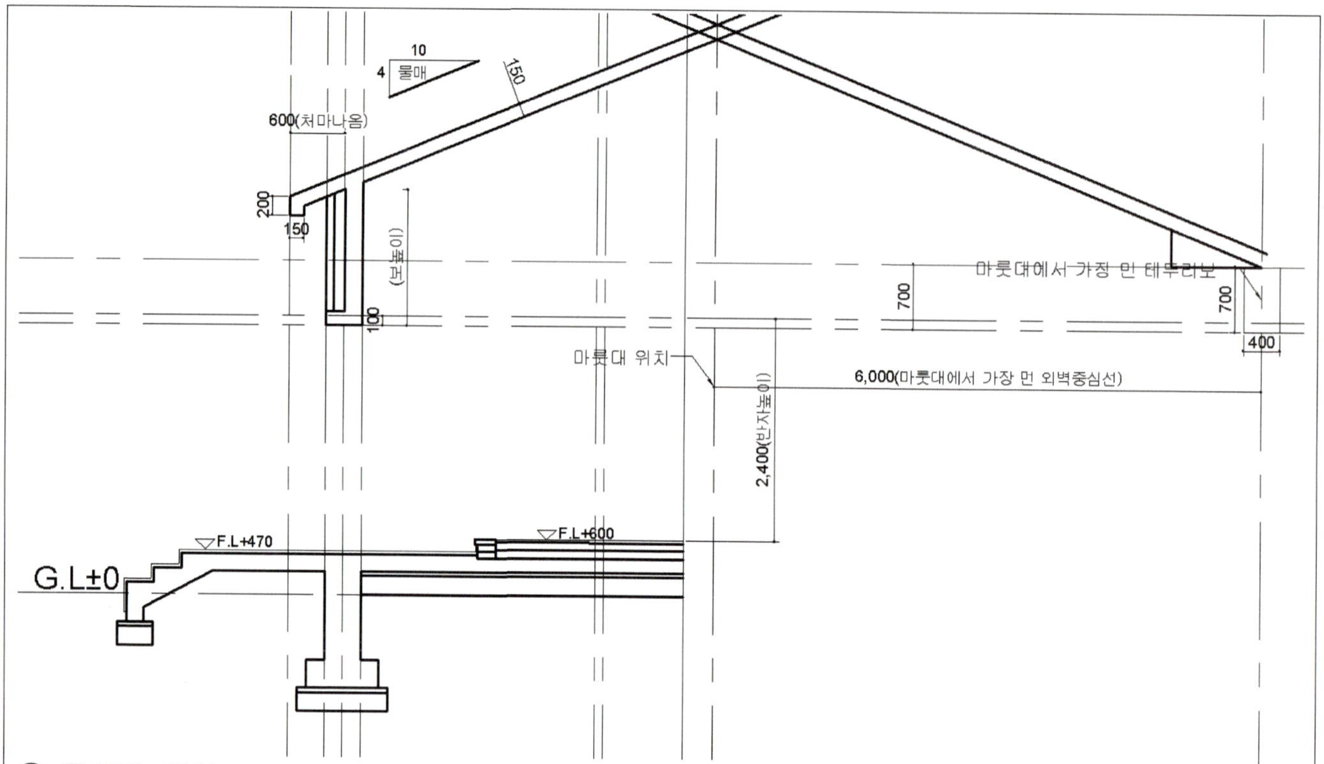

① 물매를 표시

② 지붕과 처마를 작성

7. 기와이기

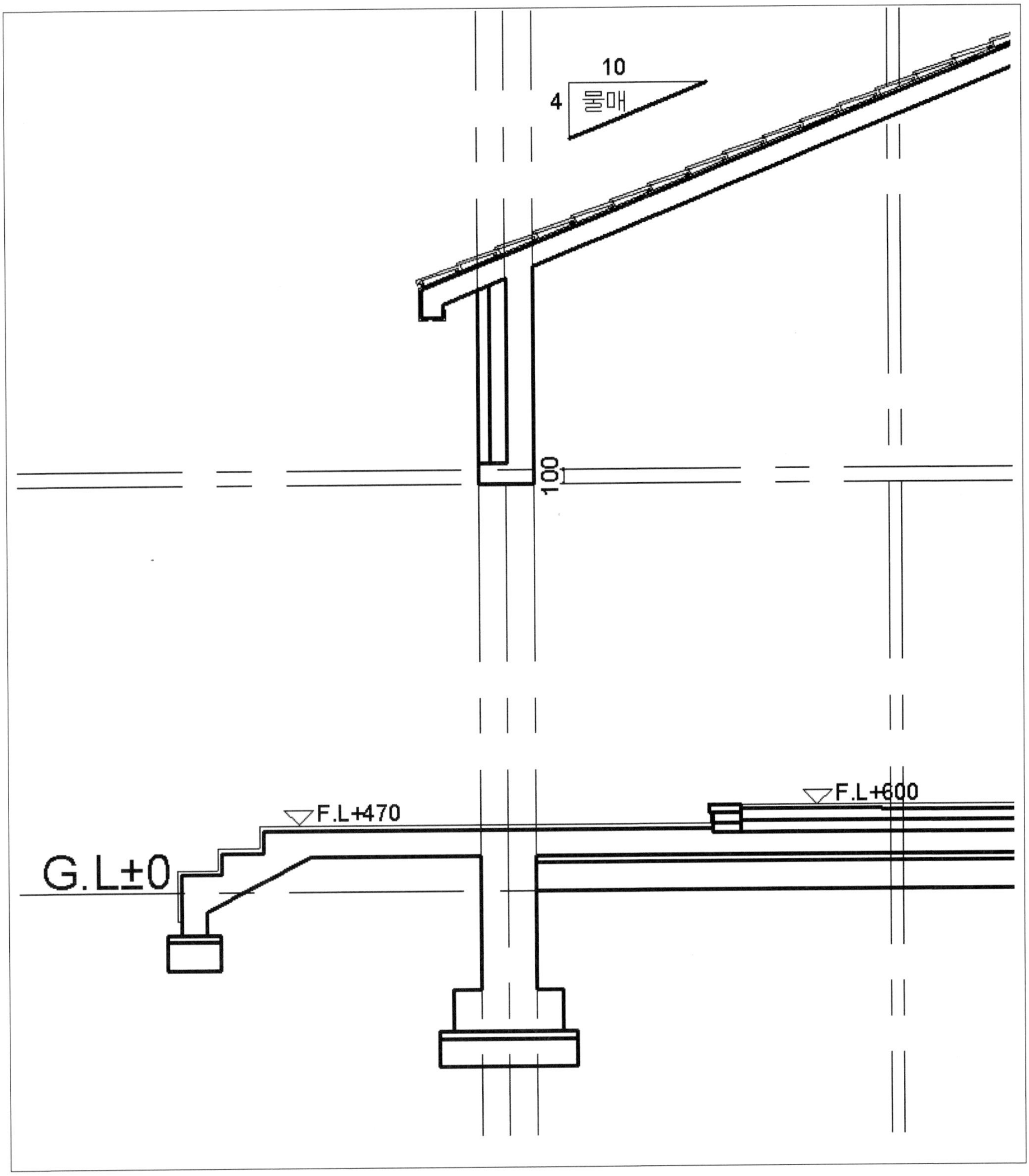

8. 반자틀

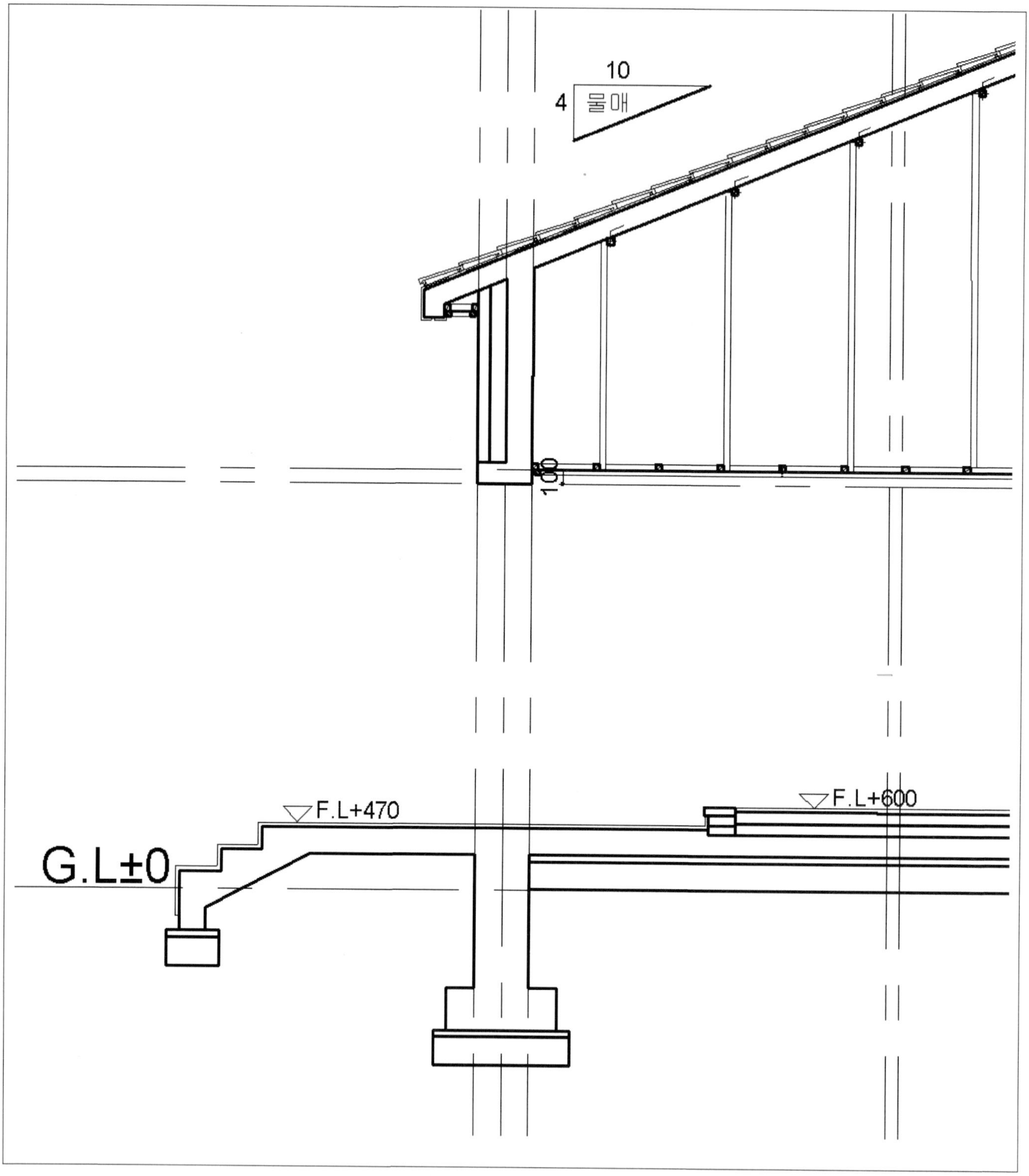

9. 창호

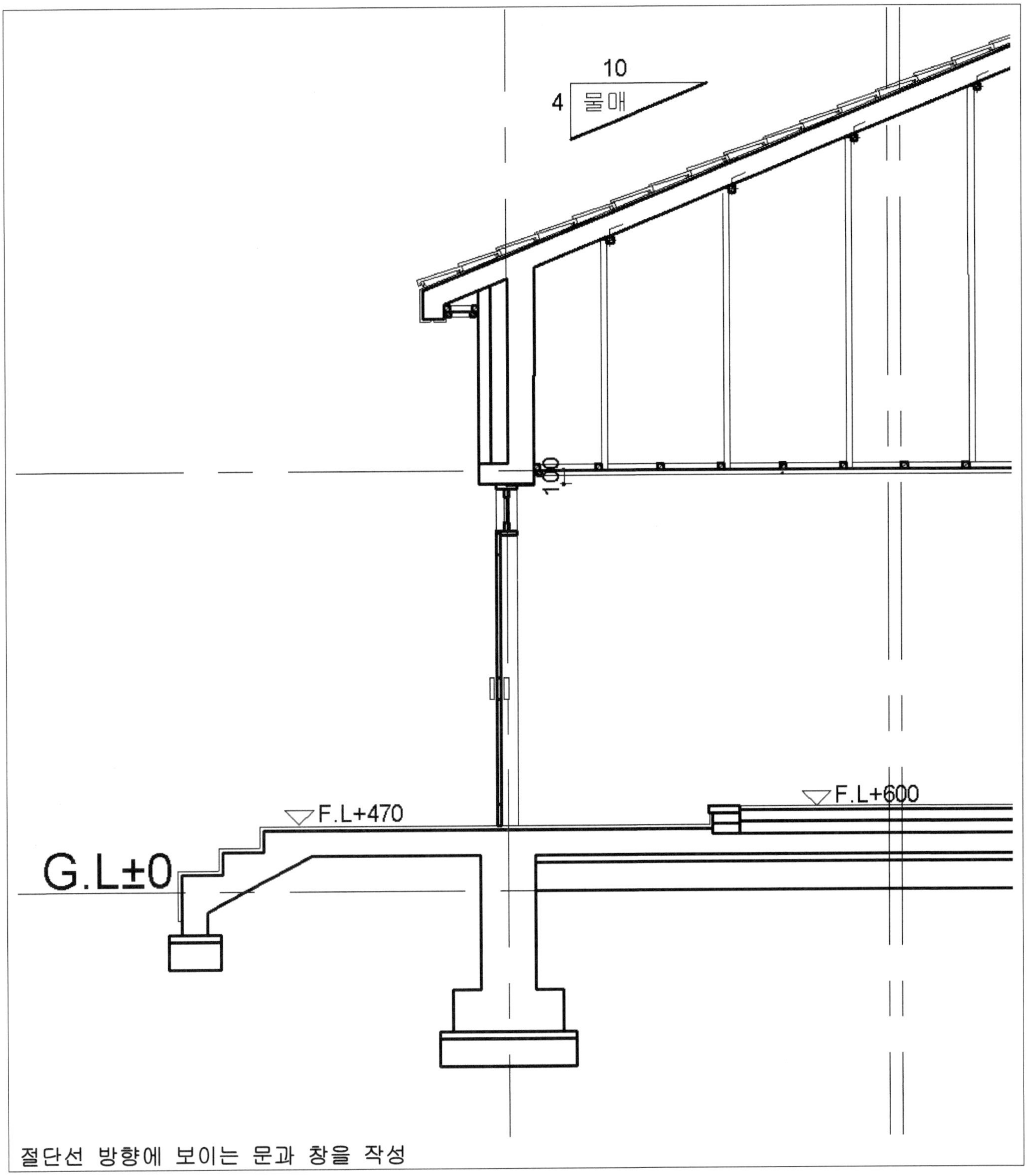

10. 입면 표시 부분

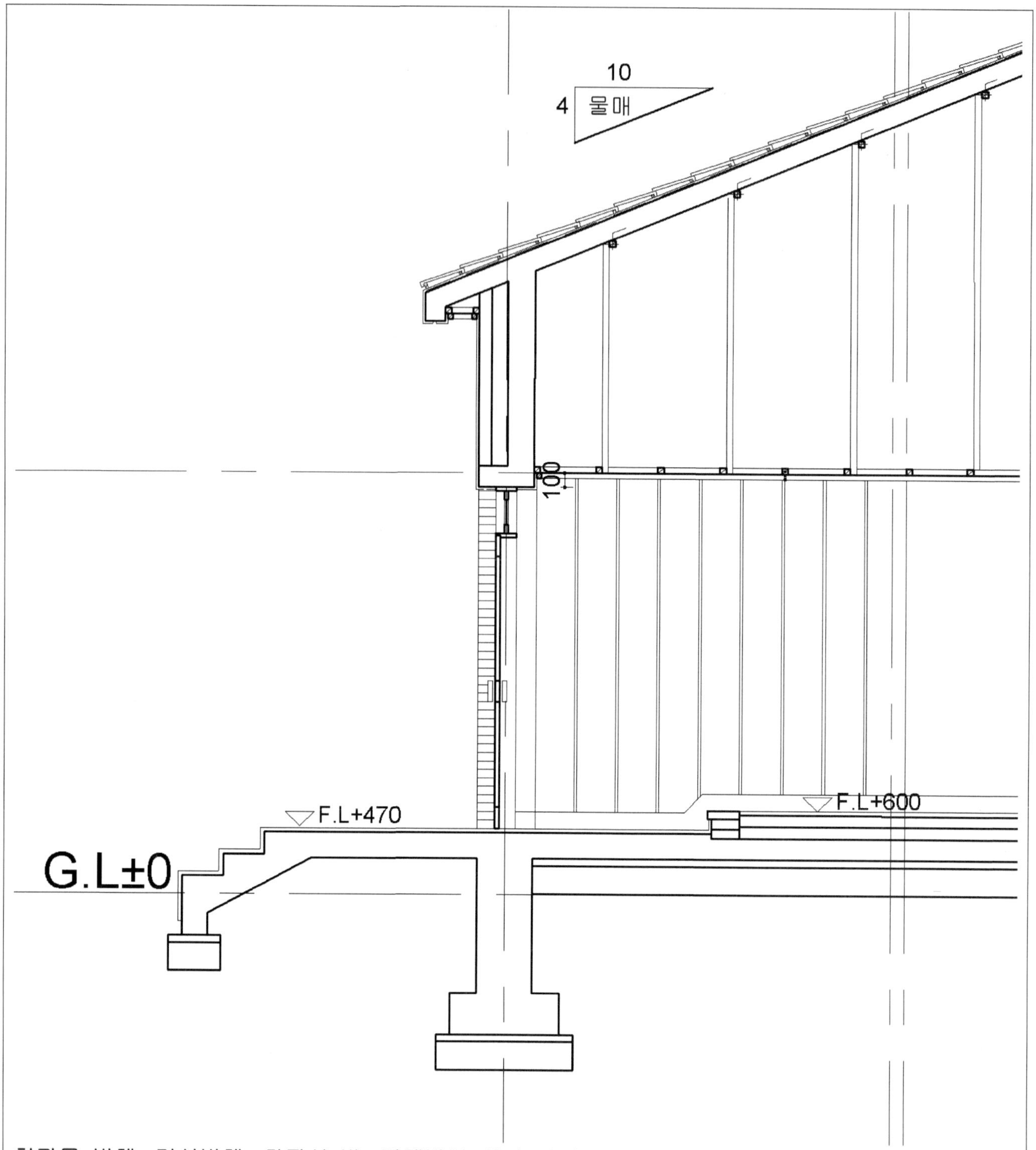

현관문 벽체, 거실벽체, 화장실 벽, 걸레받이 입면 작성

재료 표시

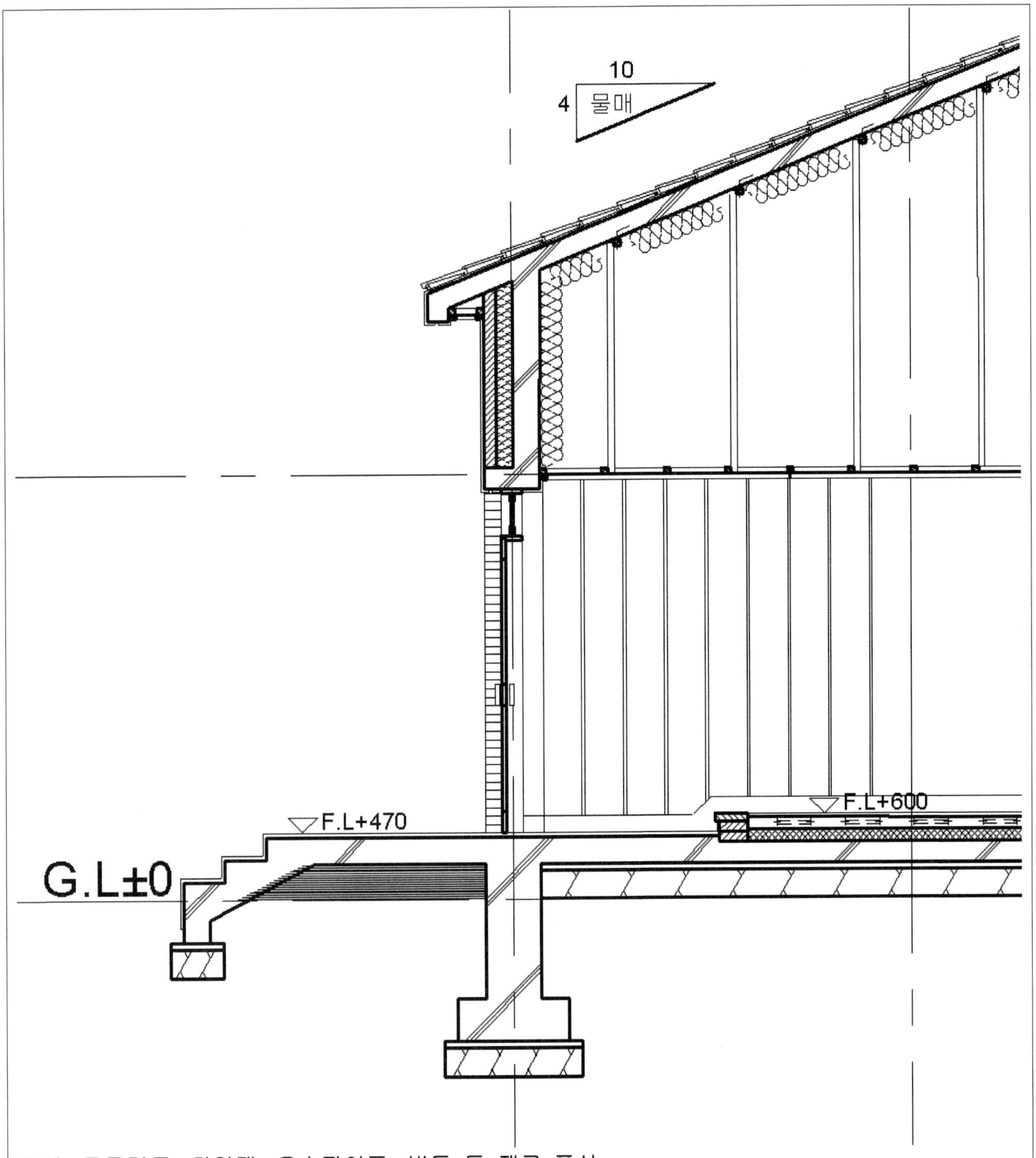

잡석, 콘크리트, 단열재, 온수파이프, 벽돌 등 재료 표시

치수 기입

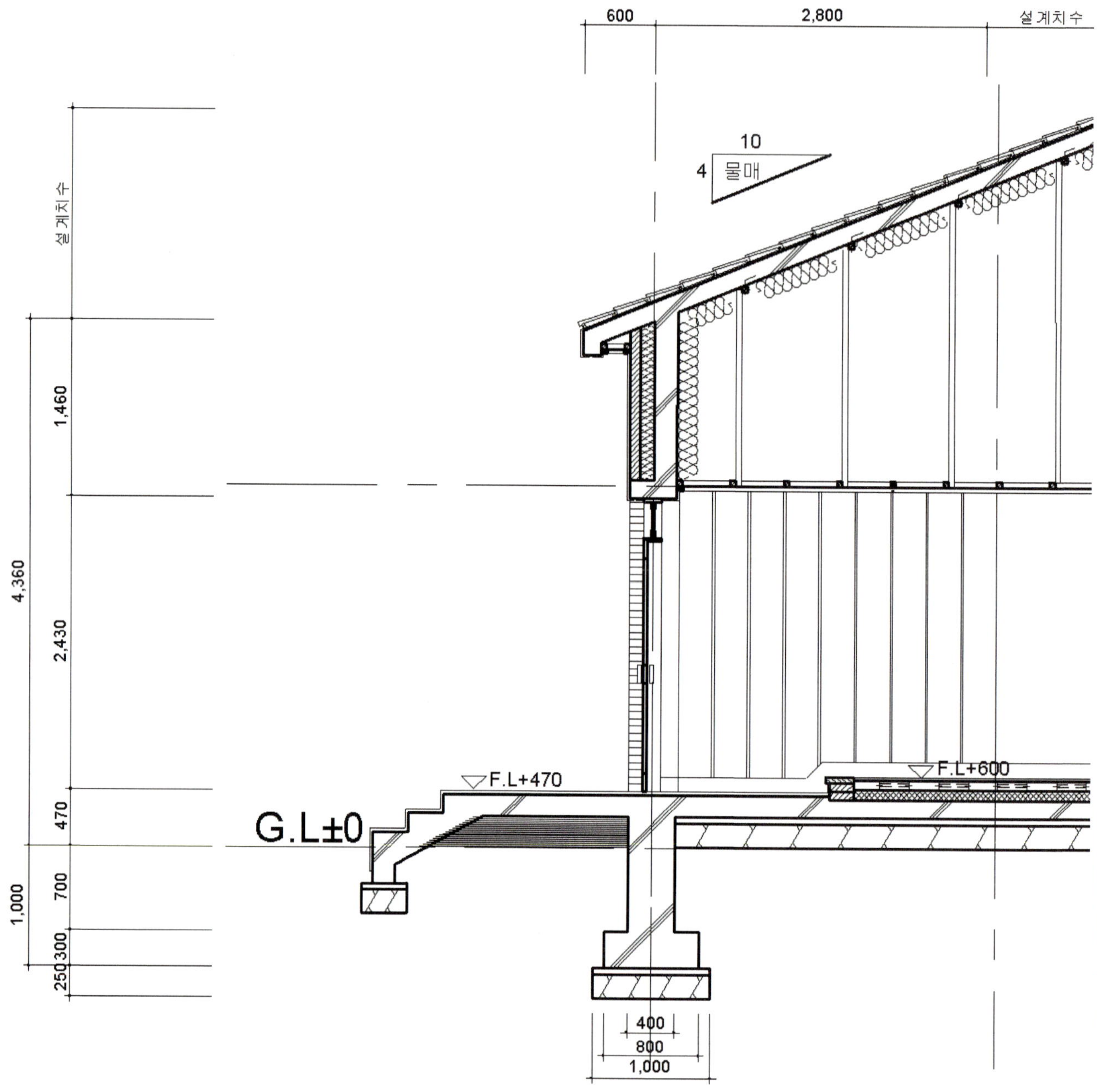

파단선으로 인해 치수가 확인되지 않는 부분은 설계치수로 변경하고 반자높이가 누락되지 않도록 한다.

문자 쓰기

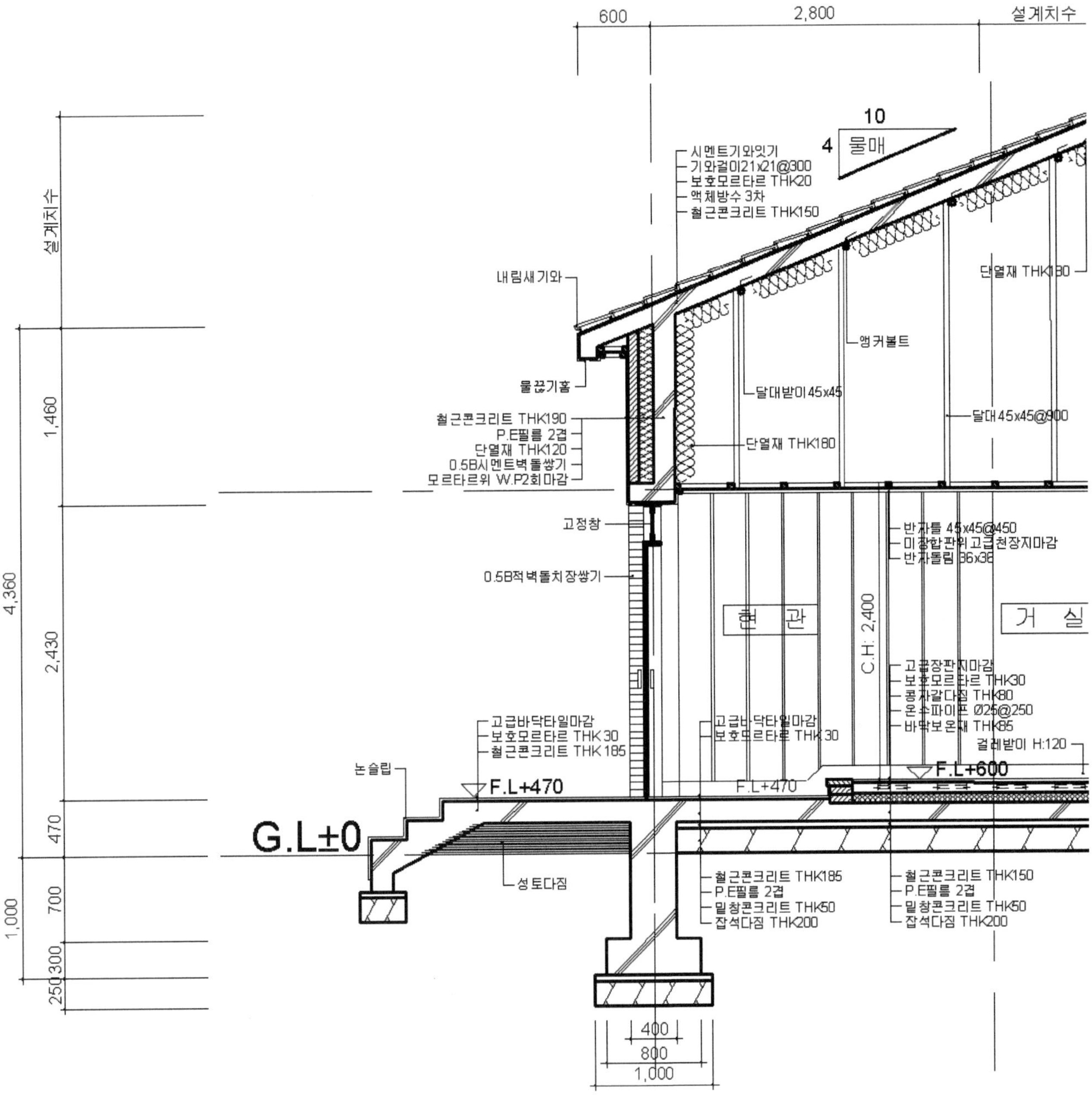

① 상부: 물매 표기
② 하부: G.L 표기

도면명 등 정리

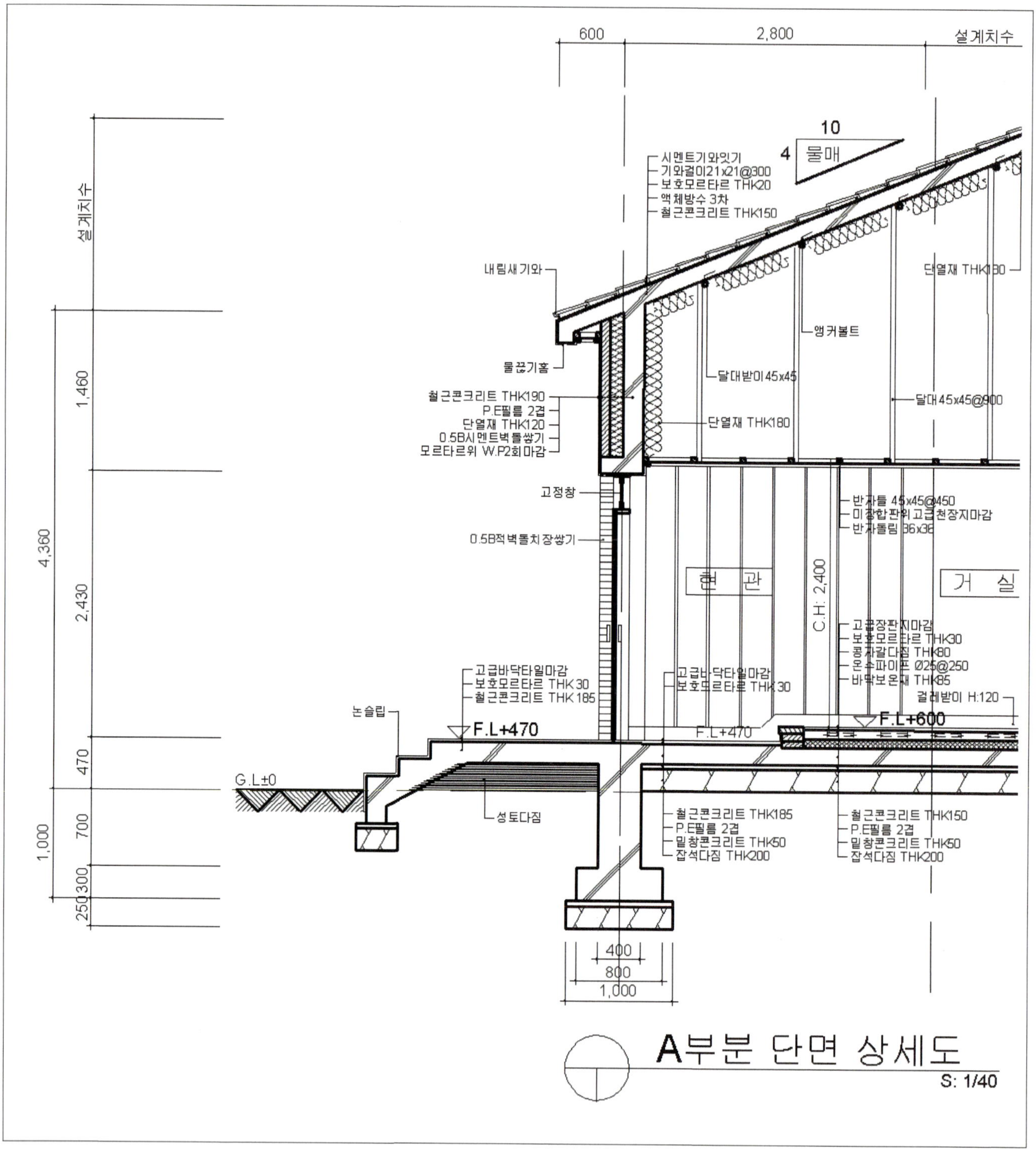

600
2,800
설계치수
10
4
물매
시멘트기와잇기
기와걸이21x21@300
보호모르타르 THK20
액체방수 3차
철근콘크리트 THK150
내림새기와
단열재 THK180
앵커볼트
물끊기홈
달대받이45x45
철근콘크리트 THK190
P.E필름 2겹
단열재 THK120
0.5B시멘트벽돌쌓기
모르타르위 W.P2회마감
단열재 THK180
달대45x45@900
고정창
반자틀 45x45@450
미장합판위고급천장지마감
반자돌림 36x36
0.5B적벽돌치장쌓기
현 관
C.H: 2,400
거 실
고급장판지마감
보호모르타르 THK30
콩자갈다짐 THK80
온수파이프 Ø25@250
바닥보온재 THK85
걸레받이 H:120
고급바닥타일마감
보호모르타르 THK30
철근콘크리트 THK185
고급바닥타일마감
보호모르타르 THK30
논슬립
F.L+470
F.L+470
F.L+600
G.L±0
성토다짐
철근콘크리트 THK185
P.E필름 2겹
밑창콘크리트 THK50
잡석다짐 THK200
철근콘크리트 THK150
P.E필름 2겹
밑창콘크리트 THK50
잡석다짐 THK200
400
800
1,000
설계치수
1,460
4,360
2,430
470
700
1,000
300
250
A부분 단면 상세도
S: 1/40

테라스->거실

- 각 실의 바닥높이가 미표시
- 난간이 있는 테라스

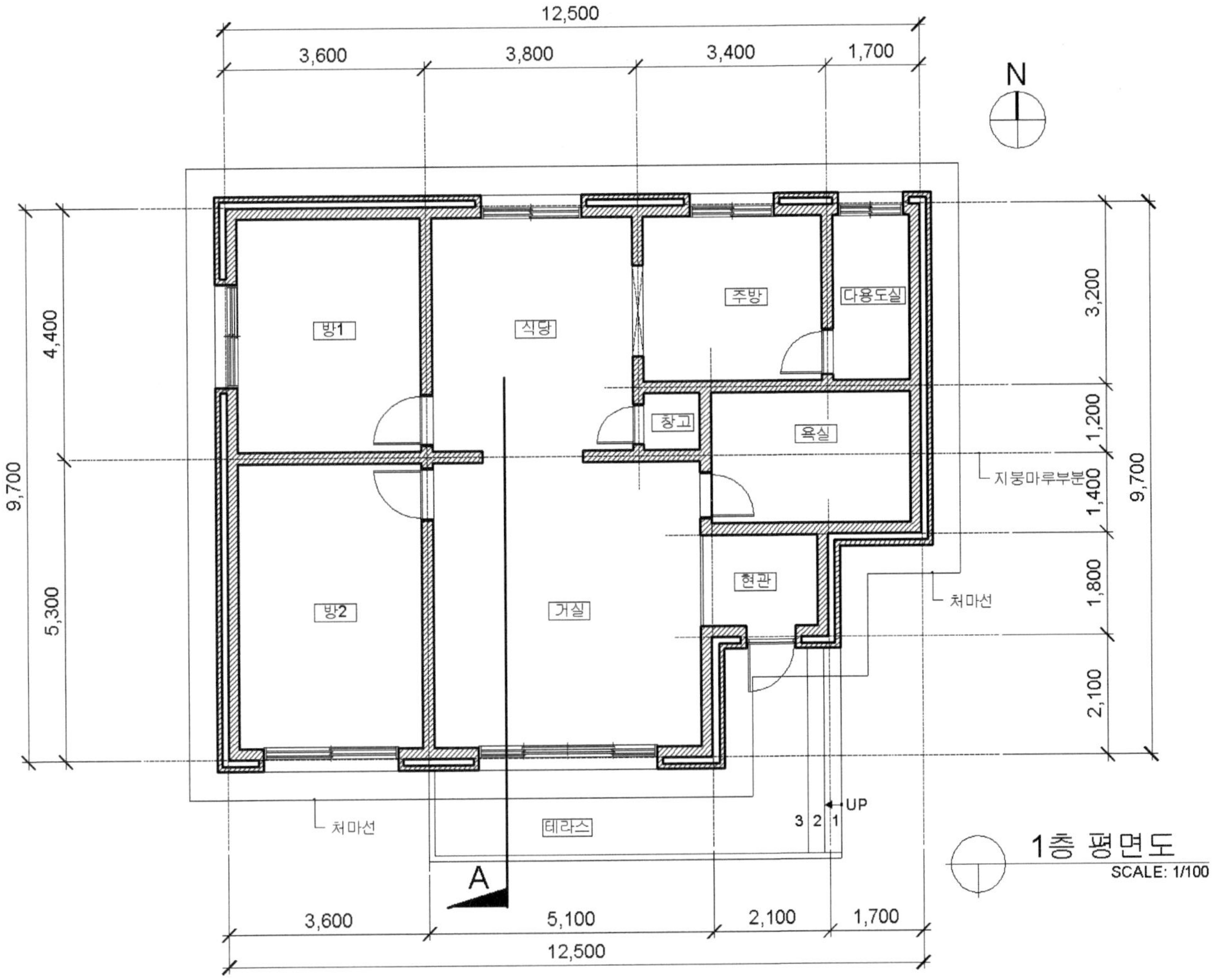

1층 평면도
SCALE: 1/100

조 건
• 기초 및 지하실 벽체: 철근콘크리트 구조 • 벽체: 외벽- 외부로부터 붉은 벽돌 0.5B, 단열재, 시멘트 벽돌 1.0B 내벽- 두께 1.0B 시멘트벽돌 쌓기 • 단열재: 외벽 120mm, 바닥 85mm, 지붕 180mm • 지붕: 철근콘크리트 경사 슬래브위 시멘트기와 잇기 마감 (물매 4/10) • 처마나옴: 벽체 중심에서 600mm • 반자높이: 2,400mm, 처마반자 설치 • 창호: 목재 창호로 하되 2중창인 경우 외부 창호는 알루미늄 새시로 한다. • 각 실의 난방: 온수 파이프 온돌 난방으로 한다. • 1층 바닥슬래브와 기초는 일체식으로 표현 • 평면도에 표현되지 않은 현관 상부 캐노피는 작도하지 않는다. • 기타 각 부분의 마감, 치수 등 주어지지 않은 조건은 일반적인 시공수준으로 한다.

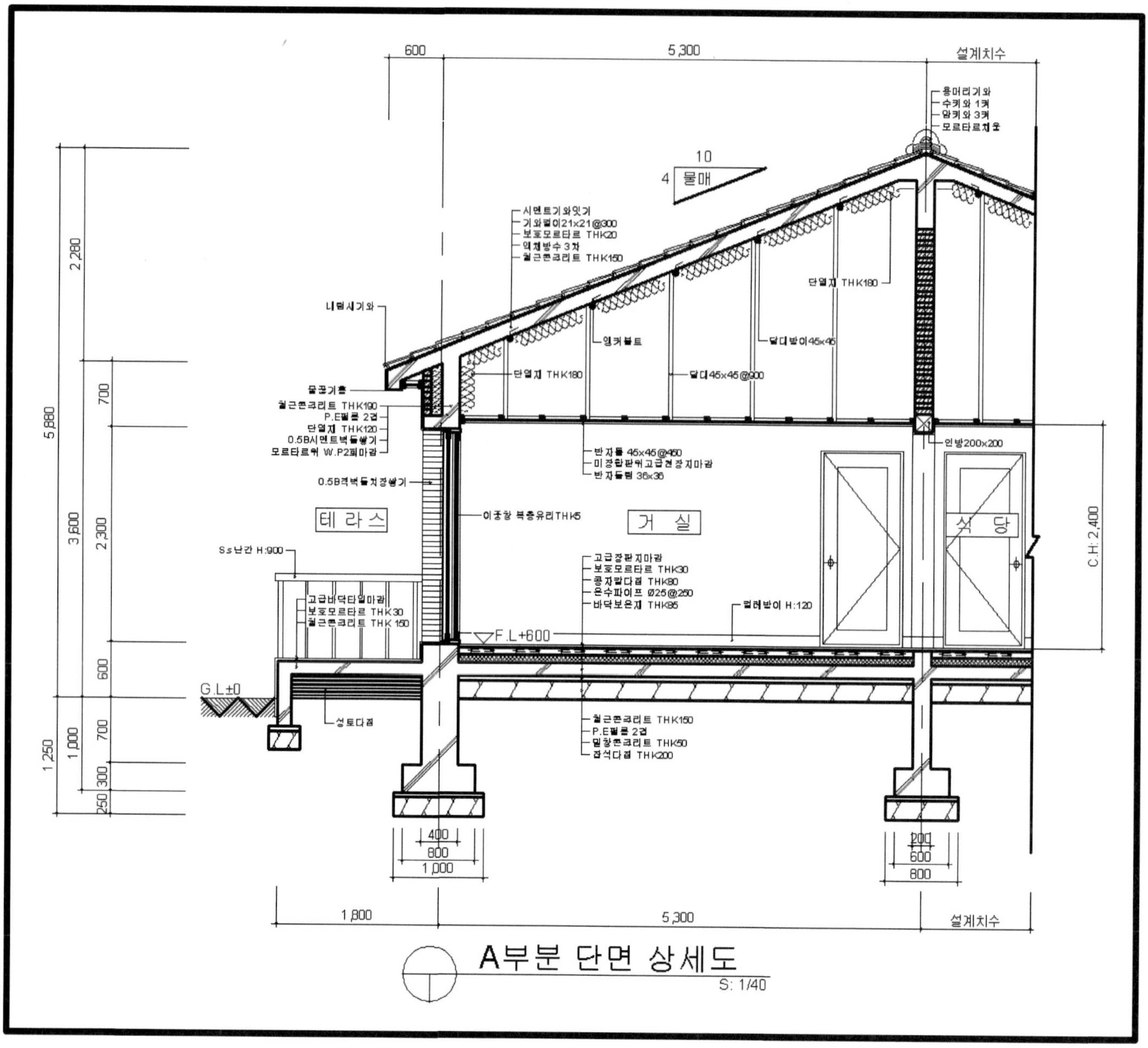

A부분 단면 상세도

S: 1/40

골조 그리기

1. 지반선(G.L)

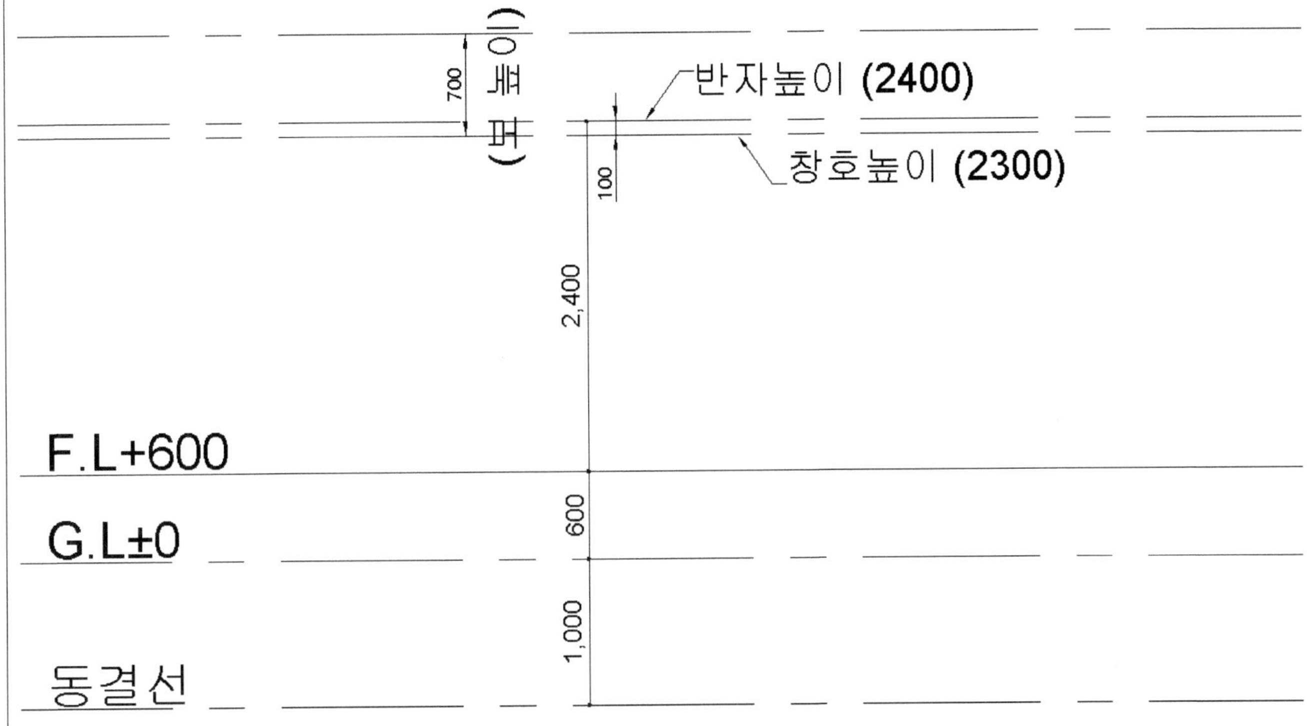

(수평방향 기준선)
① G.L선(+0)-> 동결선(-1000)-> F.L선(+600)
② 반자높이->테두리보 하부(-100)->테두리보 높이(+700)

거실의 바닥높이(F.L선)이 주어지지 않았으므로, 계단 1단의 높이를 150으로 하여 계단 3단(450)+단차이(150)=600(▽F.L+600)으로 한다.

2. 벽체 중심선

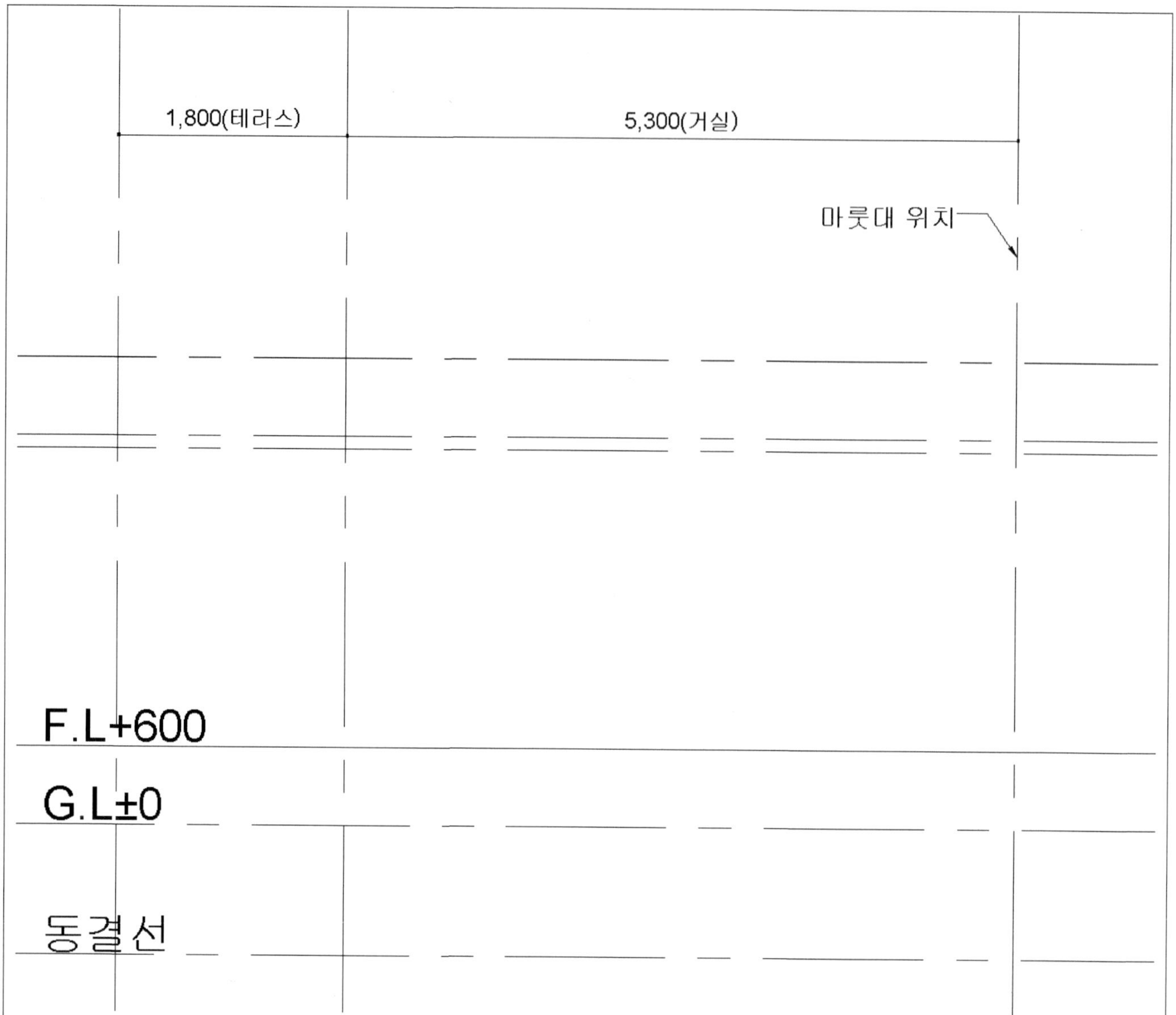

(수직방향 기준선)
절단선을 지나는 테라스 (1800), 거실창(외벽) 중심선, 내벽지붕마루

테라스의 폭은 주변치수를 참조하여 임의로 작성(1800)

3. 벽체 두께

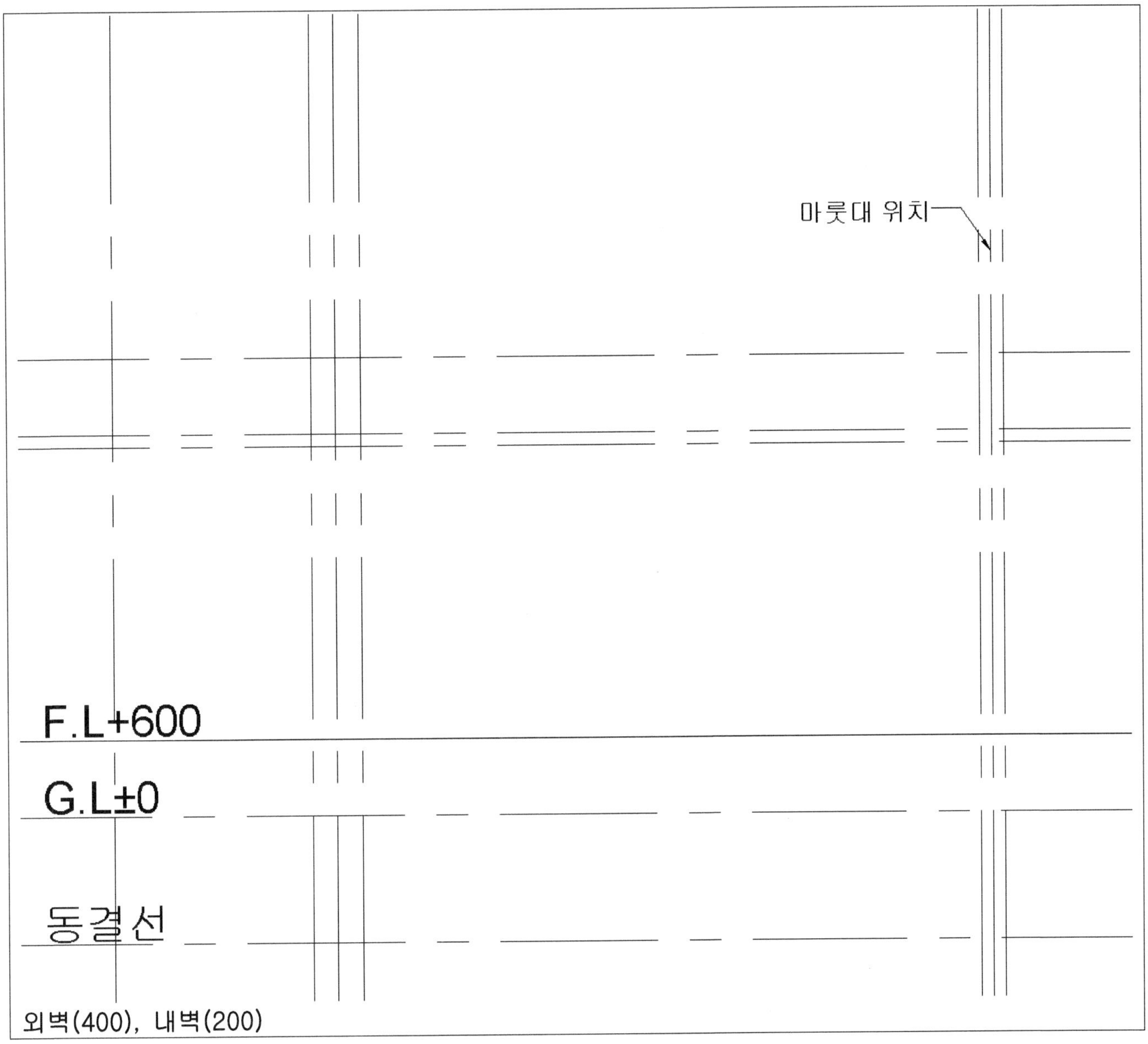

4. 기초

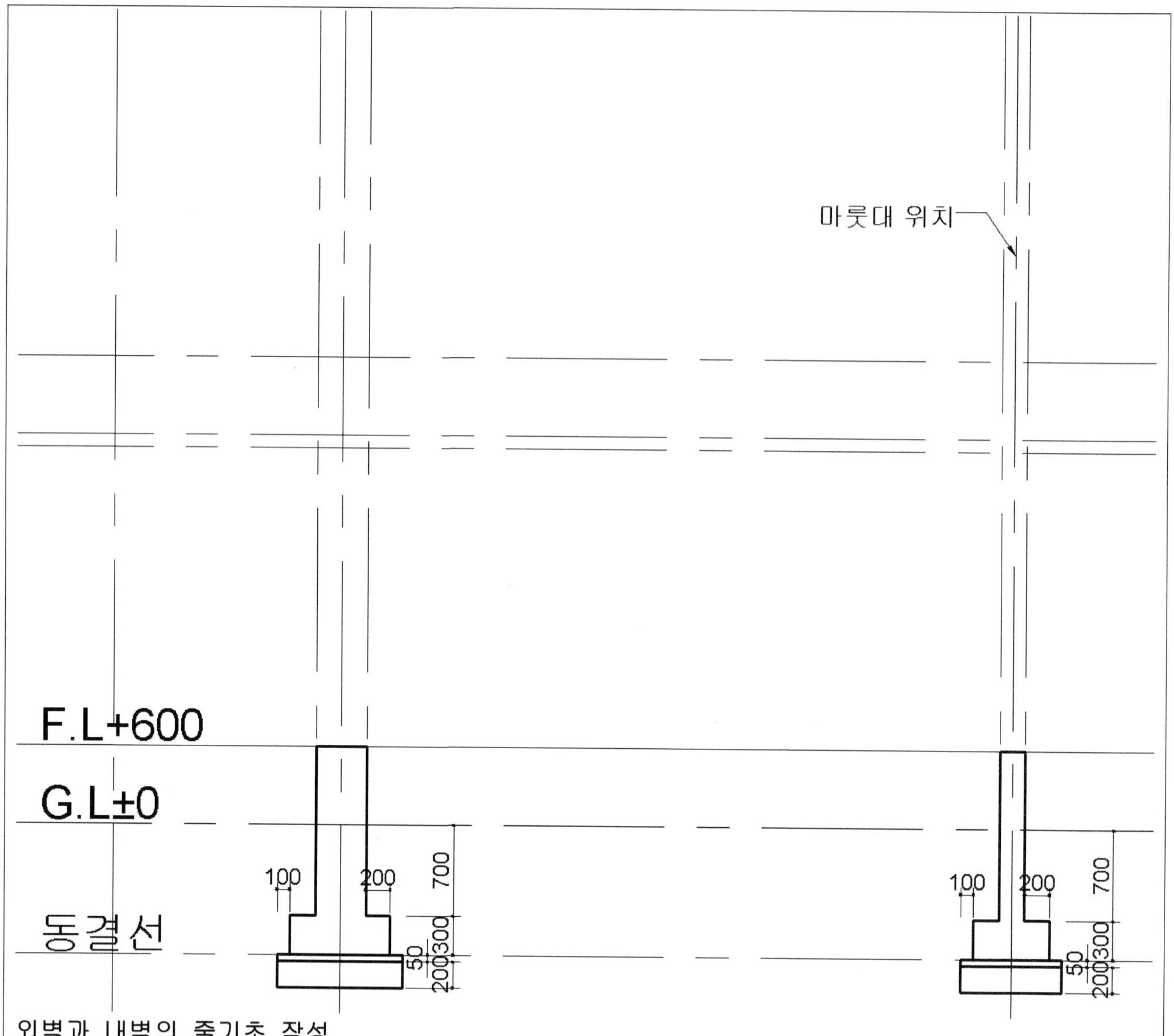

외벽과 내벽의 줄기초 작성

5. 바닥(F.L.)-거실, 테라스부분

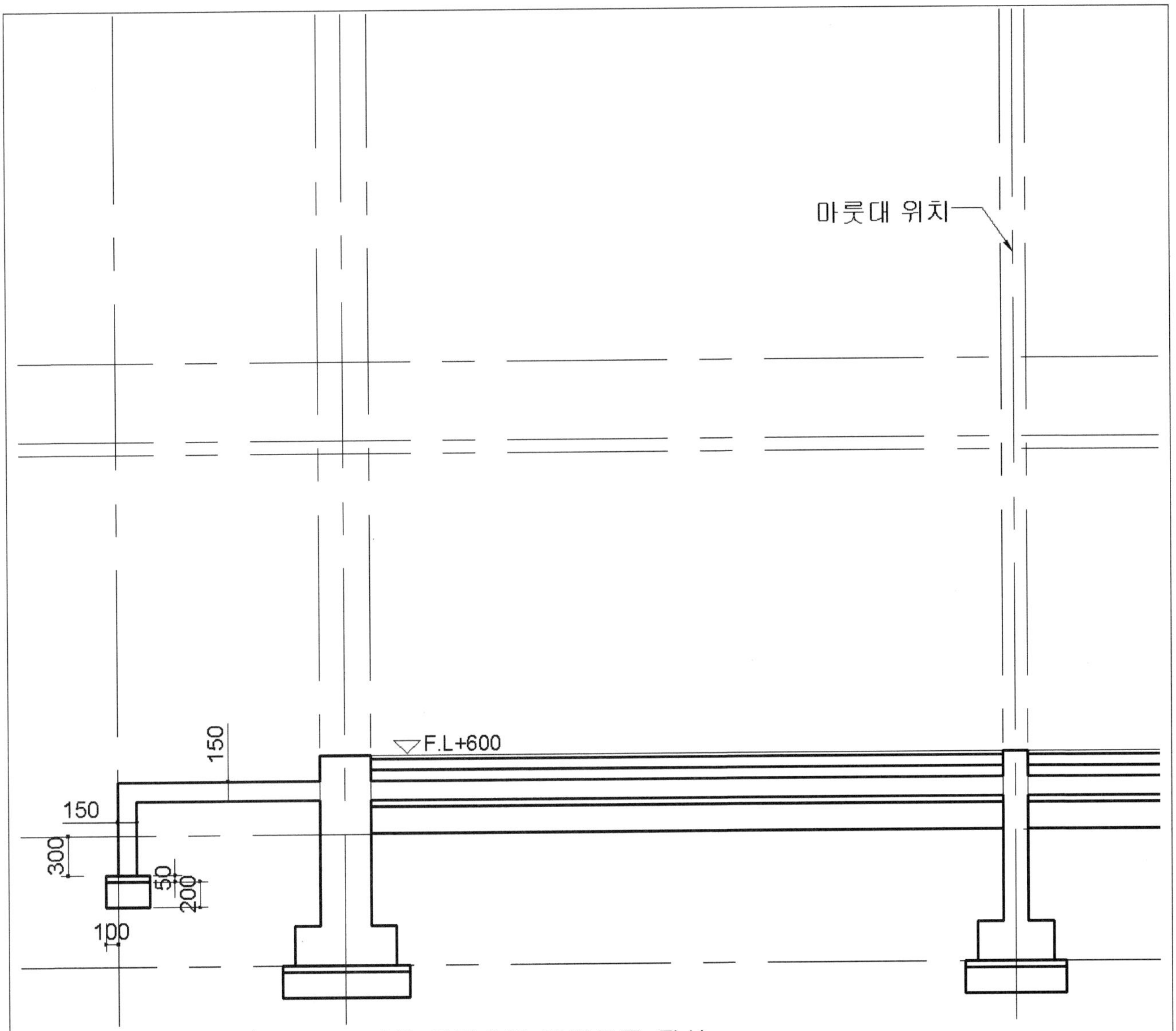

① 거실의 바닥높이(▽F.L+600)을 기준으로 바닥구조 작성.
(아래로 보호모르타르(30)+콩자갈다짐(80)+단열재(85)=합: 195)

② 거실 바닥의 철근콘크리트 선을 그대로 연장하여 테라스 바닥의 철근콘크리트 작성
(테라스 바닥높이(G.L선에서 보호모르타르까지)는 거실 바닥높이(▽F.L+600)보다 -165 즉, ▽F.L+435)

도면요소 표현

6. 지붕 슬래브(물매)

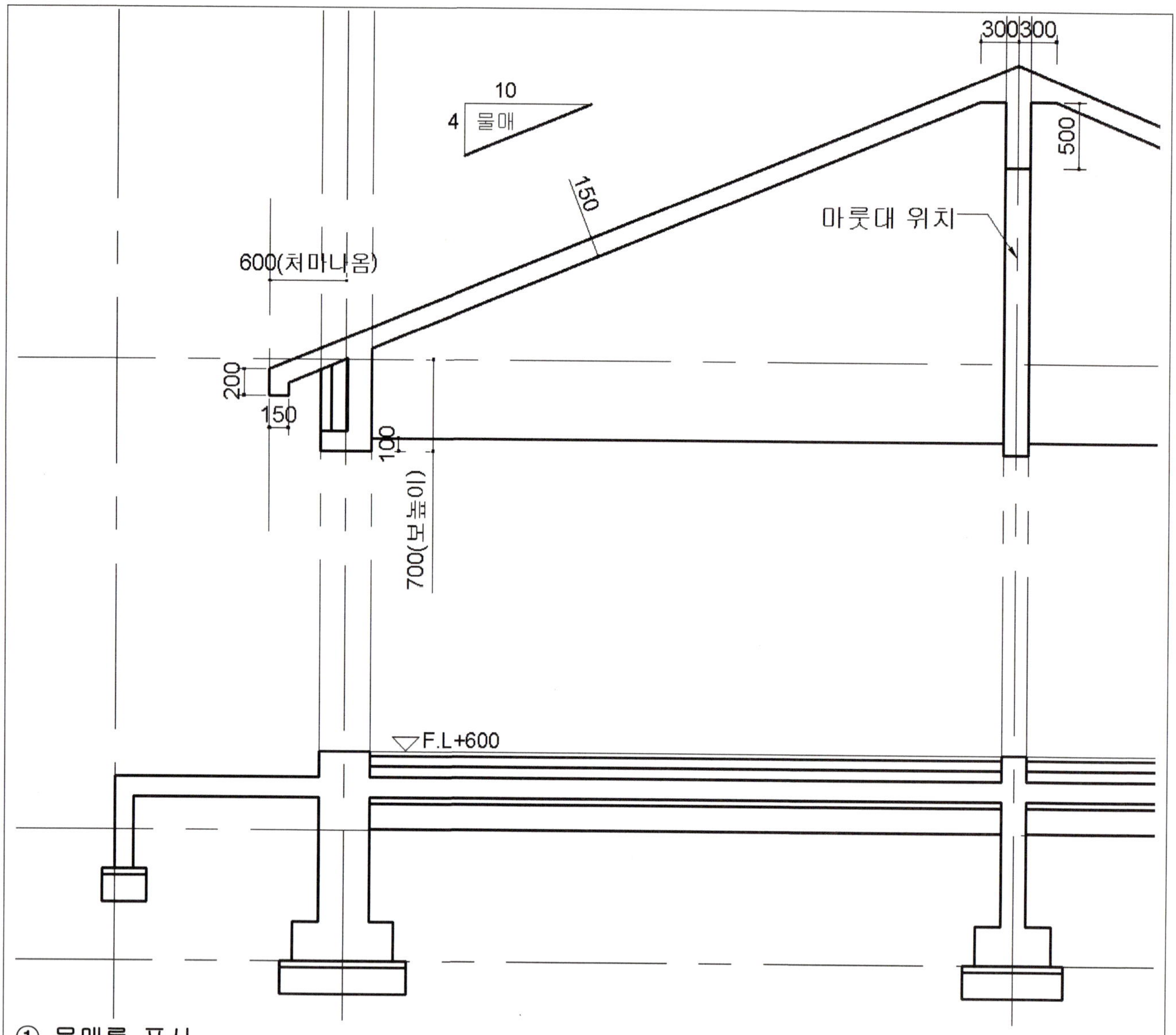

① 물매를 표시
② 지붕과 처마를 작성

7. 기와이기

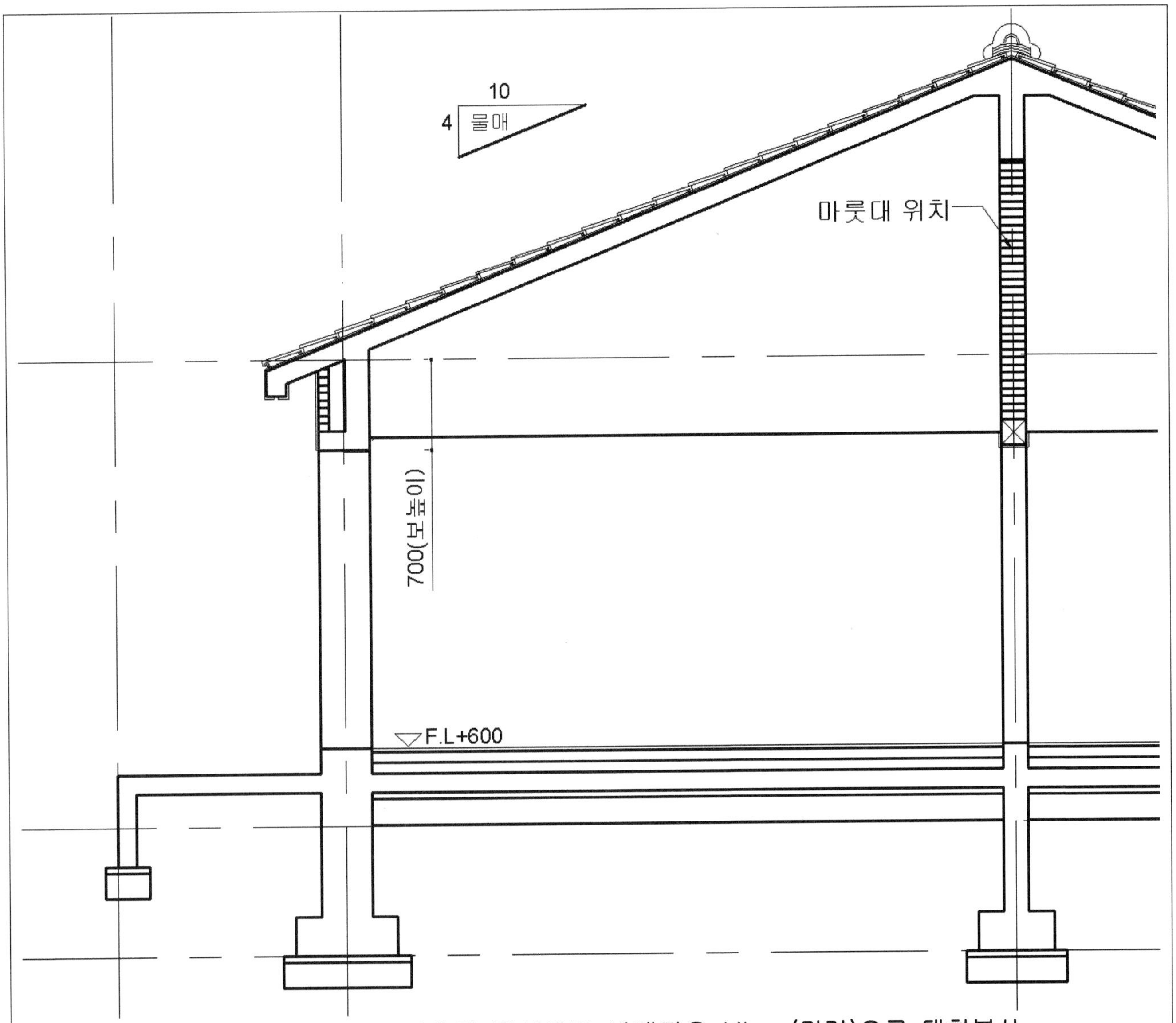

① 기와는 지붕마루를 기준으로 좌측만 작성하고 반대편은 MIrror(명령)으로 대칭복사
② 내벽에 창호높이(2,300)로 인방 설치(200×200)

8. 반자틀

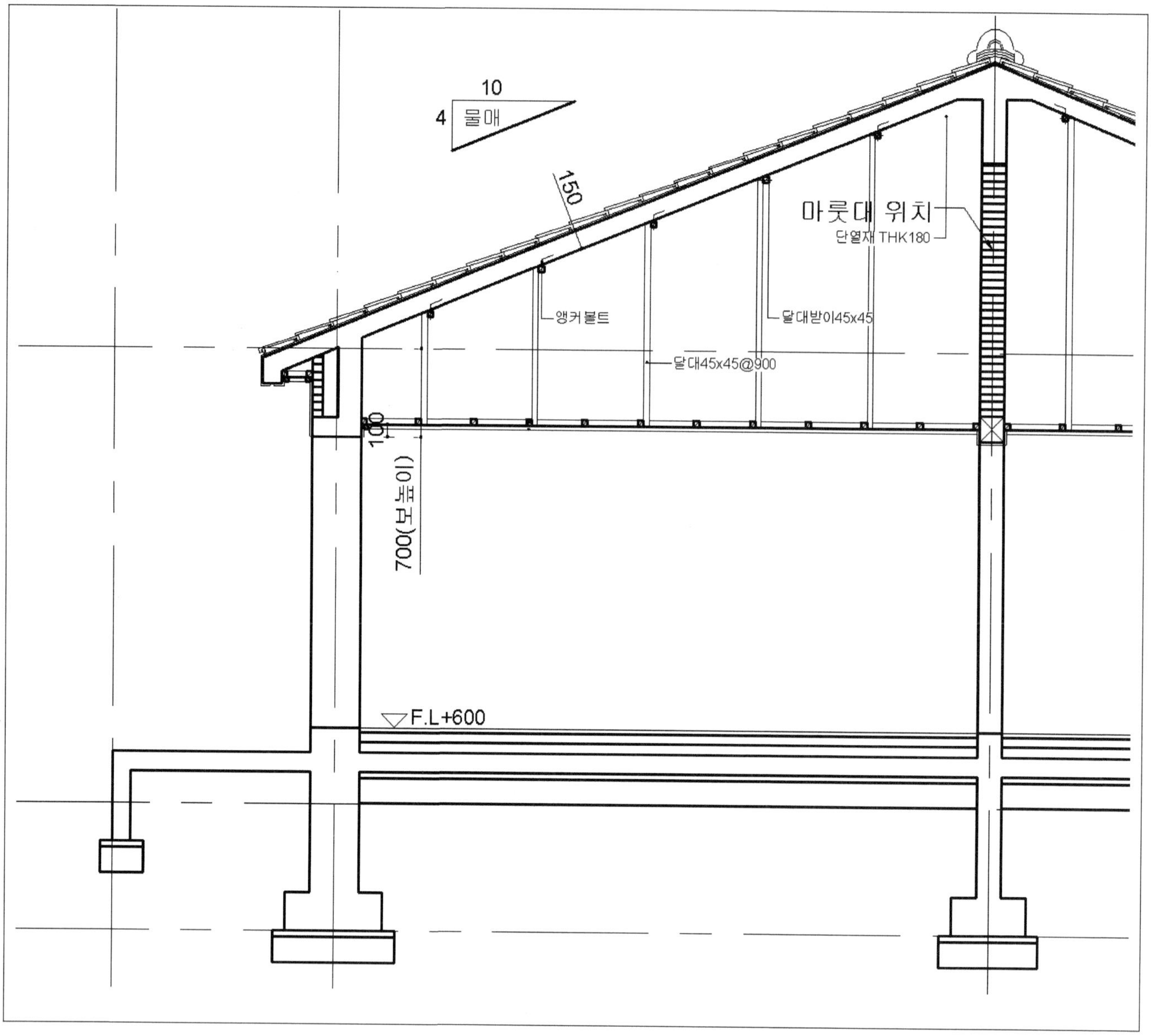
10
4 물매
150
마룻대 위치
단열재 THK180
앵커볼트
달대받이45x45
달대45x45@900
100
700(높이)
F.L+600

9. 창호

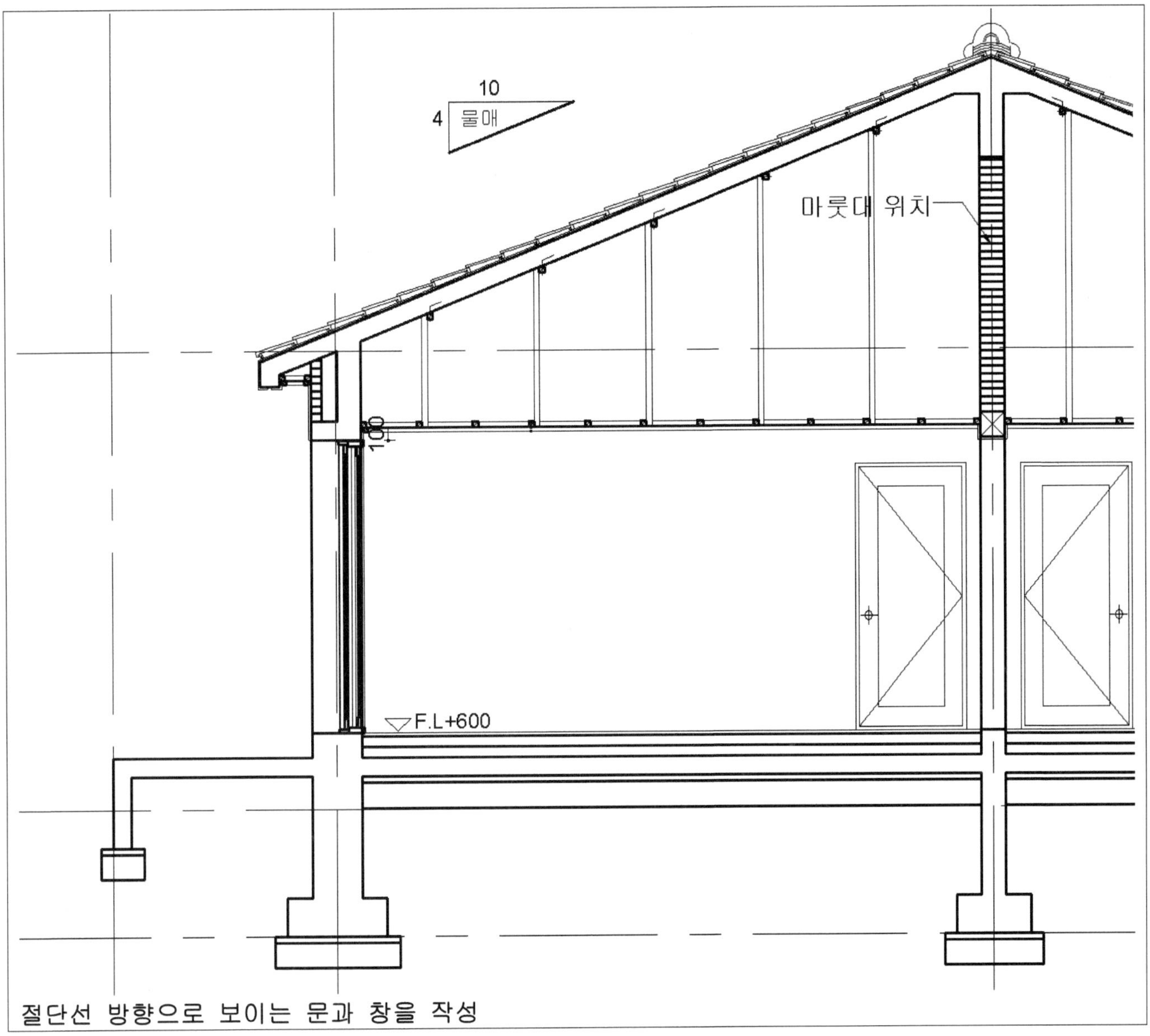

10. 입면 표시 부분

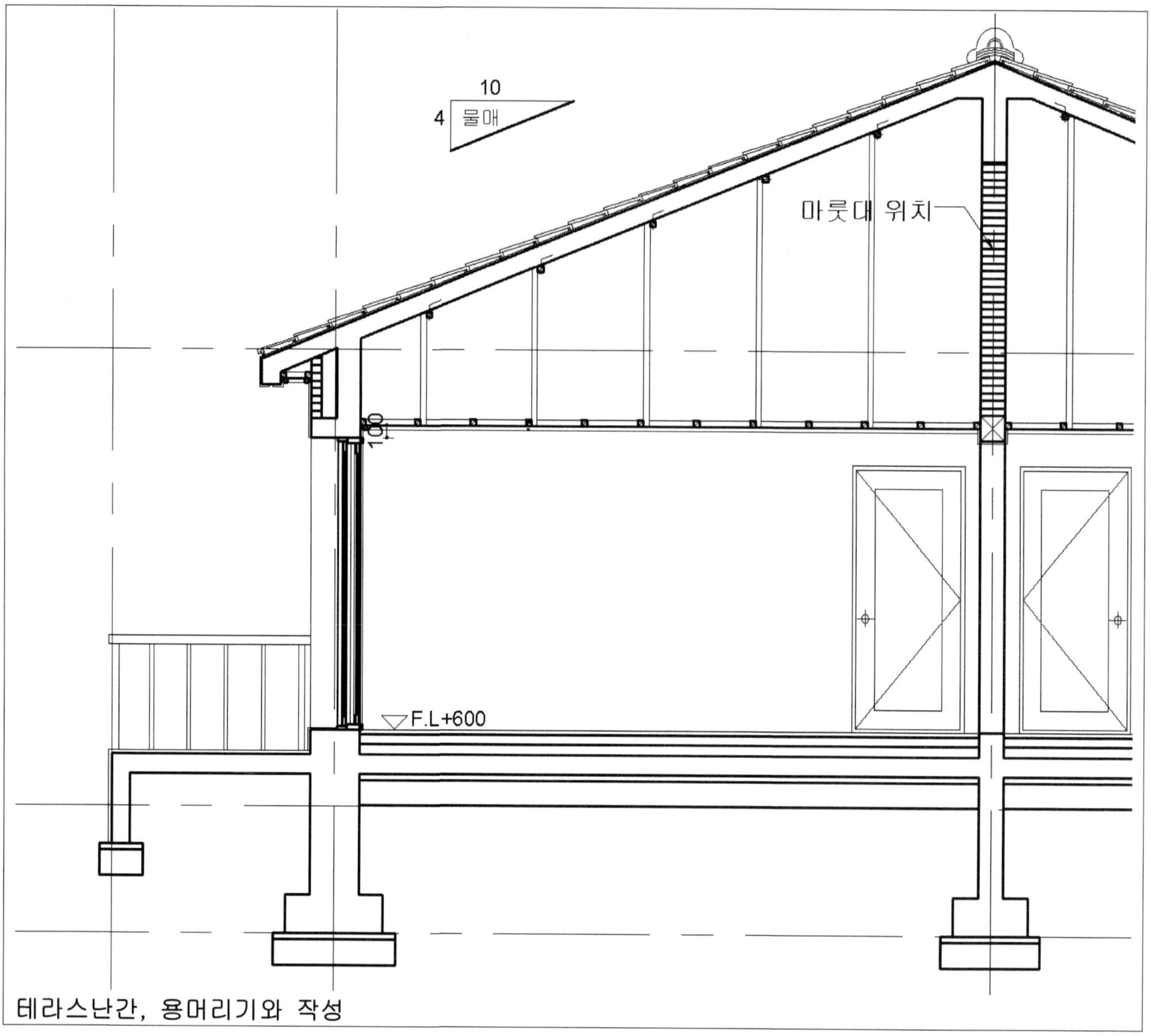

재료 표시

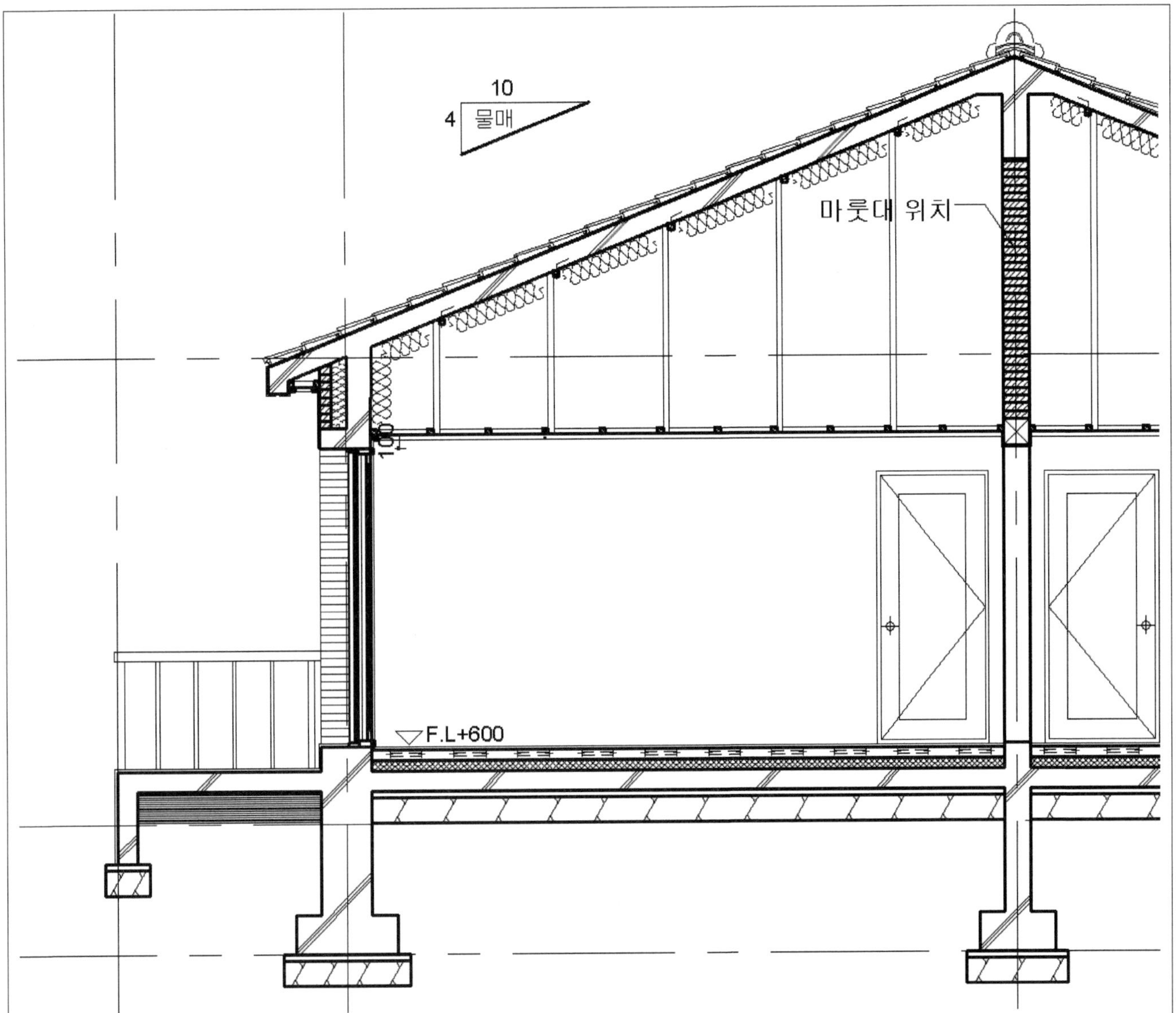

잡석, 콘크리트, 단열재, 온수파이프, 벽돌 등 재료 표시

치수 기입

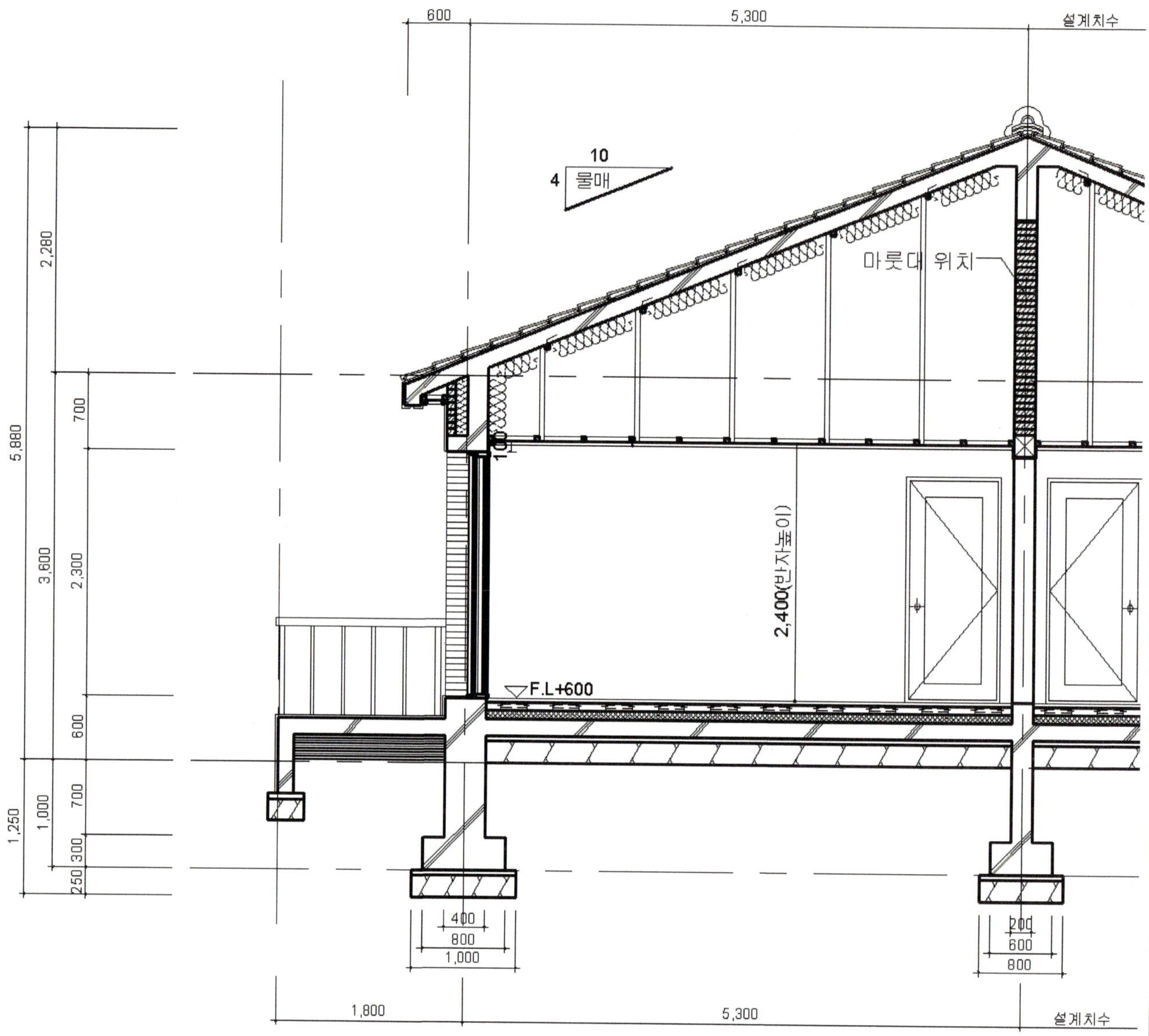

파단선으로 인해 치수가 확인되지 않는 부분은 설계치수로 변경하고 반자높이가 누락되지 않도록 한다.

문자 쓰기

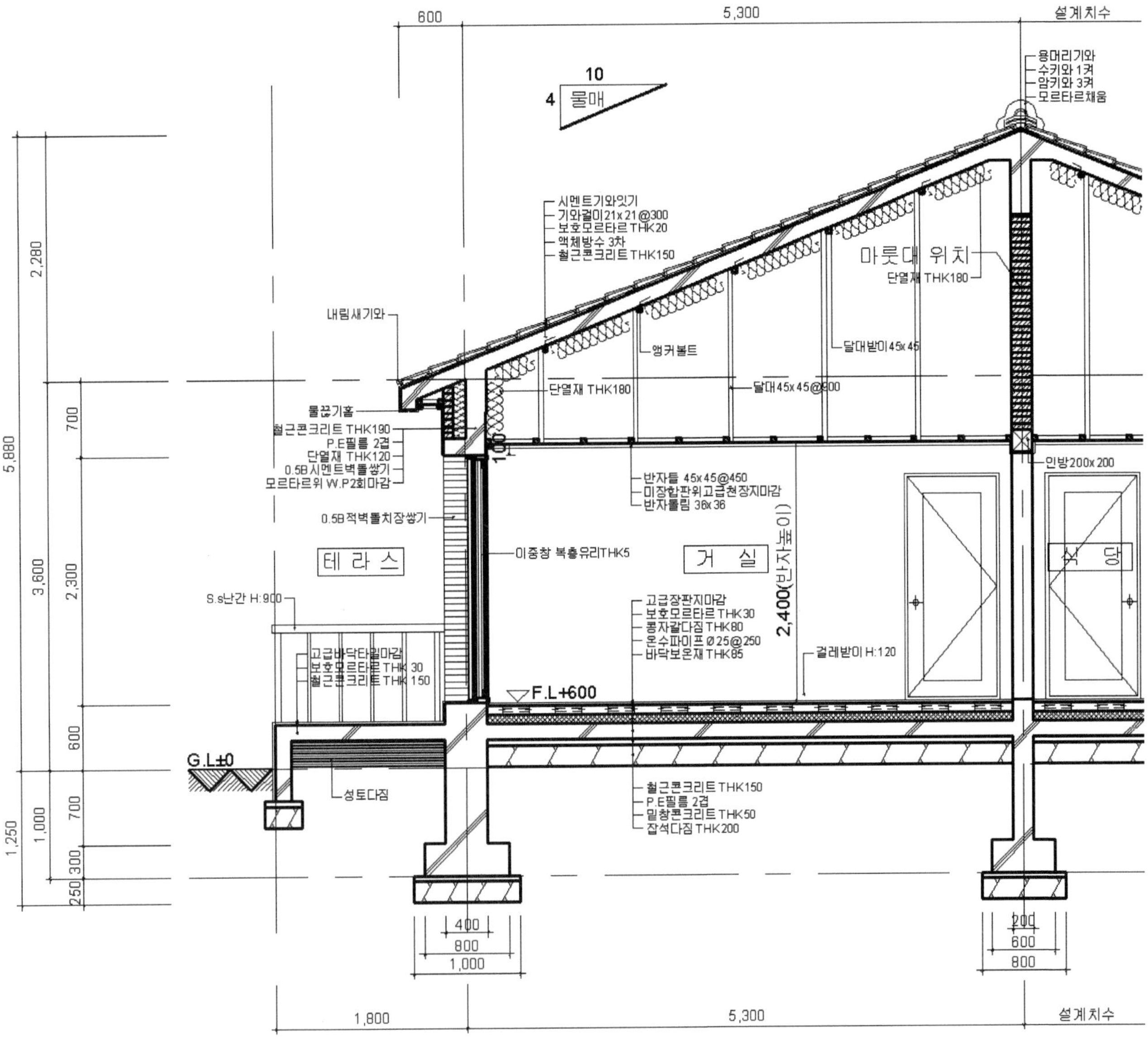

① 상부: 물매 표기

② 하부: G.L 표기

도면명 등 정리

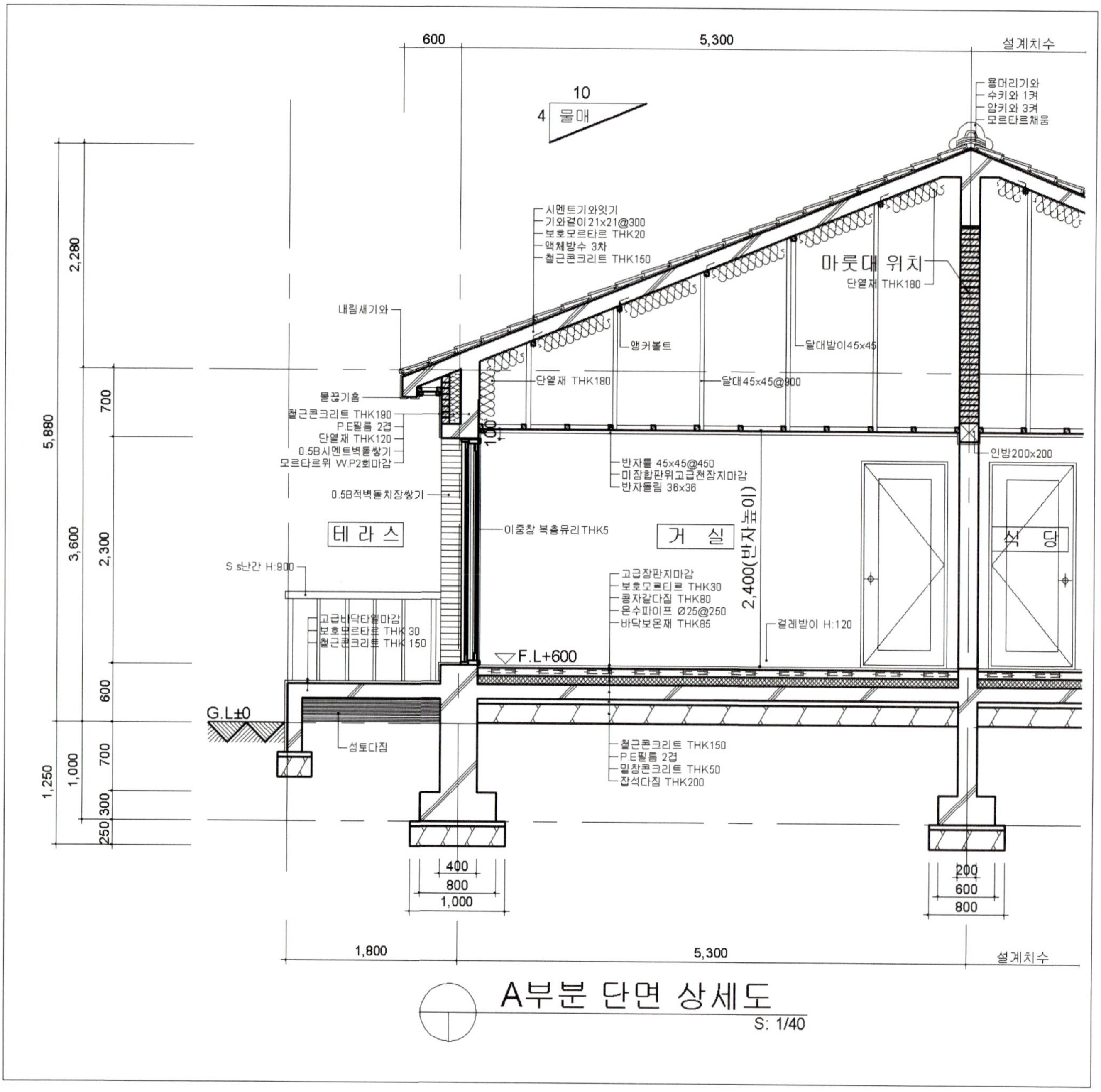

테라스->방

- 물매 3.5/10

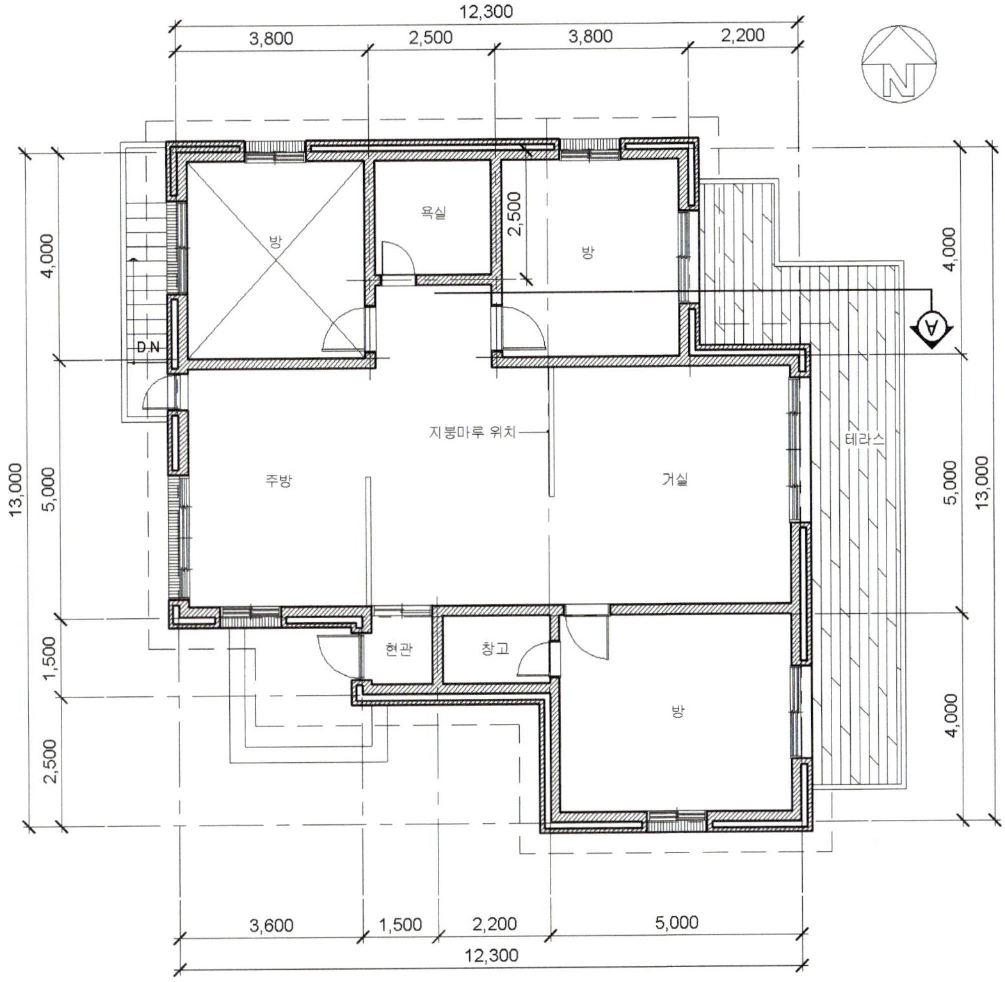

평 면 도
축척: 1/100

제도 조건
• 기초 및 지하실 벽체: 철근콘크리트 구조 • 벽체: 외벽- 외부로부터 붉은 벽돌 0.5B, 단열재, 시멘트 벽돌 1.0B 내벽- 두께 1.0B 시멘트벽돌 쌓기 • 단열재: 외벽 120mm, 바닥 85mm, 지붕 180mm • 지붕: 철근콘크리트 경사 슬래브위 시멘트기와 잇기 마감 (물매 3.5/10) • 처마나옴: 벽체 중심에서 600mm • 반자높이: 2,400mm, 처마반자 설치 • 창호: 목재 창호로 하되 2중창인 경우 외부 창호는 알루미늄 새시로 한다. • 각 실의 난방: 온수 파이프 온돌 난방으로 한다. • 1층 바닥슬래브와 기초는 일체식으로 표현 • 평면도에 표현되지 않은 현관 상부 캐노피는 작도하지 않는다. • 기타 각 부분의 마감, 치수 등 주어지지 않은 조건은 일반적인 시공수준으로 한다.

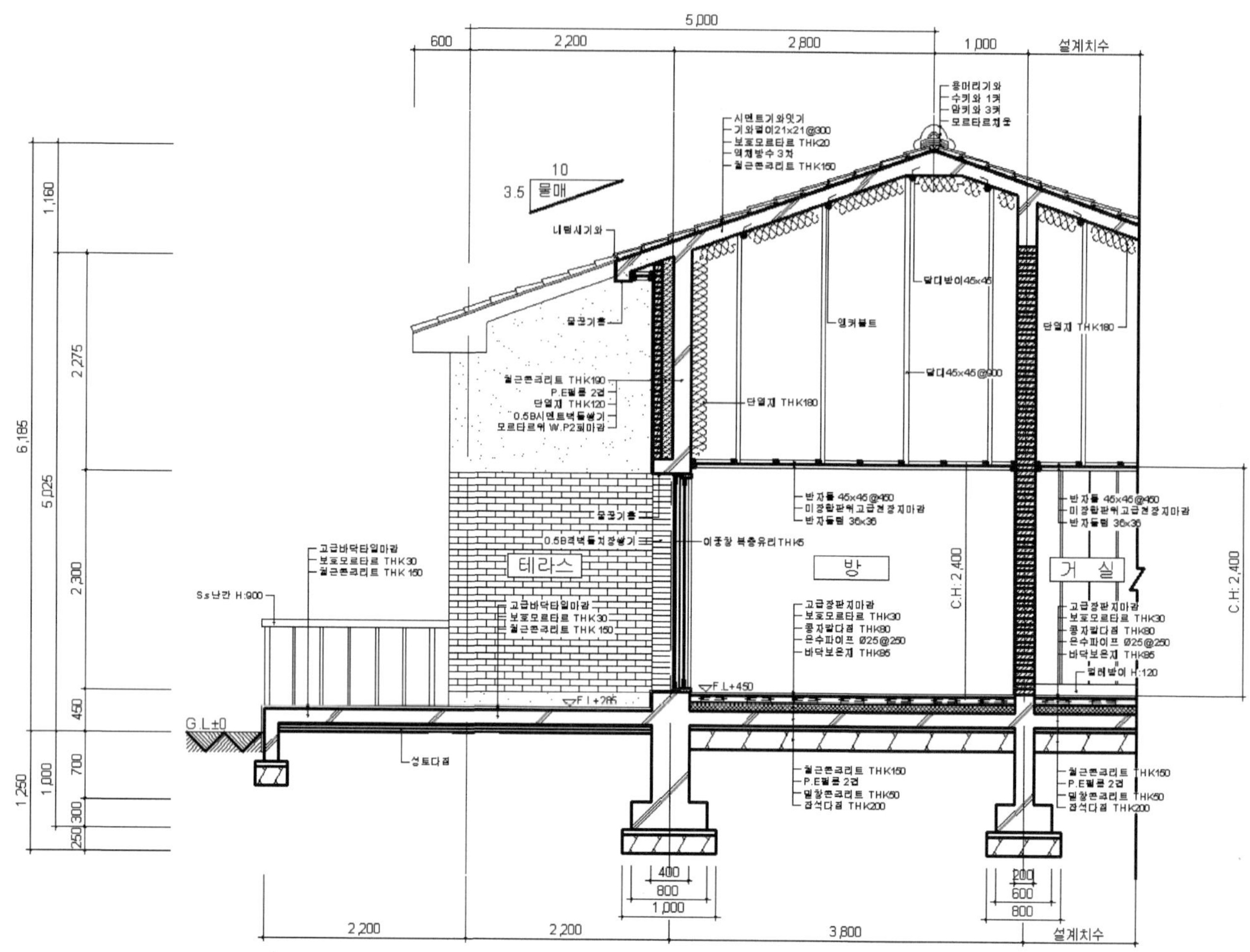

A부분 단면 상세도
S: 1/40

골조 그리기

1. 지반선(G.L.)
2. 벽체 중심선
3. 벽체 두께

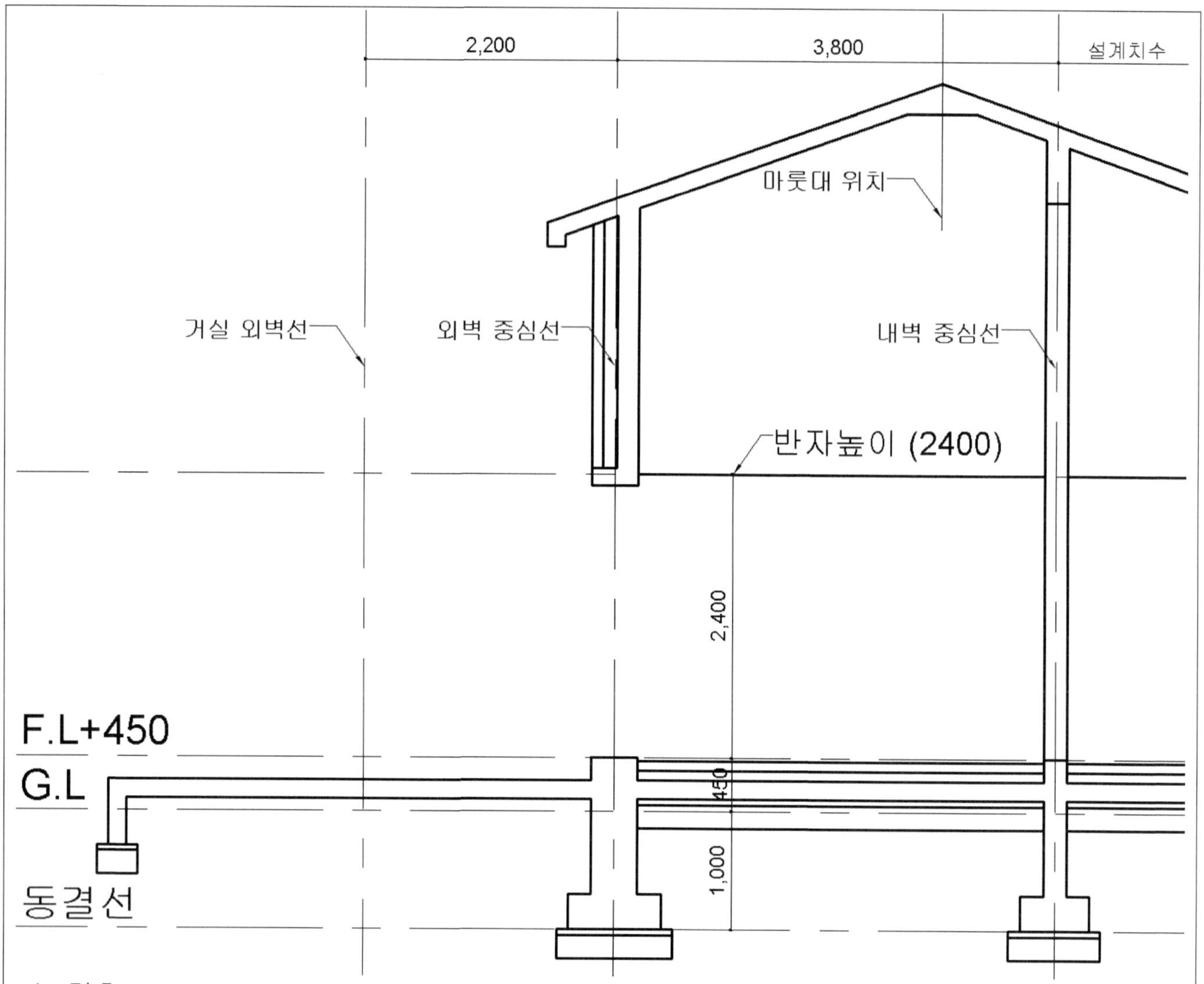

4. 기초
5. 바닥(F.L.)-거실, 테라스부분
6. 지붕 슬래브(물매)

도면요소 표현

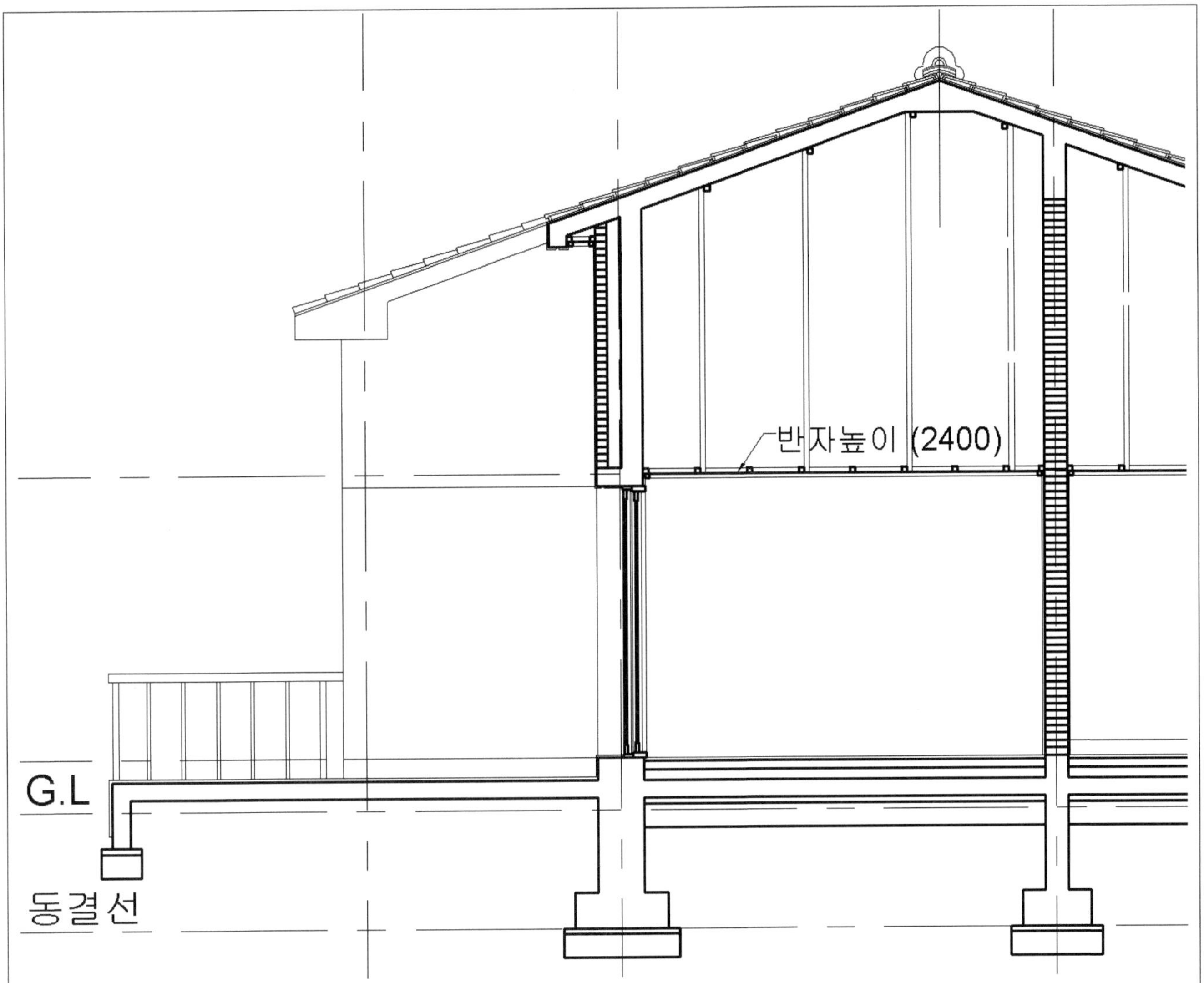

7. 기와이기
8. 반자틀
9. 창호
10. 입면 표시 부분

재료 표시

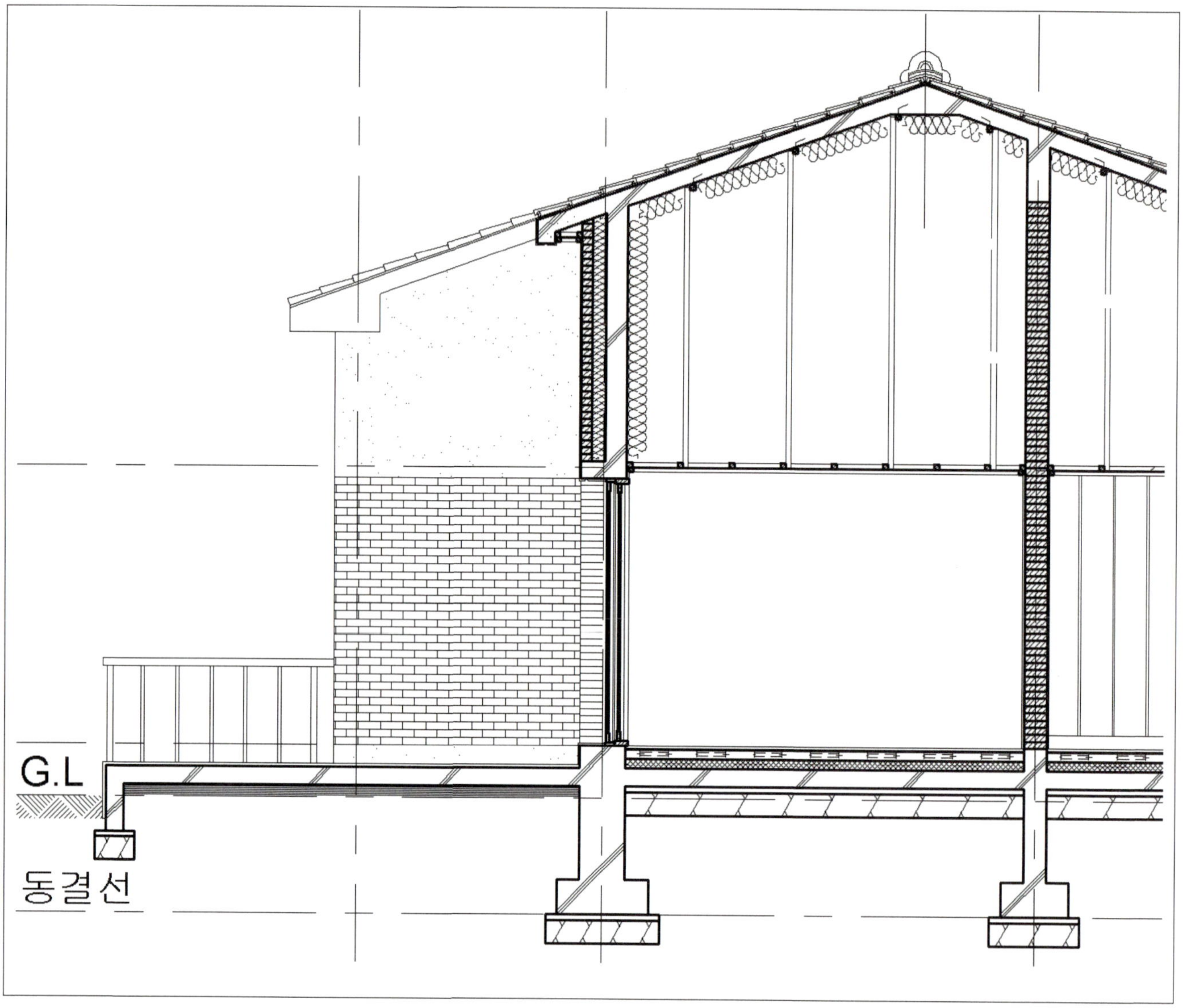

치수 기입

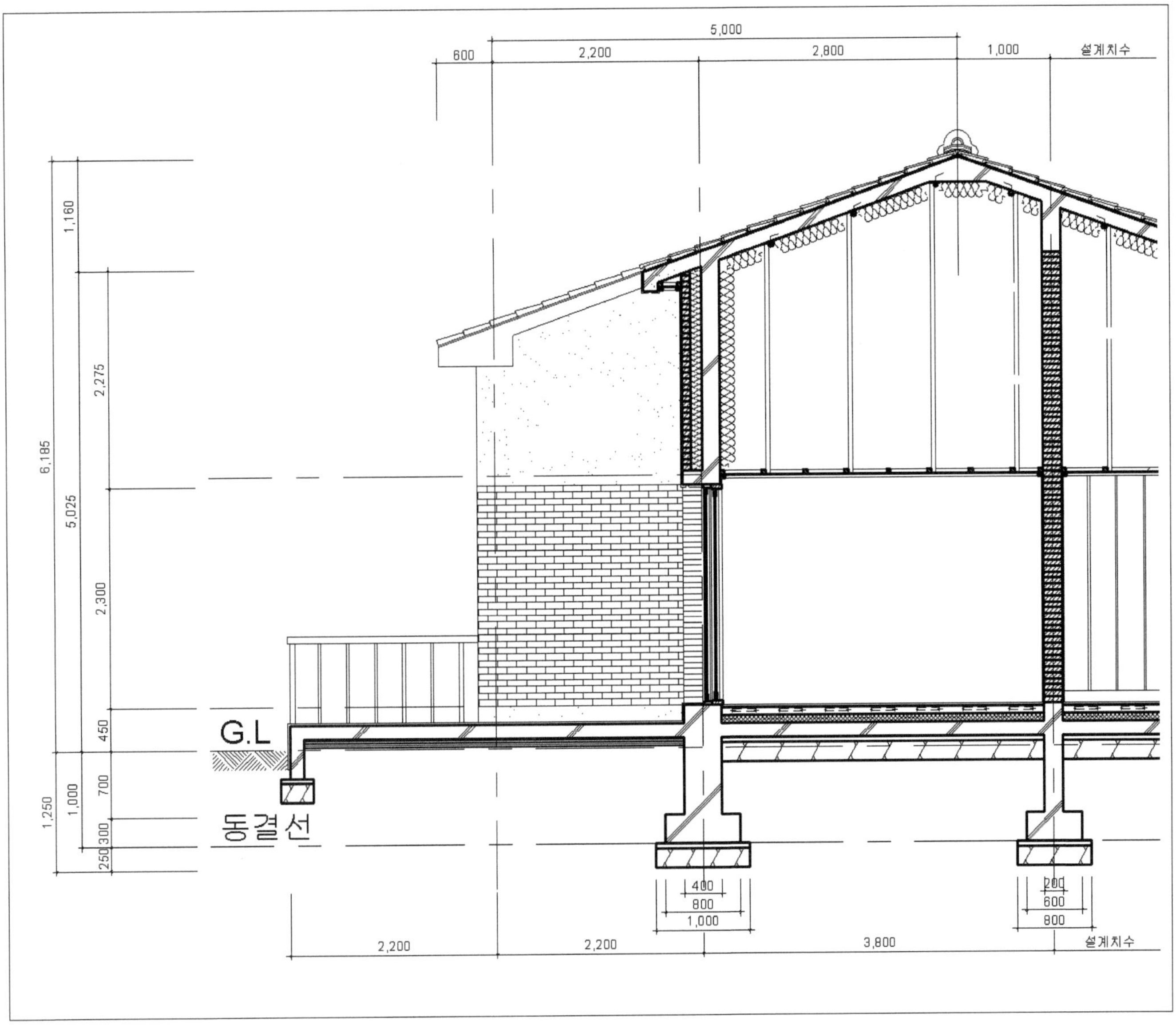
5,000
600
2,200
2,800
1,000
설계치수
1,160
2,275
6,185
5,025
2,300
450
700
1,000
1,250
300
250
G.L
동결선
400
800
1,000
200
600
800
2,200
2,200
3,800
설계치수

문자 쓰기

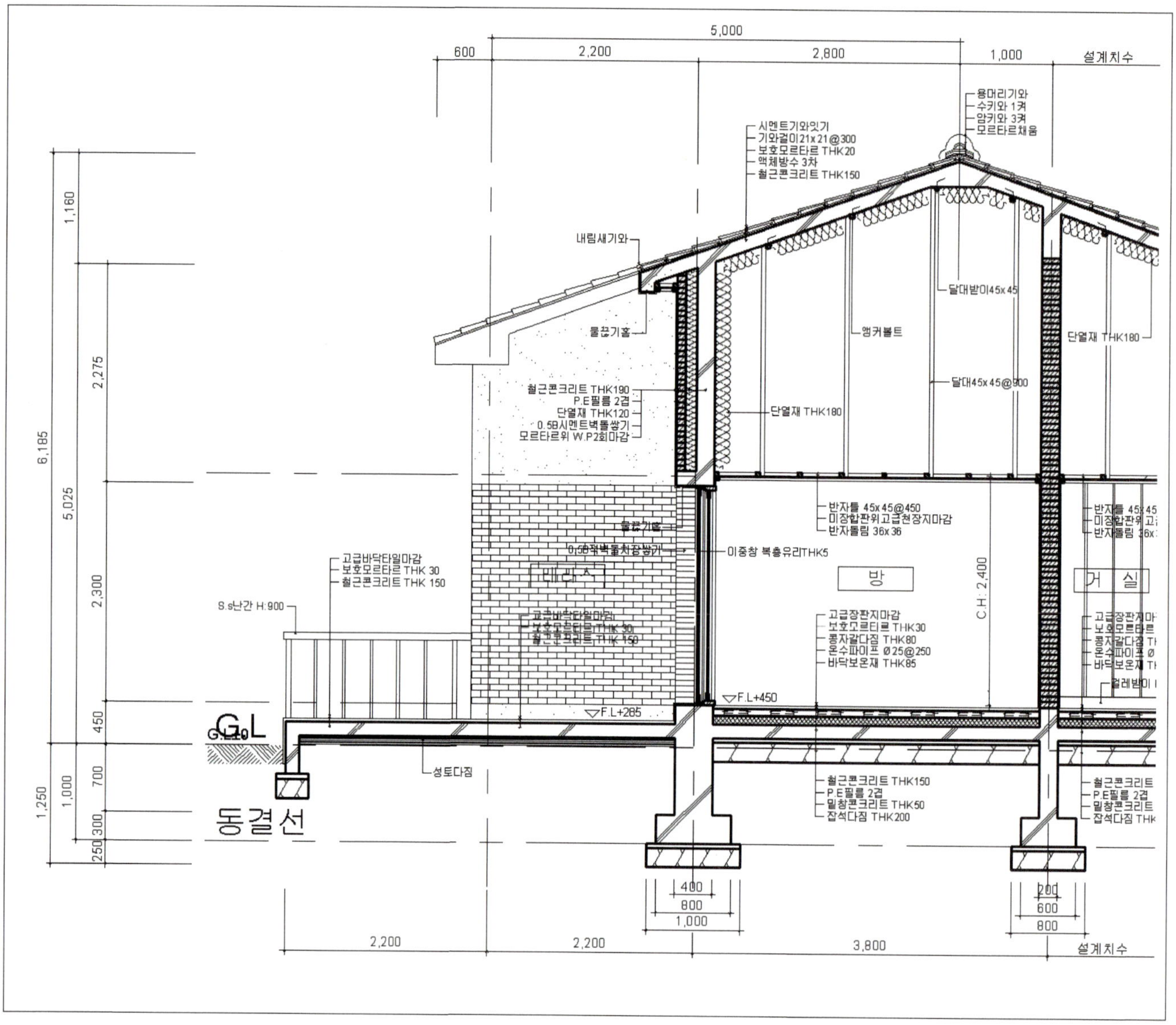
5,000
600
2,200
2,800
1,000
설계치수
용머리기와
수키와 1겹
암키와 3겹
모르타르채움
시멘트기와잇기
기와걸이21x21@300
보호모르타르 THK20
액체방수 3차
철근콘크리트 THK150
내림새기와
달대받이45x45
물끊기홈
앵커볼트
단열재 THK180
철근콘크리트 THK190
P.E필름 2겹
단열재 THK120
0.5B시멘트벽돌쌓기
모르타르위 W.P2회마감
달대45x45@900
단열재 THK180
반자틀 45x45@450
미장합판위고급천장지마감
반자돌림 36x36
이중창 복층유리THK5
고급바닥타일마감
보호모르타르 THK 30
철근콘크리트 THK 150
방
거 실
C.H: 2,400
S.S난간 H:900
고급장판지마감
보호모르타르 THK30
콩자갈다짐 THK80
온수파이프 Ø25@250
바닥보온재 THK85
F.L+450
F.L+285
G.L
성토다짐
동결선
철근콘크리트 THK150
P.E필름 2겹
밑창콘크리트 THK50
잡석다짐 THK200
1,160
2,275
6,185
5,025
2,300
450
700
1,000
1,250
300
250
400
800
1,000
200
600
800
2,200
2,200
3,800
설계치수

도면명 등 정리

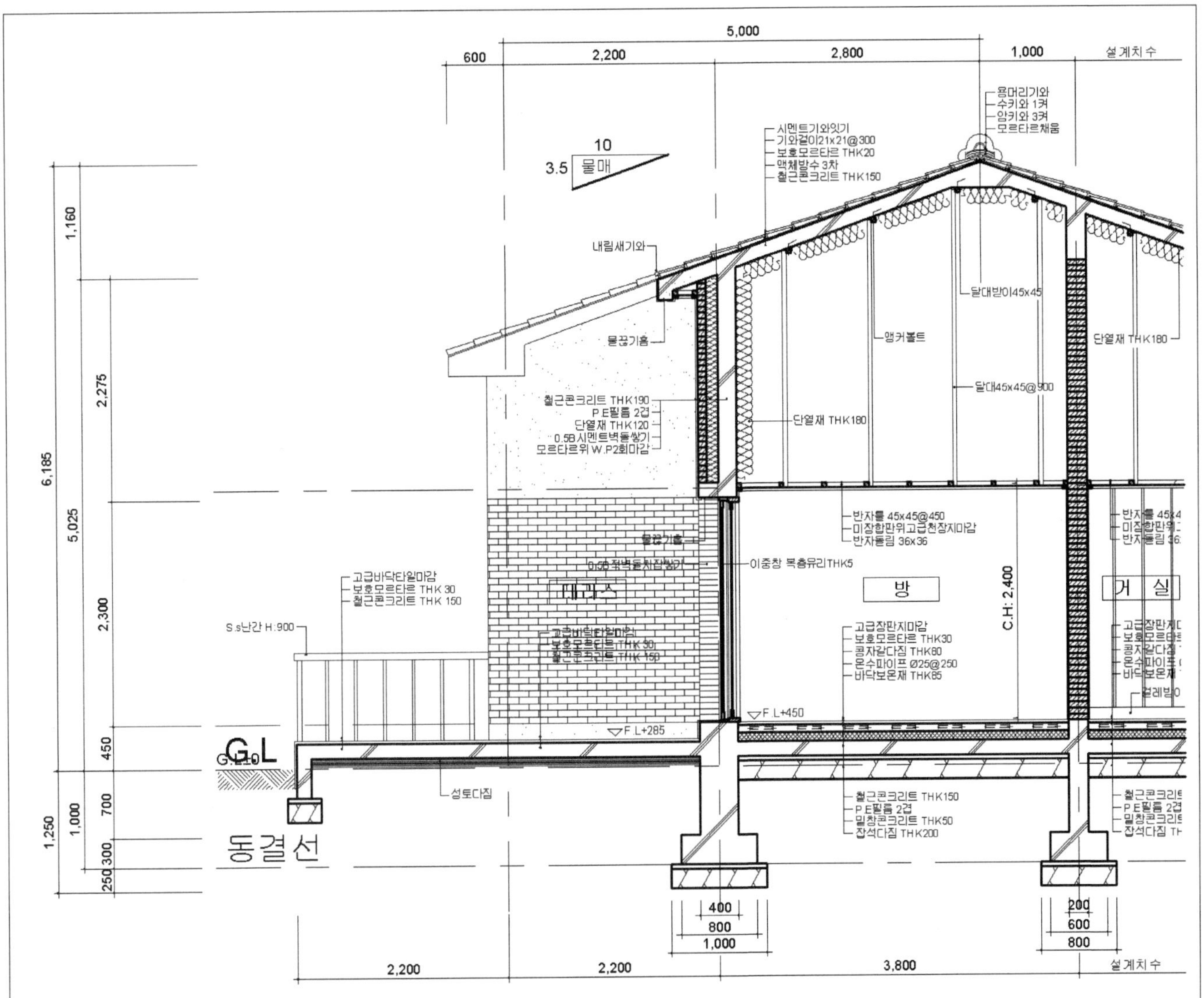

A부분 단면 상세도

S: 1/40

4.2. (거실,주방,방)-(욕실) 단면 상세도

거실-욕실

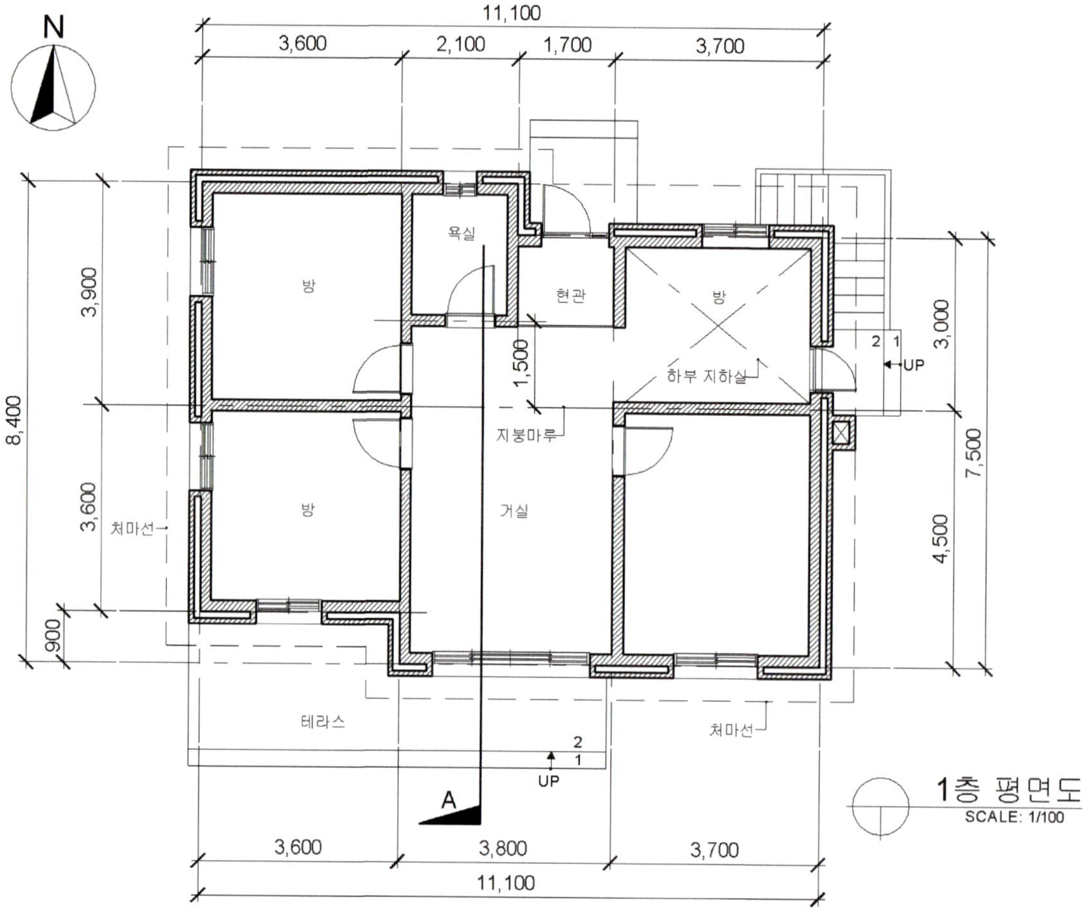

제도 조건
• 기초 및 지하실 벽체: 철근콘크리트 구조 • 벽체: 외벽- 외부로부터 붉은 벽돌 0.5B, 단열재, 시멘트 벽돌 1.0B 내벽- 두께 1.0B 시멘트벽돌 쌓기 • 단열재: 외벽 120mm, 바닥 85mm, 지붕 180mm • 지붕: 철근콘크리트 경사 슬래브위 시멘트기와 잇기 마감 (물매 3.5/10) • 처마나옴: 벽체 중심에서 600mm • 반자높이: 2,350mm, 처마반자 설치 • 창호: 목재 창호로 하되 2중창인 경우 외부 창호는 알루미늄 새시로 한다. • 각 실의 난방: 온수 파이프 온돌 난방으로 한다. • 1층 바닥슬래브와 기초는 일체식으로 표현 • 평면도에 표현되지 않은 현관 상부 캐노피는 작도하지 않는다. • 기타 각 부분의 마감, 치수 등 주어지지 않은 조건은 일반적인 시공수준으로 한다.

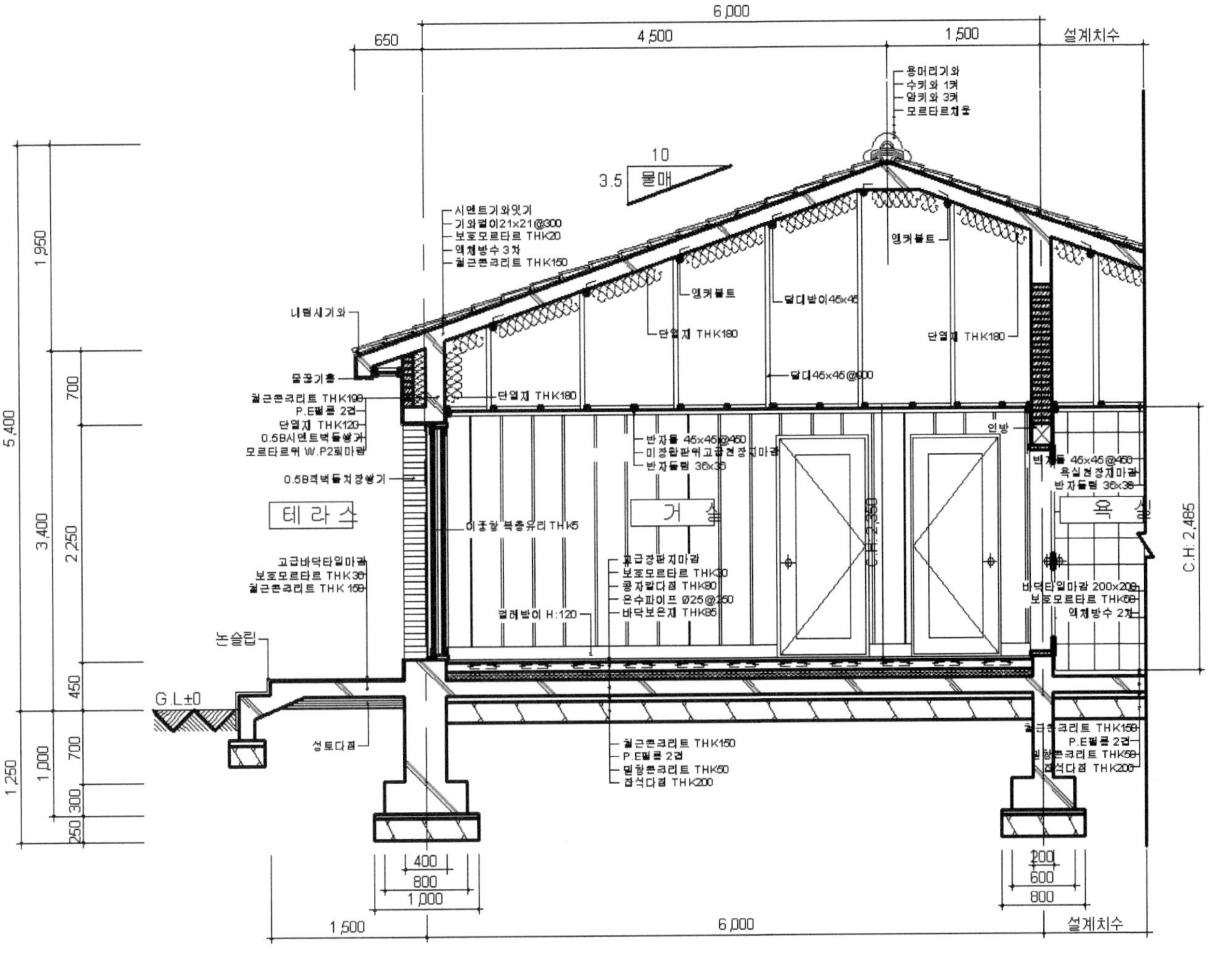

A부분 단면 상세도

S: 1/40

골조 그리기

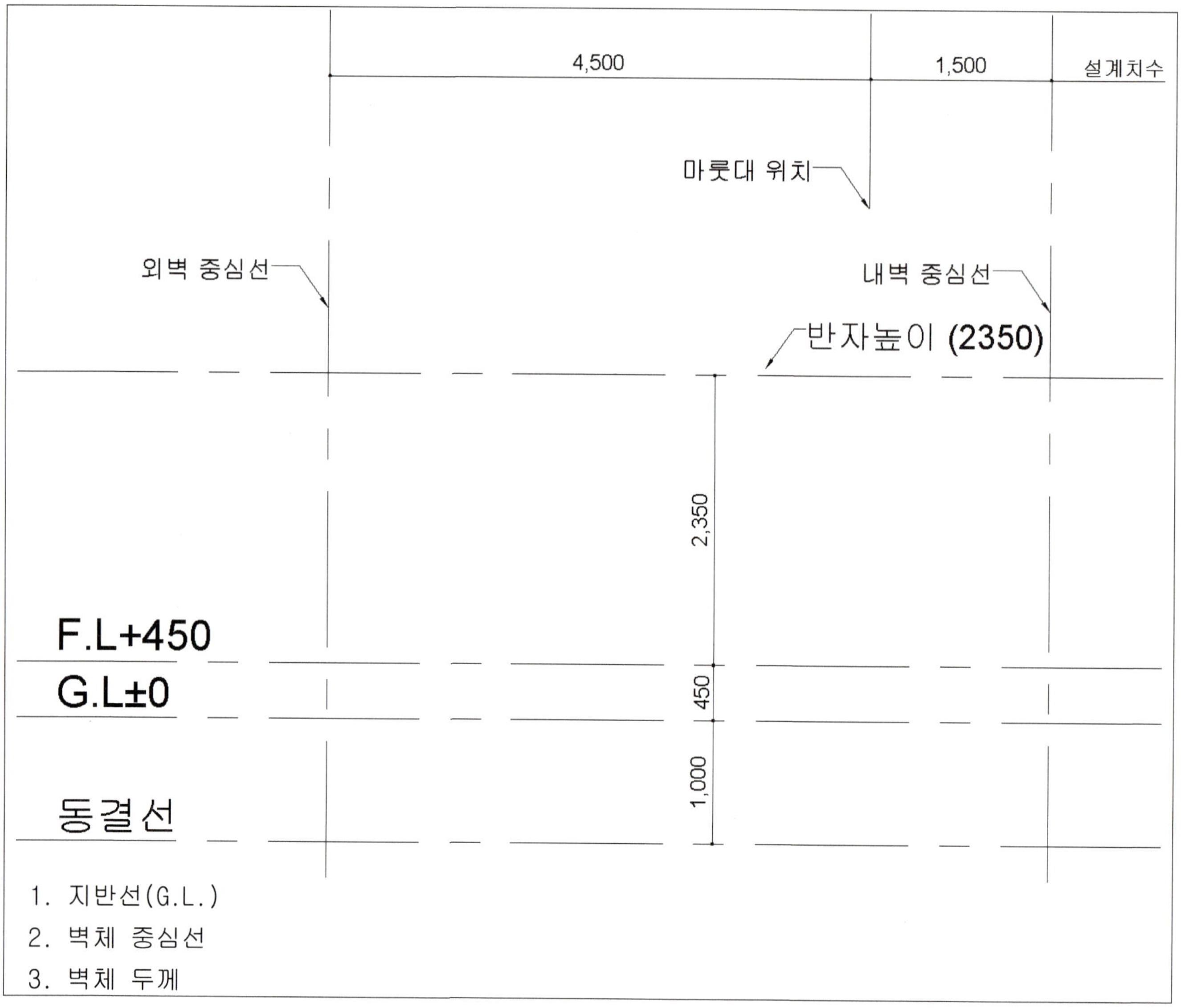

4,500
1,500
설계치수
마룻대 위치
외벽 중심선
내벽 중심선
반자높이 (2350)
2,350
F.L+450
G.L±0
450
1,000
동결선
1. 지반선(G.L.)
2. 벽체 중심선
3. 벽체 두께

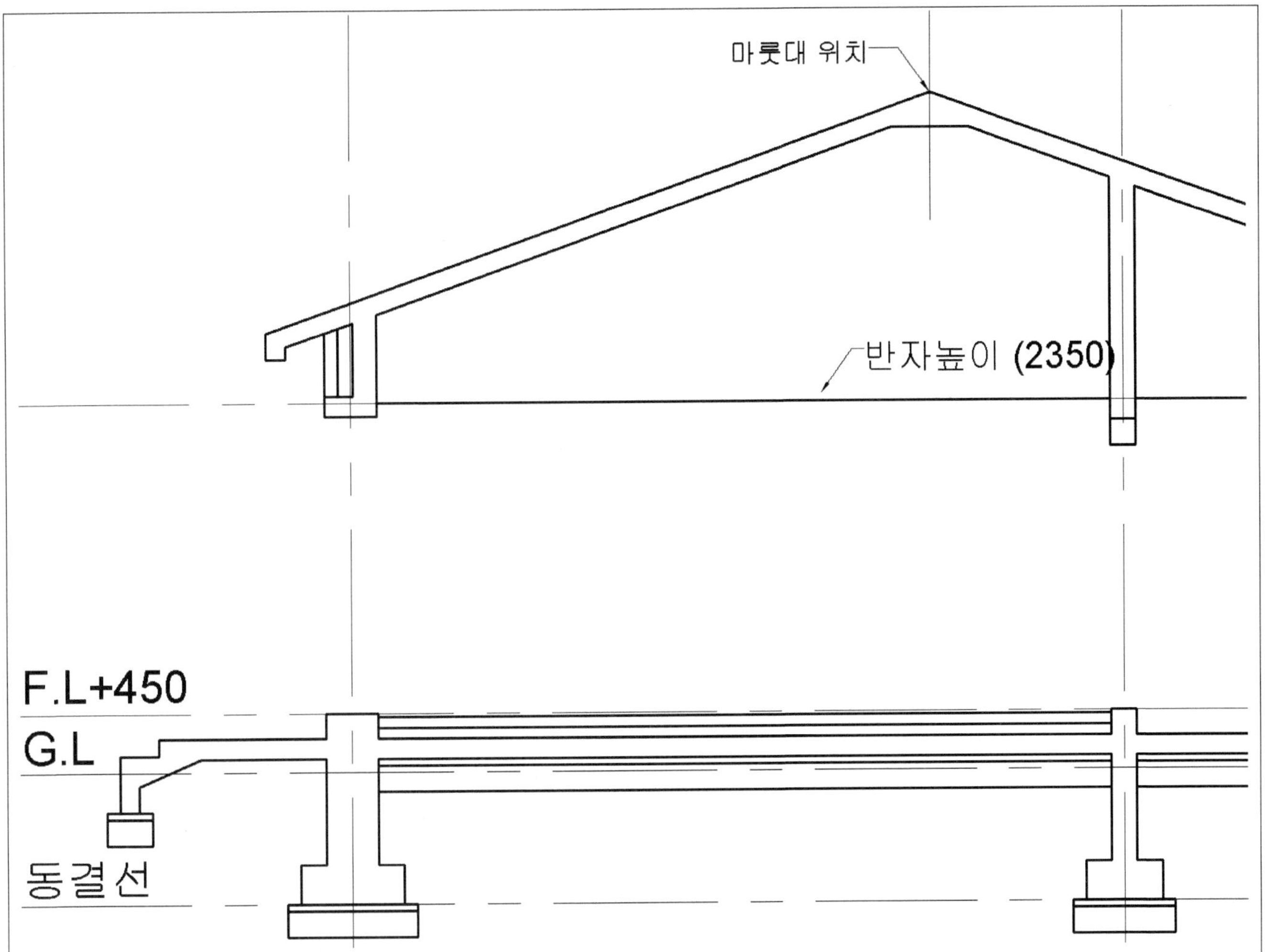

4. 기초
5. 바닥(F.L.)-거실, 테라스부분
6. 지붕 슬래브(물매)

도면요소 표현

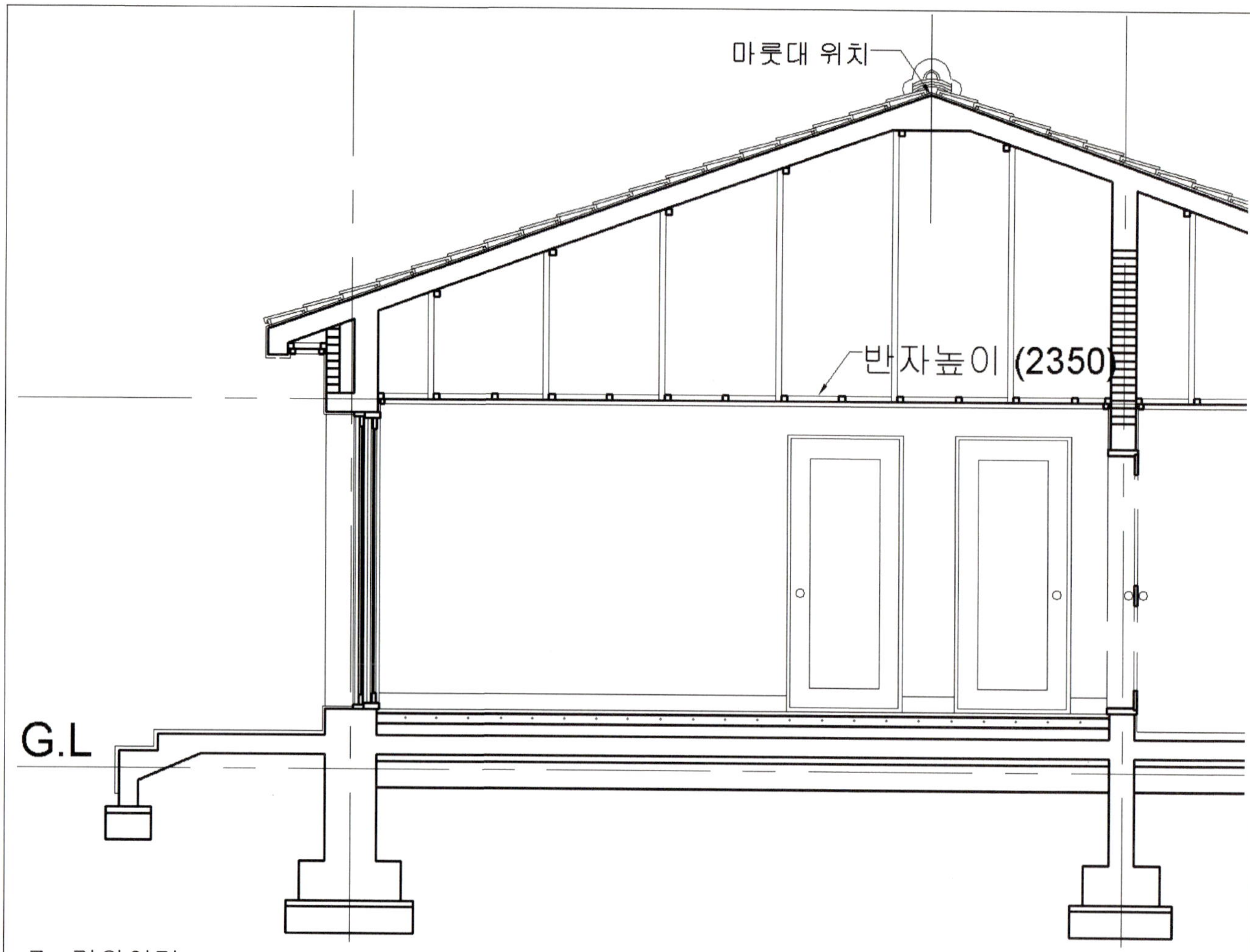

7. 기와이기
8. 반자틀
9. 창호
10. 입면 표시 부분

재료 표시

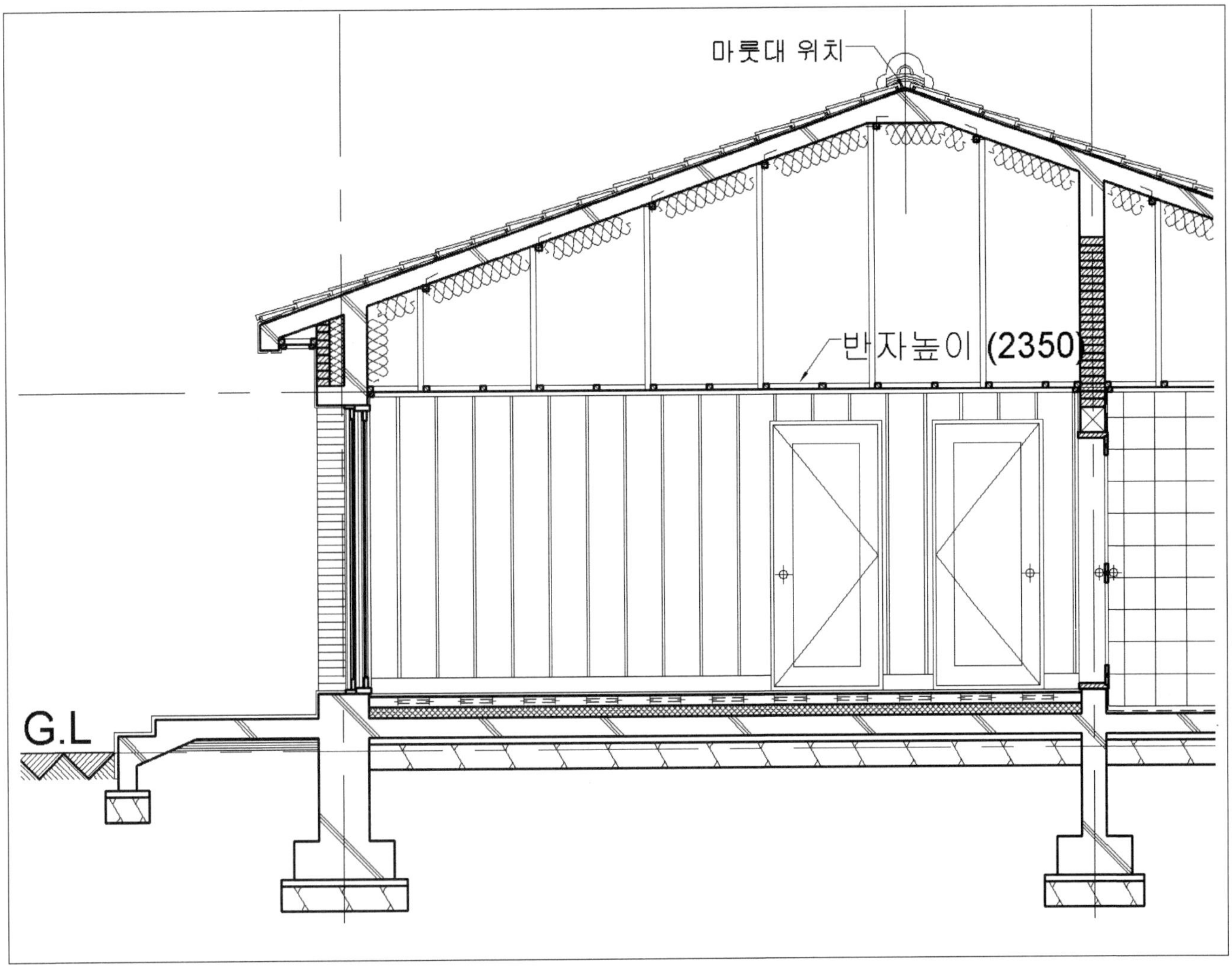

치수 기입

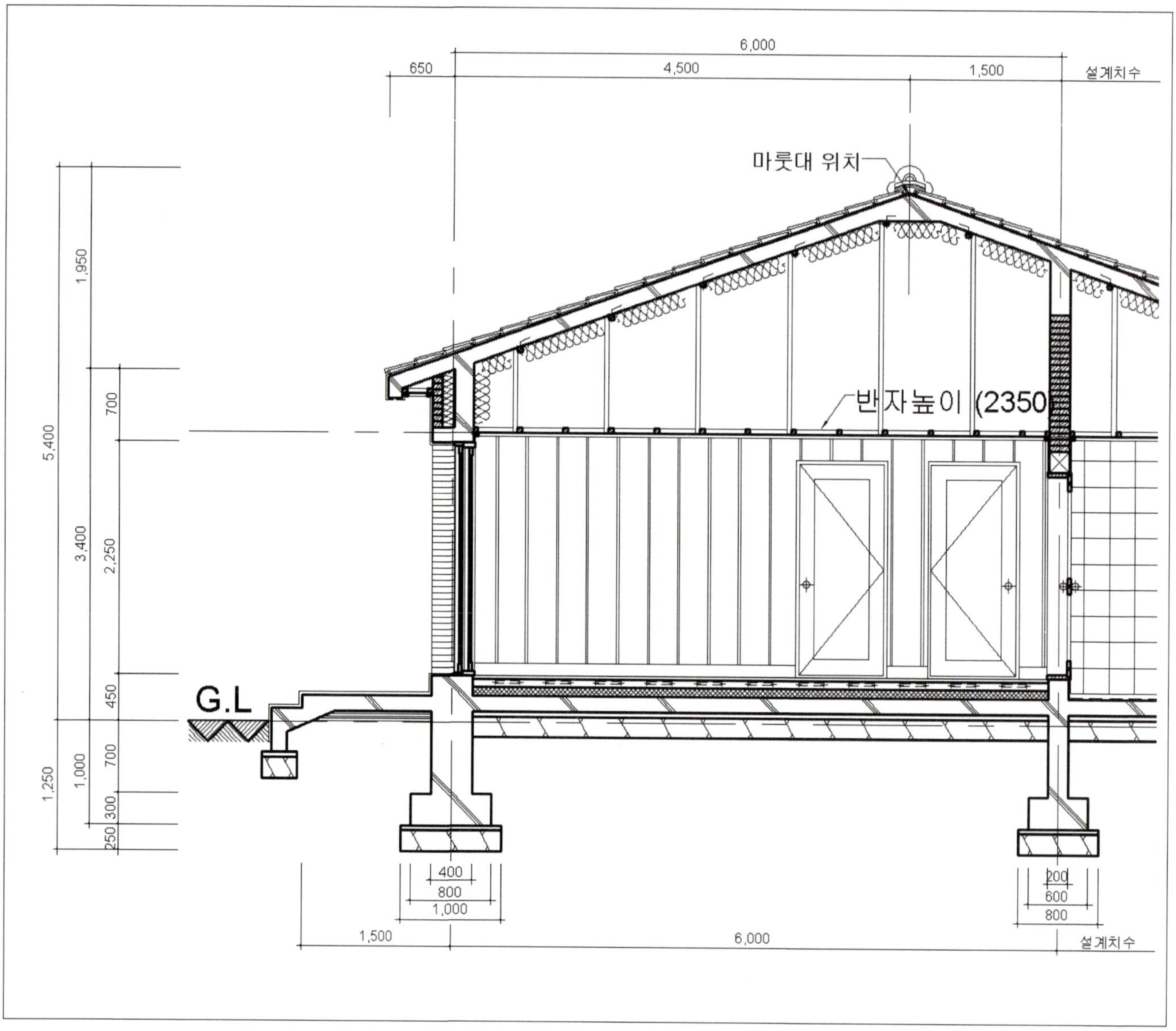

6,000
650
4,500
1,500
설계치수
마룻대 위치
반자높이 (2350)
G.L
1,950
5,400
700
3,400
2,250
450
1,250
1,000
700
300
250
400
800
1,000
200
600
800
1,500
6,000
설계치수

문자 쓰기

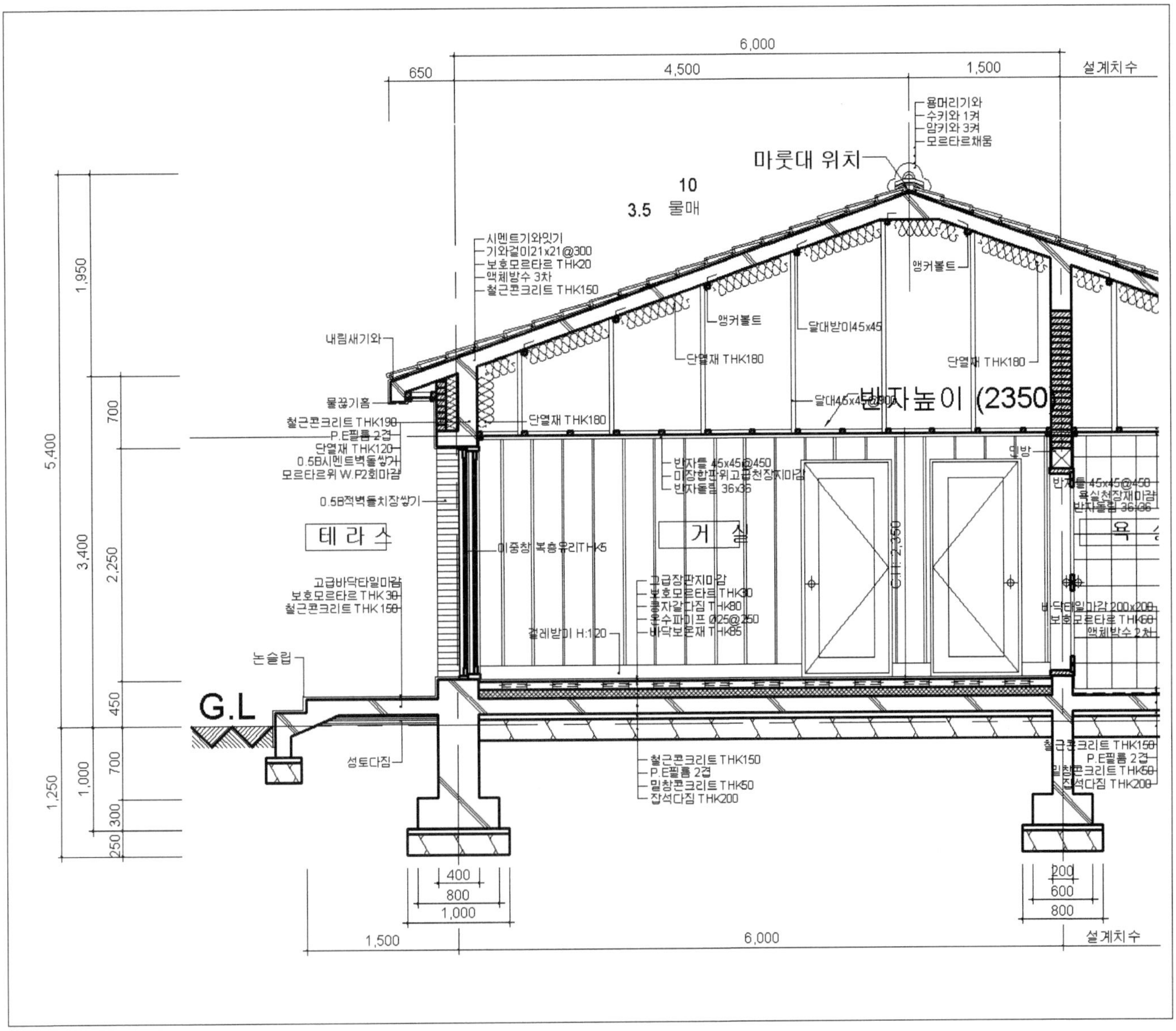

6,000
650
4,500
1,500
설계치수
용머리기와
수키와 1켜
암키와 3켜
모르타르채움
마룻대 위치
10
3.5 물매
시멘트기와잇기
기와걸이21x21@300
보호모르타르 THK20
액체방수 3차
철근콘크리트 THK150
앵커볼트
달대받이45x45
단열재 THK180
내림새기와
물끊기홈
철근콘크리트 THK190
P.E필름 2겹
단열재 THK120
0.5B시멘트벽돌쌓기
모르타르위 W.P2회마감
0.5B적벽돌치장쌓기
반자높이 (2350)
반자틀 45x45@450
반자돌림 36x36
테 라 스
거 실
이중창 복층유리THK5
고급장판지마감
보호모르타르 THK30
자갈다짐 THK80
온수파이프 Ø25@250
바닥보온재 THK85
걸레받이 H:120
C.H: 2,350
고급바닥타일마감
보호모르타르 THK30
철근콘크리트 THK150
논슬립
G.L
성토다짐
철근콘크리트 THK150
P.E필름 2겹
밀창콘크리트 THK50
잡석다짐 THK200
욕실천장재마감
바닥타일마감 200x200
보호모르타르 THK60
액체방수 2차
5,400
1,950
700
3,400
2,250
450
1,250
1,000
700
300
250
400
800
1,000
200
600
800
1,500
6,000
설계치수

도면명 등 정리

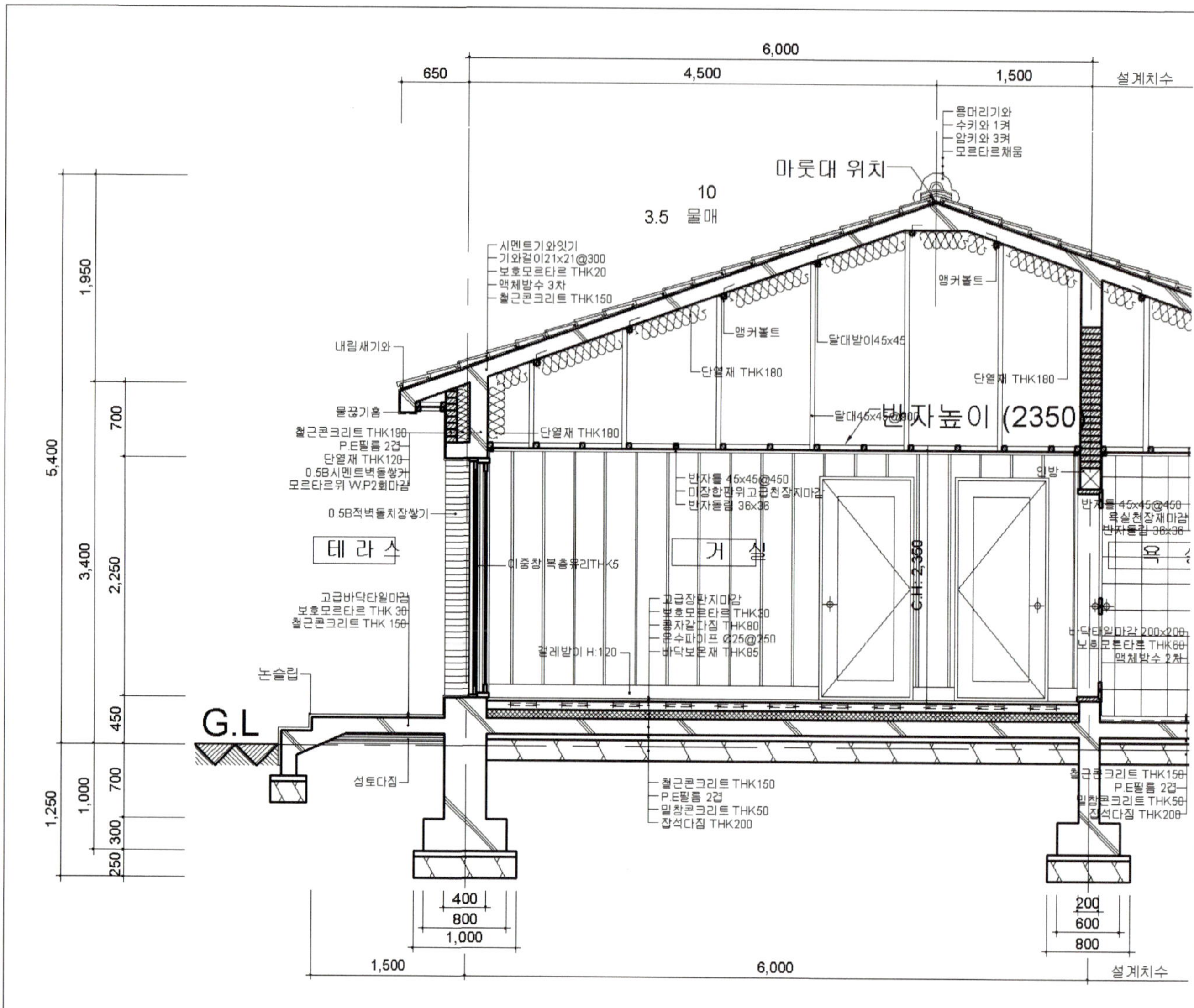

A부분 단면 상세도

S: 1/40

4.3. (현관,테라스)-(욕실) 단면 상세도

현관->욕실

- 처마나옴이 현관부분에서 더 돌출되는 경우

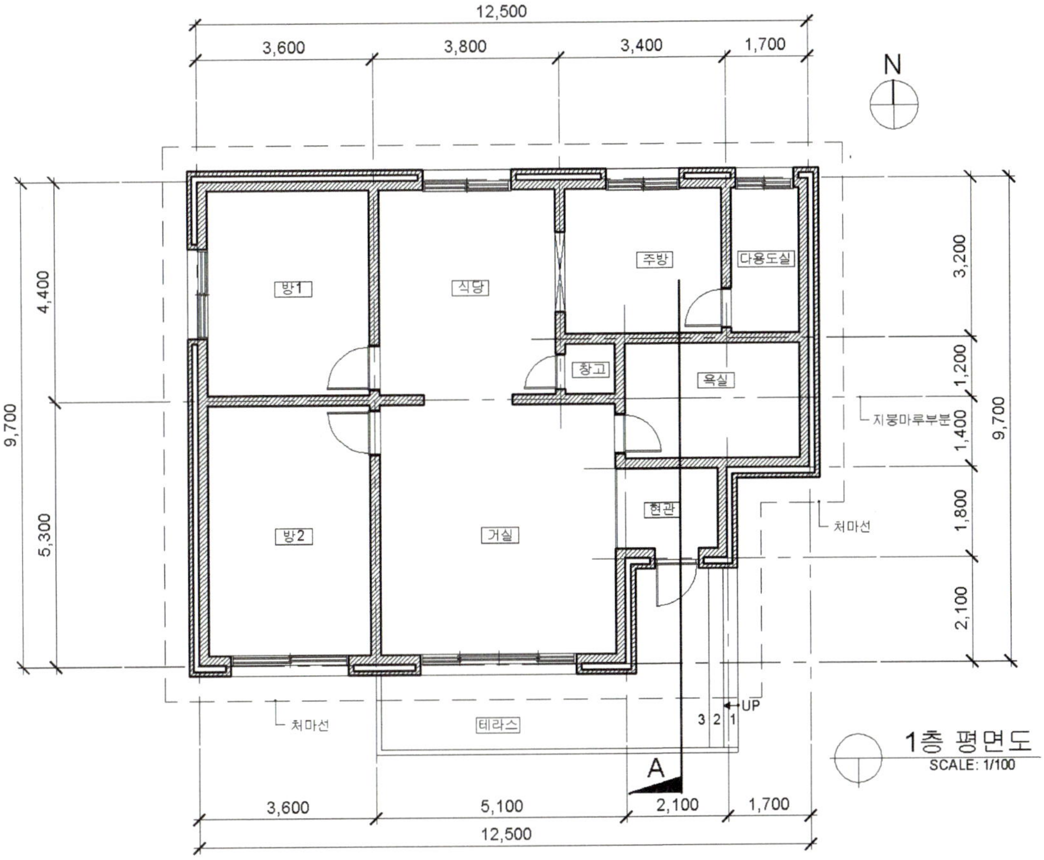

제도 조건

- 기초 및 지하실 벽체: 철근콘크리트 구조
- 벽체: 외벽- 외부로부터 붉은 벽돌 0.5B, 단열재, 시멘트 벽돌 1.0B
  내벽- 두께 1.0B 시멘트벽돌 쌓기
- 단열재: 외벽 120mm, 바닥 85mm, 지붕 180mm
- 지붕: 철근콘크리트 경사 슬래브위 시멘트기와 잇기 마감 (물매 3.5/10)
- 처마나옴: 벽체 중심에서 550mm
- 반자높이: 2,400mm, 처마반자 설치
- 창호: 목재 창호로 하되 2중창인 경우 외부 창호는 알루미늄 새시로 한다.
- 각 실의 난방: 온수 파이프 온돌 난방으로 한다.
- 1층 바닥슬래브와 기초는 일체식으로 표현
- 평면도에 표현되지 않은 현관 상부 캐노피는 작도하지 않는다.
- 기타 각 부분의 마감, 치수 등 주어지지 않은 조건은 일반적인 시공수준으로 한다.

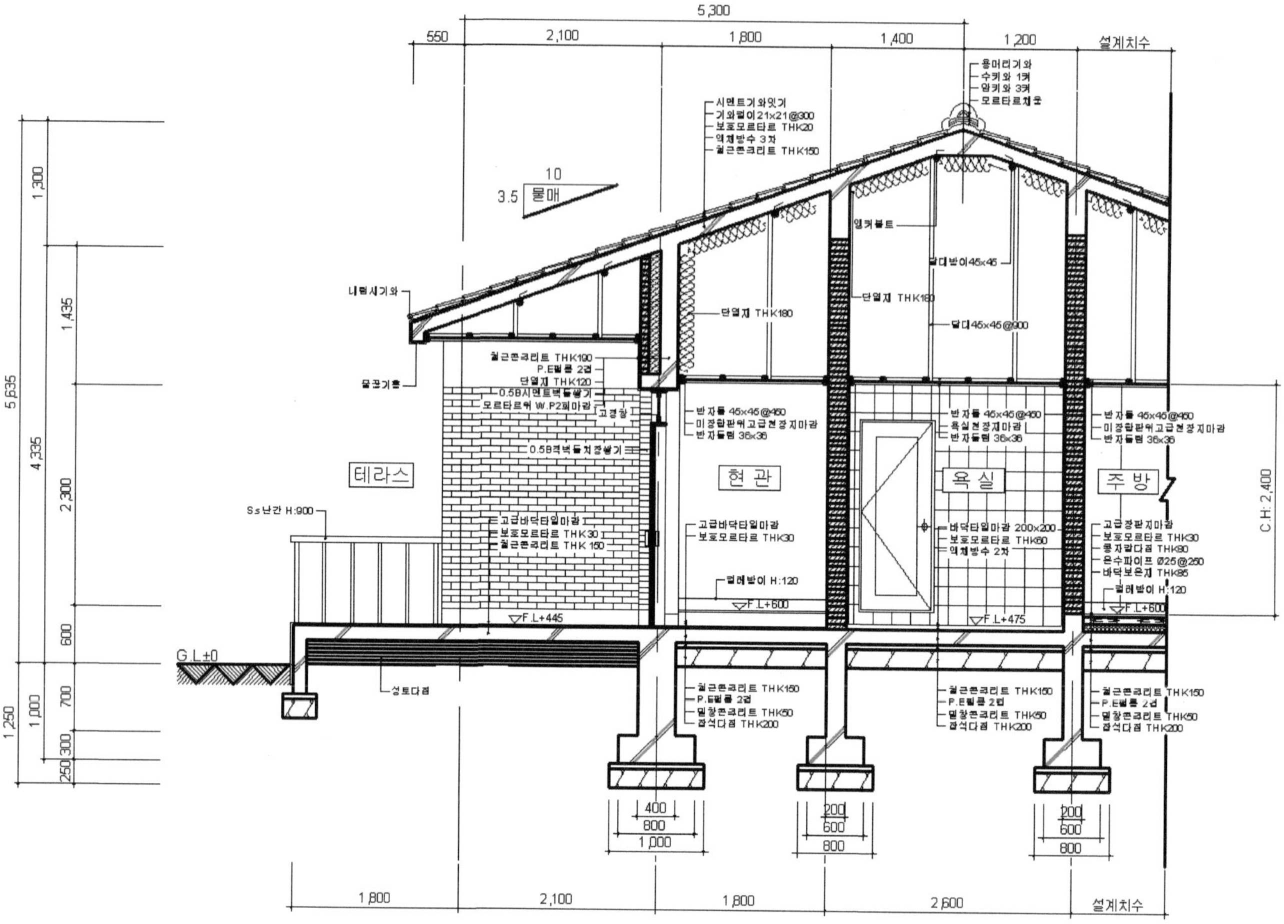

A부분 단면 상세도

S: 1/40

골조 그리기

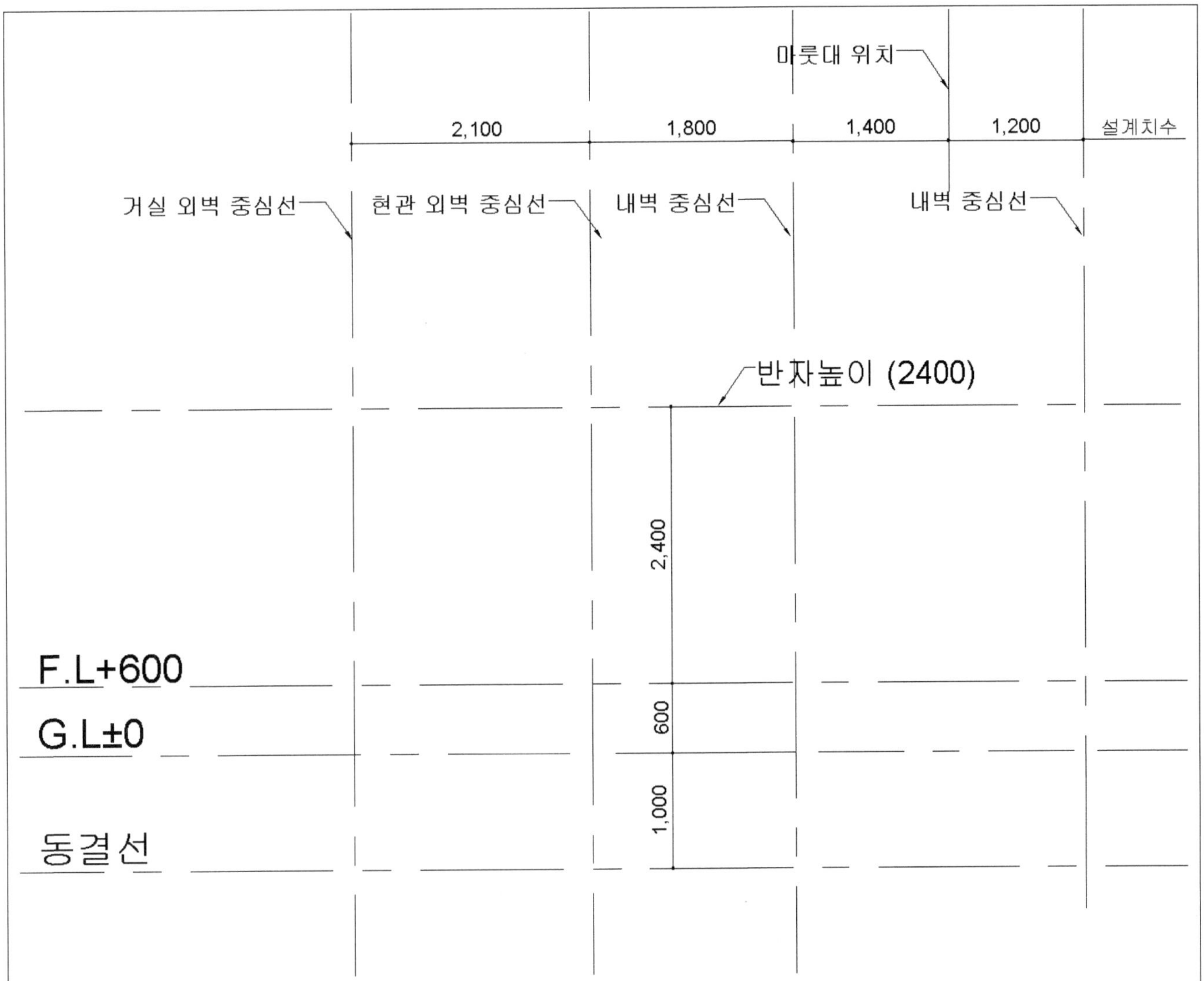

1. 지반선(G.L.)
2. 벽체 중심선
3. 벽체 두께

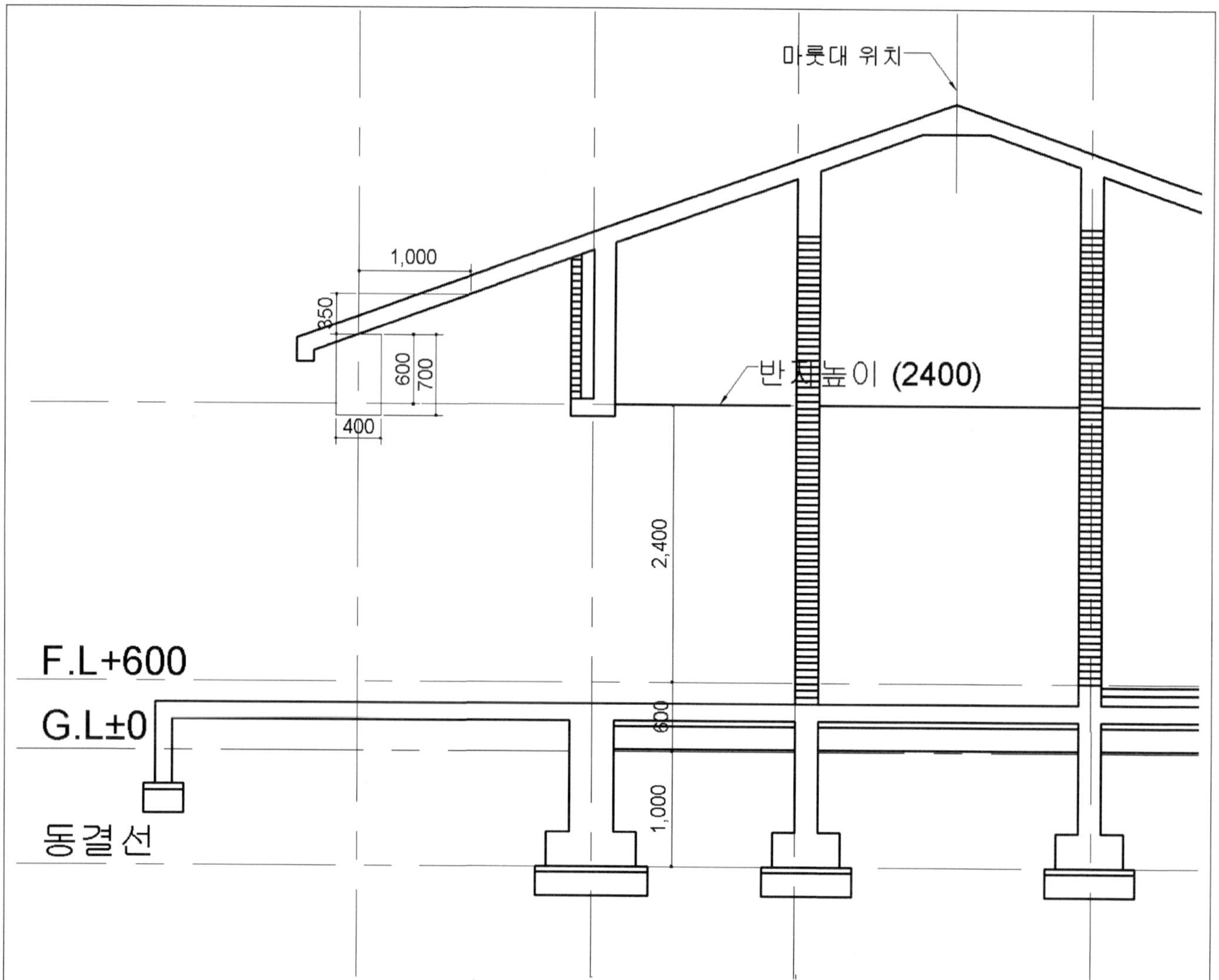

4. 기초
5. 바닥(F.L.)-거실, 테라스부분
6. 지붕 슬래브(물매) - 처마나옴이 [조건]에서는 550이나 평면도에서 확인하면 거실 외벽의 처마선이 현관까지 이어짐.

도면요소 표현

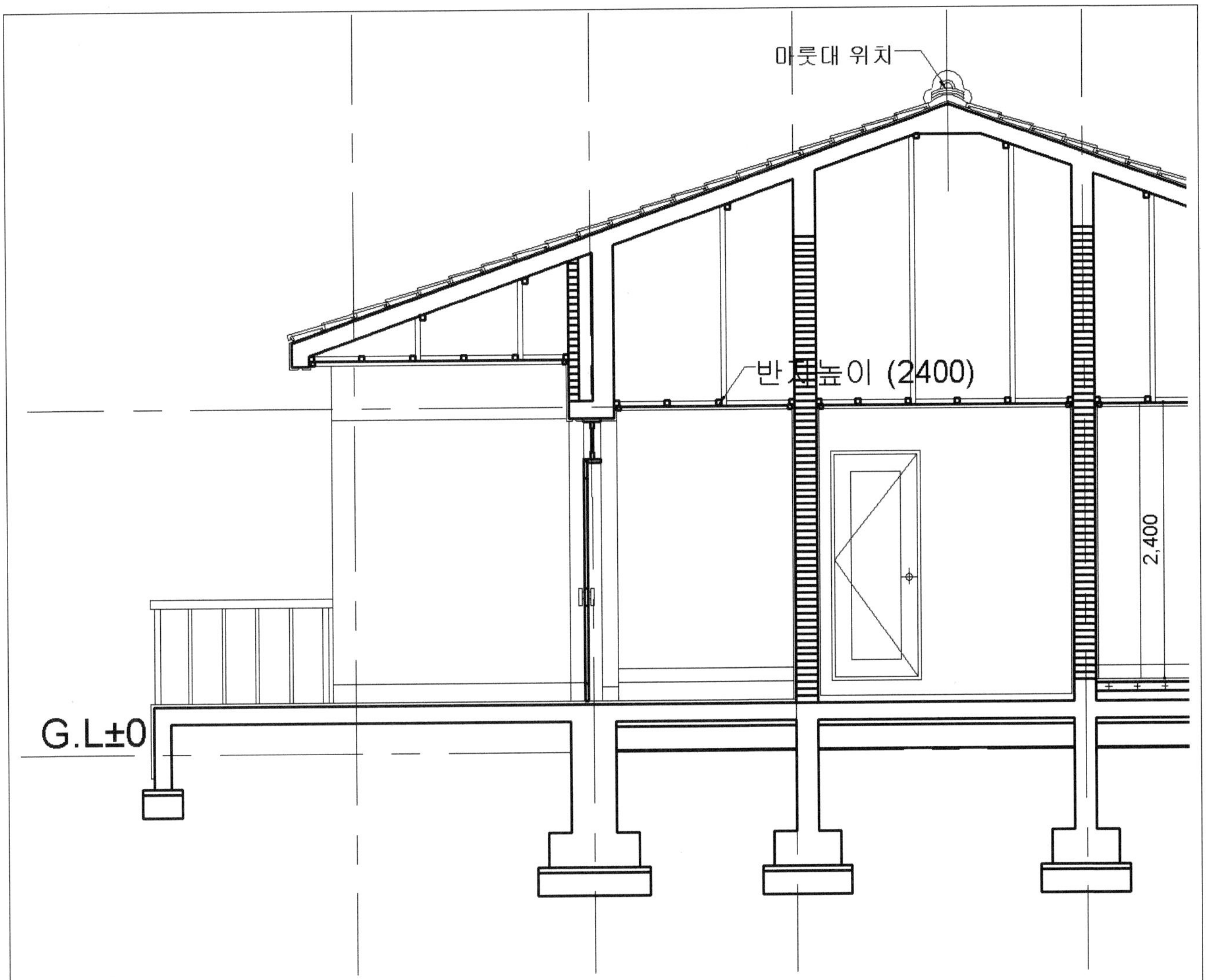

7. 기와이기
8. 반자틀
9. 창호
10. 입면 표시 부분

재료 표시

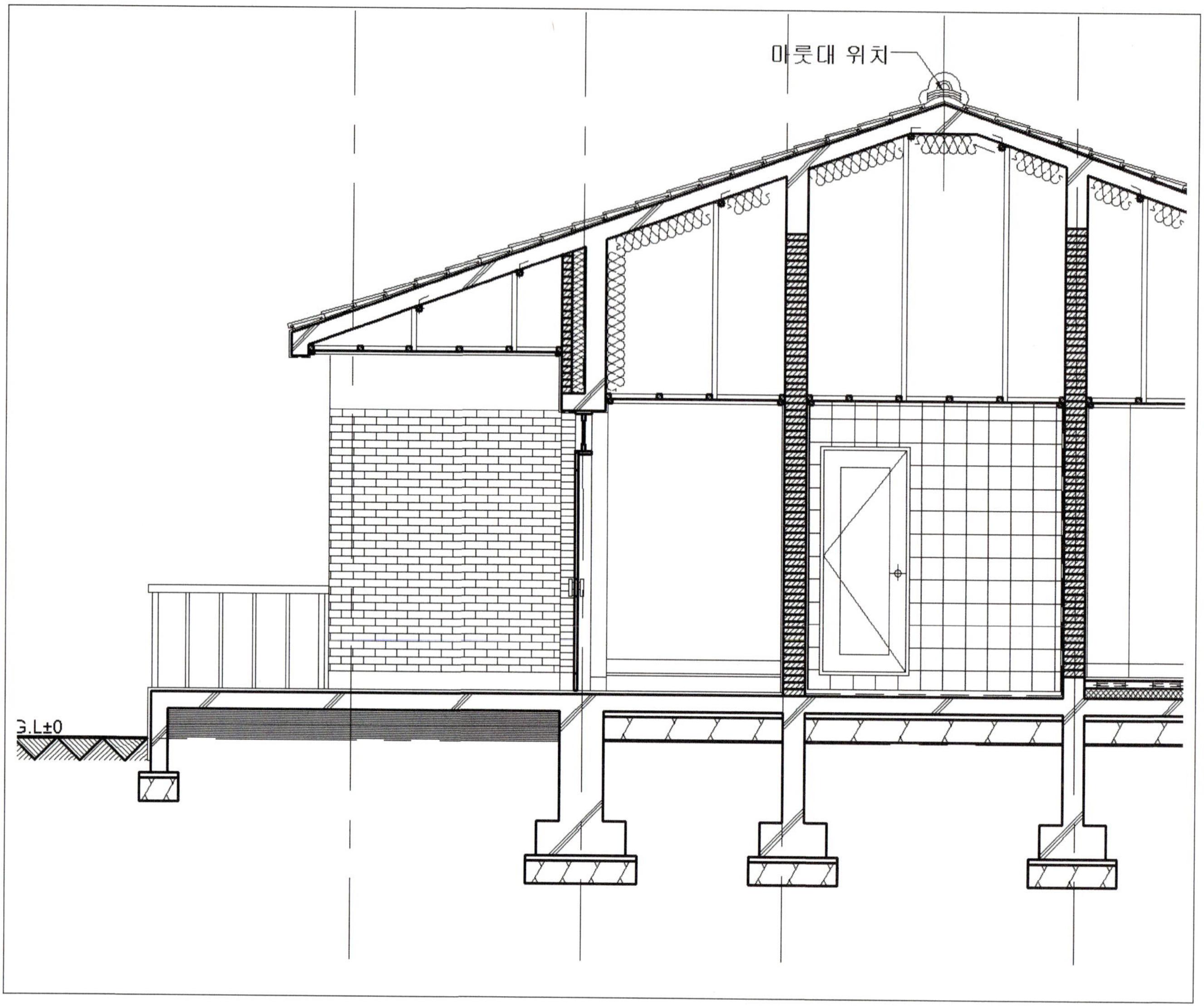

치수 기입

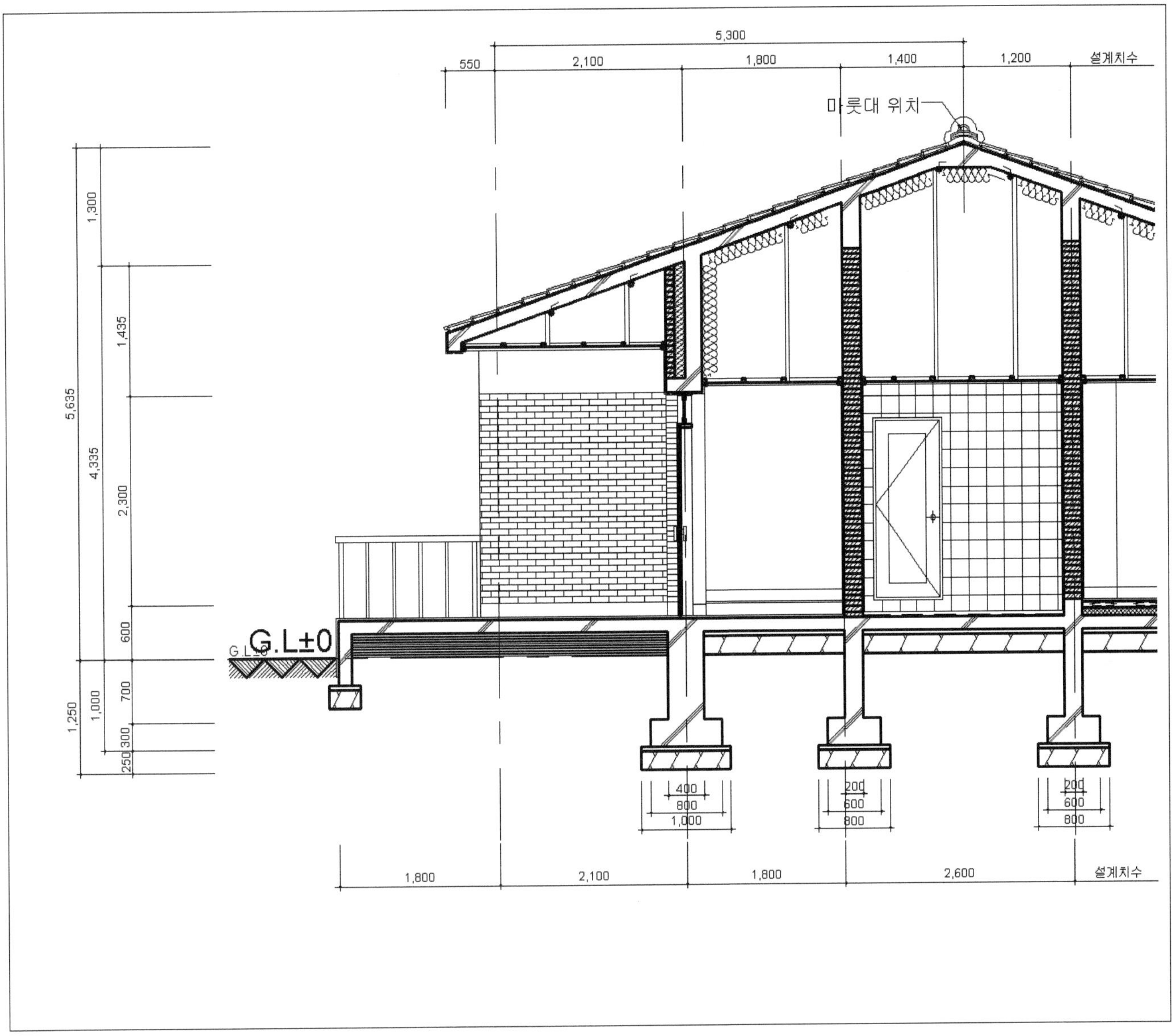
5,300
550
2,100
1,800
1,400
1,200
설계치수
마룻대 위치
1,300
1,435
5,635
4,335
2,300
600
G.L±0
700
1,000
1,250
300
250
400
800
1,000
200
600
800
200
600
800
1,800
2,100
1,800
2,600
설계치수

문자 쓰기

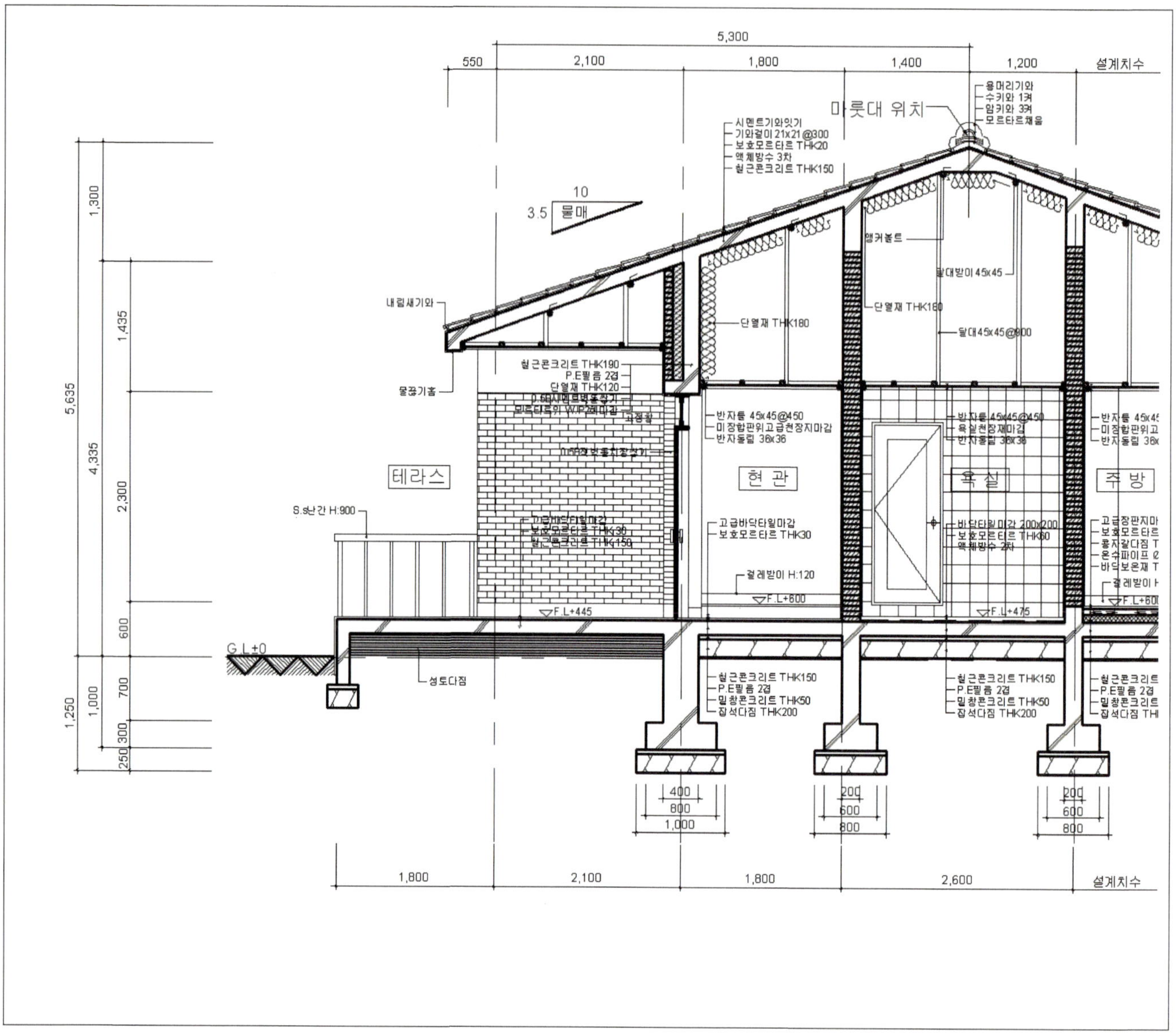

도면명 등 정리

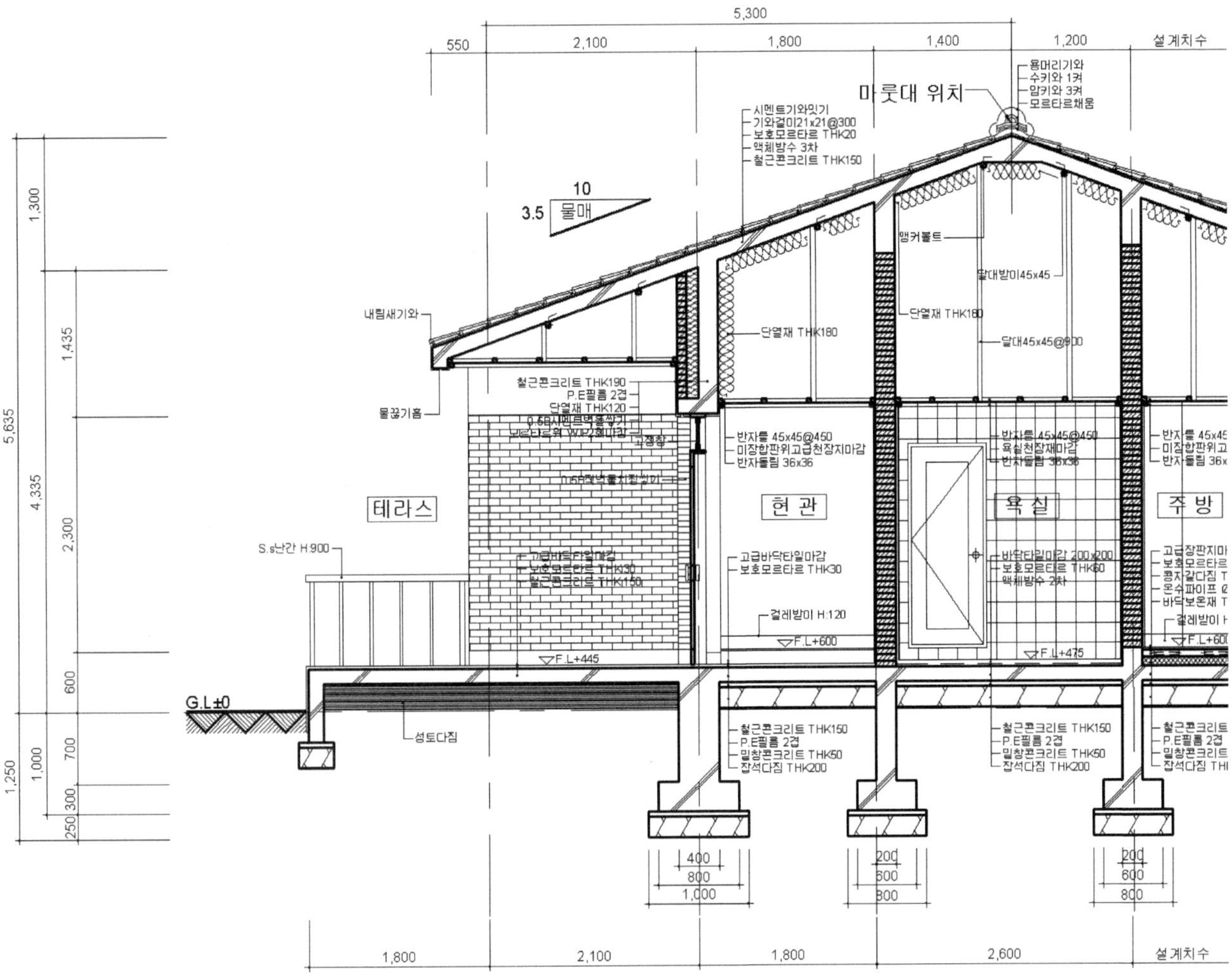

A부분 단면 상세도

S: 1/40

테라스->욕실

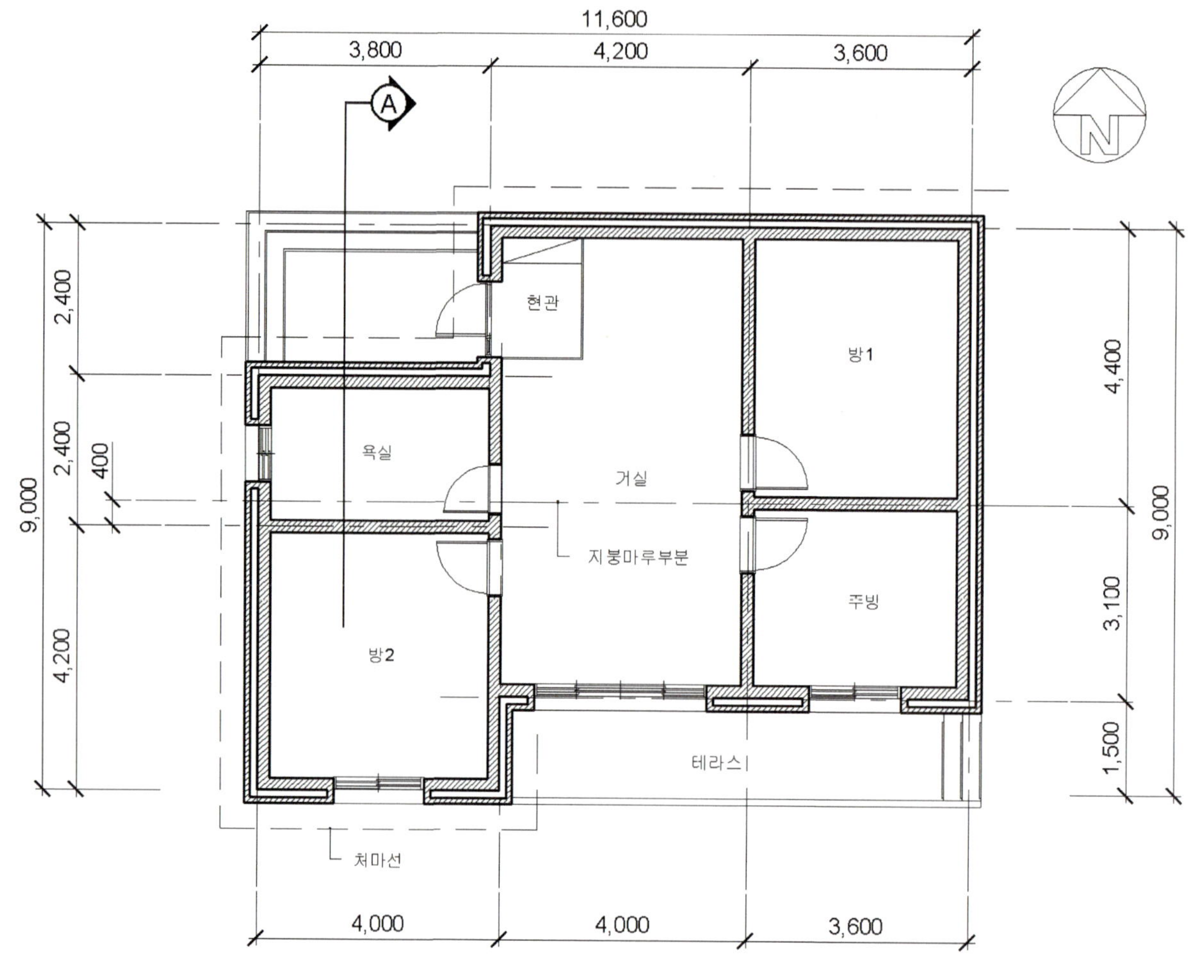

제도 조건
• 기초 및 지하실 벽체: 철근콘크리트 구조 • 벽체: 외벽- 외부로부터 붉은 벽돌 0.5B, 단열재, 시멘트 벽돌 1.0B 내벽- 두께 1.0B 시멘트벽돌 쌓기 • 단열재: 외벽 120mm, 바닥 85mm, 지붕 180mm • 지붕: 철근콘크리트 경사 슬래브위 시멘트기와 잇기 마감 (물매 4/10) • 처마나옴: 벽체 중심에서 550mm • 반자높이: 2,400mm, 처마반자 설치 • 창호: 목재 창호로 하되 2중창인 경우 외부 창호는 알루미늄 새시로 한다. • 각 실의 난방: 온수 파이프 온돌 난방으로 한다. • 1층 바닥슬래브와 기초는 일체식으로 표현 • 평면도에 표현되지 않은 현관 상부 캐노피는 작도하지 않는다. • 기타 각 부분의 마감, 치수 등 주어지지 않은 조건은 일반적인 시공수준으로 한다.

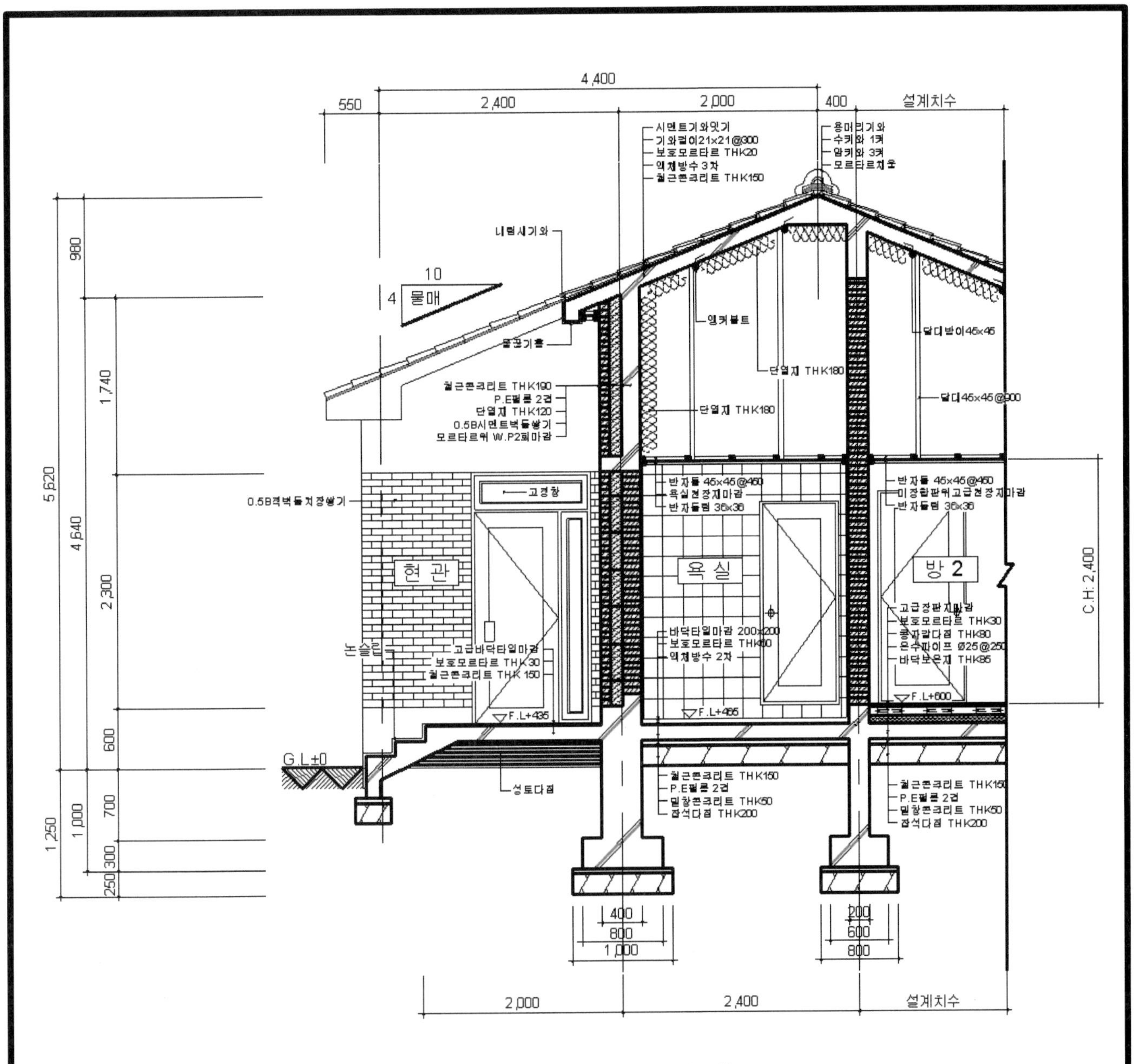

A부분 단면 상세도

S: 1/40

골조 그리기

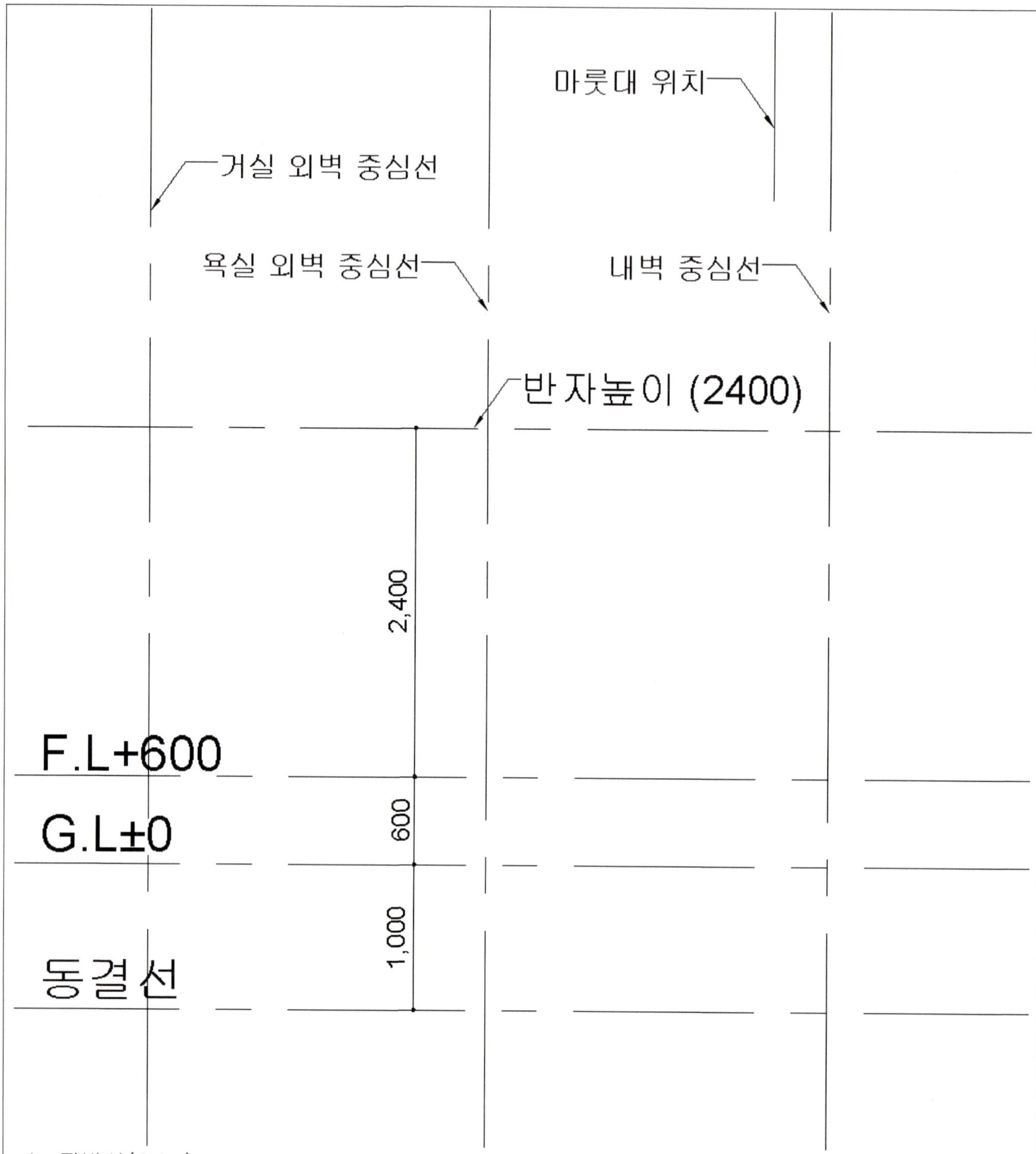

1. 지반선(G.L.)
2. 벽체 중심선
3. 벽체 두께

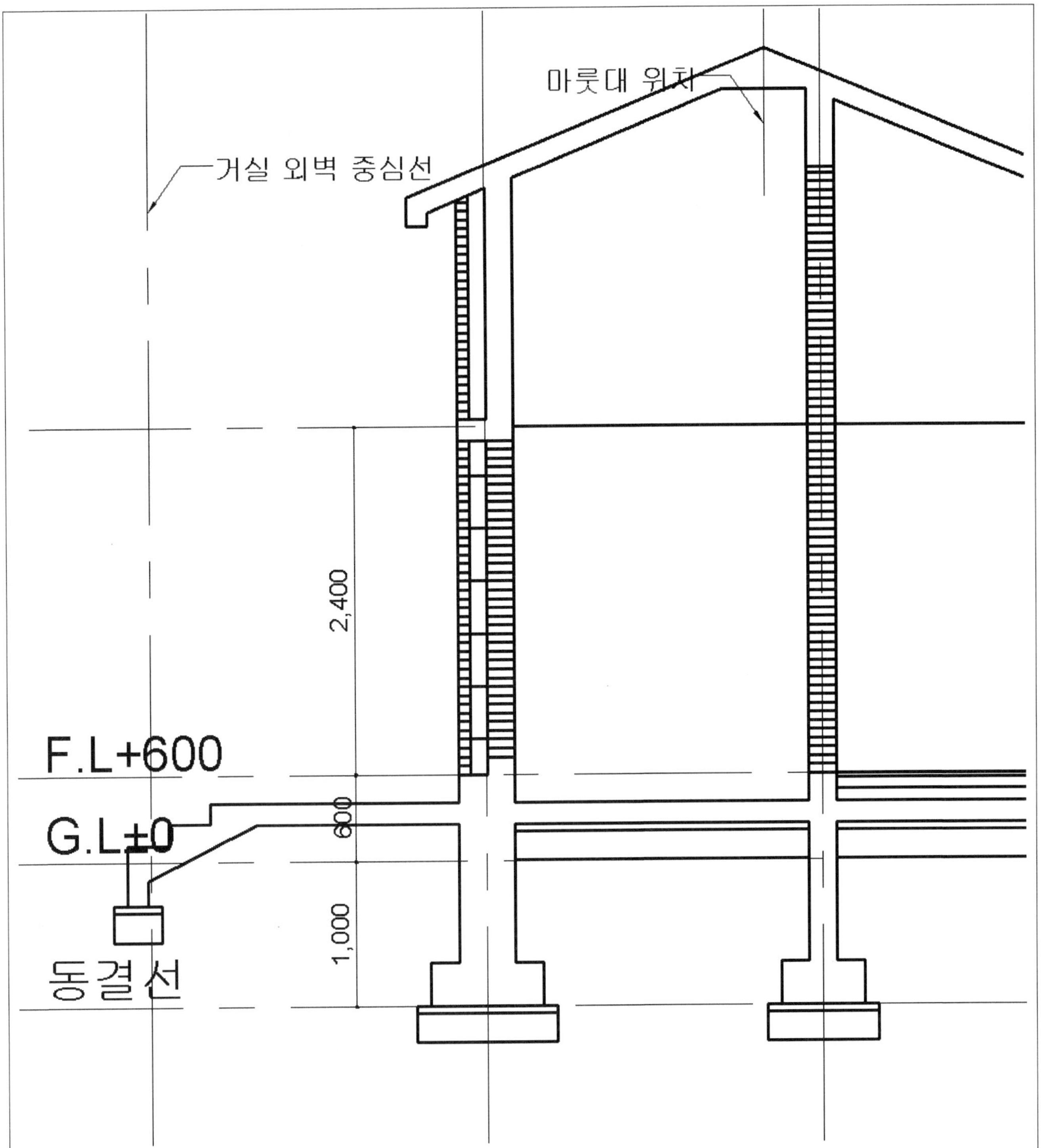

4. 기초
5. 바닥(F.L.)-거실, 테라스부분
6. 지붕 슬래브(물매)

도면요소 표현

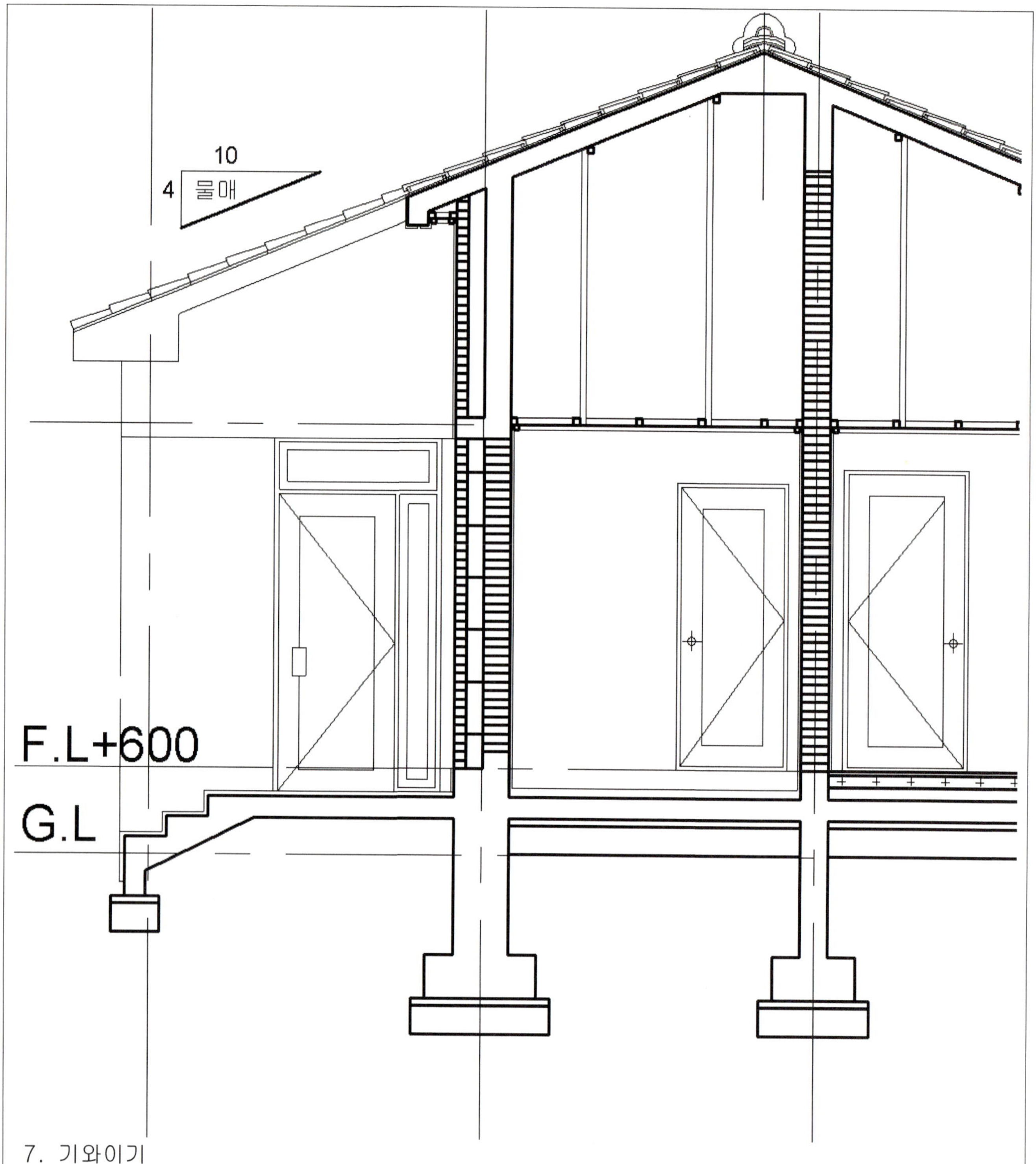

7. 기와이기
8. 반자틀
9. 창호
10. 입면 표시 부분

재료 표시

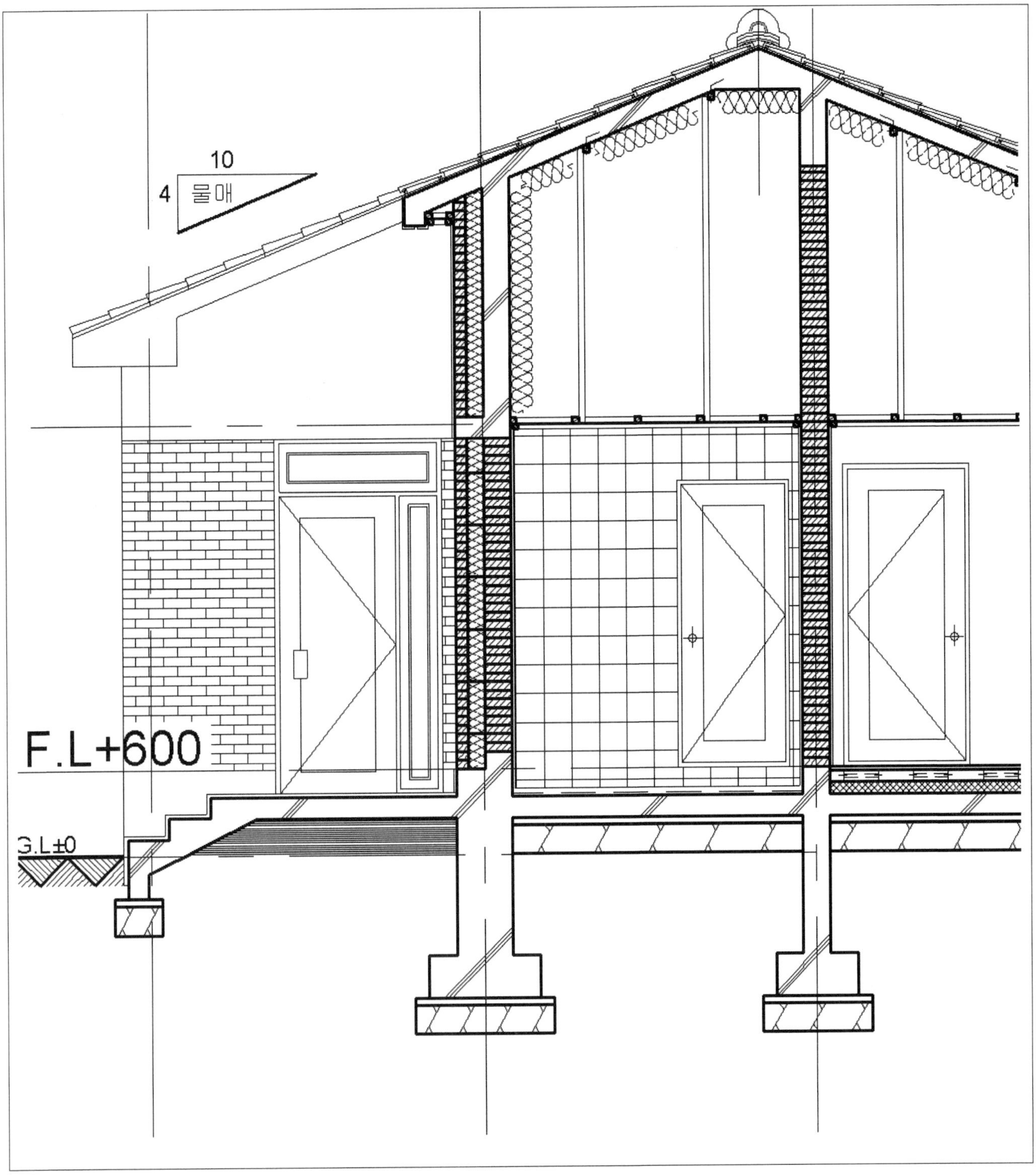

치수 기입

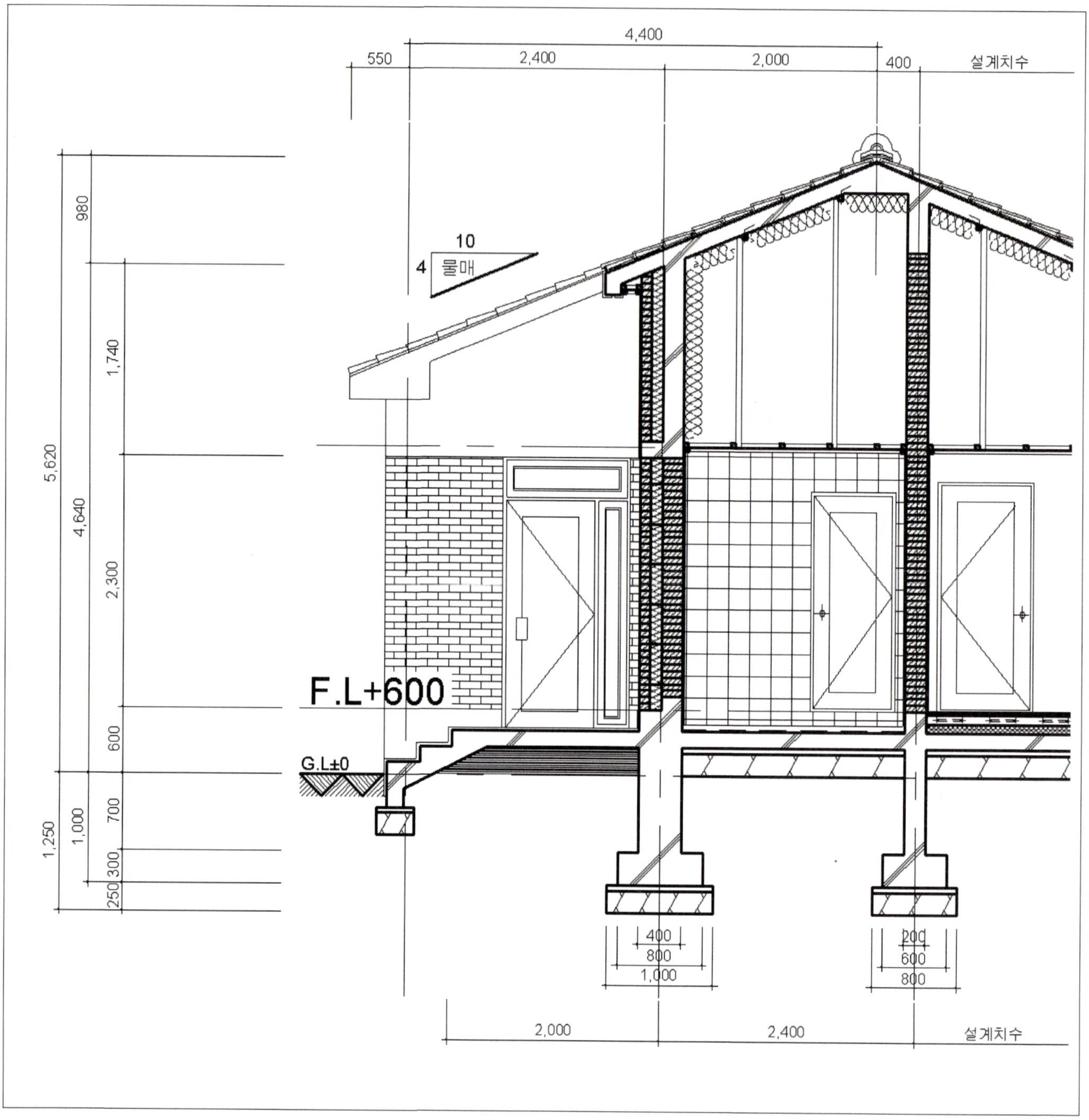
4,400
550
2,400
2,000
400
설계치수
980
1,740
5,620
4,640
2,300
600
700
1,000
1,250
300
250
10
4 물매
F.L+600
G.L±0
400
800
1,000
200
600
800
2,000
2,400
설계치수

문자 쓰기

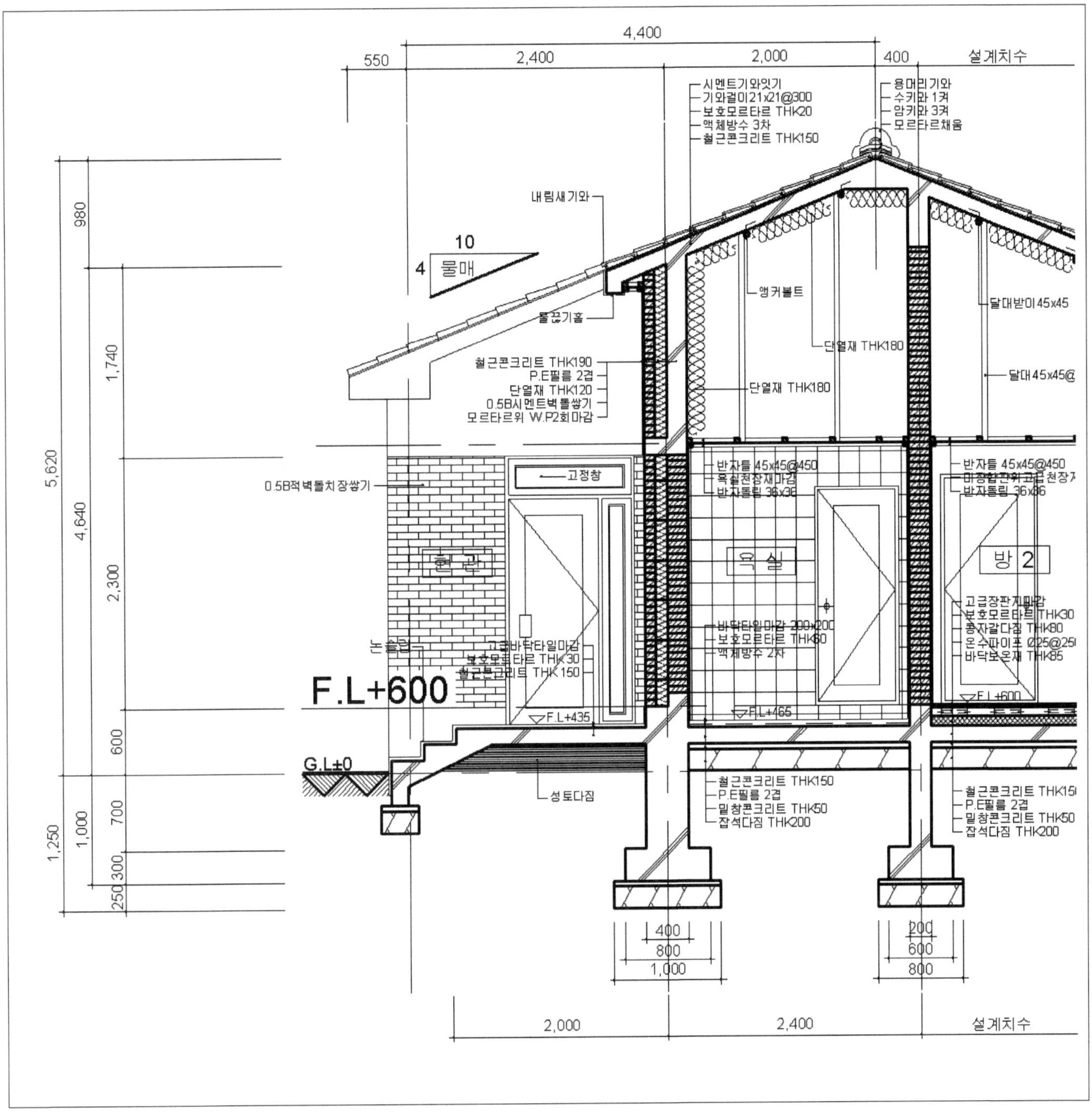
4,400
550
2,400
2,000
400
설계치수
시멘트기와잇기
기와걸이21x21@300
보호모르타르 THK20
액체방수 3차
철근콘크리트 THK150
용머리기와
수키와 1겹
암키와 3겹
모르타르채움
내림새기와
10
4 물매
앵커볼트
달대받이45x45
물끊기홈
단열재 THK180
철근콘크리트 THK190
P.E필름 2겹
단열재 THK120
0.5B시멘트벽돌쌓기
모르타르위 W.P2회마감
단열재 THK180
0.5B적벽돌치장쌓기
고정창
반자틀 45x45@450
욕실천장재마감
반자돌림 36x36
반자틀 45x45@450
반자돌림 36x36
현관
욕실
방 2
고급장판지마감
보호모르타르 THK30
자갈다짐 THK80
온수파이프 Ø25@250
바닥보온재 THK85
바닥타일마감 200x200
보호모르타르 THK60
액체방수 2차
논슬립
고급바닥타일마감
보호모르타르 THK30
철근콘크리트 THK 150
F.L+600
F.L+435
F.L+465
F.L+600
G.L±0
성토다짐
철근콘크리트 THK150
P.E필름 2겹
밑창콘크리트 THK50
잡석다짐 THK200
980
1,740
5,620
4,640
2,300
600
1,250
1,000
700
300
250
400
800
1,000
200
600
800
2,000
2,400
설계치수

도면명 등 정리

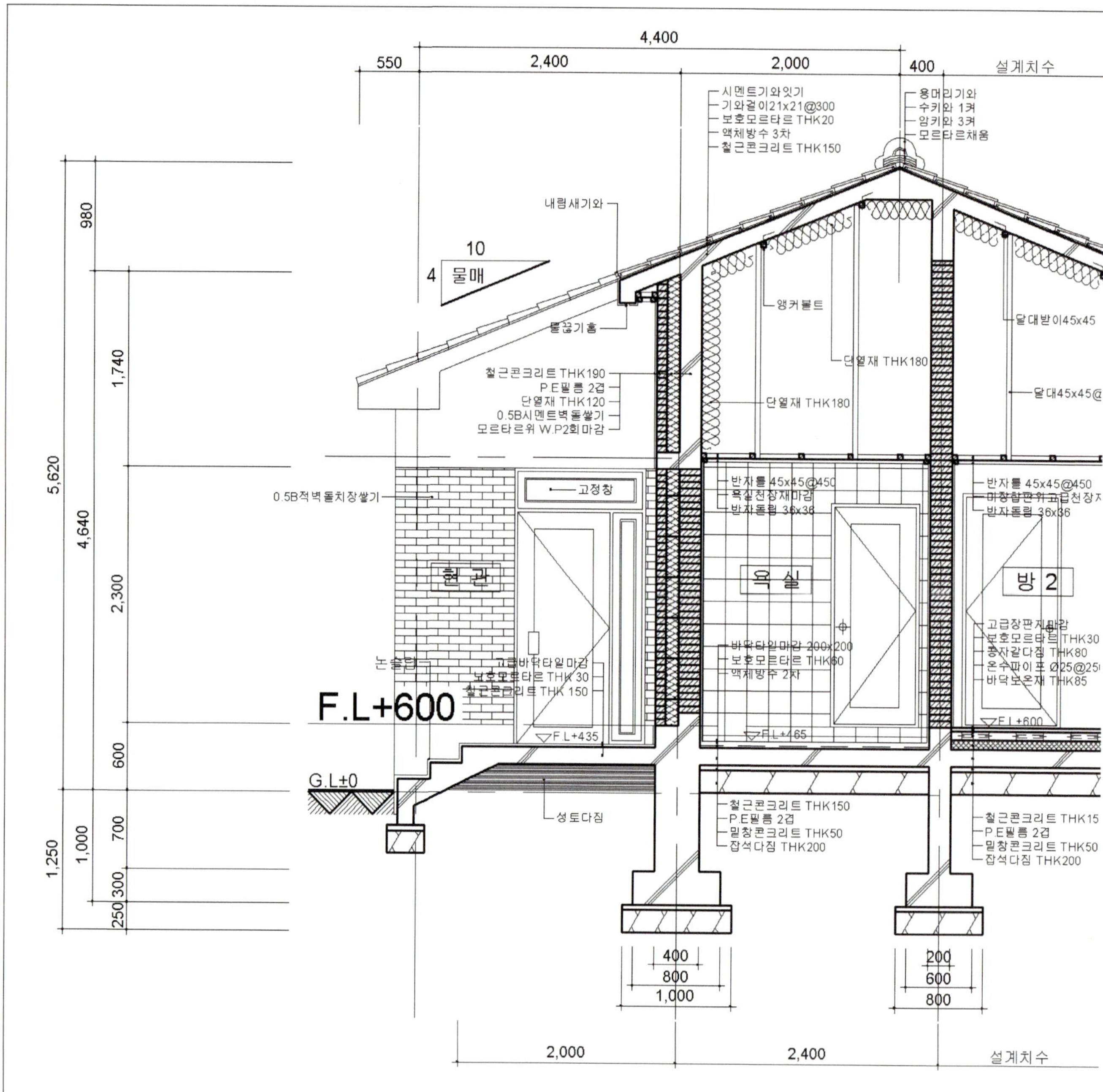

A부분 단면 상세도
S: 1/40

4.4. (지하실) 단면 상세도

주방(하부: 지하실)

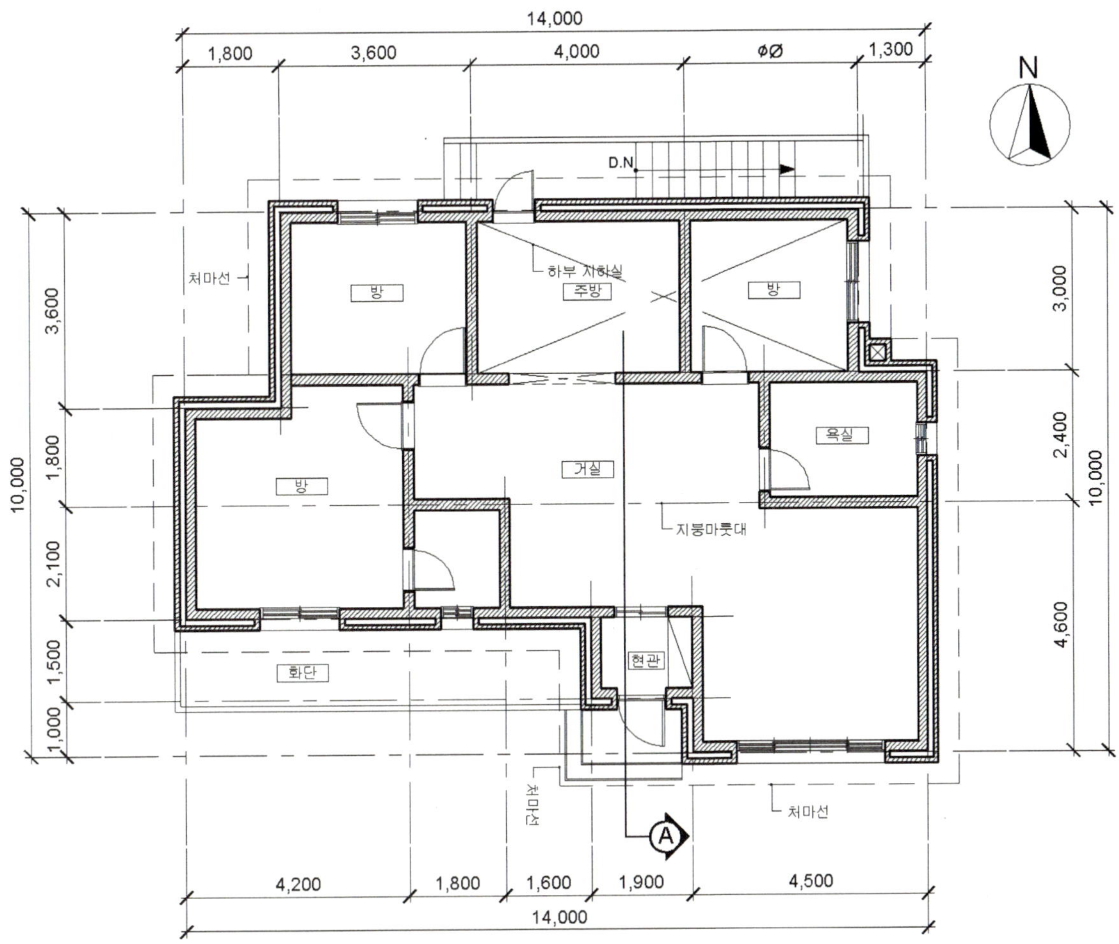

제도 조건
• 기초 및 지하실 벽체: 철근콘크리트 구조 • 벽체: 외벽- 외부로부터 붉은 벽돌 0.5B, 단열재, 시멘트 벽돌 1.0B 　　내벽- 두께 1.0B 시멘트벽돌 쌓기 • 단열재: 외벽 120mm, 바닥 85mm, 지붕 180mm • 지붕: 철근콘크리트 경사 슬래브위 시멘트기와 잇기 마감 (물매 3.5/10) • 처마나옴: 벽체 중심에서 600mm • 반자높이: 2,300mm, 처마반자 설치 • 창호: 목재 창호로 하되 2중창인 경우 외부 창호는 알루미늄 새시로 한다. • 각 실의 난방: 온수 파이프 온돌 난방으로 한다. • 1층 바닥슬래브와 기초는 일체식으로 표현 • 평면도에 표현되지 않은 현관 상부 캐노피는 작도하지 않는다. • 기타 각 부분의 마감, 치수 등 주어지지 않은 조건은 일반적인 시공수준으로 한다.

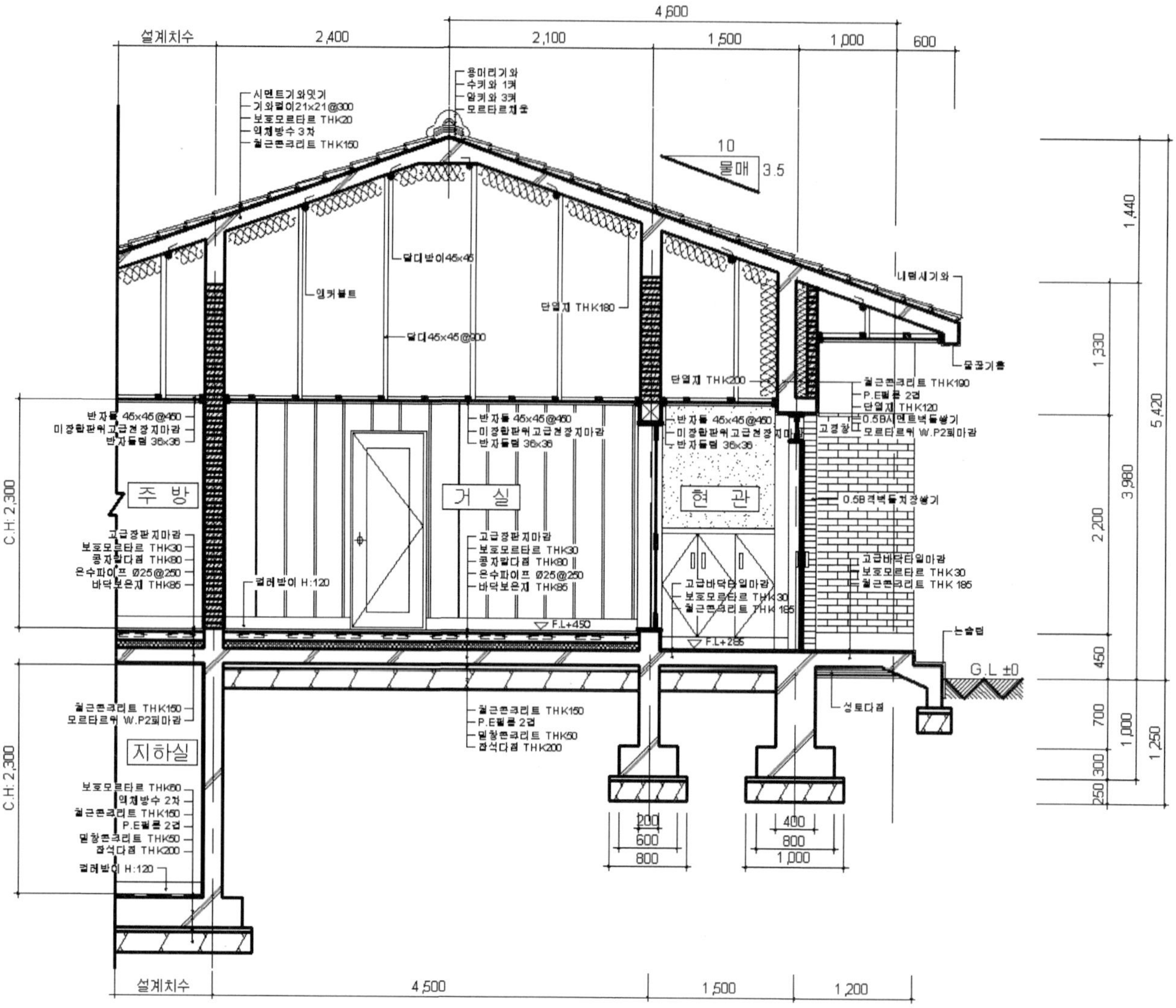

A부분 단면 상세도

S: 1/40

골조 그리기

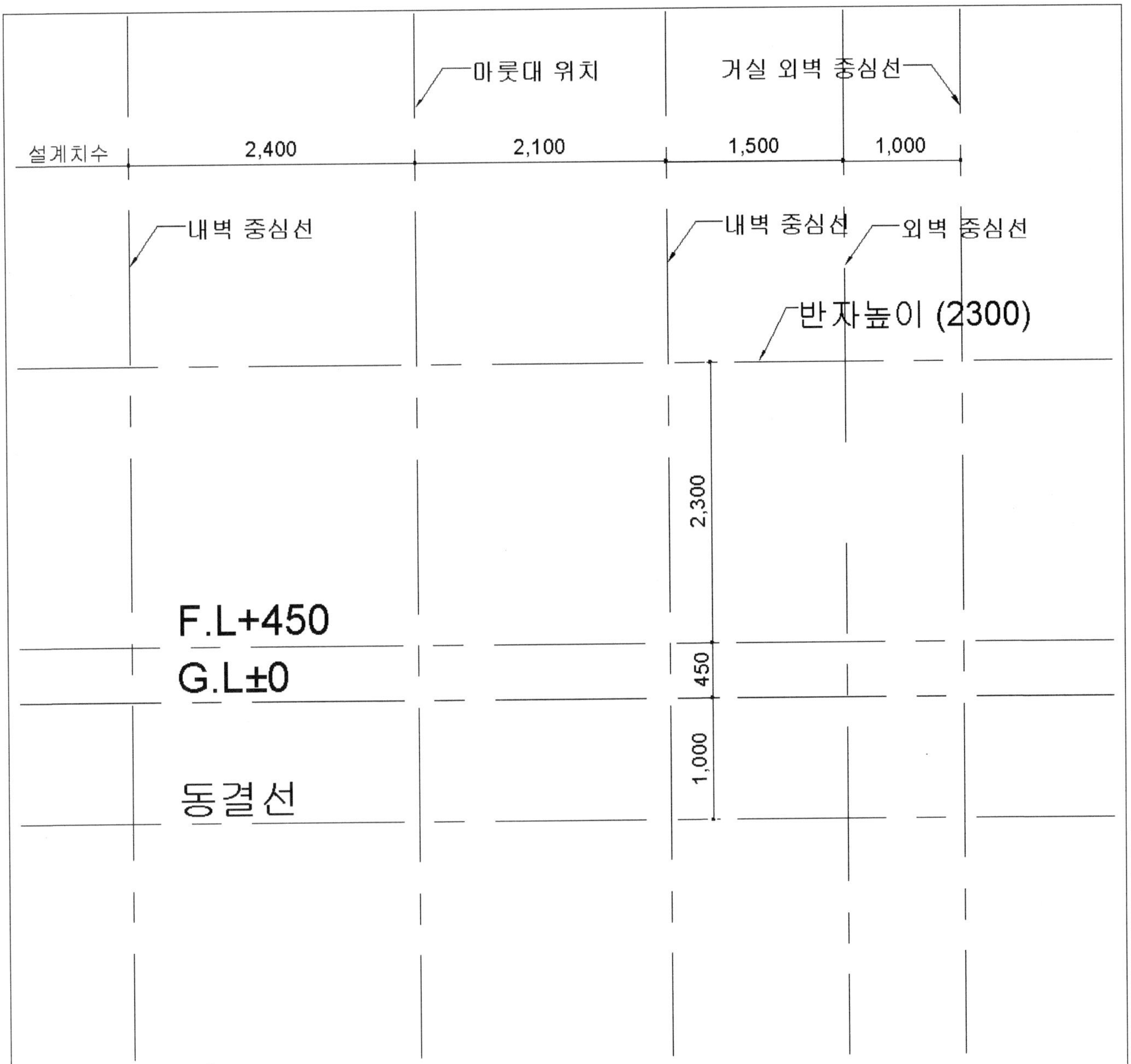

1. 지반선(G.L.)
2. 벽체 중심선
3. 벽체 두께

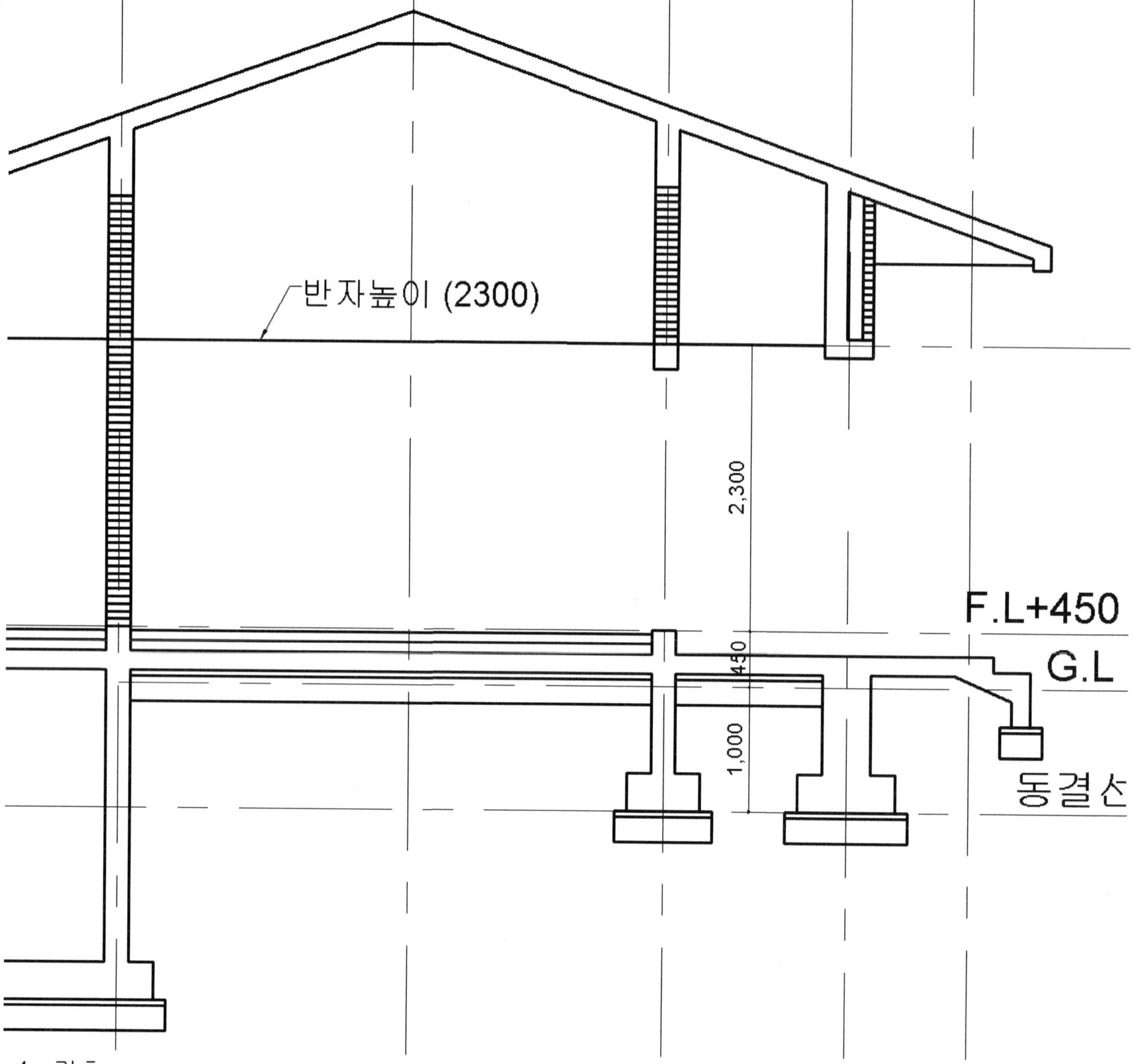

4. 기초
5. 바닥(F.L.)-거실, 테라스부분
6. 지붕 슬래브(물매)

도면요소 표현

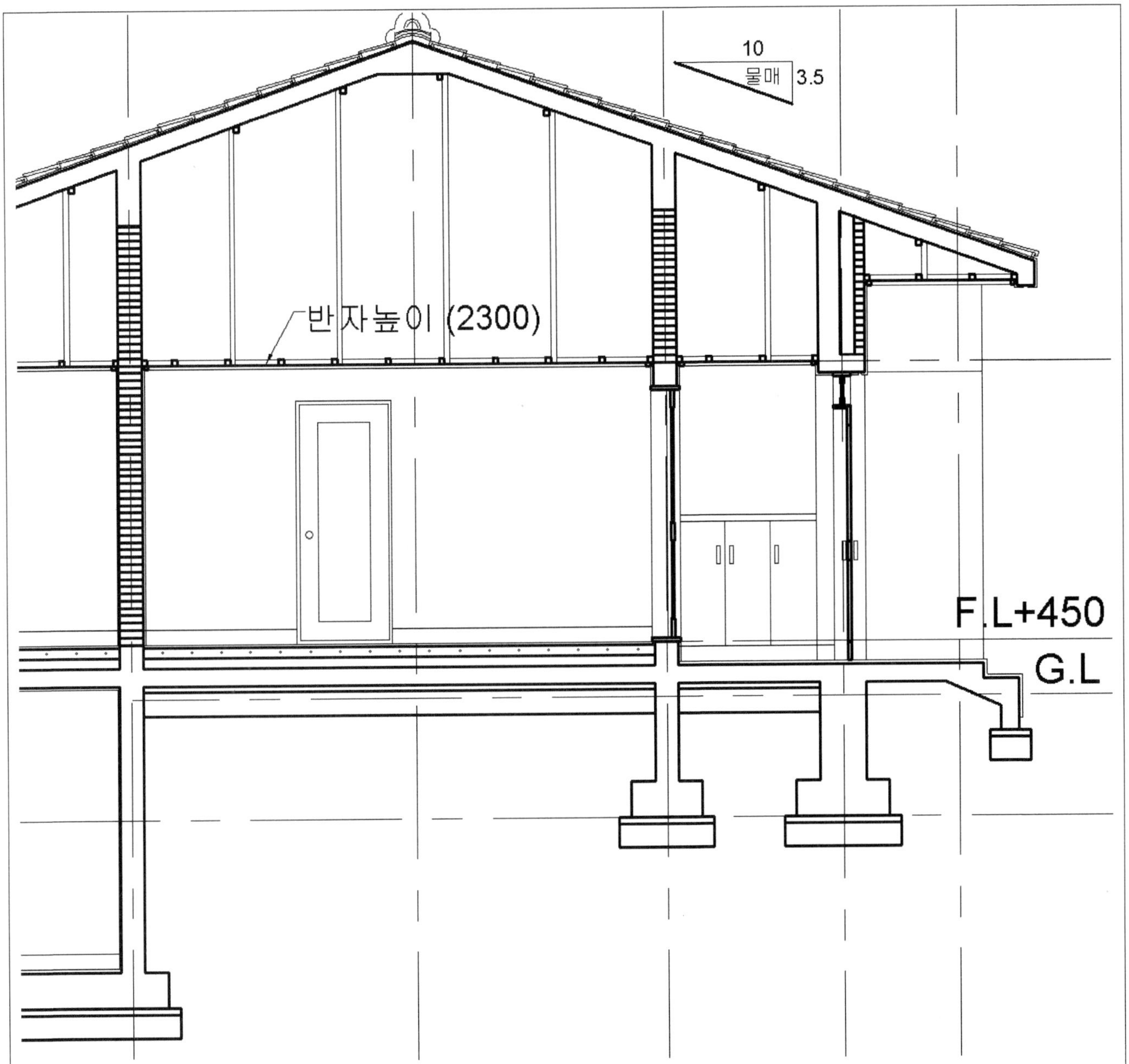

7. 기와이기
8. 반자틀
9. 창호
10. 입면 표시 부분

재료 표시

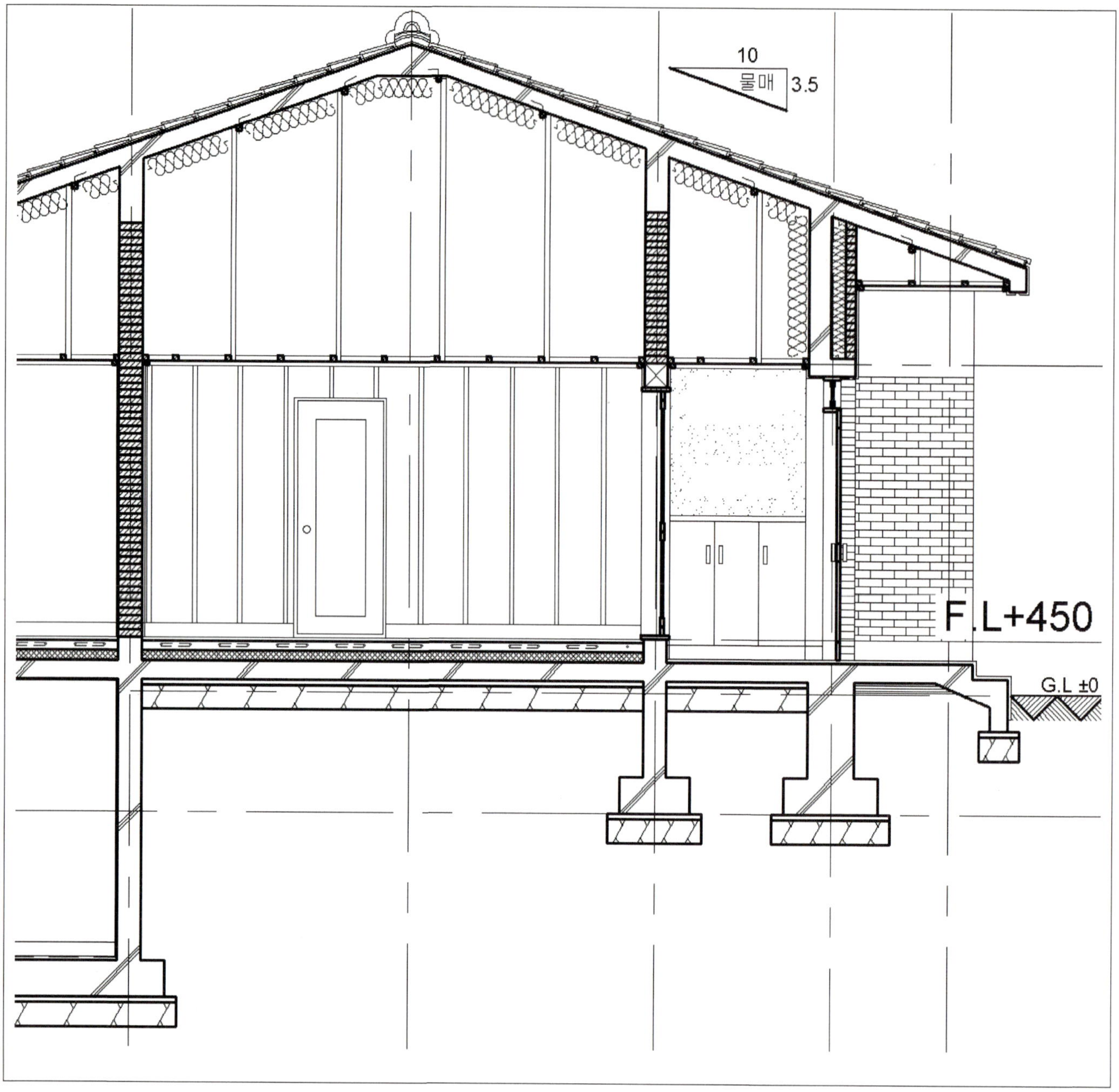

문자 쓰기

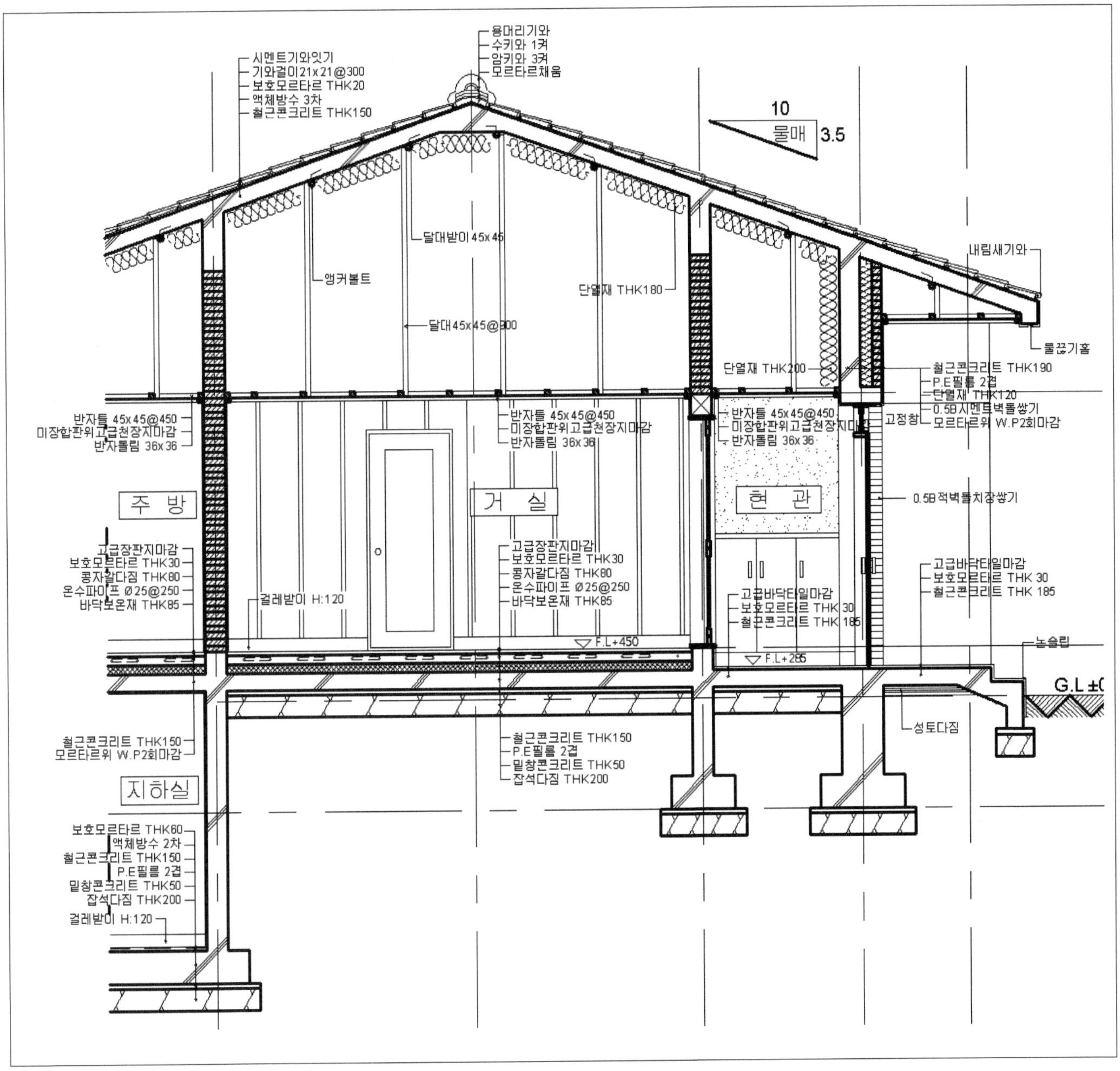

용머리기와
수키와 1켜
암키와 3켜
모르타르채움
시멘트기와잇기
기와걸이21x21@300
보호모르타르 THK20
액체방수 3차
철근콘크리트 THK150
10
물매
3.5
달대받이 45x45
앵커볼트
단열재 THK180
달대45x45@300
내림새기와
물끊기홈
단열재 THK200
철근콘크리트 THK190
P.E필름 2겹
단열재 THK120
0.5B시멘트벽돌쌓기
고정창
모르타르위 W.P2회마감
반자틀 45x45@450
미장합판위고급천장지마감
반자돌림 36x36
반자틀 45x45@450
미장합판위고급천장지마감
반자돌림 36x36
반자틀 45x45@450
미장합판위고급천장지마감
반자돌림 36x36
주 방
거 실
현 관
0.5B적벽돌치장쌓기
고급장판지마감
보호모르타르 THK30
콩자갈다짐 THK80
온수파이프 Ø25@250
바닥보온재 THK85
걸레받이 H:120
고급장판지마감
보호모르타르 THK30
콩자갈다짐 THK80
온수파이프 Ø25@250
바닥보온재 THK85
고급바닥타일마감
보호모르타르 THK 30
철근콘크리트 THK 185
고급바닥타일마감
보호모르타르 THK 30
철근콘크리트 THK 185
F.L+450
F.L+285
논슬립
G.L ±0
성토다짐
철근콘크리트 THK150
모르타르위 W.P2회마감
철근콘크리트 THK150
P.E필름 2겹
밑창콘크리트 THK50
잡석다짐 THK200
지하실
보호모르타르 THK60
액체방수 2차
철근콘크리트 THK150
P.E필름 2겹
밑창콘크리트 THK50
잡석다짐 THK200
걸레받이 H:120

치수 기입

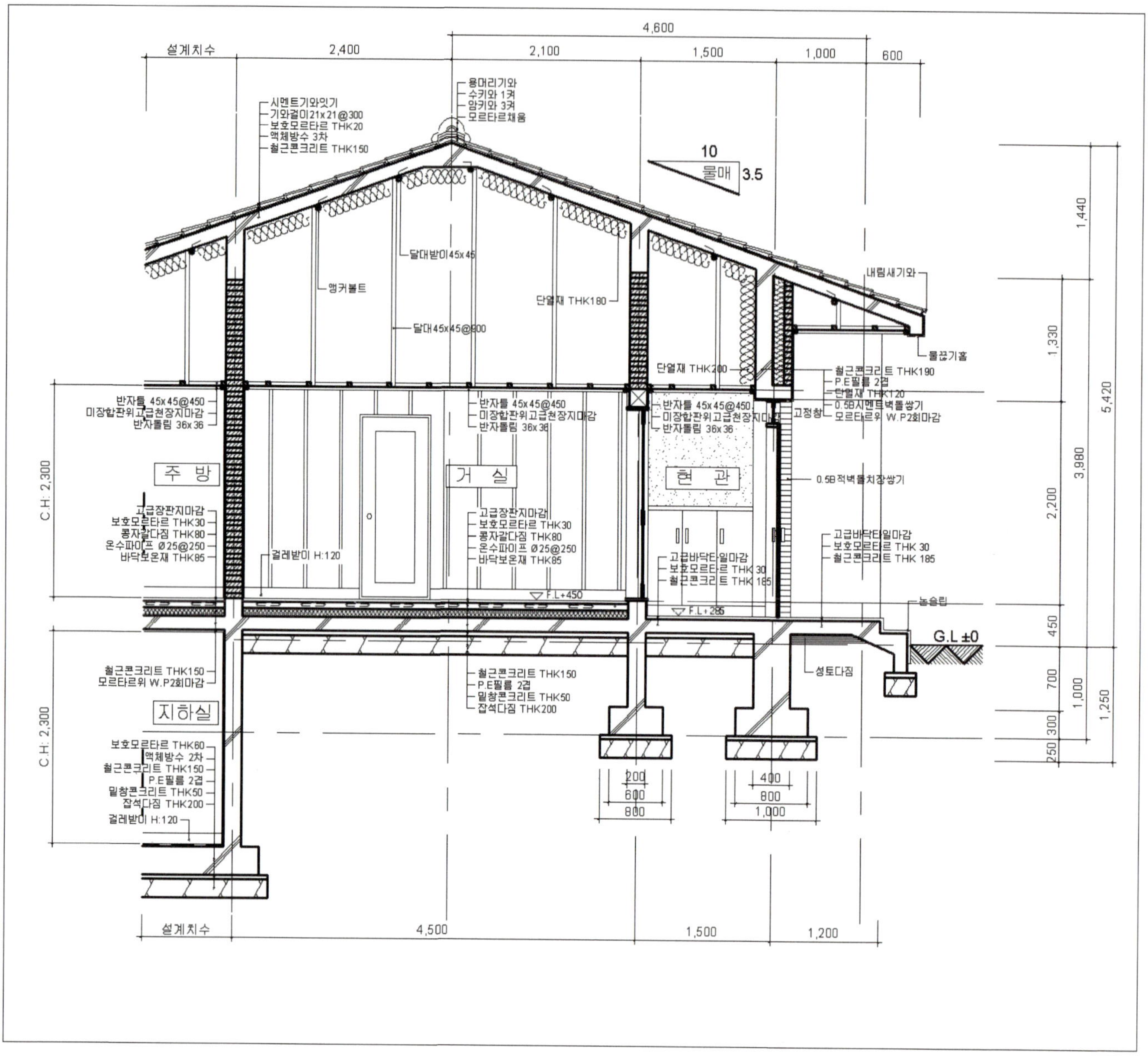

4,600
설계치수
2,400
2,100
1,500
1,000
600
용머리기와
수키와 1켜
암키와 3켜
모르타르채움
시멘트기와잇기
기와걸이21x21@300
보호모르타르 THK20
액체방수 3차
철근콘크리트 THK150
10
물매
3.5
달대받이45x45
앵커볼트
단열재 THK180
달대45x45@900
내림새기와
물끊기홈
단열재 THK200
철근콘크리트 THK190
P.E필름 2겹
단열재 THK120
0.5B시멘트벽돌쌓기
모르타르위 W.P2회마감
고정창
반자틀 45x45@450
미장합판위고급천장지마감
반자돌림 36x36
주 방
거 실
현 관
0.5B적벽돌치장쌓기
C.H: 2,300
고급장판지마감
보호모르타르 THK30
콩자갈다짐 THK80
온수파이프 Ø25@250
바닥보온재 THK85
걸레받이 H:120
고급바닥타일마감
보호모르타르 THK 30
철근콘크리트 THK 185
F.L+450
F.L+285
농슬립
G.L ±0
성토다짐
철근콘크리트 THK150
모르타르위 W.P2회마감
P.E필름 2겹
밑창콘크리트 THK50
잡석다짐 THK200
지하실
보호모르타르 THK60
액체방수 2차
200
600
800
400
1,000
1,440
1,330
2,200
450
700
300
250
3,980
5,420
1,000
1,250
4,500
1,200

도면명 등 정리

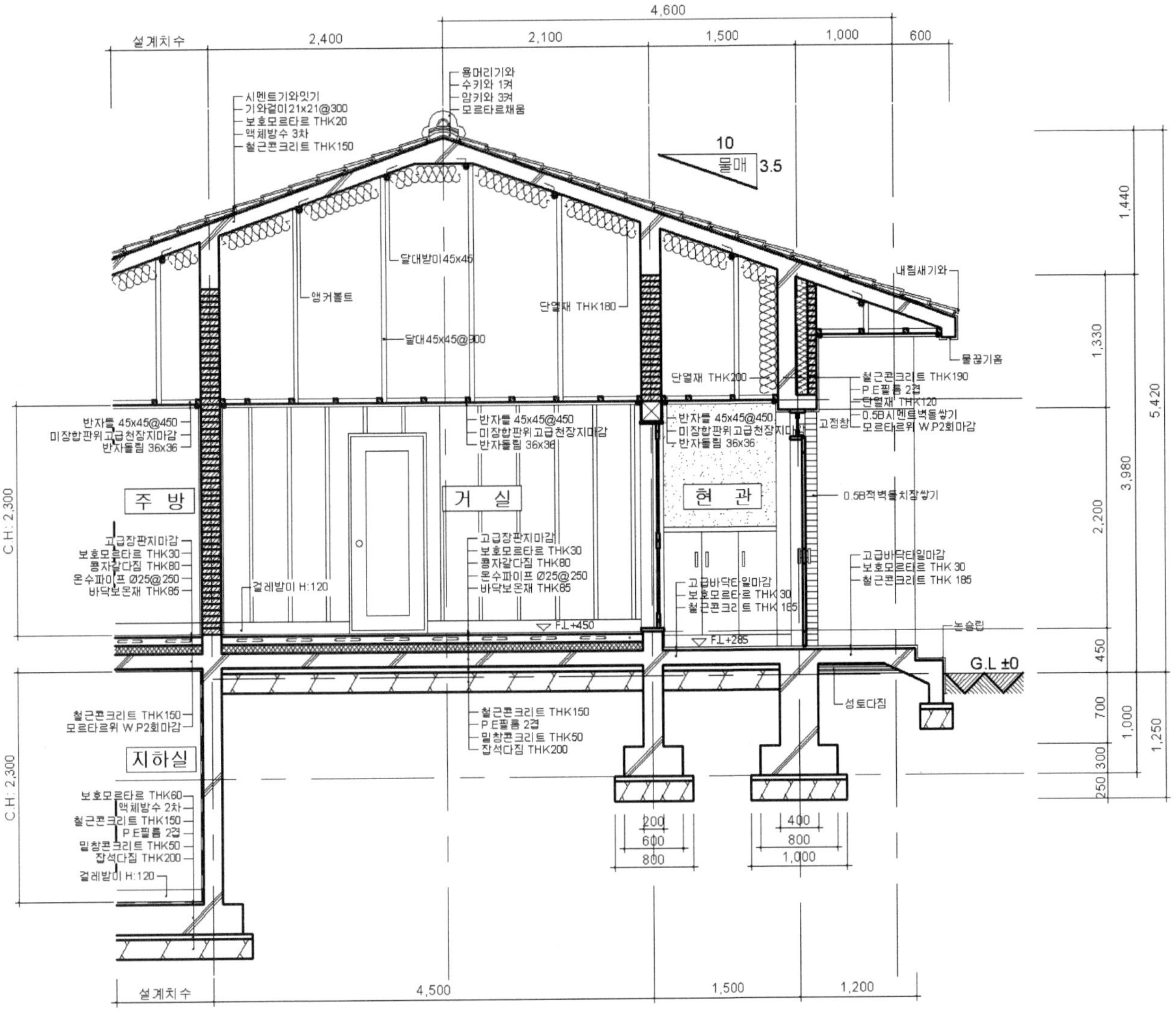

A부분 단면 상세도
S: 1/40

방(하부: 지하실)

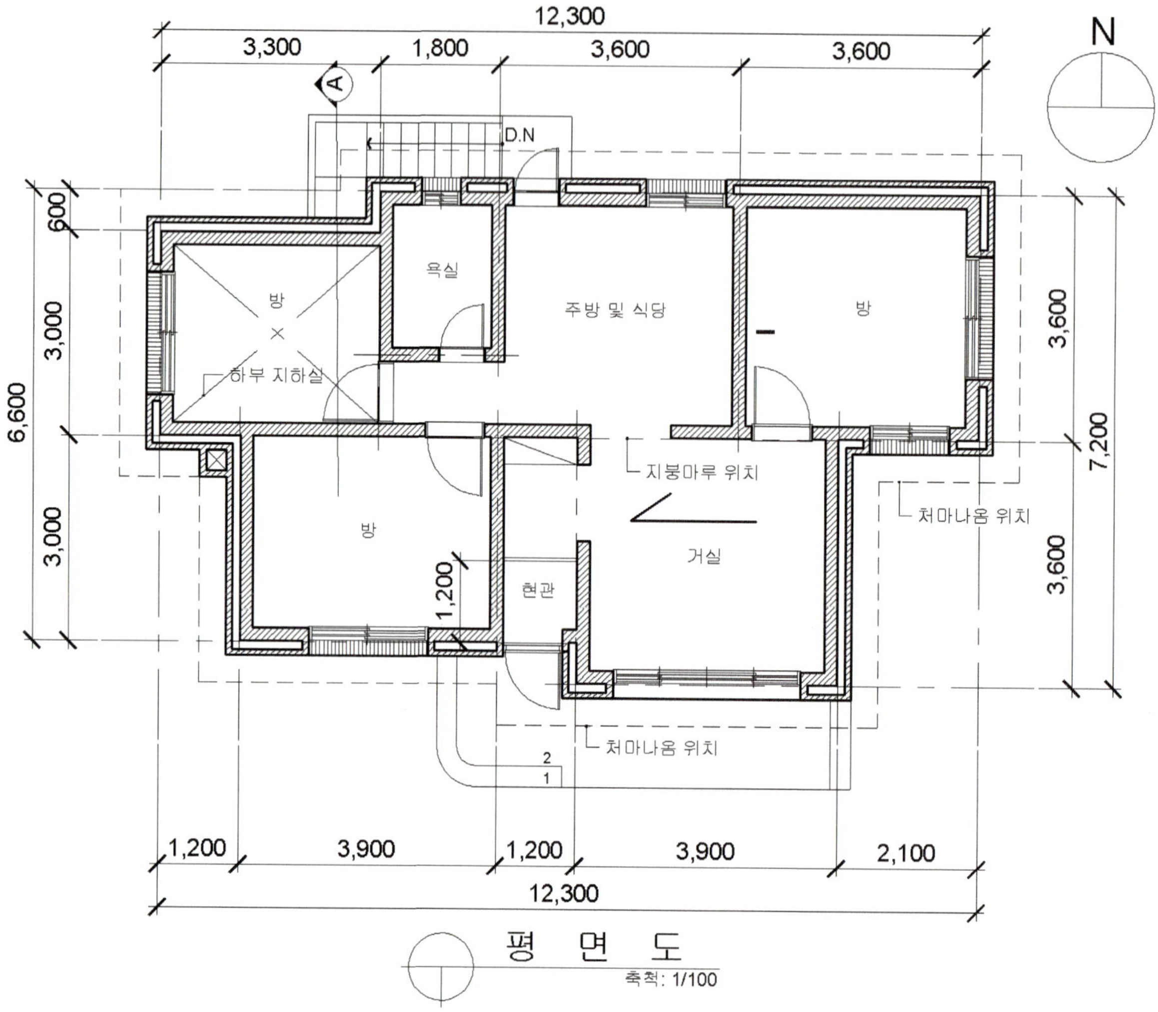

제도 조건
• 기초 및 지하실 벽체: 철근콘크리트 구조 • 벽체: 외벽- 외부로부터 붉은 벽돌 0.5B, 단열재, 시멘트 벽돌 1.0B 내벽- 두께 1.0B 시멘트벽돌 쌓기 • 단열재: 외벽 120mm, 바닥 85mm, 지붕 180mm • 지붕: 철근콘크리트 경사 슬래브위 시멘트기와 잇기 마감 (물매 4/10) • 처마나옴: 벽체 중심에서 600mm • 반자높이: 2,300mm, 처마반자 설치 • 창호: 목재 창호로 하되 2중창인 경우 외부 창호는 알루미늄 새시로 한다. • 각 실의 난방: 온수 파이프 온돌 난방으로 한다. • 1층 바닥슬래브와 기초는 일체식으로 표현 • 평면도에 표현되지 않은 현관 상부 캐노피는 작도하지 않는다. • 기타 각 부분의 마감, 치수 등 주어지지 않은 조건은 일반적인 시공수준으로 한다.

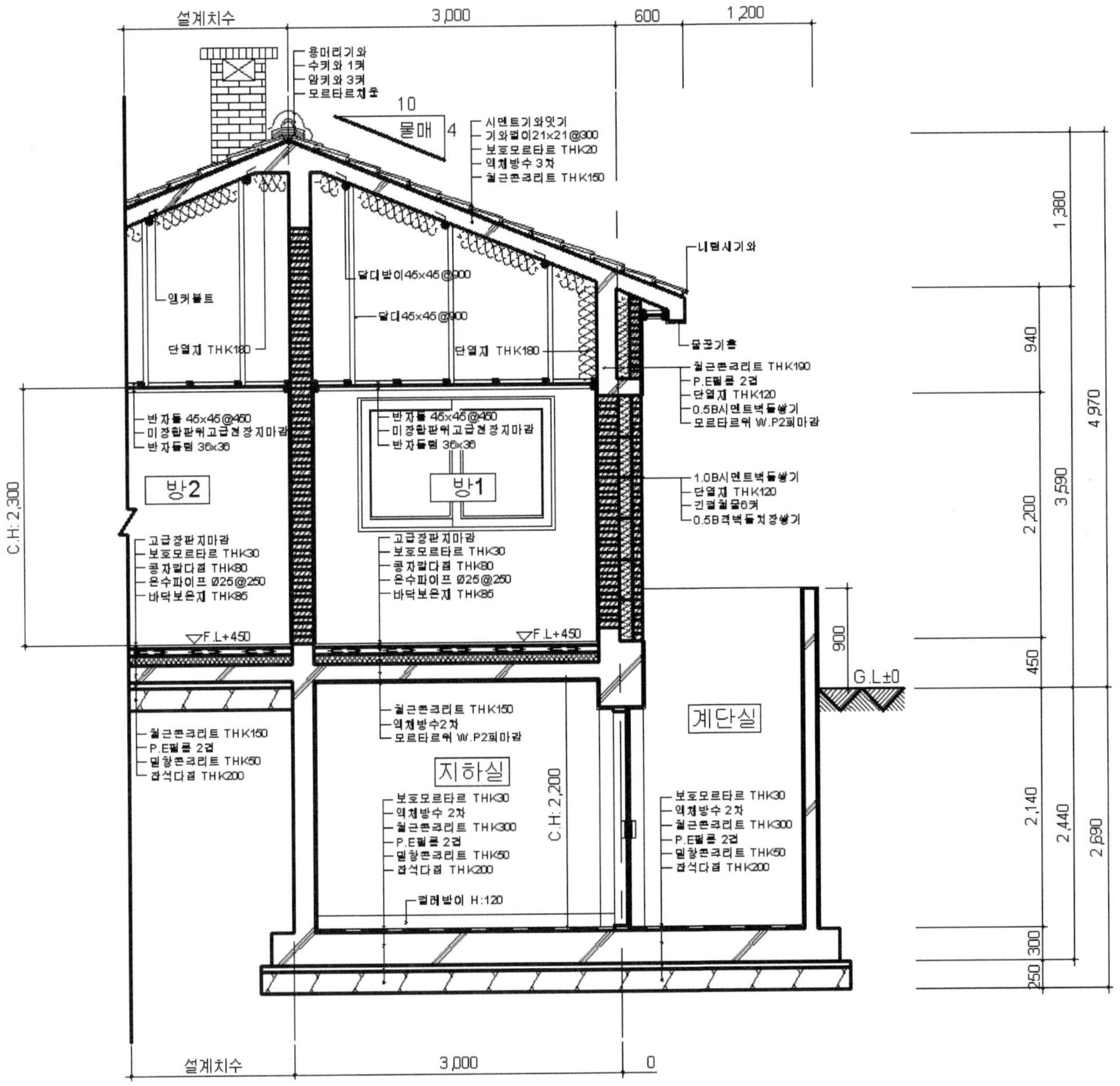

A부분 단면 상세도

S: 1/40

골조 그리기

1. 지반선(G.L.)
2. 벽체 중심선
3. 벽체 두께

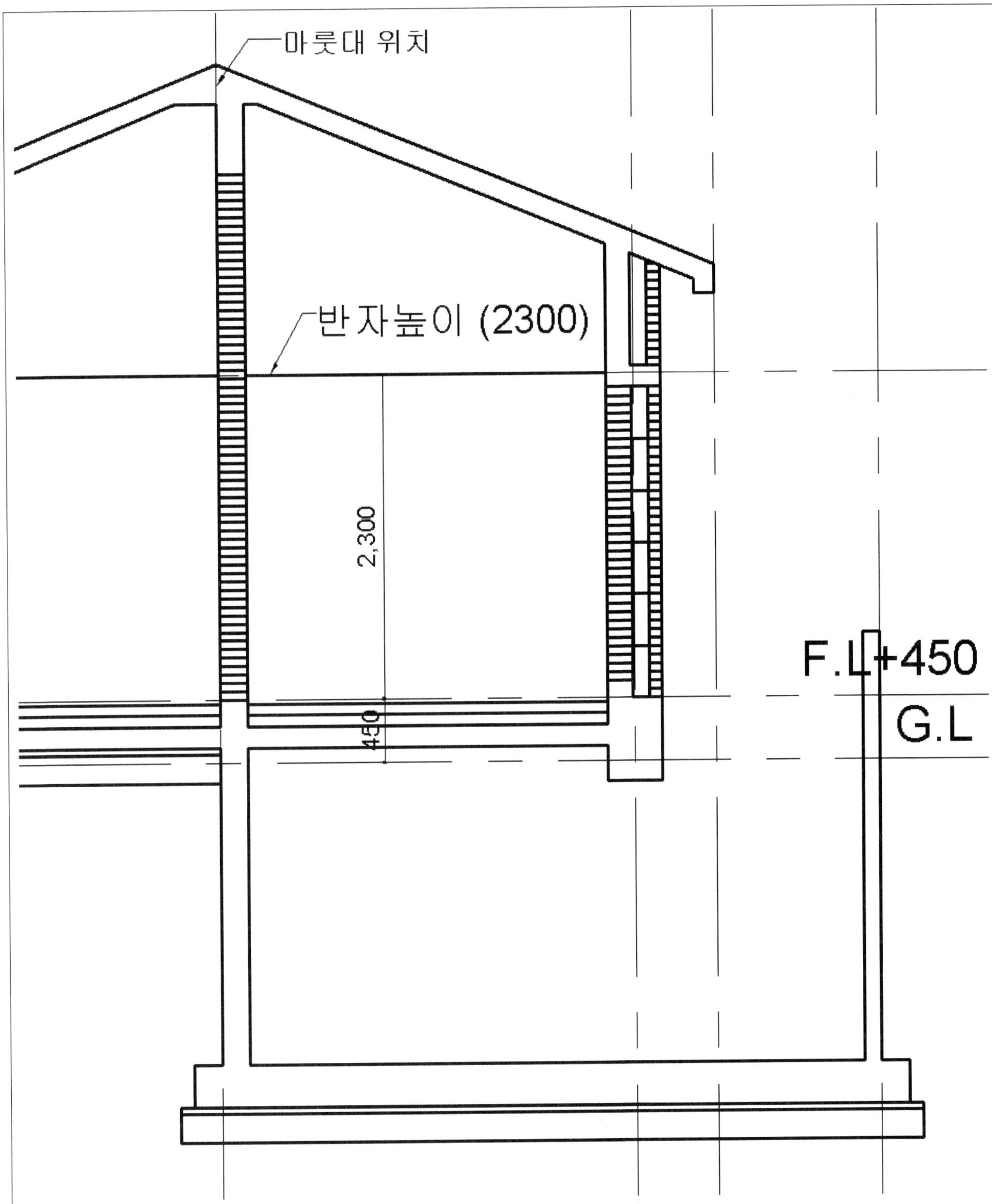

4. 기초
5. 바닥(F.L.)-거실, 테라스부분
6. 지붕 슬래브(물매)

도면요소 표현

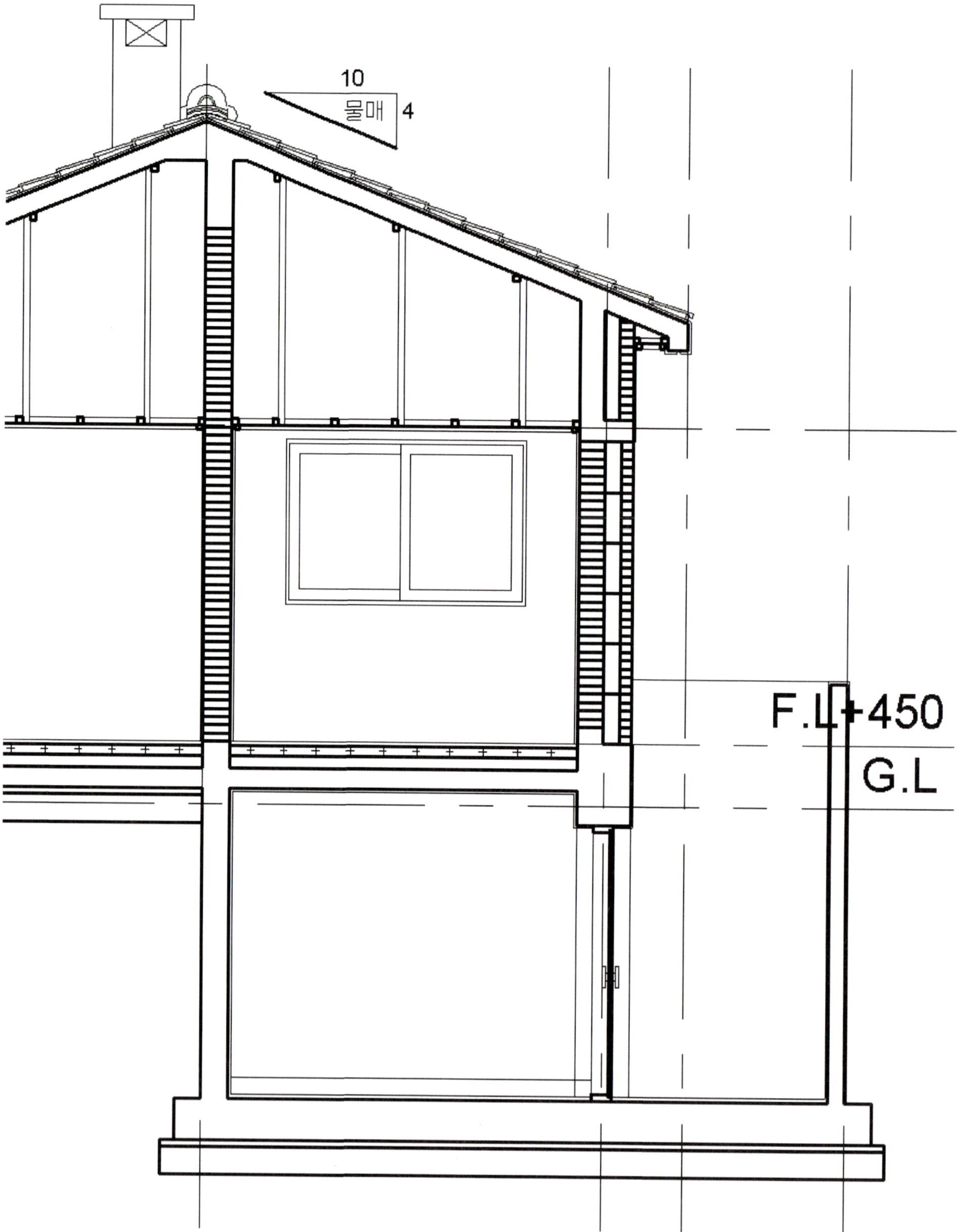

7. 기와이기
8. 반자틀
9. 창호
10. 입면 표시 부분

재료 표시

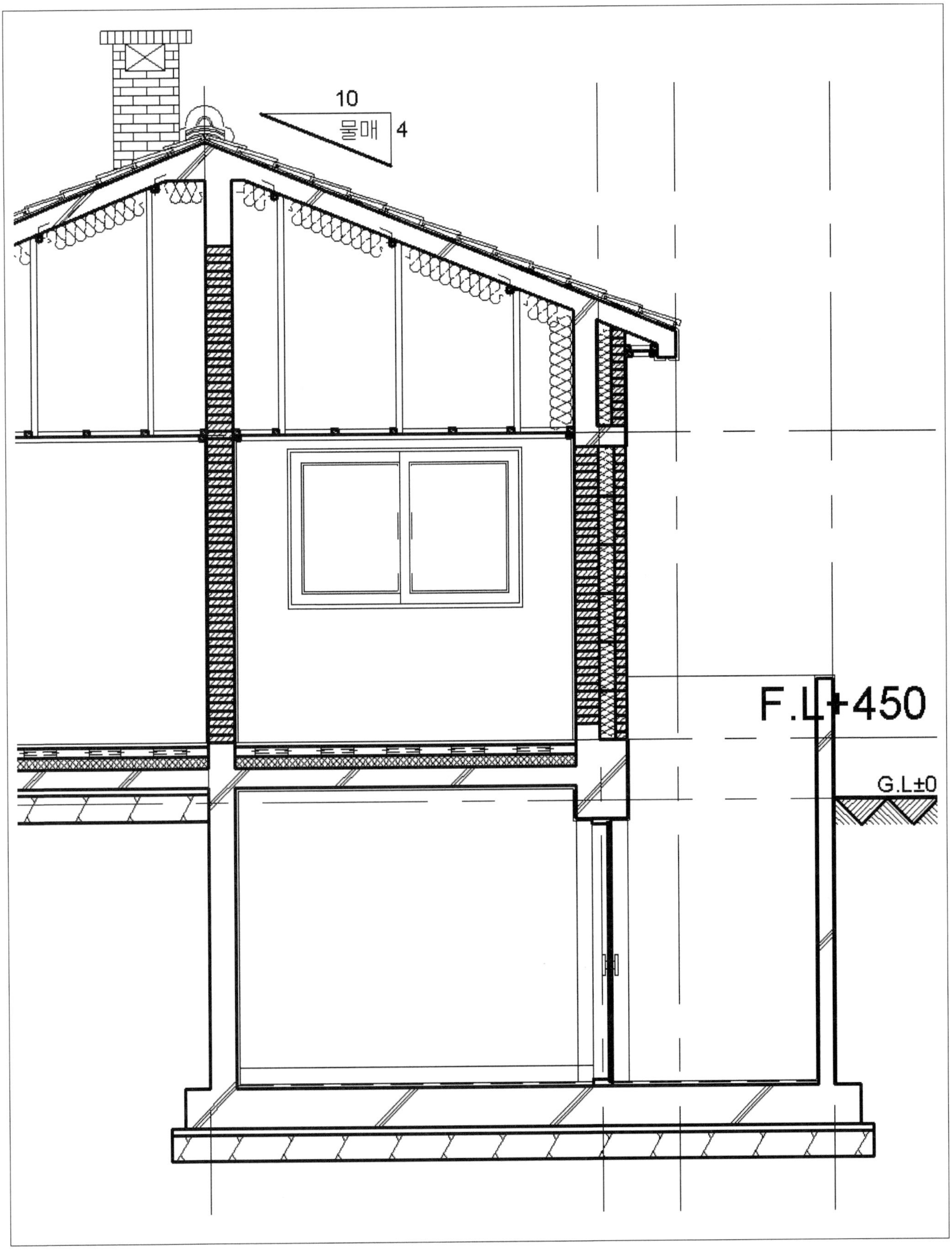

문자 쓰기

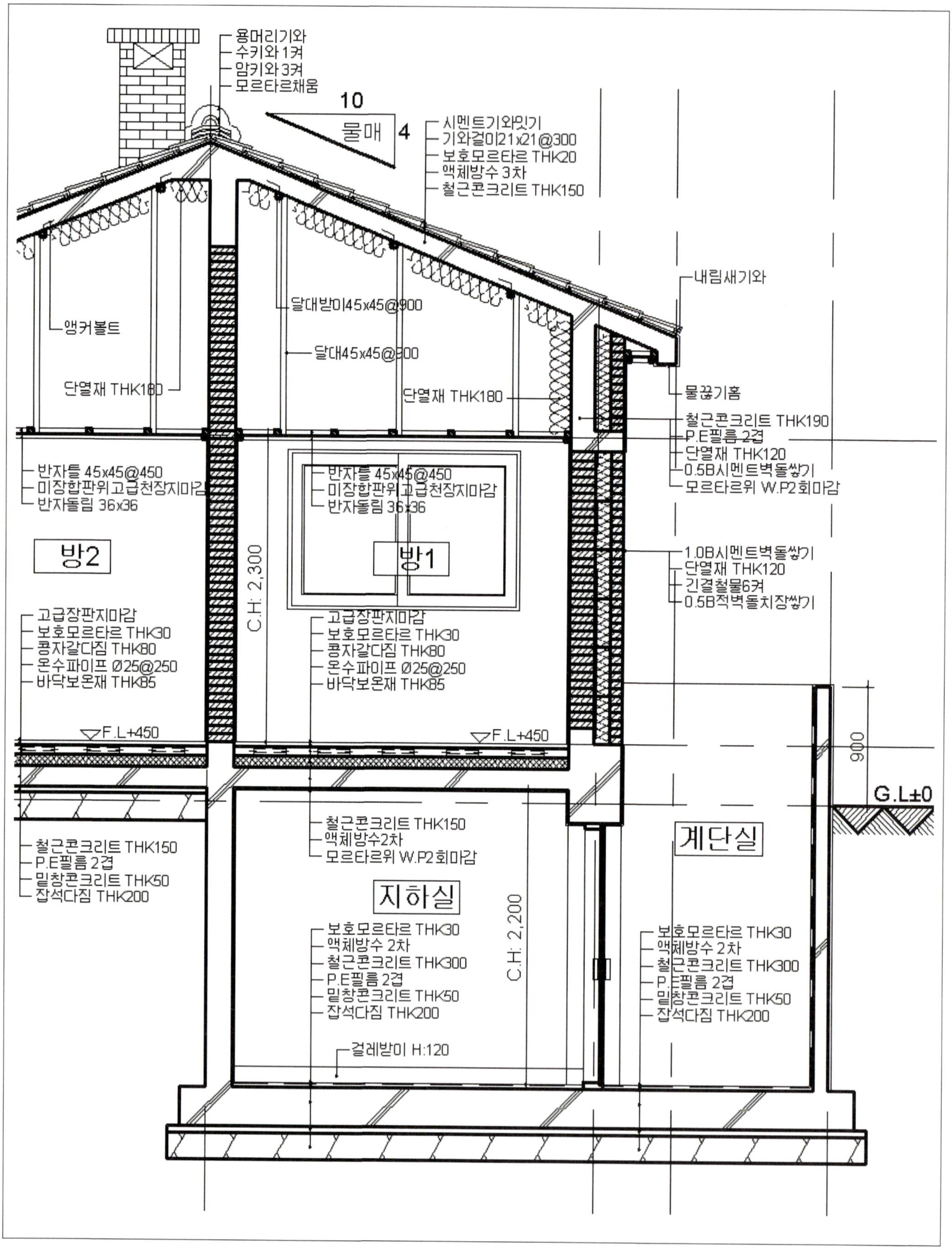
용머리기와
수키와 1켜
암키와 3켜
모르타르채움
10
물매
4
시멘트기와잇기
기와걸이21x21@300
보호모르타르 THK20
액체방수 3차
철근콘크리트 THK150
내림새기와
앵커볼트
달대받이45x45@900
달대45x45@900
단열재 THK180
단열재 THK180
물끊기홈
철근콘크리트 THK190
P.E필름 2겹
단열재 THK120
0.5B시멘트벽돌쌓기
모르타르위 W.P2회마감
반자틀 45x45@450
미장합판위고급천장지마감
반자돌림 36x36
반자틀 45x45@450
미장합판위고급천장지마감
반자돌림 36x36
방2
방1
C.H: 2,300
1.0B시멘트벽돌쌓기
단열재 THK120
긴결철물6켜
0.5B적벽돌치장쌓기
고급장판지마감
보호모르타르 THK30
콩자갈다짐 THK80
온수파이프 Ø25@250
바닥보온재 THK85
고급장판지마감
보호모르타르 THK30
콩자갈다짐 THK80
온수파이프 Ø25@250
바닥보온재 THK85
F.L+450
F.L+450
900
G.L±0
철근콘크리트 THK150
액체방수2차
모르타르위 W.P2회마감
계단실
철근콘크리트 THK150
P.E필름 2겹
밀창콘크리트 THK50
잡석다짐 THK200
지하실
보호모르타르 THK30
액체방수 2차
철근콘크리트 THK300
P.E필름 2겹
밀창콘크리트 THK50
잡석다짐 THK200
C.H: 2,200
보호모르타르 THK30
액체방수 2차
철근콘크리트 THK300
P.E필름 2겹
밀창콘크리트 THK50
잡석다짐 THK200
걸레받이 H:120

치수 기입

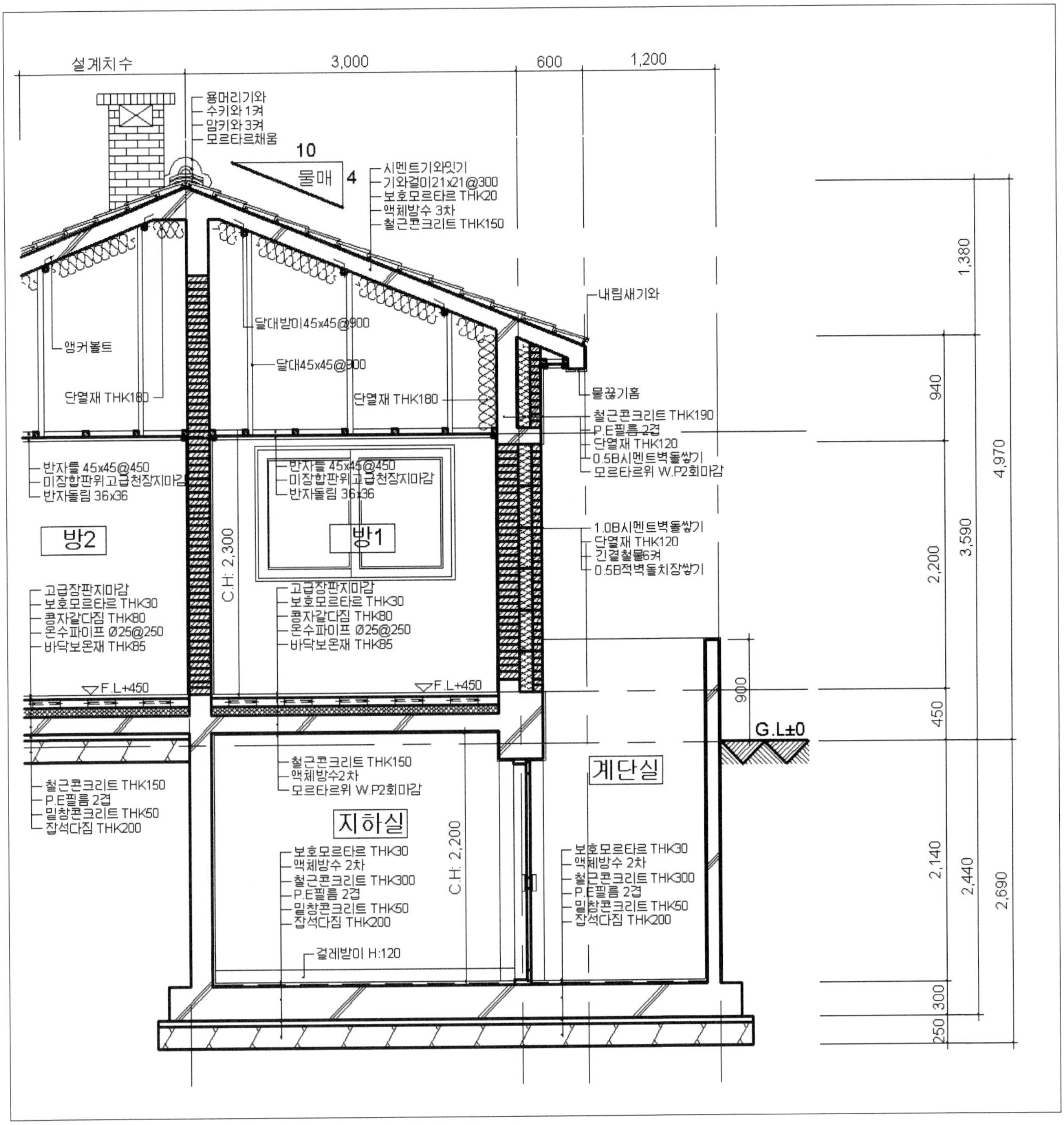

설계치수
3,000
600
1,200
용머리기와
수키와 1켜
암키와 3켜
모르타르채움
10
물매 4
시멘트기와잇기
기와걸이21x21@300
보호모르타르 THK20
액체방수 3차
철근콘크리트 THK150
내림새기와
달대받이45x45@900
달대45x45@900
앵커볼트
단열재 THK180
단열재 THK180
물끊기홈
철근콘크리트 THK190
P.E필름 2겹
단열재 THK120
0.5B시멘트벽돌쌓기
모르타르위 W.P2회마감
반자틀 45x45@450
미장합판위고급천장지마감
반자돌림 36x36
반자틀 45x45@450
미장합판위고급천장지마감
반자돌림 36x36
방2
방1
C.H: 2,300
1.0B시멘트벽돌쌓기
단열재 THK120
긴결철물6켜
0.5B적벽돌치장쌓기
고급장판지마감
보호모르타르 THK30
콩자갈다짐 THK80
온수파이프 Ø25@250
바닥보온재 THK85
고급장판지마감
보호모르타르 THK30
콩자갈다짐 THK80
온수파이프 Ø25@250
바닥보온재 THK85
F.L+450
F.L+450
G.L±0
철근콘크리트 THK150
액체방수2차
모르타르위 W.P2회마감
철근콘크리트 THK150
P.E필름 2겹
밑창콘크리트 THK50
잡석다짐 THK200
계단실
지하실
C.H: 2,200
보호모르타르 THK30
액체방수 2차
철근콘크리트 THK300
P.E필름 2겹
밑창콘크리트 THK50
잡석다짐 THK200
보호모르타르 THK30
액체방수 2차
철근콘크리트 THK300
P.E필름 2겹
밑창콘크리트 THK50
잡석다짐 THK200
걸레받이 H:120
1,380
940
2,200
900
450
2,140
300
250
4,970
3,590
2,440
2,690

도면명 등 정리

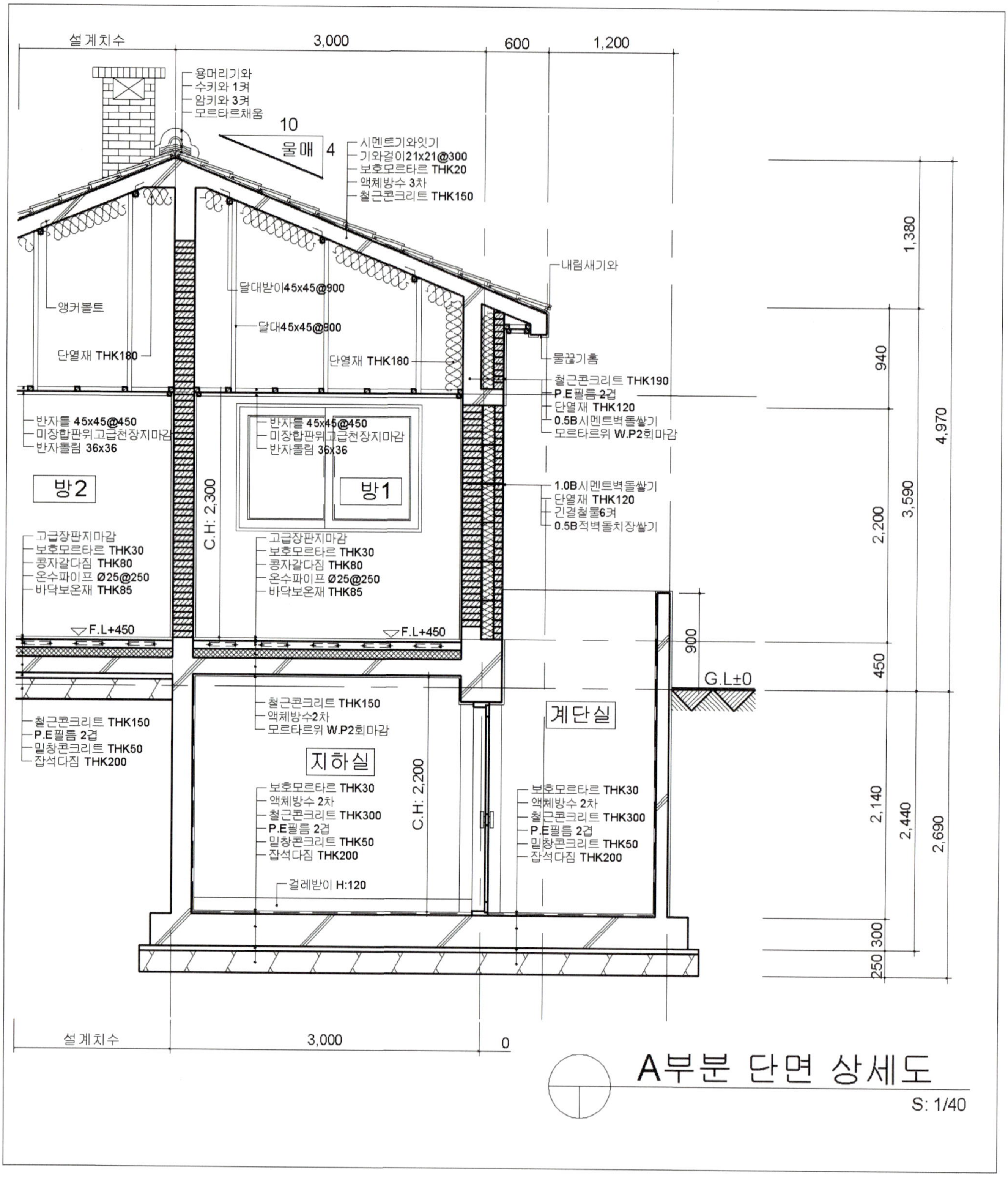
설계치수
3,000
600
1,200
용머리기와
수키와 1켜
암키와 3켜
모르타르채움
10
물매 4
시멘트기와잇기
기와걸이21x21@300
보호모르타르 THK20
액체방수 3차
철근콘크리트 THK150
내림새기와
앵커볼트
달대받이45x45@900
달대45x45@900
단열재 THK180
단열재 THK180
물끊기홈
철근콘크리트 THK190
P.E필름 2겹
단열재 THK120
0.5B시멘트벽돌쌓기
모르타르위 W.P2회마감
반자틀 45x45@450
미장합판위고급천장지마감
반자돌림 36x36
반자틀 45x45@450
미장합판위고급천장지마감
반자돌림 36x36
방2
방1
C.H: 2,300
1.0B시멘트벽돌쌓기
단열재 THK120
긴결철물6켜
0.5B적벽돌치장쌓기
고급장판지마감
보호모르타르 THK30
콩자갈다짐 THK80
온수파이프 Ø25@250
바닥보온재 THK85
고급장판지마감
보호모르타르 THK30
콩자갈다짐 THK80
온수파이프 Ø25@250
바닥보온재 THK85
F.L+450
F.L+450
900
G.L±0
철근콘크리트 THK150
액체방수2차
모르타르위 W.P2회마감
계단실
철근콘크리트 THK150
P.E필름 2겹
밀창콘크리트 THK50
잡석다짐 THK200
지하실
C.H: 2,200
보호모르타르 THK30
액체방수 2차
철근콘크리트 THK300
P.E필름 2겹
밀창콘크리트 THK50
잡석다짐 THK200
보호모르타르 THK30
액체방수 2차
철근콘크리트 THK300
P.E필름 2겹
밀창콘크리트 THK50
잡석다짐 THK200
걸레받이 H:120
1,380
940
2,200
450
2,140
300
250
3,590
2,440
4,970
2,690
설계치수
3,000
0
A부분 단면 상세도
S: 1/40

4.5. 전산응용건축제도기능사(공개문제) 단면도 그리기

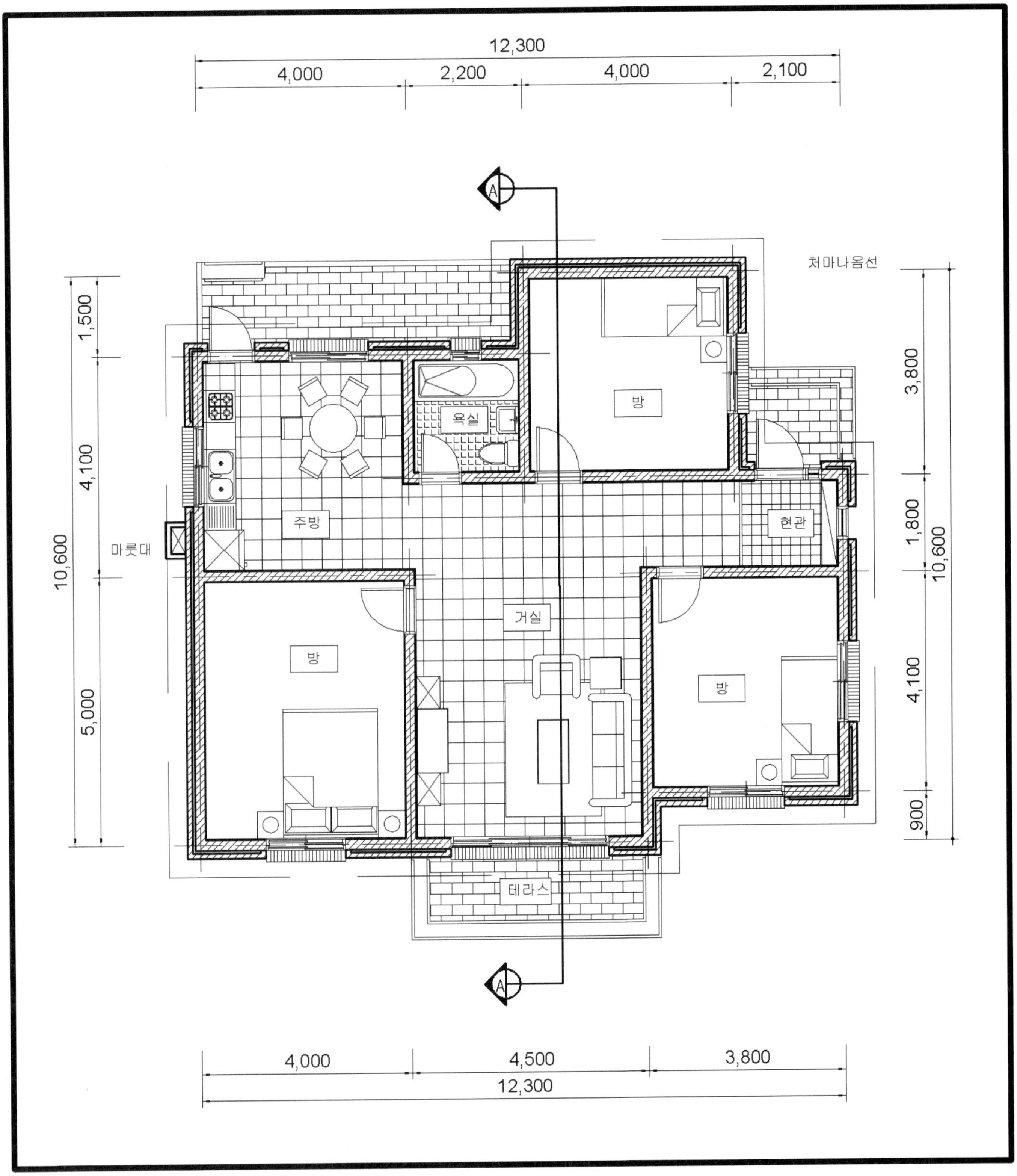

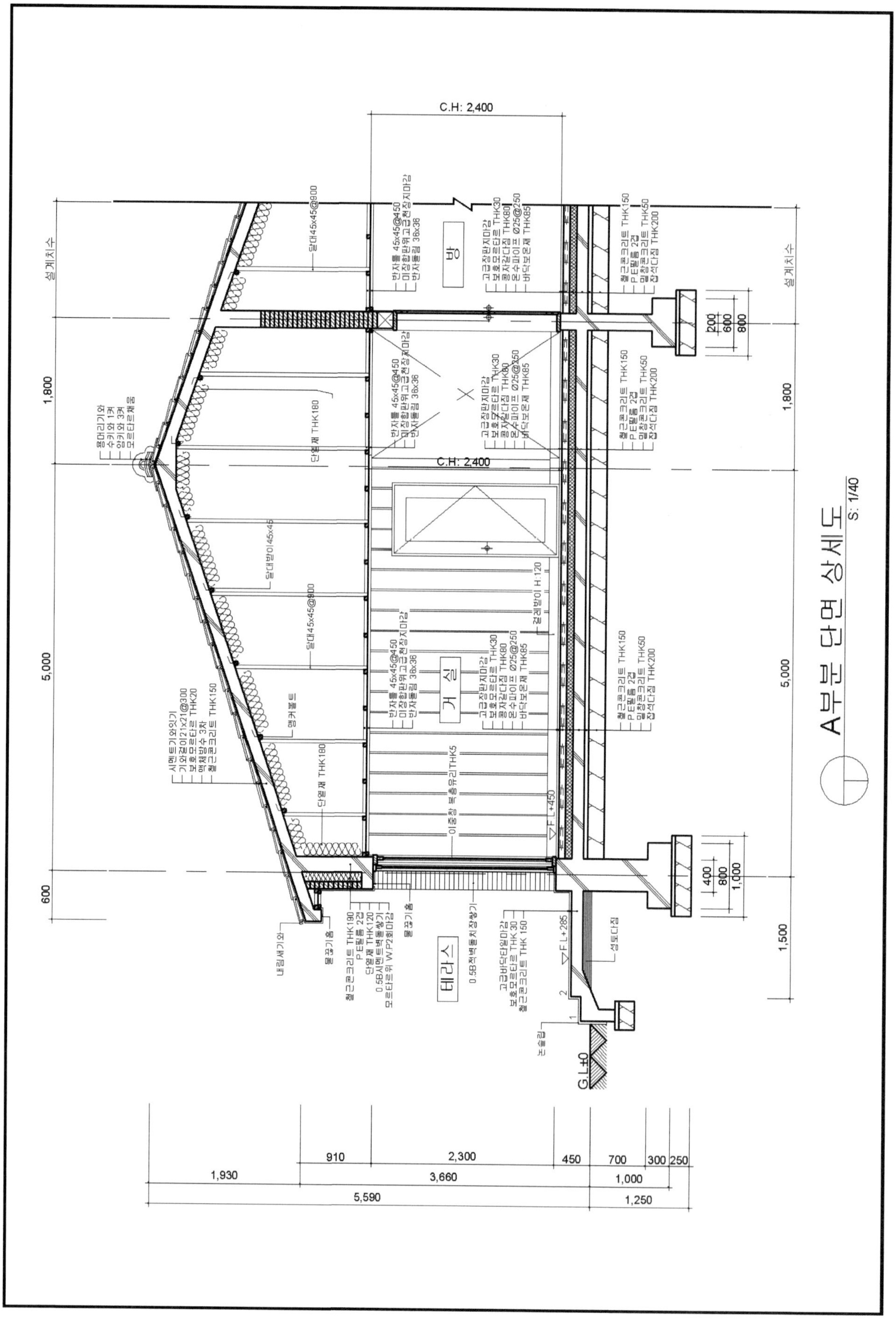
A부분 단면 상세도
S: 1/40

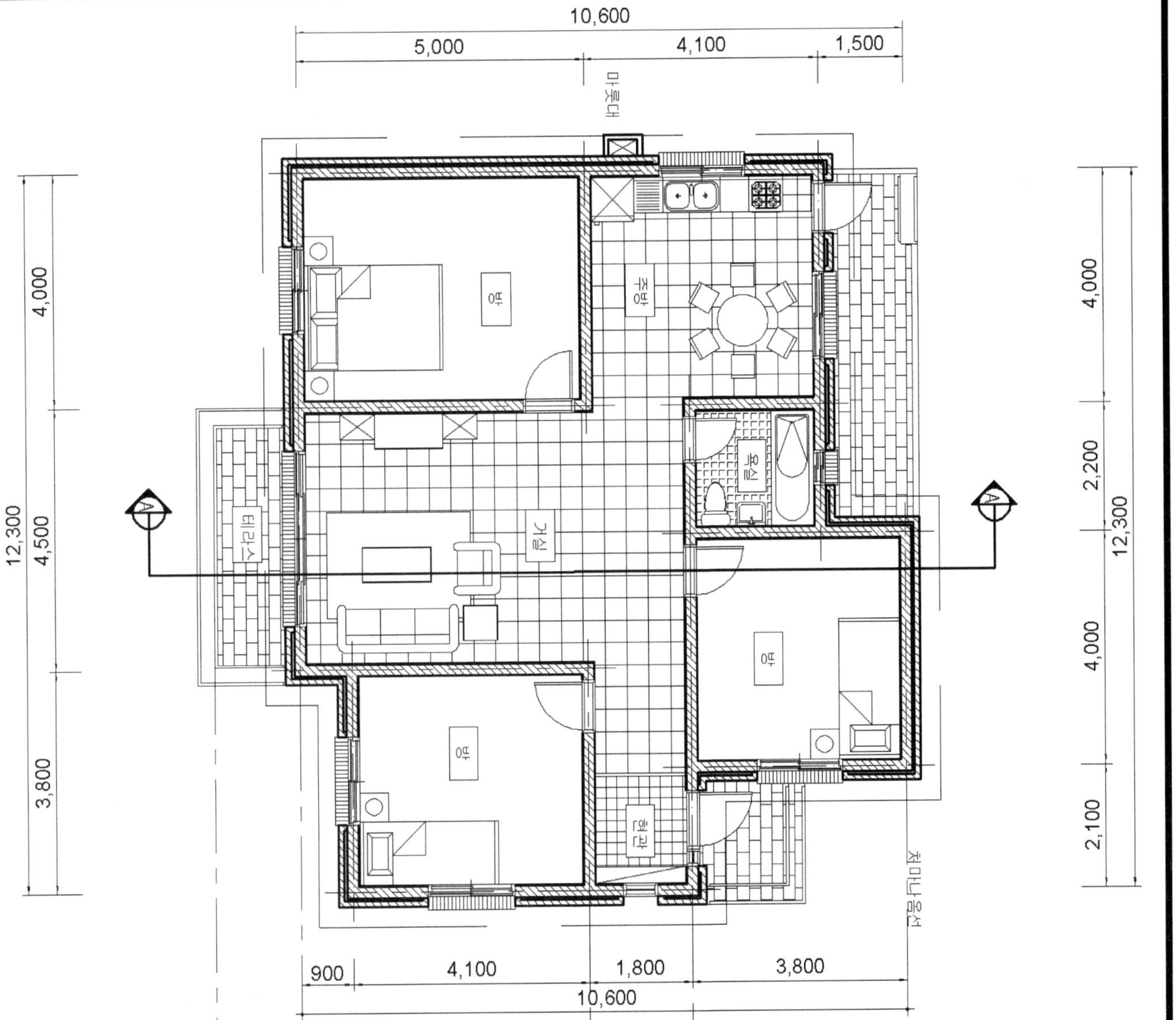

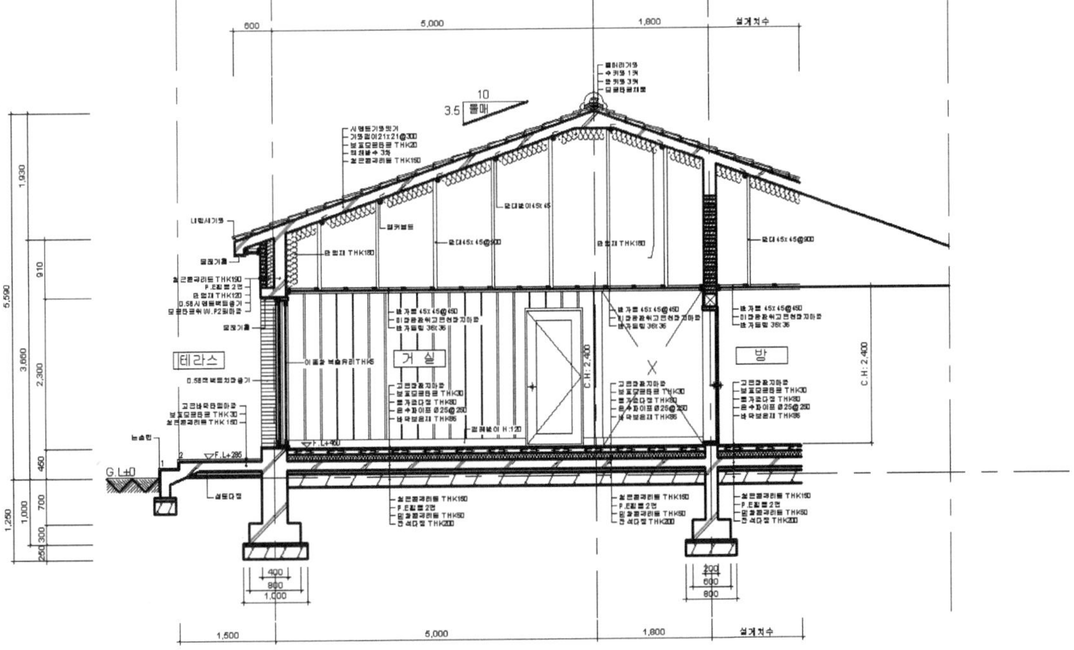

A부분 단면 상세도
S: 1/40

도면층(노란색)으로 이동
LINE(명령)으로 G.L선->중심선 그리기
마룻대
가로면 1/2정도 지점
세로면 1/3정도 지점
G.L선

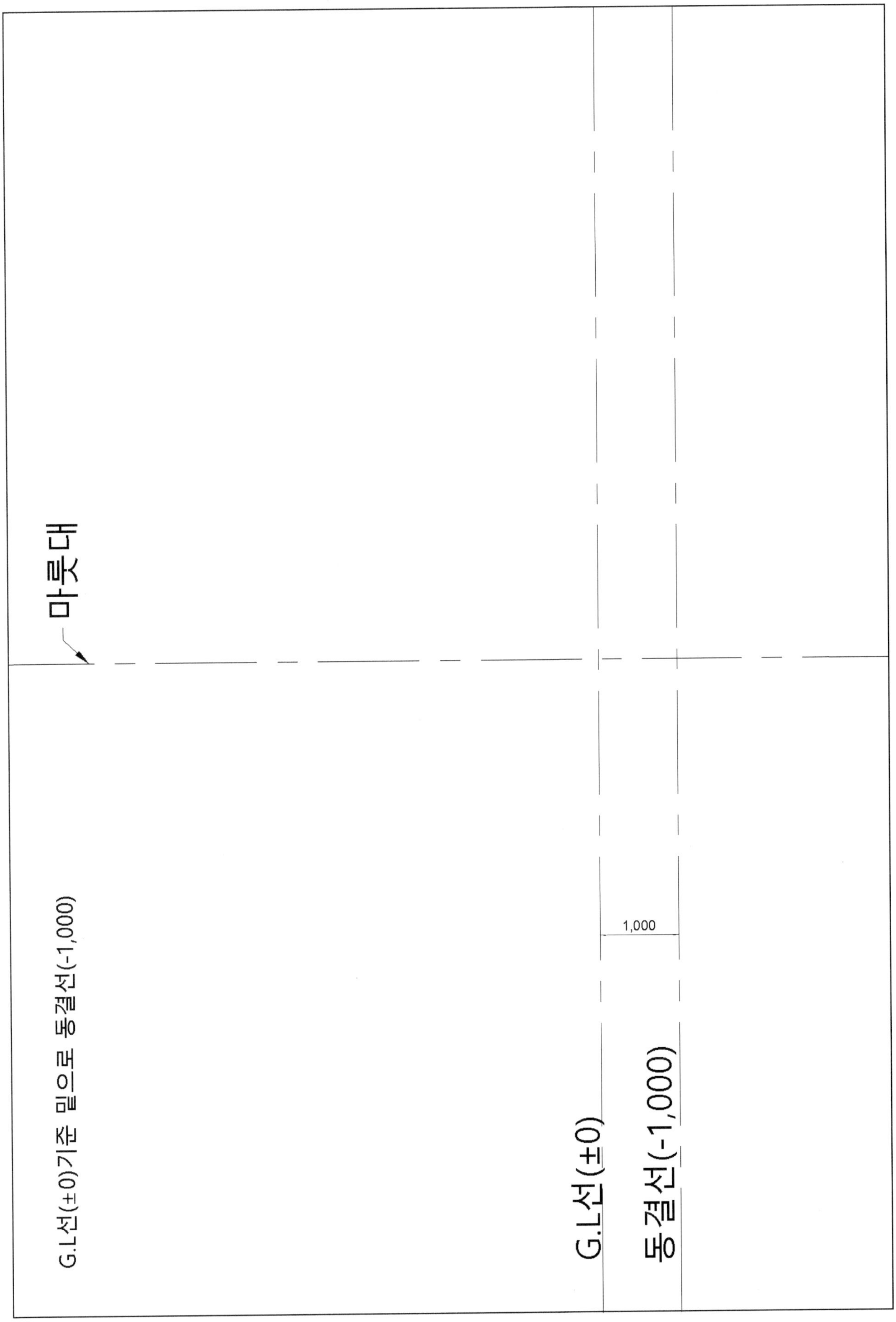
마룻대
G.L선(±0)기준 밑으로 동결선(-1,000)
1,000
G.L선(±0)
동결선(-1,000)

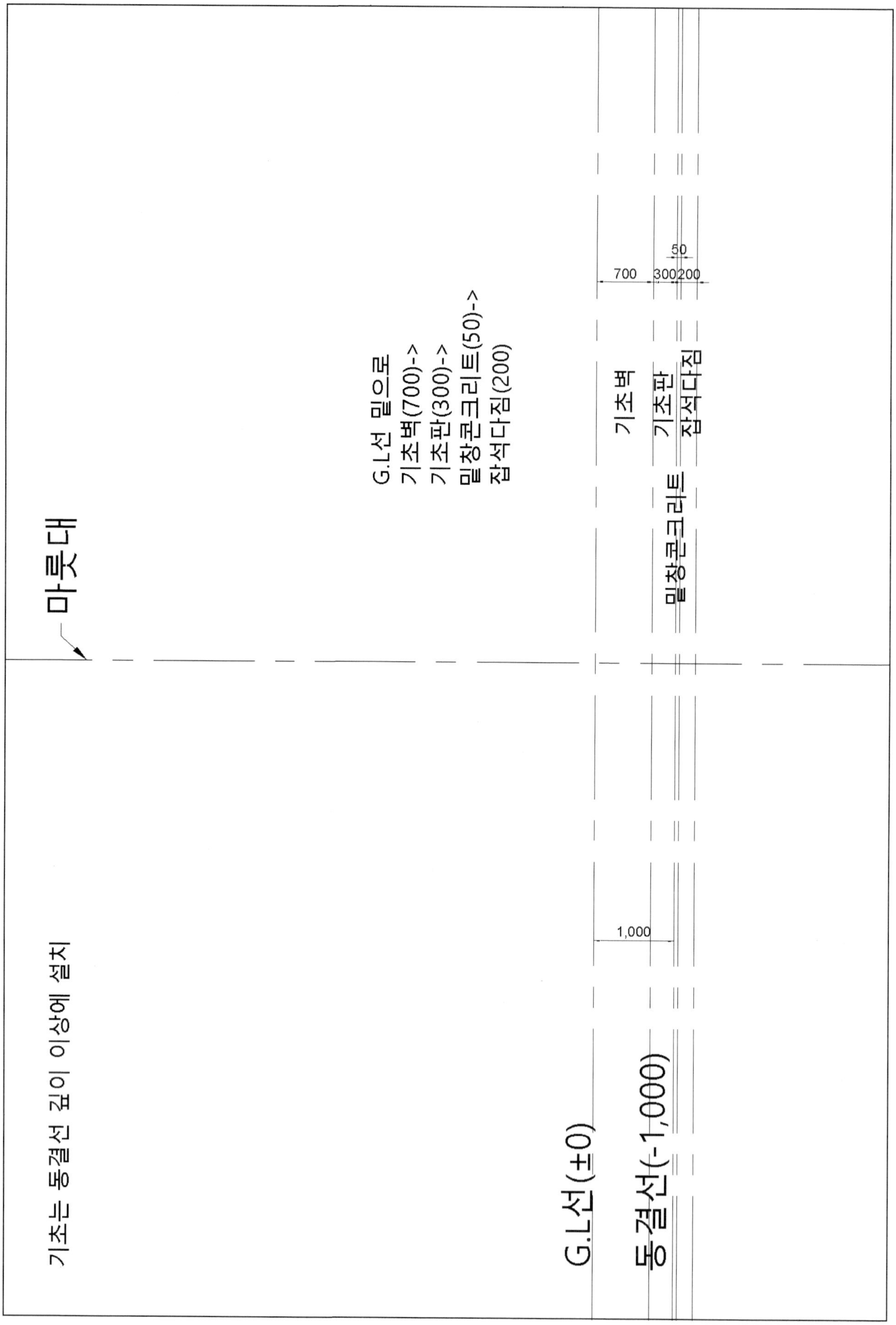
기초는 동결선 깊이 이상에 설치
마룻대
G.L선 밑으로
기초벽(700)->
기초판(300)->
밑창콘크리트(50)->
잡석다짐(200)
기초벽
기초판
잡석다짐
밑창콘크리트
700
300
200
50
1,000
G.L선(±0)
동결선(-1,000)

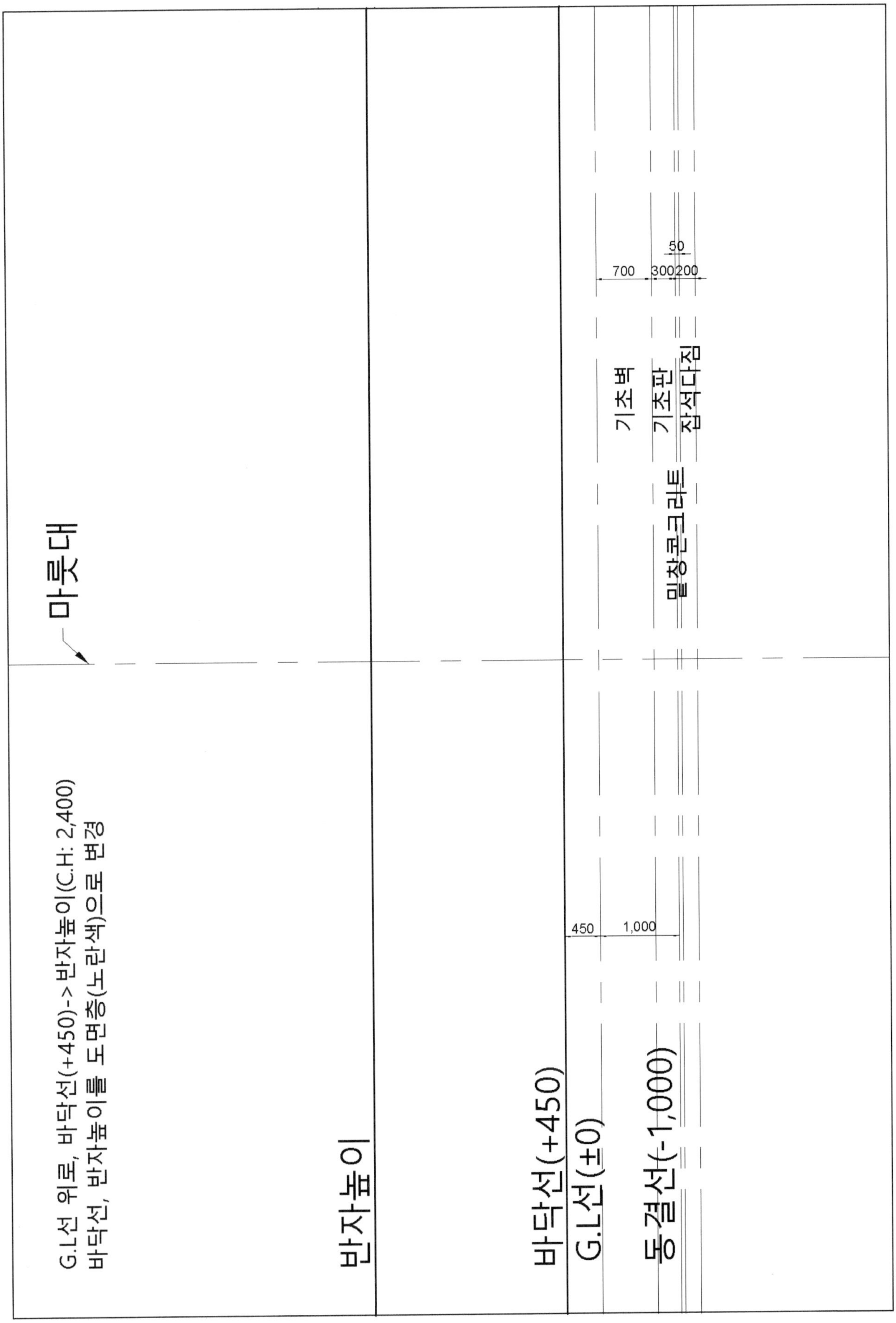
G.L선 위로, 바닥선(+450)-> 반자높이(C.H: 2,400)
바닥선, 반자높이를 도면층(노란색)으로 변경
반자높이
마룻대
바닥선(+450)
G.L선(±0)
동결선(-1,000)
450
1,000
기초벽
기초판
잡석다짐
밑창콘크리트
700
300
200
50

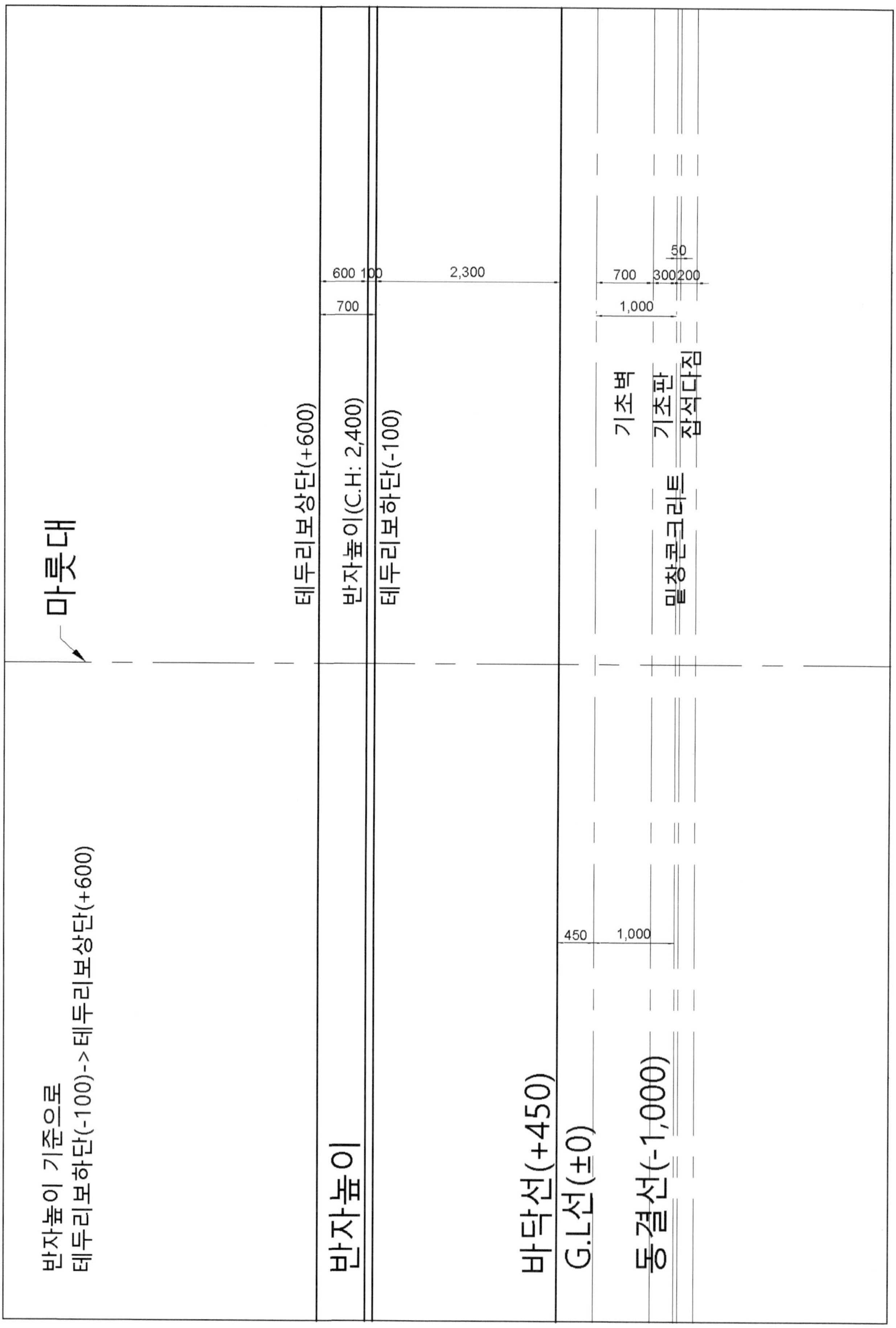

반자높이 기준으로
테두리보하단(-100)->테두리보상단(+600)
마룻대
테두리보상단(+600)
반자높이(C.H: 2,400)
테두리보하단(-100)
반자높이
바닥선(+450)
G.L선(±0)
동결선(-1,000)
기초벽
기초판
밑창콘크리트
잡석다짐
600
100
2,300
700
700
300
200
50
1,000
450
1,000

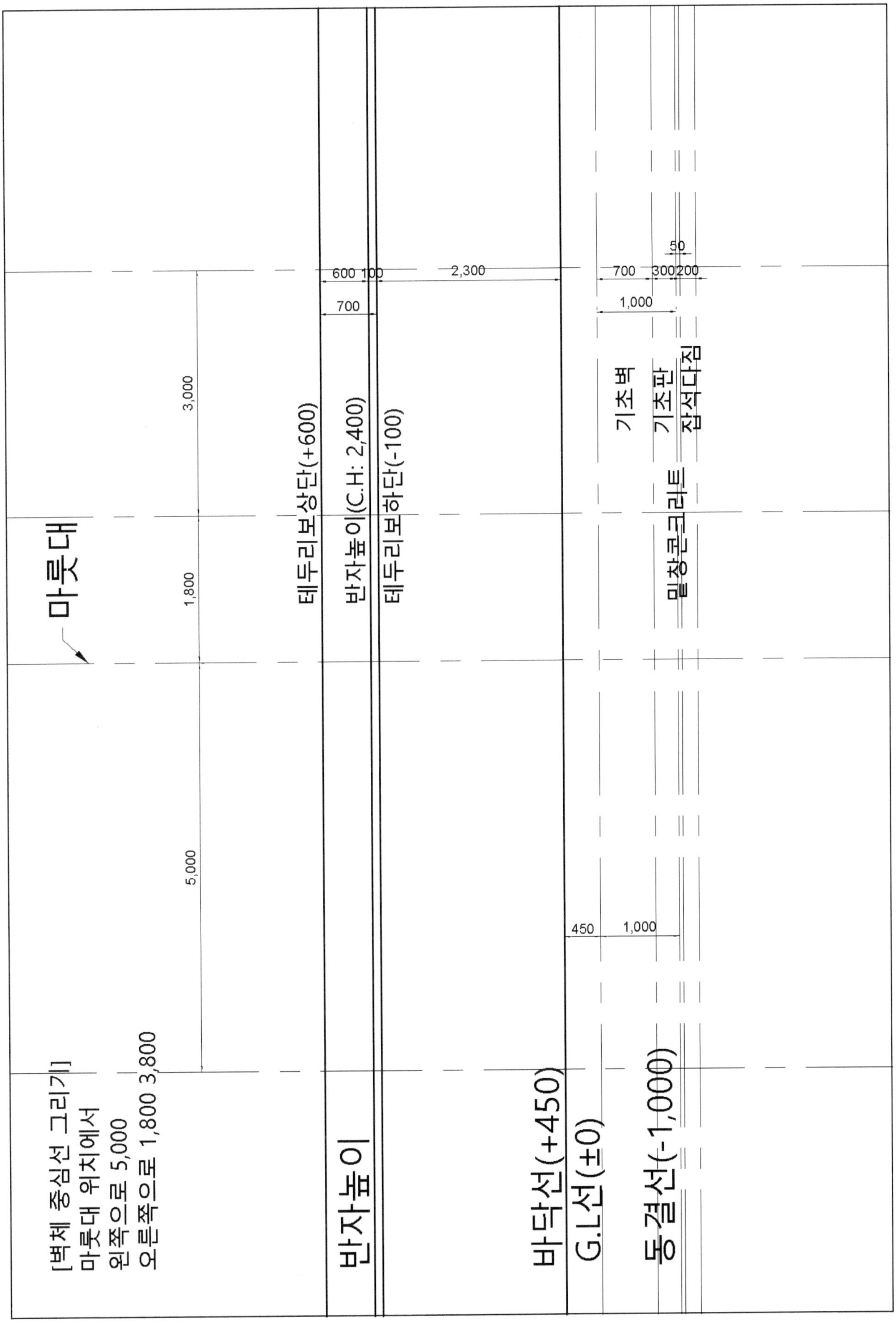
[벽체 중심선 그리기]
마룻대 위치에서
왼쪽으로 5,000
오른쪽으로 1,800 3,800
마룻대
5,000
1,800
3,000
반자높이
테두리보상단(+600)
반자높이(C.H: 2,400)
테두리보하단(-100)
600 100
700
2,300
바닥선(+450)
G.L선(±0)
동결선(-1,000)
450
1,000
기초벽
기초판
밑창콘크리트
잡석다짐
700
300
200
50
1,000

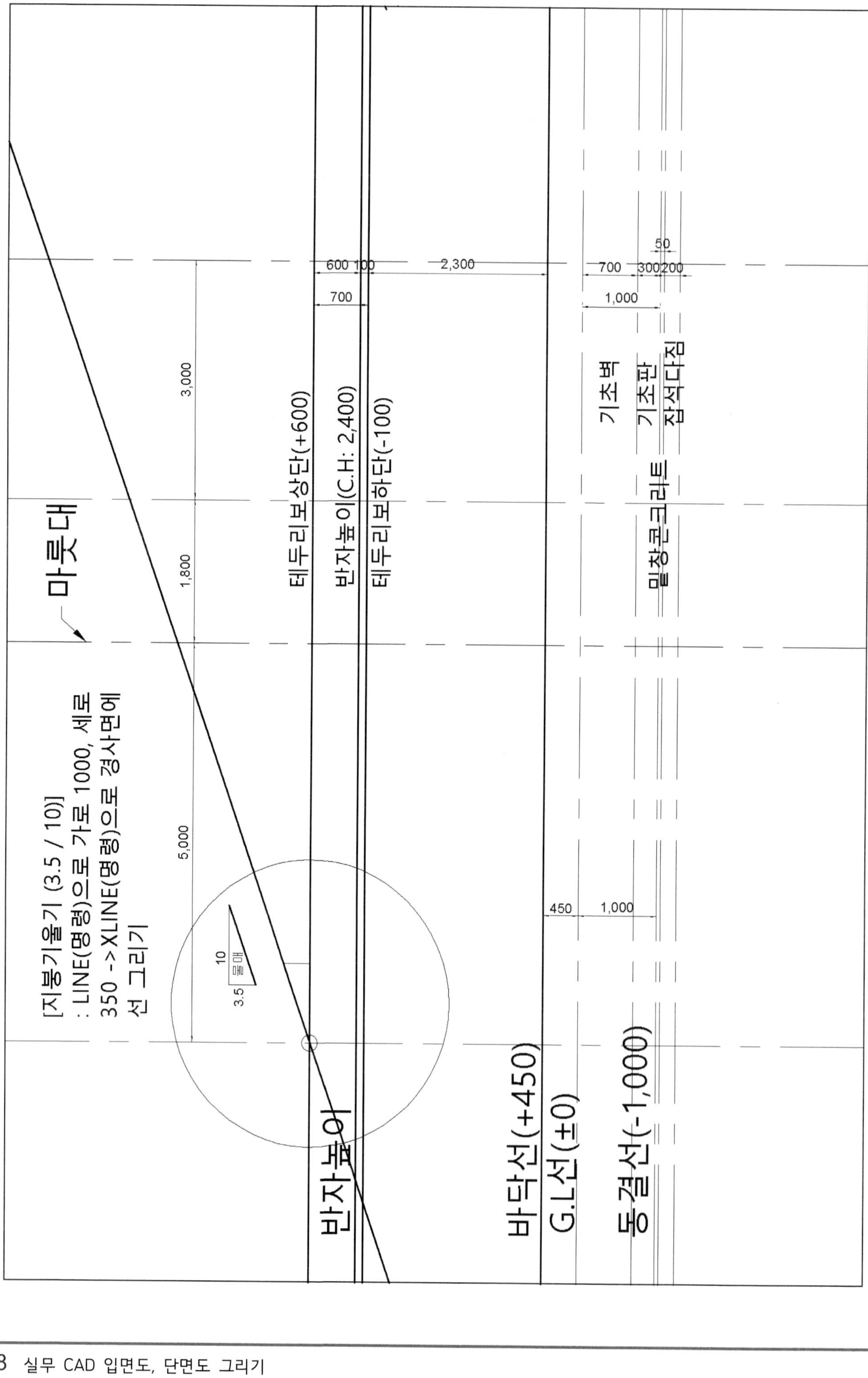
[지붕기울기 (3.5 / 10)]
: LINE(명령)으로 가로 1000, 세로
350 -> XLINE(명령)으로 경사면에
선 그리기
마룻대
10
3.5
물매
5,000
1,800
3,000
600
100
700
2,300
700
300
200
50
1,000
450
1,000
반자높이
테두리보상단(+600)
반자높이(C.H: 2,400)
테두리보하단(-100)
바닥선(+450)
G.L선(±0)
동결선(-1,000)
기초벽
기초판
잡석다짐
밑창콘크리트

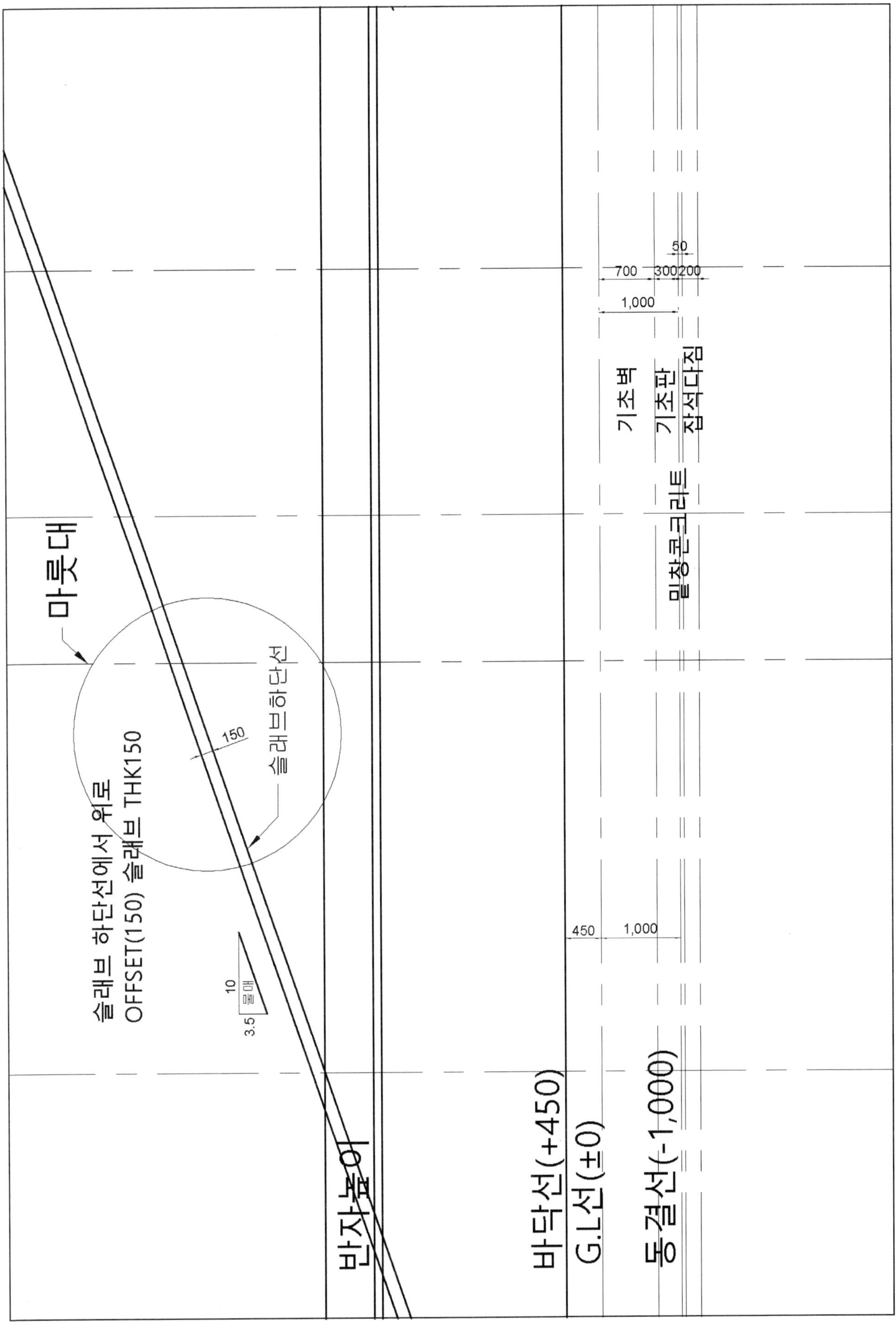
마룻대
슬래브 하단선에서 위로
OFFSET(150) 슬래브 THK150
150
슬래브하단선
10
3.5
물매
반자높이
바닥선(+450)
G.L선(±0)
동결선(-1,000)
450
1,000
기초벽
기초판
밑창콘크리트
잡석다짐
700
300
200
50
1,000

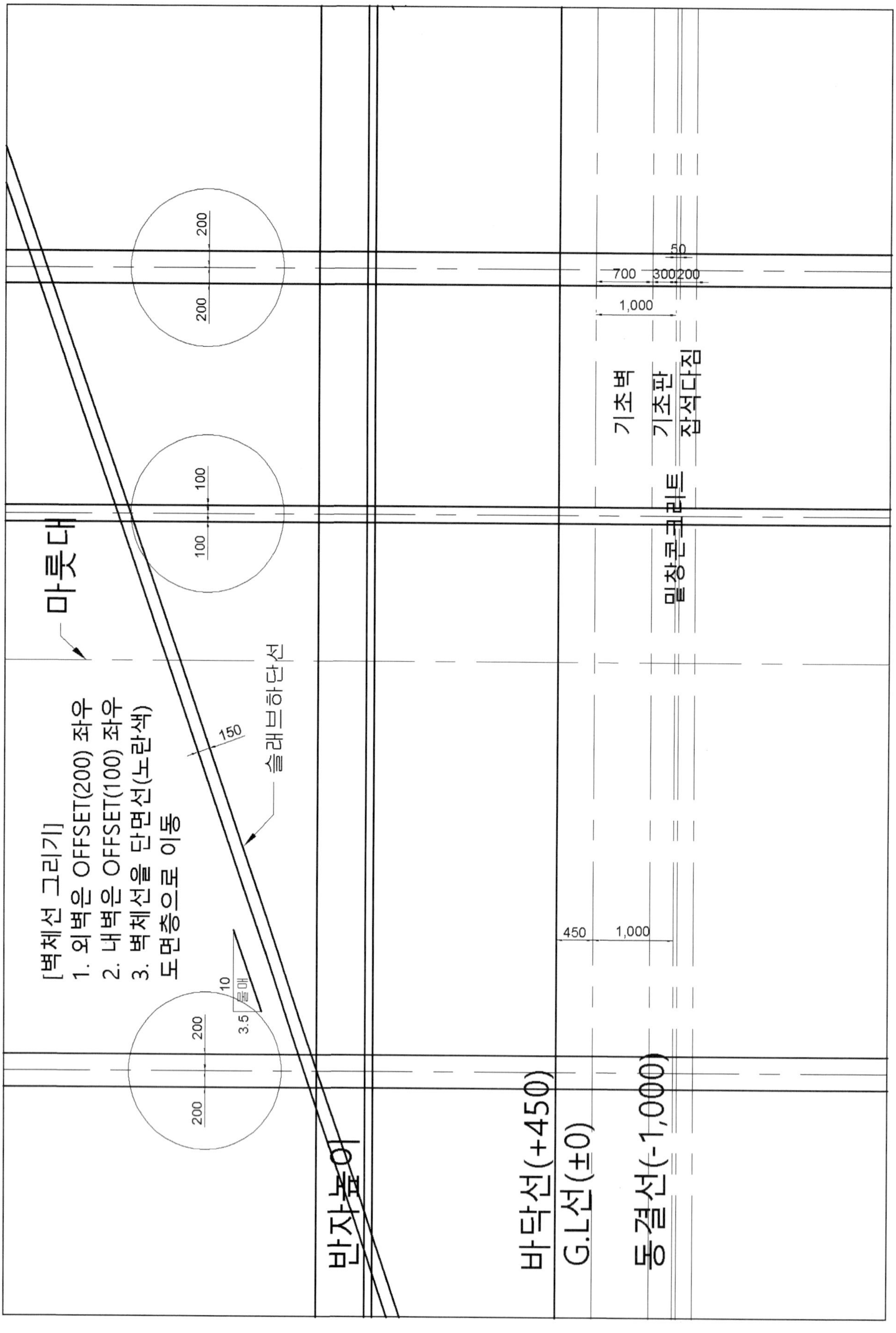

[벽체선 그리기]
1. 외벽은 OFFSET(200) 좌우
2. 내벽은 OFFSET(100) 좌우
3. 벽체선을 단면선(노란색) 도면층으로 이동
마룻대
슬래브하단선
150
10
3.5
물매
반자높이
바닥선(+450)
G.L선(±0)
동결선(-1,000)
기초벽
기초판
잡석다짐
밑창콘크리트
700
300
200
50
1,000
450
1,000
200
200
100
100
200
200

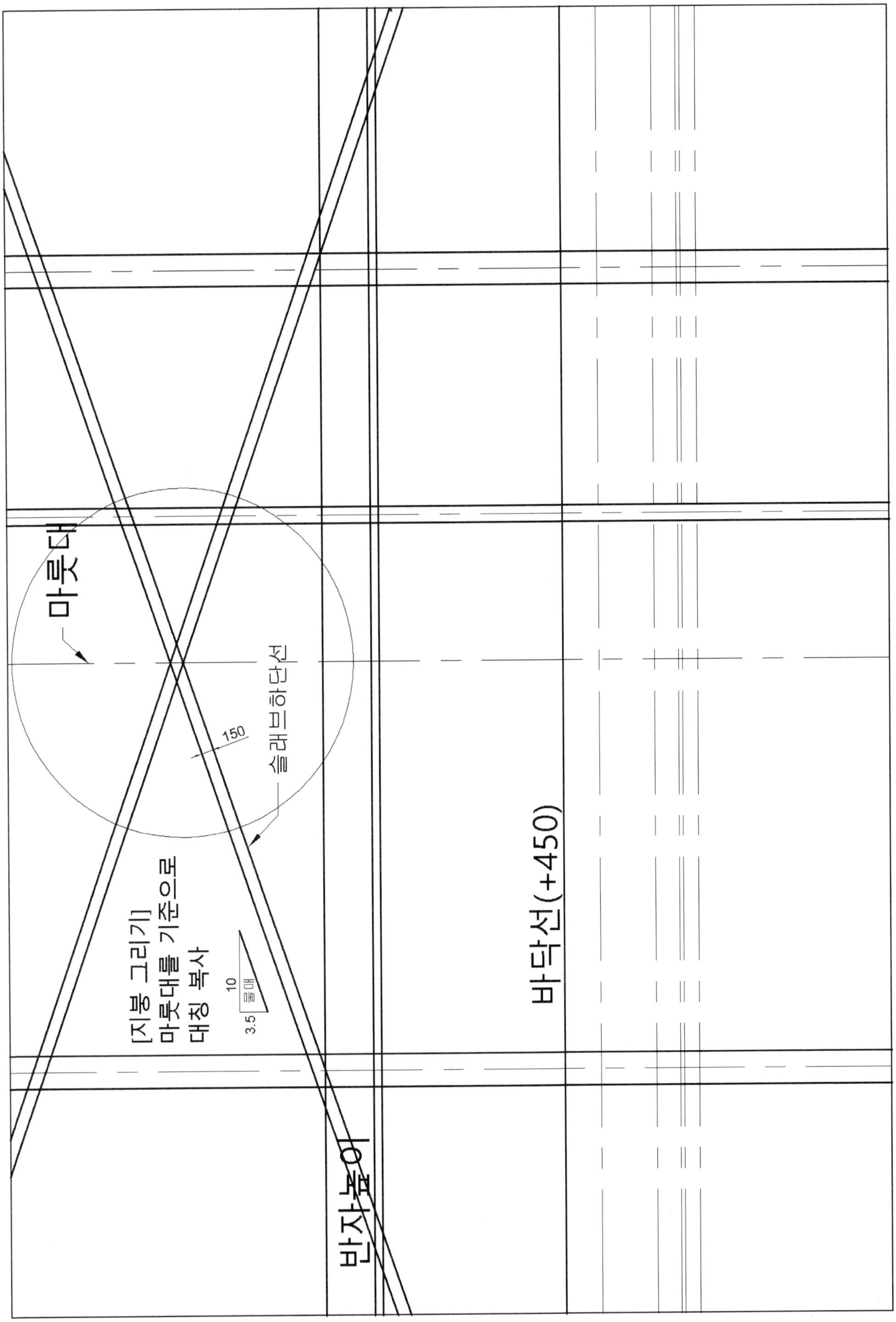
마룻대
슬래브하단선
150
[지붕 그리기]
마룻대를 기준으로
대칭 복사
10
물매
3.5
바닥선(+450)
반자높이

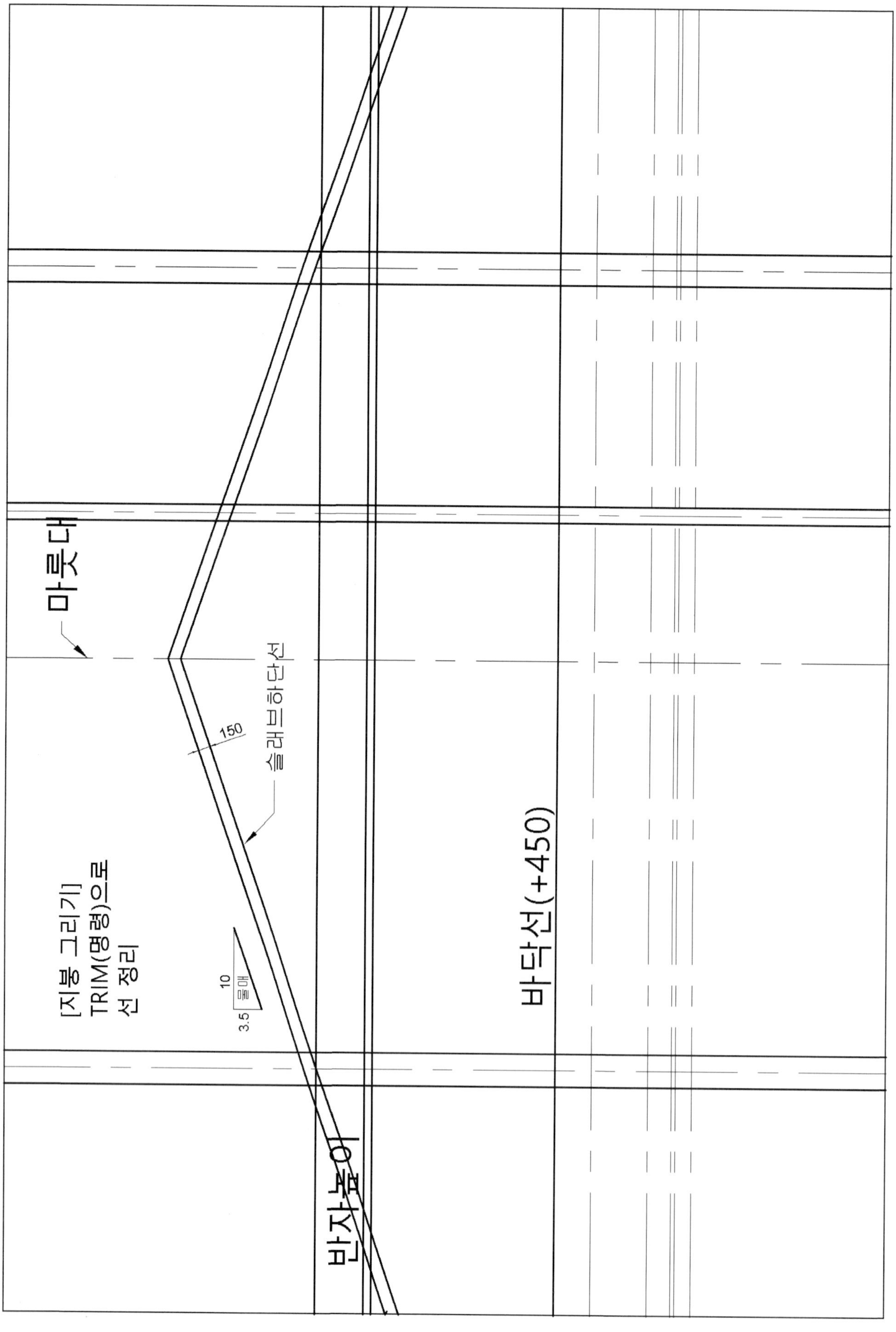
마룻대
슬래브하단선
150
[지붕 그리기]
TRIM(명령)으로
선 정리
10
물매
3.5
바닥선(+450)
반자높이

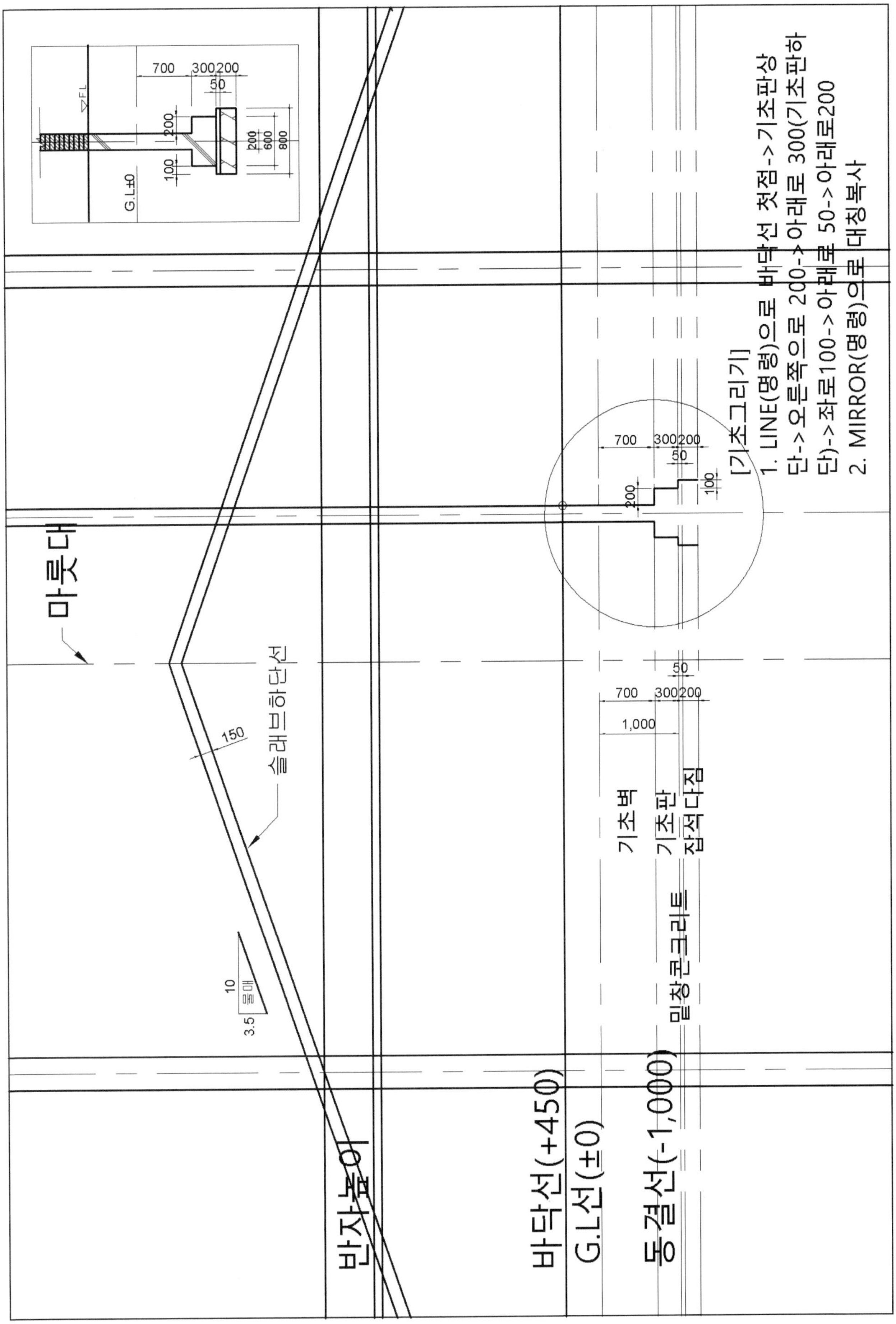

700
300
200
50
200
100
600
800
G.L±0
FL
마룻대
슬래브하단선
150
10
3.5
물매
반자높이
바닥선(+450)
G.L선(±0)
동결선(-1,000)
기초벽
기초판
잡석다짐
밑창콘크리트
1,000
[기초그리기]
1. LINE(명령)으로 바닥선 첫점->기초판상단->오른쪽으로 200->아래로 300(기초판하단)->좌로100->아래로 50->아래로200
2. MIRROR(명령)으로 대칭복사

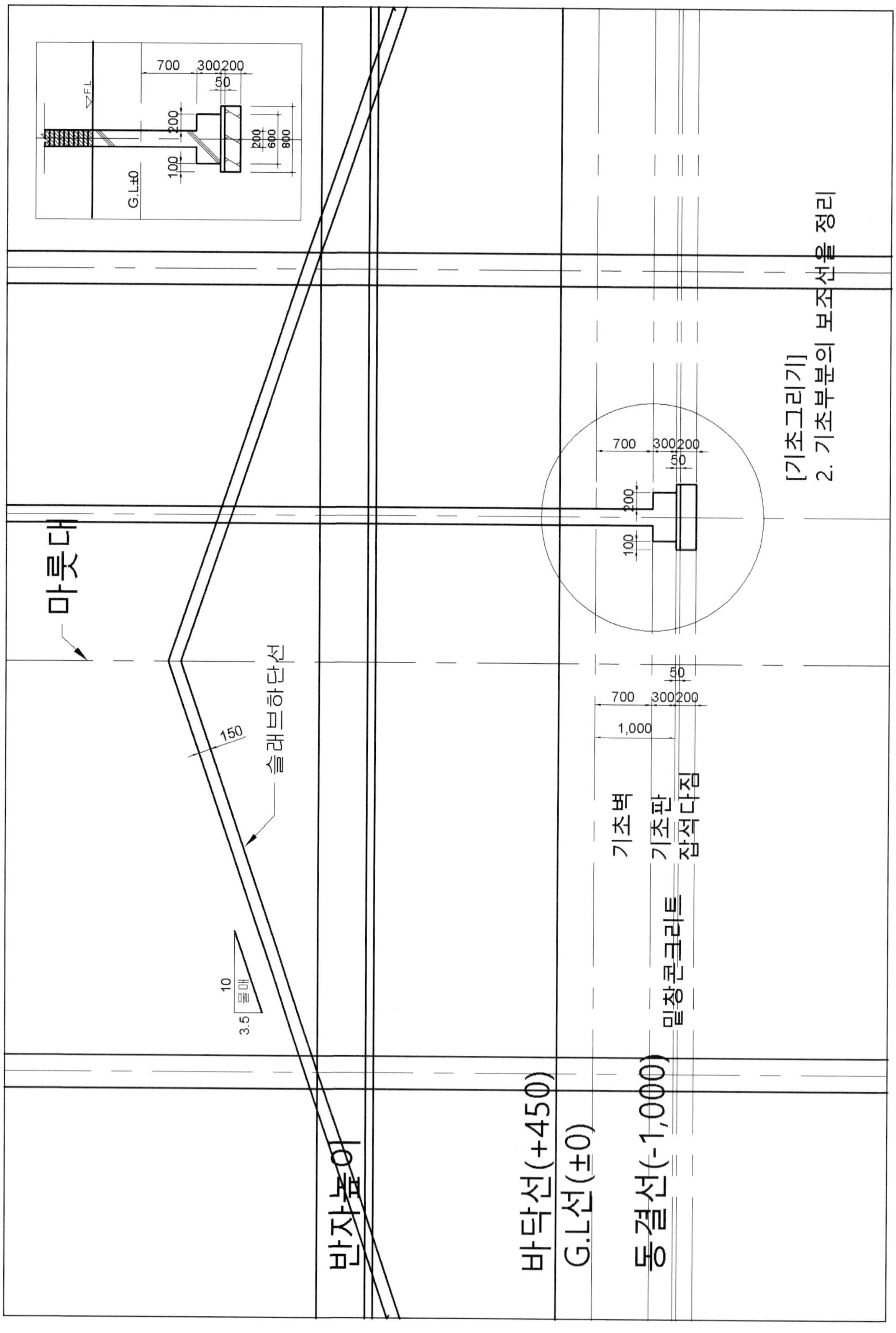
[기초그리기]
2. 기초부분의 보조선을 정리
마룻대
슬래브하단선
150
반자높이
바닥선(+450)
G.L선(±0)
동결선(-1,000)
밑창콘크리트
잡석다짐
기초판
기초벽
700
300
200
50
1,000
100
10
3.5
물매
G.L±0
600
800

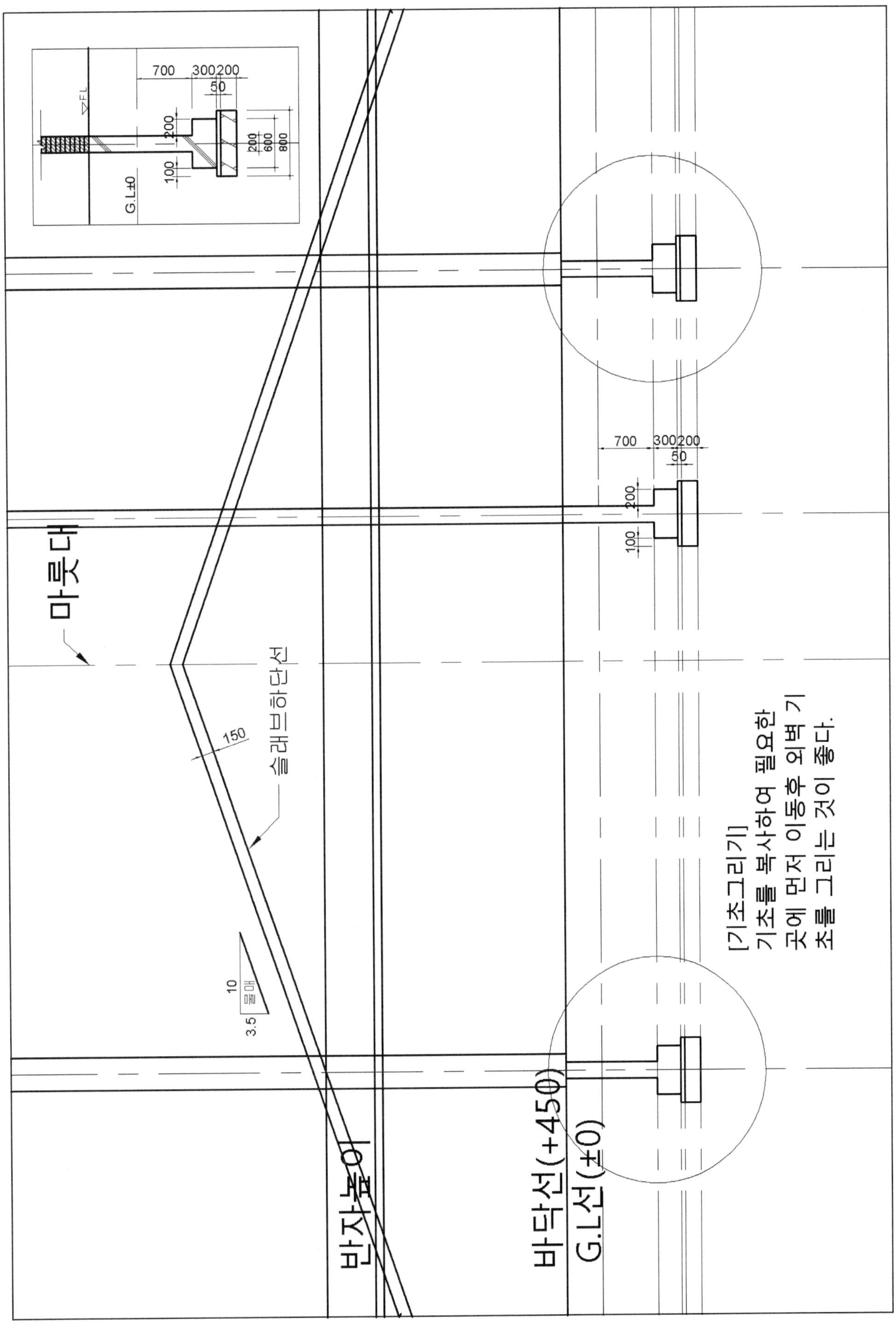
700
300
200
50
200
100
FL
G.L±0
200
600
800
마룻대
150
슬래브하단선
10
물매
3.5
반자높이
바닥선(+450)
G.L선(±0)
[기초그리기]
기초를 복사하여 필요한
곳에 먼저 이동후 외벽 기
초를 그리는 것이 좋다.

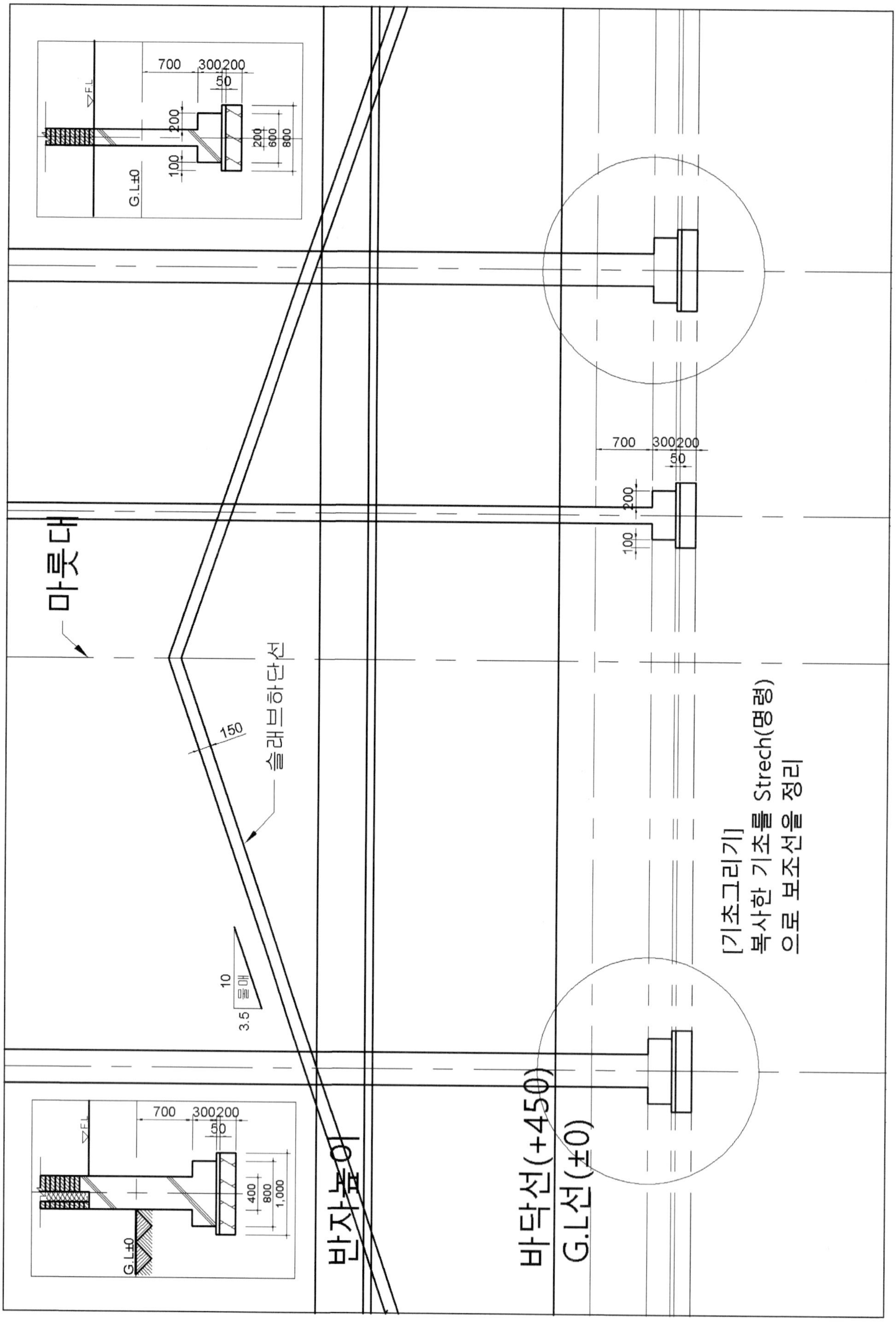
마룻대
슬래브하단선
150
10
물매
3.5
반자높이
바닥선(+450)
G.L선(±0)
[기초그리기]
복사한 기초를 Strech(명령)
으로 보조선을 정리
700
300
200
50
100
G.L±0
FL
400
800
1,000
600

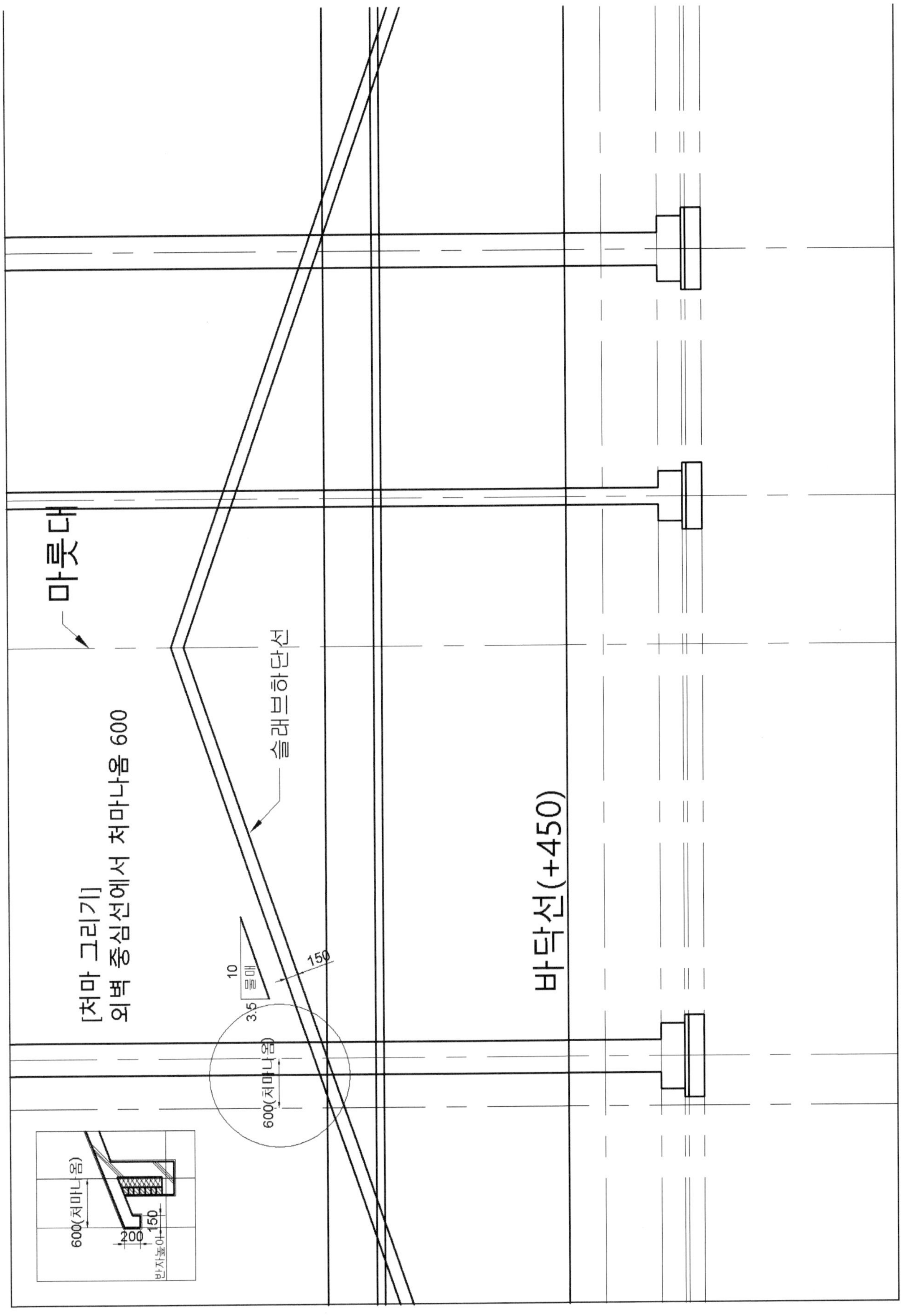
[처마 그리기]
외벽 중심선에서 처마나옴 600
마룻대
슬래브하단선
바닥선(+450)
150
10
물매
3.5
600(처마나옴)
200
150

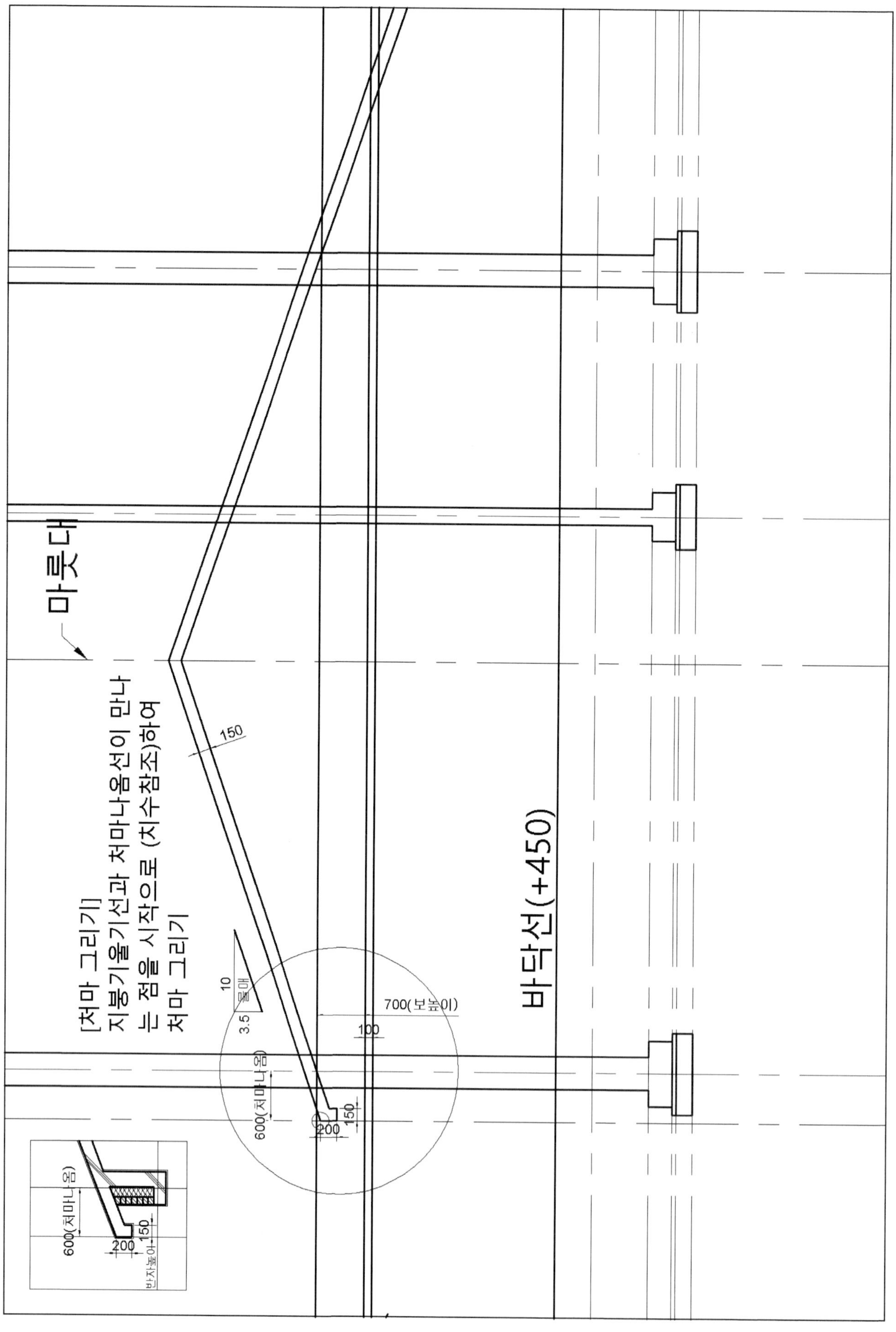

[처마 그리기]
지붕기울기선과 처마나옴선이 만나는 점을 시작으로 (치수참조)하여 처마 그리기
마룻대
바닥선(+450)
150
10
물매
3.5
700(보높이)
100
600(처마나옴)
200
150
반자높이

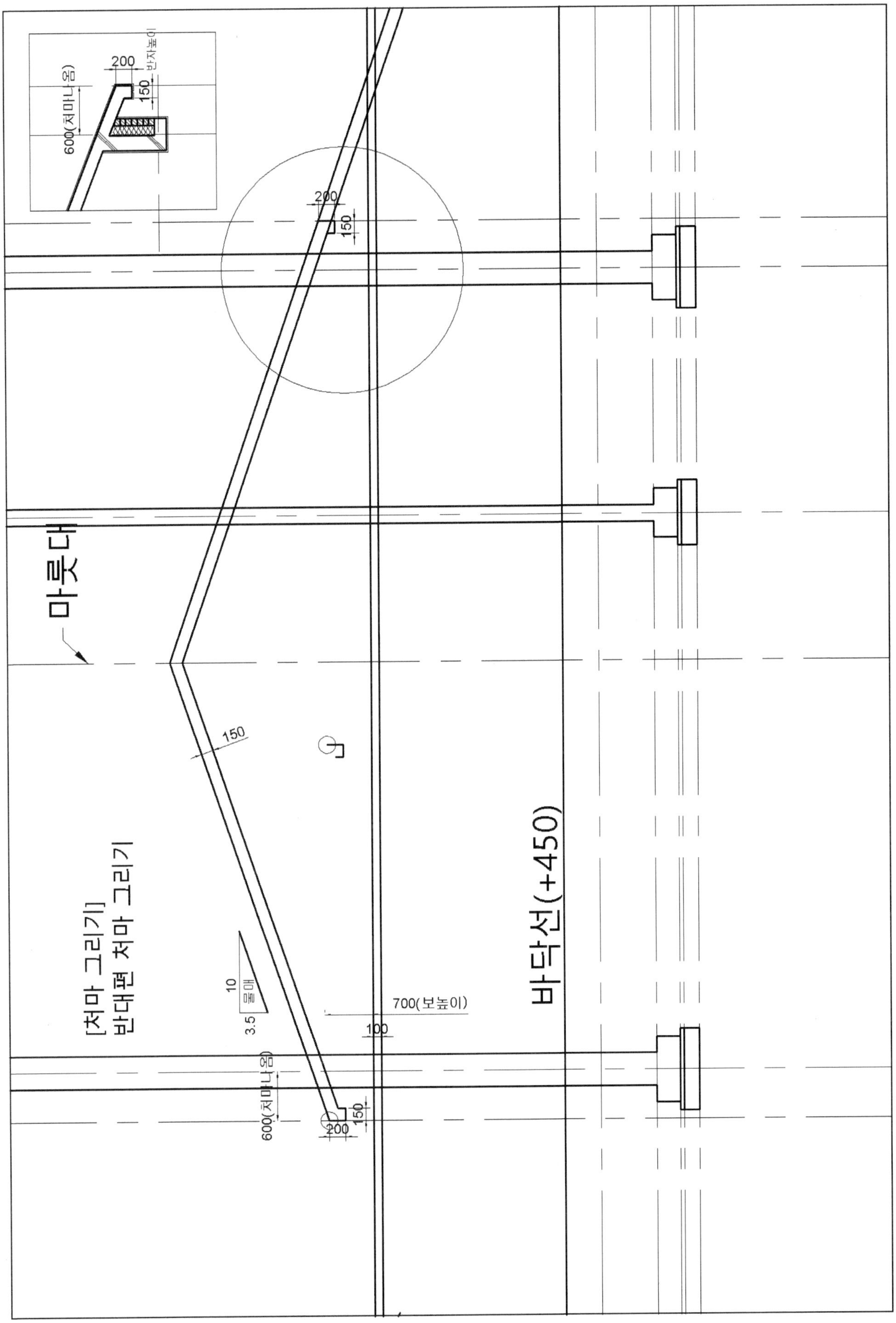
[처마 그리기]
반대편 처마 그리기
마룻대
바닥선(+450)
700(보높이)
600(처마나옴)
200
150
100
10
물매
3.5
반자높이

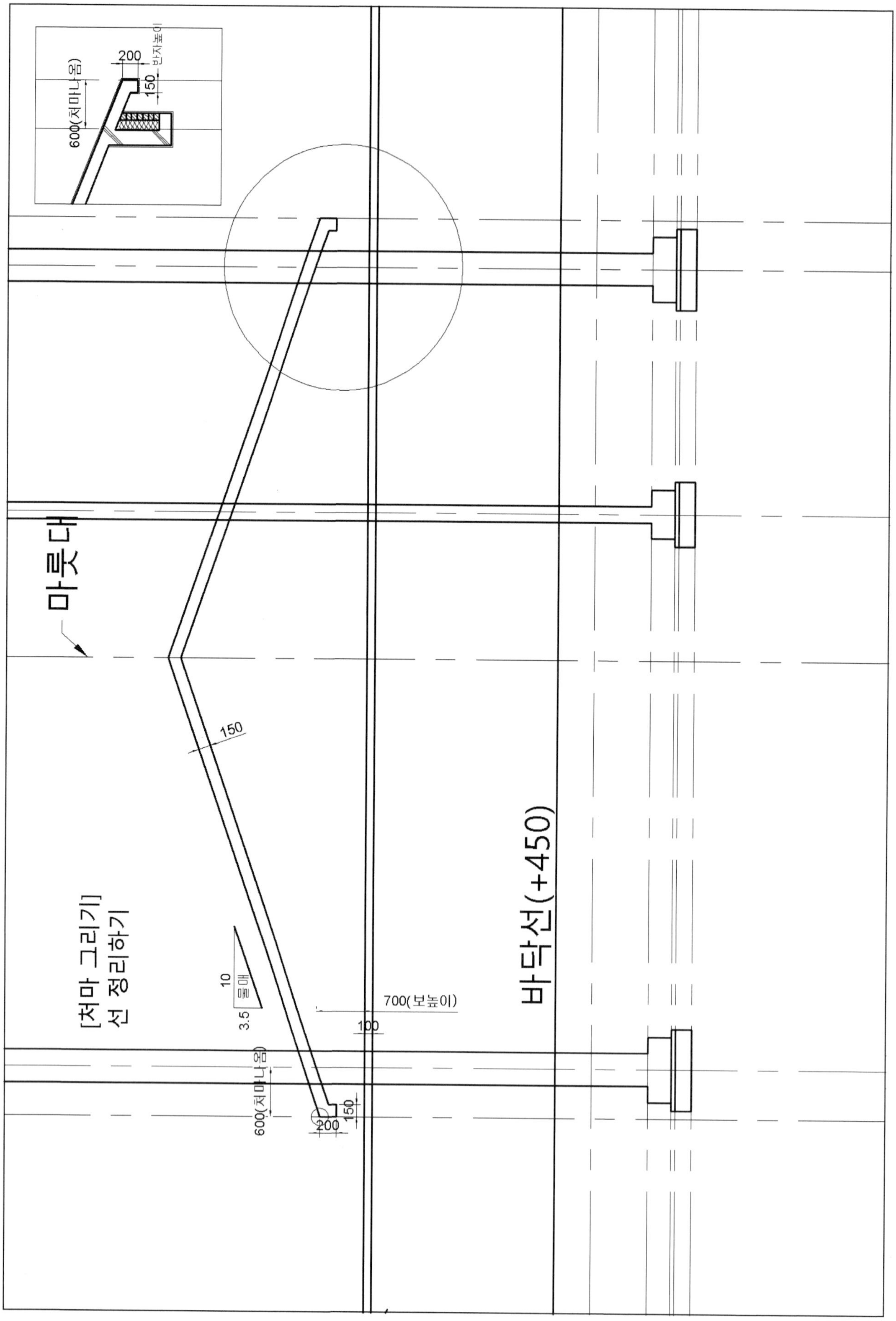

[처마 그리기]
선 정리하기
마룻대
바닥선(+450)
150
700(보높이)
100
600(처마나옴)
200
150
10
물매
3.5
반자높이

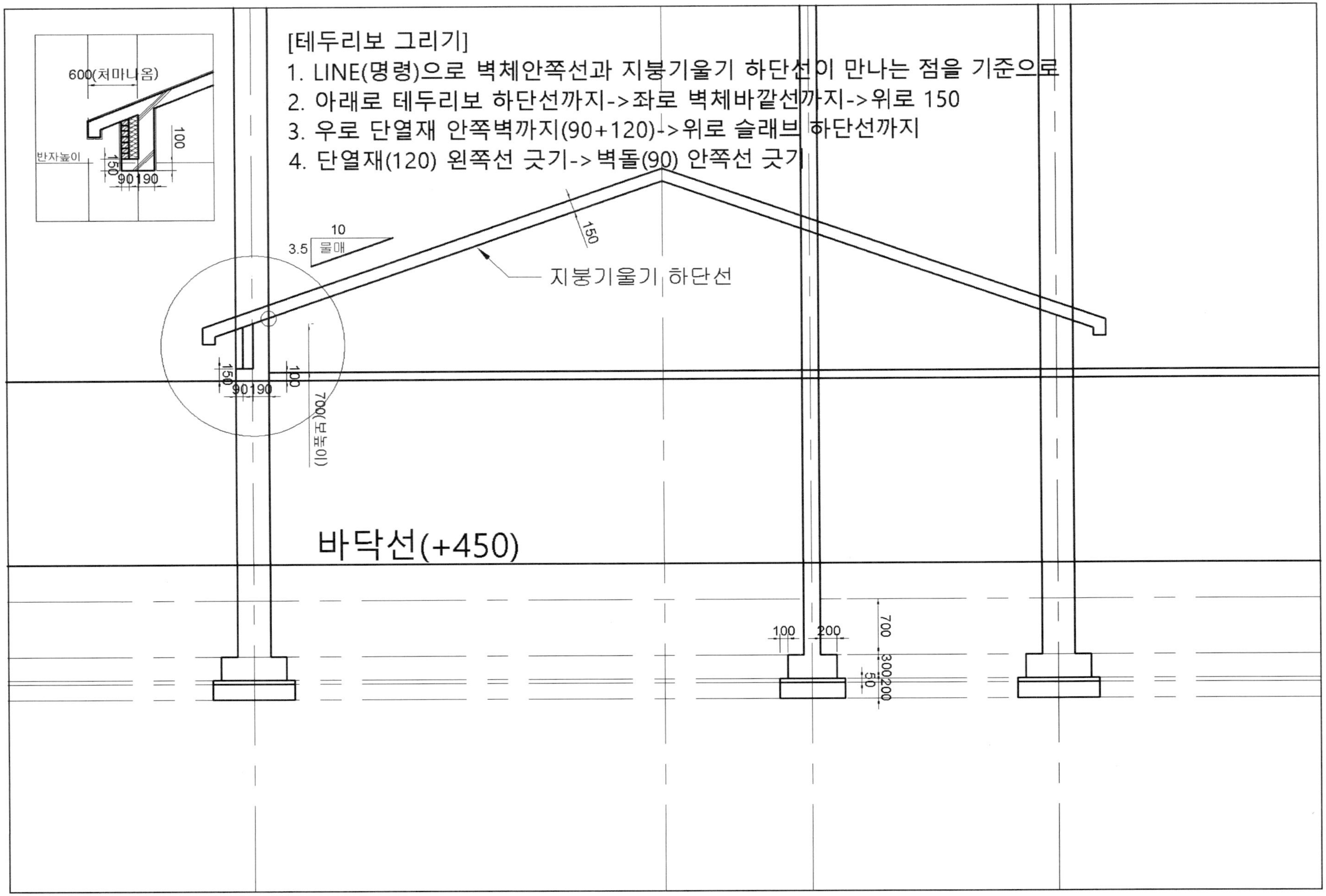
[테두리보 그리기]
1. LINE(명령)으로 벽체안쪽선과 지붕기울기 하단선이 만나는 점을 기준으로
2. 아래로 테두리보 하단선까지->좌로 벽체바깥선까지->위로 150
3. 우로 단열재 안쪽벽까지(90+120)->위로 슬래브 하단선까지
4. 단열재(120) 왼쪽선 긋기->벽돌(90) 안쪽선 긋기
600(처마나옴)
반자높이
10
3.5
물매
150
지붕기울기 하단선
700(보높이)
바닥선(+450)
100
200
700
300
50

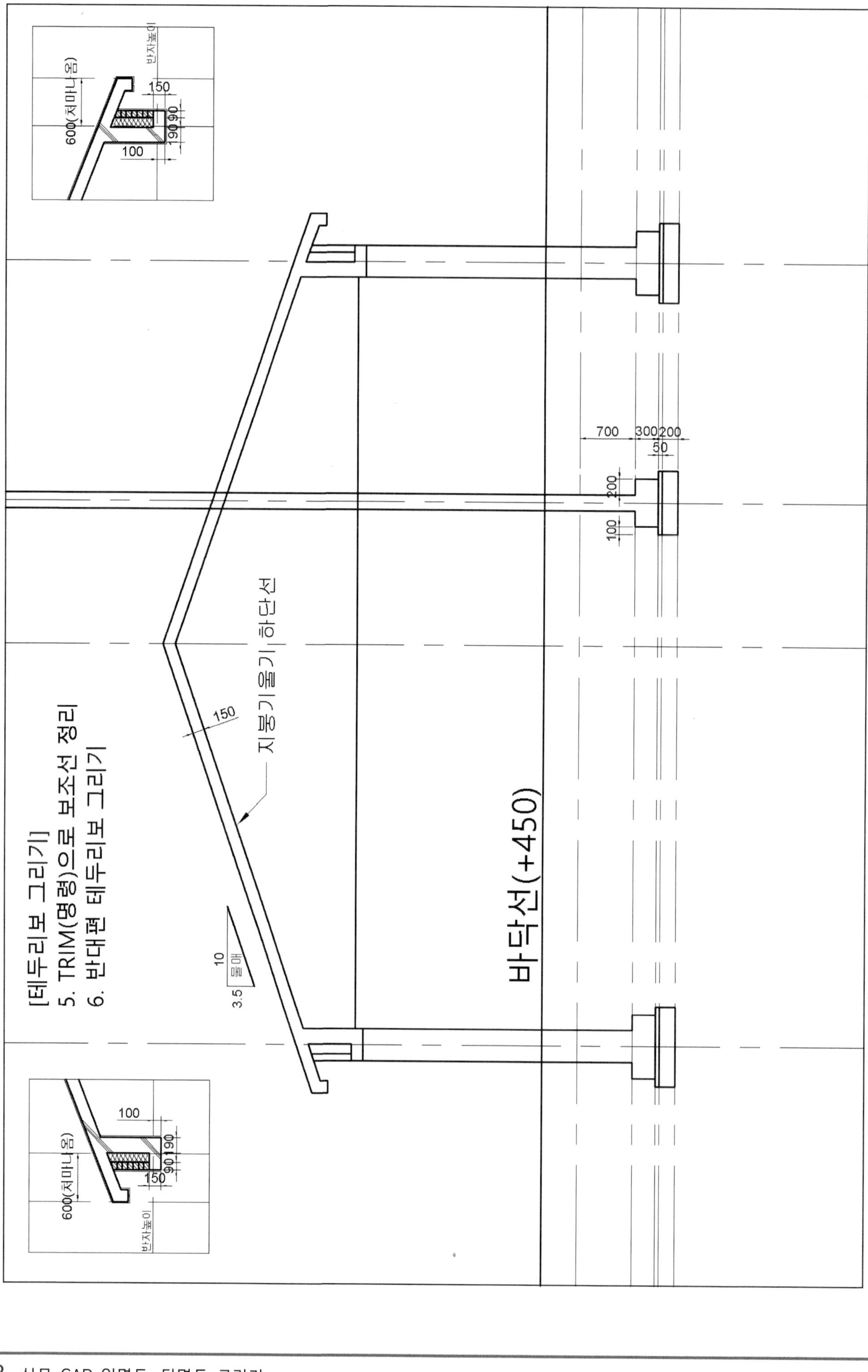
[테두리보 그리기]
5. TRIM(명령)으로 보조선 정리
6. 반대편 테두리보 그리기
지붕기울기 하단선
바닥선(+450)
600(처마나옴)
반자높이
150
100
90 190
700
300 200
50
200
100
10
3.5
물매

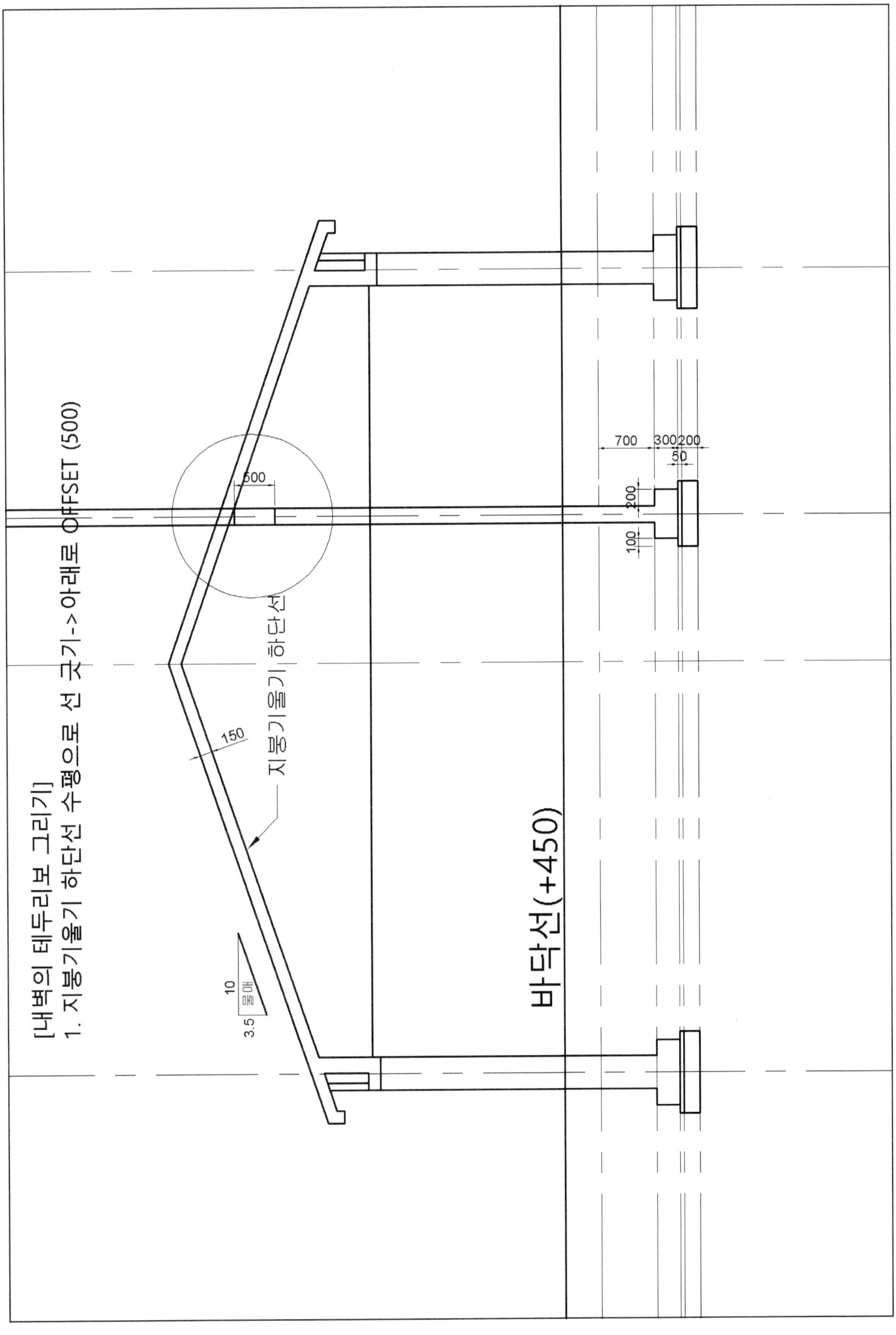
[내벽의 테두리보 그리기]
1. 지붕기울기 하단선 수평으로 선 긋기->아래로 OFFSET (500)
500
150
지붕기울기 하단선
10
물매
3.5
바닥선(+450)
700
300
200
50
200
100

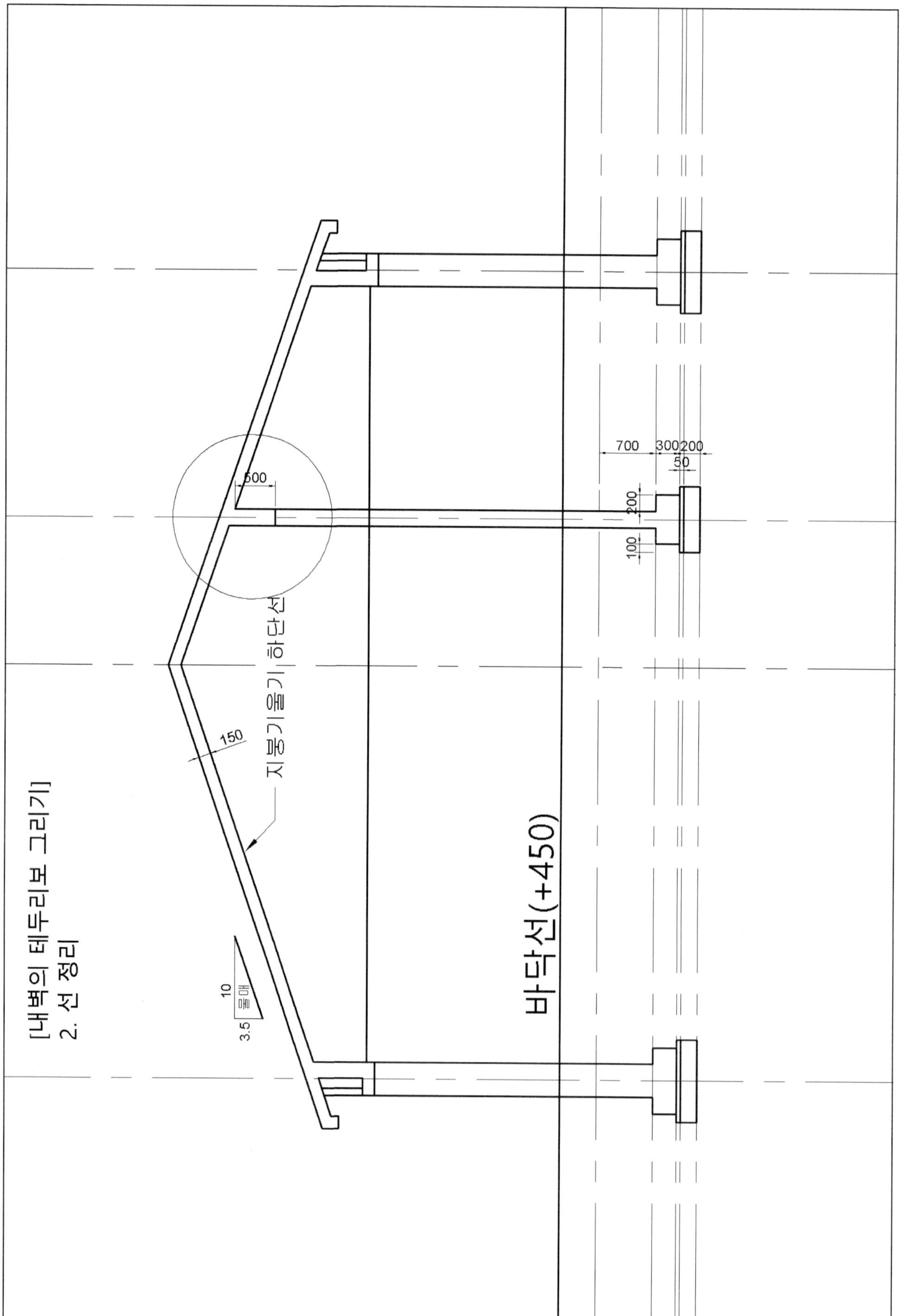
[내벽의 테두리보 그리기]
2. 선 정리
지붕기울기 하단선
바닥선(+450)
150
500
700
300
200
50
200
100
10
3.5
물매

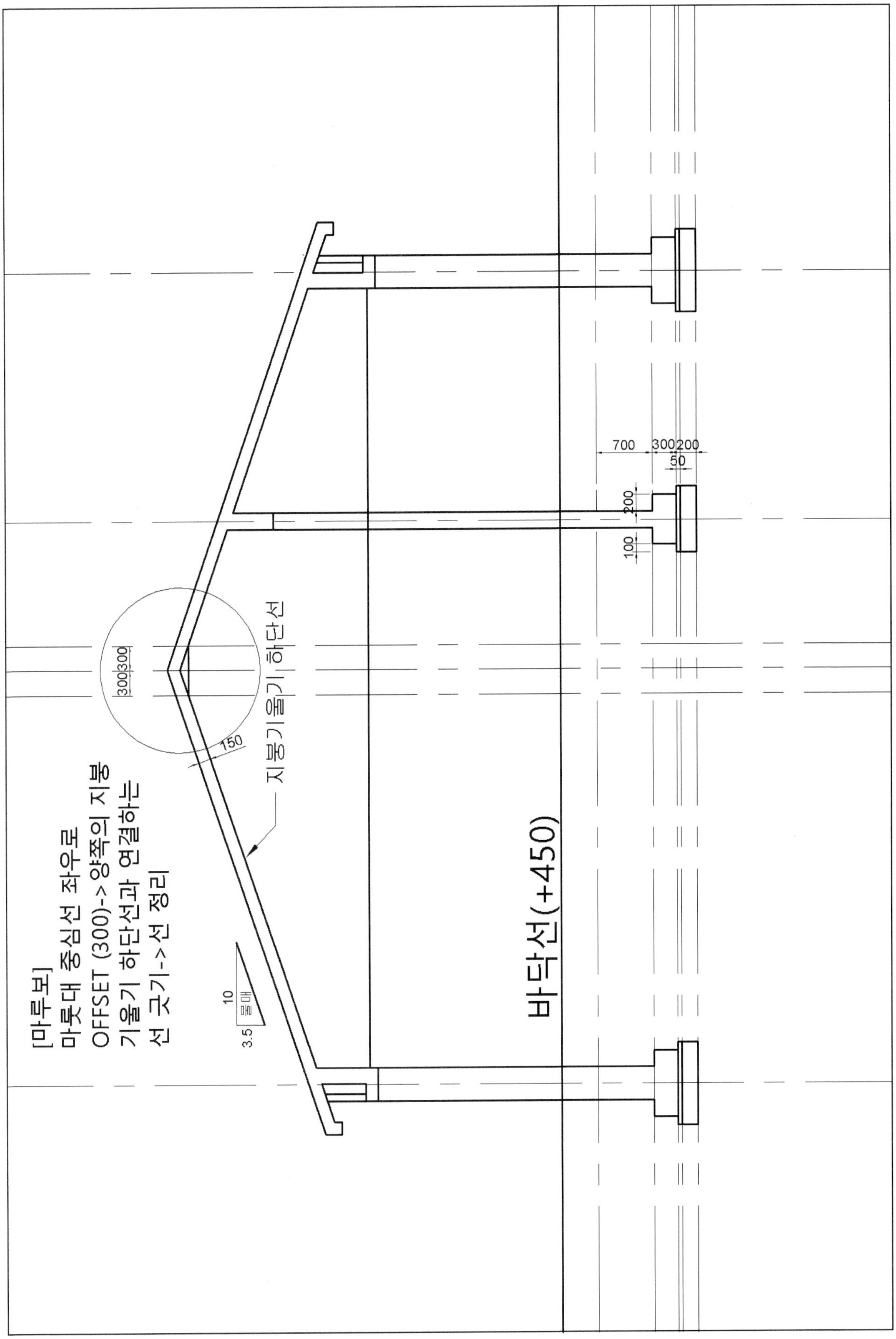
[마루보]
마룻대 중심선 좌우로
OFFSET (300)-> 양쪽의 지붕
기울기 하단선과 연결하는
선 긋기-> 선 정리
지붕기울기 하단선
바닥선(+450)
150
300 300
10
물매
3.5
700
300 200
50
200
100

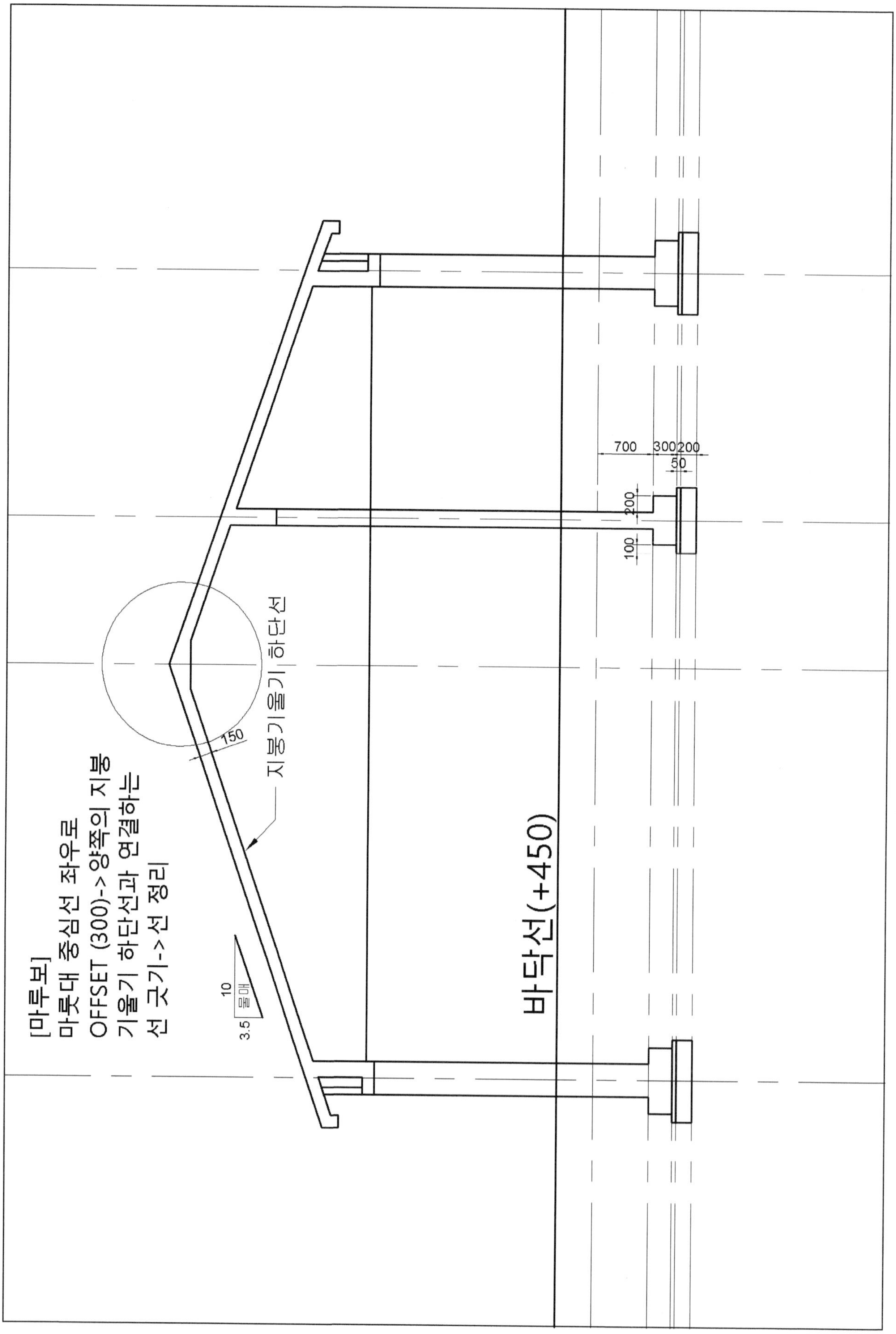
[마루보]
마룻대 중심선 좌우로
OFFSET (300)-> 양쪽의 지붕
기울기 하단선과 연결하는
선 긋기-> 선 정리
지붕기울기 하단선
150
10
물매
3.5
바닥선(+450)
700
300
200
50
200
100

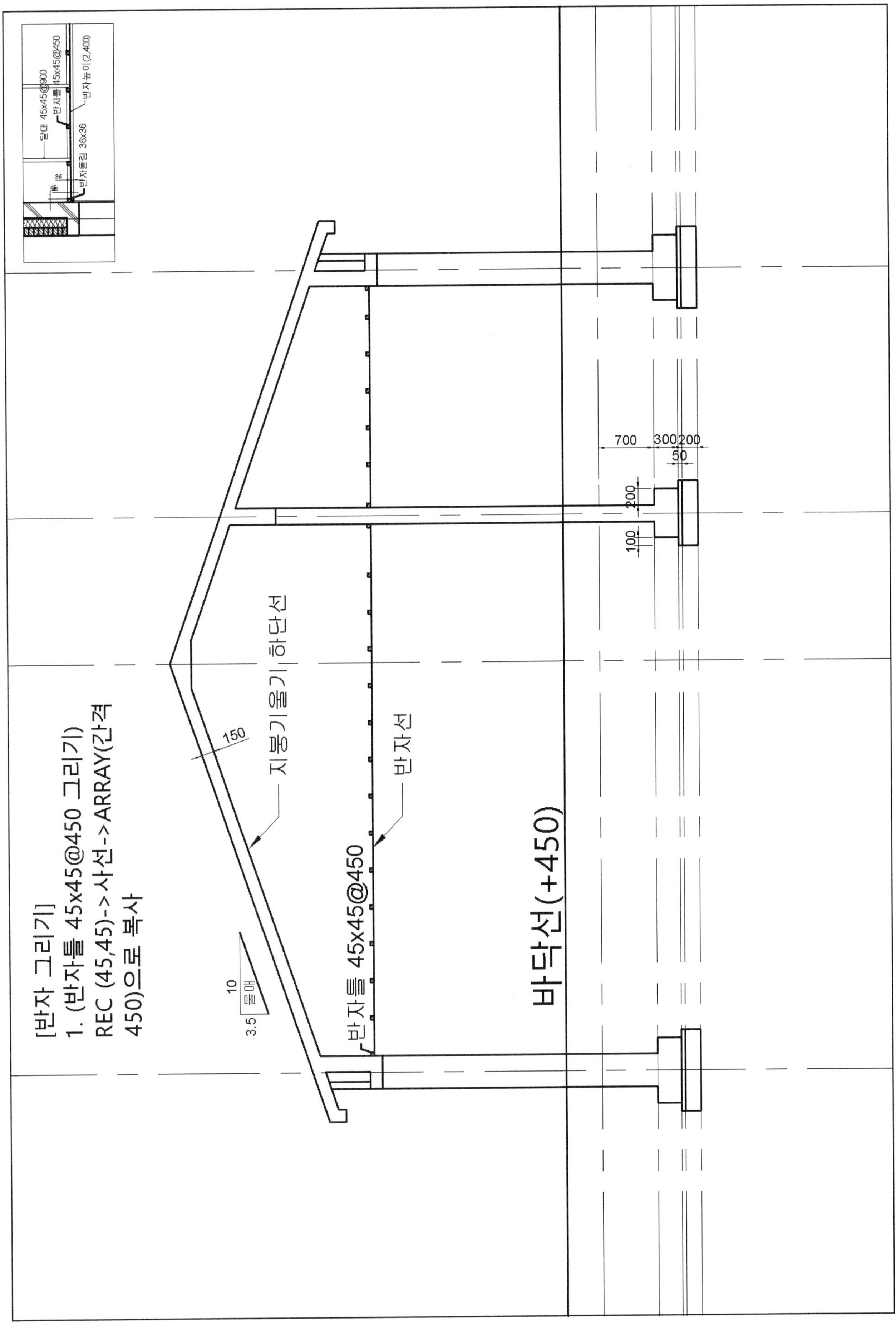
[반자 그리기]
1. (반자틀 45x45@450 그리기)
REC (45,45)->사선->ARRAY(간격 450)으로 복사
지붕기울기 하단선
반자선
반자틀 45x45@450
바닥선(+450)
150
10
3.5
물매
700
300
200
50
200
100
달대 45x45@900
반자틀 45x45@450
반자높이(2,400)
반자돌림 36x36

[반자 그리기]
2. (반자돌림 36x36 그리기) REC (36,36)->사선->
반대쪽으로 복사
3. 반자틀, 반자돌림 선 그리기->입면선으로 변경

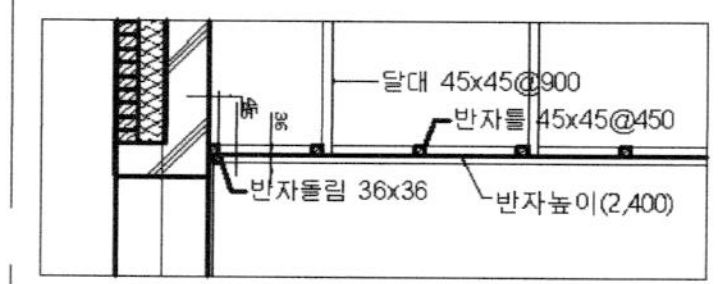

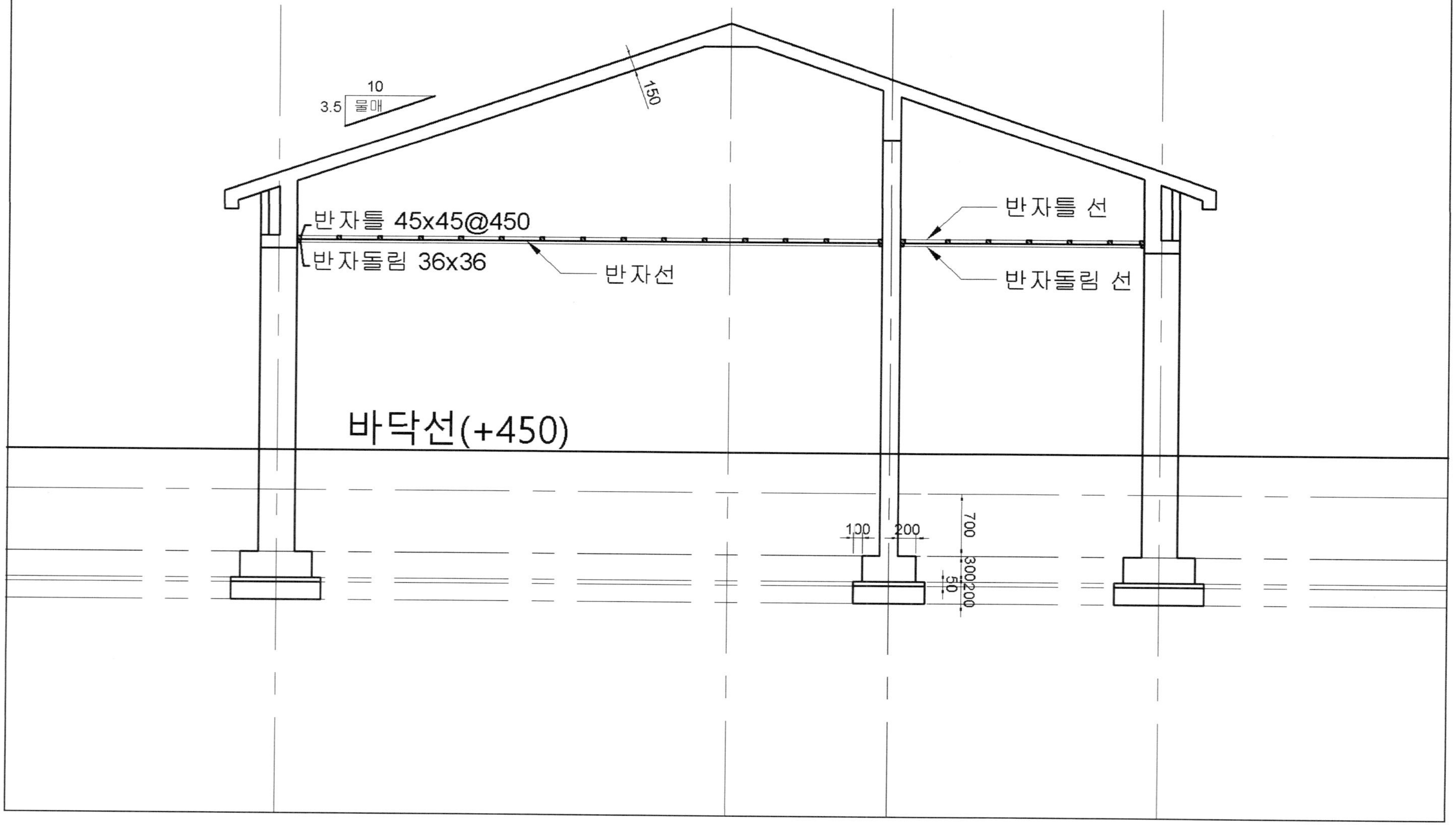

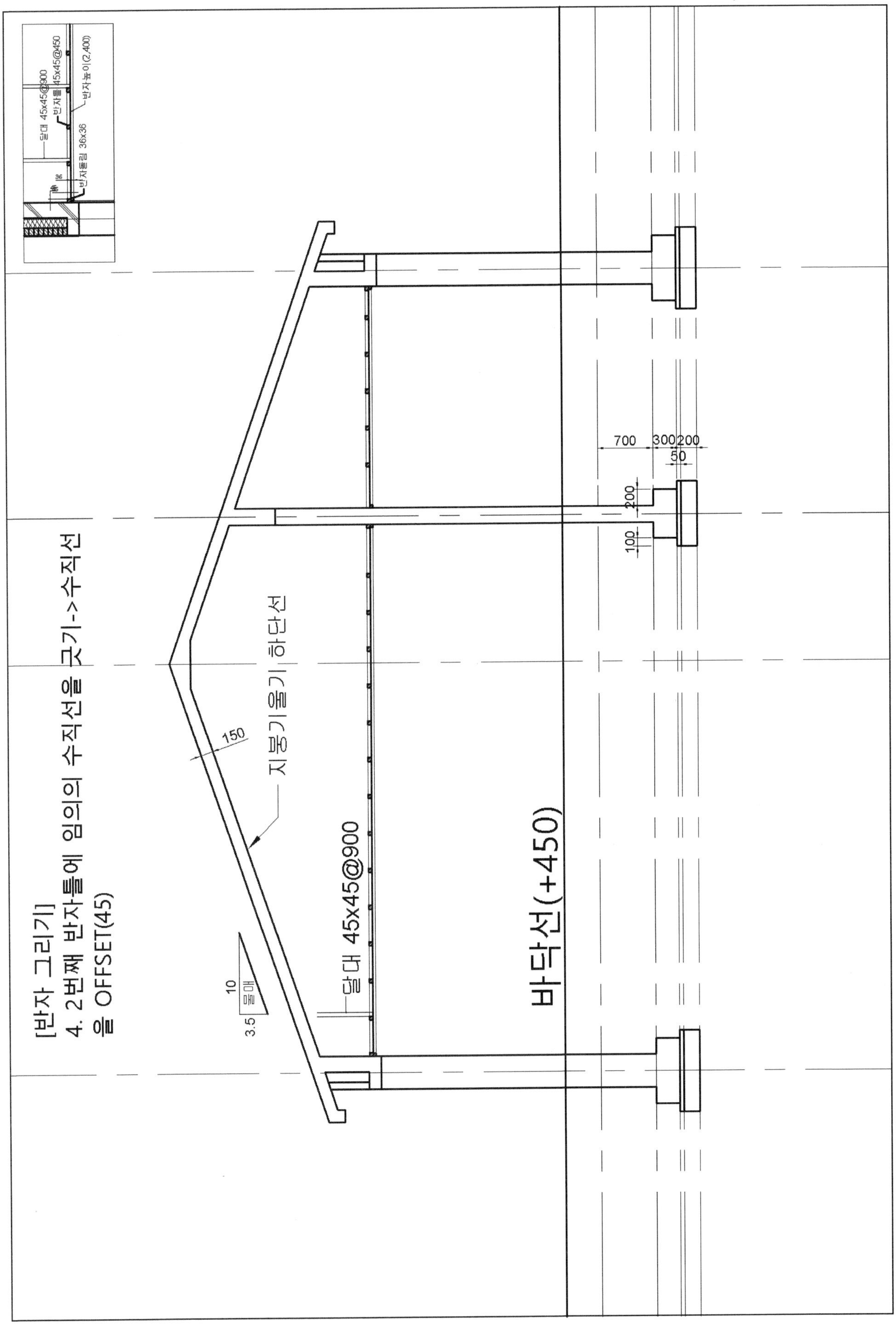
[반자 그리기]
4. 2번째 반자틀에 임의의 수직선을 긋기->수직선을 OFFSET(45)
달대 45x45@900
반자틀 45x45@450
반자돌림 36x36
반자높이(2,400)
지붕기울기 하단선
150
10
3.5
물매
달대 45x45@900
바닥선(+450)
700
300
200
50
200
100

[반자 그리기]
4. 2번째 반자틀에 임의의 수직선을 긋기->수직선을 OFFSET(45)->ARRAY로 간격 900(반자틀 2개째마다 작도)

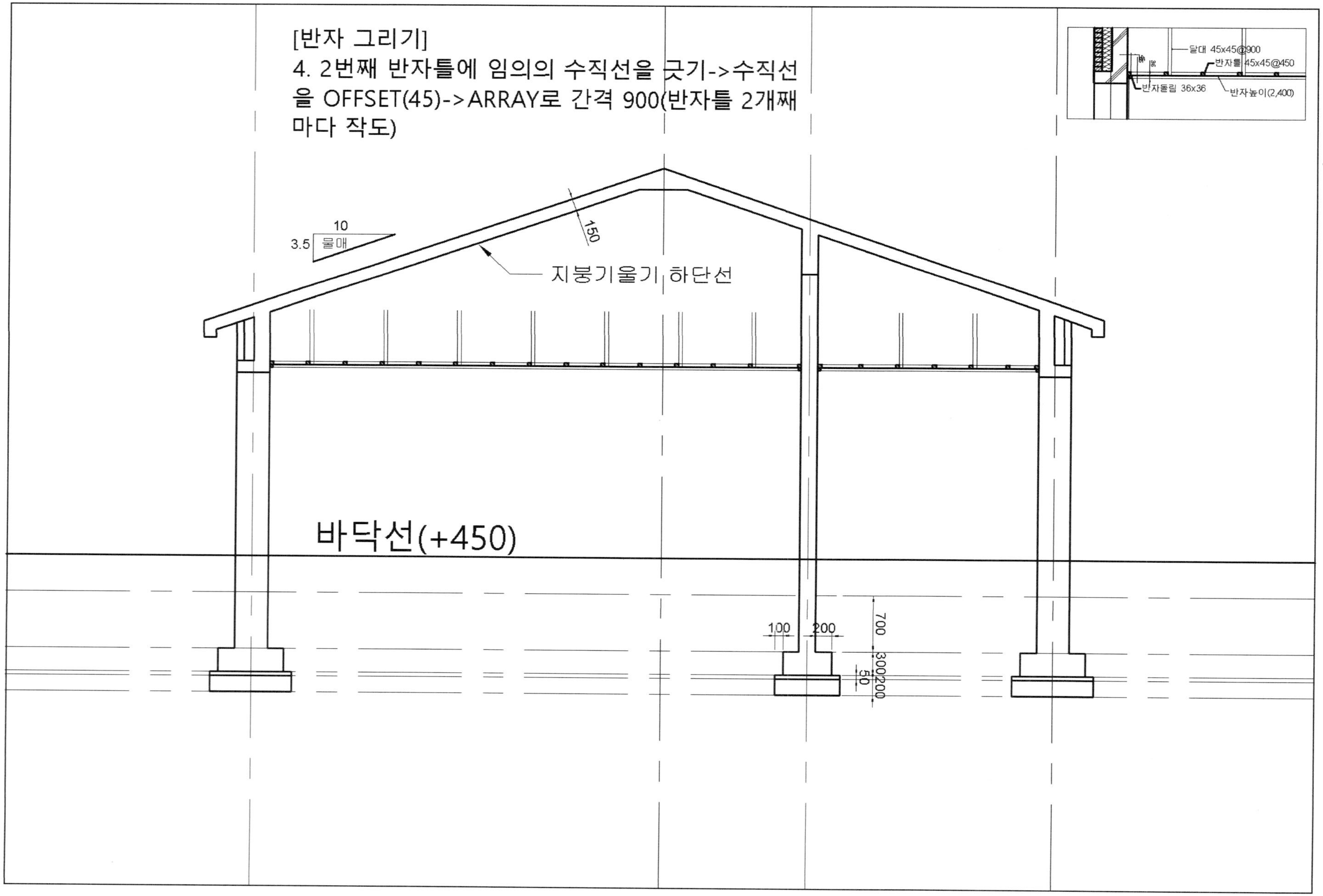

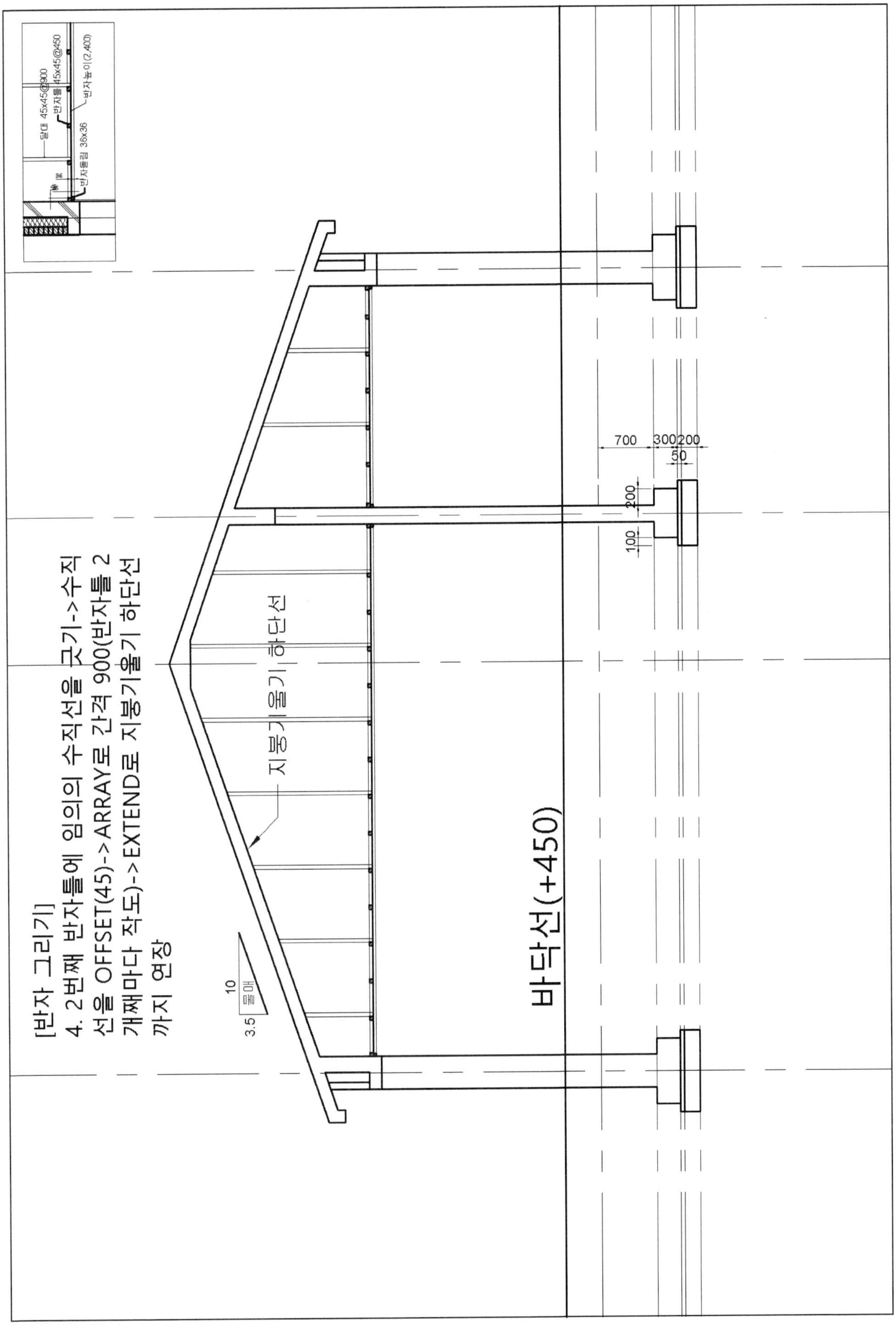
[반자 그리기]
4. 2번째 반자틀에 임의의 수직선을 긋기->수직선을 OFFSET(45)->ARRAY로 간격 900(반자틀 2개째마다 작도)->EXTEND로 지붕기울기 하단선까지 연장
지붕기울기 하단선
바닥선(+450)
10
3.5
물매
700
300
200
50
200
100
달대 45x45@900
반자틀 45x45@450
반자높이(2,400)
반자돌림 36x36
36

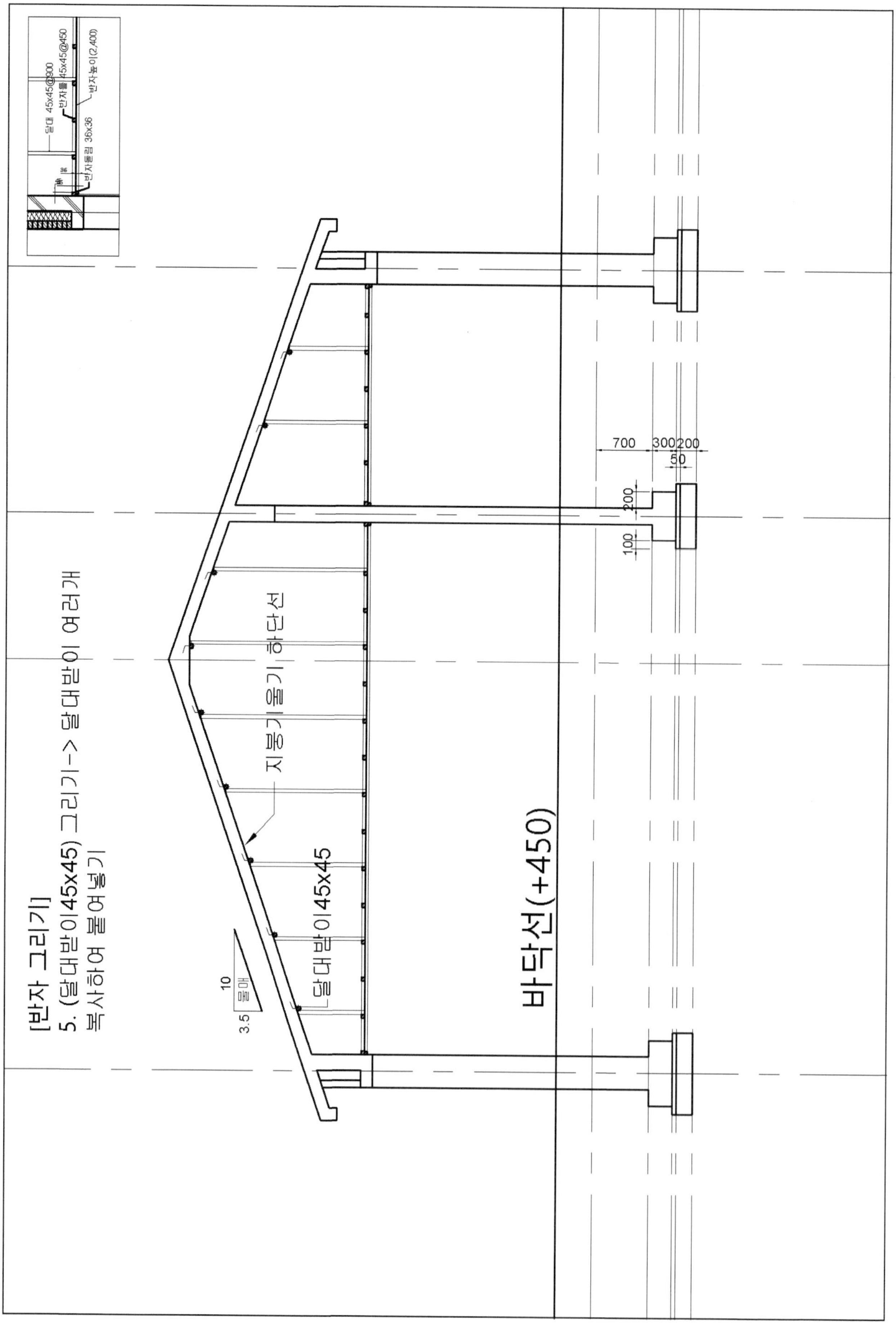
[반자 그리기]
5. (달대받이45x45) 그리기-> 달대받이 여러개
복사하여 붙여넣기
달대 45x45@900
반자틀 45x45@450
반자높이(2,400)
반자돌림 36x36
10
물매
3.5
지붕기울기 하단선
달대받이45x45
바닥선(+450)
700
300
200
50
200
100

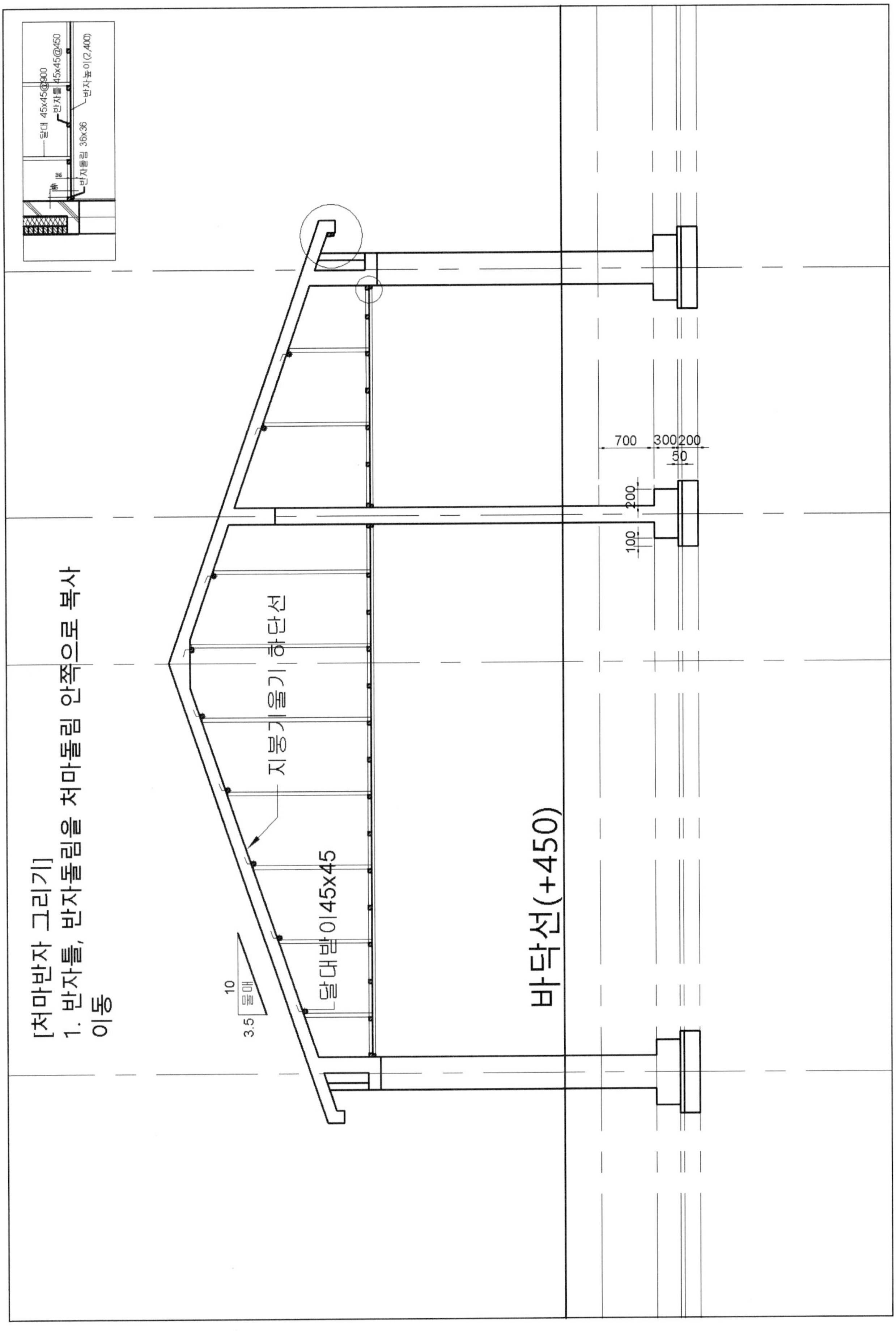
[처마반자 그리기]
1. 반자틀, 반자돌림을 처마돌림 안쪽으로 복사
이동
달대 45x45@900
반자틀 45x45@450
반자돌림 36x36
반자높이(2,400)
지붕기울기 하단선
달대받이45x45
10
물매
3.5
바닥선(+450)
700
300
200
50
200
100

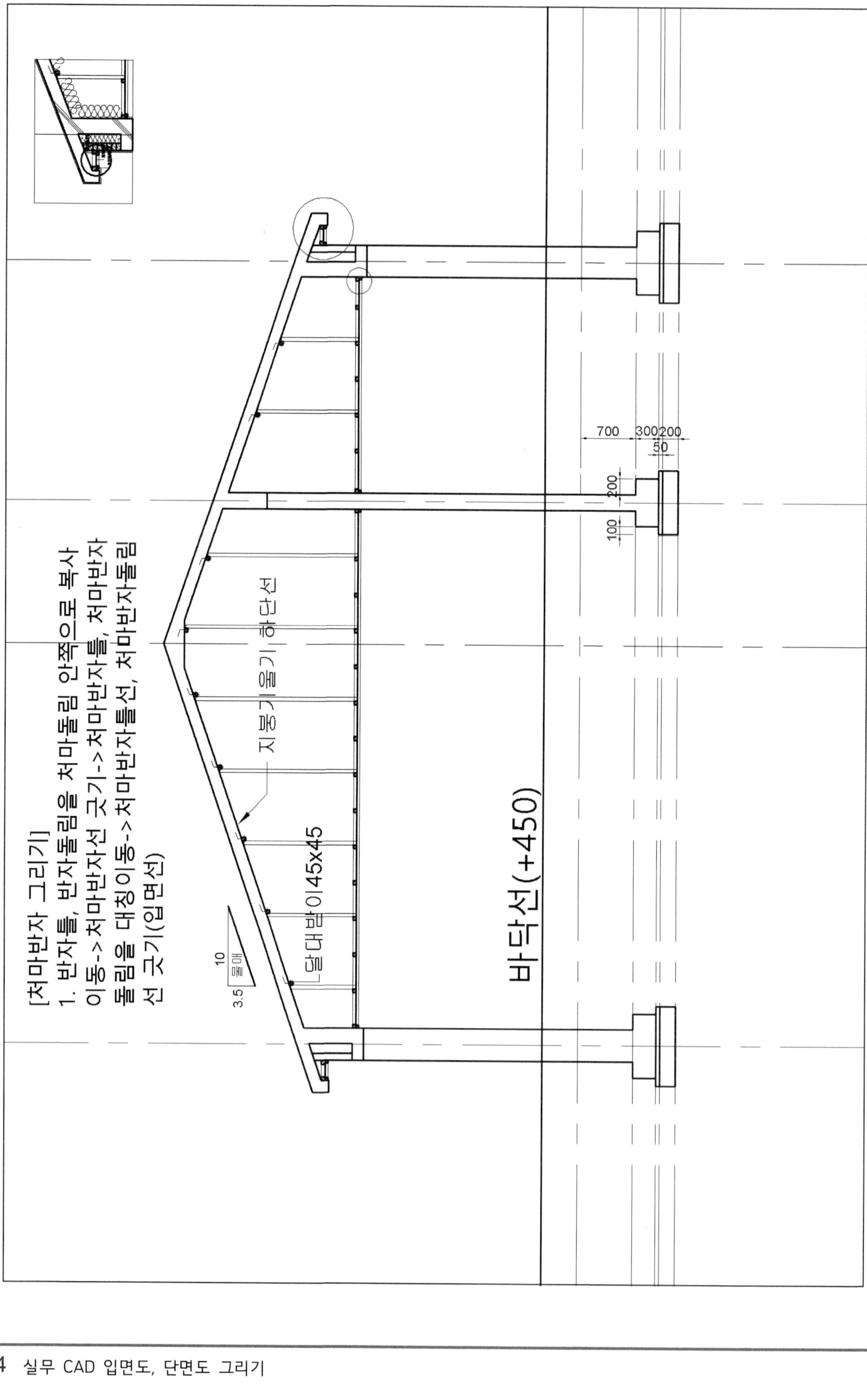
[처마반자 그리기]
1. 반자틀, 반자돌림을 처마돌림 안쪽으로 복사
이동->처마반자선 긋기->처마반자틀, 처마반자
돌림을 대칭이동->처마반자틀선, 처마반자돌림
선 긋기(입면선)
지붕기울기 하단선
달대받이45x45
10
물매
3.5
바닥선(+450)
700
300
200
50
200
100

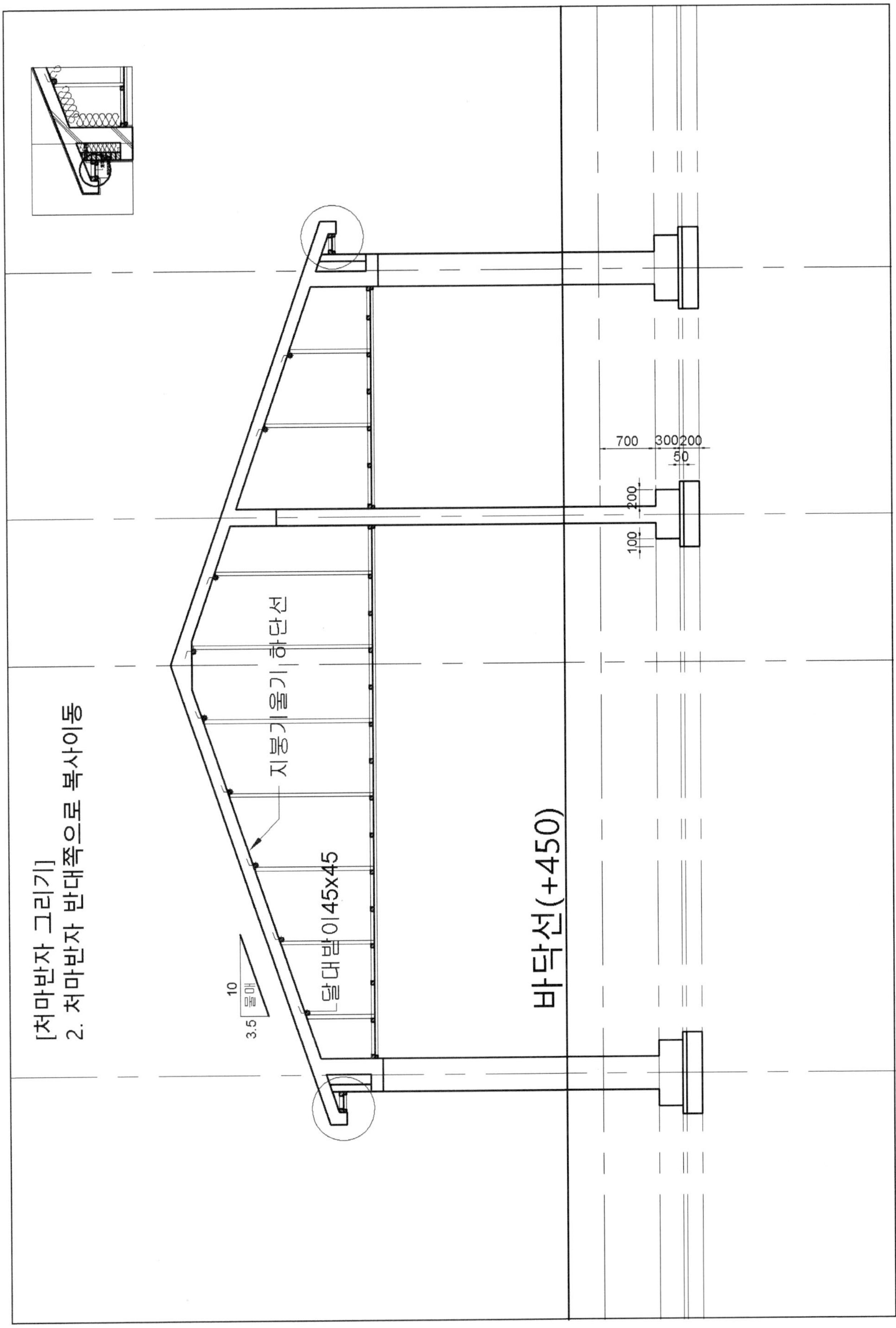
[처마반자 그리기]
2. 처마반자 반대쪽으로 복사이동
지붕기울기 하단선
달대받이45x45
바닥선(+450)
10
3.5
물매
700
300
200
50
200
100

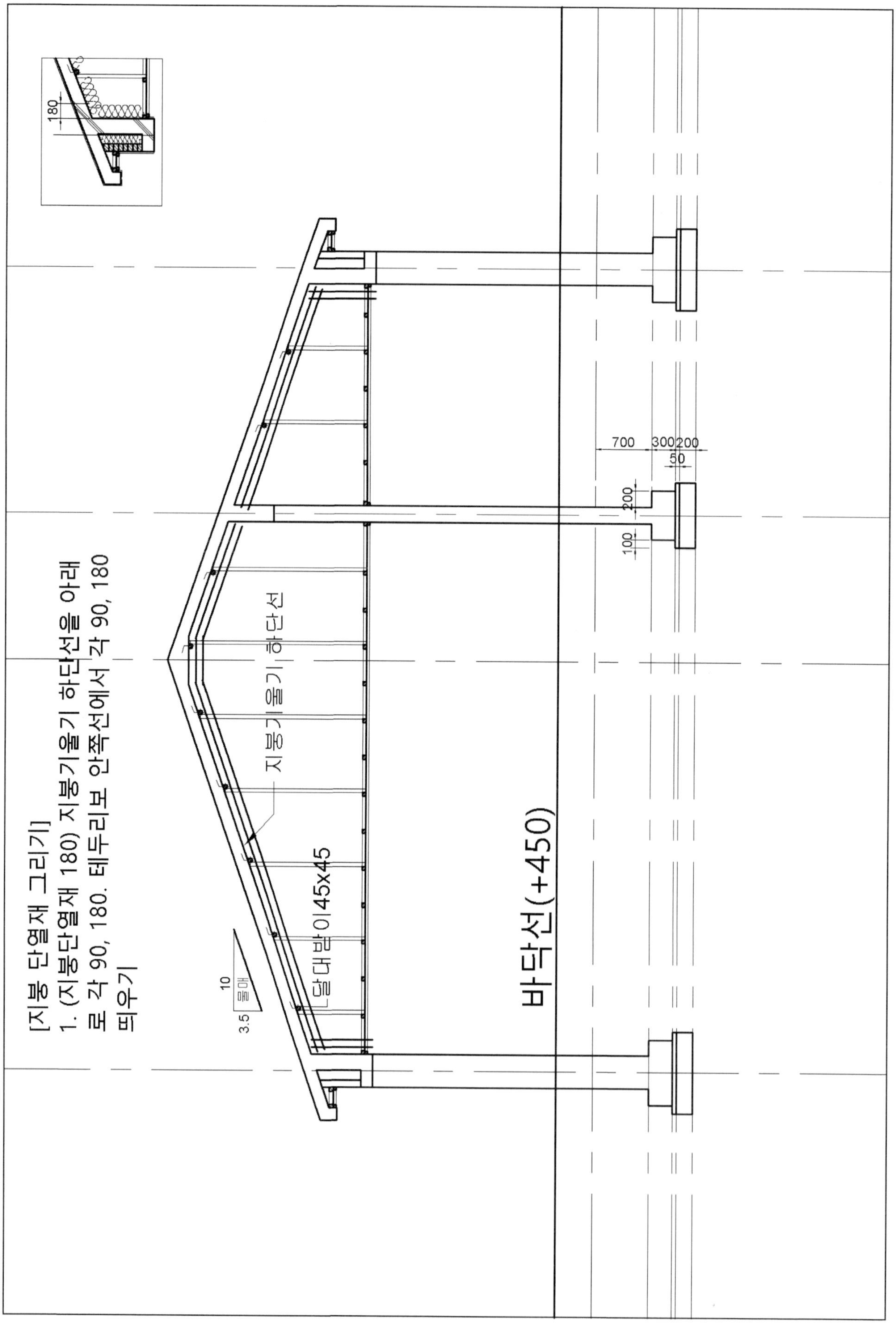
[지붕 단열재 그리기]
1. (지붕단열재 180) 지붕기울기 하단선을 아래로 각 90, 180. 테두리보 안쪽선에서 각 90, 180 띄우기
지붕기울기 하단선
달대받이45x45
바닥선(+450)
10
물매
3.5
180
700
300
200
50
200
100

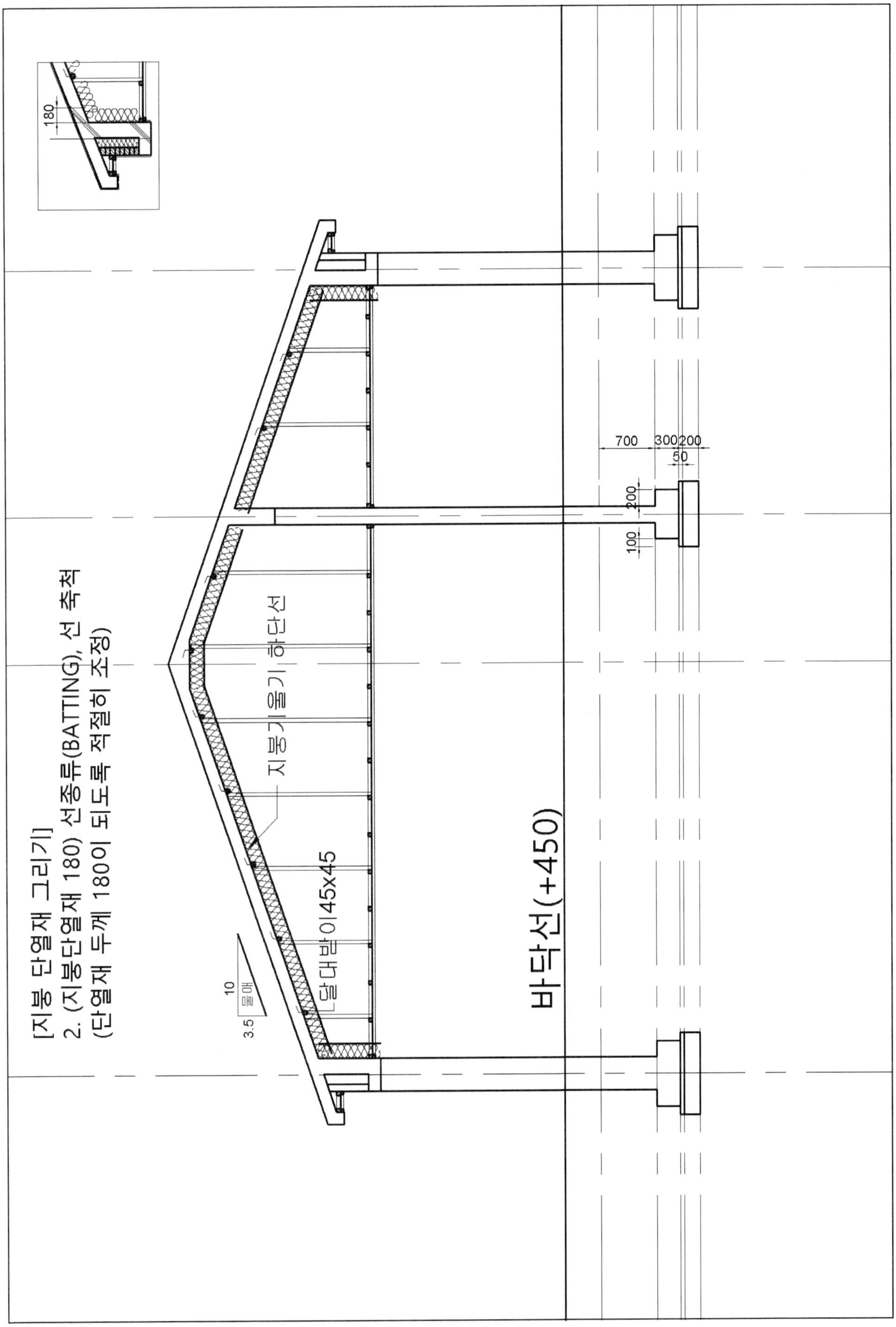
[지붕 단열재 그리기]
2. (지붕단열재 180) 선종류(BATTING), 선 축척
(단열재 두께 180이 되도록 적절히 조정)
지붕기울기 하단선
달대받이45x45
바닥선(+450)
10
물매
3.5
180
700
300
200
50
200
100

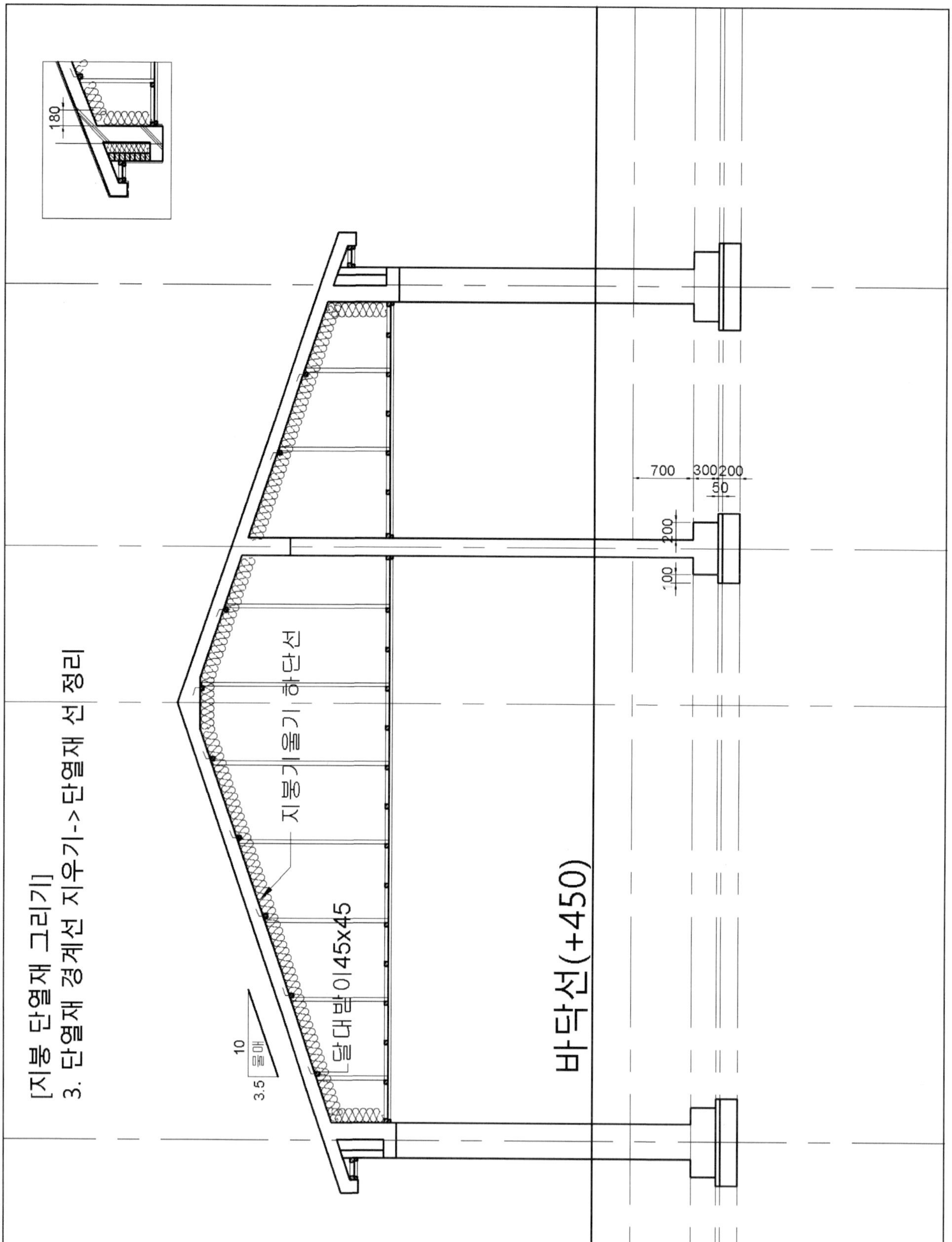

[지붕 단열재 그리기]
3. 단열재 경계선 지우기-> 단열재 선 정리
지붕기울기 하단선
달대받이45x45
바닥선(+450)
10
물매
3.5
180
700
300
200
50
200
100

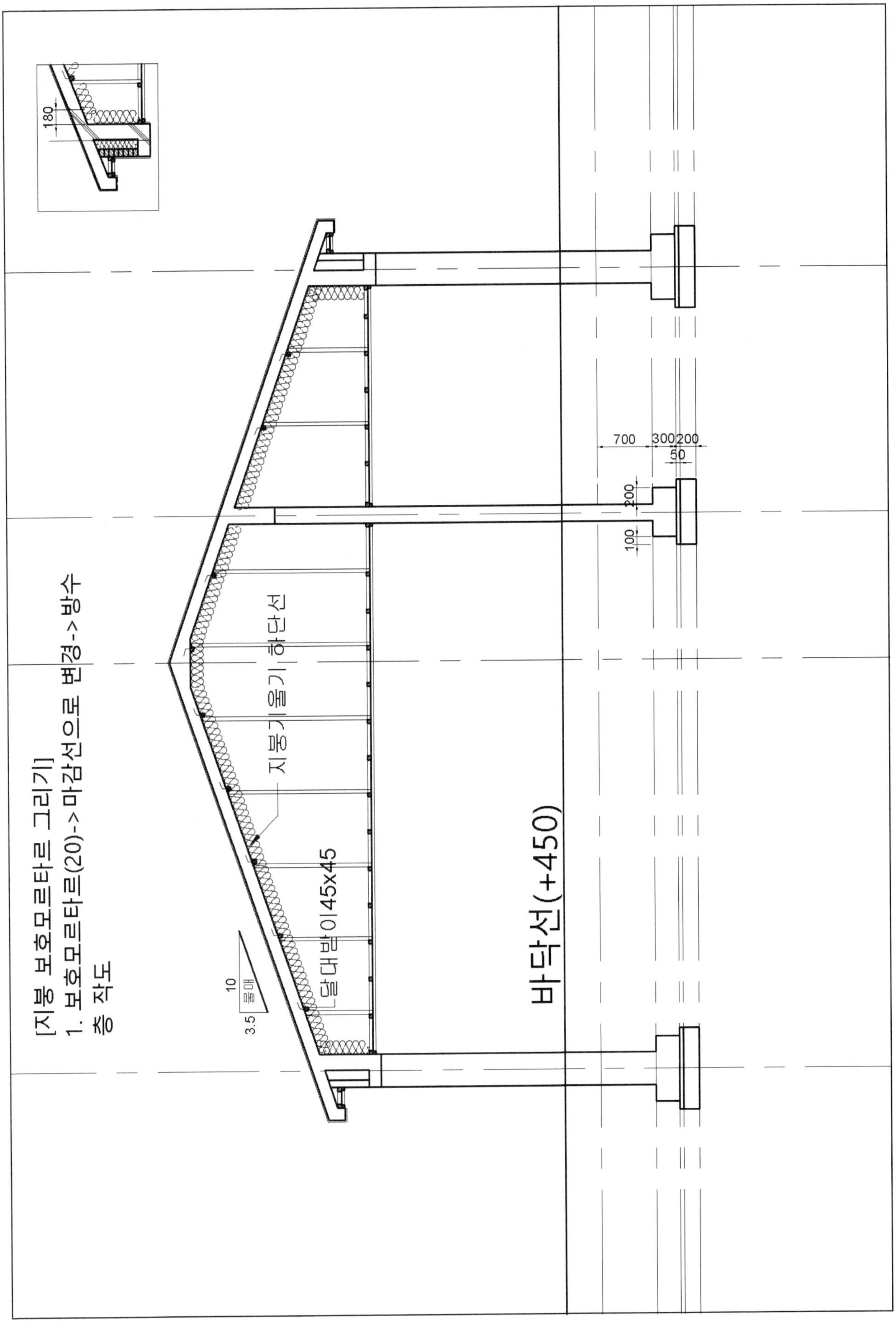
[지붕 보호모르타르 그리기]
1. 보호모르타르(20)-> 마감선으로 변경-> 방수층 작도
10
물매
3.5
달대받이45x45
지붕기울기 하단선
바닥선(+450)
700
300
200
50
200
100
180

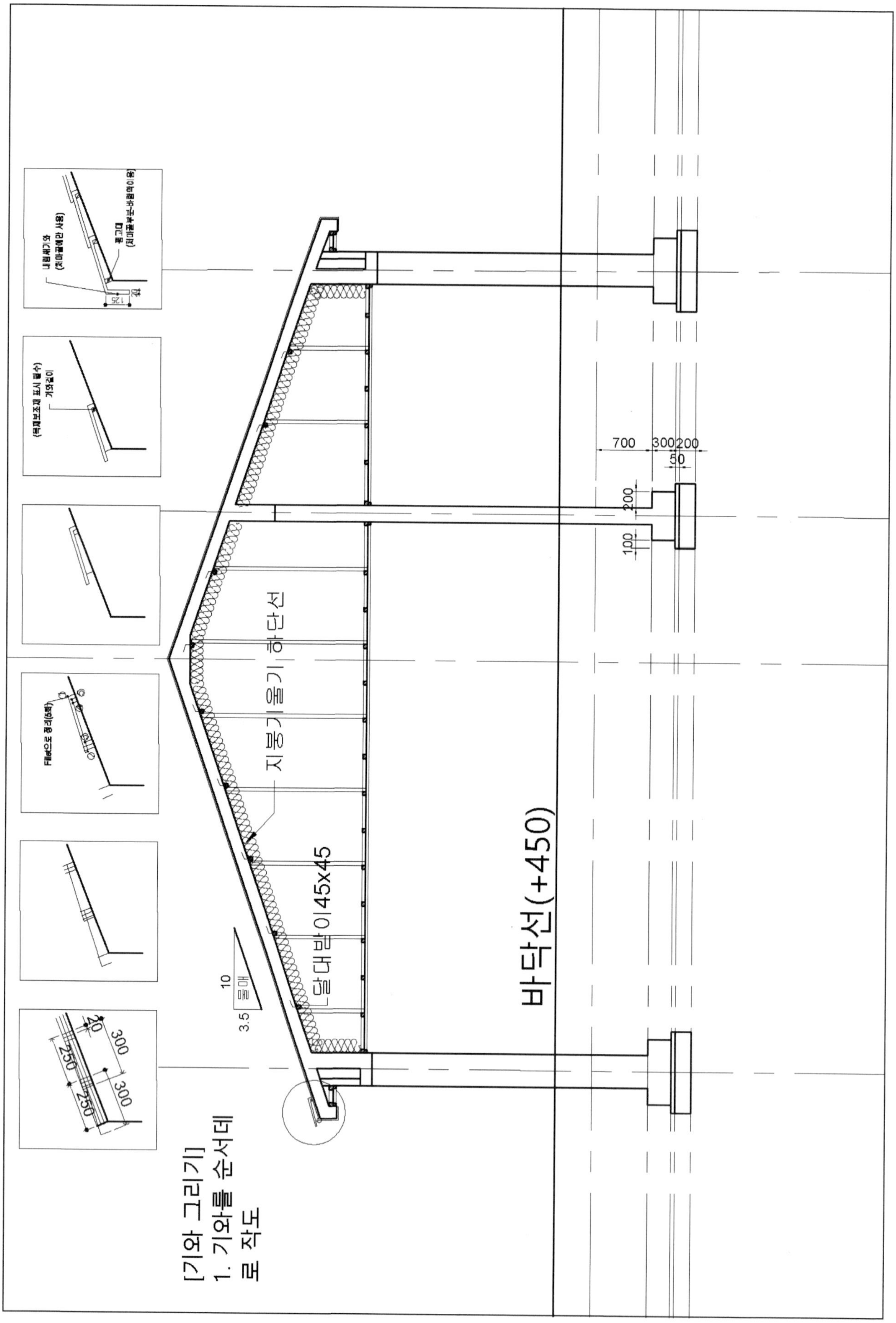
[기와 그리기]
1. 기와를 순서데로 작도
바닥선(+450)
지붕기울기 하단선
달대받이45x45
물매
10
3.5
700
300
200
50
100

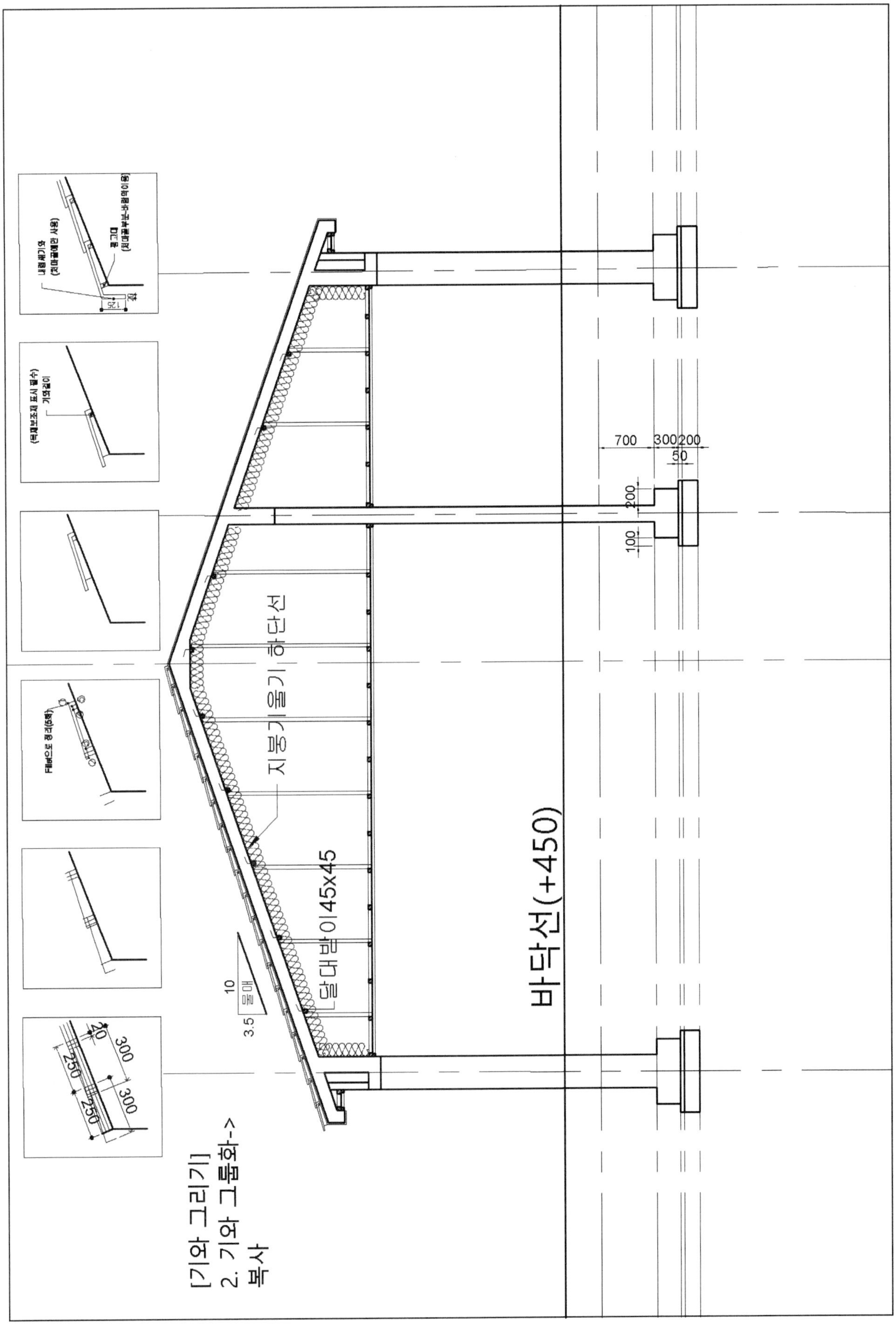
[기와 그리기]
2. 기와 그룹화->
복사
바닥선(+450)
지붕기울기 하단선
달대받이45x45
물매
10
3.5
700
300
200
50
200
100
250
250
300
300
20
125

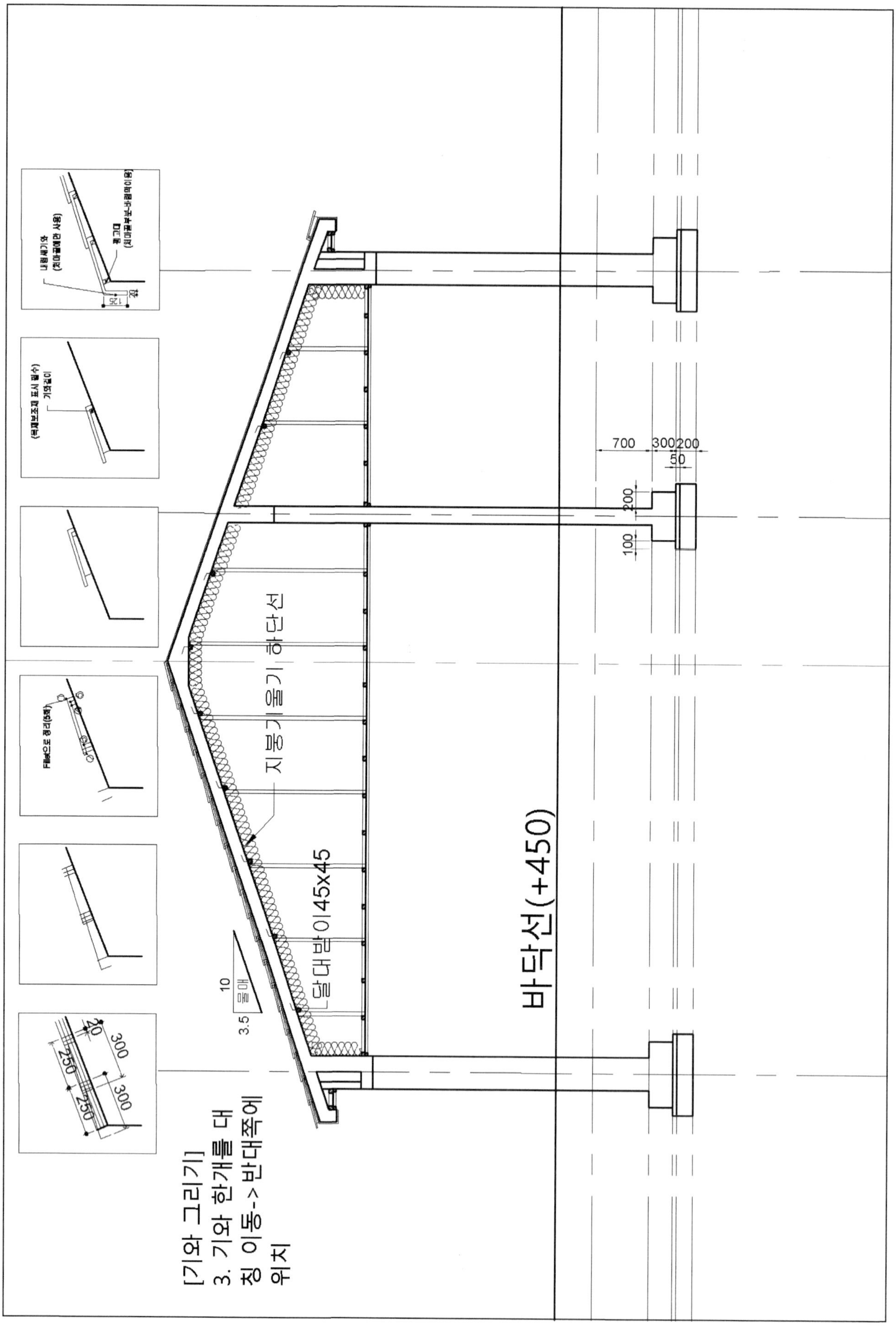
[기와 그리기]
3. 기와 한개를 대칭 이동-> 반대쪽에 위치
바닥선(+450)
지붕기울기 하단선
달대받이45x45
물매
10
3.5
700
300
200
50
100

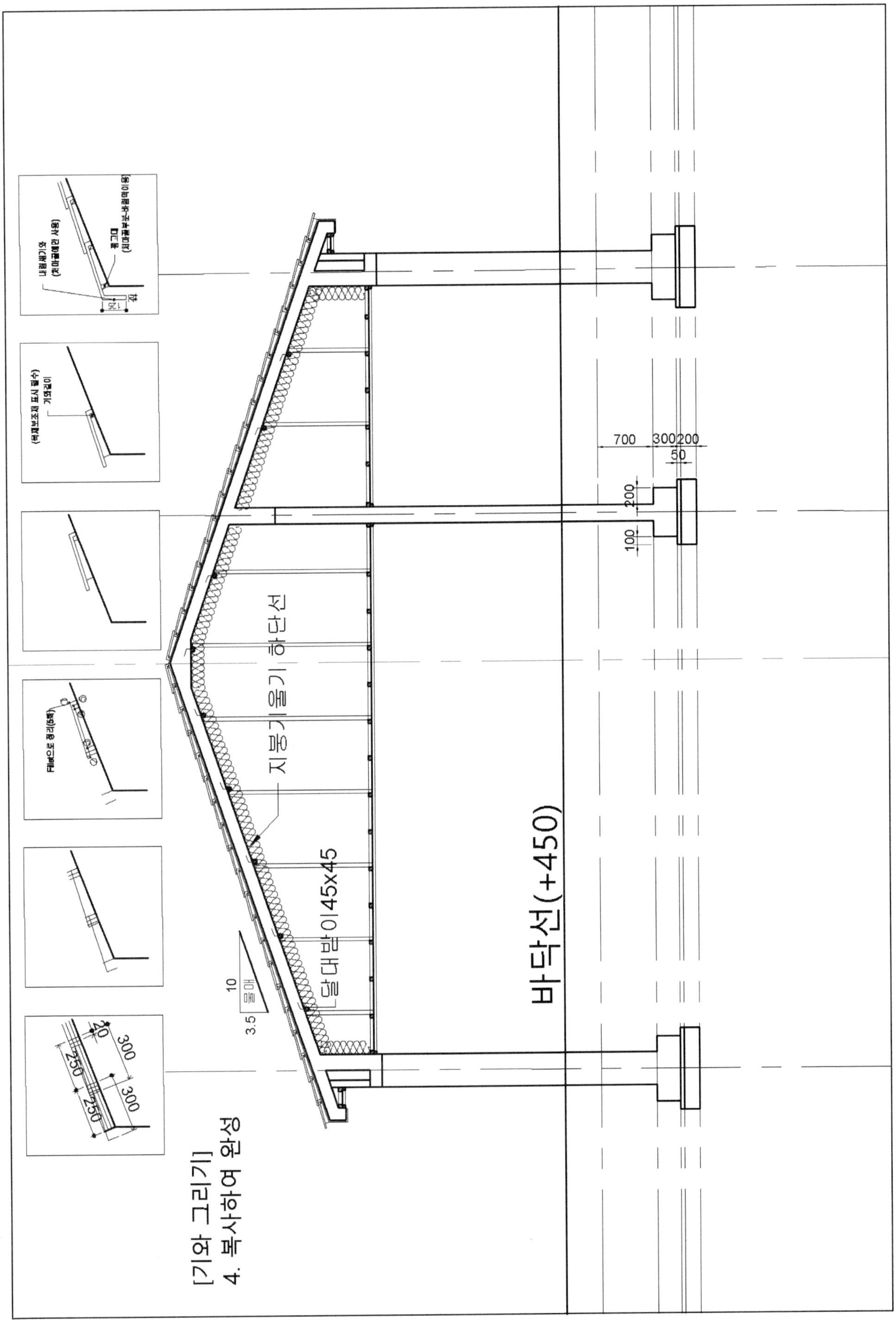
[기와 그리기]
4. 복사하여 완성
바닥선(+450)
지붕기울기 하단선
달대받이45x45
물매
10
3.5
700
300
200
50
200
100
20
300
250
300
250

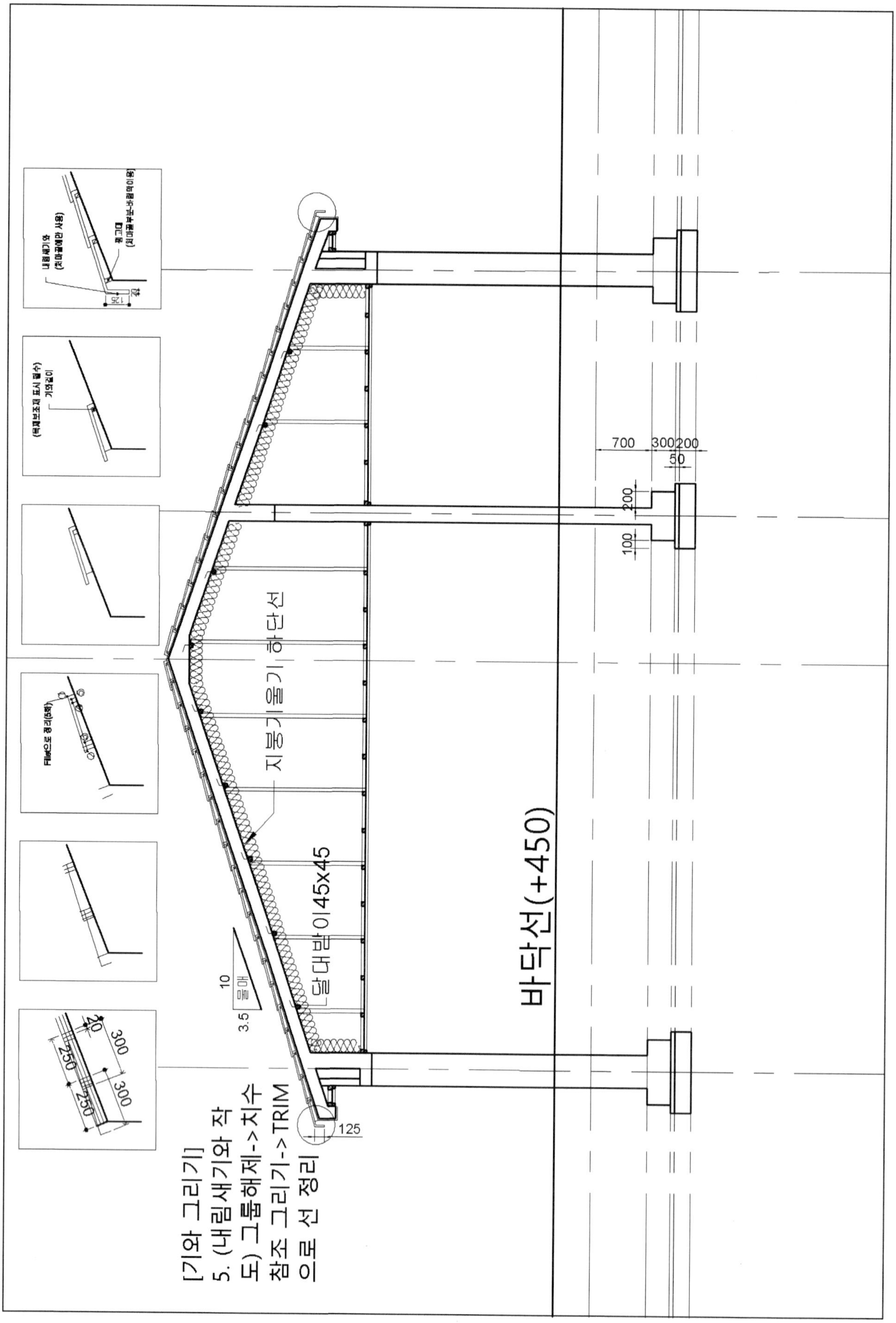
[기와 그리기]
5. (내림새기와 작도) 그룹해제->치수 참조 그리기->TRIM 으로 선 정리
바닥선(+450)
지붕기울기 하단선
달대받이45x45
물매
10
3.5
125
700
300
200
50
200
100
300
250
20
Fillet으로 정리(5회)
기와길이
(목재보조재 표시 필수)
내림새기와
(치마골재만 사용)
홍그대
(치마골부보-바탕막이용)

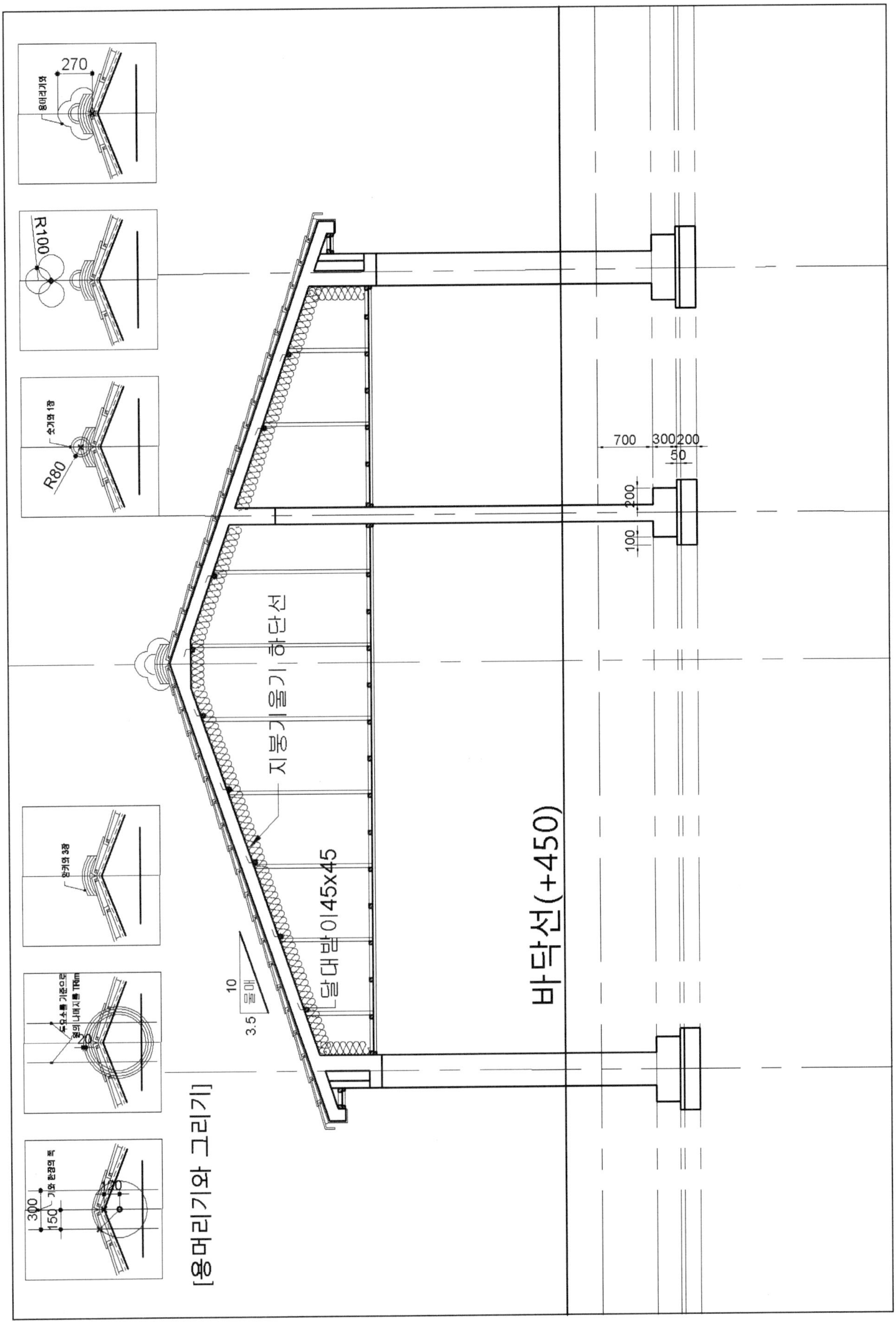
[용머리기와 그리기]
바닥선(+450)
지붕기울기 하단선
달대받이45x45
R80
R100
270
300
150
700
300
200
50
100
10
3.5
물매

[바닥 그리기]
1. 바닥선을 아래로,
30(고급장판지마감 및 보호모르타르)->
80(콩자갈다짐)->
85(바닥 단열재)->
150(철근콘크리트)->
50(밑창콘크리트)->
200(잡석다짐)

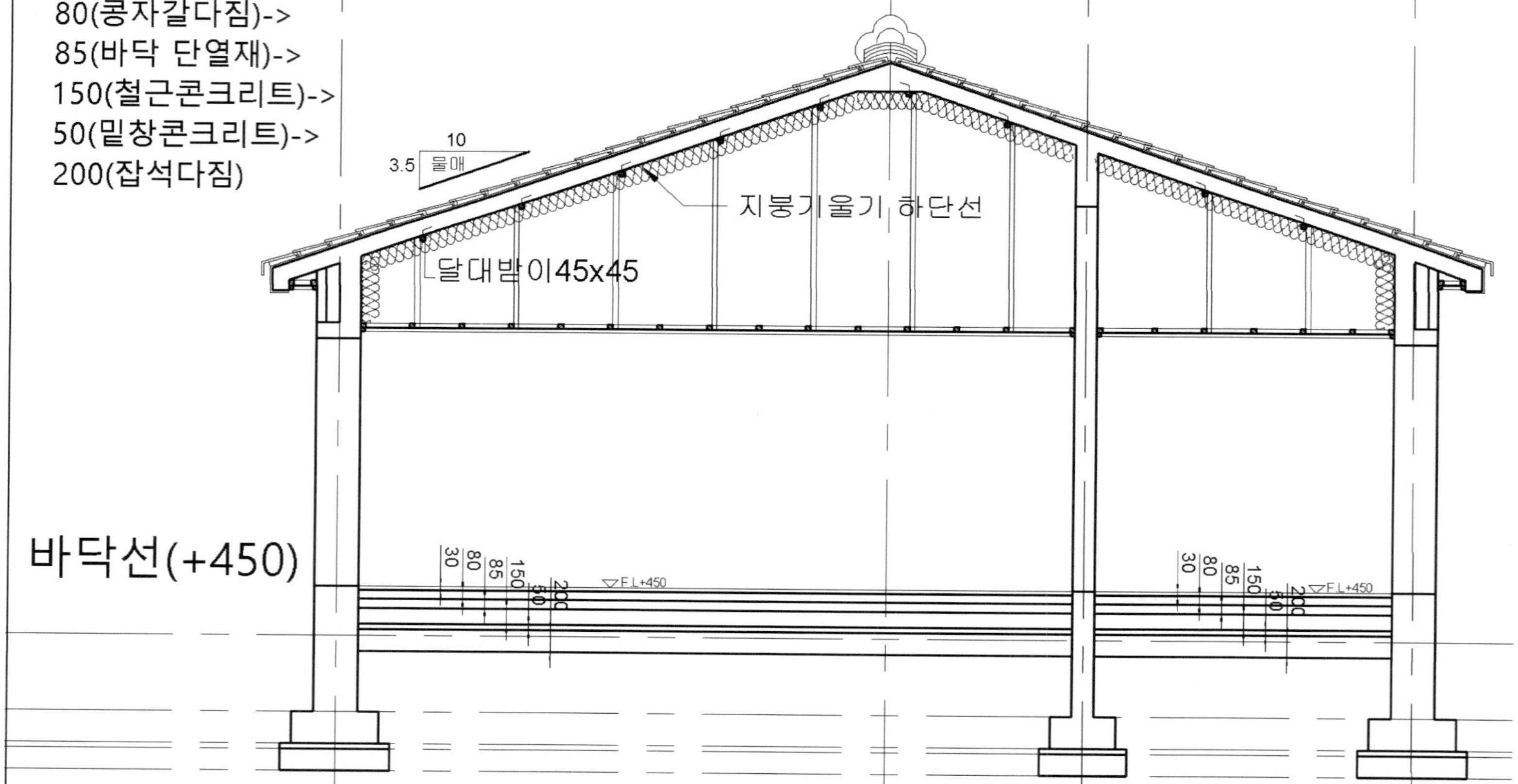

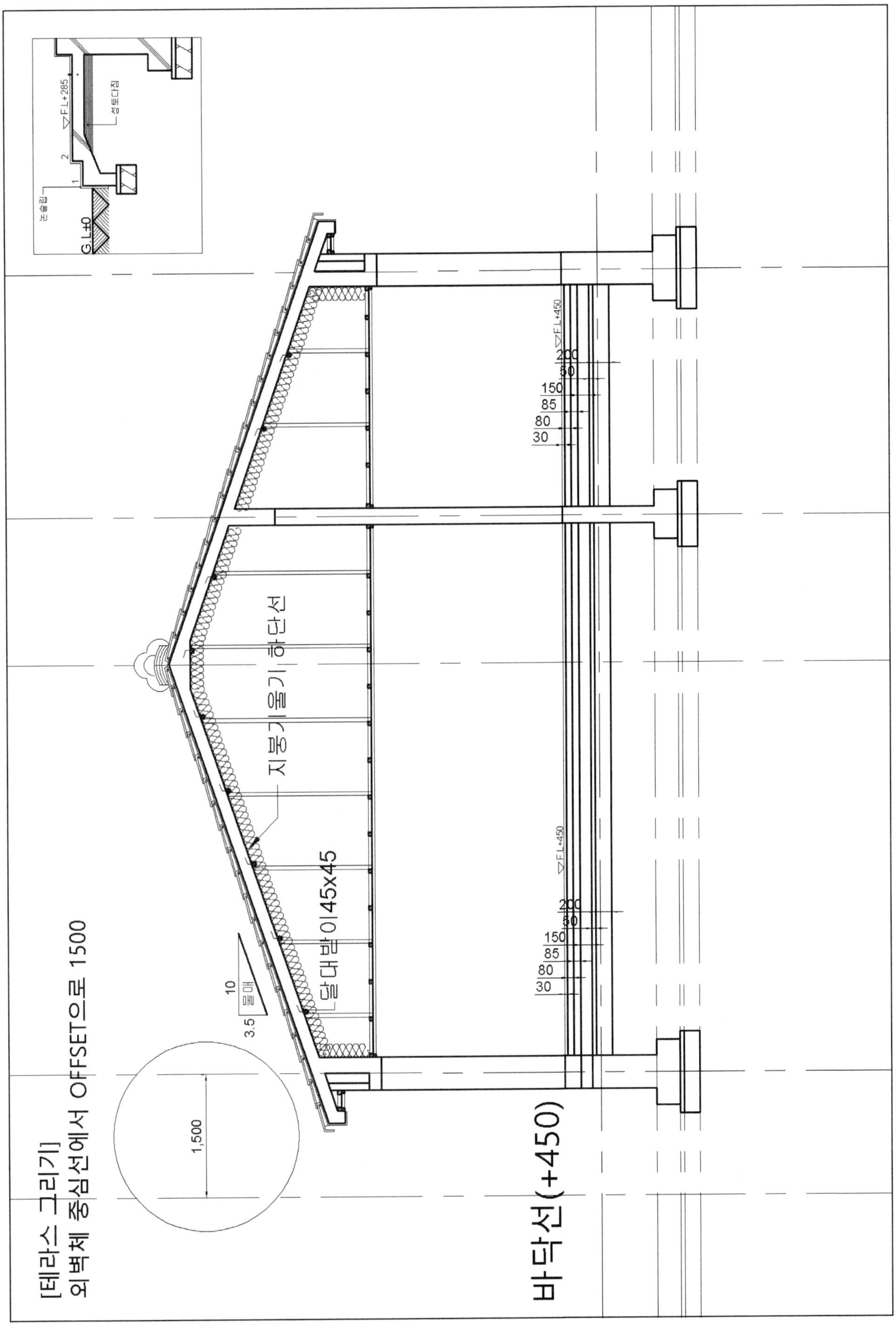
[테라스 그리기]
외벽체 중심선에서 OFFSET으로 1500
바닥선(+450)
지붕기울기 하단선
달대받이45x45
1,500
10
물매
3.5
▽FL+450
200
50
150
85
80
30
G.L±0
▽FL+285

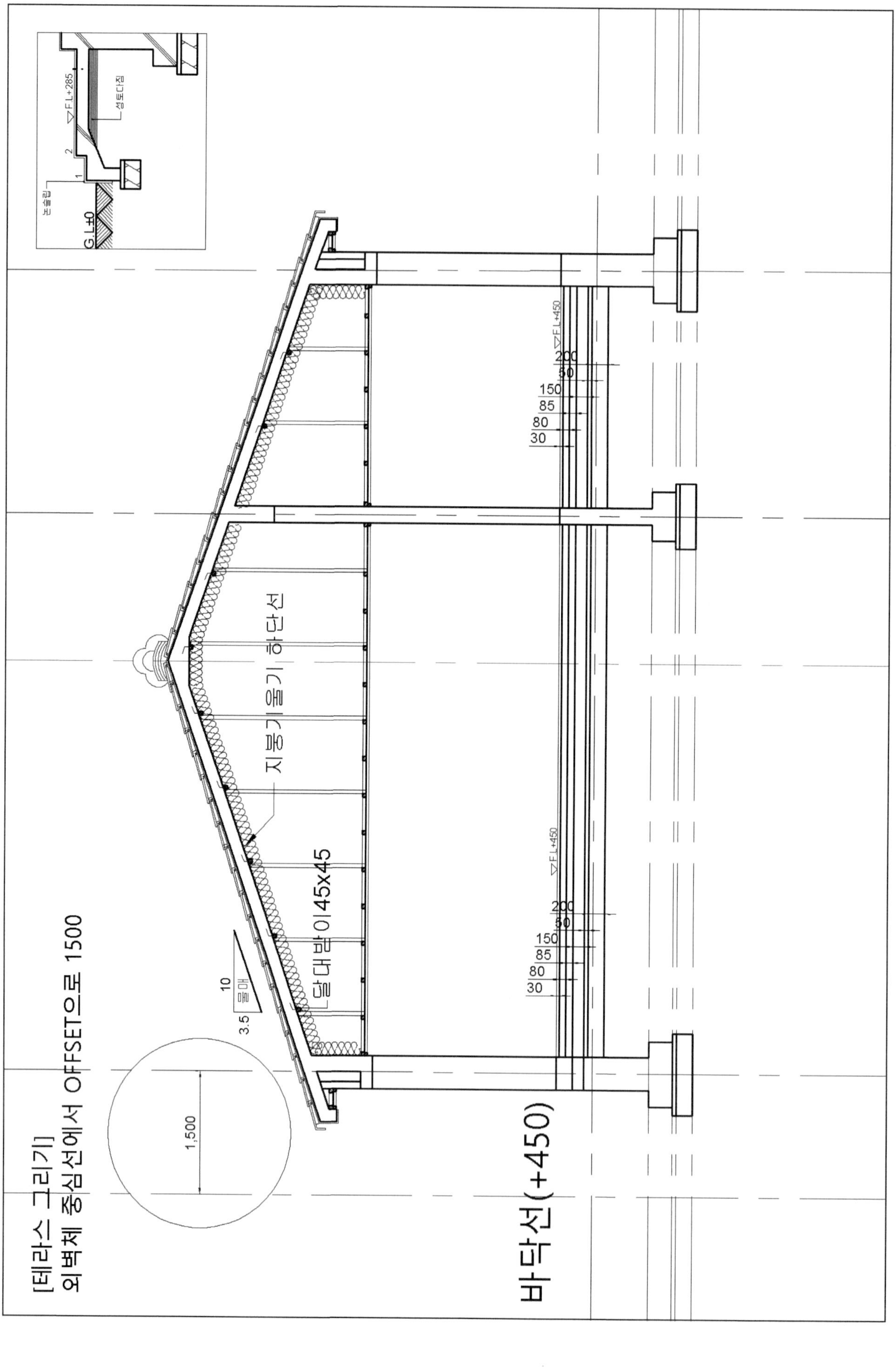

[테라스 그리기]
외벽체 중심선에서 OFFSET으로 1500
1,500
바닥선(+450)
지붕기울기 하단선
달대받이45x45
10
물매
3.5
200
50
150
85
80
30

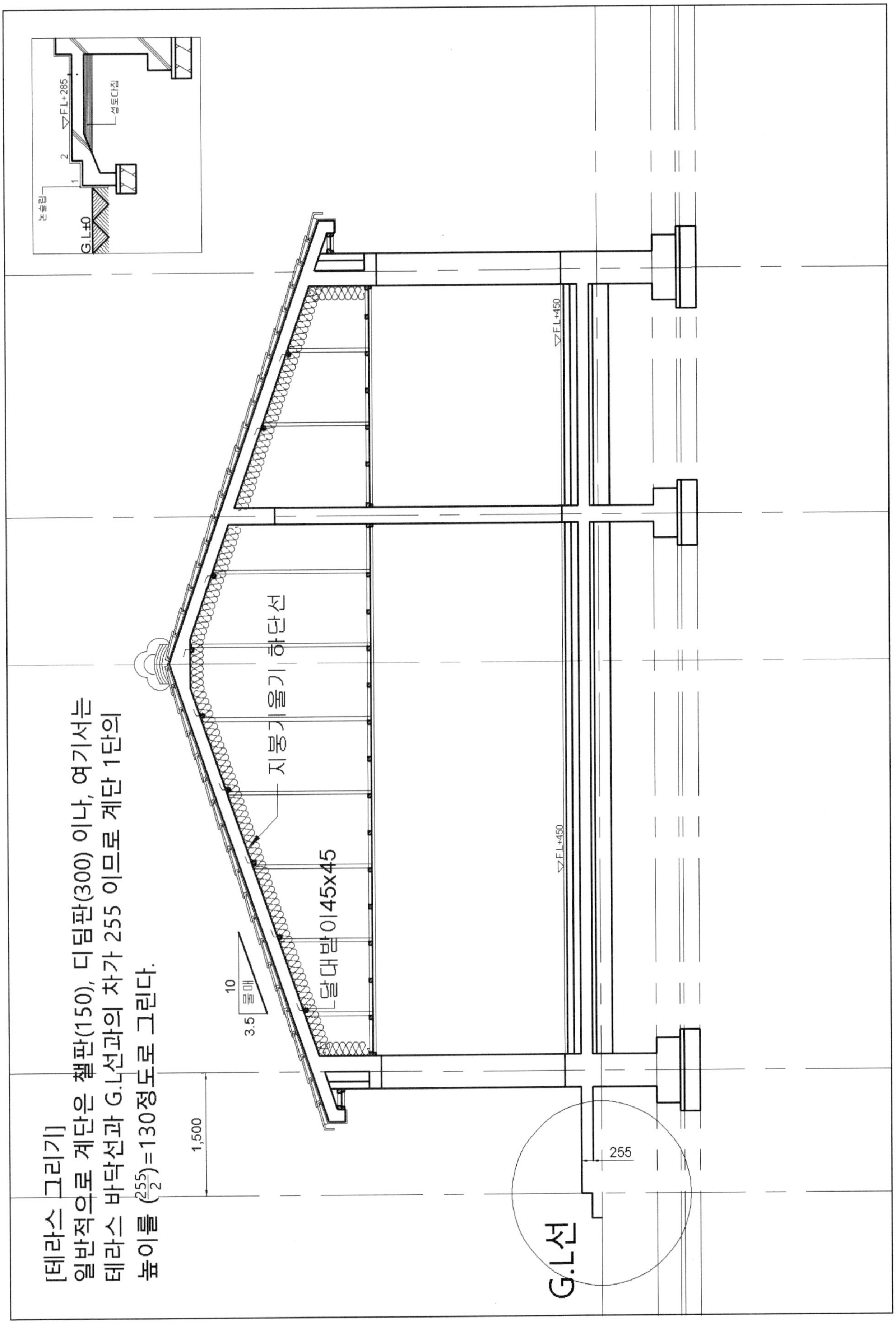
[테라스 그리기]
일반적으로 계단은 챌판(150), 디딤판(300) 이나, 여기서는
테라스 바닥선과 G.L선과의 차가 255 이므로 계단 1단의
높이를 (255/2)=130정도로 그린다.
지붕기울기 하단선
달대받이45x45
물매
10
3.5
1,500
255
G.L선
FL+450
FL+450
G.L±0
논슬립
FL+285
성토다짐
1
2

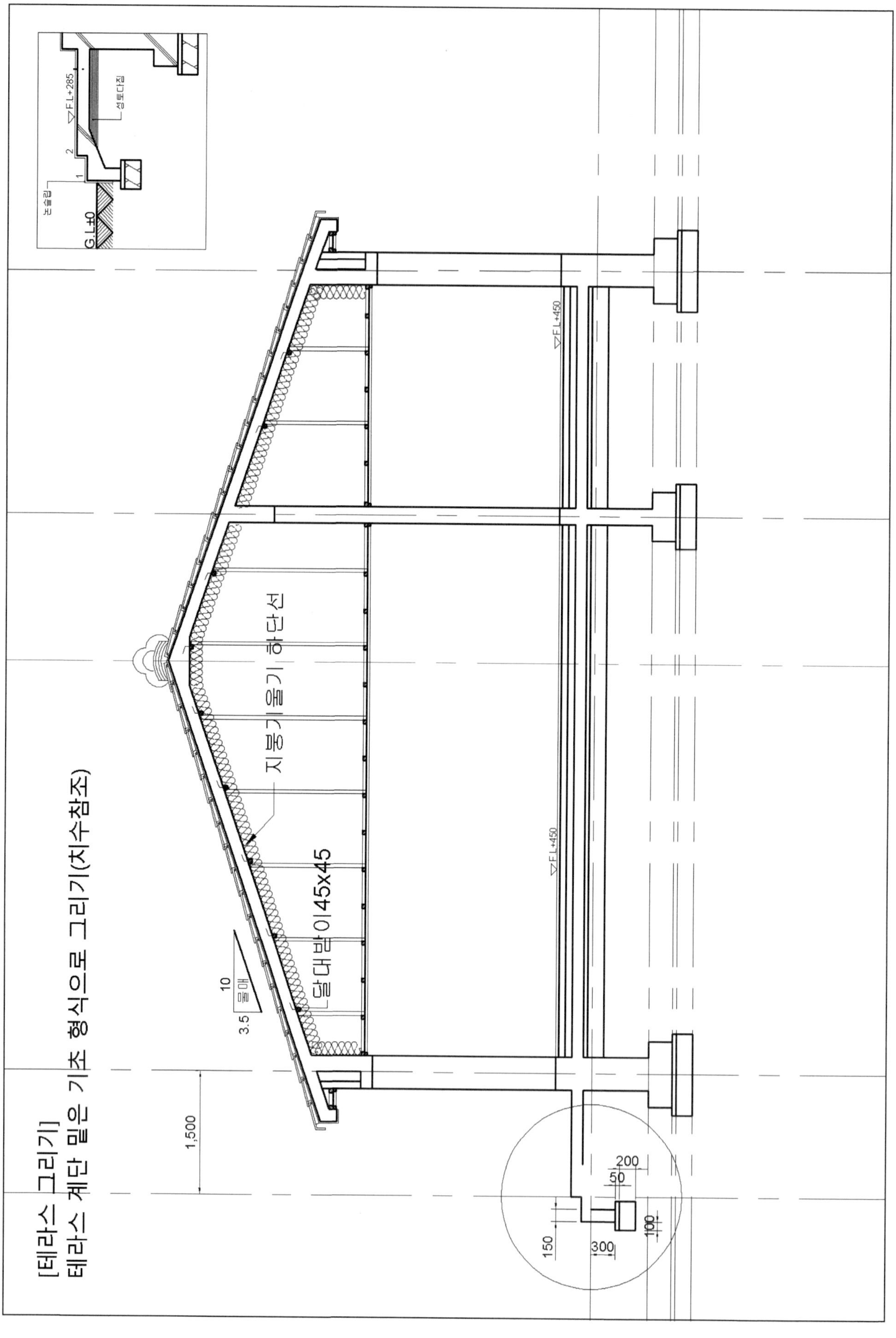
[테라스 그리기]
테라스 계단 밑은 기초 형식으로 그리기(치수참조)
지붕기울기 하단선
달대받이45x45
물매
10
3.5
1,500
FL+450
FL+450
200
50
150
300
100
G.L±0
FL+285

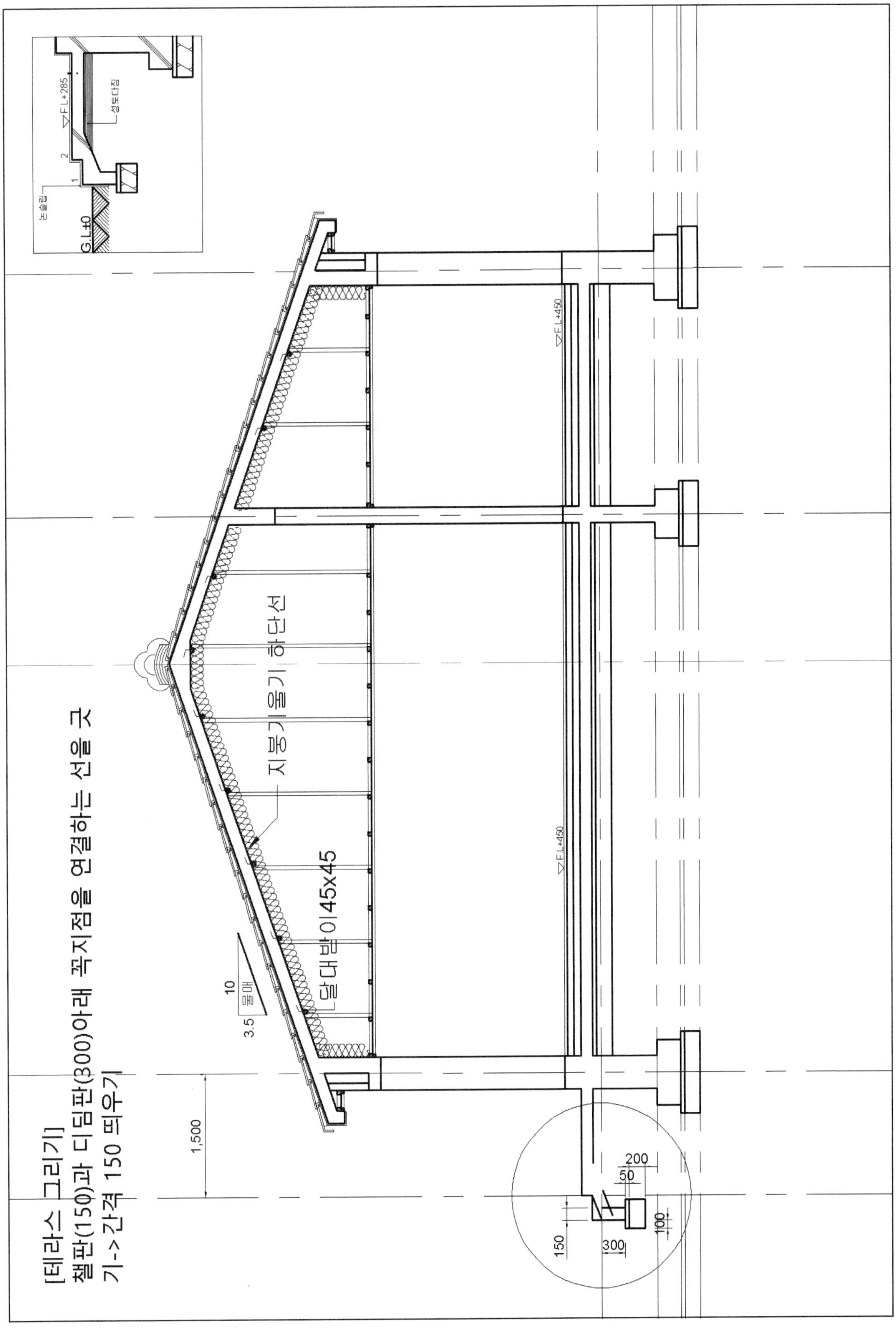
[테라스 그리기]
챌판(150)과 디딤판(300)아래 꼭지점을 연결하는 선을 긋기->간격 150 띄우기
지붕기울기 하단선
달대받이45x45
10
3.5
물매
1,500
200
50
150
300
100
FL+450
FL+450
FL+285
G.L±0
논슬립
성토다짐

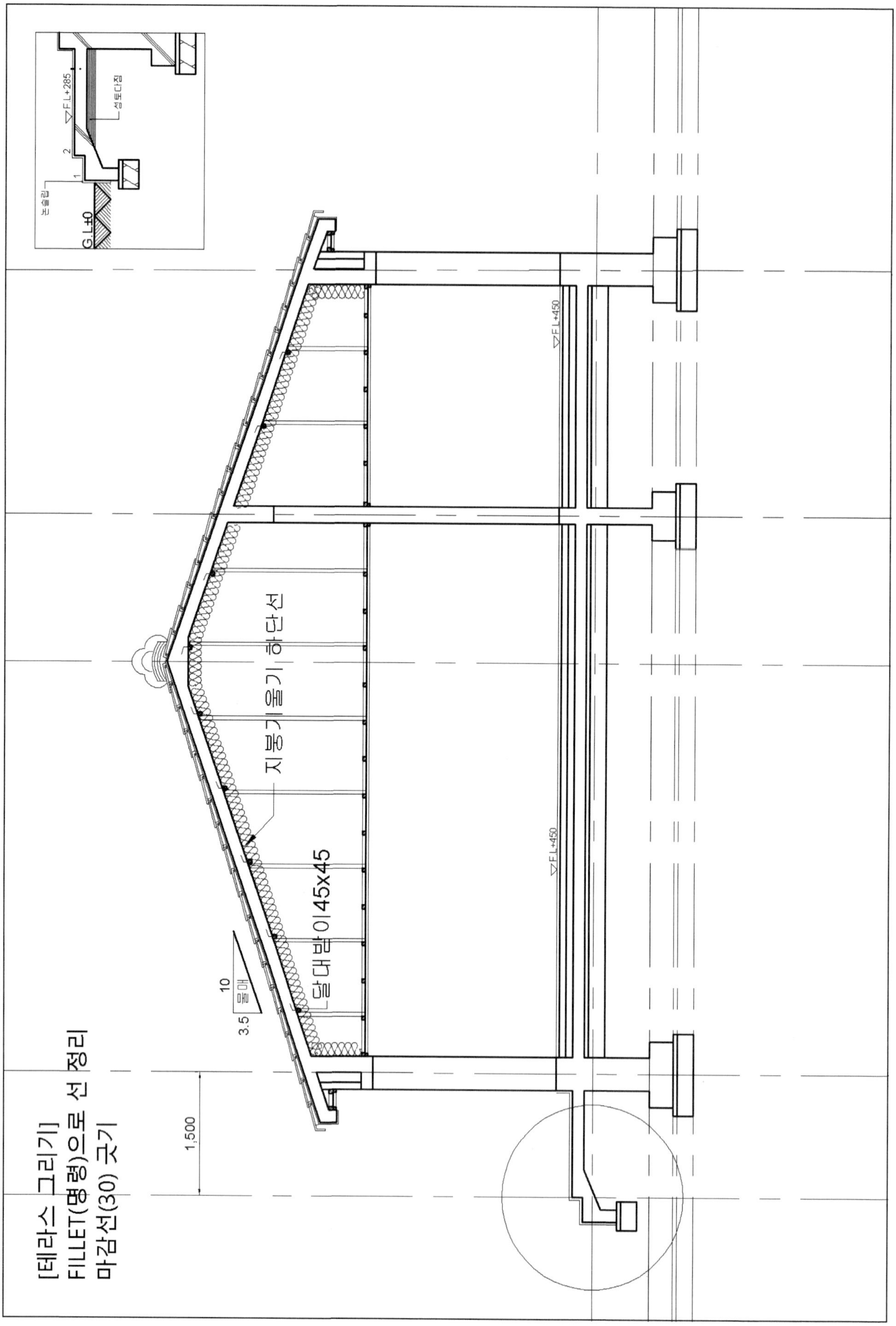
[테라스 그리기]
FILLET(명령)으로 선 정리
마감선(30) 긋기
지붕기울기 하단선
달대받이45x45
물매
10
3.5
1,500
FL+450
FL+450
G.L±0

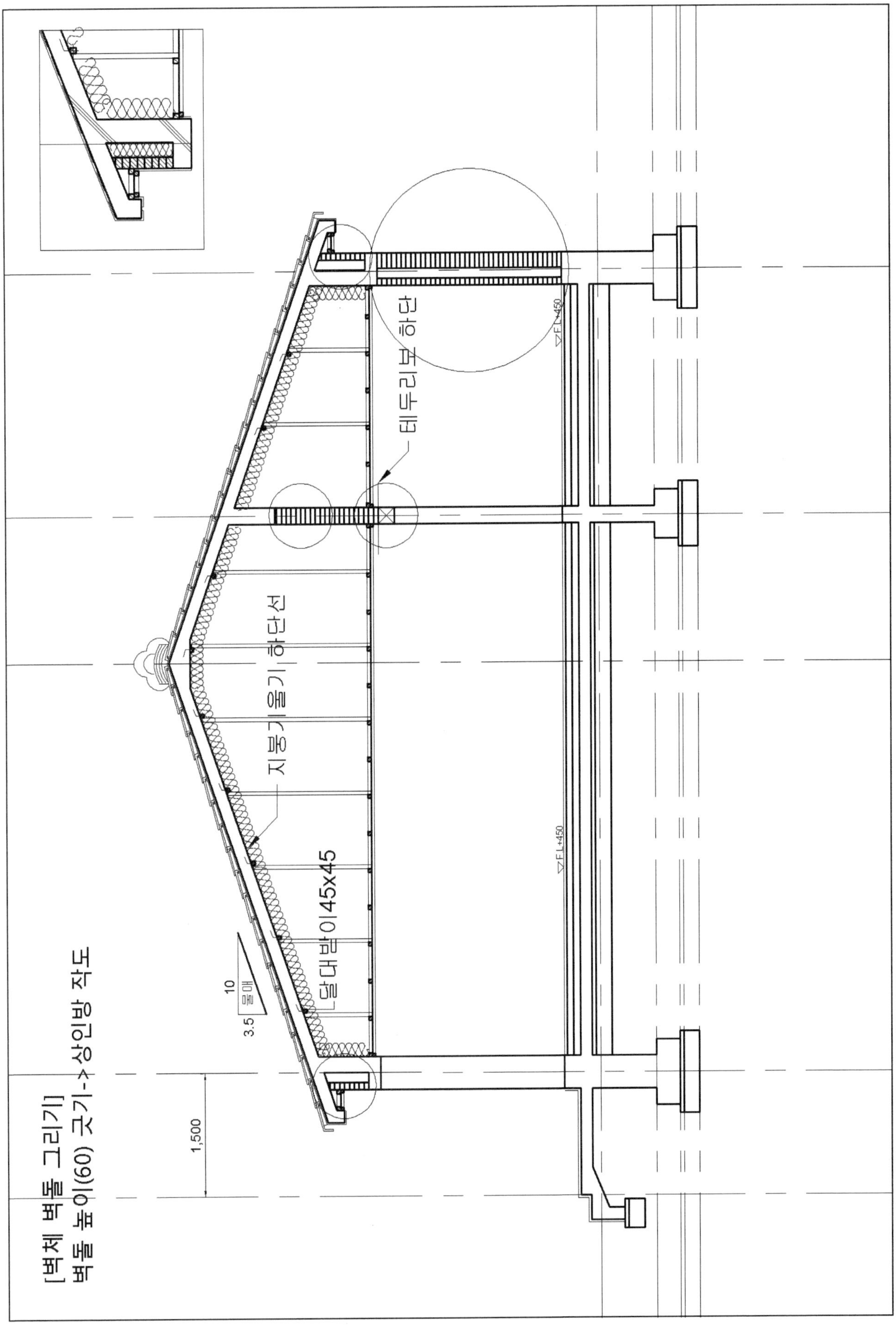
[벽체 벽돌 그리기]
벽돌 높이(60) 긋기-> 상인방 작도
1,500
10
물매
3.5
달대받이45x45
지붕기울기 하단선
테두리보 하단
F.L+450
F.L+450

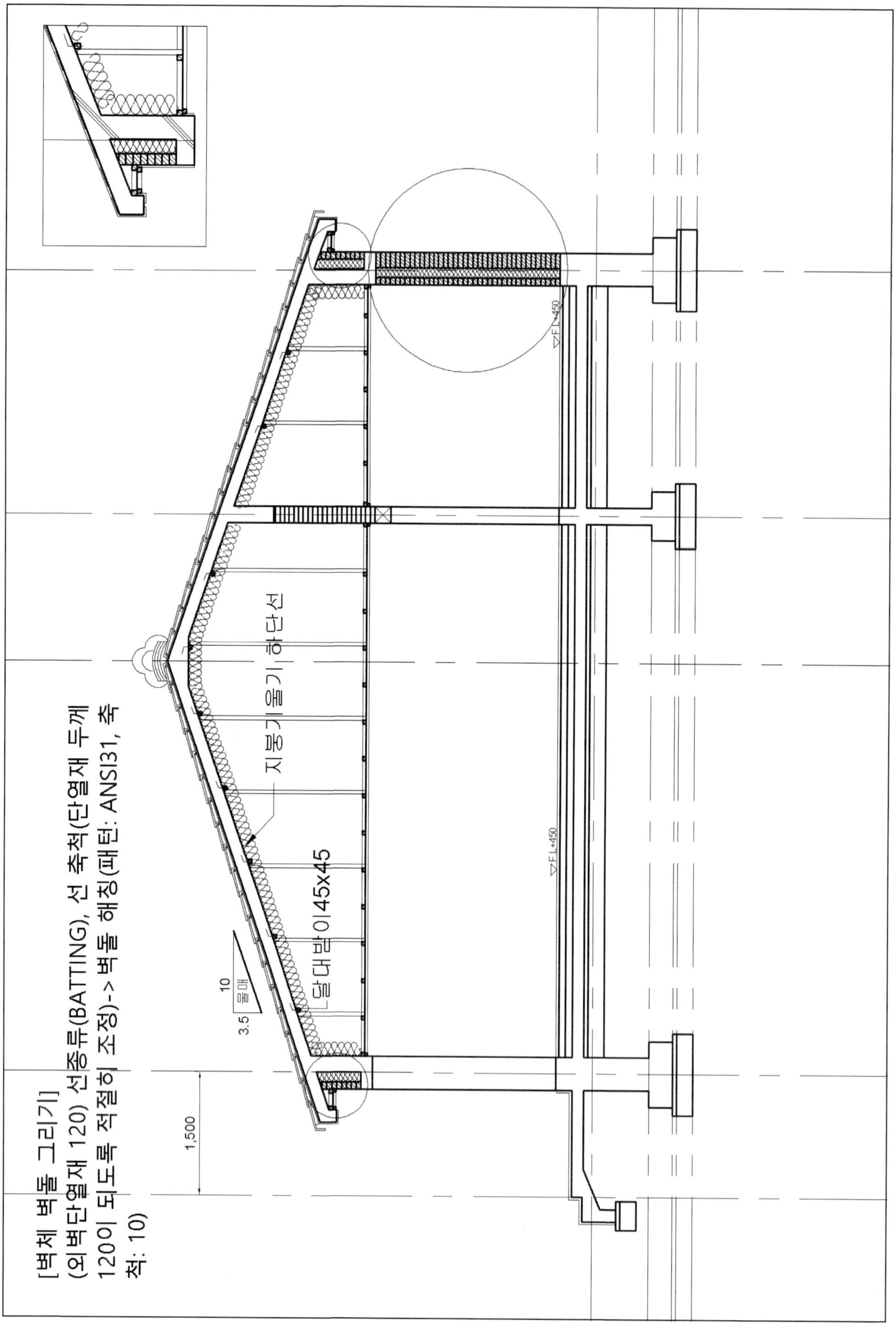
[벽체 벽돌 그리기]
(외벽단열재 120) 선 종류(BATTING), 선 축척(단열재 두께 120이 되도록 적절히 조정)-> 벽돌 해칭(패턴: ANSI31, 축척: 10)
지붕기울기 하단선
달대받이45x45
10
물매
3.5
1,500
FL+450
FL+450

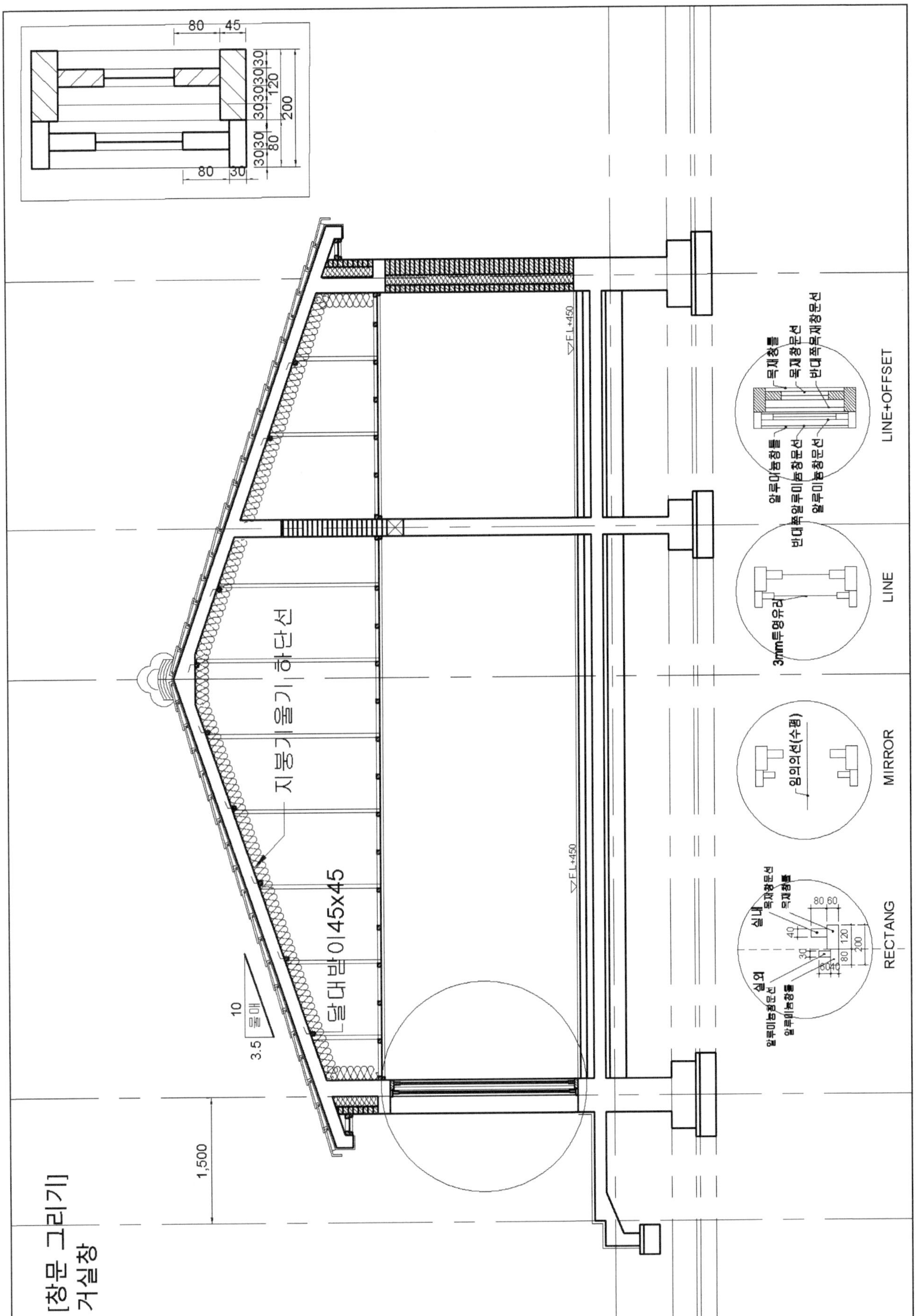
[창문 그리기]
거실창
지붕기울기 하단선
달대받이45x45
3mm투명유리
임의의선(수평)
RECTANG
MIRROR
LINE
LINE+OFFSET

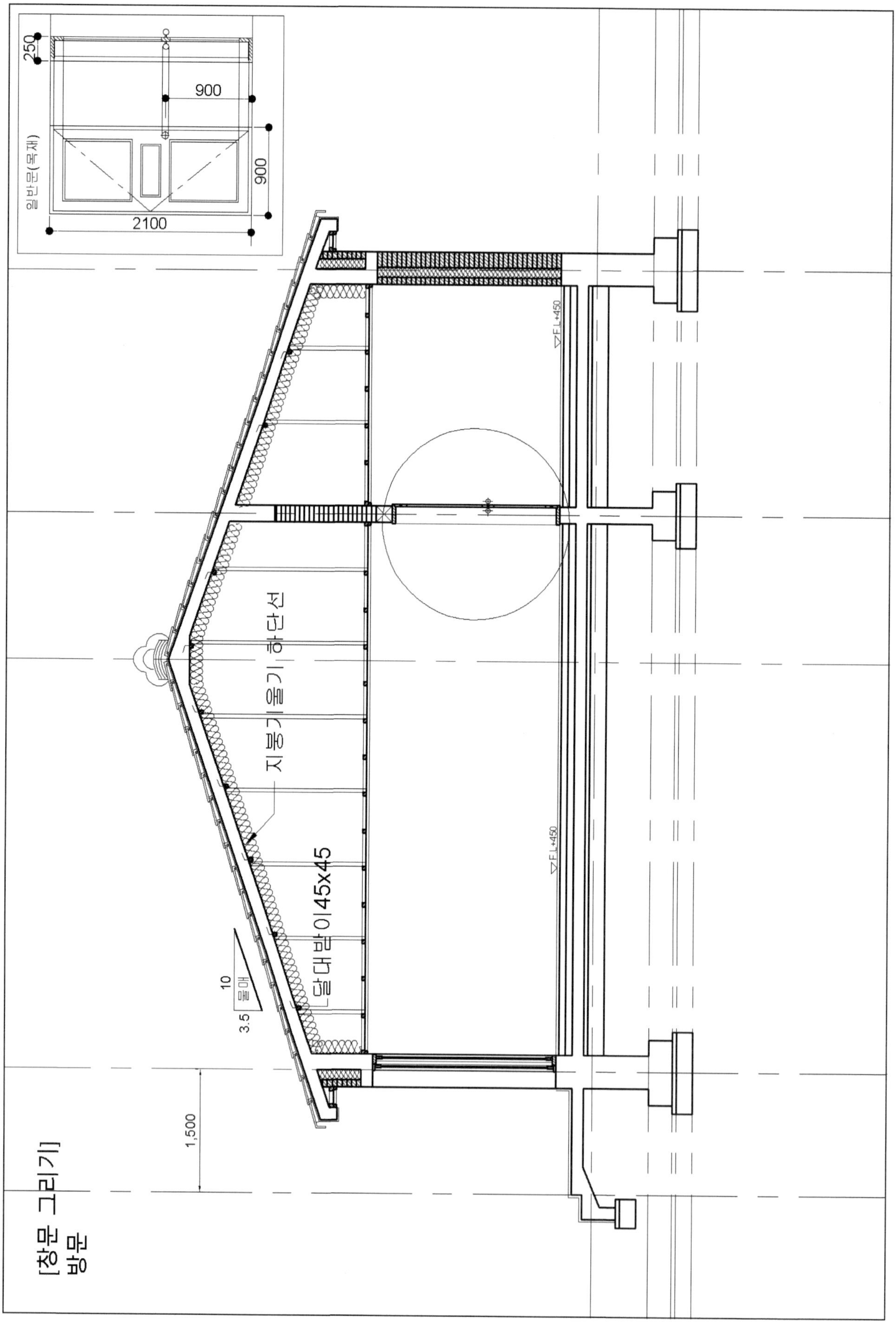
[창문 그리기]
방문
일반문(목재)
250
900
900
2100
지붕기울기 하단선
달대받이45x45
물매
10
3.5
1,500
▽F.L+450
▽F.L+450

[온수파이프 그리기]
1. 원(반지름 15와 30)을 그린다.
2. 외원에 +선을 그린다.
3. 외원을 지운다.
4. 250 간격으로 복사한다.
5. 온수파이프 입면선을 그린다.
6. 250간격으로 복사한다.

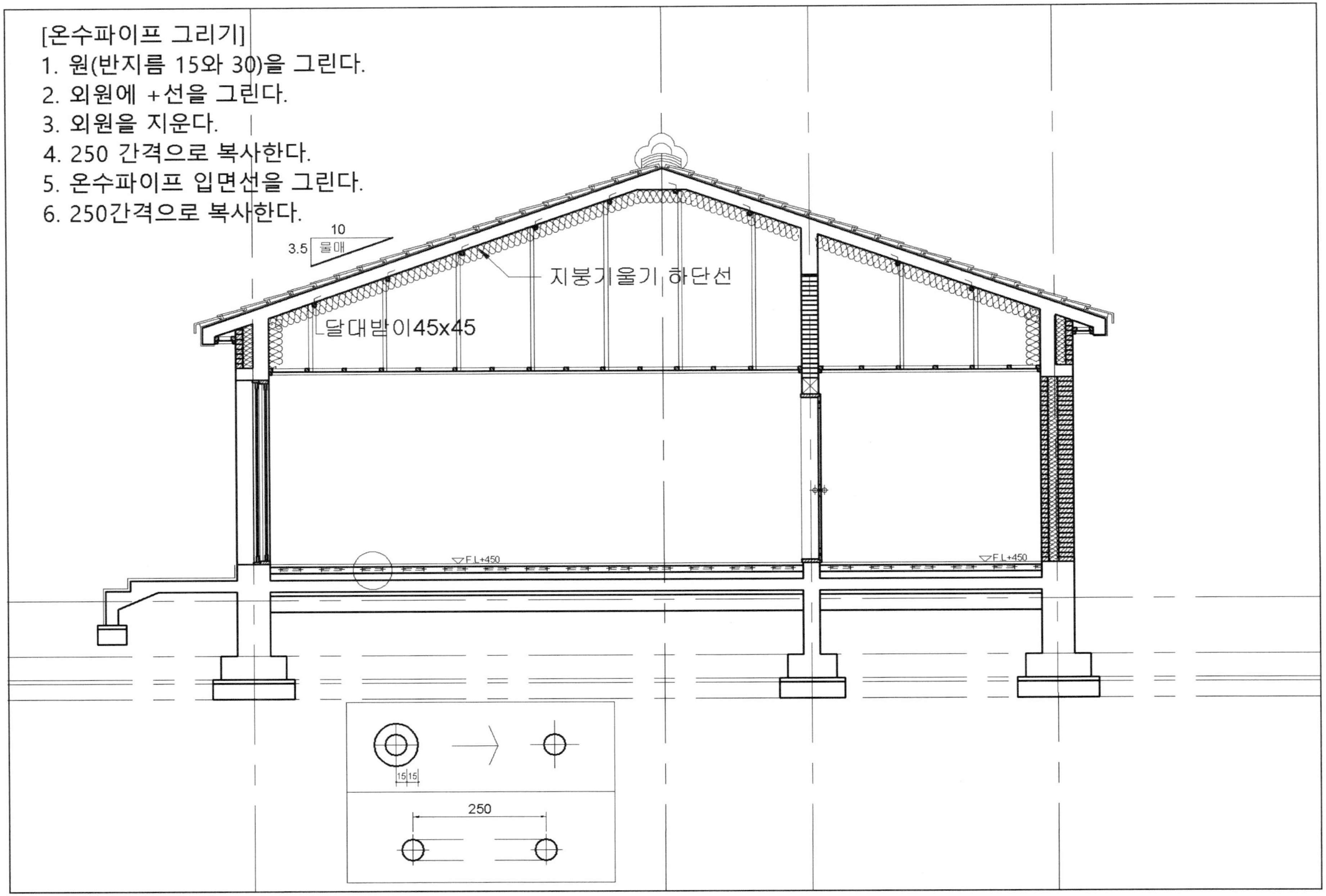

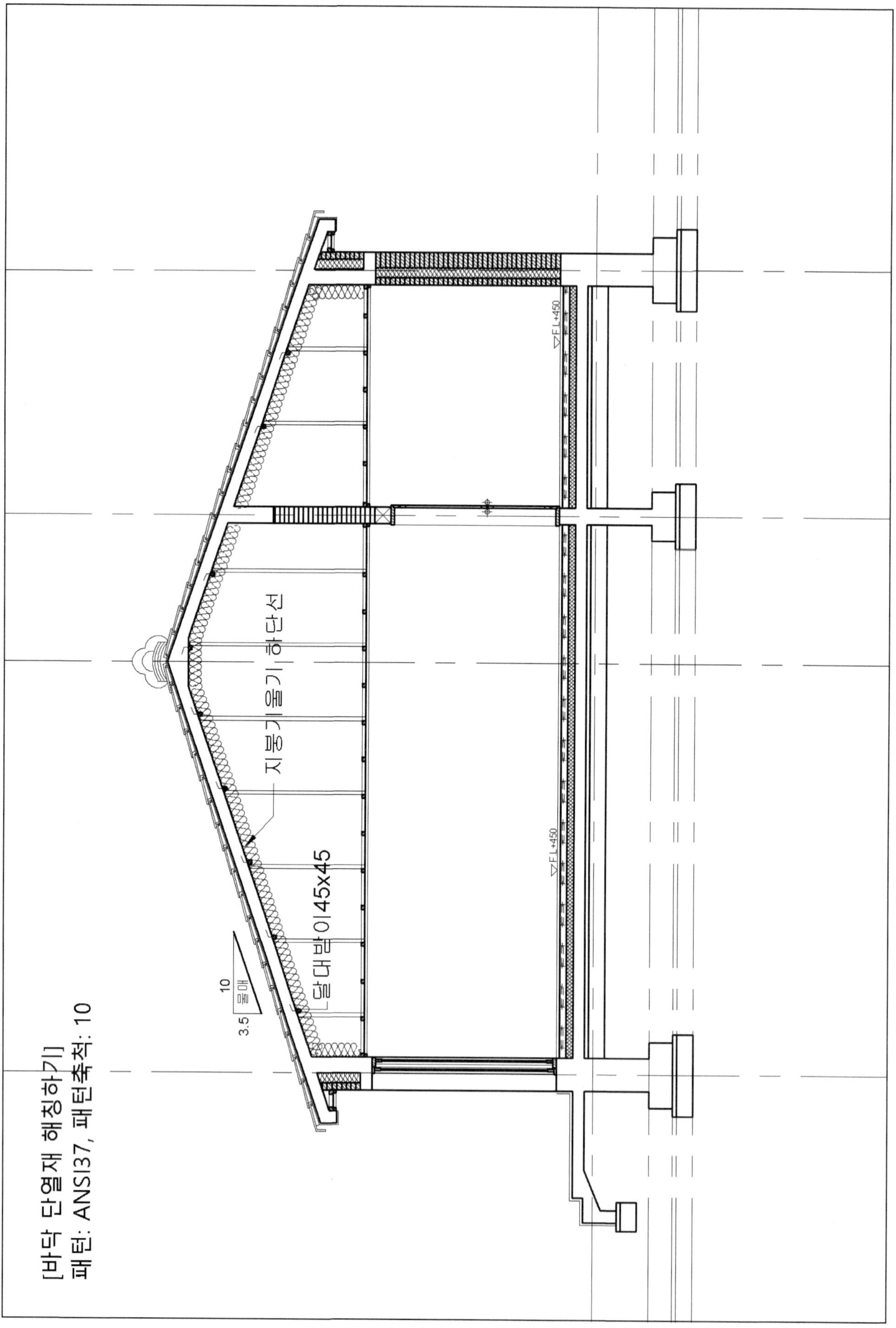
[바닥 단열재 해칭하기]
패턴: ANSI37, 패턴축척: 10
지붕기울기 하단선
달대받이45x45
10
물매
3.5
FL+450
FL+450

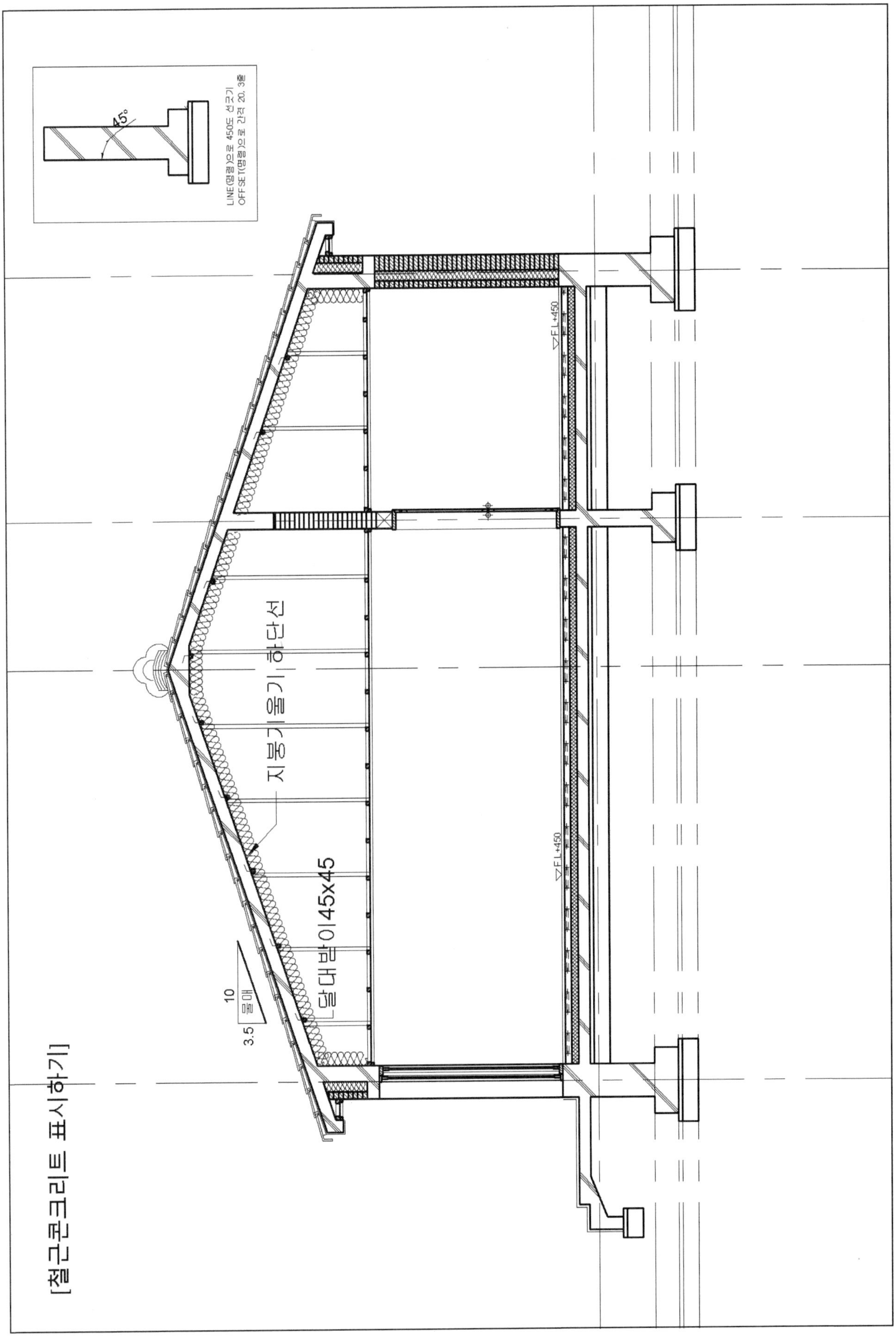
[철근콘크리트 표시하기]
지붕기울기 하단선
달대받이45x45
10
물매
3.5
45°
FL+450

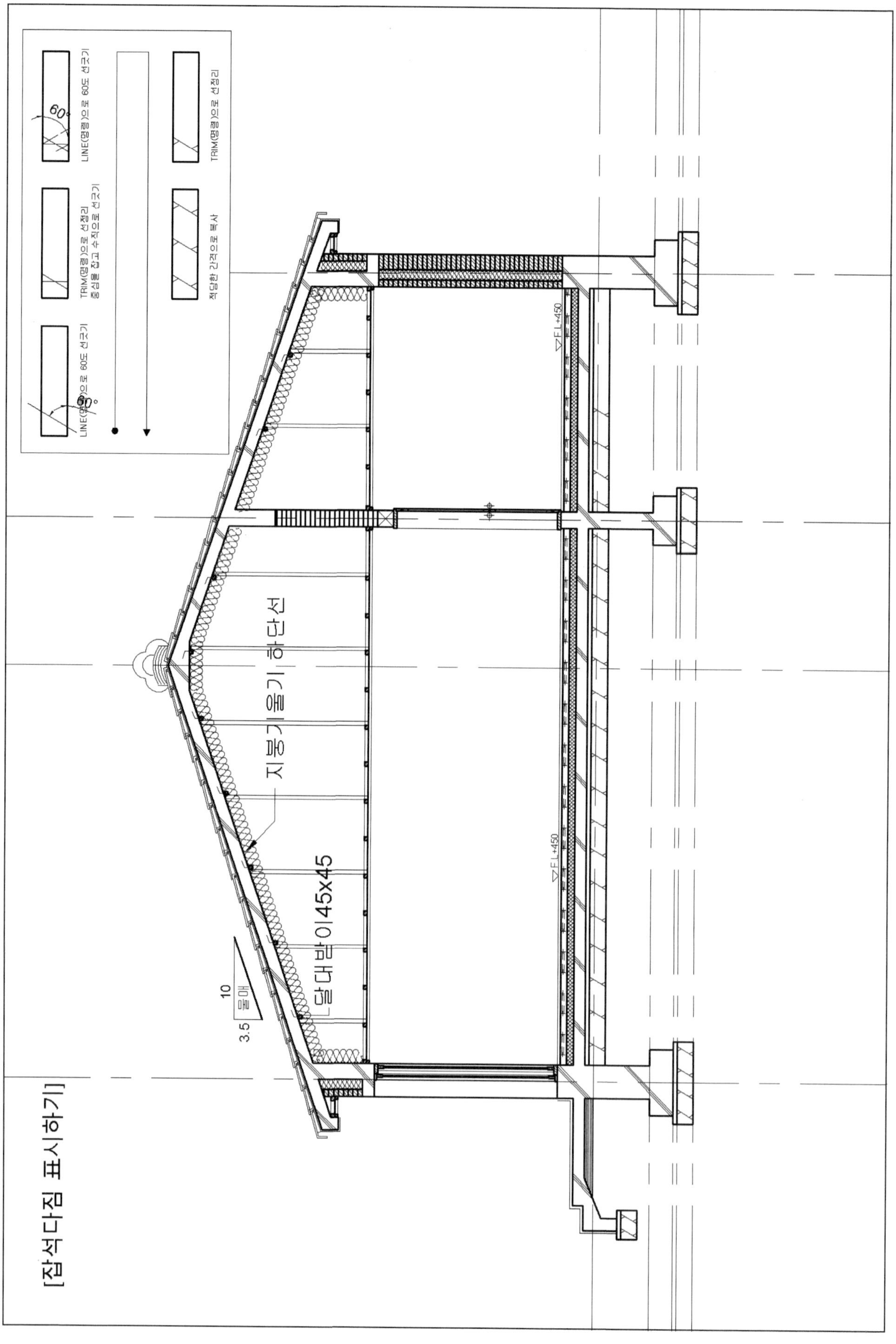
[잡석다짐 표시하기]
LINE(명령)으로 60도 선긋기
60°
TRIM(명령)으로 선정리
중심을 잡고 수직으로 선긋기
LINE(명령)으로 60도 선긋기
60°
적당한 간격으로 복사
TRIM(명령)으로 선정리
지붕기울기 하단선
달대받이45x45
10
3.5
물매
FL+450
FL+450

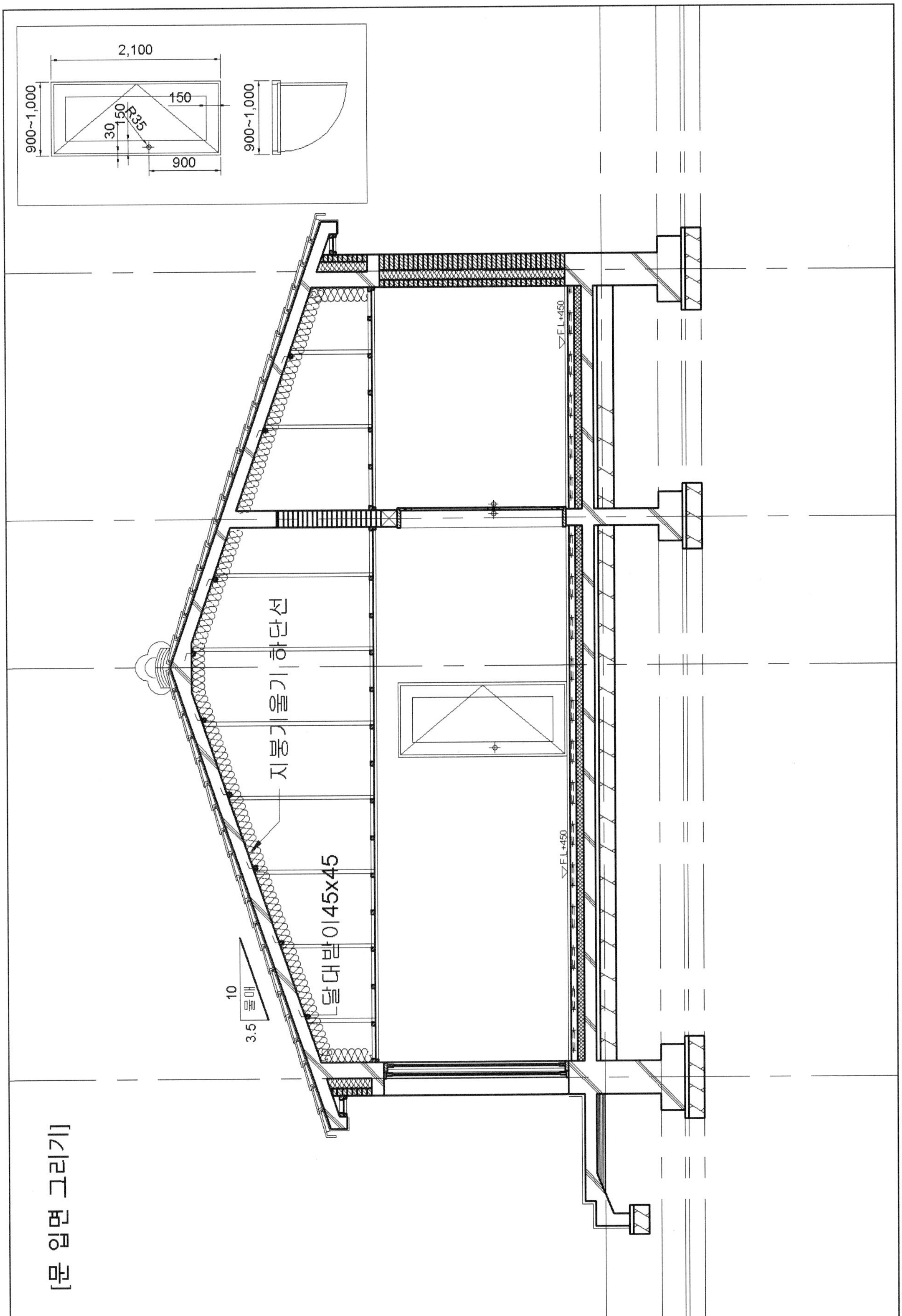
[문 입면 그리기]
2,100
900~1,000
150
150
30
R35
900
900~1,000
지붕기울기 하단선
달대받이45x45
10
물매
3.5
FL+450
FL+450

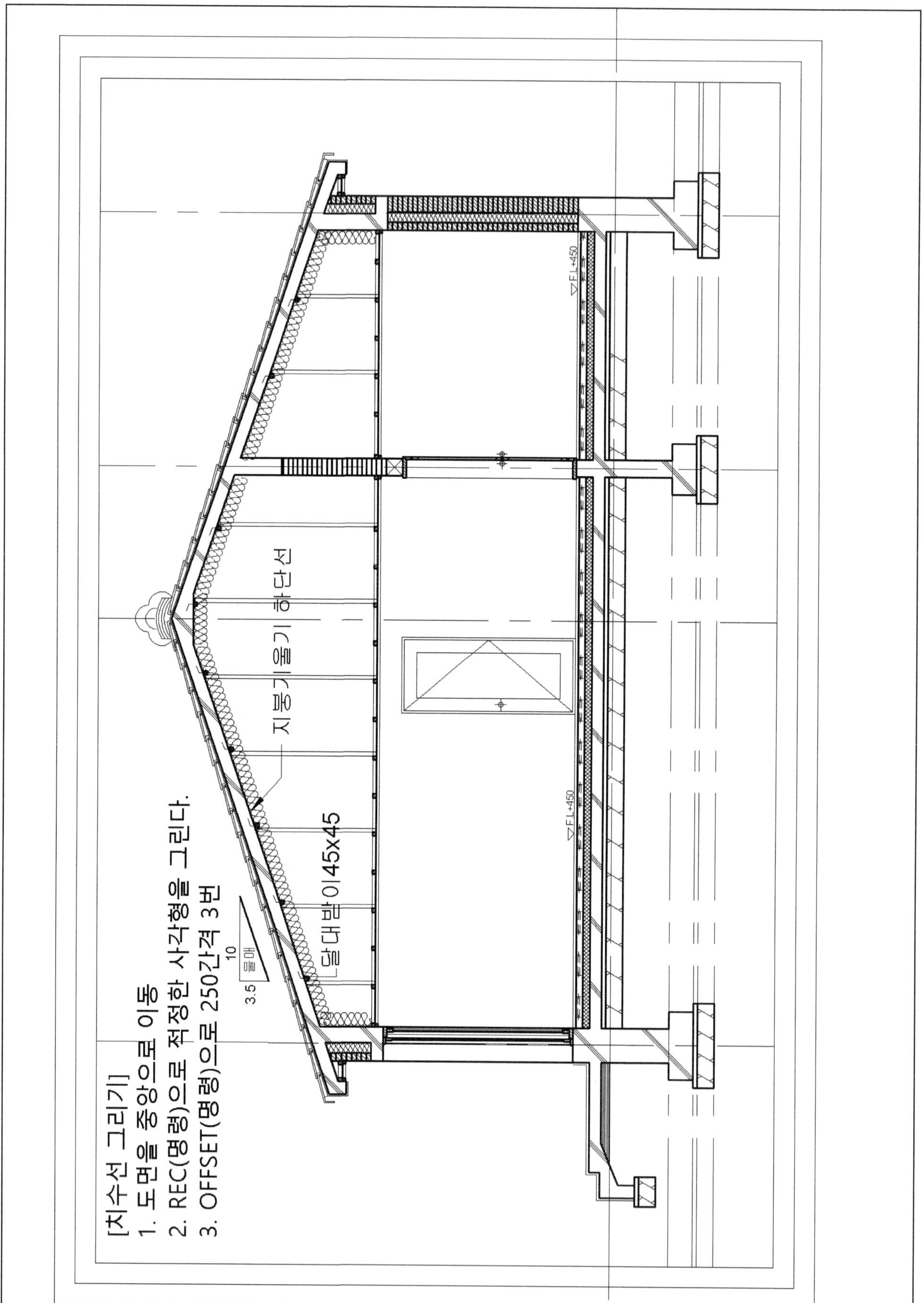

[치수선 그리기]
1. 도면을 중앙으로 이동
2. REC(명령)으로 적정한 사각형을 그린다.
3. OFFSET(명령)으로 250간격 3번
지붕기울기 하단선
달대받이45x45
10
물매
3.5
FL+450
FL+450

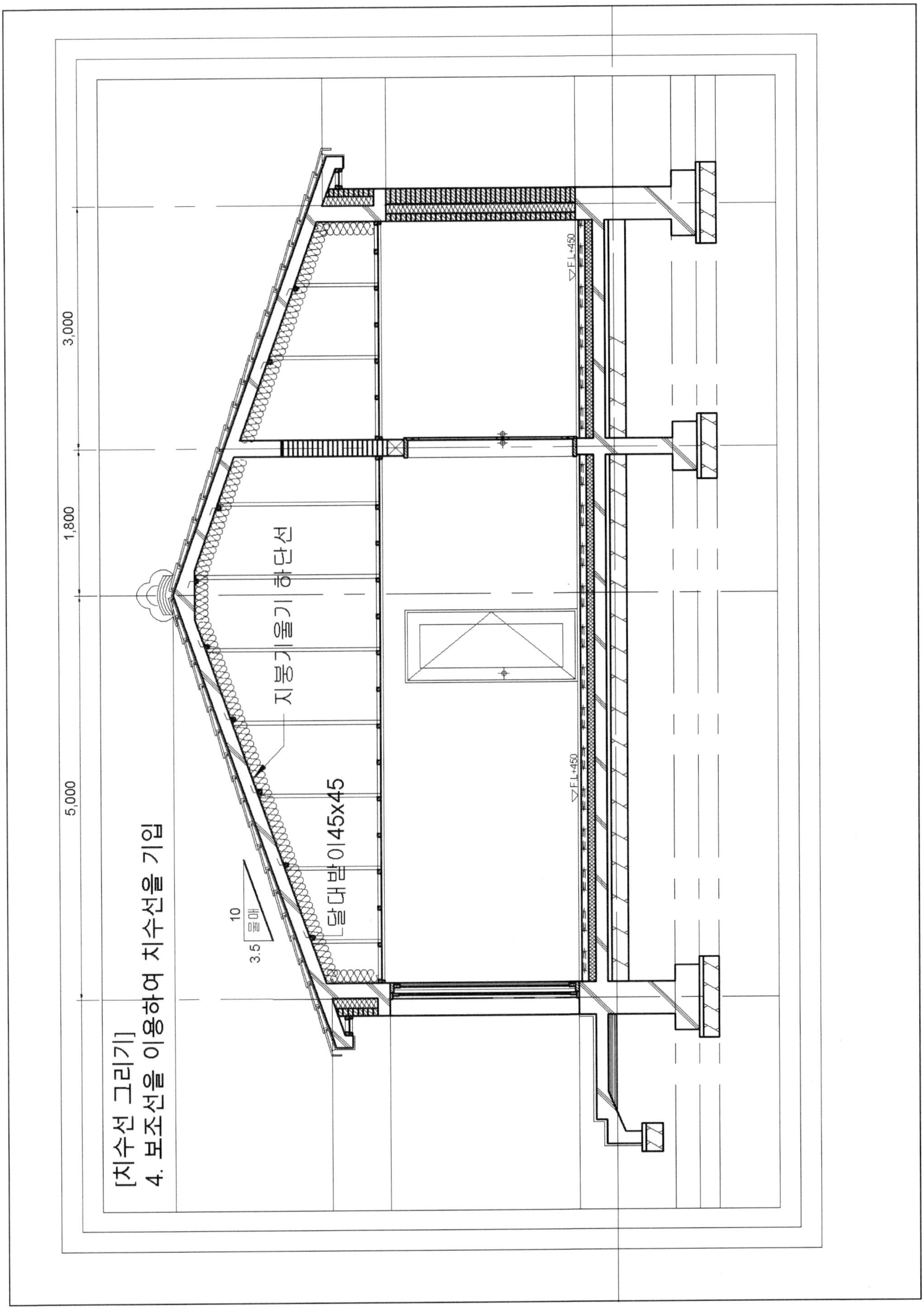
[치수선 그리기]
4. 보조선을 이용하여 치수선을 기입
5,000
1,800
3,000
10
3.5
물매
달대받이45x45
지붕기울기 하단선
FL+450
FL+450

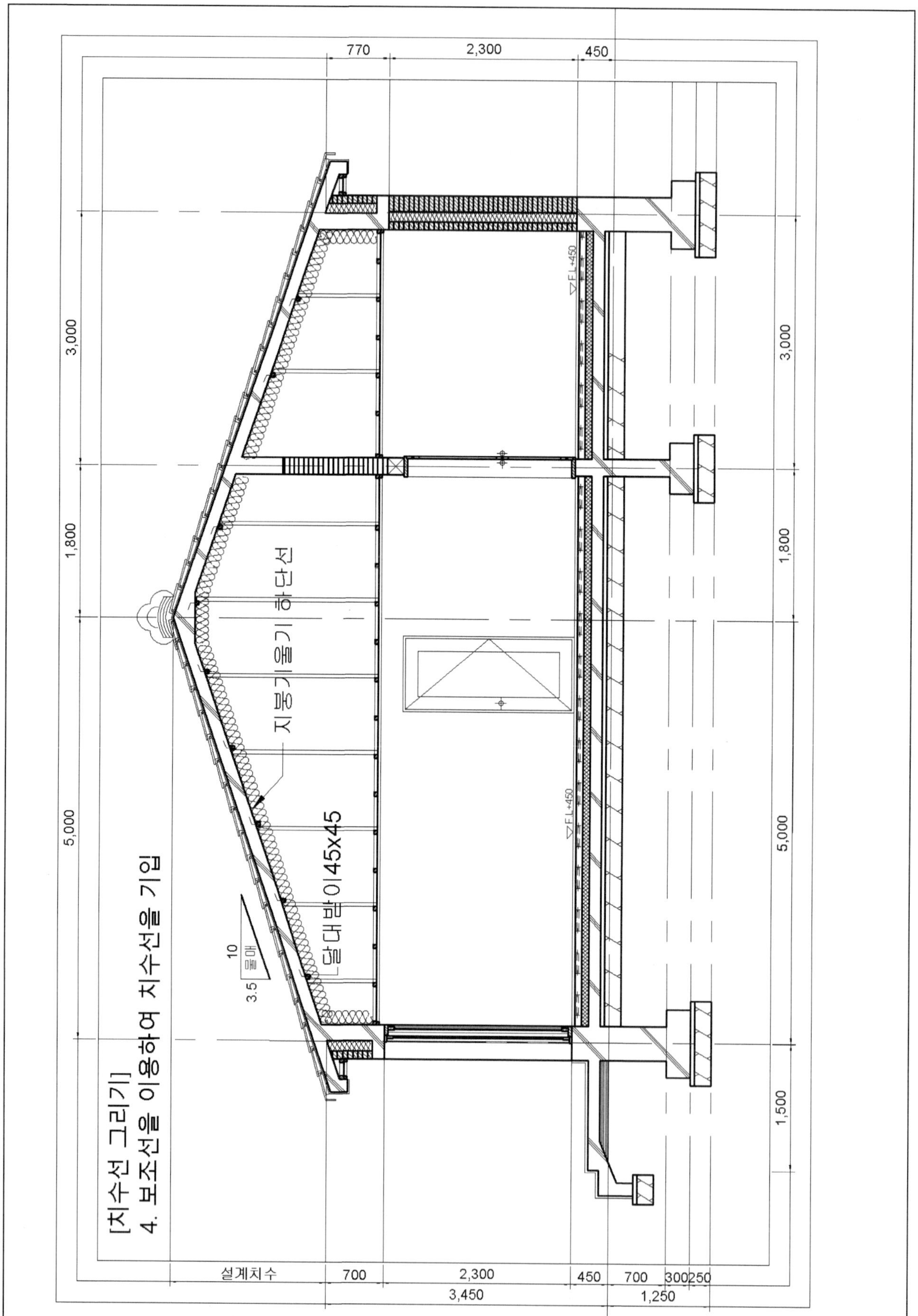
[치수선 그리기]
4. 보조선을 이용하여 치수선을 기입
지붕기울기 하단선
달대받이45x45
10
물매
3.5
FL+450
FL+450
770
2,300
450
3,000
1,800
5,000
3,000
1,800
5,000
1,500
설계치수
700
2,300
450
700
300250
3,450
1,250

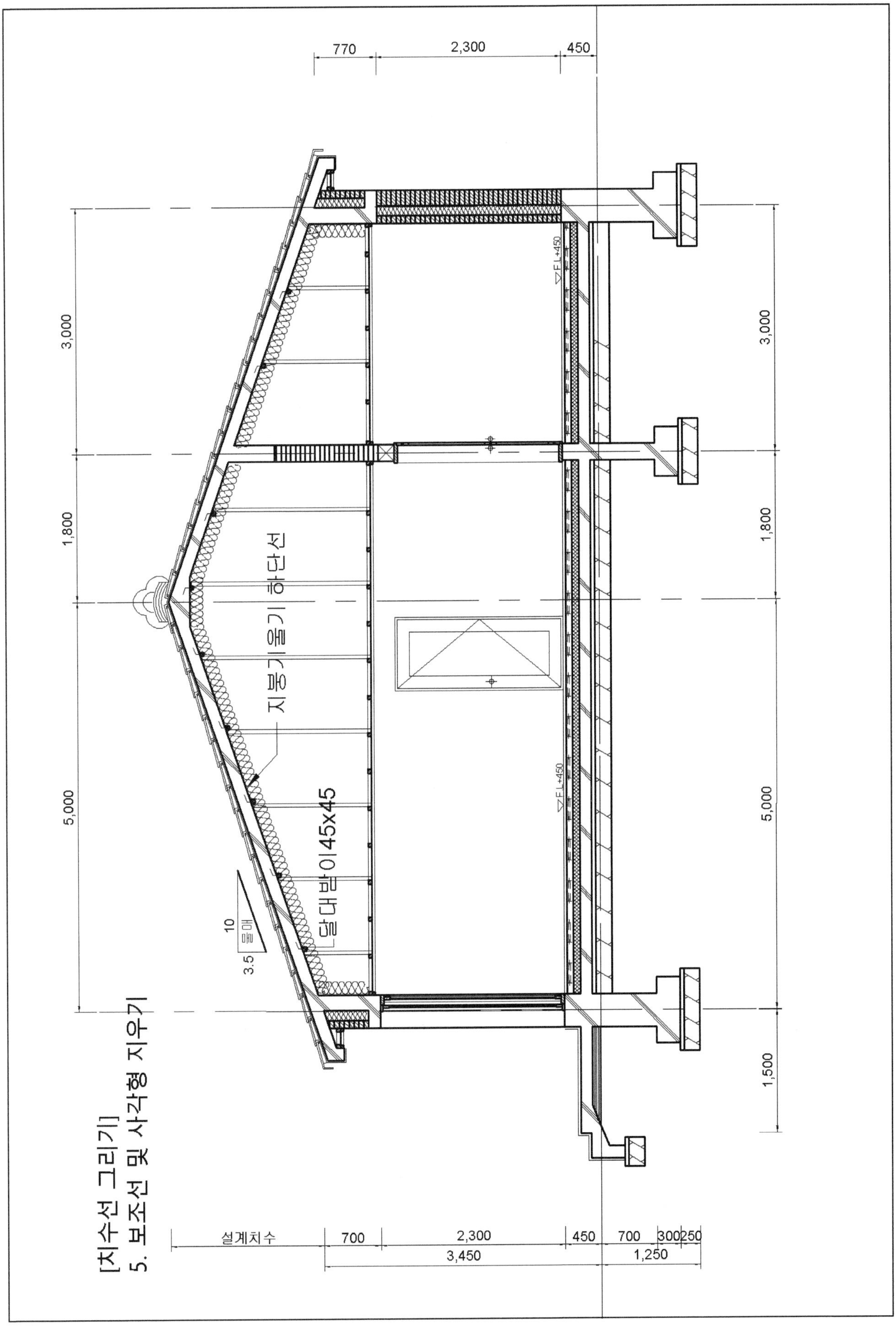
[치수선 그리기]
5. 보조선 및 사각형 지우기
지붕기울기 하단선
달대받이45x45
물매
10
3.5
FL+450
770
2,300
450
3,000
1,800
5,000
1,500
설계치수
700
2,300
450
700
300
250
3,450
1,250

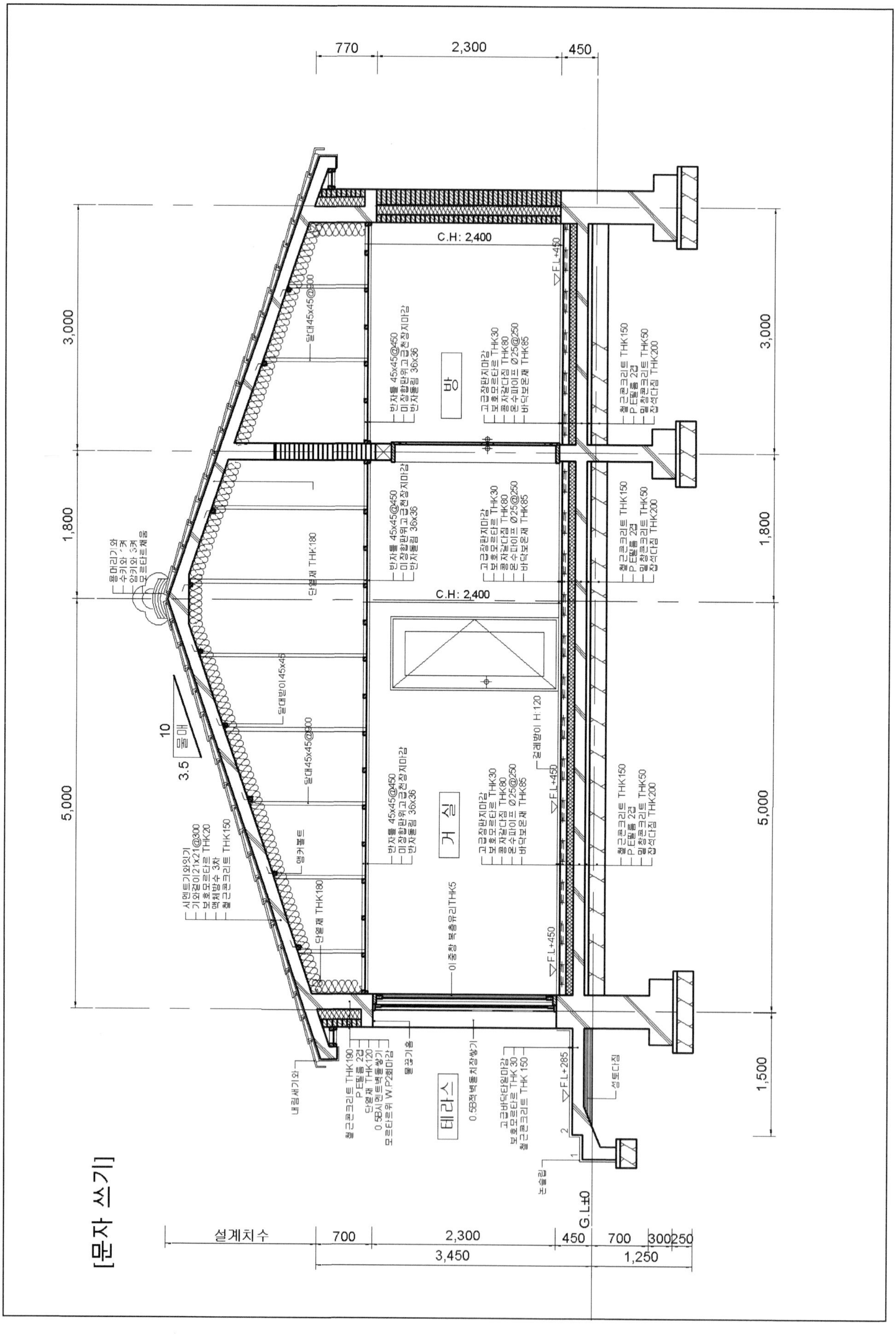
[문자 쓰기]
방
거 실
테라스
C.H: 2,400
설계치수
770
2,300
450
700
3,450
1,250
3,000
1,800
5,000
1,500
G.L±0

[문자 쓰기]

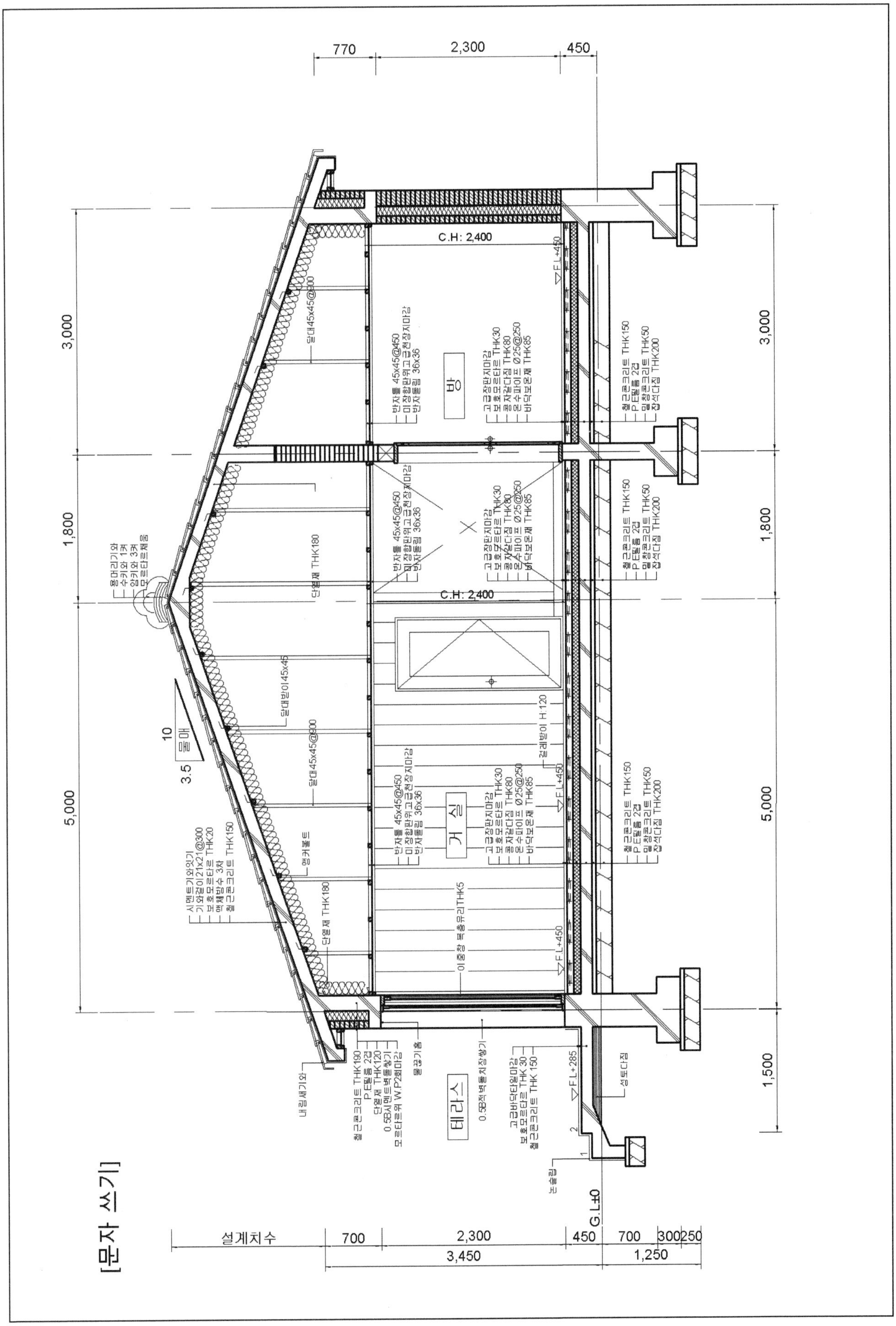

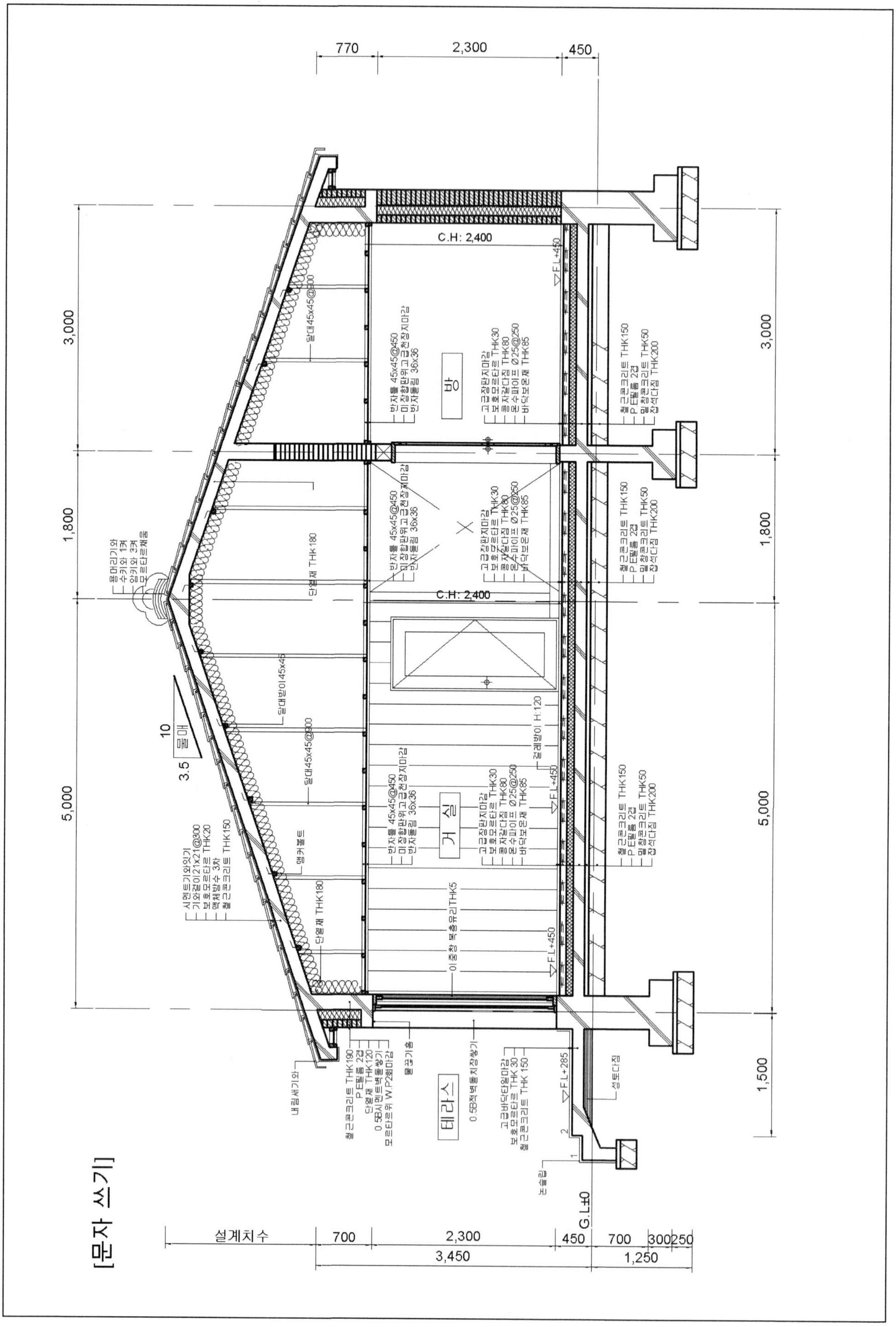
[문자 쓰기]
770
2,300
450
C.H: 2,400
방
거 실
테라스
3,000
1,800
5,000
1,500
물매
10
3.5
설계치수
700
2,300
450
700
300
250
3,450
1,250
G.L±0

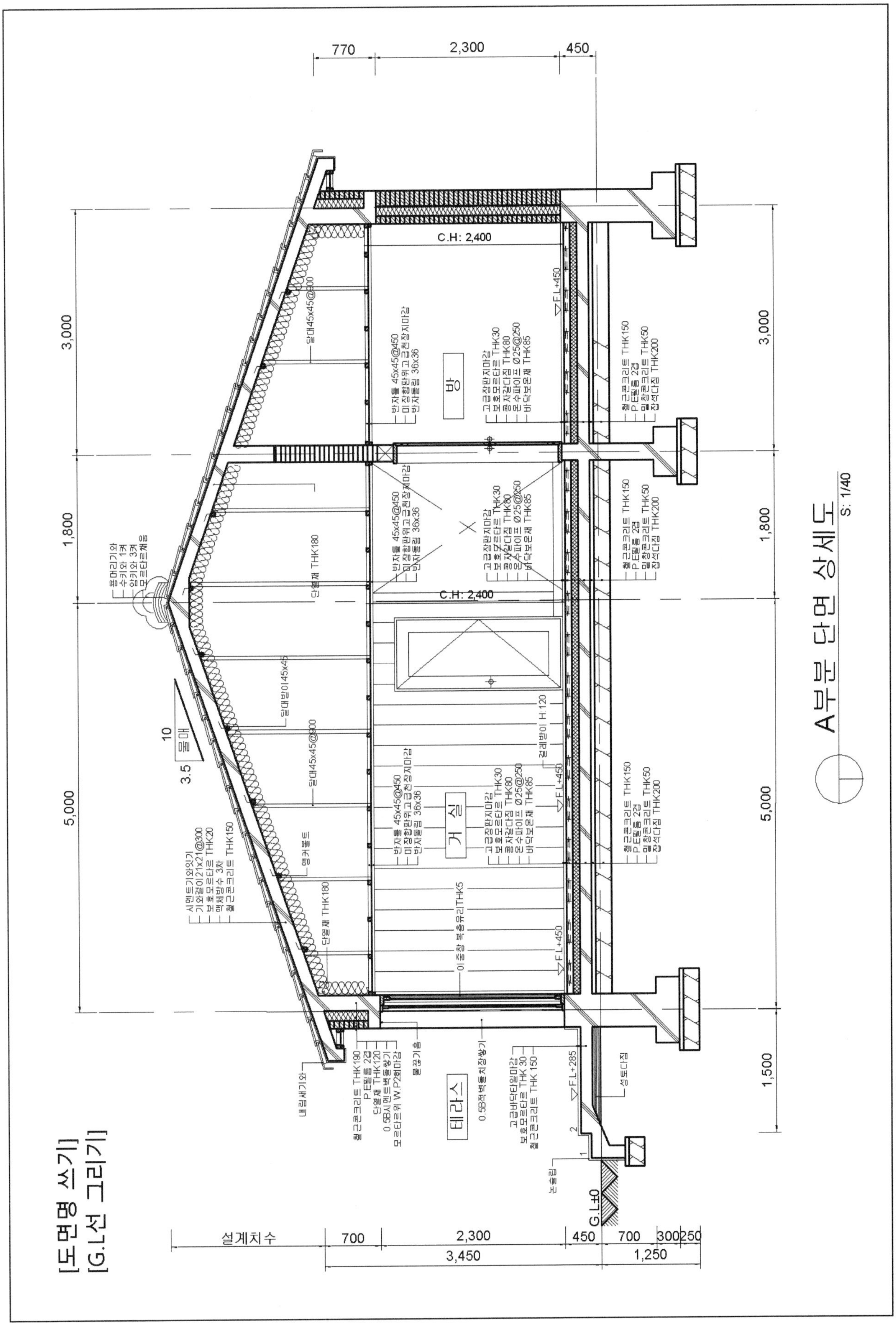
A부분 단면 상세도
S: 1/40
[도면명 쓰기]
[G.L선 그리기]
방
거 실
테라스
C.H: 2,400
설계치수
770
2,300
450
3,000
1,800
5,000
1,500
700
300
250
3,450
1,250

4.6. 전산응용건축제도기능사 기출문제 (평면도-단면도)

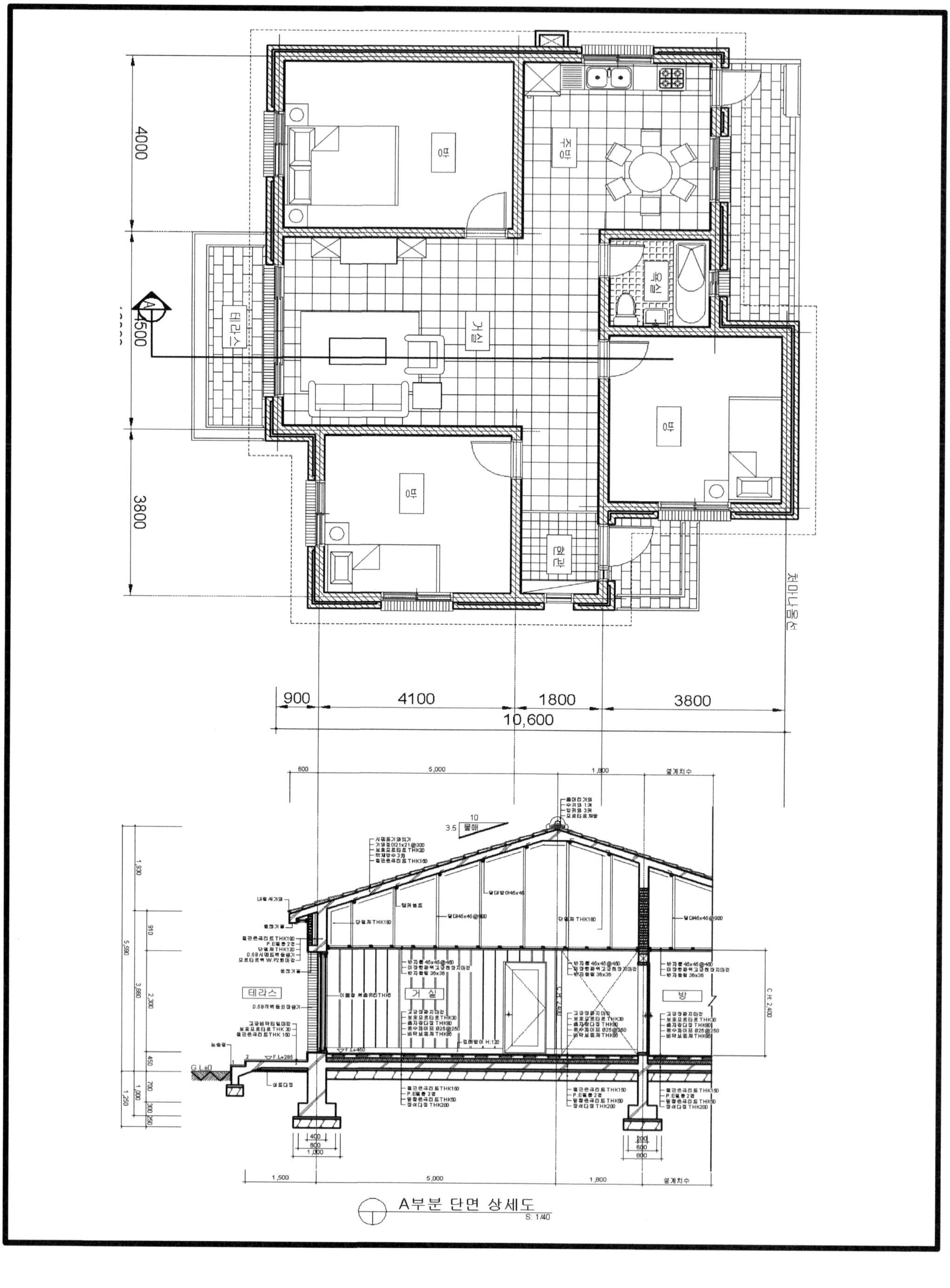

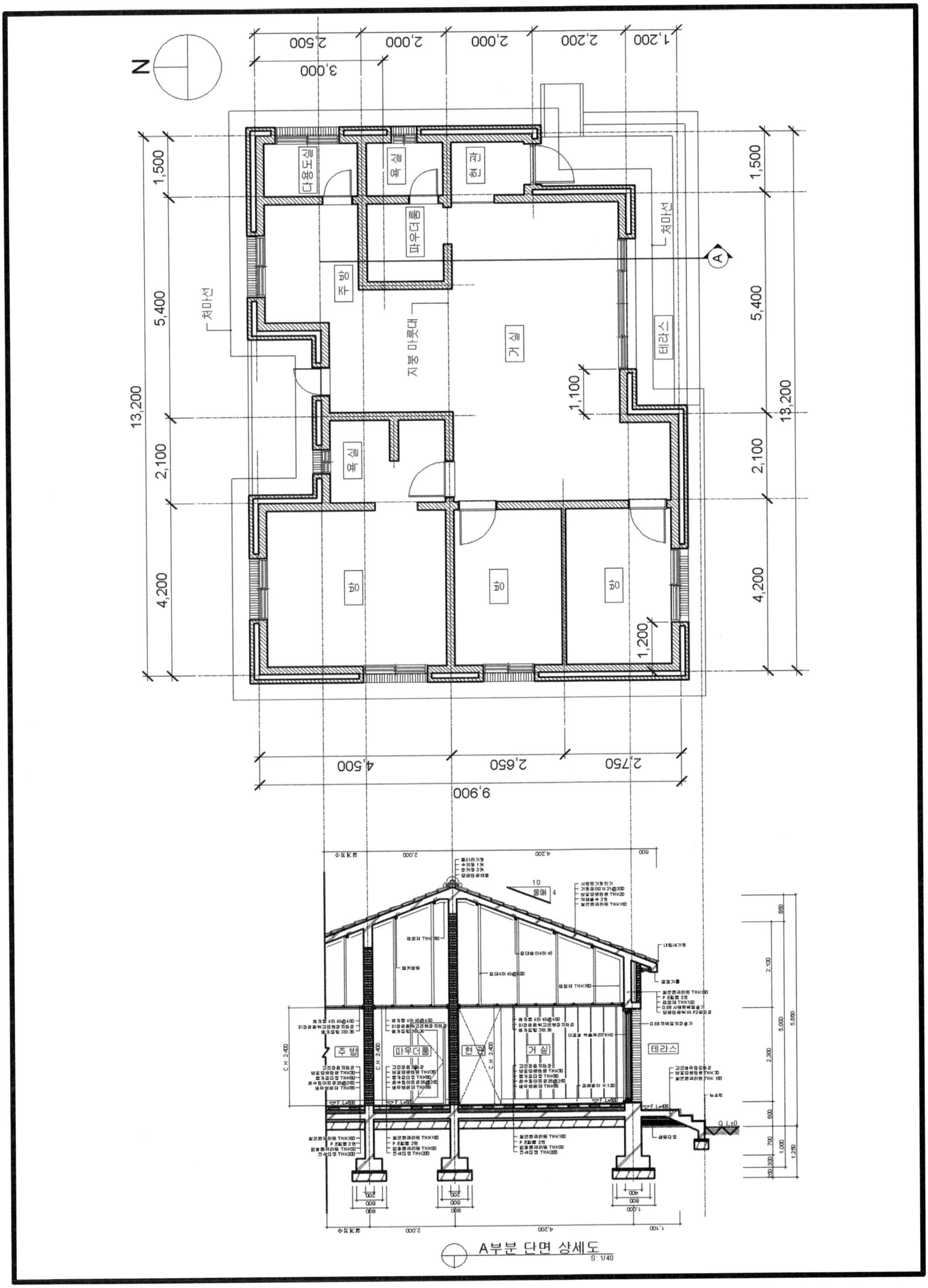

A부분 단면 상세도
S: 1/40

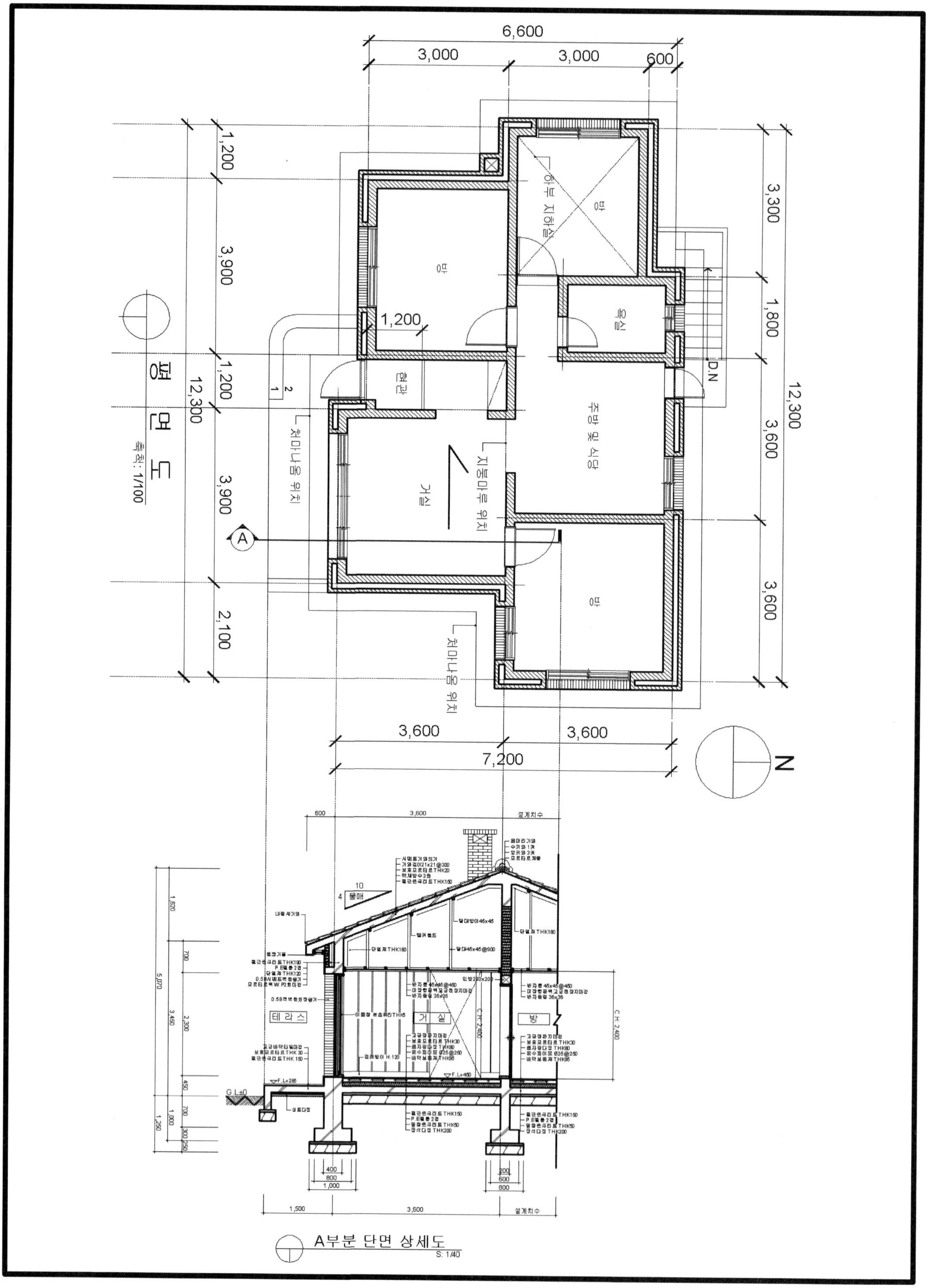
평 면 도
축척: 1/100
6,600
3,000
3,000
600
1,200
3,900
1,200
3,900
2,100
12,300
3,300
1,800
3,600
3,600
3,600
3,600
7,200
방
하부 지하실
욕실
현관
주방 및 식당
거실
지붕마루 위치
처마나옴 위치
처마나옴 위치
DN
A
N
테 라 스
거 실
방
A부분 단면 상세도
S: 1/40

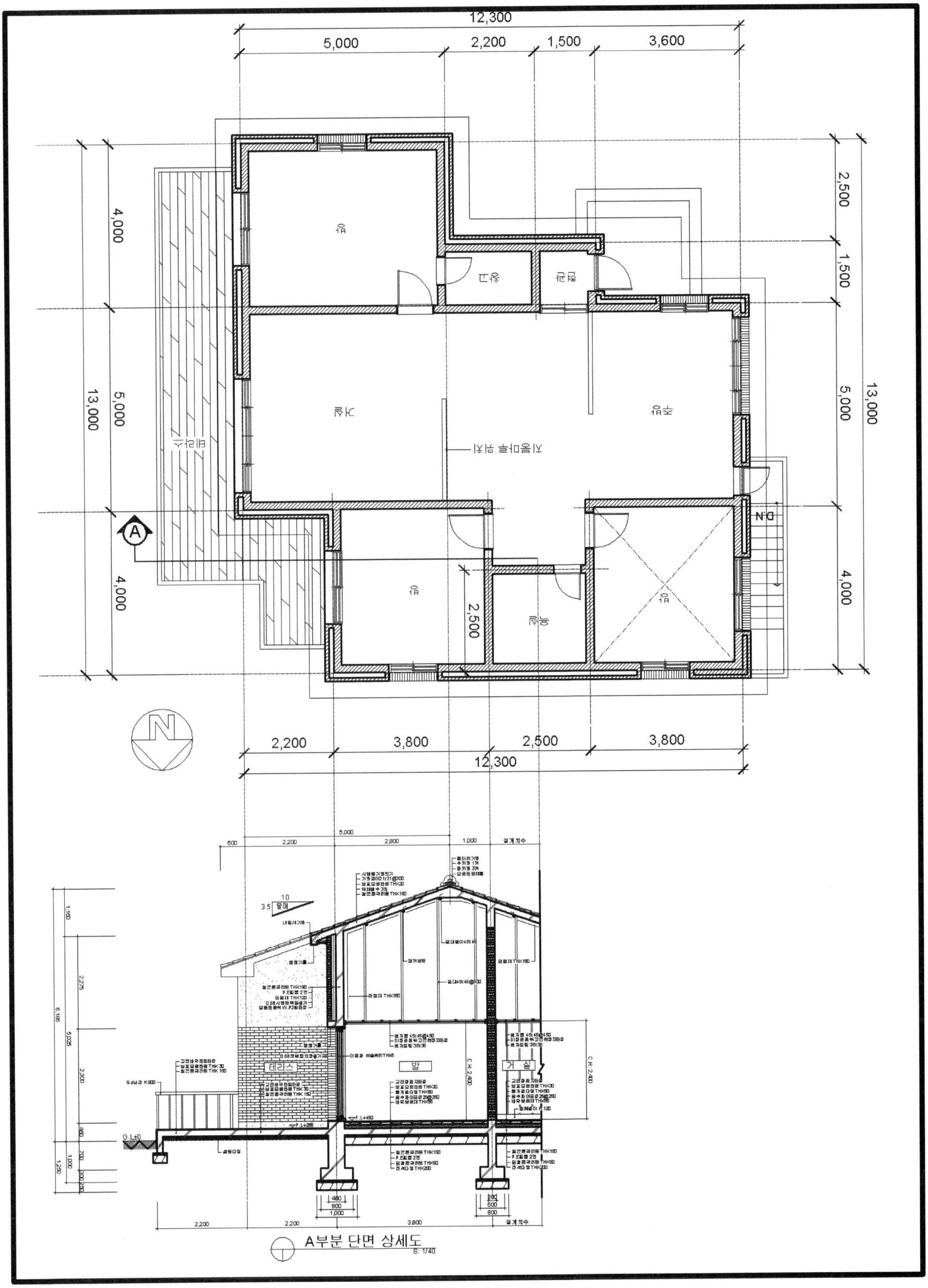
12,300
5,000
2,200
1,500
3,600
2,500
4,000
13,000
3,800
D.N
테라스
방
거실
A부분 단면 상세도
S: 1/40

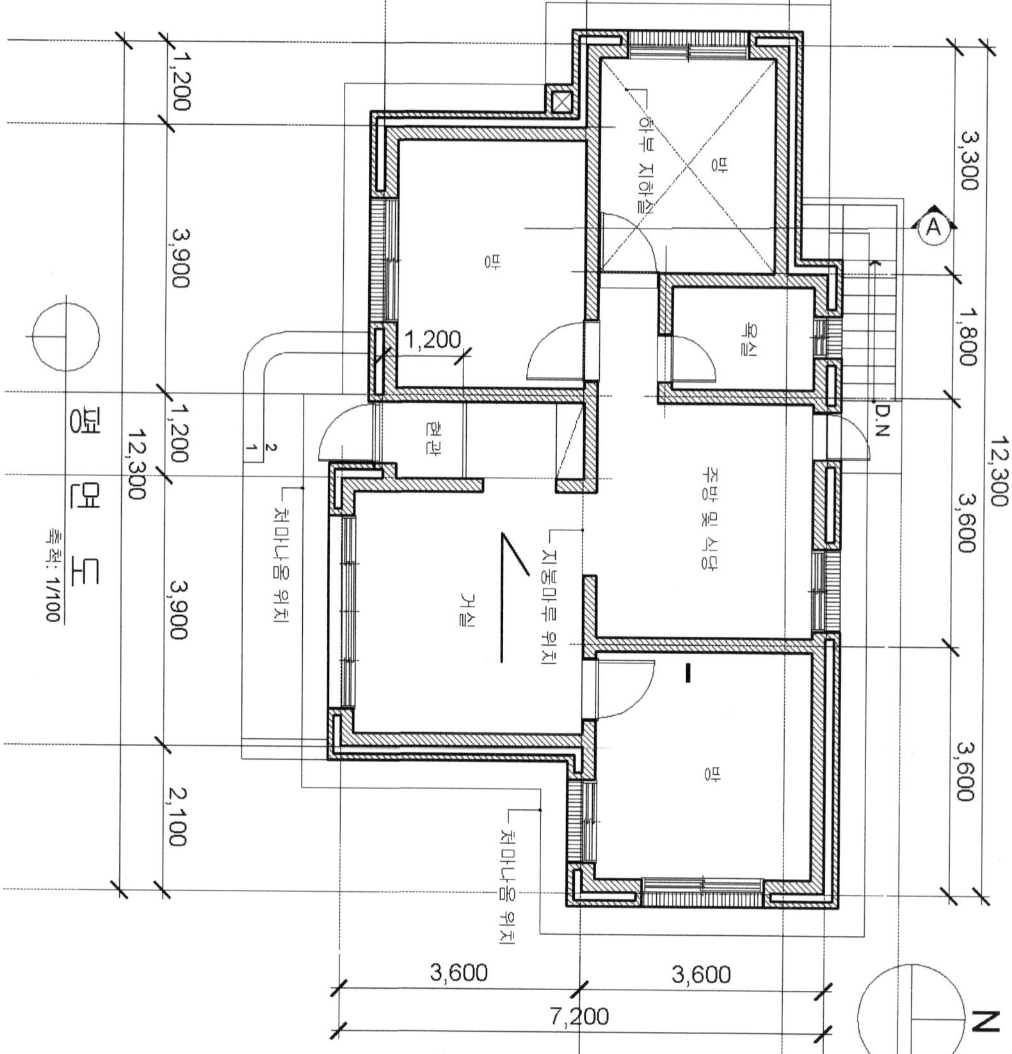

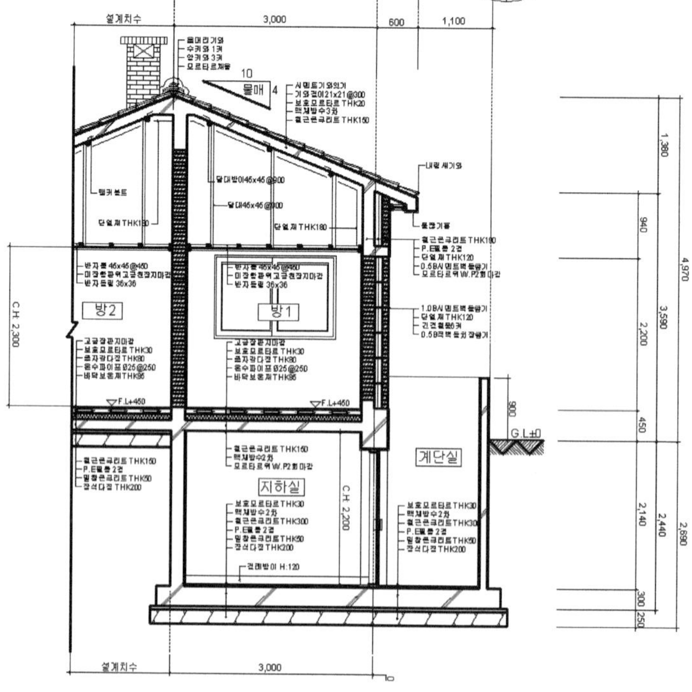

A부분 단면 상세도
S: 1/40

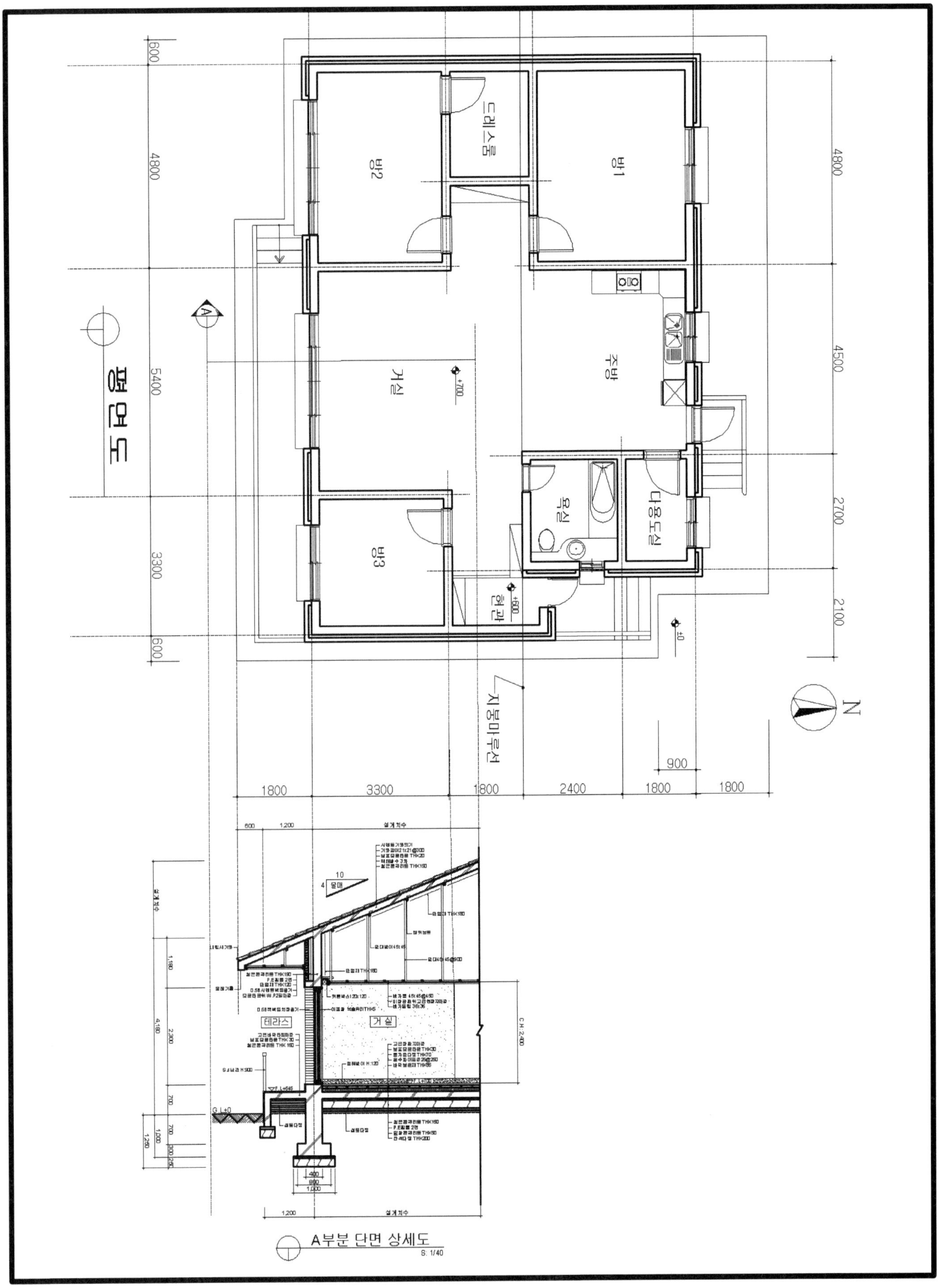
평면도
방1
방2
방3
드레스룸
거실
주방
욕실
다용도실
현관
지붕마루선
N
1800
3300
1800
2400
1800
1800
900
600
4800
5400
3300
600
4800
4500
2700
2100
테라스
거실
A부분 단면 상세도
S: 1/40

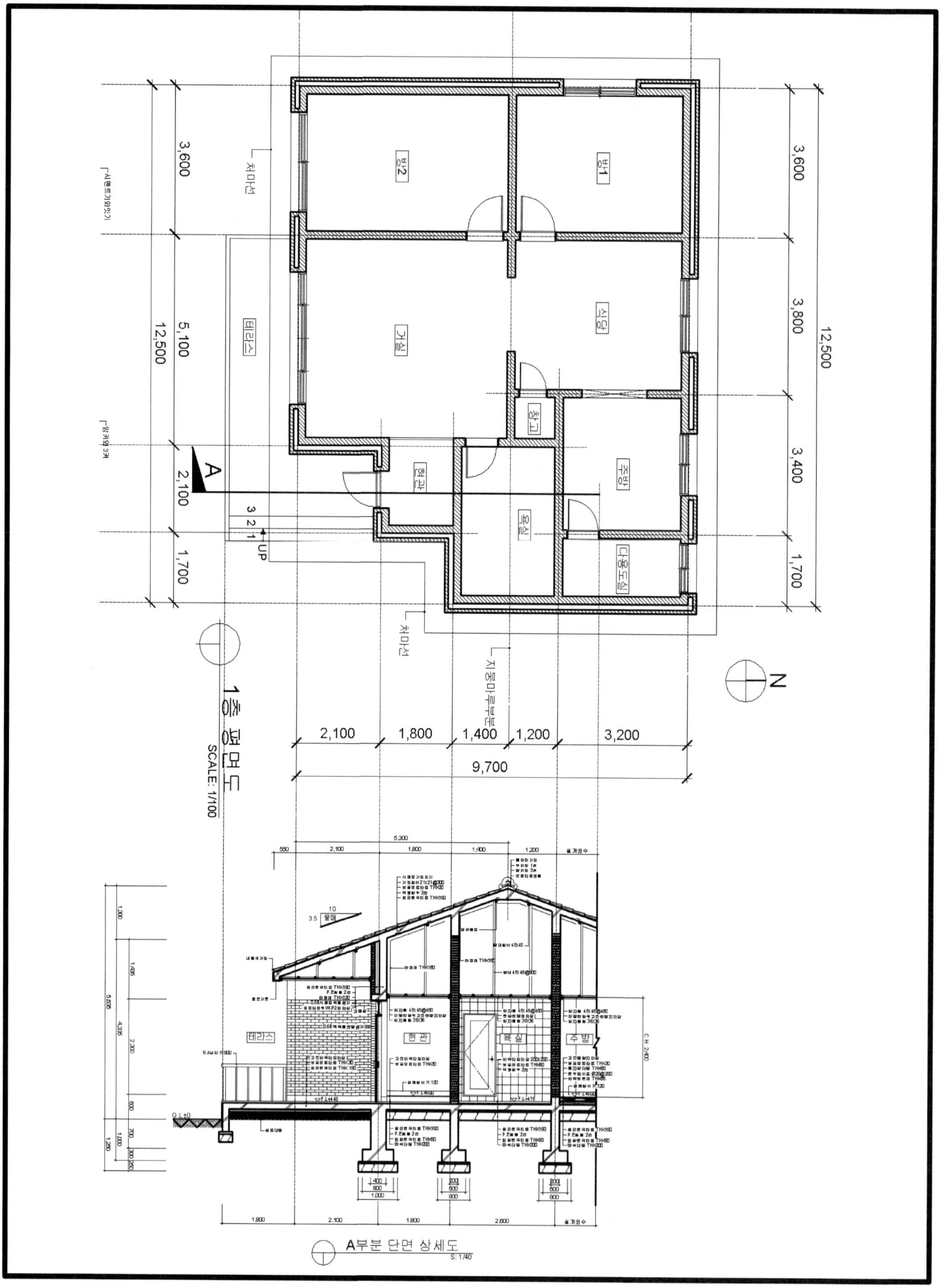
방2
방1
거실
식당
창고
현관
주방
욕실
다용도실
테라스
처마선
1층 평면도
SCALE: 1/100
2,100
1,800
1,400
1,200
3,200
9,700
3,600
5,100
2,100
1,700
12,500
3,800
3,400
UP
A부분 단면 상세도
S: 1/40

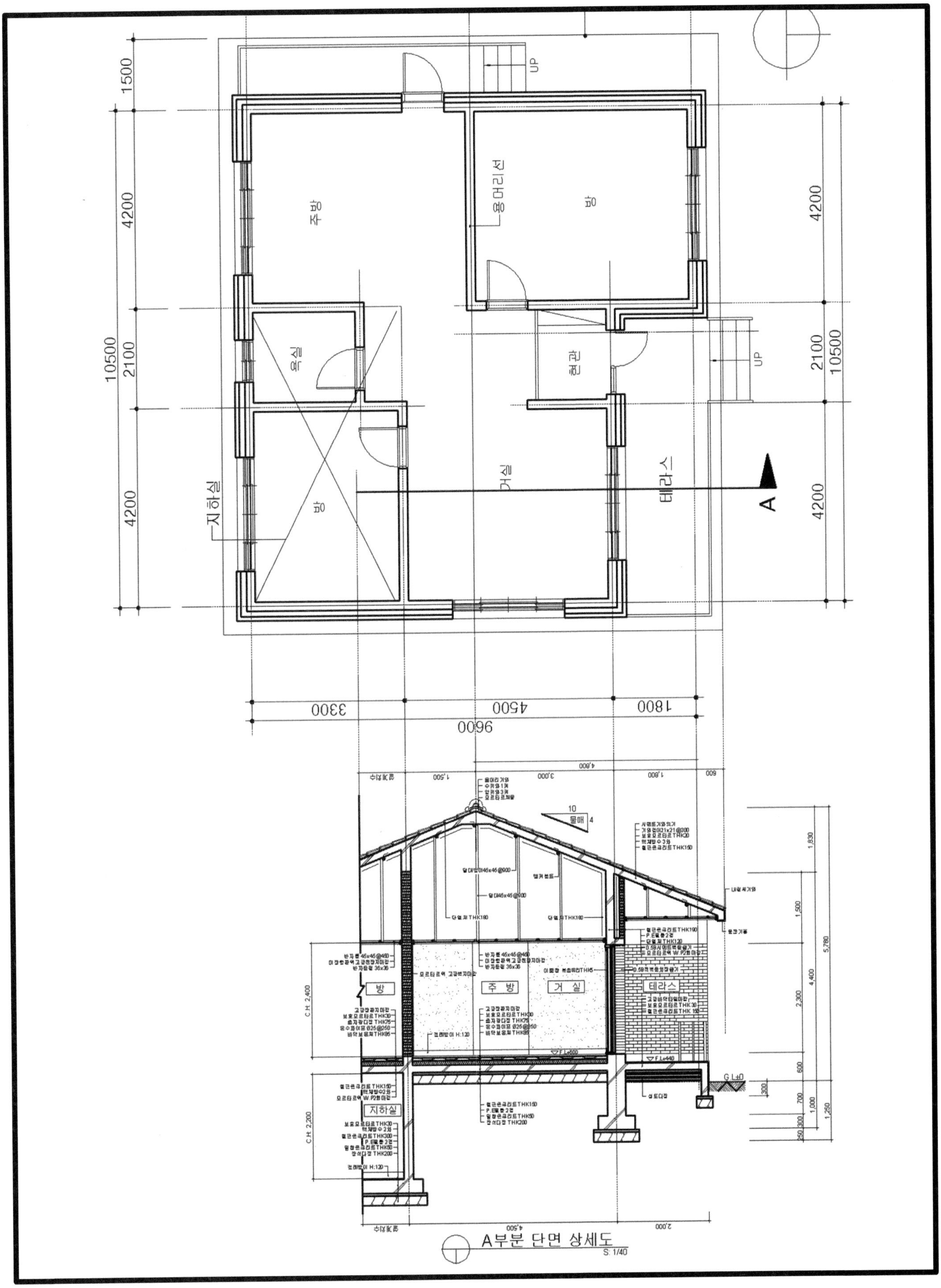

A부분 단면 상세도
S: 1/40

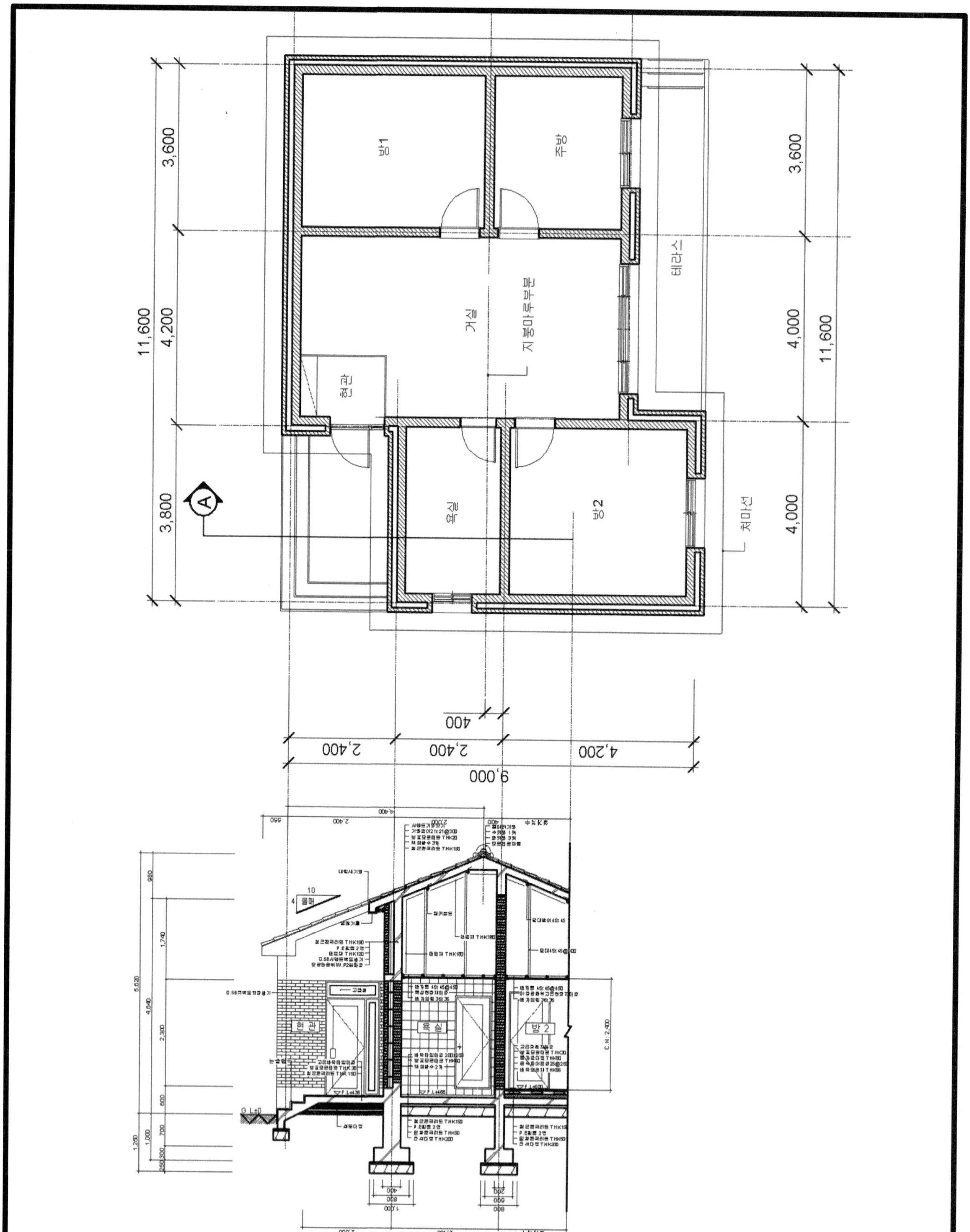
방1
주방
거실
지붕마루부분
현관
테라스
욕실
방2
처마선
3,600
4,200
3,800
11,600
4,000
2,400
400
4,200
9,000
현관
욕실
방 2
A부분 단면 상세도
S: 1/40

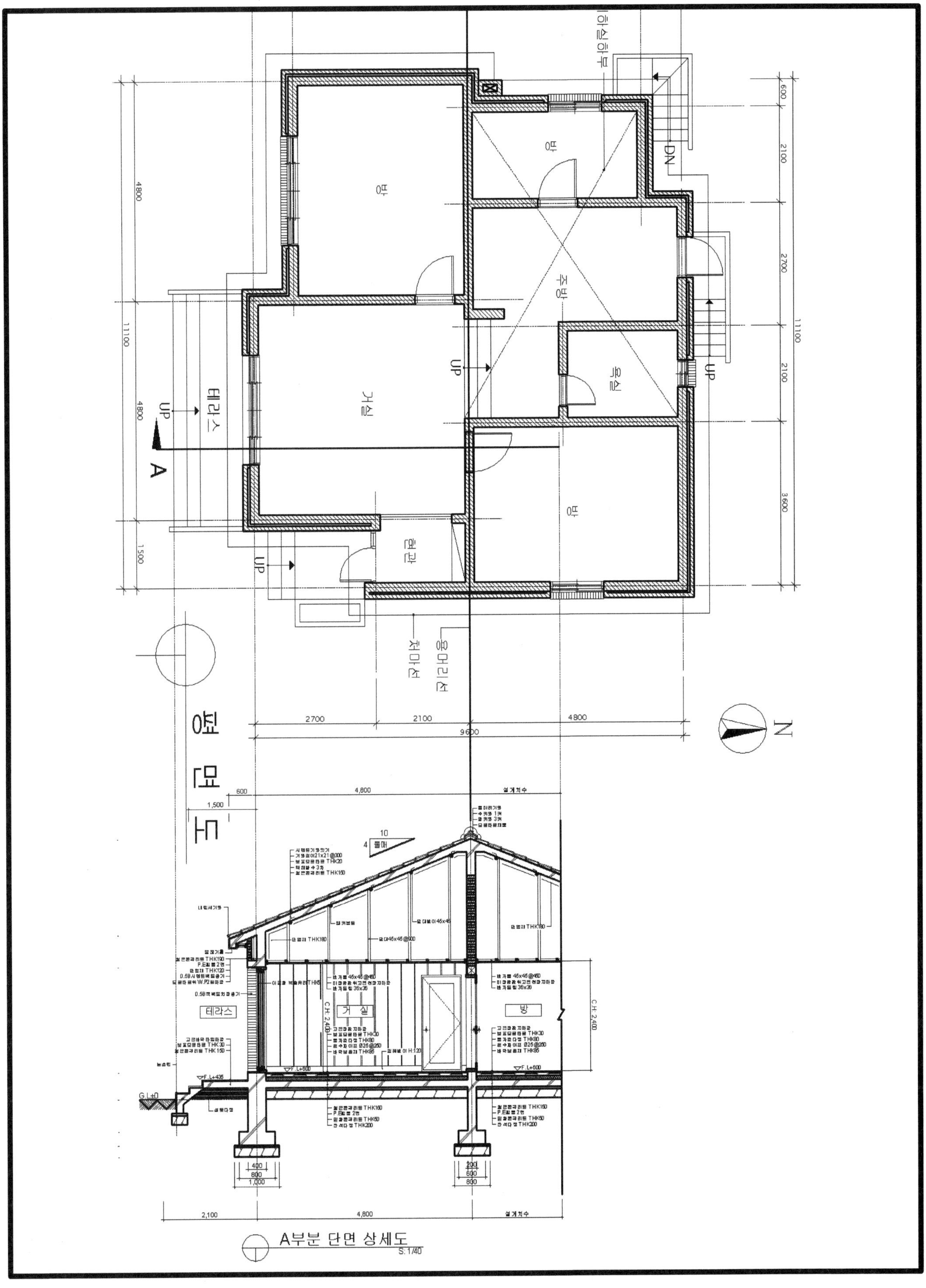

평면도
거실
방
주방
욕실
현관
테라스
UP
DN
A
N
2700
2100
4800
9600
11100
A부분 단면 상세도
S:1/40

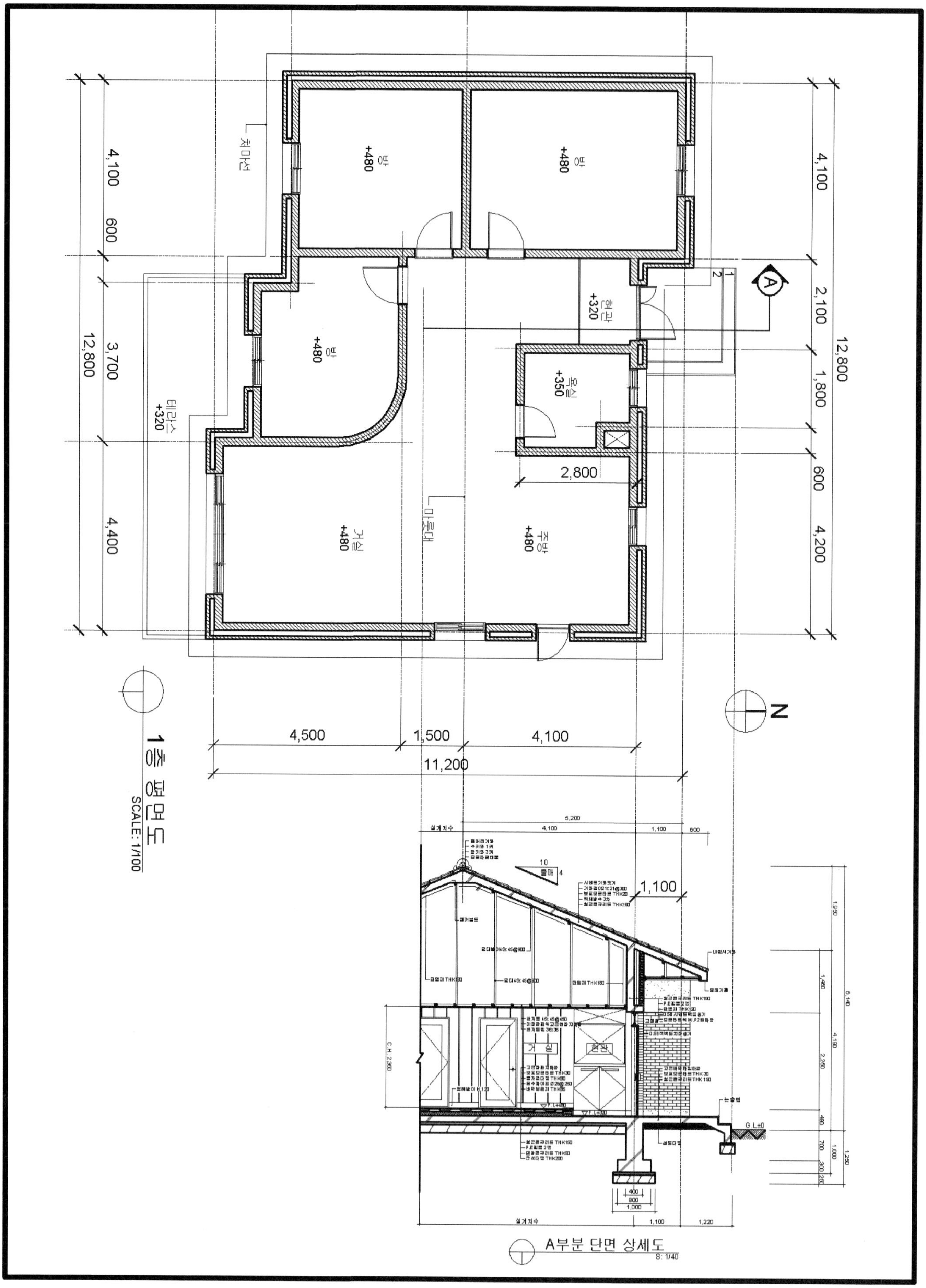
1층 평면도
SCALE: 1/100
방 +480
방 +480
방 +480
현관 +320
욕실 +350
거실 +480
주방 +480
테라스 +320
처마선
마루대
2,800
4,500
1,500
4,100
11,200
4,100
600
3,700
4,400
12,800
2,100
1,800
4,200
N
A부분 단면 상세도
S: 1/40

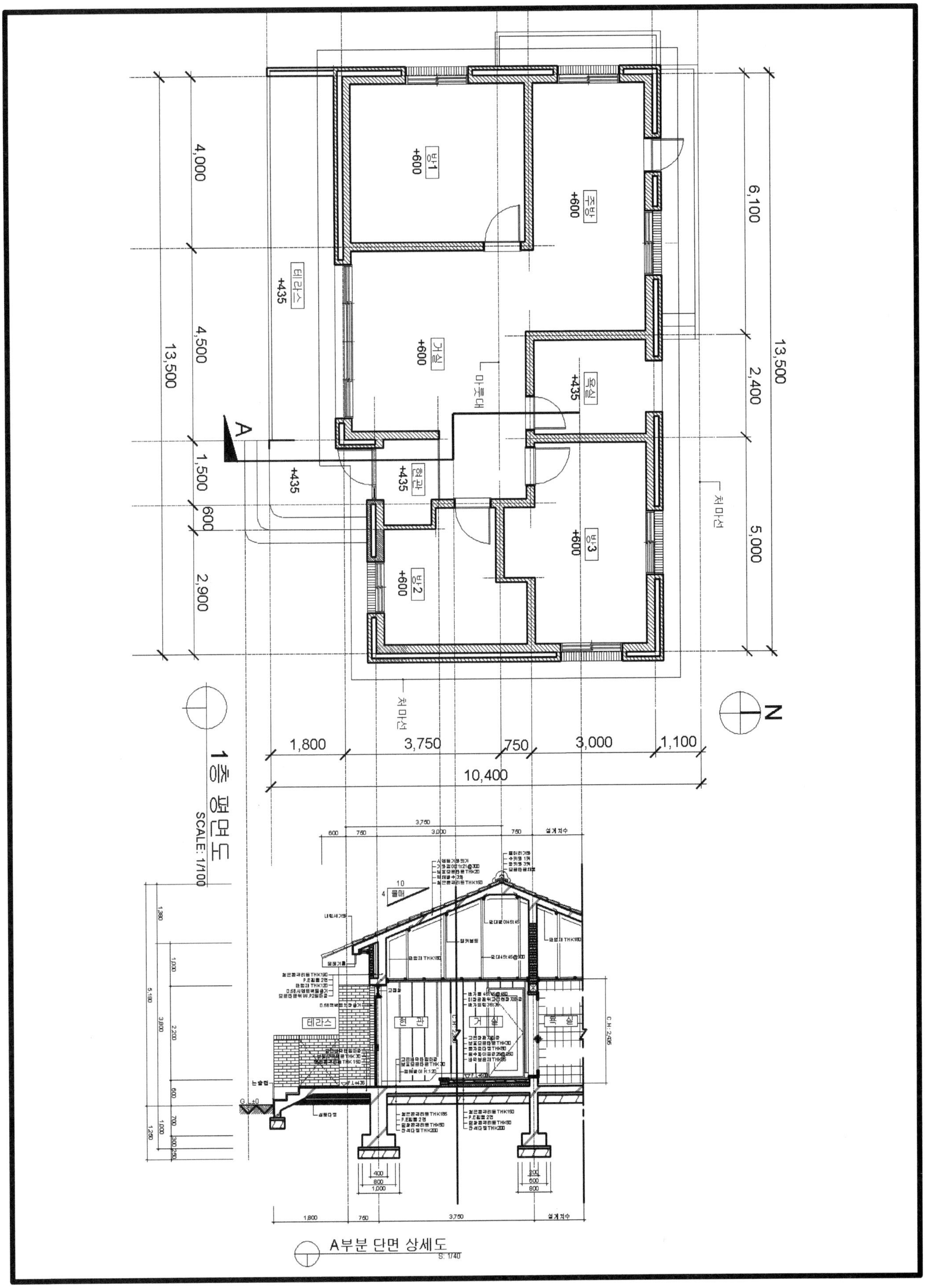
1층 평면도
SCALE: 1/100
방1
주방
거실
욕실
현관
방2
방3
테라스
마루대
처마선
A부분 단면 상세도
S: 1/40

Chapter

5

입면도 작성에 필요한 도면요소

Chapter 5. 입면도 작성에 필요한 도면요소

5.1 창호 그리기

- 창호의 크기는 평면도와 조건에 제시되지 않습니다.
- 창이나 문의 가로, 세로 치수는 문틀을 포함한 치수를 말합니다.
- 방문이나 창문의 치수는 꼭 정해진 치수는 없습니다. 설치 공간의 여유에 따라 가감하기 때문입니다. 그러나 다음의 치수를 참고해서 도면을 그리면 좋습니다.

창과 문의 치수에 관하여

- 창이나 문의 가로, 세로 치수는 문틀을 포함한 치수를 말합니다.
- 창이나 문의 치수는 꼭 정해진 치수는 없습니다. 설치 공간의 여유에 따라 가감하기 때문입니다. 그러나 다음의 치수를 참고해서 도면을 그리면 좋습니다.

1. 문

여닫이 문의 표준치수는 900X2100 입니다.

욕실, 주방, 다용도실, 보일러실, 창고 문은 (700~800)X(1800~2100)으로 가감할 수 있습니다.

2. 창

<가로폭>

보통창문은 1짝의 최소폭을 600으로 잡습니다.

그 이하는 창이 샤프해져 특수한 화장실, 창고 등에서 만 사용합니다.

즉 2짝 미서기창의 최소 가로폭: 1200, 4짝 미서기창의 최소 가로폭: 2400 정도는 되어야 합니다.

1짝의 최소폭을 600으로 해서 10cm단위로 700, 800, 900식으로 방에 필요한 만큼의 치수를 정하면 됩니다.

창이 크다고 유리한 것은 아닙니다. 시험에서 창의 크기가 대부분 정해지지 않습니다. 스스로 적절한 크기를 정하면 됩니다. 시험에서는 스스로 방창 (1200~1500)×1,200, 거실창 (2400~3200)×(2200~2300) 욕실창 600×600, 주방창 1200×600 등으로 정해 그리면 됩니다. 정해진 치수는 없습니다.

<높이>

창의 높이는 테두리보 높이에서 창대의 높이를 빼면 정해집니다.

예) 반자높이 2400, 테두리보 높이 2300 창대높이 1100 이면, 창의 높이는 2300-1100=1200 이 되는 것입니다.

<창대의 높이>

창대의 높이는 방바닥에서 창틀 아래부분까지의 높이 입니다.

1층 주택이라면 1100 이상 정도면 가능합니다.

창대도 안방, 거실, 부엌, 욕실 등의 용도에 따라 결정 됩니다.

① 일반 창문(안방): 1100 이상

② 테라스(발코니)가 있는 거실: 창대가 없다.

③ 부엌 창문: 싱크대(개수대) 설치시: 최소 1000 이상이 되어야 수도꼭지의 설치 가능.

④ 욕실 창문: 적어도 1500은 되어야 시선이 차단된다.

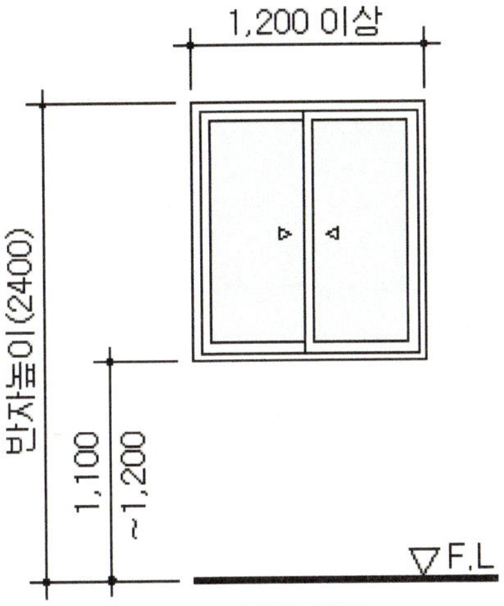

■일반 창문

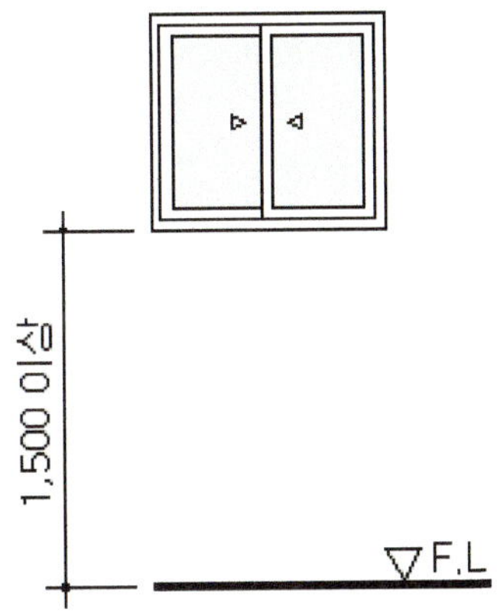

■욕실 창문

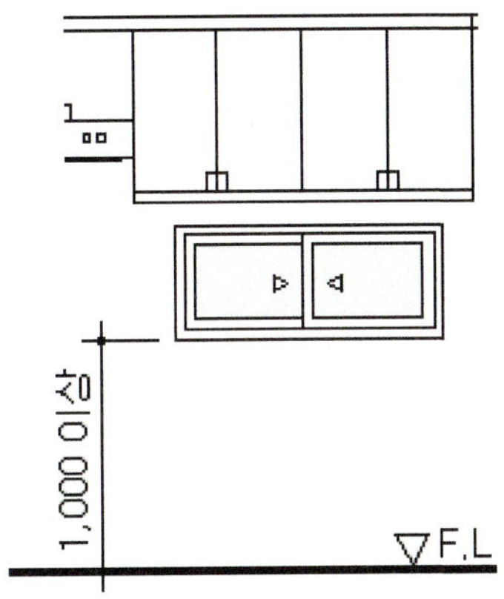

■부엌 창문

<거실에서 창문(4짝 미서기창)의 높이>

거실은 테라스의 유무에 따라 창대가 없는 경우와 있는 경우가 있습니다. 시험에서는 없는 경우가 대부분입니다.(95%)

보통 반자높이를 2400으로 주어집니다. 이 경우 테두리보의 높이(반자높이-100)인 2300을 창문의 높이로 잡으면 됩니다.

바닥에서 천정까지 하나의 창으로 그리거나 창을 중간에 분할 하여 고창을 설치한 구조로 그릴 수 있습니다.

이 때 주의 할 점은 창문의 폭은 작고 높이가 높으면 창문이 샤프해져 탈락의 위험이 있습니다. 1짝의 폭이 700 보다 작을 때는 고창을 설치해서 분할 하는 것이 좋습니다.

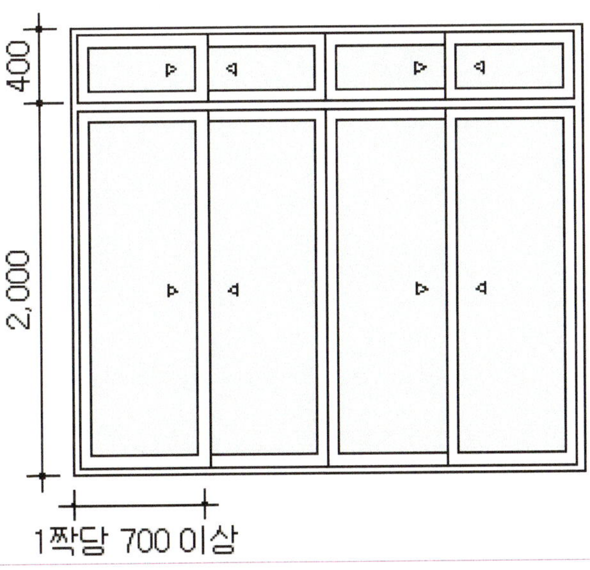

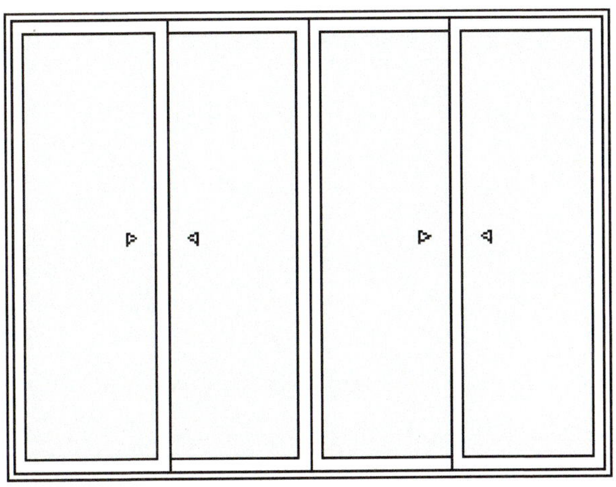

창

- 보통 창문은 1짝의 최소폭 600
- 그 이하는 창이 샤프해져 특수한 화장실, 창고 등에서만 사용합니다.
- 2짝 미서기창의 최소 가로폭: 1200, 4짝 미서기창의 최소 가로폭: 2400 정도는 되어야 합니다.
- 1짝의 최소폭을 600으로 해서 10cm단위로 700, 800, 900식으로 방에 필요한 만큼의 치수를 정하면 됩니다.

방창

- 창의 폭 : 1,200~1,500

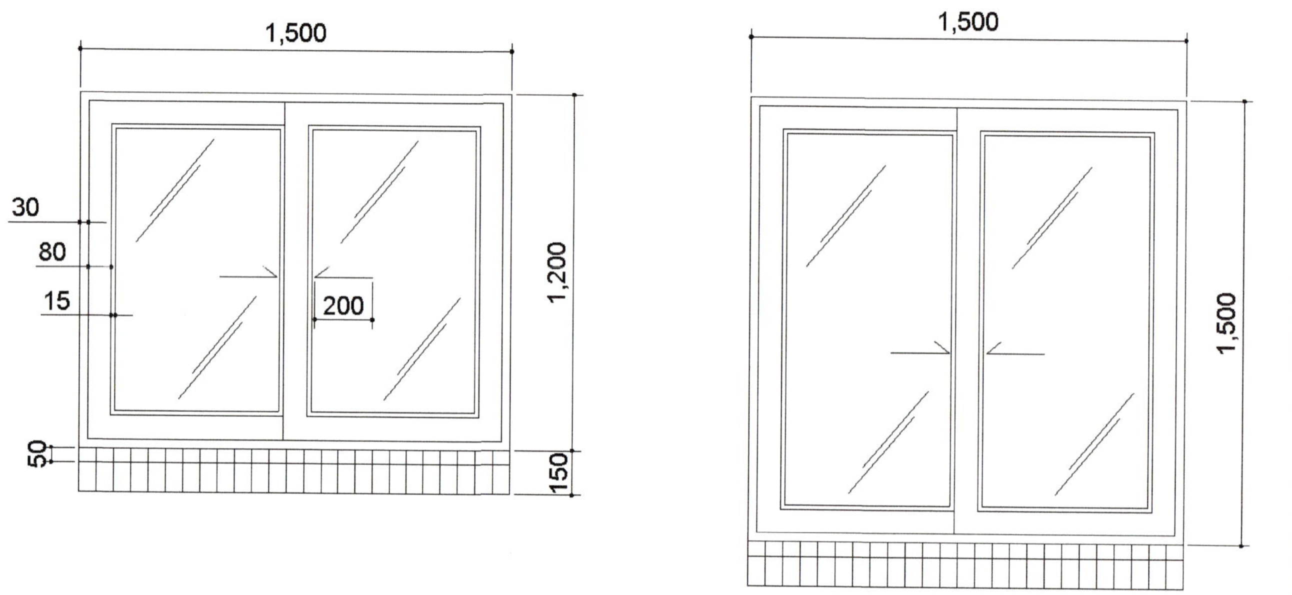

방창 입면 작도 순서

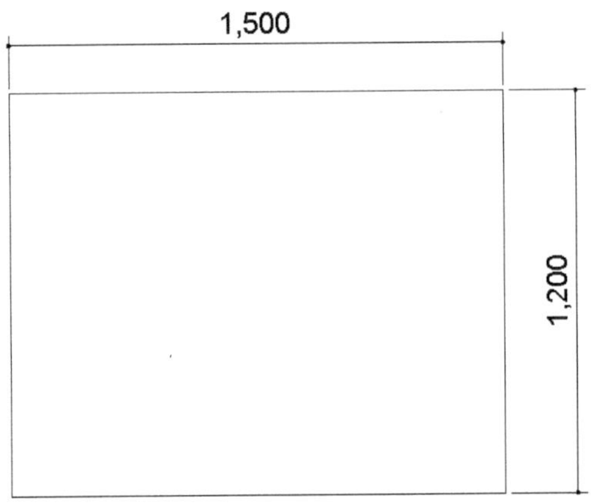

REC(명령)으로 전체 크기(1,500×1,200) 그리기

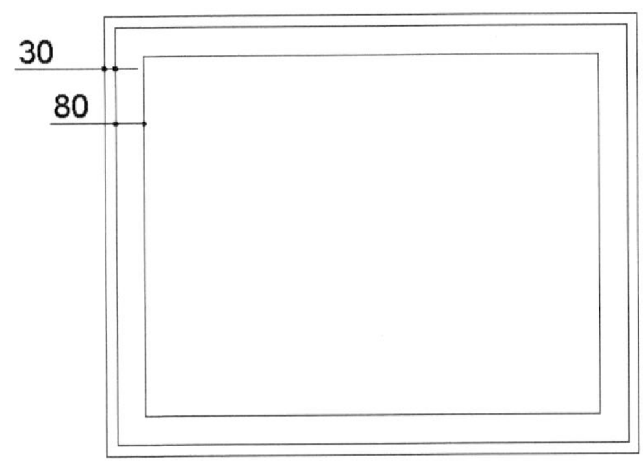

Offset(명령)으로 안쪽으로 틀(30), 창틀(80)

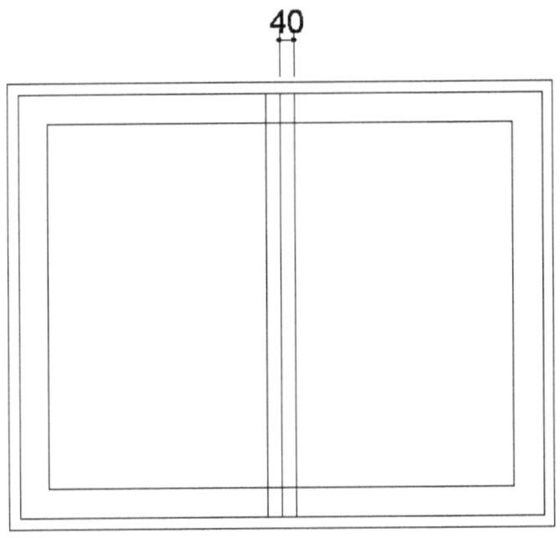

틀 중간에 선을 긋고, 좌우 Offset(명령) 40

중간선을 삭제하고, 창틀이 가려지는 부분을 TRim(명령)으로 정리

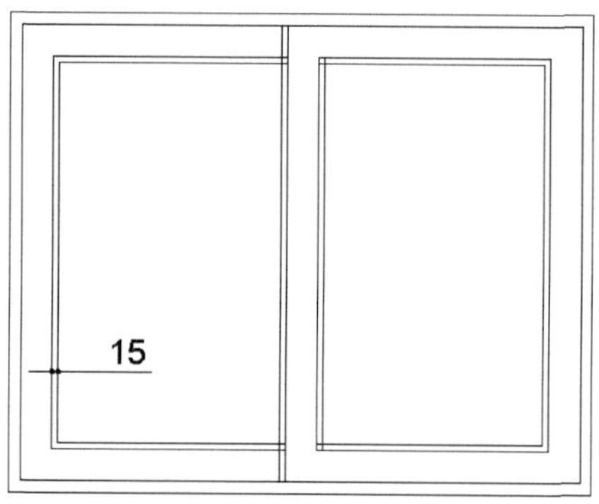

창틀 안쪽으로 Offset(명령) 15하여 코킹부분 표현

Fillet(명령)으로 정리

작성된 틀과 창틀을 분해(X)
Offset(명령)으로 50, 100 옆세워쌓기 표현

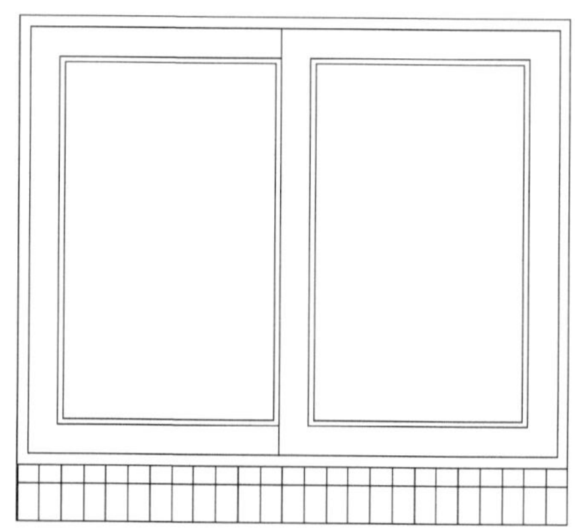

Hatch(명령)으로 줄눈 표현

거실창

- 1짝의 최소폭을 600으로 해서 10cm단위로 700, 800, 900식으로 방에 필요한 만큼의 치수를 정하면 됩니다.
- 창의 폭 : 1짝의 폭을 600으로 하면 4짝 미서기창의 최소 가로폭 : 2,400
  1짝의 폭을 700으로 하면 4짝 미서기창의 최소 가로폭 : 2,800
  1짝의 폭을 800으로 하면 4짝 미서기창의 최소 가로폭 : 3,200

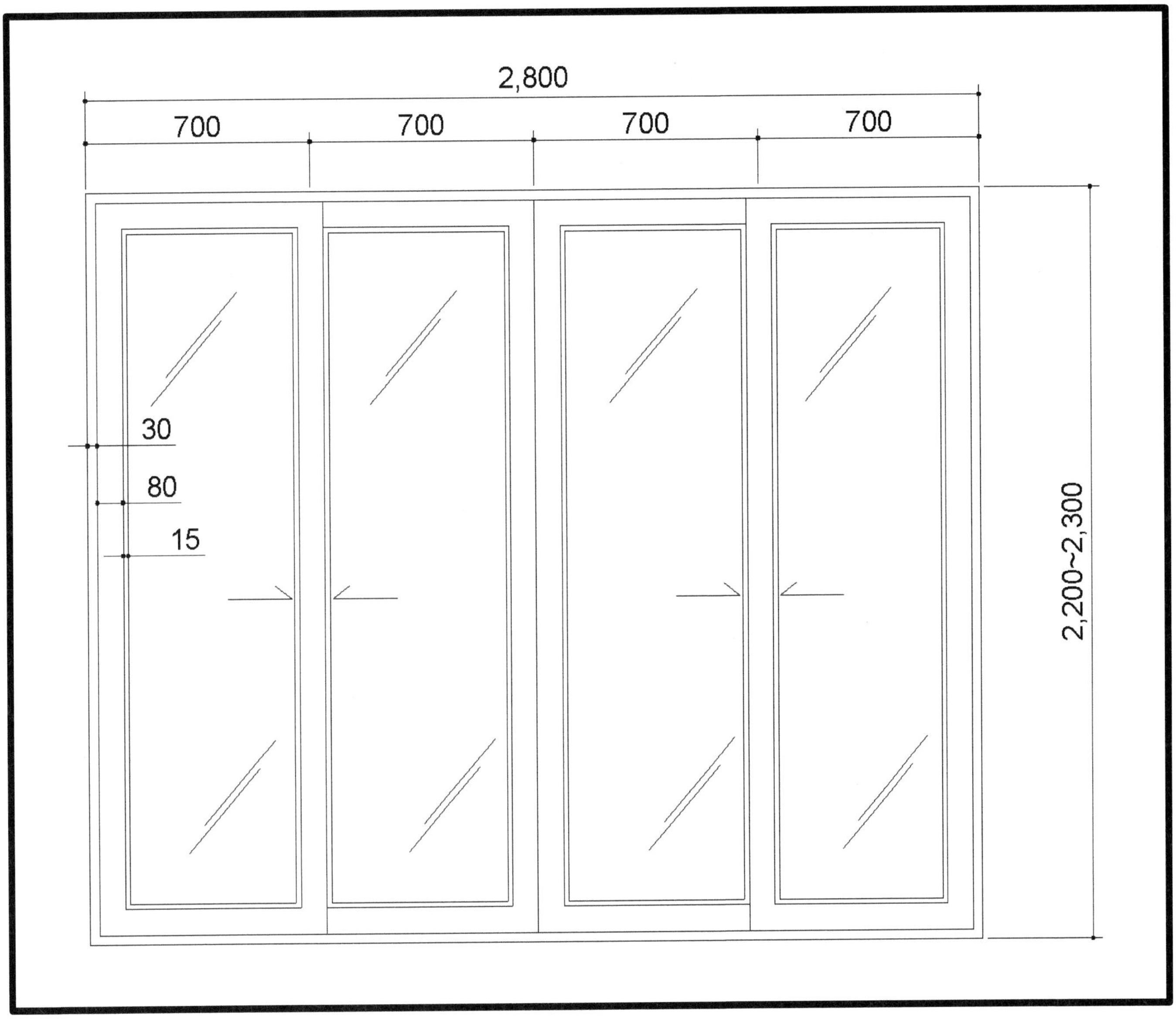

거실창 입면 작도 순서

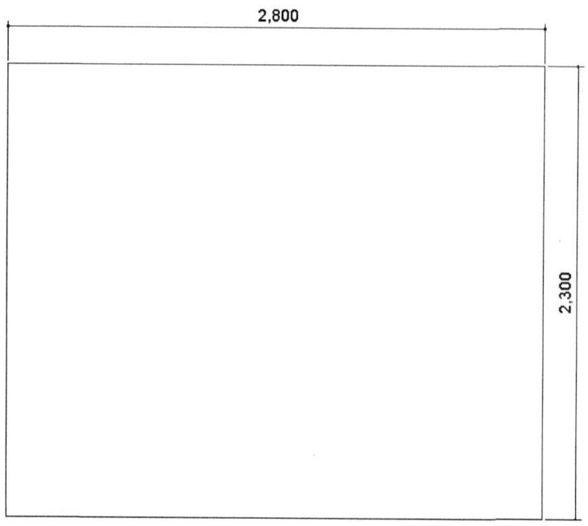

REC(명령)으로 전체 크기(2,800×2,300)

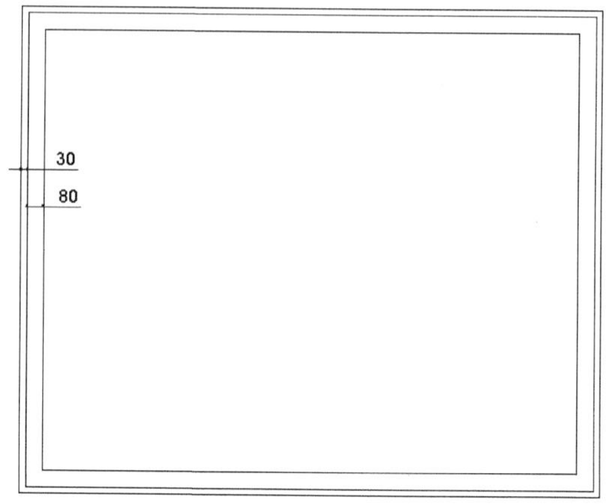

Offset(명령)으로 안쪽으로 틀(30), 창틀(80)

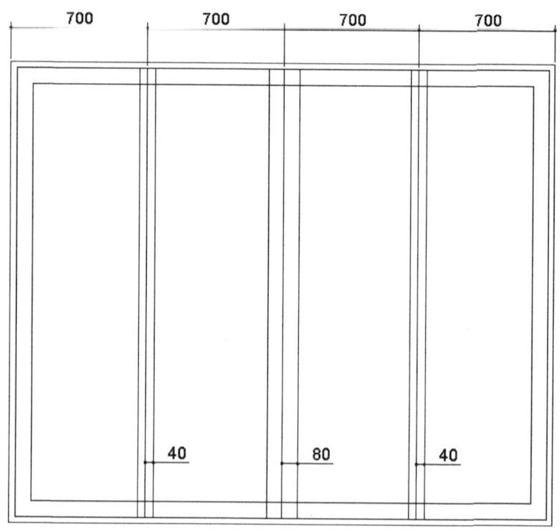

전체 틀폭을 4등분(700) 하여 Offset(명령)
Offset(명령) 40 과 80

작성된 틀과 창틀을 분해(X)
중간선을 삭제하고, 창틀이 가려지는 부분을 TRim(명령)으로 정리

창틀 안쪽으로 Offset(명령) 15하여 코킹부분 표현	Fillet(명령)으로 정리

욕실창

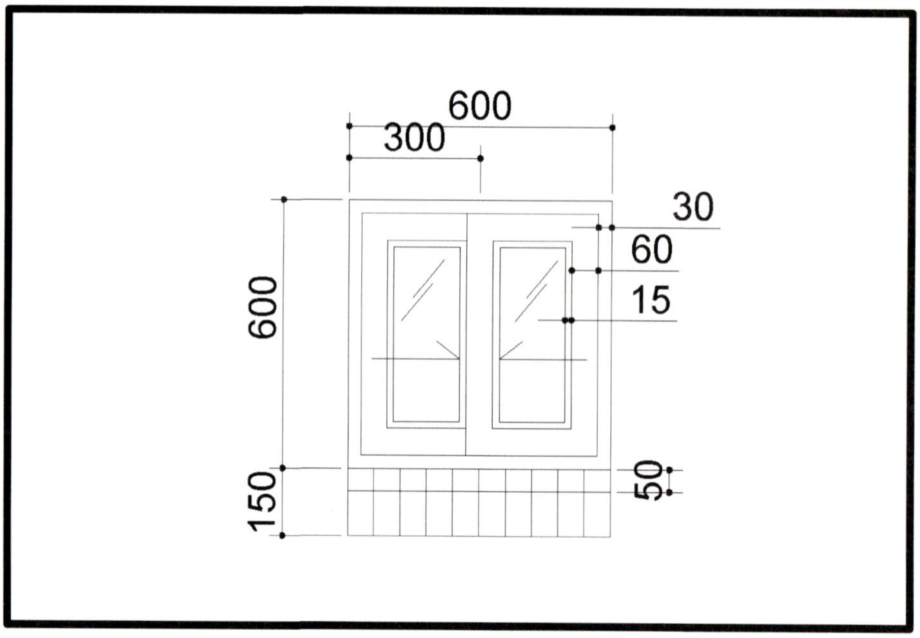

주방창

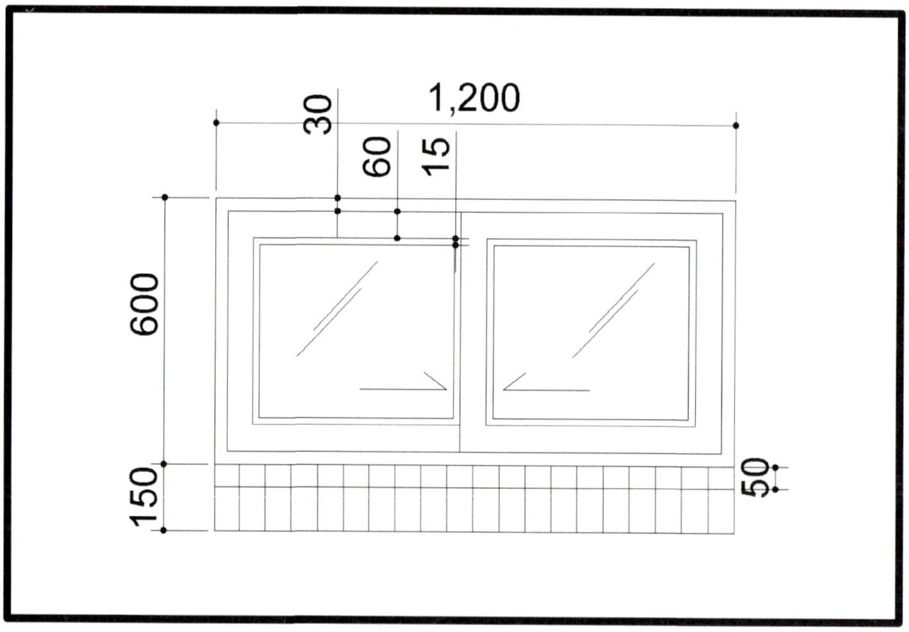

문

방문

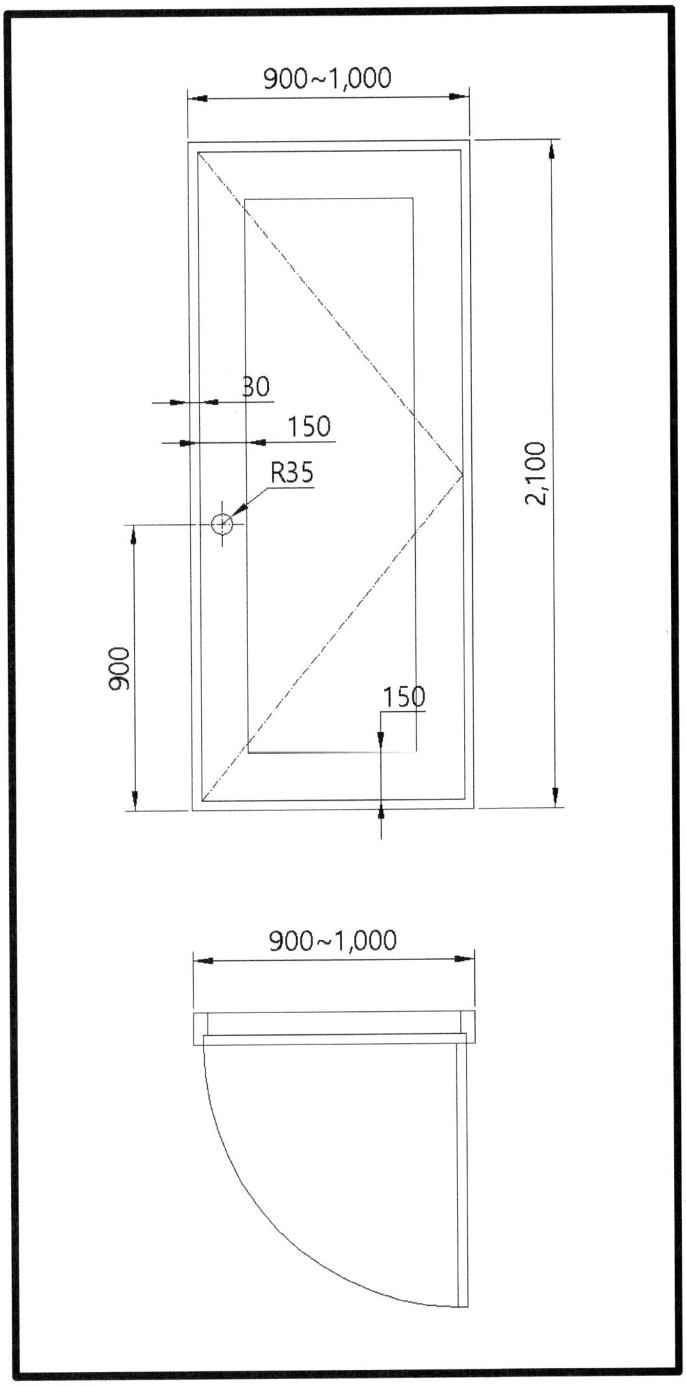

방문 입면 작도 순서

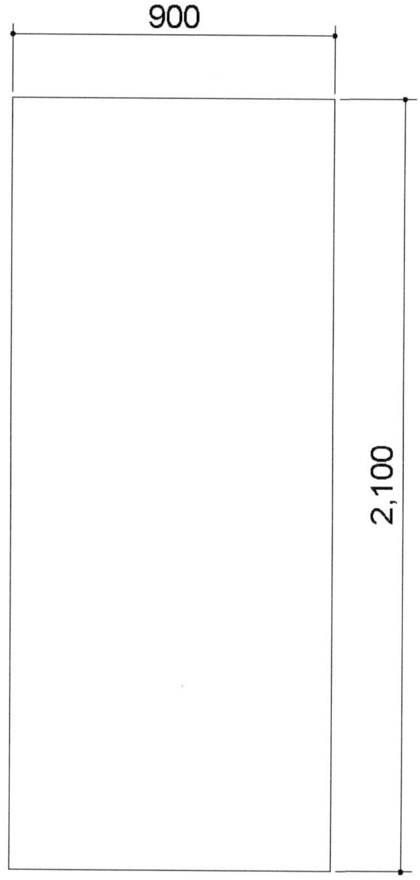	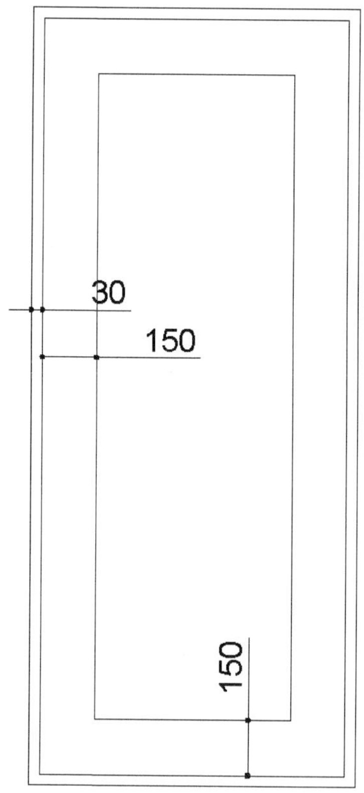
REC(명령)으로 전체 크기(900×2,100)	Offset(명령)으로 안쪽으로 문틀(30), 문의 디자인(150)

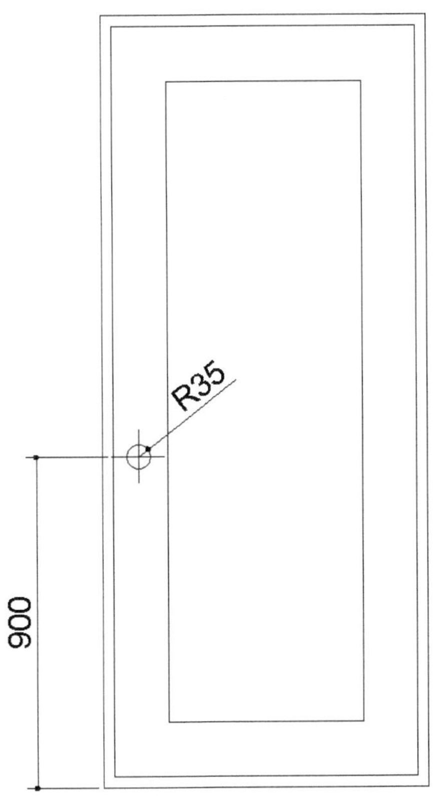

손잡이의 위치(900)에 Circle(명령)으로 작성

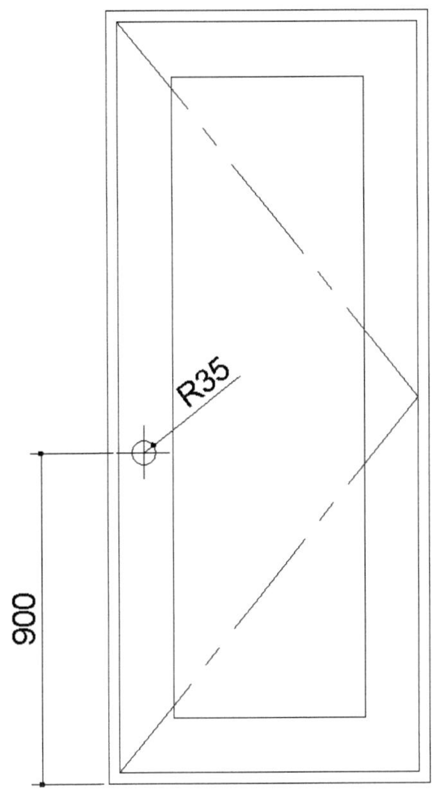

Line(명령)으로 개폐방향을 표시(중심선)

욕실, 주방, 다용도실문

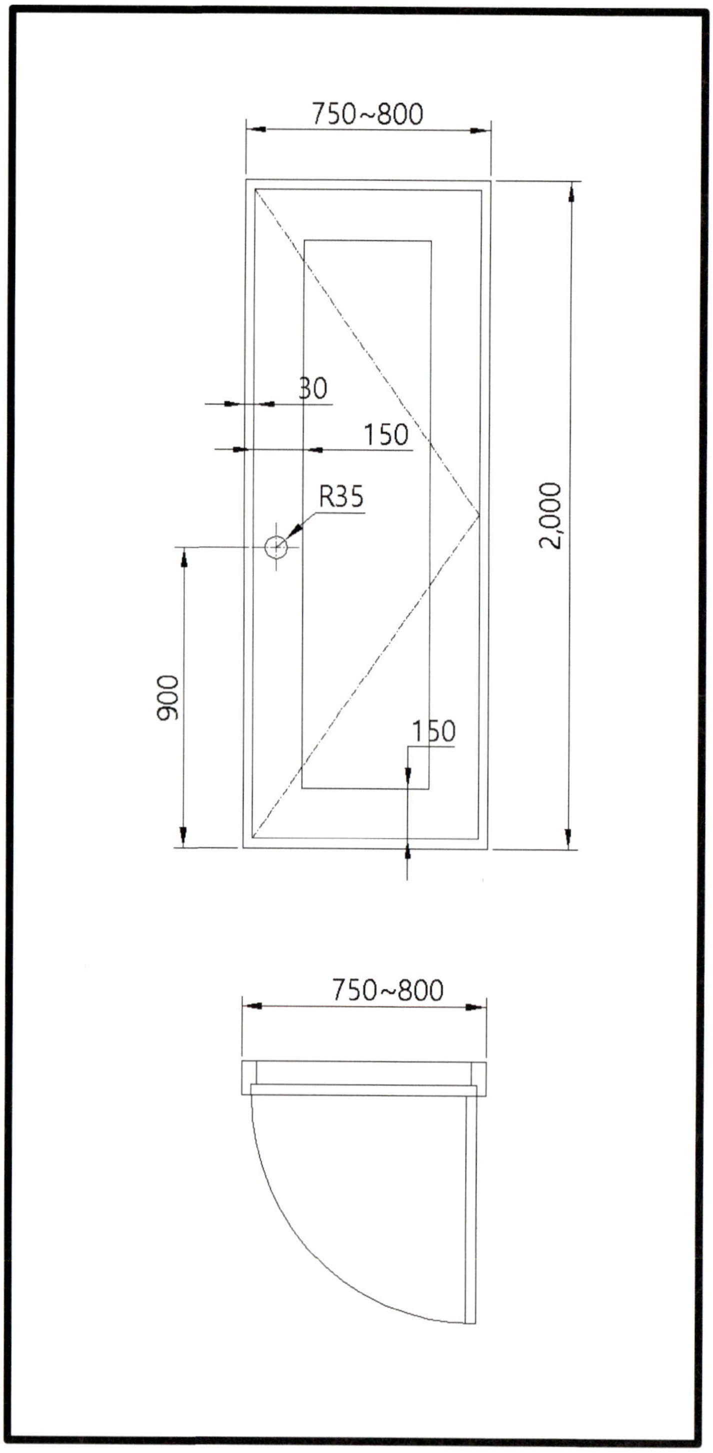

현관문

- 현관문 작성시 평면도를 보고 고정창의 유무 및 위치를 확인

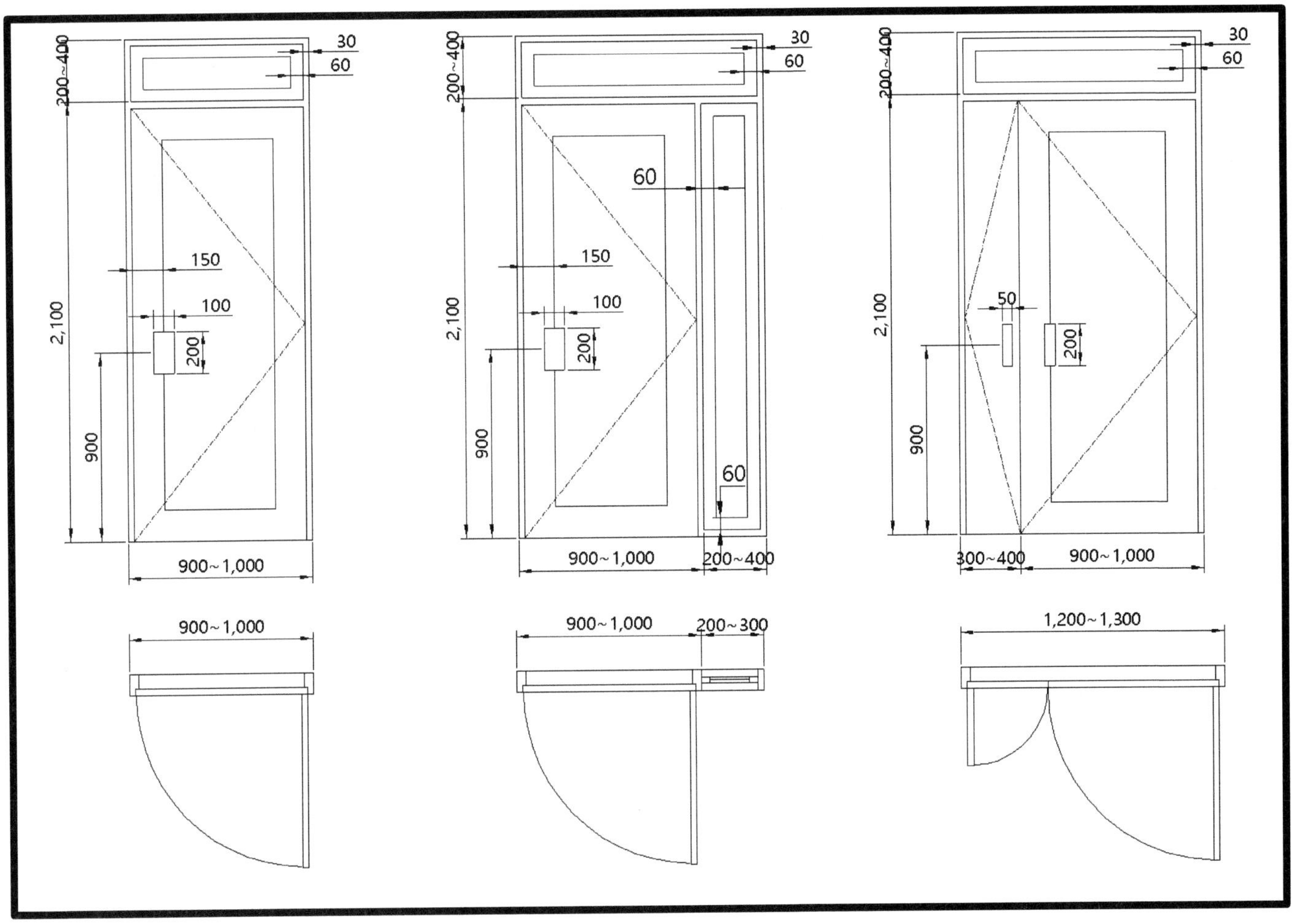

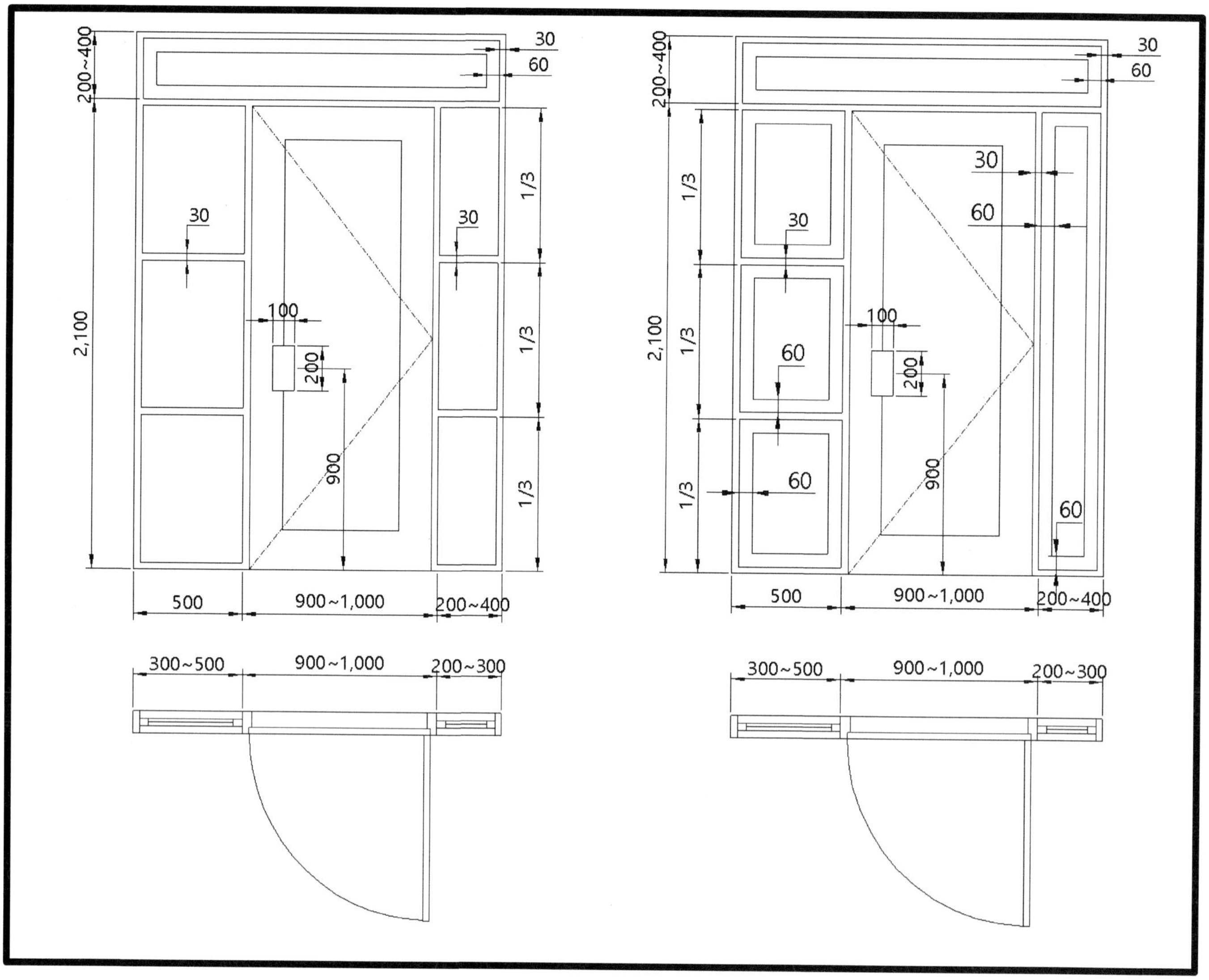
200~400
30
60
2,100
30
30
1/3
1/3
1/3
100
200
900
500
900~1,000
200~400
300~500
900~1,000
200~300
200~400
30
60
30
60
30
60
60
100
200
900
60
2,100
1/3
1/3
1/3
500
900~1,000
200~400
300~500
900~1,000
200~300

현관문 입면 작도 순서

[고정창이 상부에만 있는 현관문]

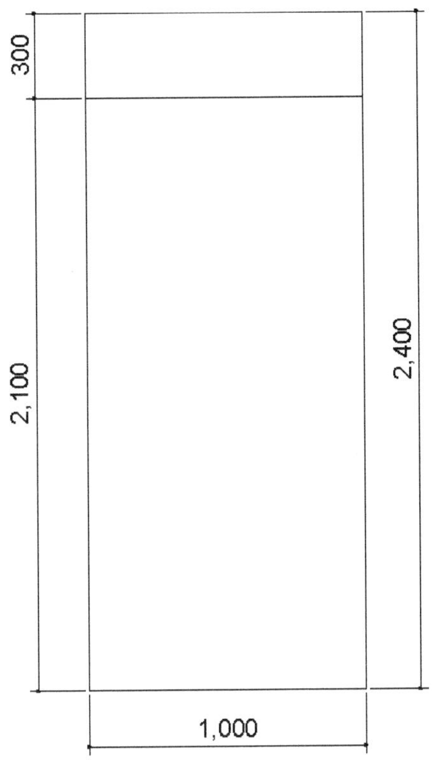	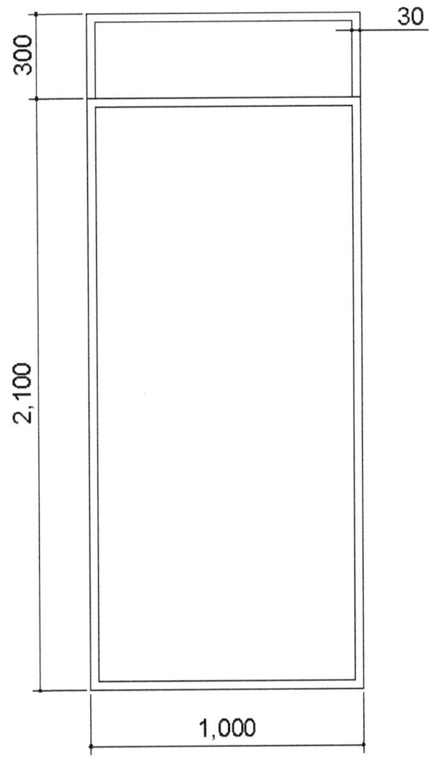
REC(명령)으로 현관문 크기(1,000×2,100), 고정창(1,000×300)	Offset(명령)으로 안쪽으로 문틀(30), 고정창틀(30)
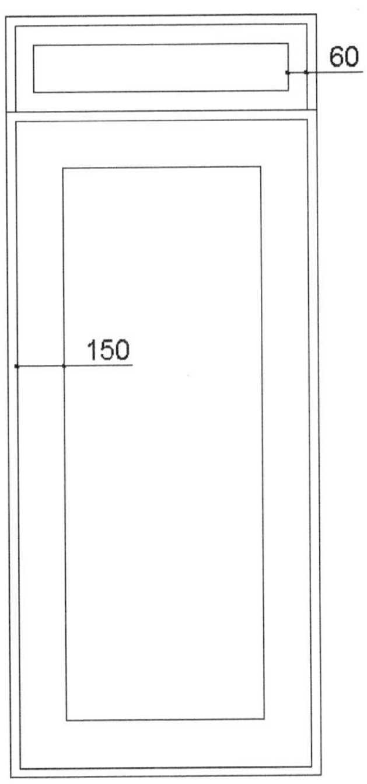	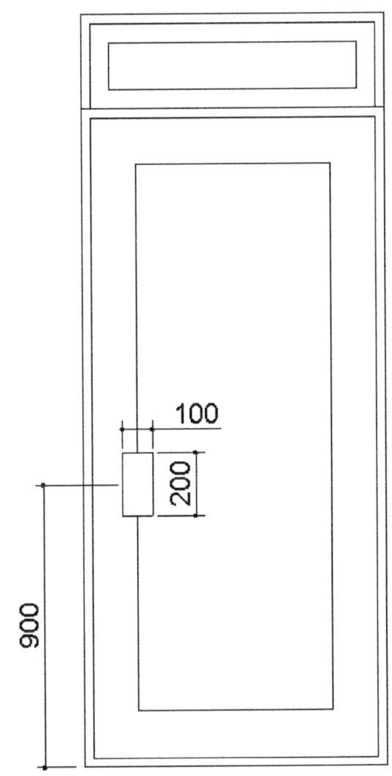
Offset(명령)으로 안쪽으로 문의 디자인(150), 고정창의 디자인(60)	높이(900)에 손잡이 작성

Line(명령)으로 개폐방향을 표시(중심선) 완성

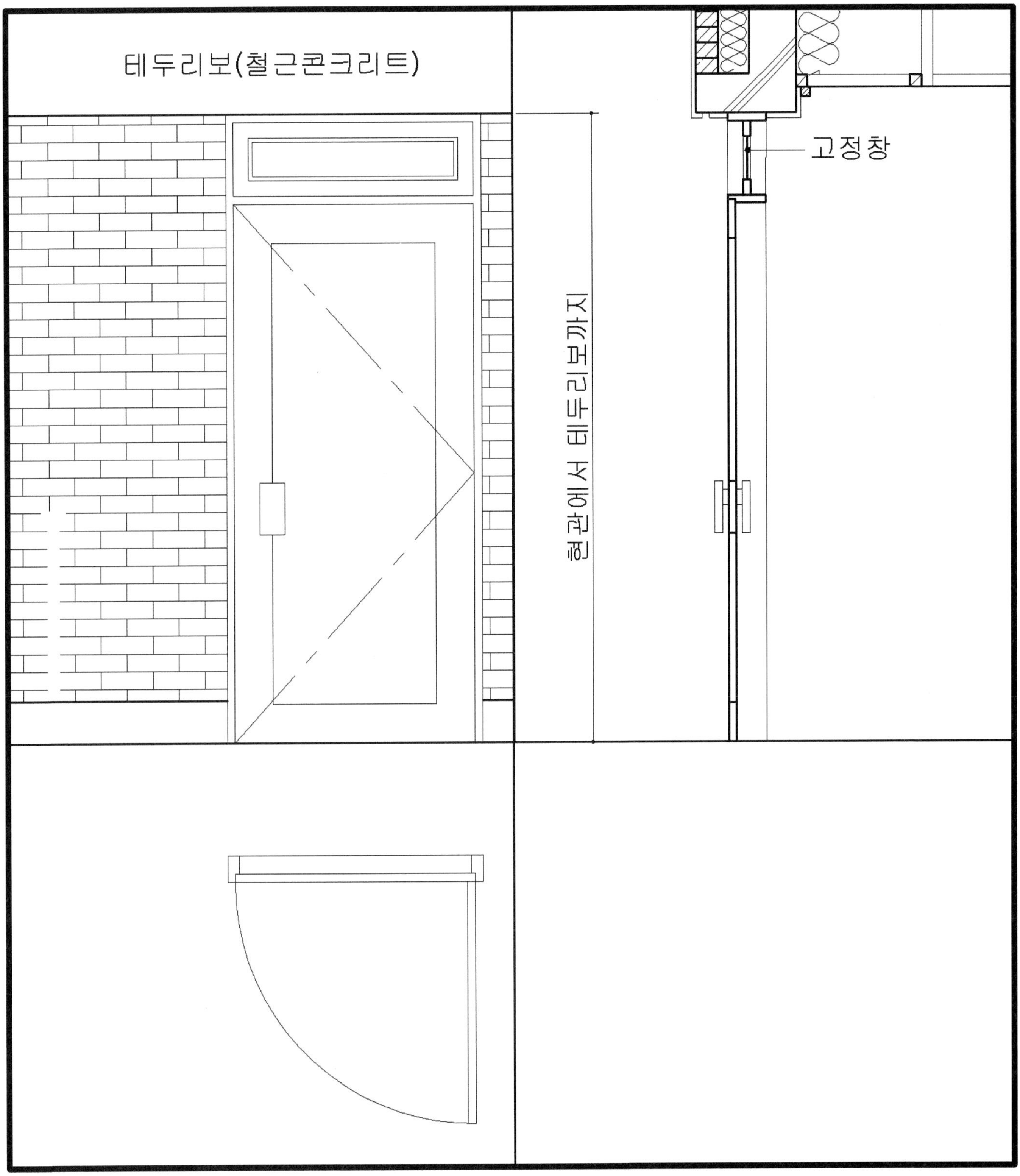
테두리보(철근콘크리트)
현관에서 테두리보까지
고정창

현관문 입면 작도 순서

[고정창이 상부와 측면에 있는 현관문]

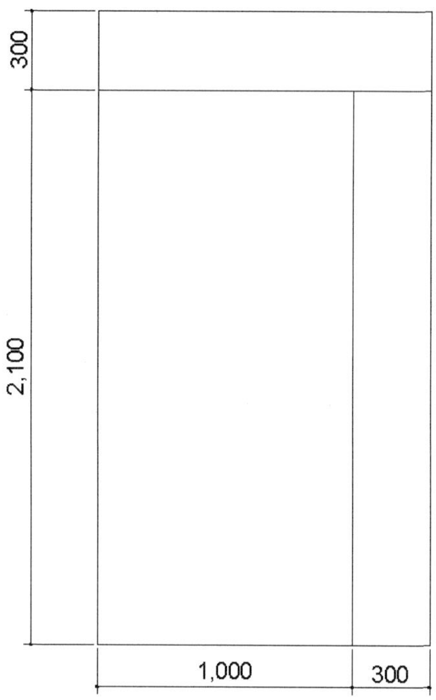

REC(명령)으로 현관문 크기(1,000×2,100), 고정창(1,000×300), 고정창(300×2,100)

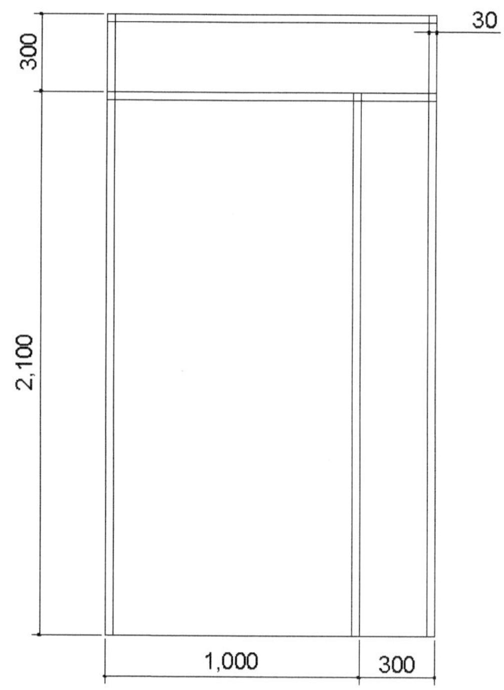

Offset(명령)으로 안쪽으로 문틀(30), 고정창틀(30)

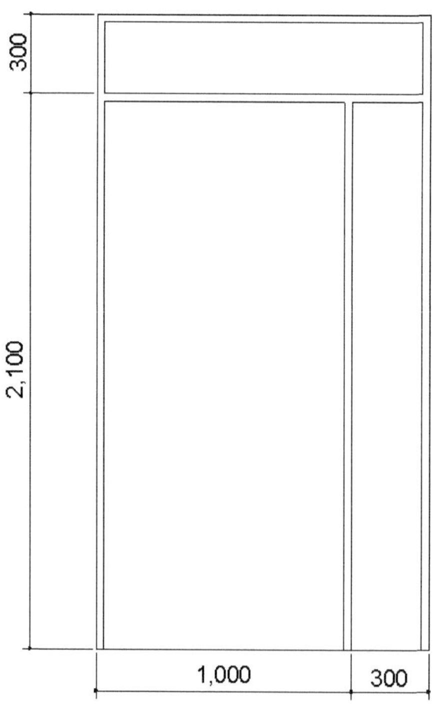

TRim(명령)으로 선정리

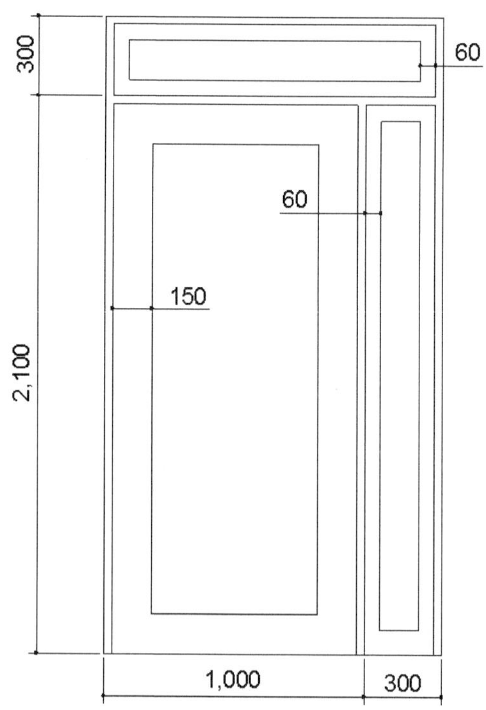

Offset(명령)으로 안쪽으로 문의 디자인(150), 고정창의 디자인(60)

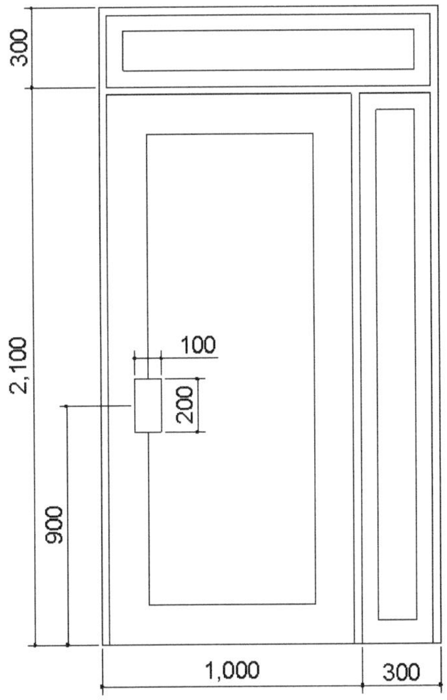

높이(900)에 손잡이 작성

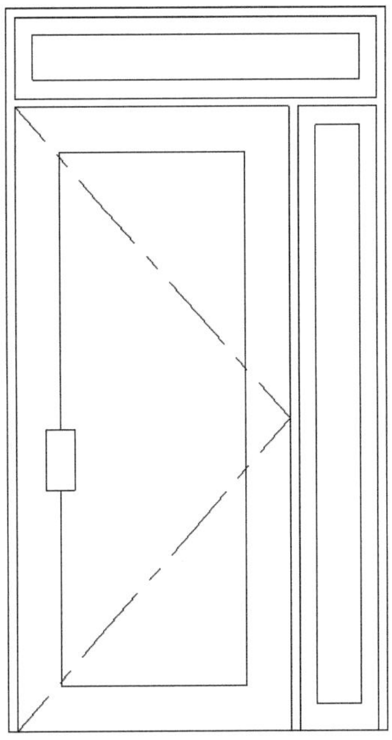

Line(명령)으로 개폐방향을 표시(중심선)

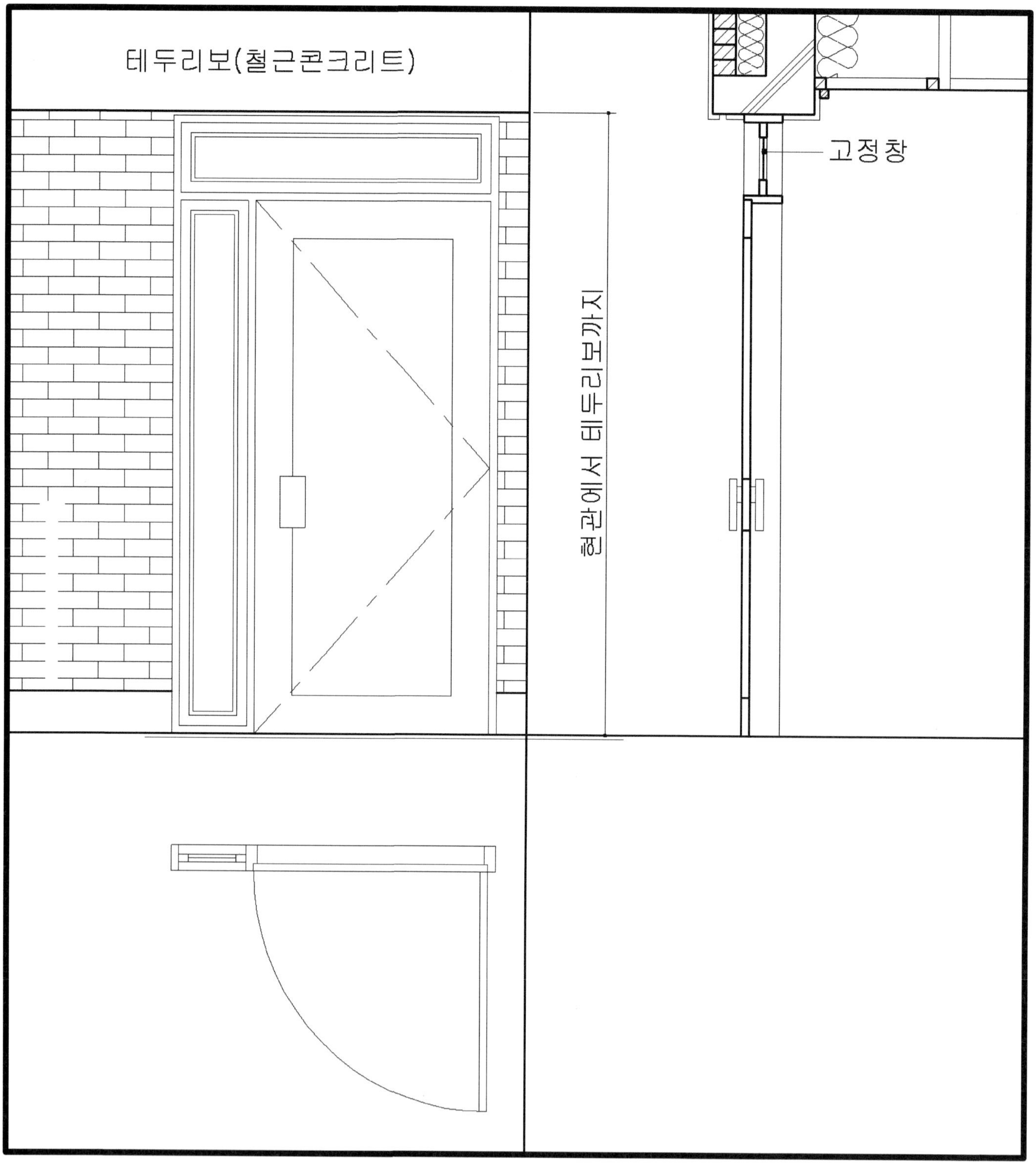
테두리보(철근콘크리트)
현관에서 테두리보까지
고정창

여닫이문 그리기

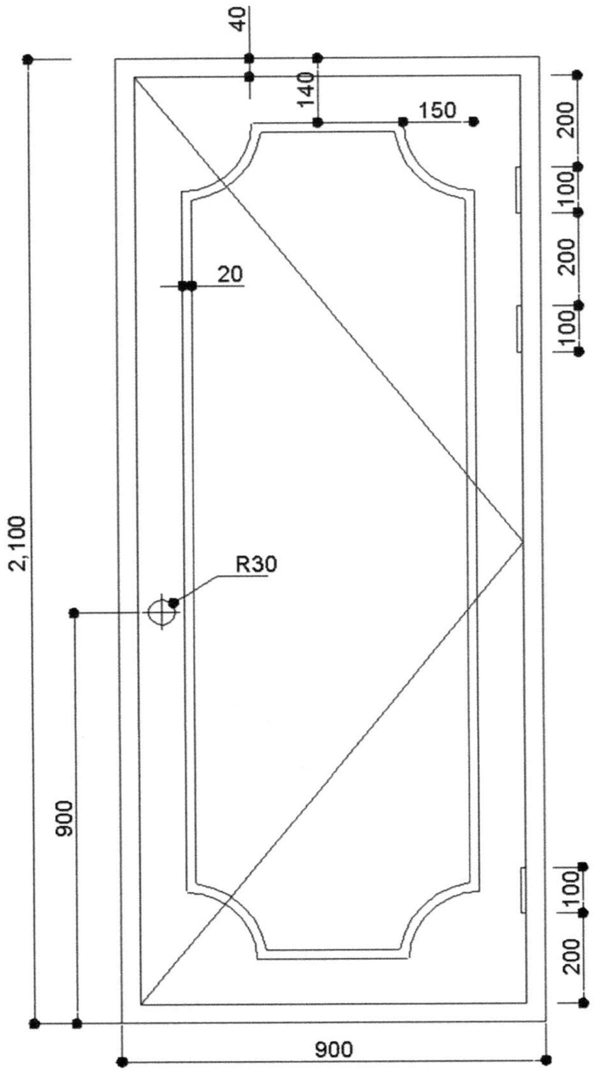
40
140
150
200
100
200
100
20
R30
2,100
900
100
200
900

[TIP]

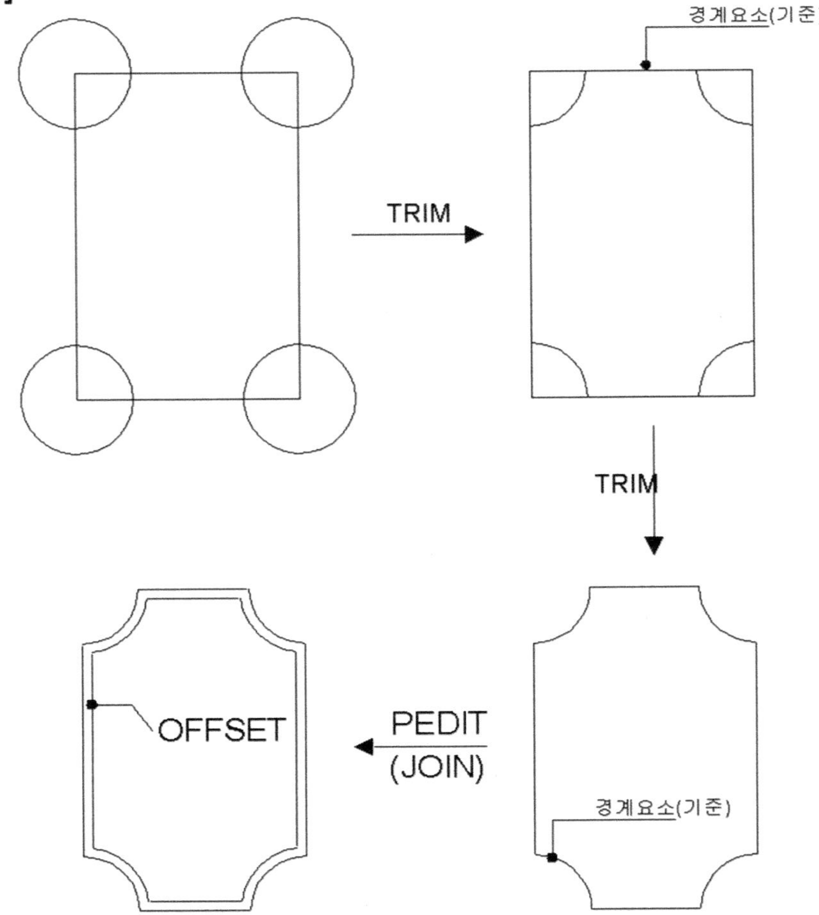
경계요소(기준)
TRIM
TRIM
경계요소(기준)
PEDIT
(JOIN)
OFFSET

철재 여닫이문 그리기

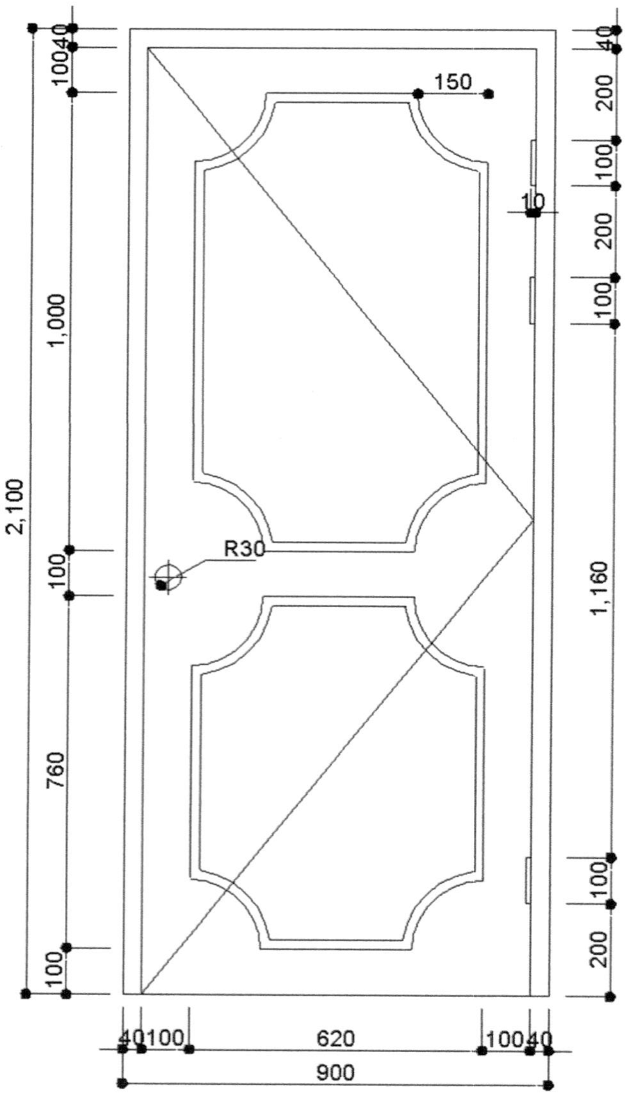

[TIP]

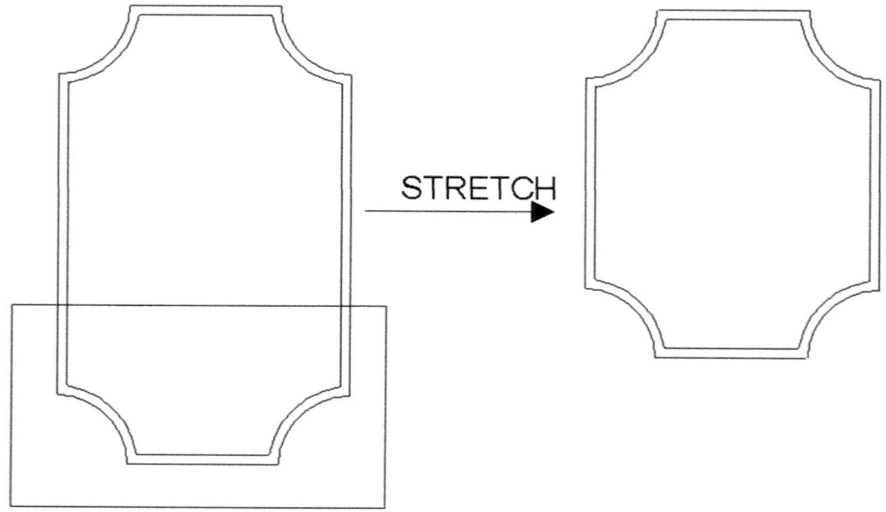

* STRETCH를 할 때에는 반드시 걸침 다각형 (CROSSING BOX)으로 선택을 해야 완전히 포함된 것은 이동되고 걸친 것은 크기가 줄거나 늘어난다.

5.2 기와 그리기

1/40의 도면에서 기와의 모양은 정확한 치수보다는 도면에 어울리게 단순화시켜 기와처럼 보여지게 그리면 됩니다.

사각지붕 기와

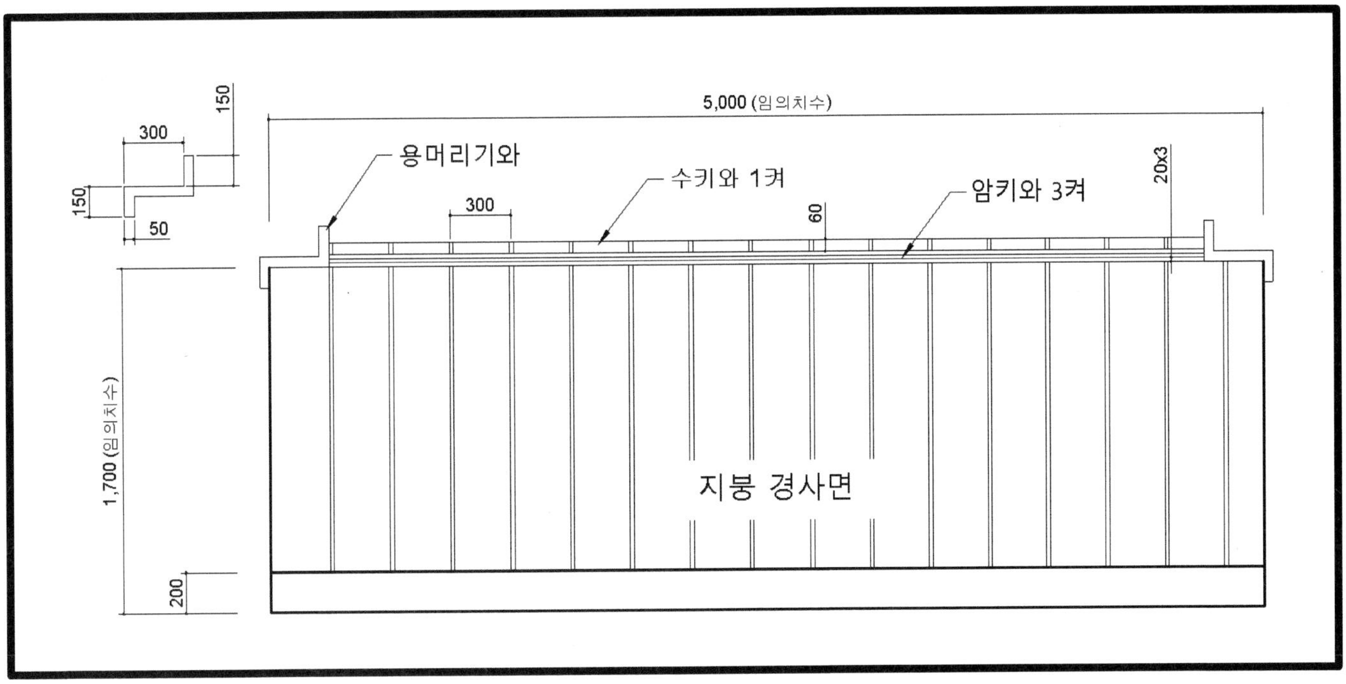

용머리기와	마룻대 시작과 끝의 장식용 기와
수키와1켜	
암키와3켜	

입면 작도 순서

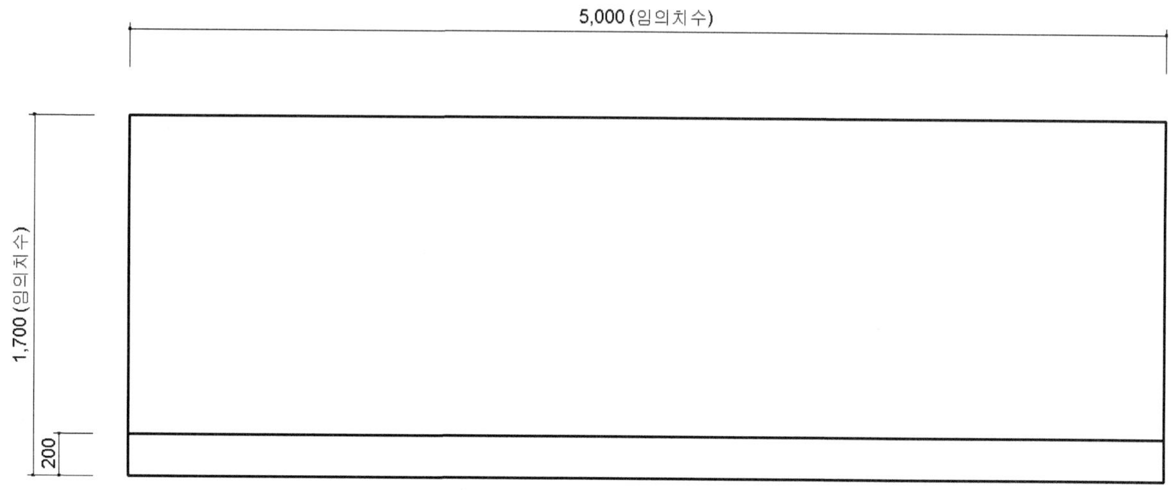

-REC(명령)으로 임의치수 지붕면 작성(단면선)
-Offset(명령)으로 처마의 끝(200) 작성(단면선)

-Line(명령)으로 용머리기와 작성(마감선)
-Mirror(명령)으로 반대쪽 용머리기와 작성(마감선)

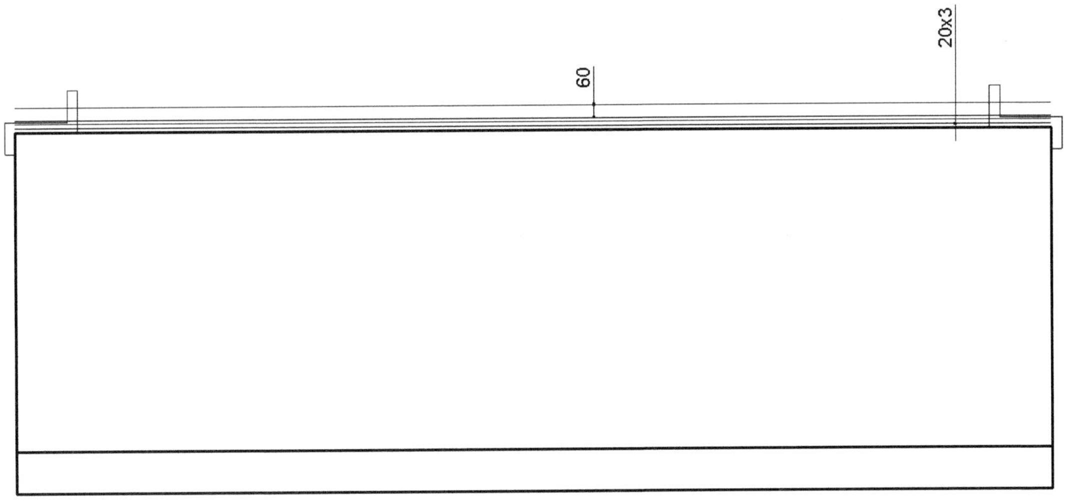

-Offset(명령)으로 암키와(20)×3 작성(마감선)
-Offset(명령)으로 수키와(60) 작성(마감선)

TRim(명령)으로 선정리

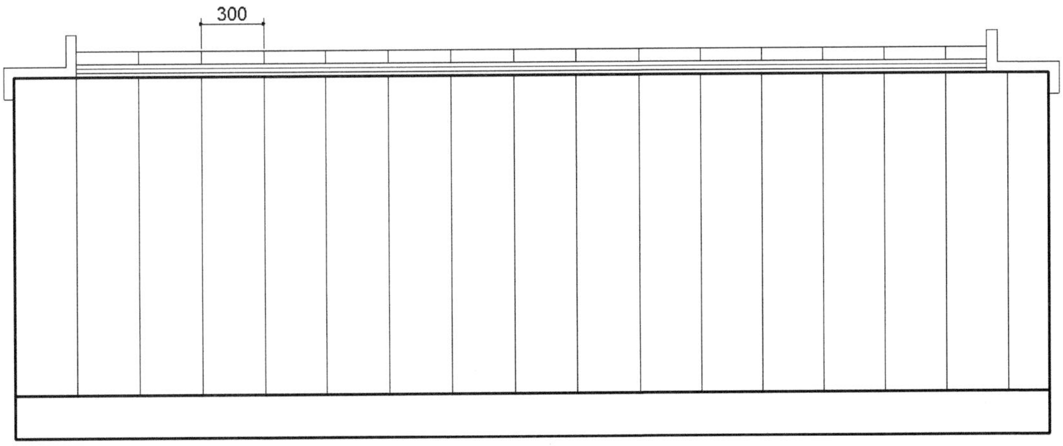

Hatch(명령)(패턴: User defined, 각도: 90, 간격: 300)(해칭선)

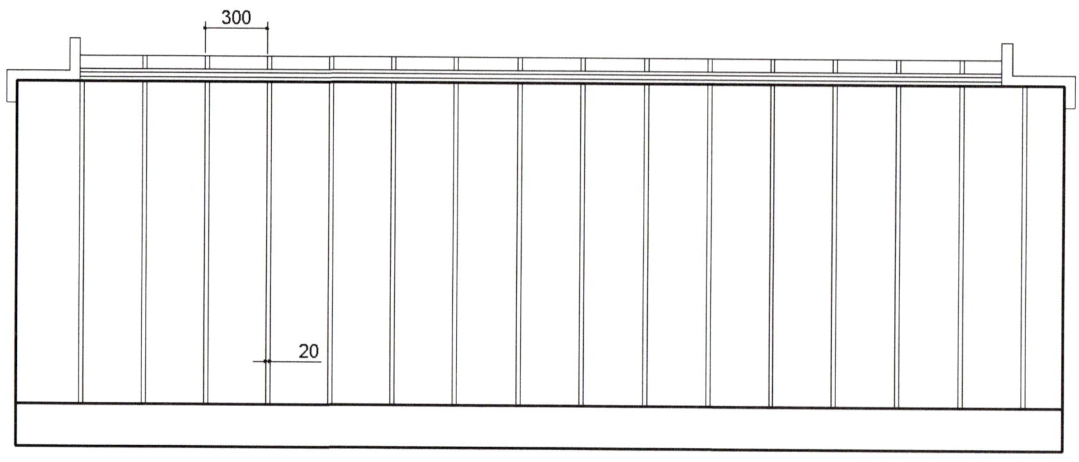

Line(명령)으로 개폐방향을 표시(중심선)

삼각지붕 기와

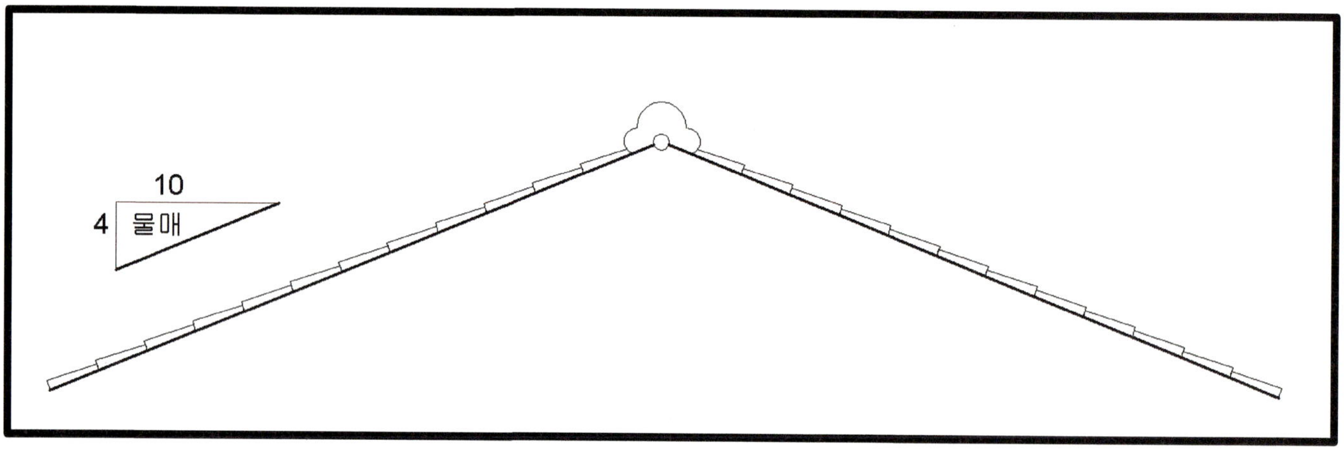

입면 작도 순서

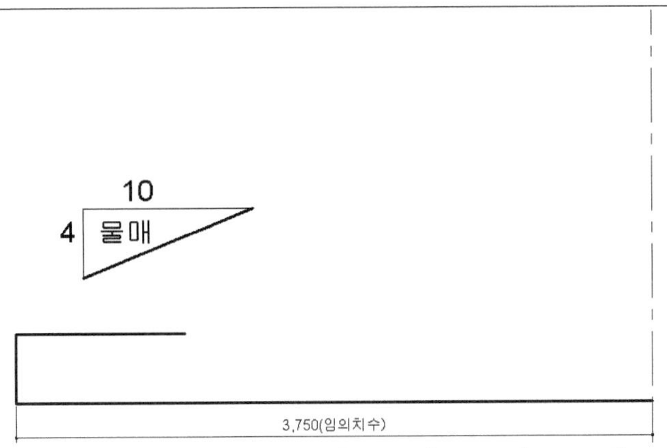

-Line(명령)으로 임의치수(3,750) 작성(단면선)

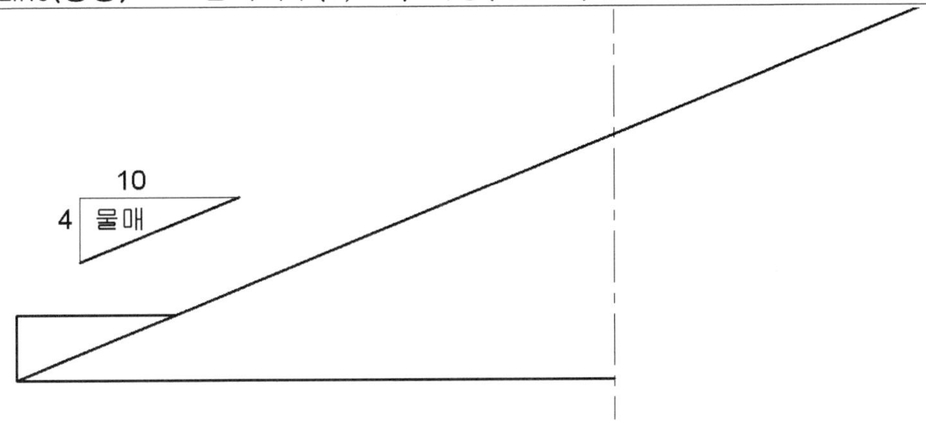

-물매를 참조하여 RAY(명령)으로 지붕경사면 작성(마감선)

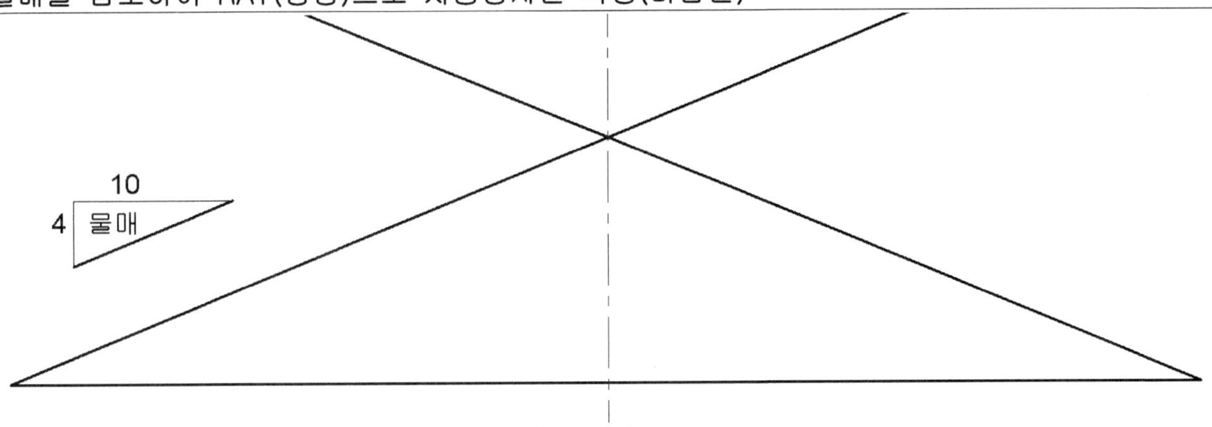

-Mirror(명령)으로 반대쪽 용머리기와 작성(마감선)

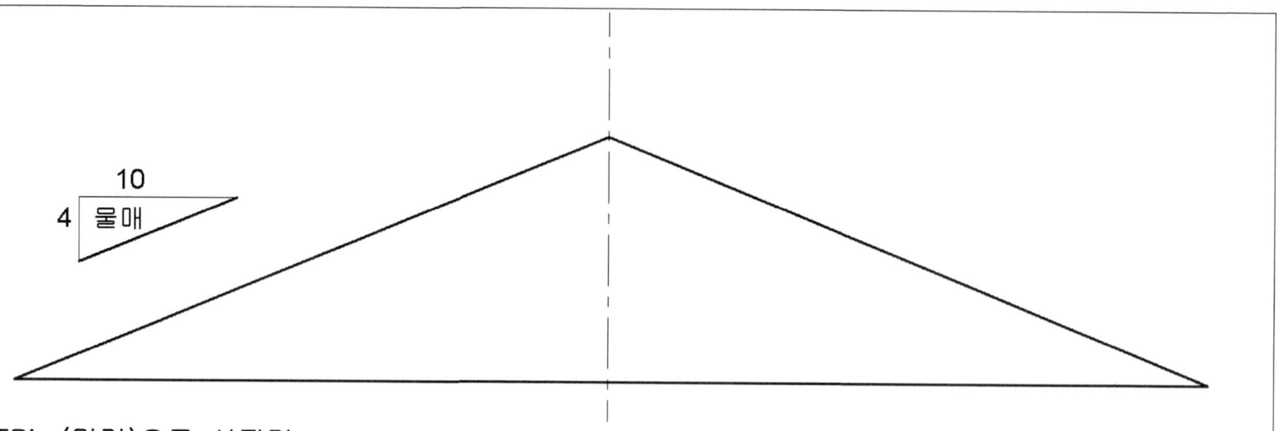

-TRim(명령)으로 선정리

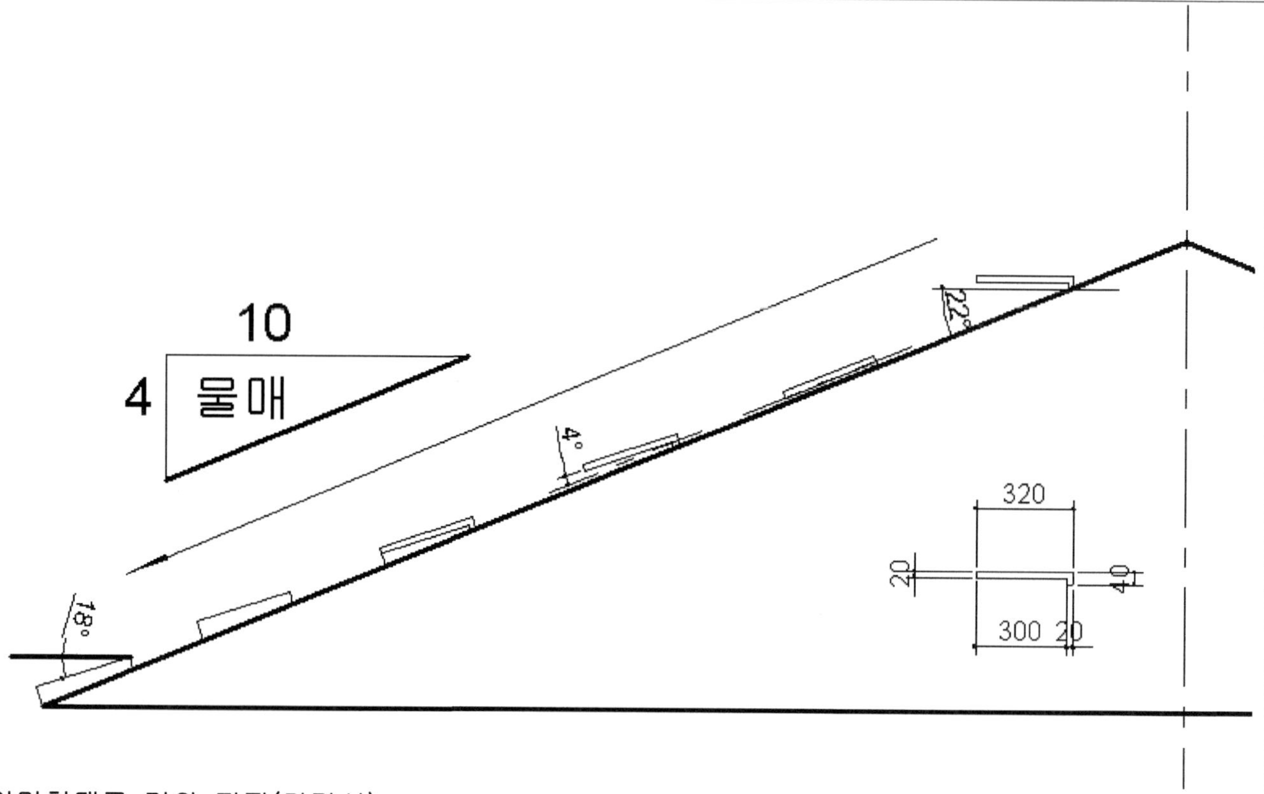

-입면형태로 기와 편집(마감선)

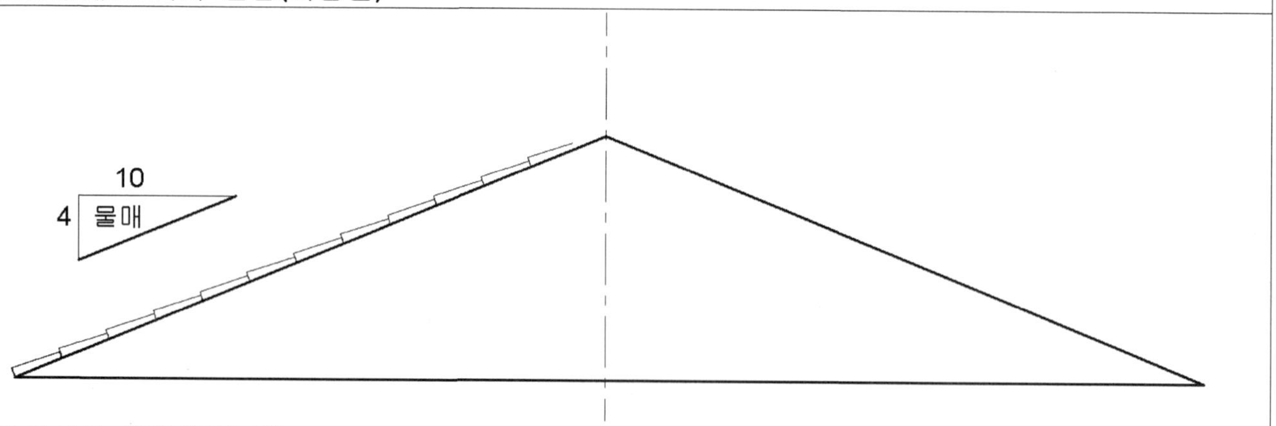

-경사선에 배열(마감선)

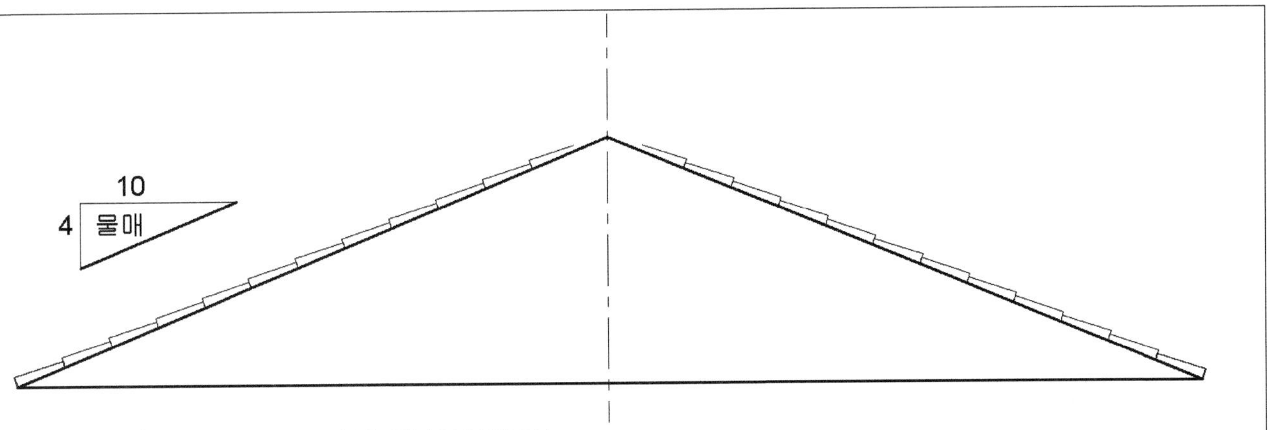

-Mirror(명령)으로 반대쪽 기와 작성(마감선)

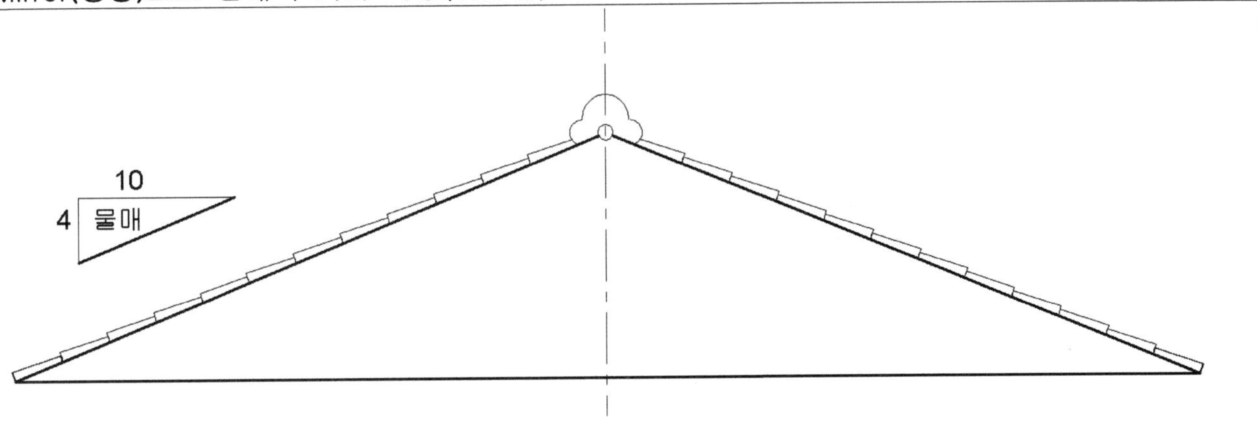

-용머리기와 작성(마감선)

5.3 굴뚝 그리기

굴뚝

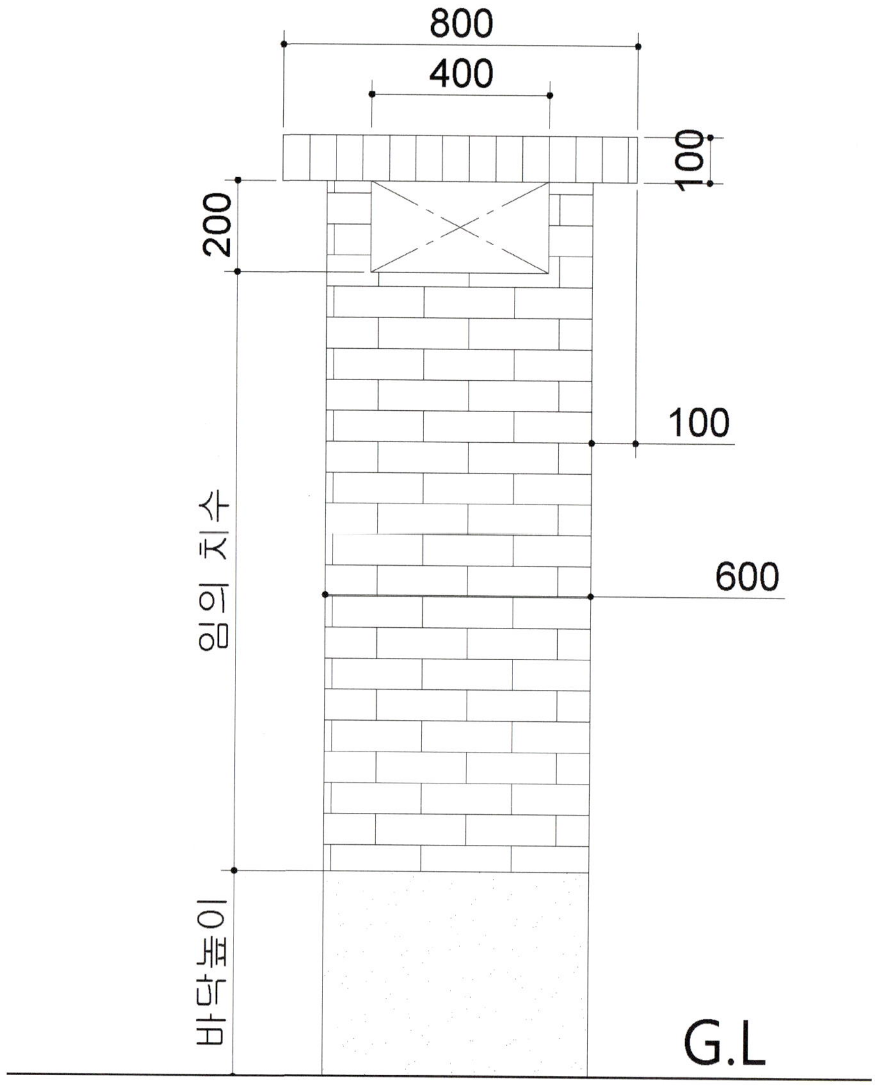

굴뚝 입면 작도 순서

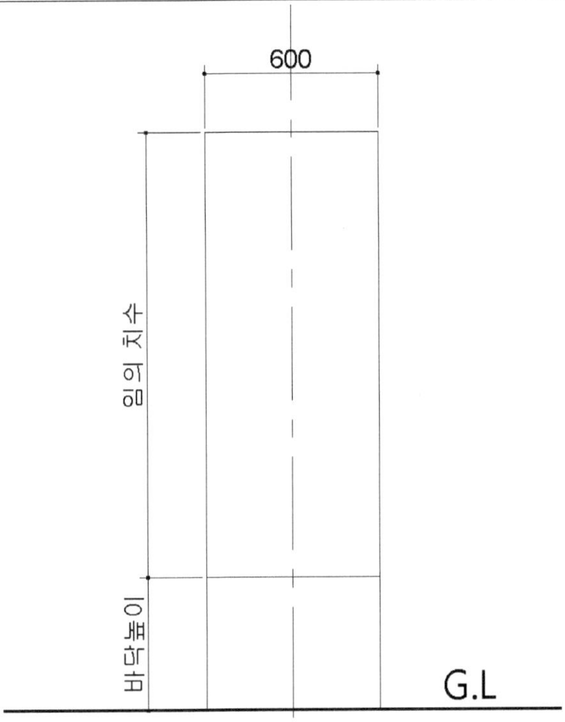

-REC(명령)으로 바닥높이 작성
-REC(명령)으로 굴뚝의 높이(임의치수), 굴뚝의 폭(600) 작성

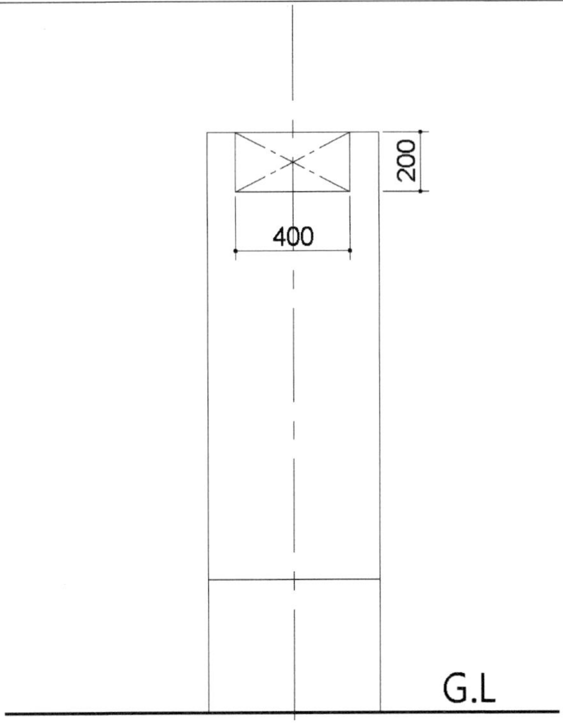

-REC(명령)으로 구멍 난 부분(400×200) 작성
-가운데로 위치

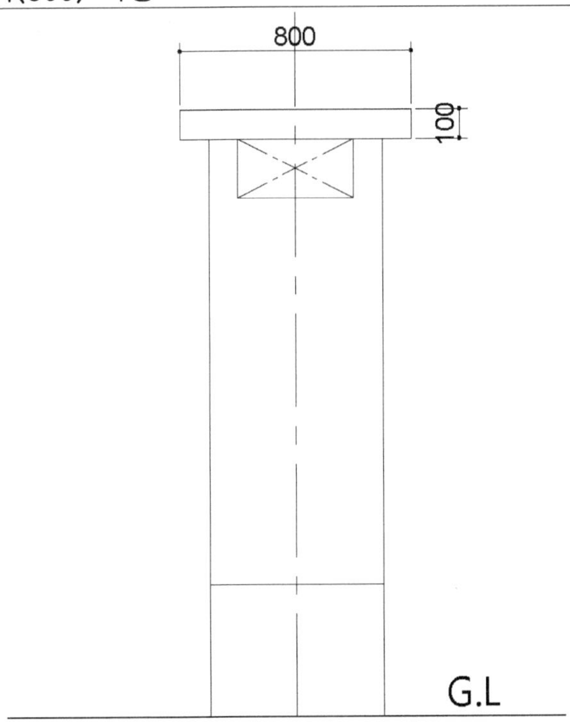

-REC(명령)으로 굴뚝 상부(800×100) 작성
-가운데로 위치

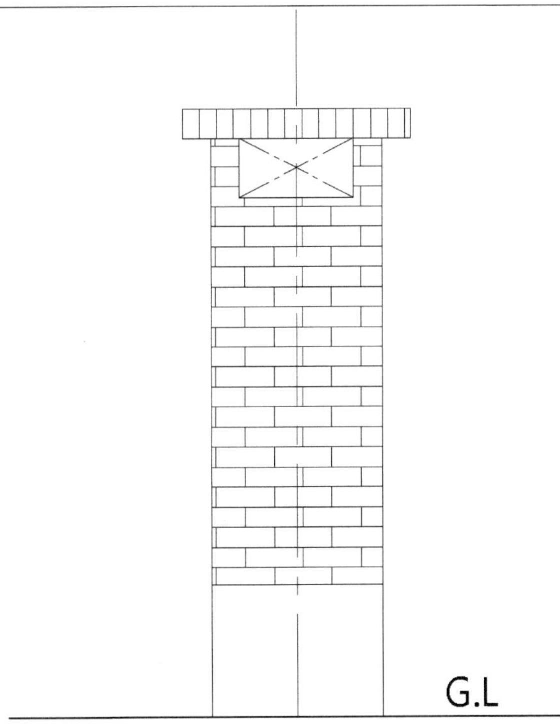

-Hatch(명령)(패턴: User defined, 각도: 90, 간격: 60)(해칭선)으로 재료 표현

5.4 난간 그리기

- 평면도에서 테라스의 테두리나 계단 부분에서 난간의 유무를 확인
- 피난난간, 안전난간이 아니므로 난간의 높이와 부재의 크기는 중요하지 않으며 보기 좋게 작성.

난간

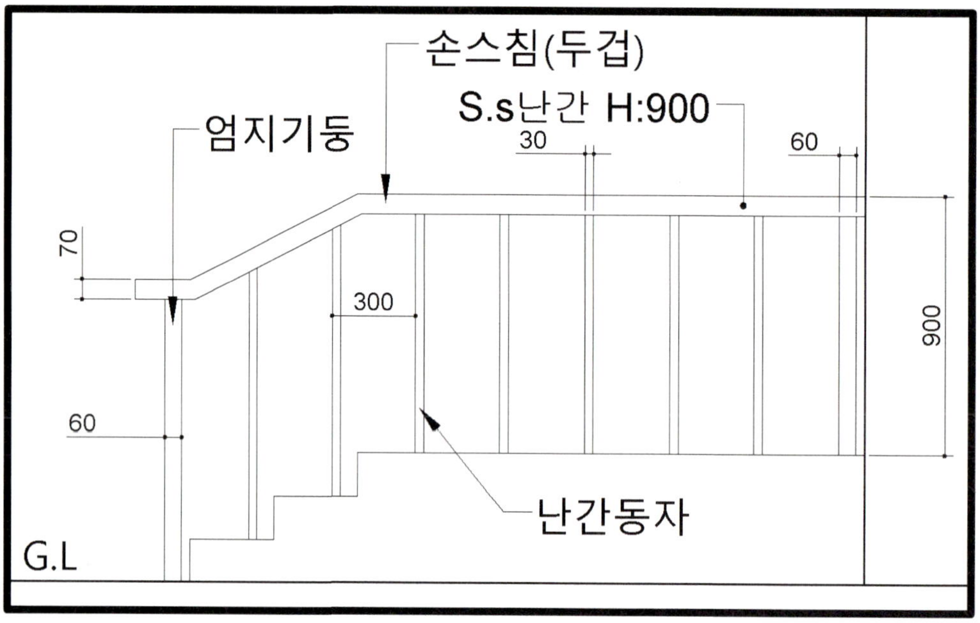

S.s난간 H:900	스테인레스스틸 난간(높이900)
난간두겁 Ø70	난간의 손잡이(지름70)
엄지기둥 Ø50	난간의 큰 기둥(지름50)
난간동자 Ø30	난간의 작은 기둥(지름30)

난간 입면 작도 순서

-난간 작성을 위한 G.L선, 외벽선 작성(단면선)

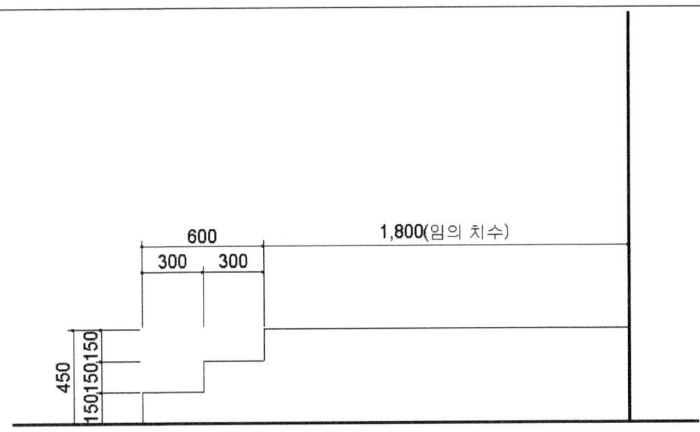

-계단 입면 작성(입면선)

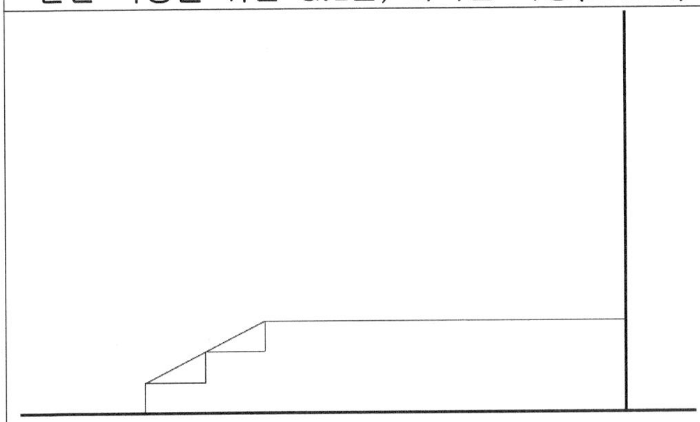

-계단을 이용 손스침 선 작성

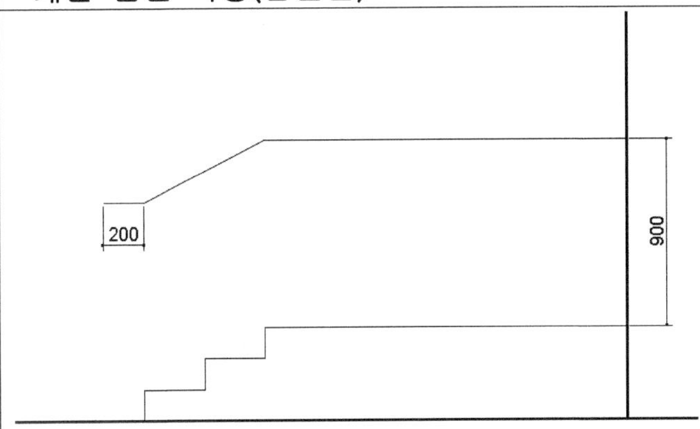

-Offset(명령)으로 난간높이(900) 작성

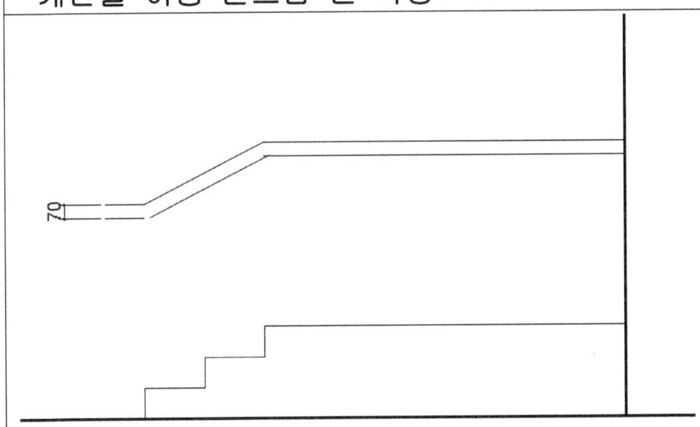

-손스침(70) 작성

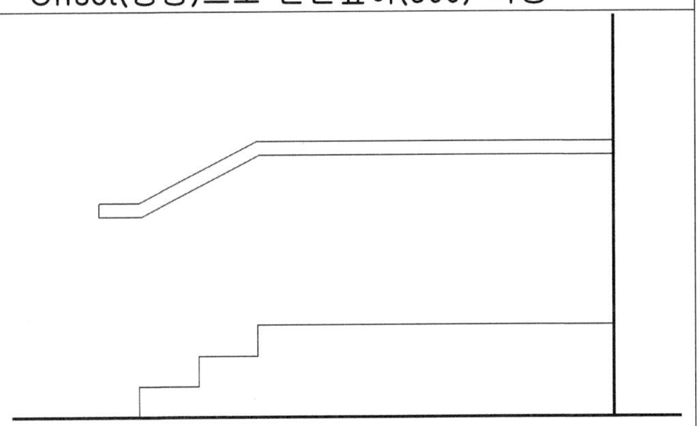

-Line(명령), Fillet(명령)으로 선정리

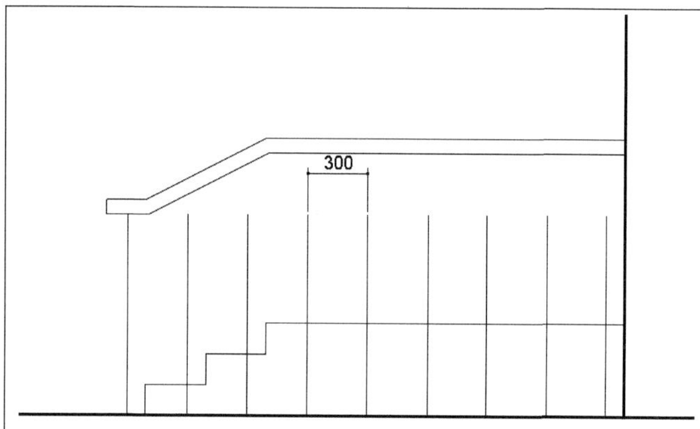

-Offset(명령)으로 난간간격(300)

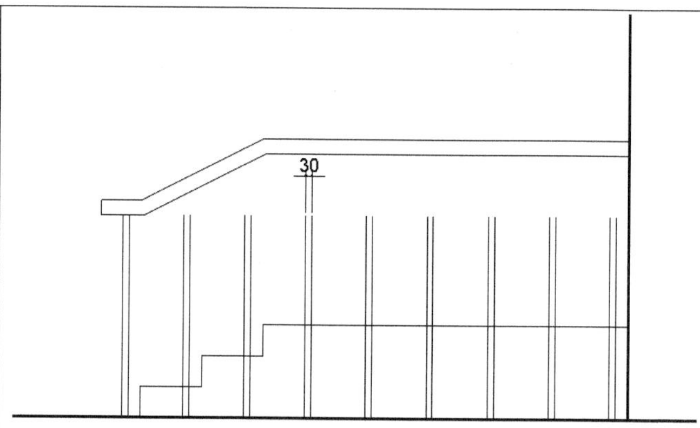

-COpy(명령)으로 난간동자(30) 복사

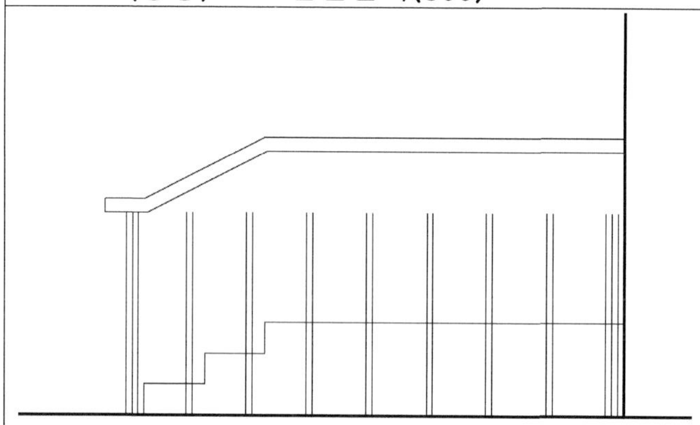

-엄지기둥은 더 두껍게

-EXtend(명령), Erase(명령), TRim(명령)으로 난간선 정리

5.5 나무 그리기

- 건물보다 약간 작게 작성.

나무

나무(1) 입면 작도 순서

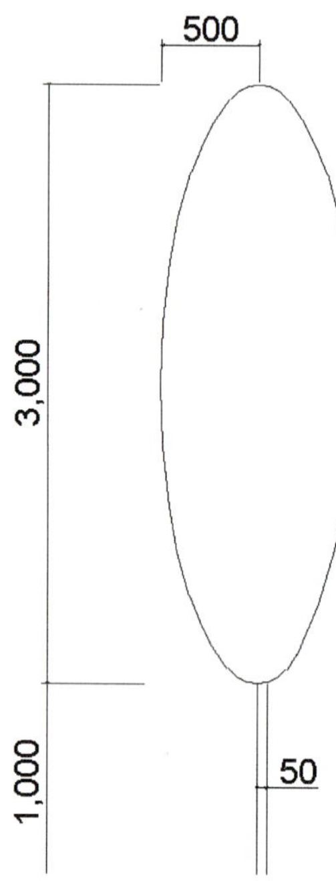

- ELlipse(명령)으로 나무형태 표현

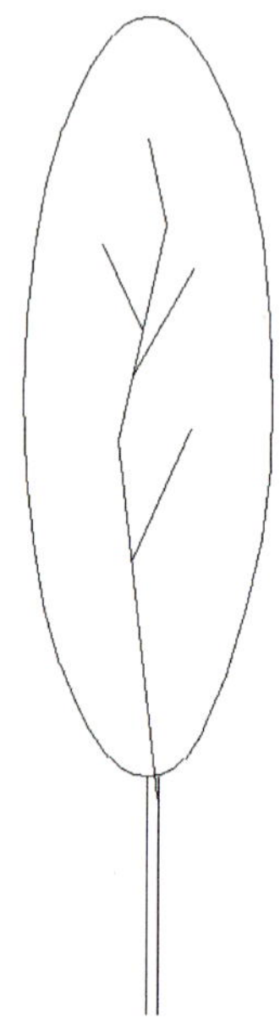

- Line(명령)으로 나뭇가지 표현

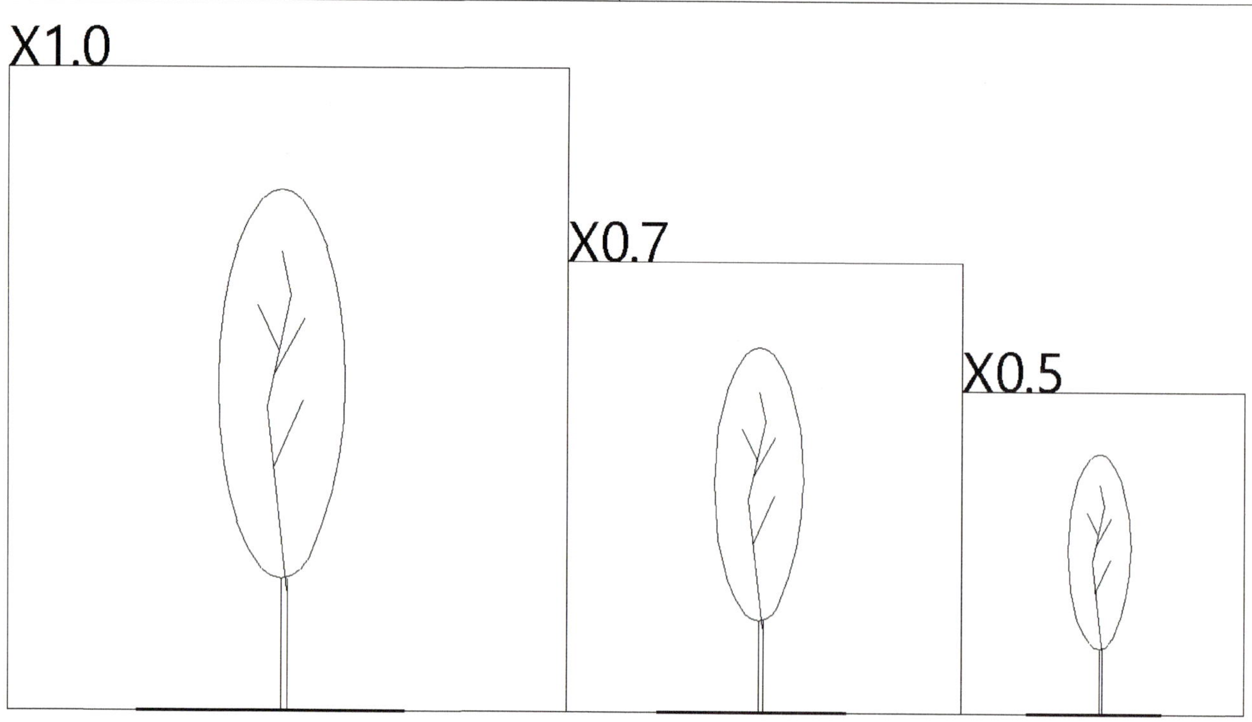

- 복사된 나무를 ×1.0 ×0.7 ×0.5 로 축소

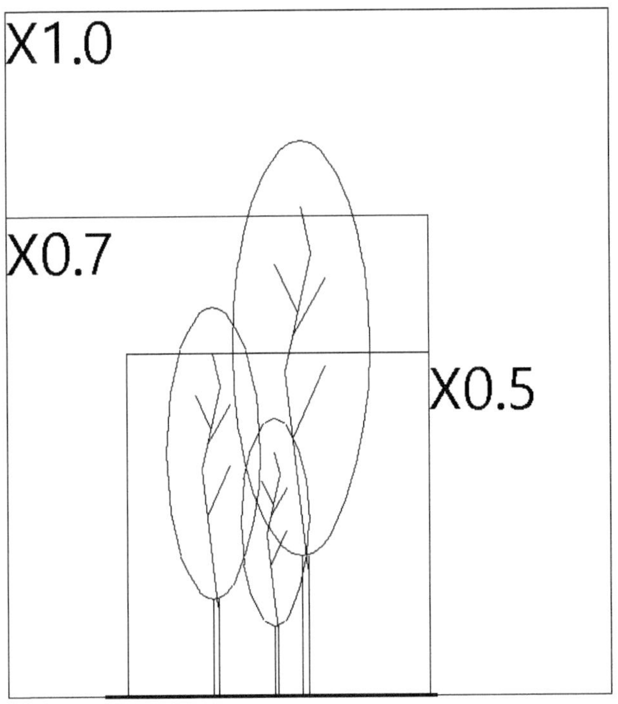

- Move(명령)으로 배치

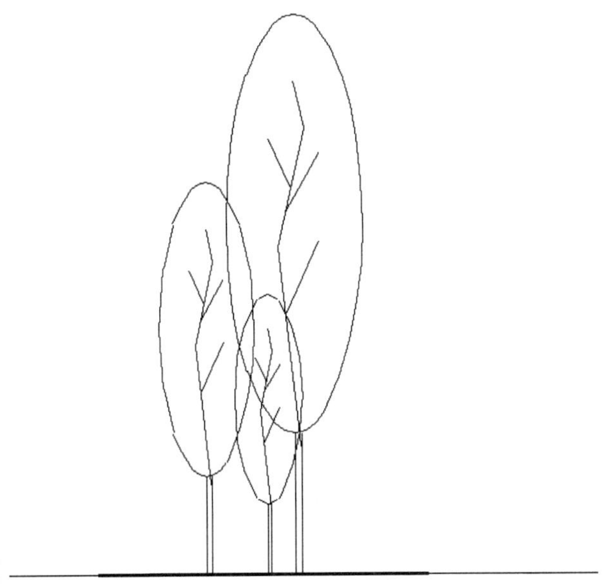

- 테두리선을 삭제하여 완성.

나무(2) 입면 작도 순서

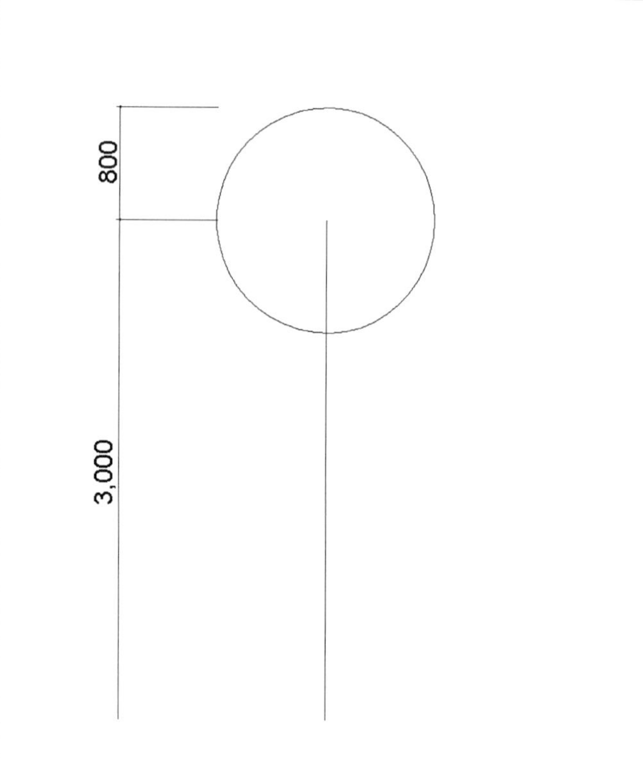

- Circle(명령), Line(명령)으로 나무형태 표현

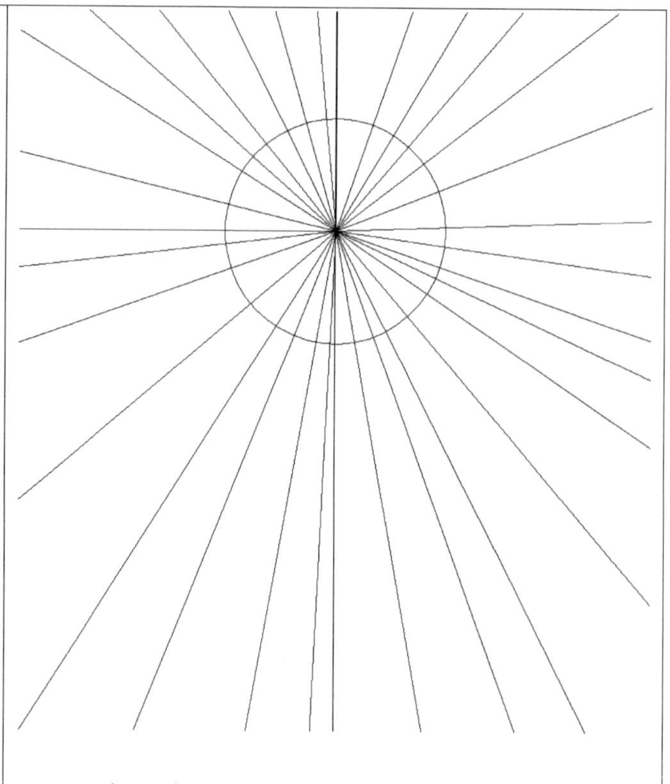

- RAY(명령) 나뭇가지 표현

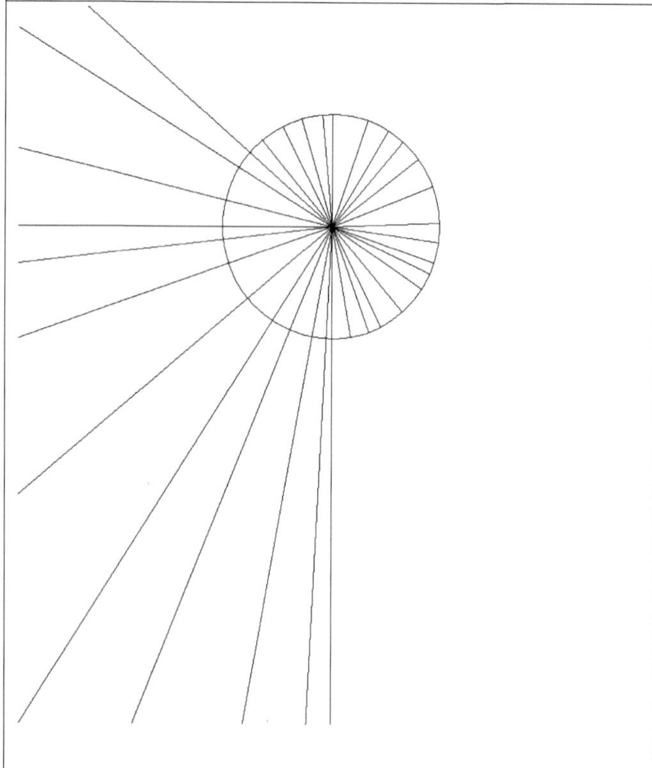

- TRim(명령)으로 선정리

- 완성

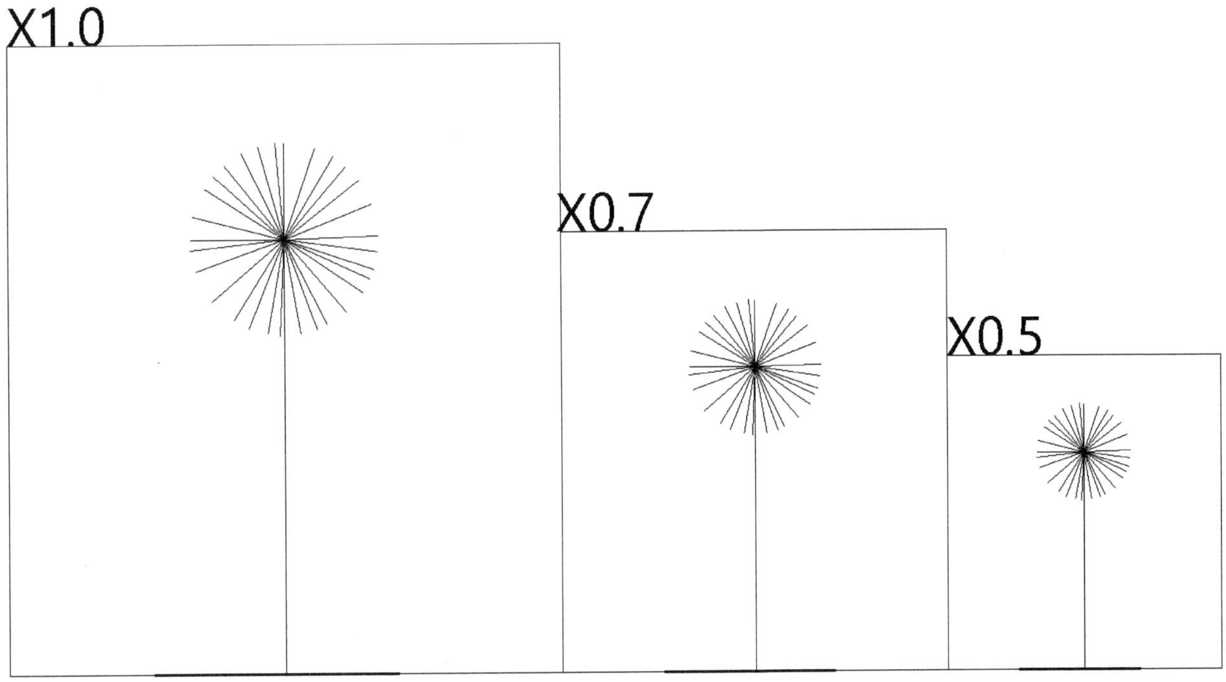

- 복사된 나무를 ×1.0 ×0.7 ×0.5 로 축소

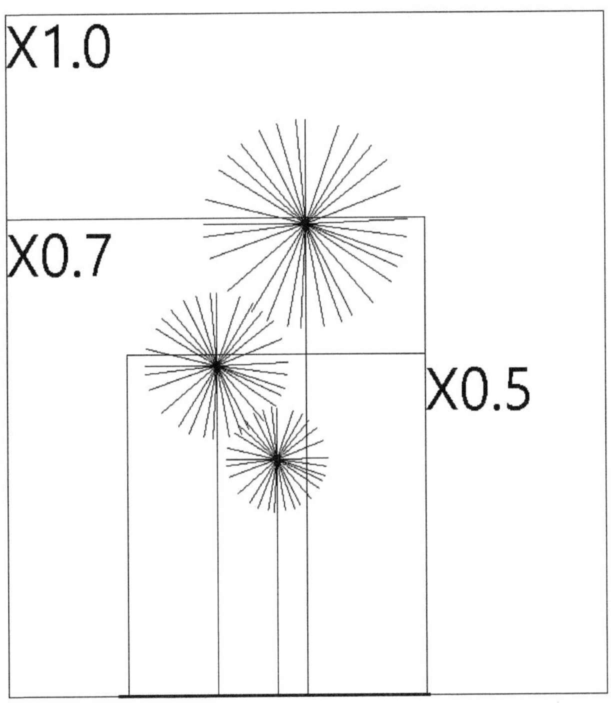

- Move(명령)으로 배치

- 테두리선을 삭제하여 완성.

5.6 화단 그리기

- 화단의 상단은 옆세워쌓기

화단

화단 입면 작도 순서

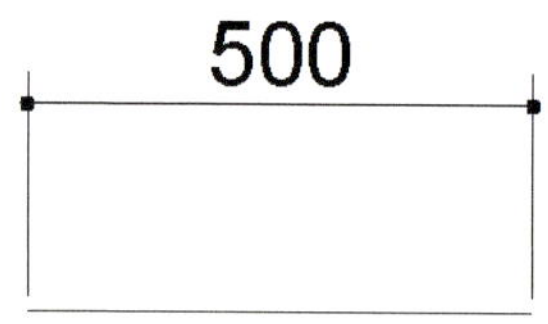

- Line(명령)으로 선 그리기(500)

- 선분을 대기상태의 커서로 클릭
- 우측의 파란 Grip Point를 다시 클릭
- 오른쪽 버튼의 (회전)->(복사) 클릭

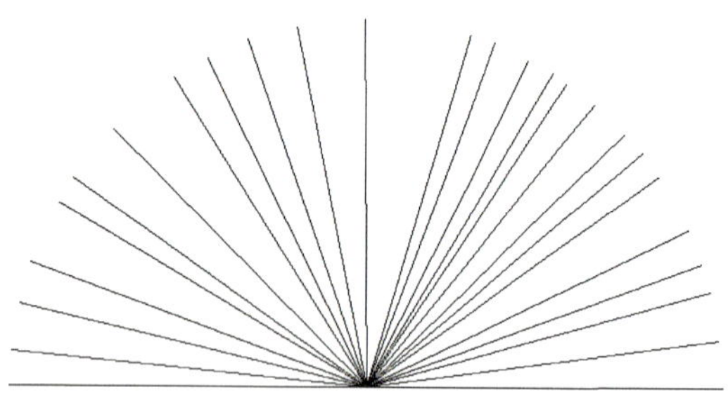

- 커서를 선 바깥쪽으로 돌면서 연속 클릭

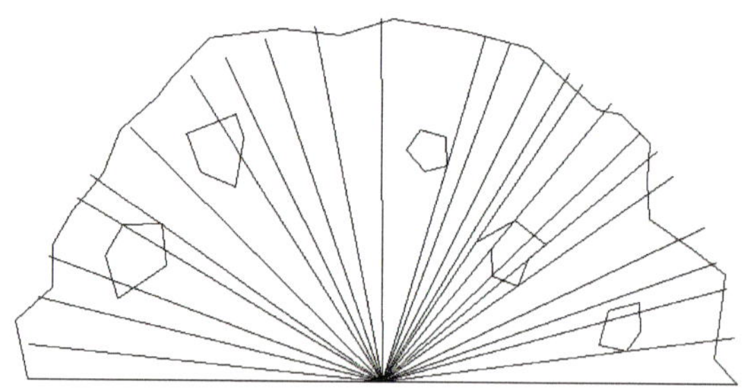

- Line(명령)으로 테두리와 안쪽 모양 표현

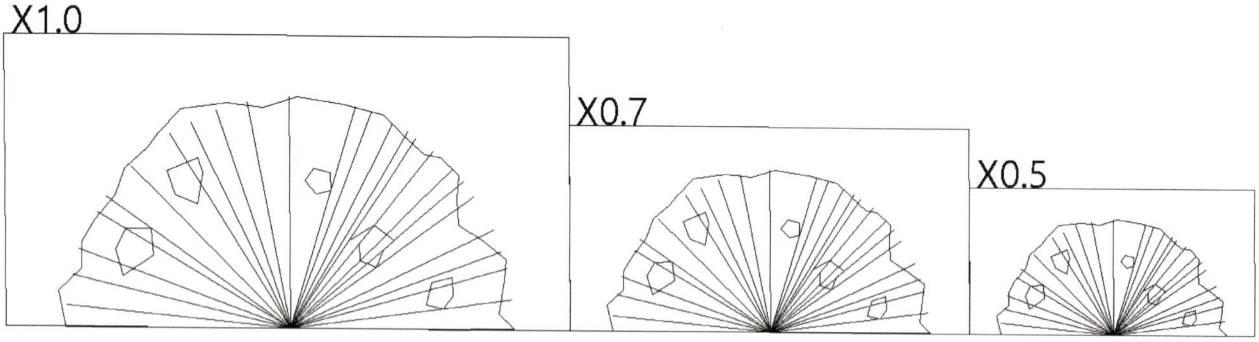

- 복사된 식재를 ×1.0 ×0.7 ×0.5 로 축소

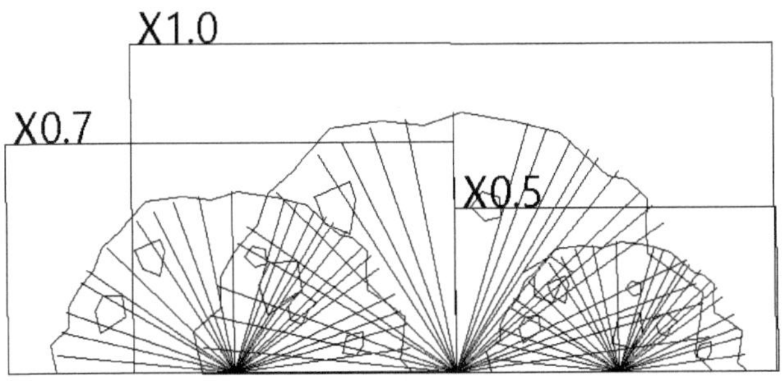

- Move(명령)으로 배치

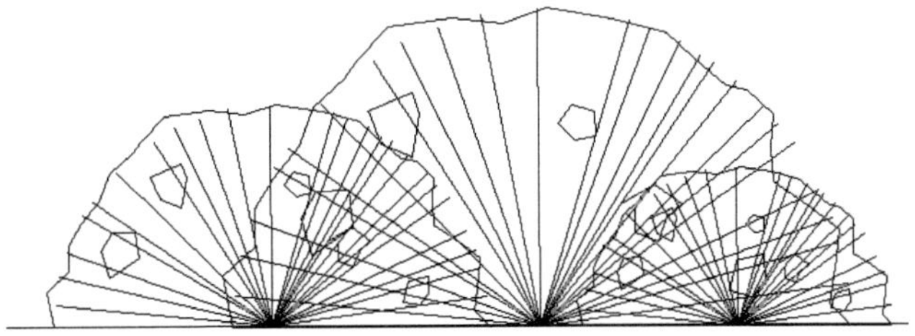

- 테두리선을 삭제하여 완성.

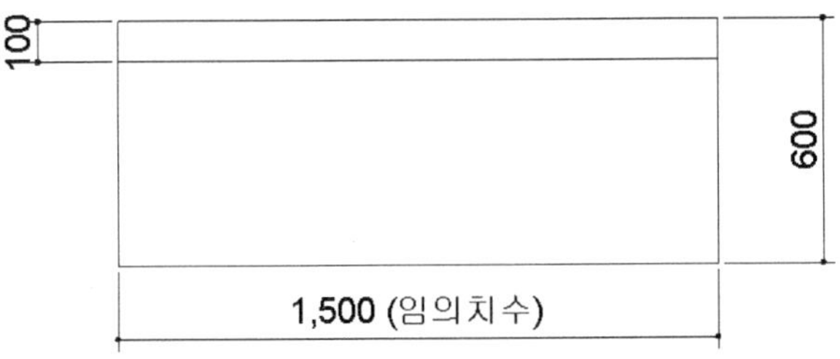

- 화단의 높이(600), 상단은 옆세워쌓기(100)

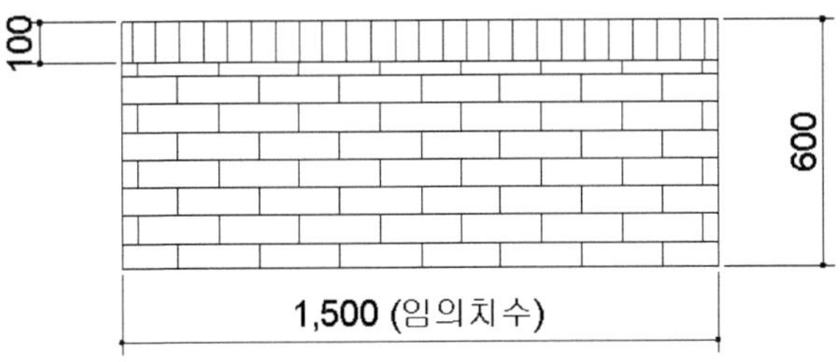

- Hatch(명령)으로 줄눈 표현 (패턴: User defined, 각도: 90, 간격: 60)(해칭선)

(패턴: AR-BRSTD, 각도: 0, 간격: 1)(해칭선)

- 완성된 식재의 크기를 화단의 크기에 맞추어 이동

Chapter

6

입면도 그리기

Chapter 6. 입면도 그리기

6.1 삼각지붕 입면도
6.2 사각지붕 입면도

입면도란?	입면도 작업 순서
입면도는 건축물의 외형을 각 면에 대하여 직각으로 투사한 도면으로 보통 동·서·남·북 4면을 나타낸다. 입면도에서는 창호의 형상, 외벽, 지붕 등의 마감 재료를 표기한다. 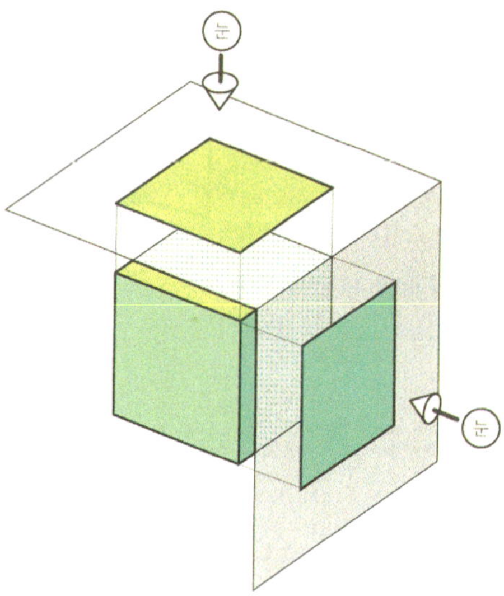	1. 지반선(G.L.) 2. 벽체 중심선 3. 지붕 4. 벽체 5. 창호 6. 계단 및 테라스 7. 인방 및 켄틸레버 8. 재료 표시(지붕,벽체) 9. 세부 상세(뒷지붕,굴뚝,홈통등) 10. 문자 쓰기, 주위 배경 표현 11. 도면명등 정리

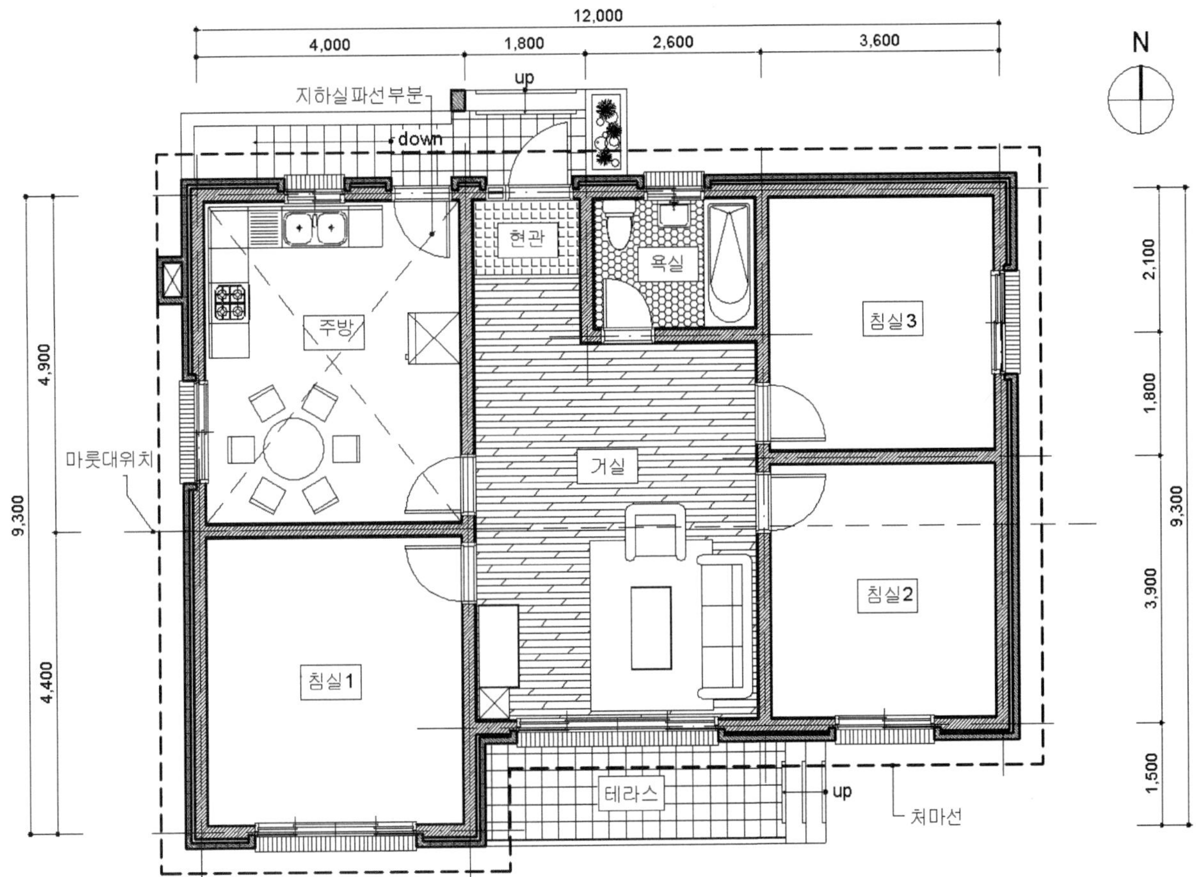

평 면 도

Scale=1/100

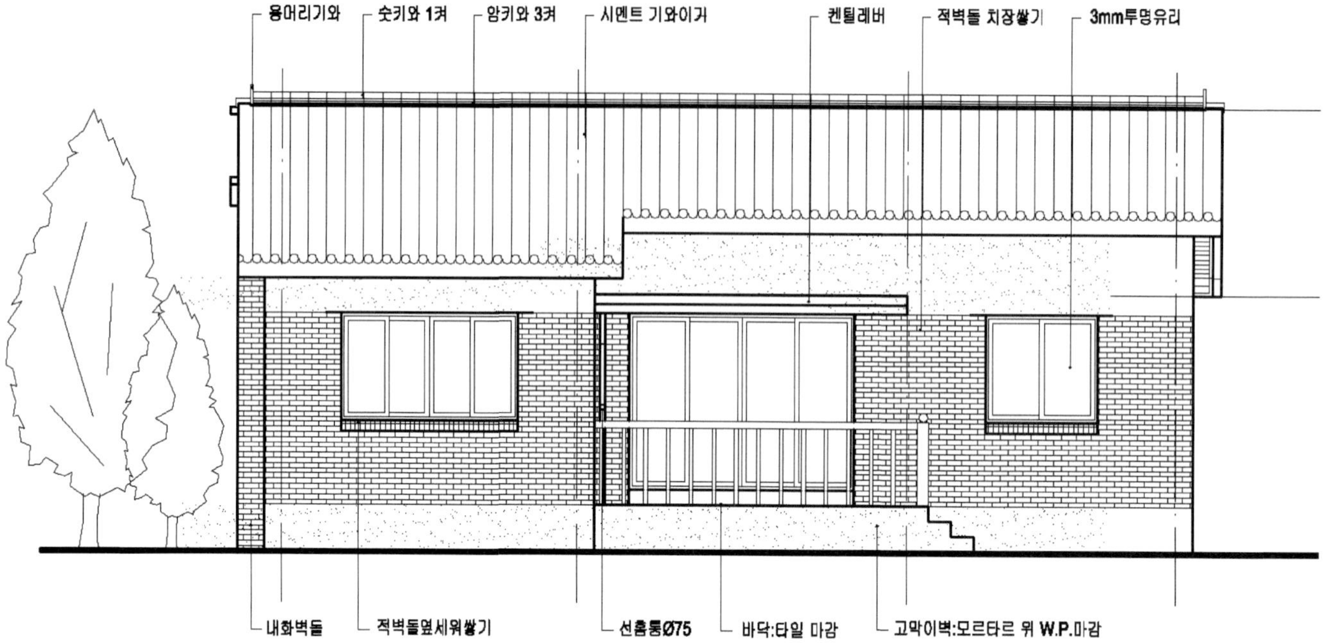

남측 입면도

Scale=1/50

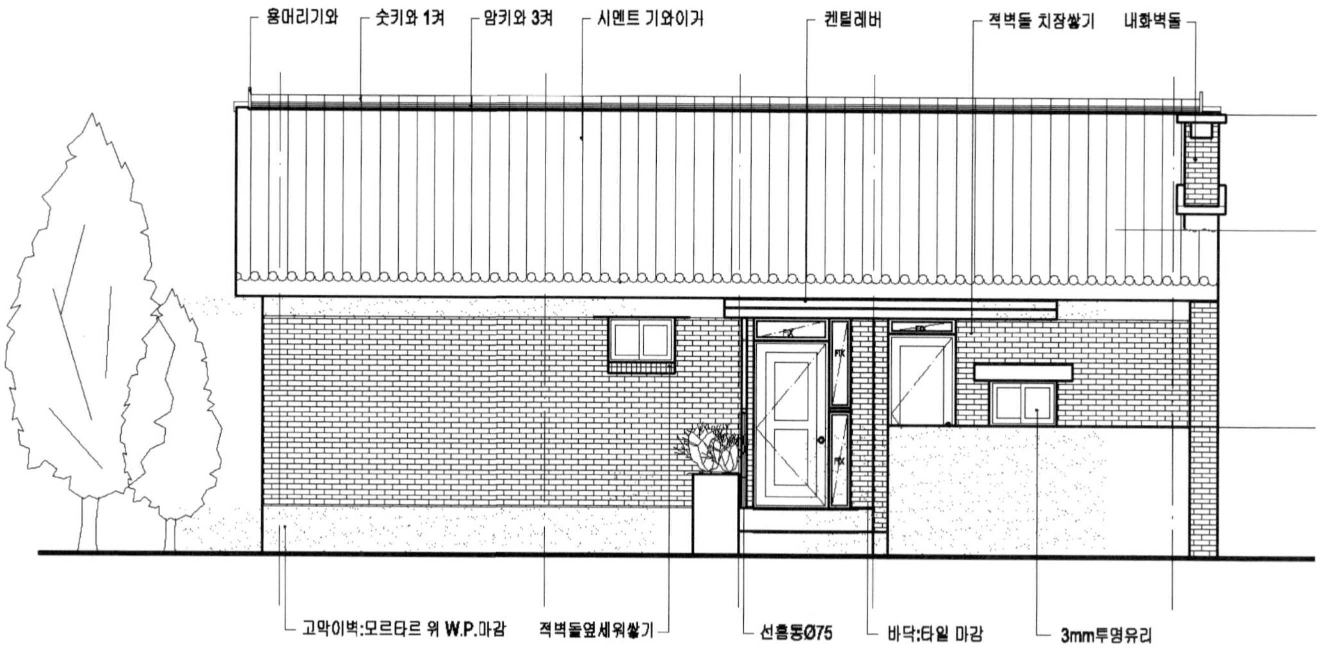

북측 입면도

Scale=1/50

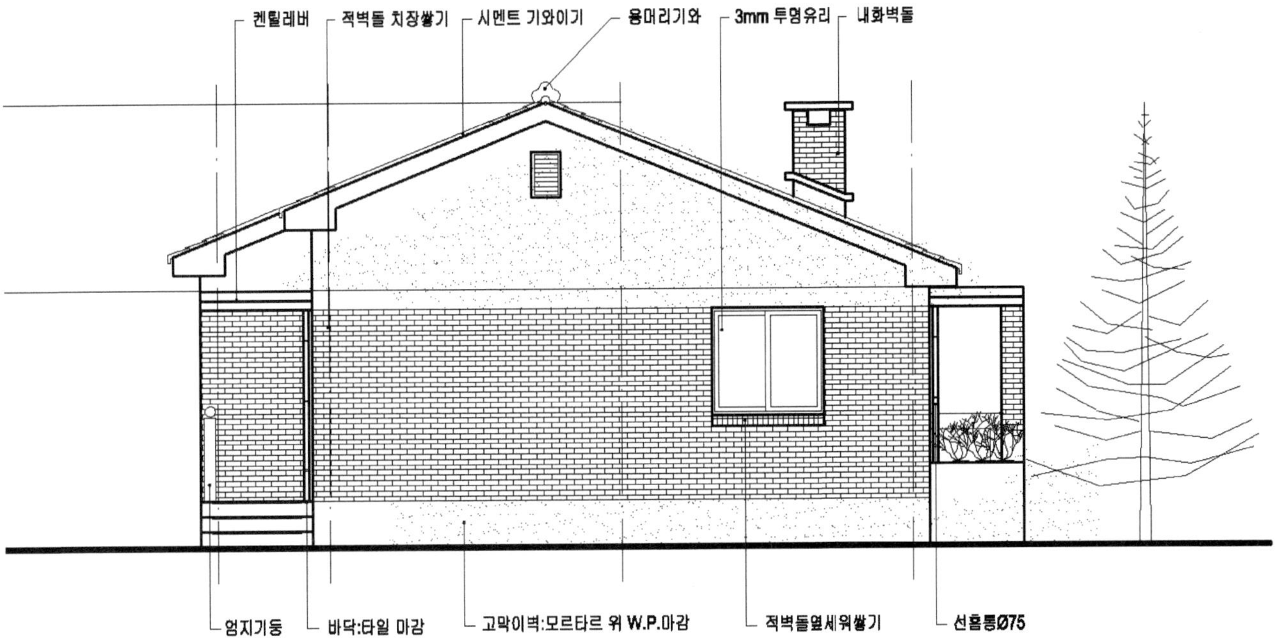

동측 입면도

Scale=1/50

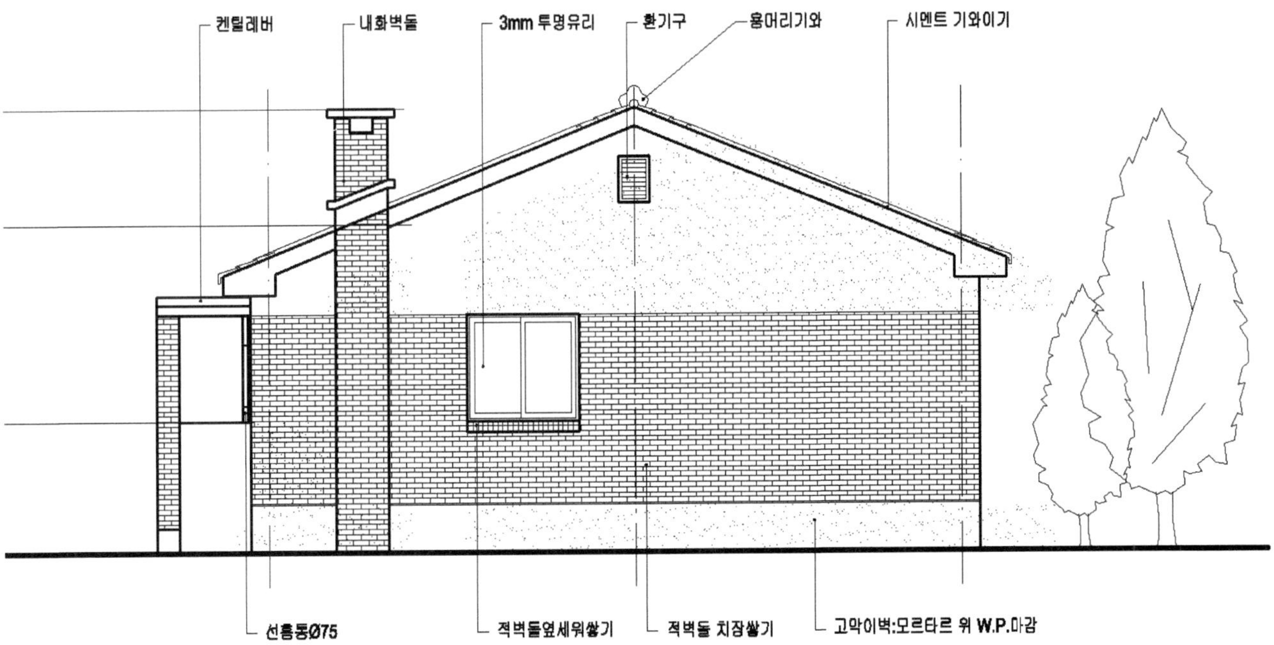

서측 입면도

Scale=1/50

도면양식 작성

- 입면도는 A3 용지에 출력
- 입면도는 1/50축척으로 출력해야 하므로 각 도면에 맞는 양식을 작성

입면도 양식작성 : 축척 1/50

RECtangle(명령)으로 가로420, 세로 297 사각형 작성

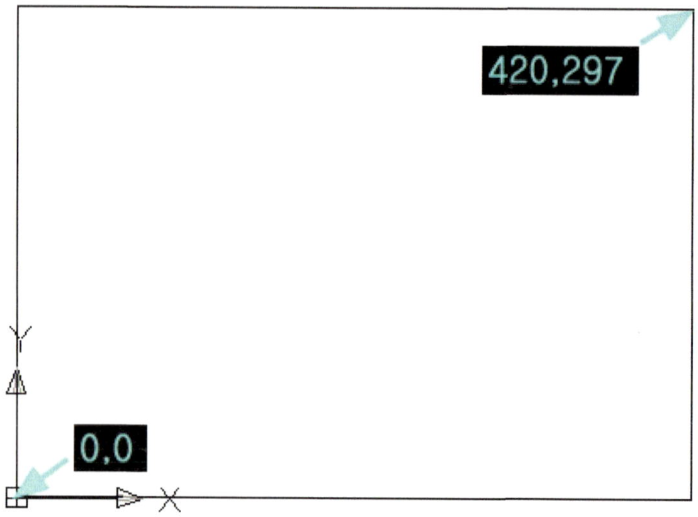

Offset(명령)으로 안쪽으로 10 간격

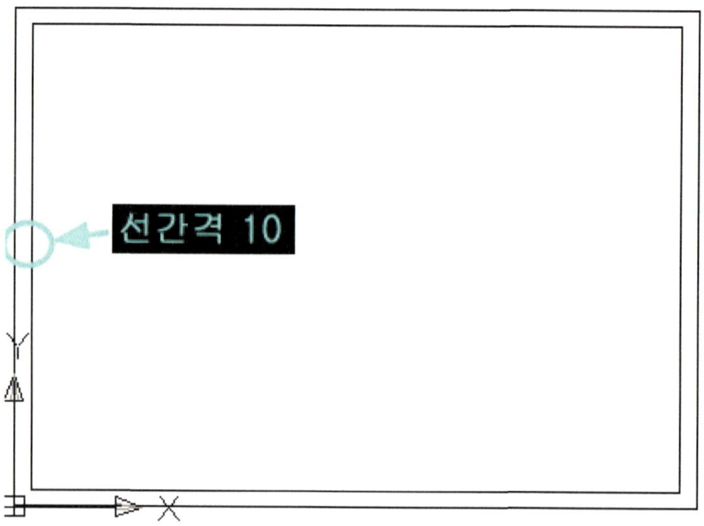

RECtangle(명령), Offset(명령)으로 다음과 같은 표제란 작성

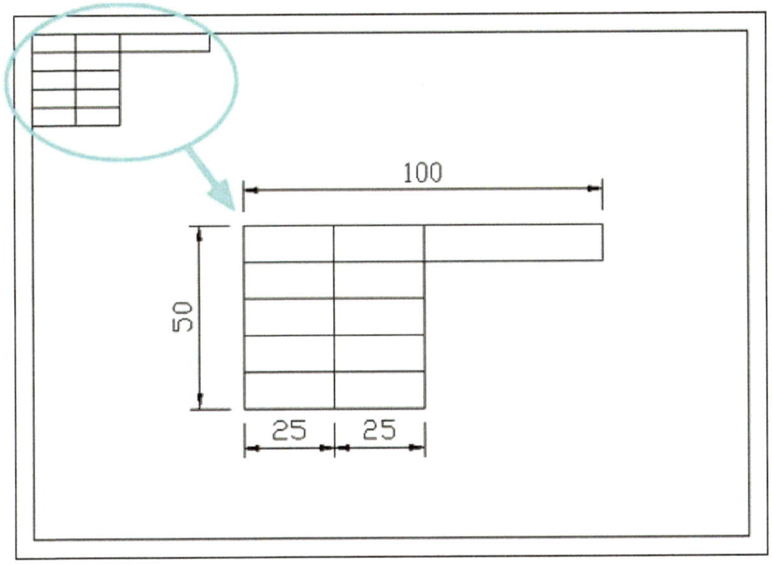

SCale(명령)으로 50배 확대

DText(명령)으로 문자높이: 120, 각도: 0

문자 하나만 작성한 후 COpy(명령)으로 복사하여 사용

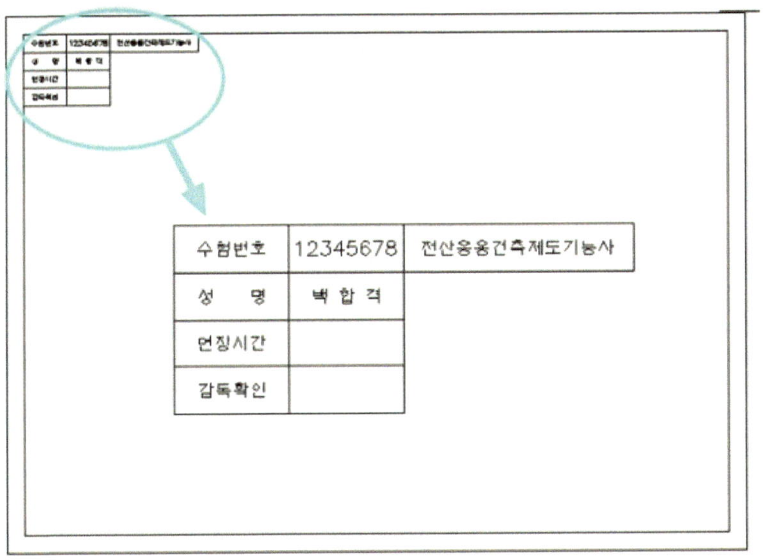

작성한 도면양식을 모두 선택하여 '치수및문자' 도면층으로 변경

6.1 삼각지붕 입면도

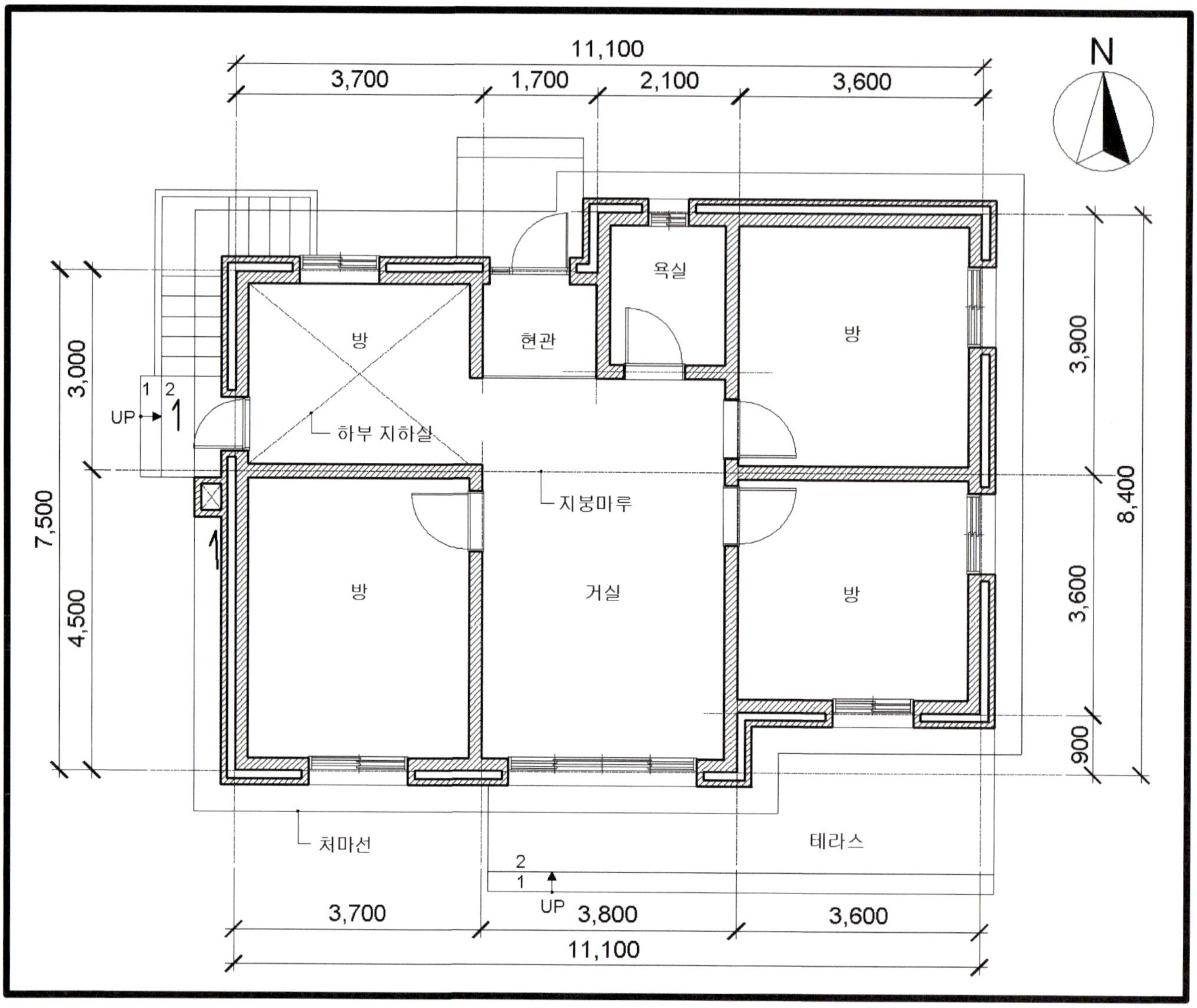

제도 조건
• 기초 및 지하실 벽체: 철근콘크리트 구조 • 벽체: 외벽- 외부로부터 붉은 벽돌 0.5B, 단열재, 시멘트 벽돌 1.0B 내벽- 두께 1.0B 시멘트벽돌 쌓기 • 단열재: 외벽 120mm, 바닥 85mm, 지붕 180mm • 지붕: 철근콘크리트 경사 슬래브위 시멘트기와 잇기 마감 (물매 4/10) • 처마나옴: 벽체 중심에서 600mm • 반자높이: 2,400mm, 처마반자 설치 • 창호: 목재 창호로 하되 2중창인 경우 외부 창호는 알루미늄 새시로 한다. • 각 실의 난방: 온수 파이프 온돌 난방으로 한다. • 1층 바닥슬래브와 기초는 일체식으로 표현 • 평면도에 표현되지 않은 현관 상부 캐노피는 작도하지 않는다. • 기타 각 부분의 마감, 치수 등 주어지지 않은 조건은 일반적인 시공수준으로 한다.

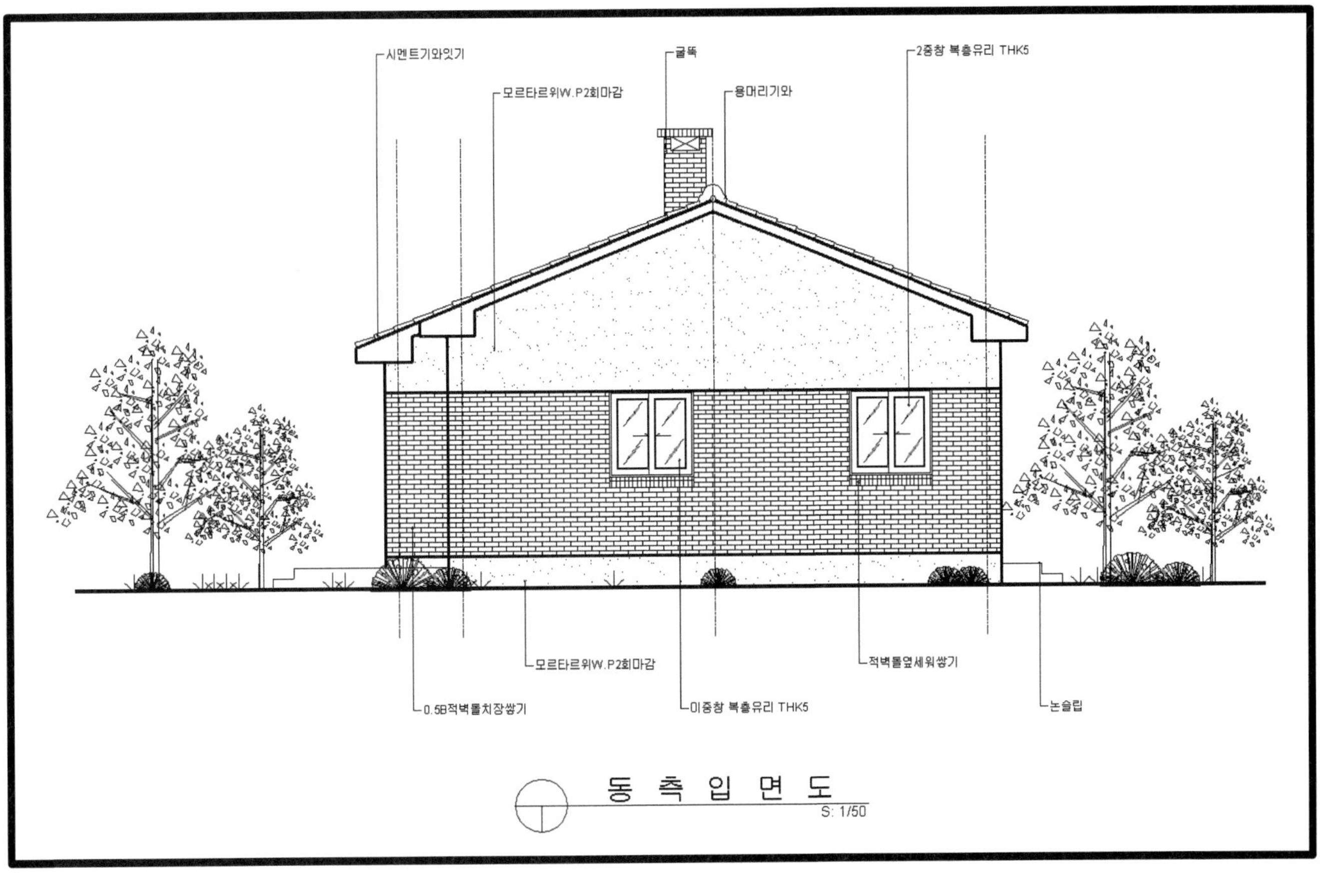
시멘트기와잇기
굴뚝
2중창 복층유리 THK5
모르타르위W.P2회마감
용머리기와
모르타르위W.P2회마감
적벽돌옆세워쌓기
0.5B적벽돌치장쌓기
이중창 복층유리 THK5
논슬립
동 측 입 면 도
S: 1/50

삼각지붕 입면도 작도 순서

1. 지반선(G.L.)

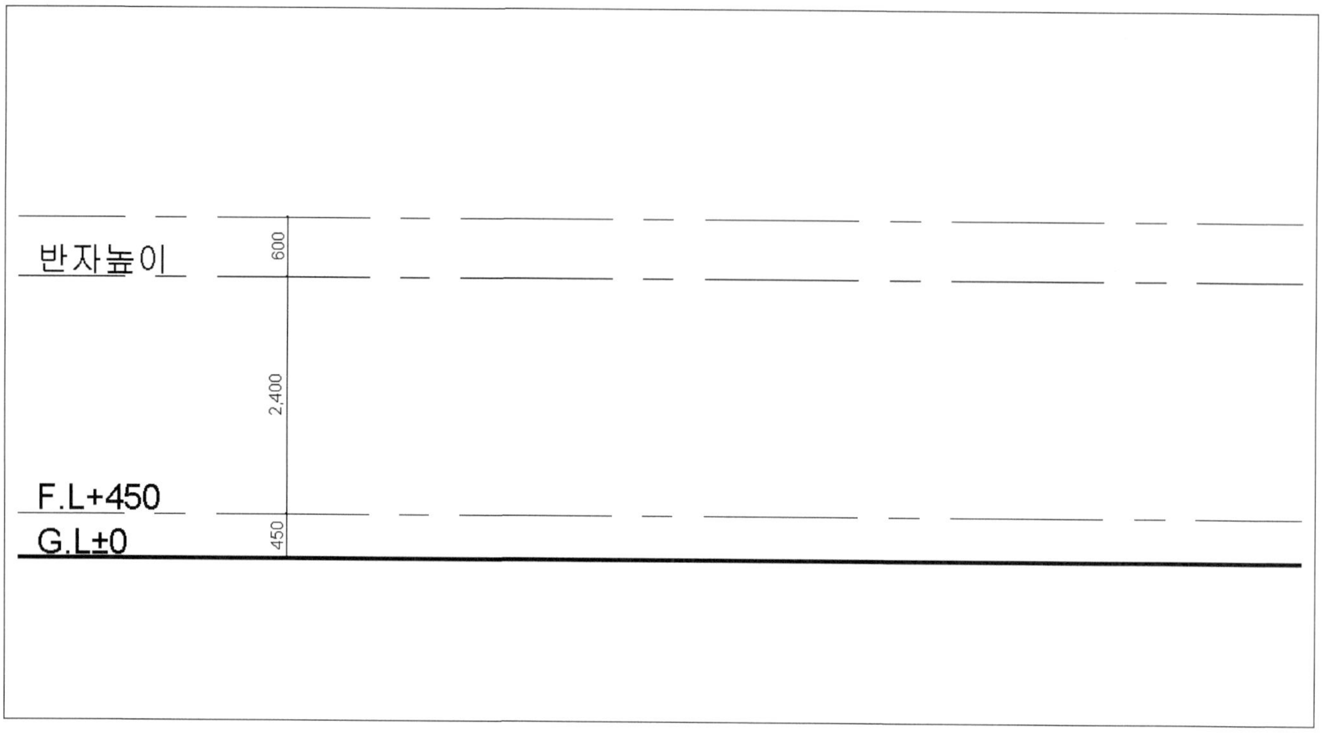

2. 벽체 중심선

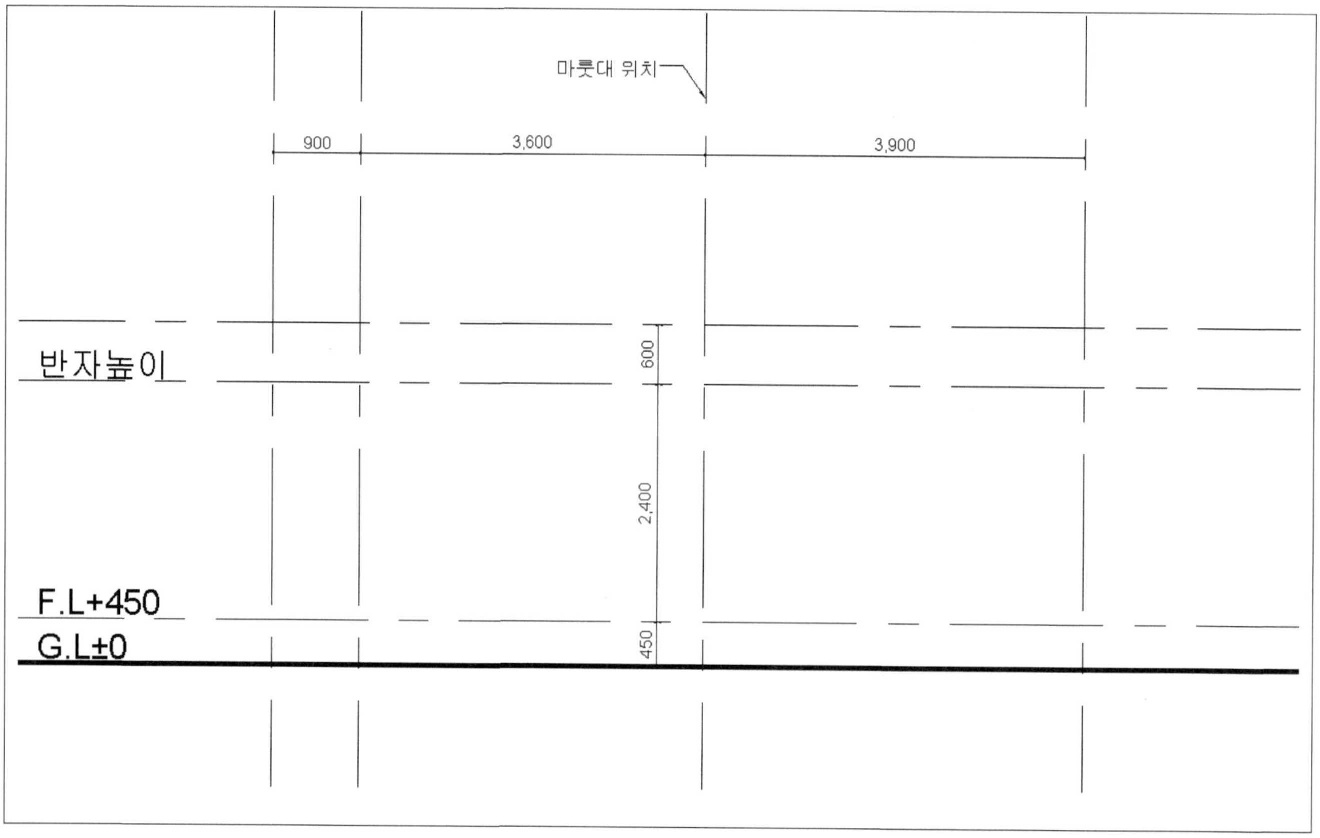

3. 지붕

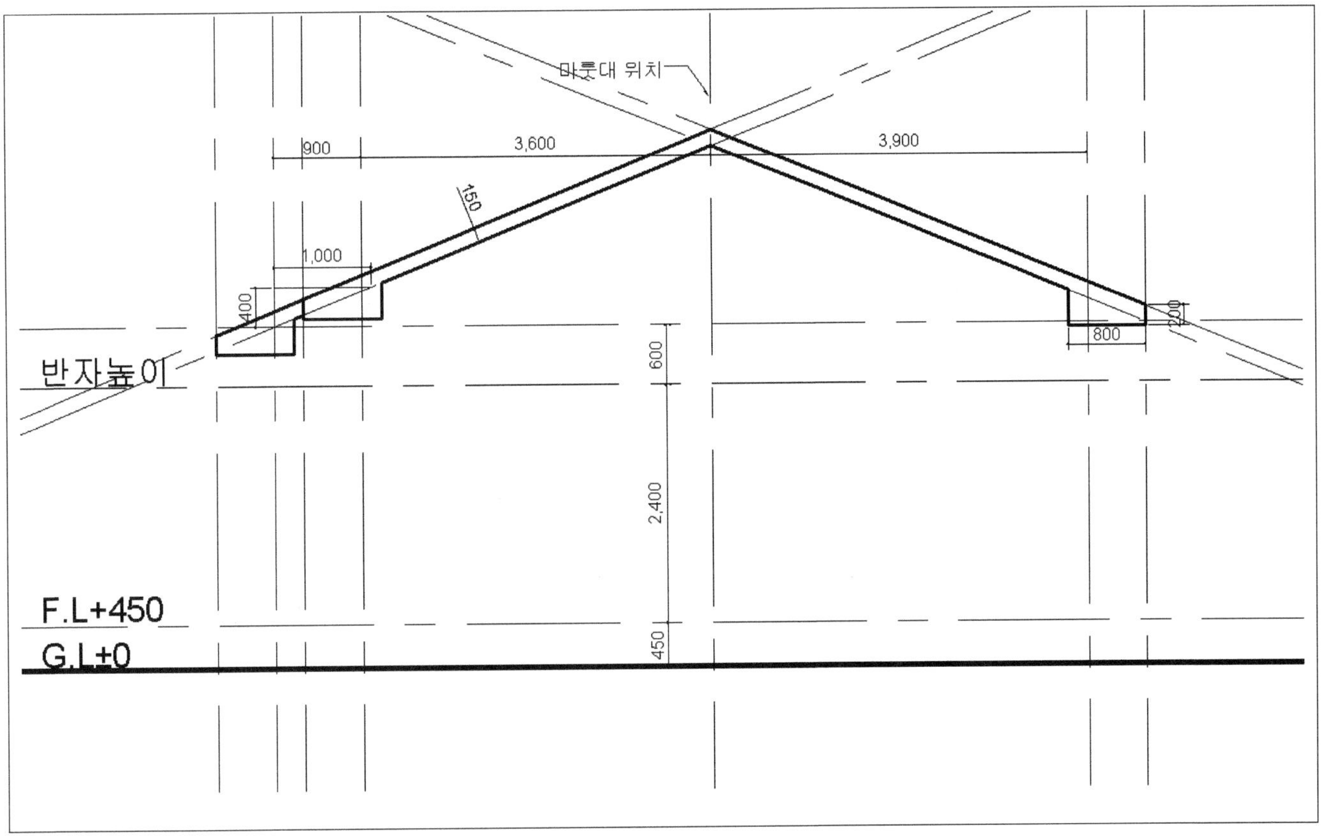
마룻대 위치
900
3,600
3,900
150
1,000
400
200
800
600
반자높이
2,400
F.L+450
G.L±0
450

4. 벽체

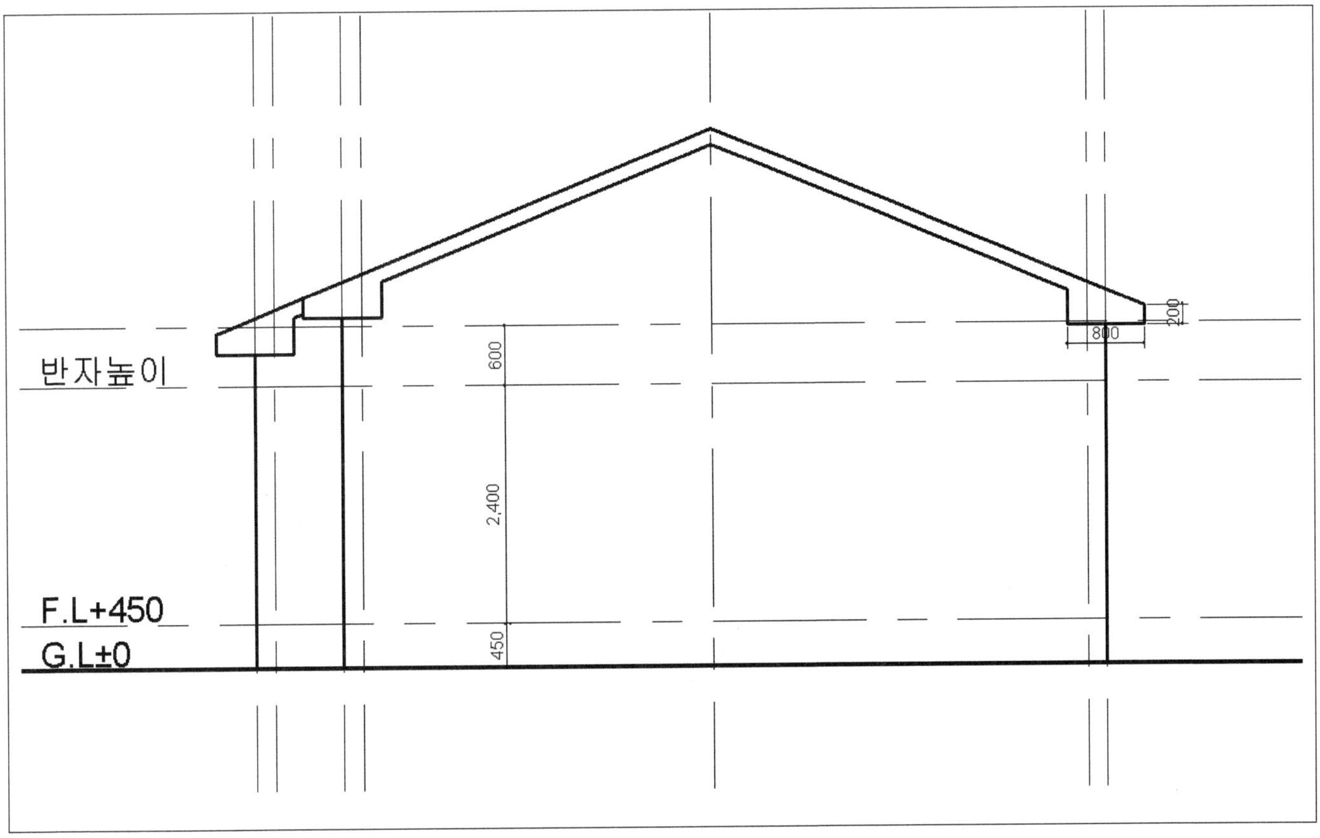
200
800
600
반자높이
2,400
F.L+450
G.L±0
450

5. 창호

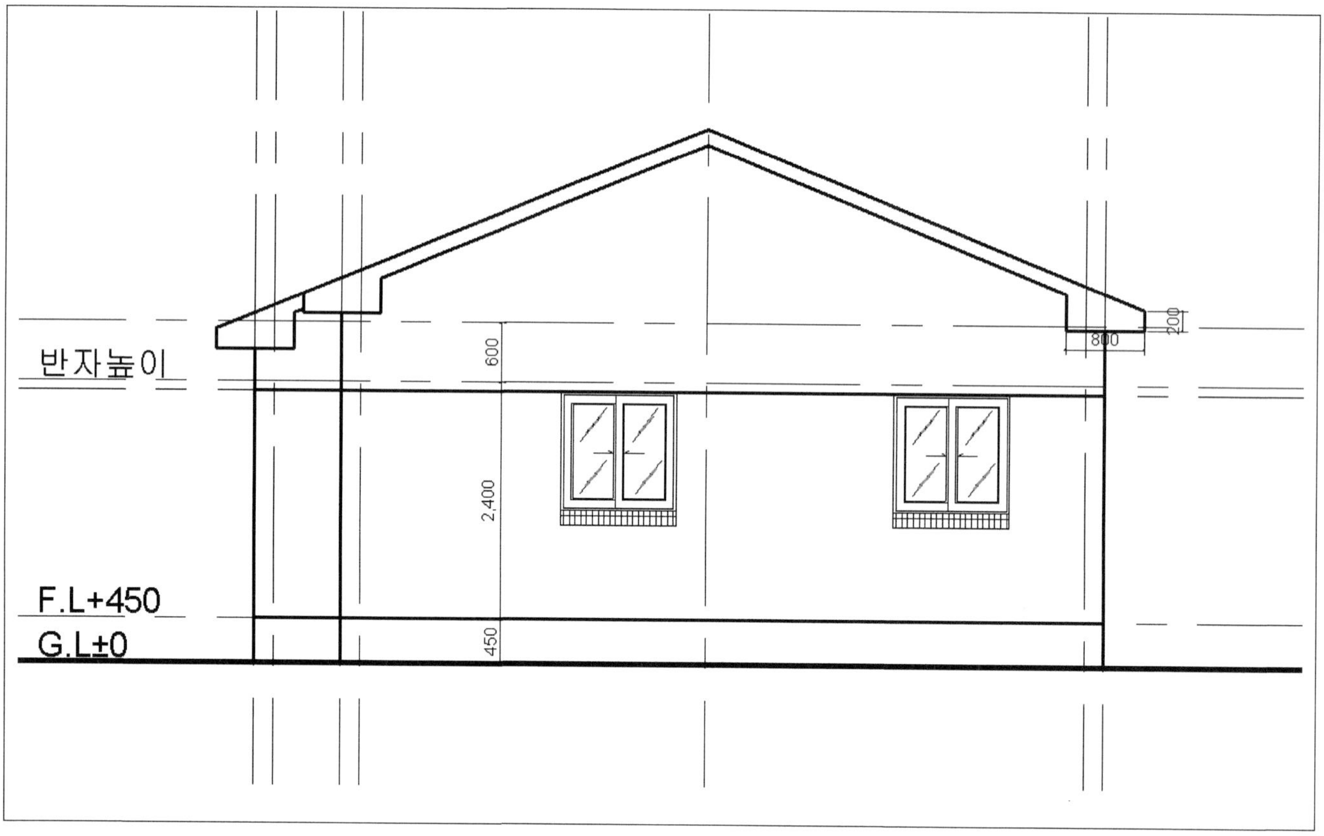

반자높이
F.L+450
G.L±0
600
2,400
450
800
200

6. 계단 및 테라스

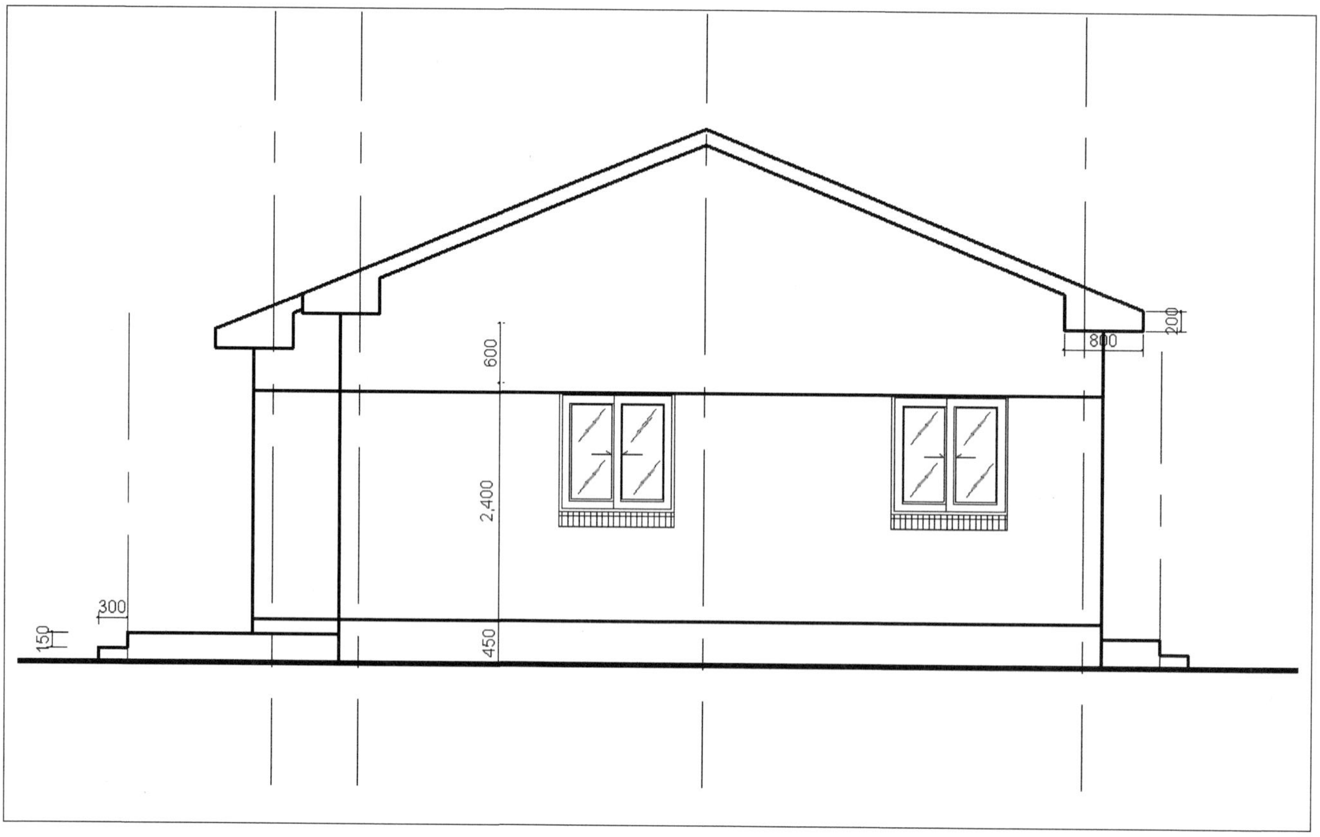

600
2,400
450
800
200
300
150

7. 인방 및 켄틸레버

8. 재료 표시(지붕,벽체)

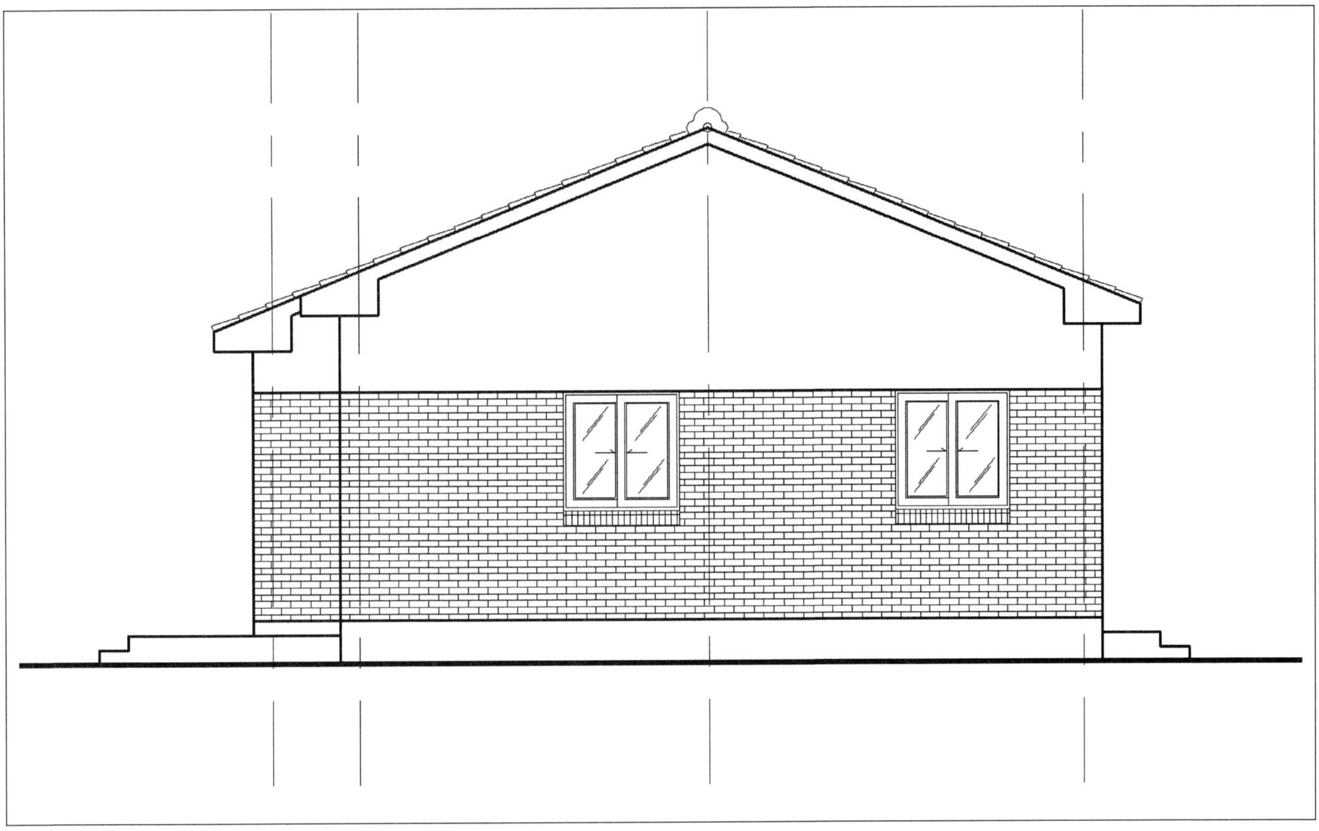

9. 세부 상세(뒷지붕,굴뚝,홈통등)

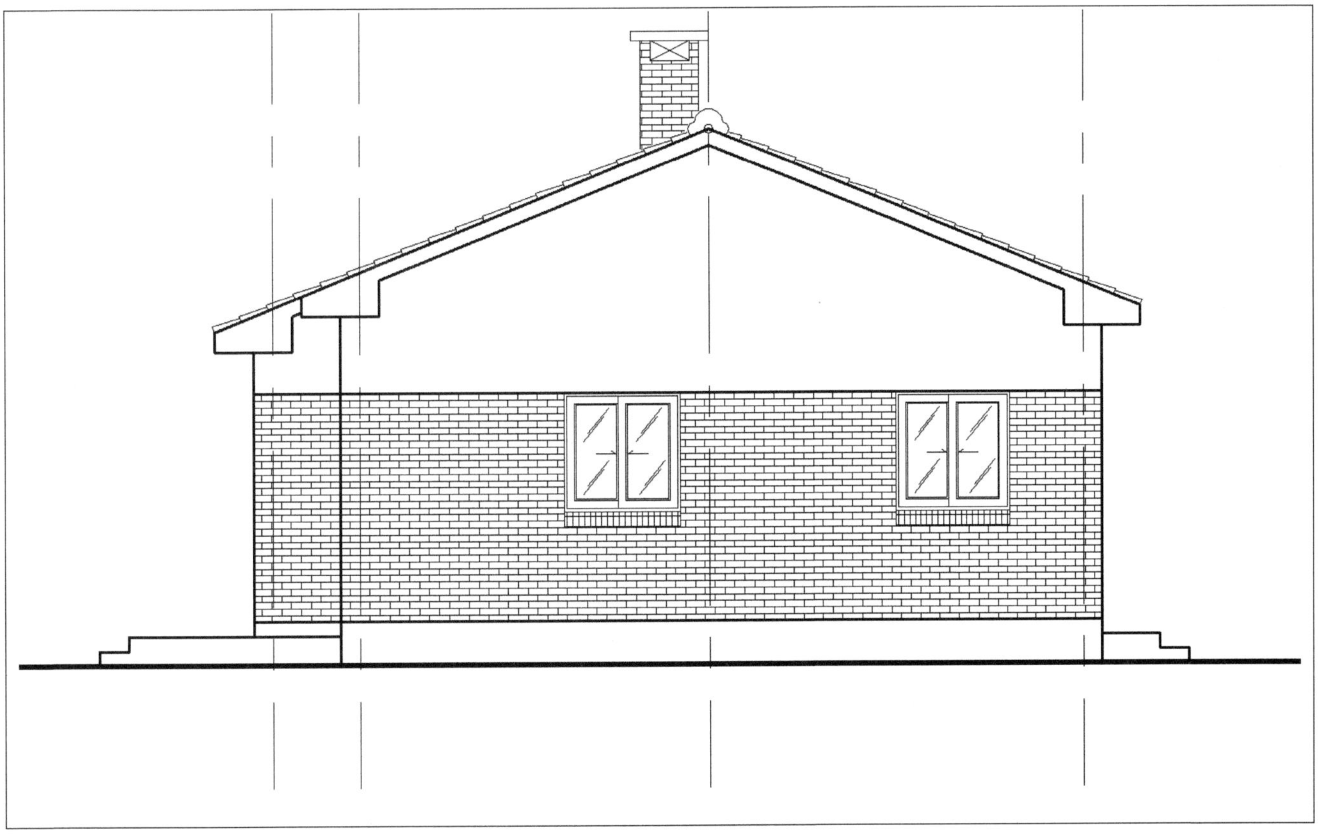

10. 문자 쓰기, 주위 배경 표현

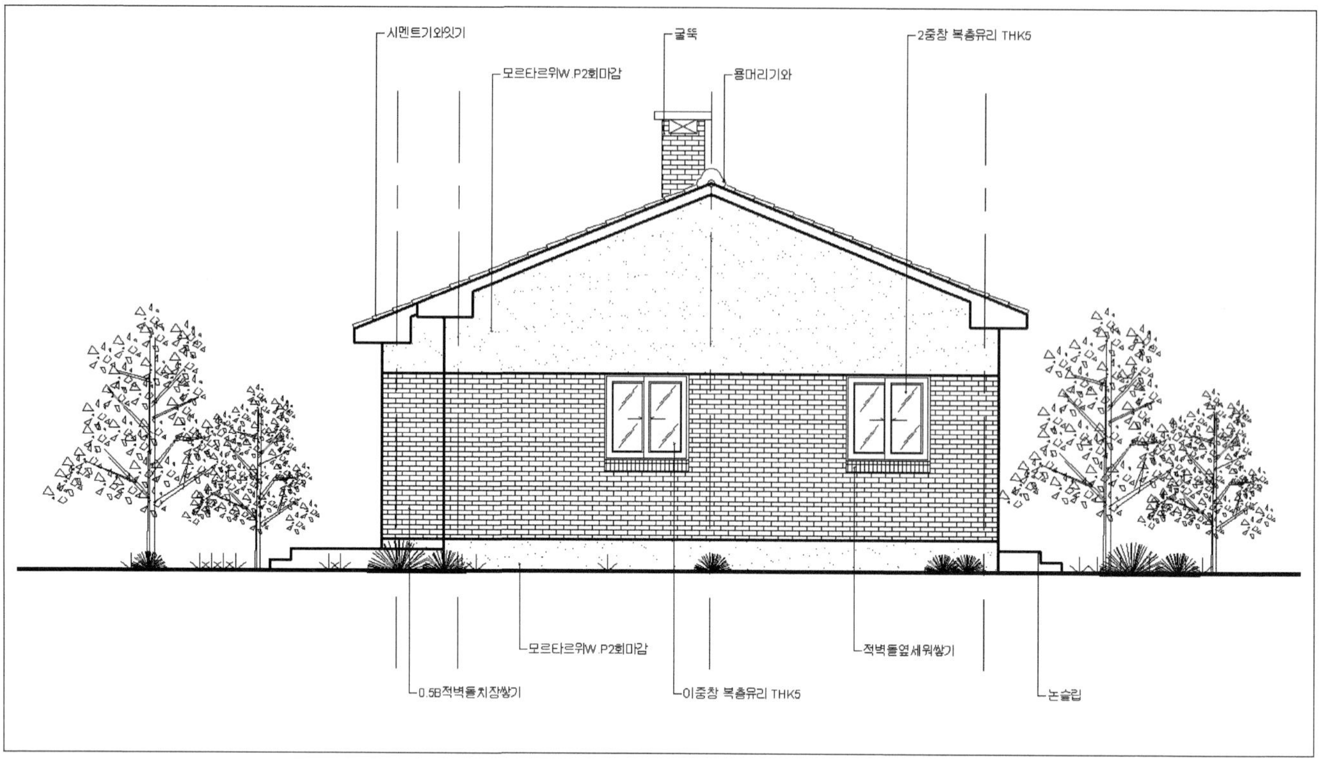

11. 도면명등 정리

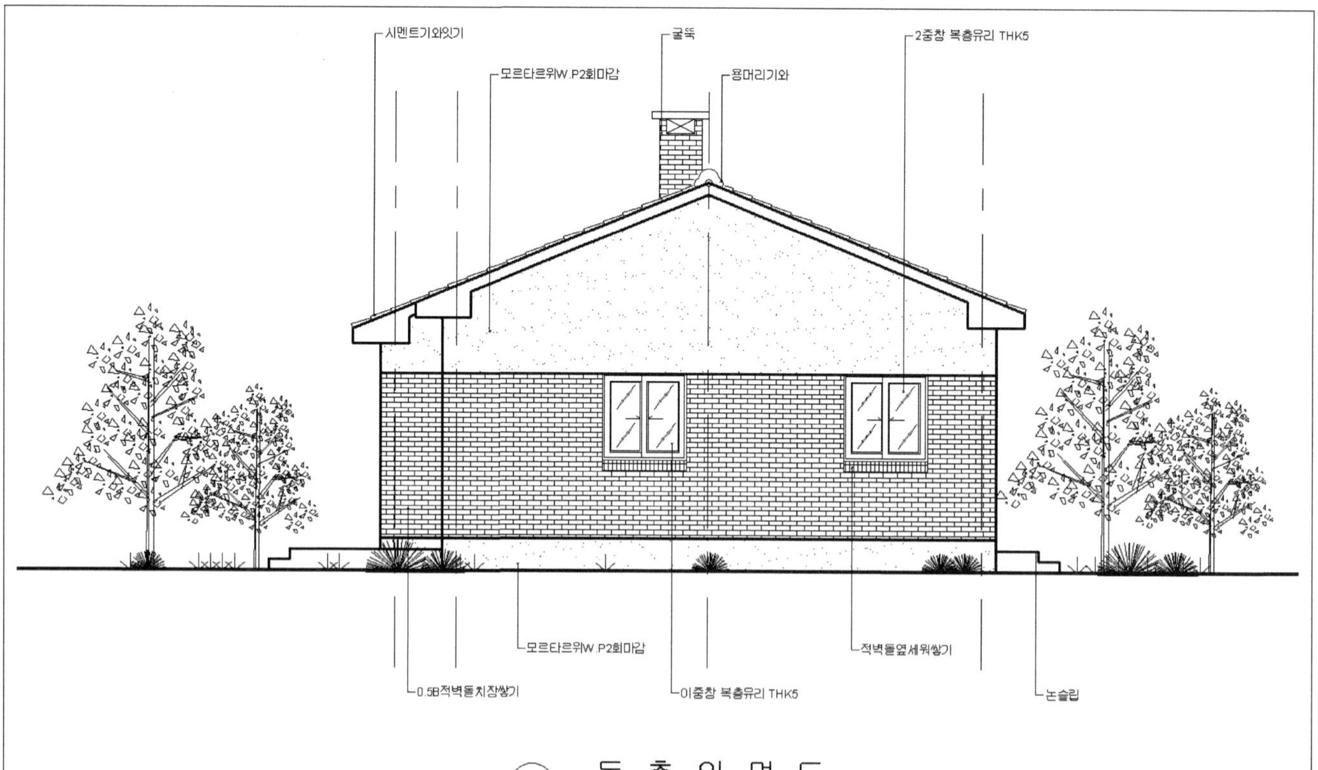

6.2 사각지붕 입면도

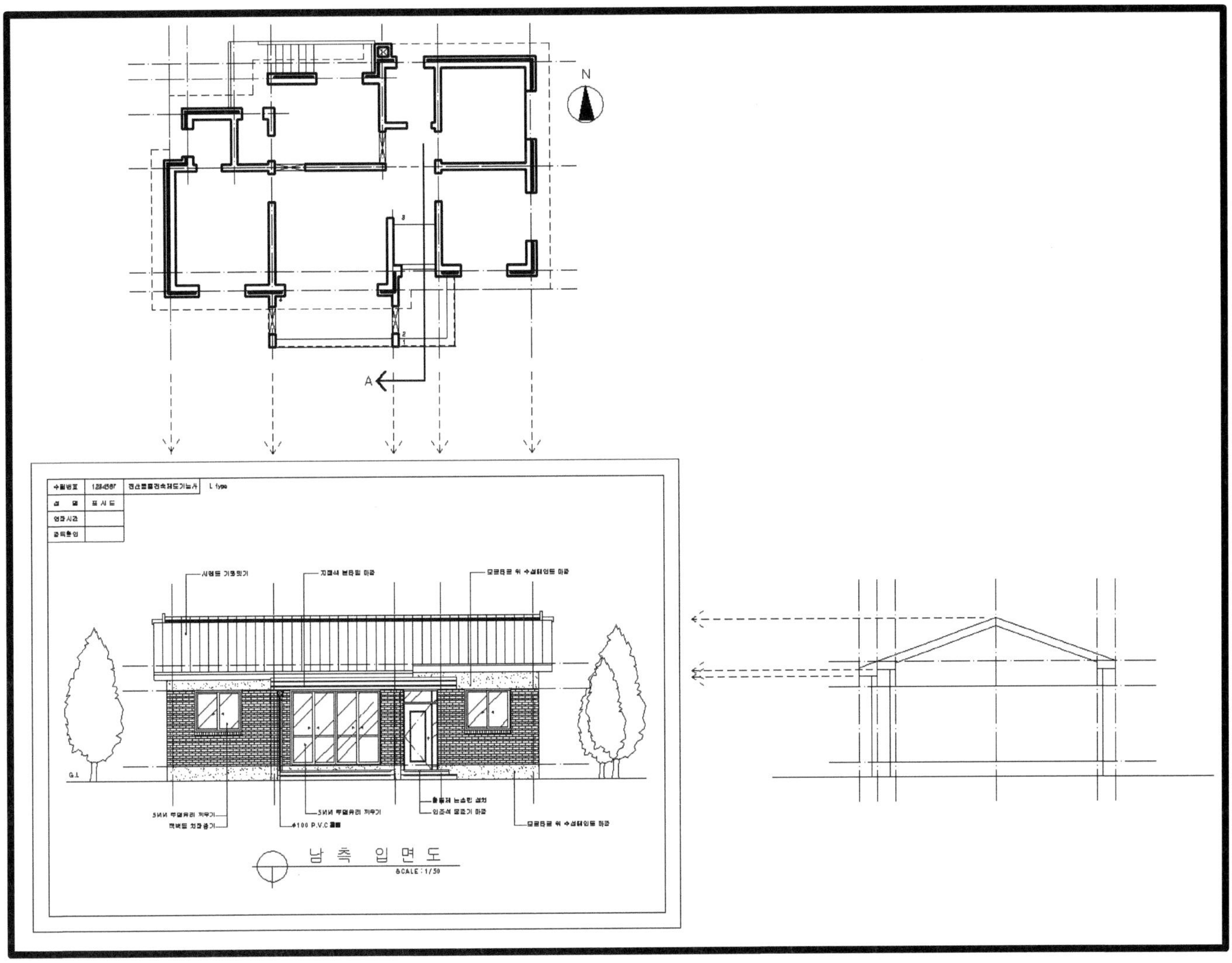

도면명 그리기

- 도면명의 높이: 250
- SCALE의 높이: 120

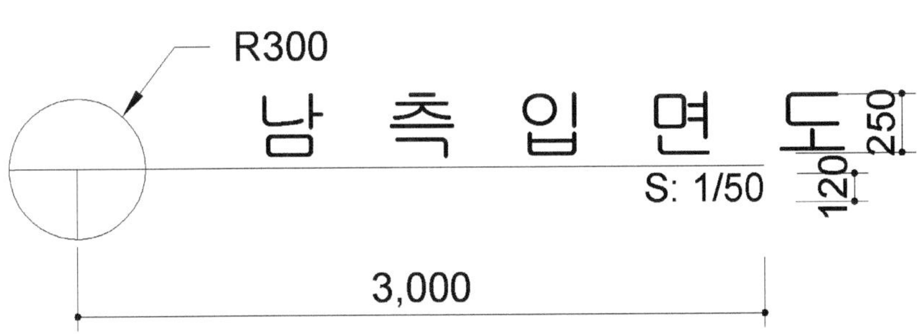

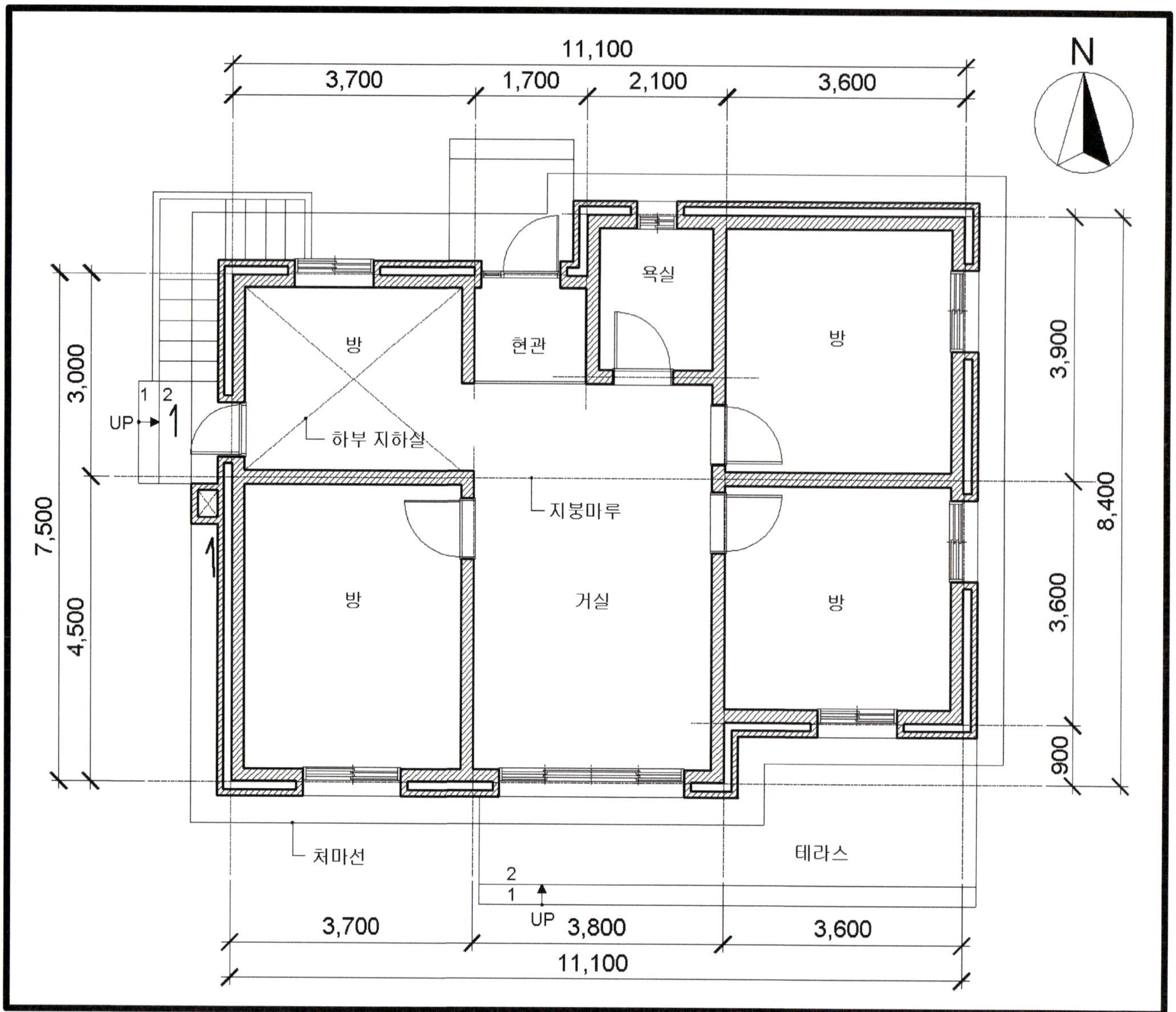

제도 조건
• 기초 및 지하실 벽체: 철근콘크리트 구조 • 벽체: 외벽- 외부로부터 붉은 벽돌 0.5B, 단열재, 시멘트 벽돌 1.0B 내벽- 두께 1.0B 시멘트벽돌 쌓기 • 단열재: 외벽 120mm, 바닥 85mm, 지붕 180mm • 지붕: 철근콘크리트 경사 슬래브위 시멘트기와 잇기 마감 (물매 4/10) • 처마나옴: 벽체 중심에서 600mm • 반자높이: 2,400mm, 처마반자 설치 • 창호: 목재 창호로 하되 2중창인 경우 외부 창호는 알루미늄 새시로 한다. • 각 실의 난방: 온수 파이프 온돌 난방으로 한다. • 1층 바닥슬래브와 기초는 일체식으로 표현 • 평면도에 표현되지 않은 현관 상부 캐노피는 작도하지 않는다. • 기타 각 부분의 마감, 치수 등 주어지지 않은 조건은 일반적인 시공수준으로 한다.

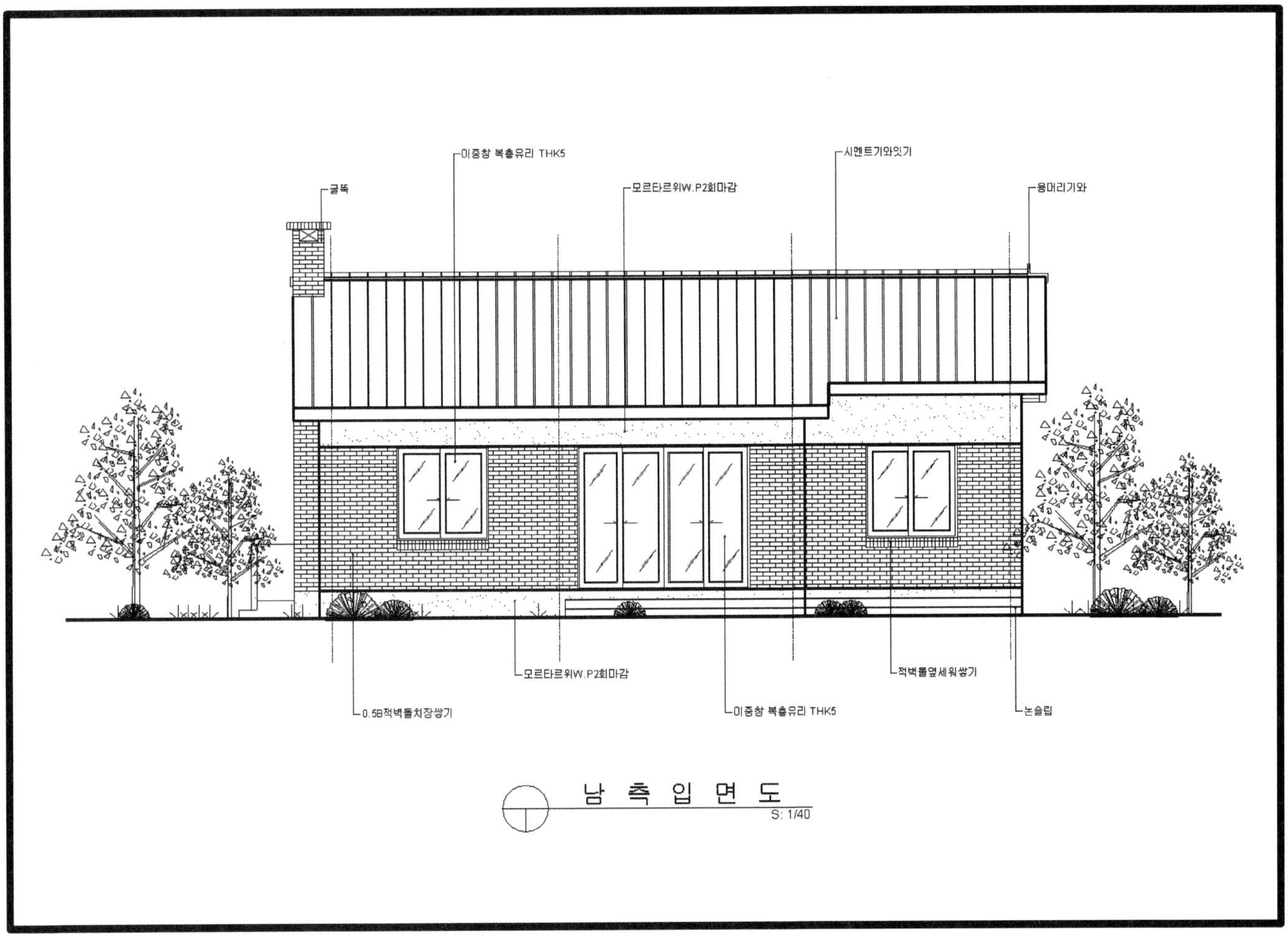

이중창 복층유리 THK5
시멘트기와잇기
굴뚝
모르타르위W.P2회마감
용머리기와
모르타르위W.P2회마감
적벽돌옆세워쌓기
0.5B적벽돌치장쌓기
이중창 복층유리 THK5
논슬립
남 측 입 면 도
S: 1/40

사각지붕 입면도 작도 순서

1. 지반선(G.L.)

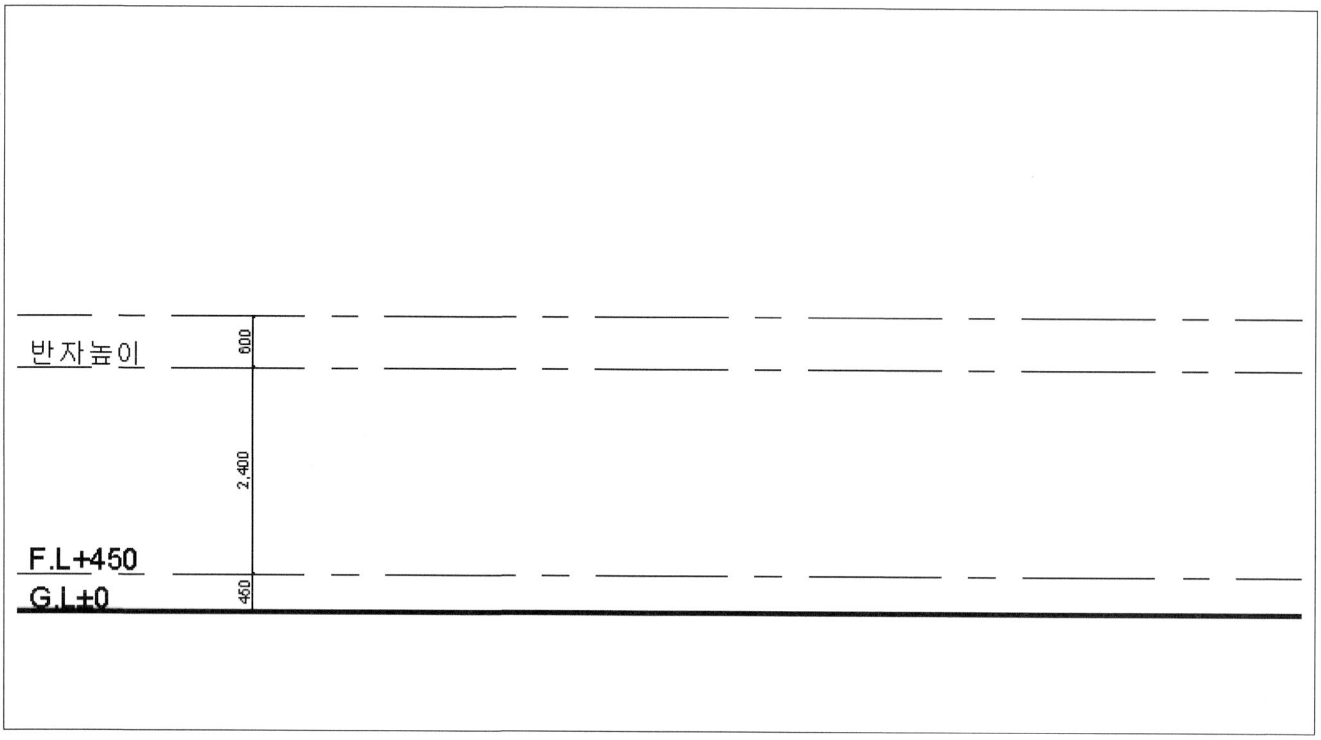

2. 벽체 중심선

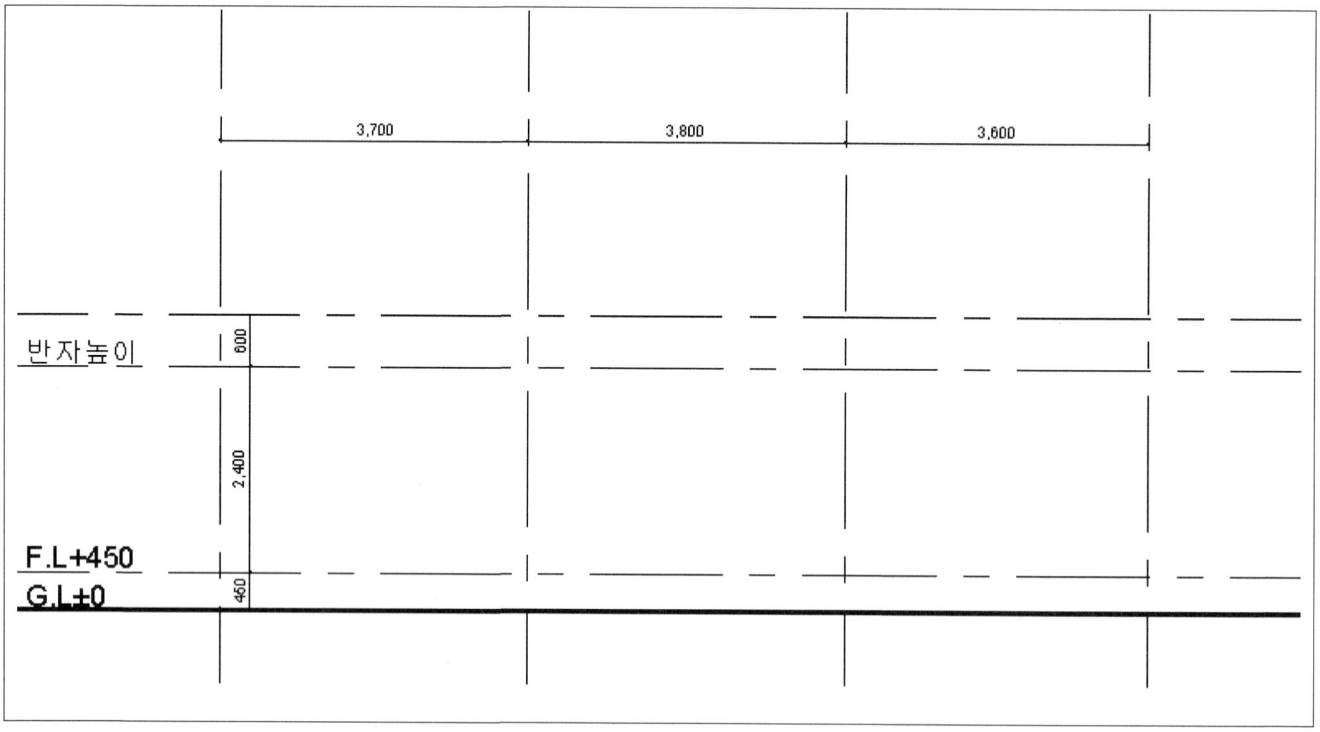

3. 지붕

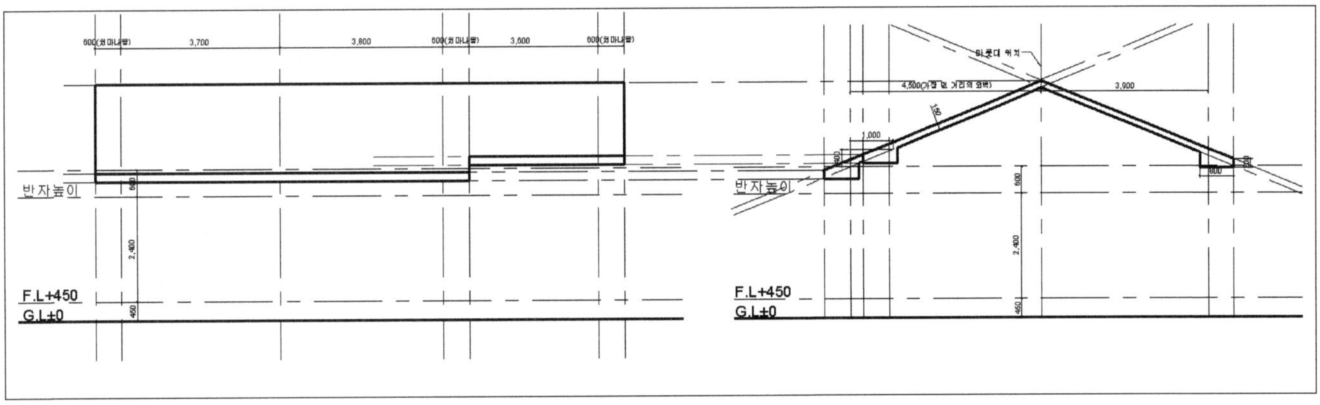

3,700
3,800
3,600
반자높이
F.L+450
G.L±0
1,000
3,900
반자높이
F.L+450
G.L±0

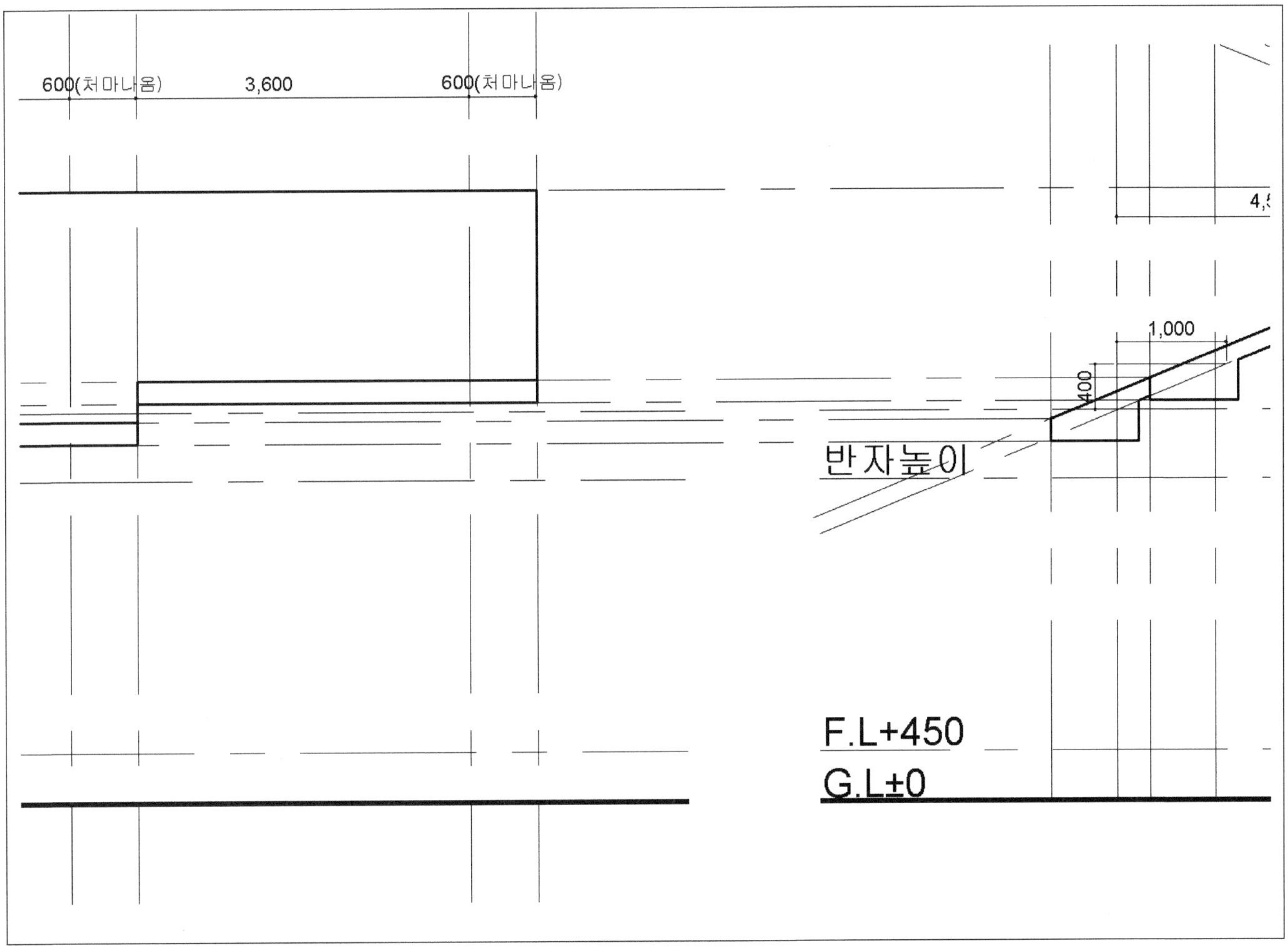

600(처마나옴)
3,600
600(처마나옴)
1,000
400
반자높이
F.L+450
G.L±0

4. 벽체

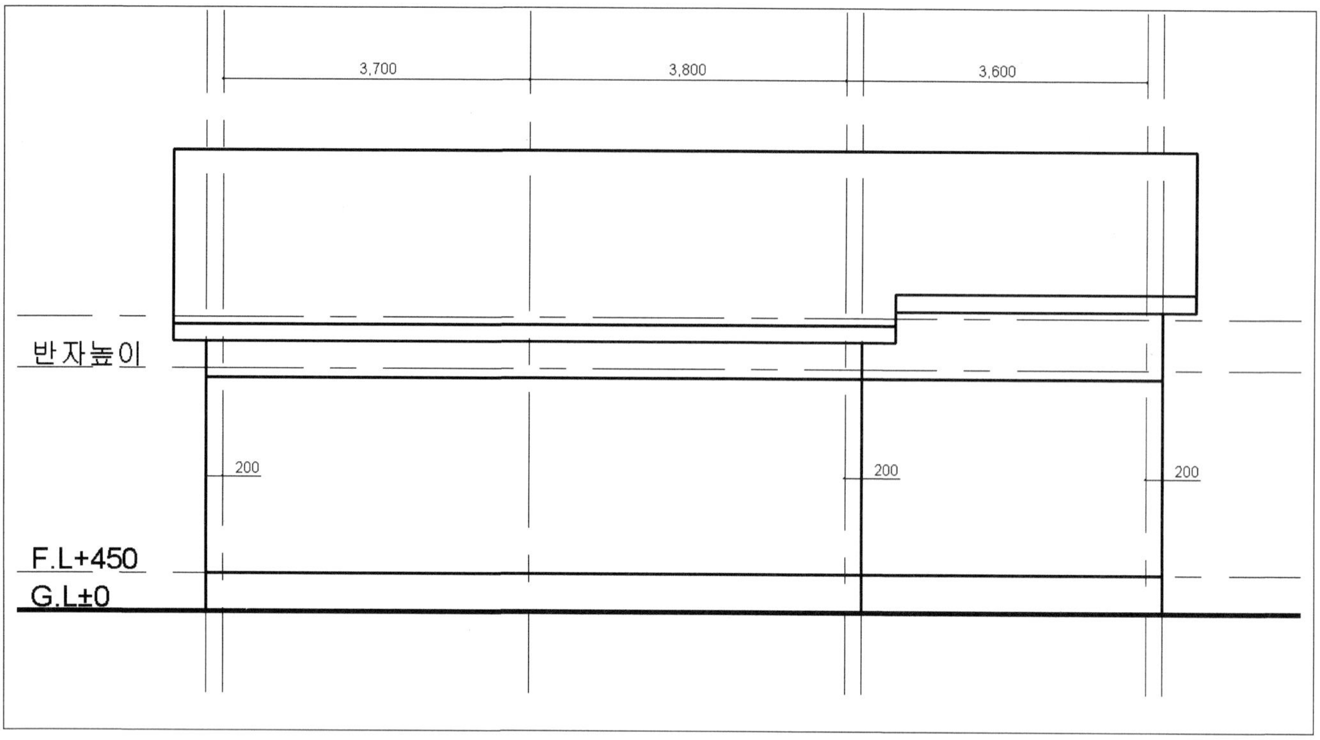

5. 창호

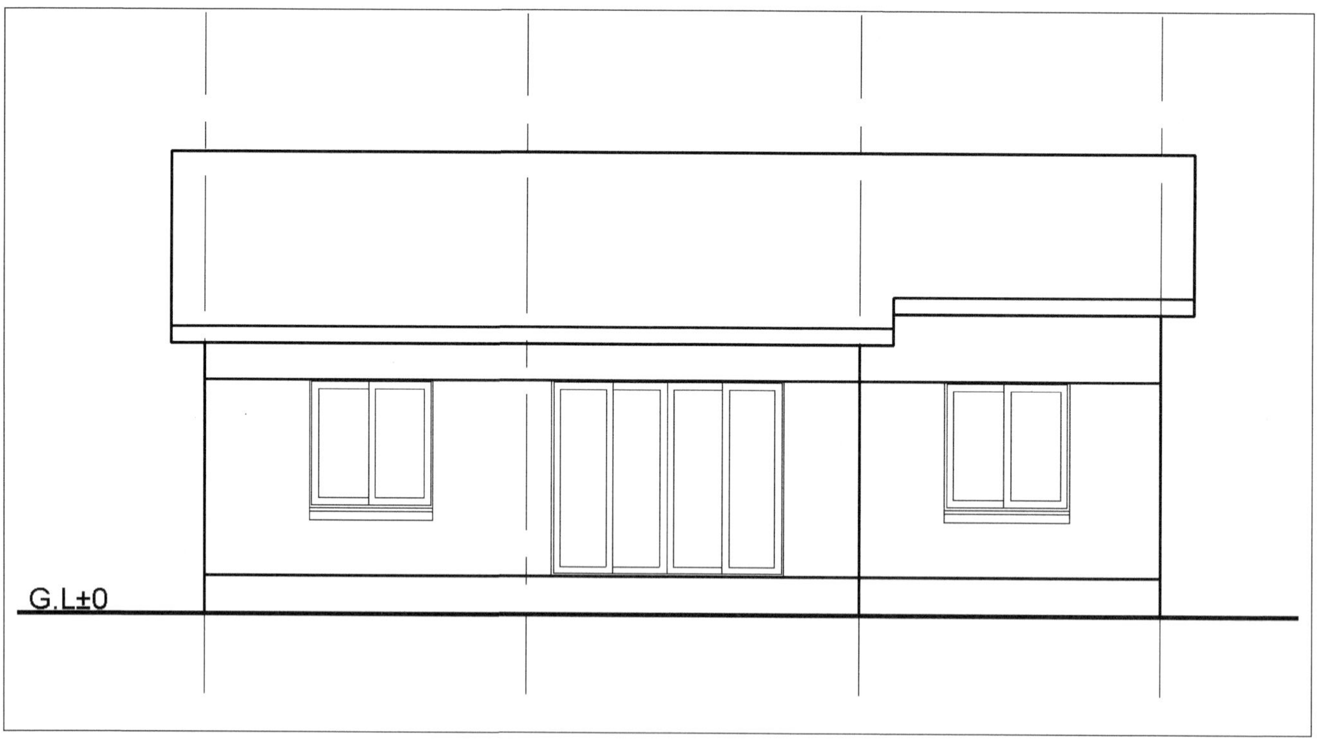

6. 계단 및 테라스

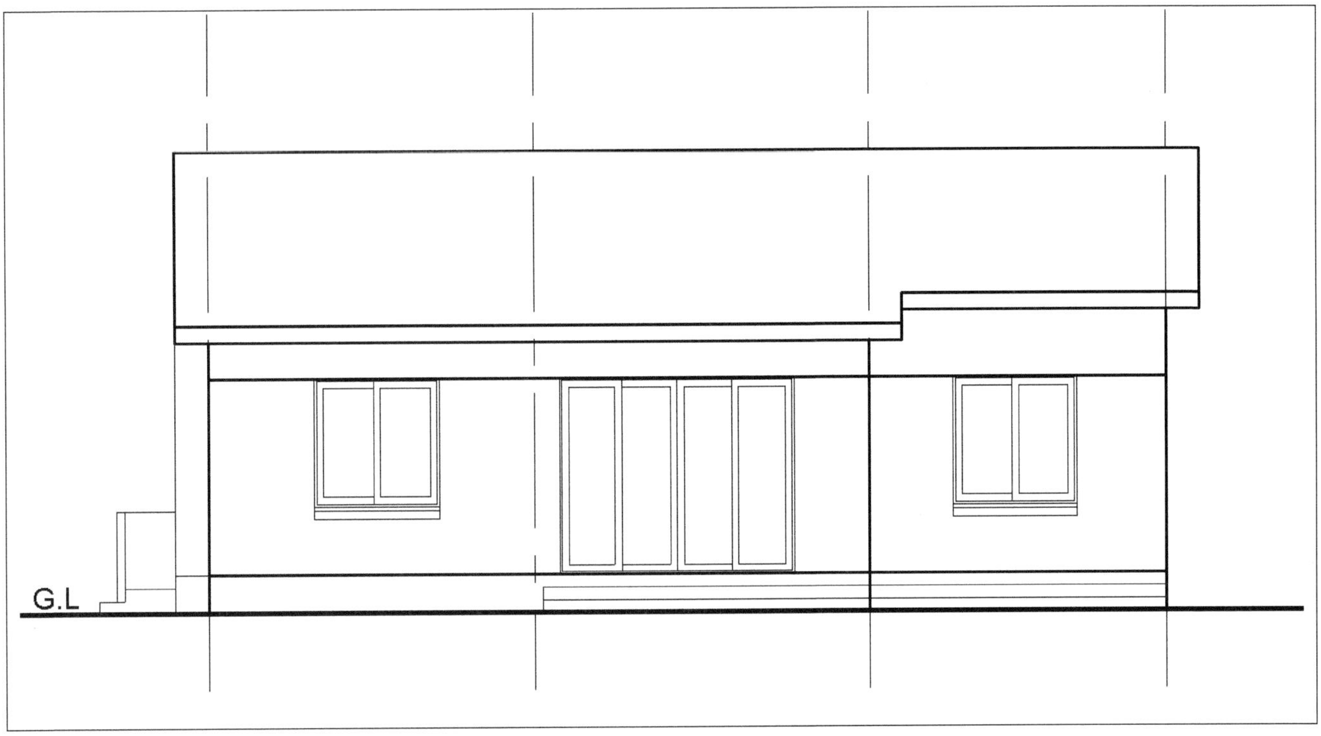

7. 인방 및 켄틸레버

8. 재료 표시(지붕,벽체)

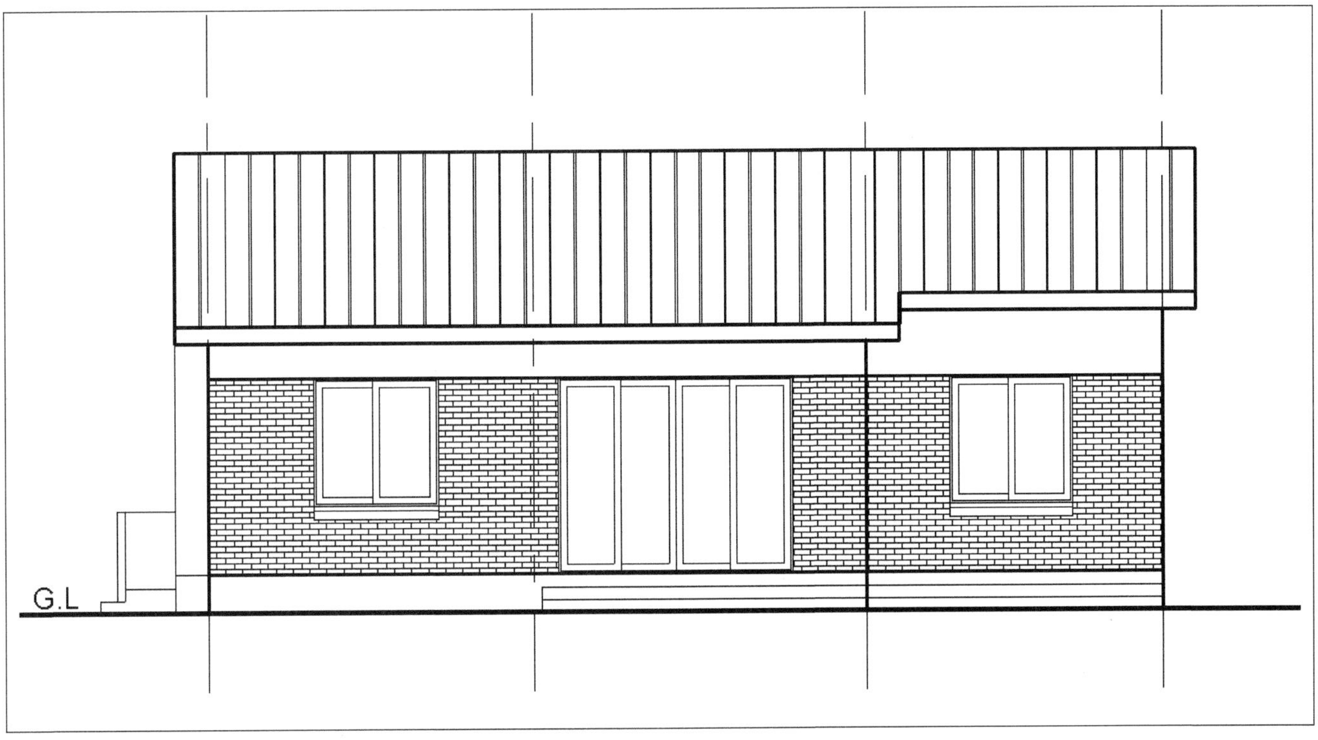

9. 세부 상세(뒷지붕,굴뚝,홈통등)

10. 문자 쓰기, 주위 배경 표현

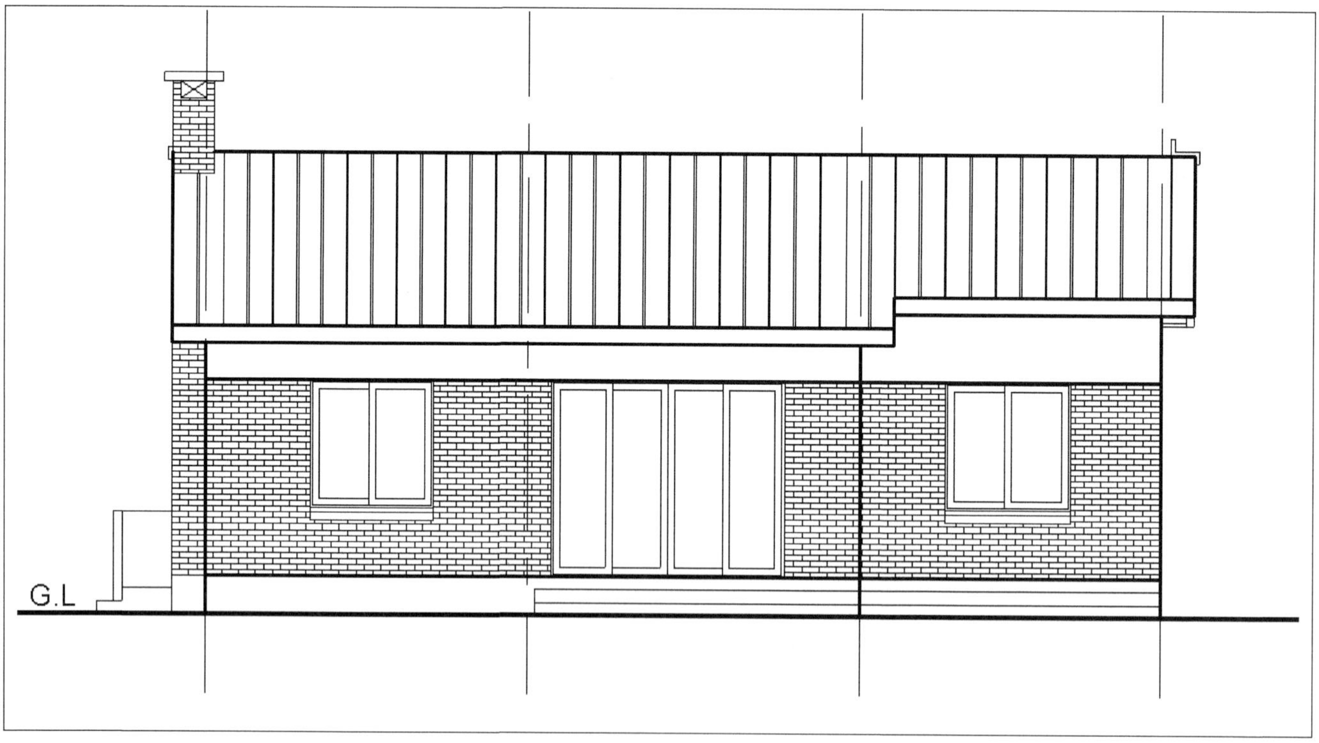

11. 도면명등 정리

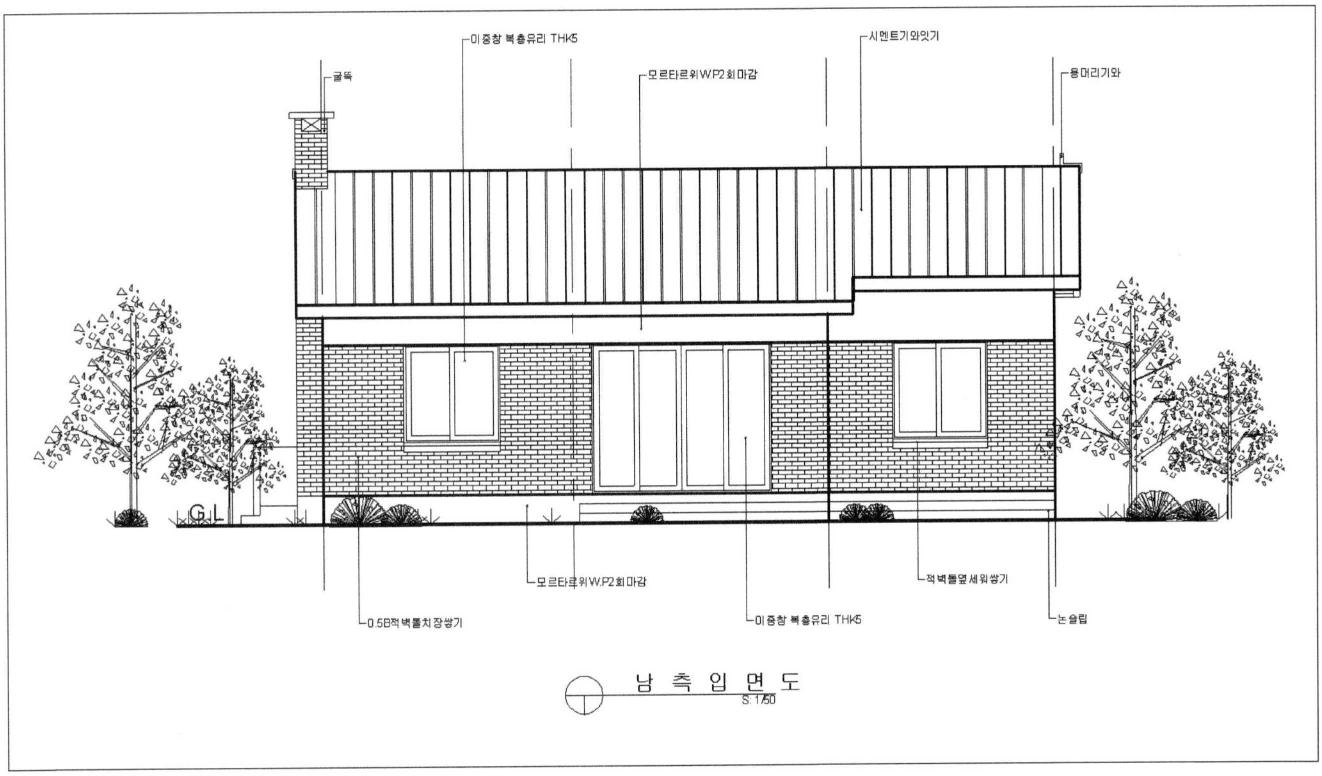
이중창 복층유리 THK5
시멘트기와잇기
굴뚝
모르타르위W.P2회마감
용머리기와
G.L
모르타르위W.P2회마감
0.5B적벽돌치장쌓기
이중창 복층유리 THK5
적벽돌옆세워쌓기
논슬립
남 측 입 면 도
S:1/50

6.3 전산응용건축제도기능사 기출문제 (평면도-입면도)

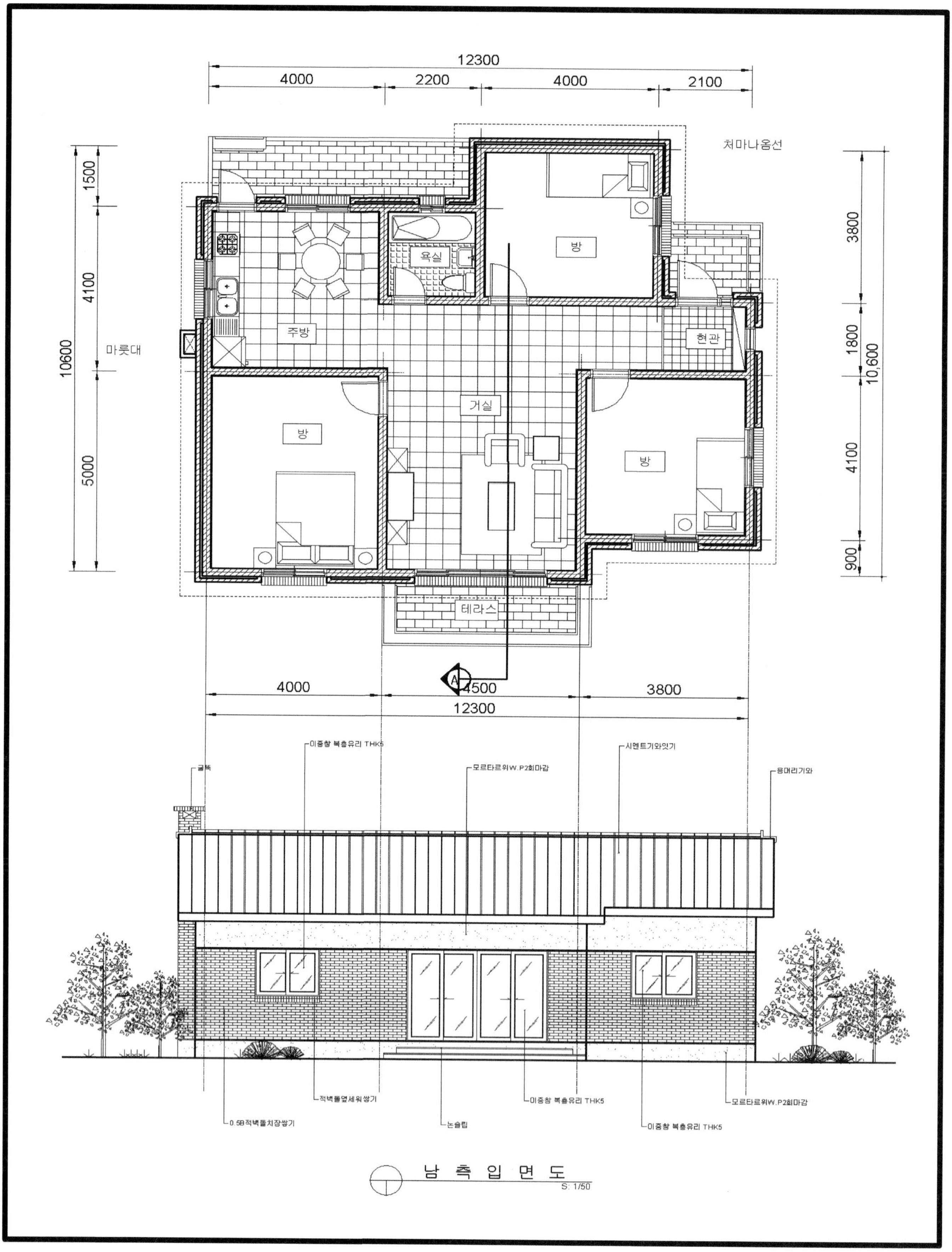

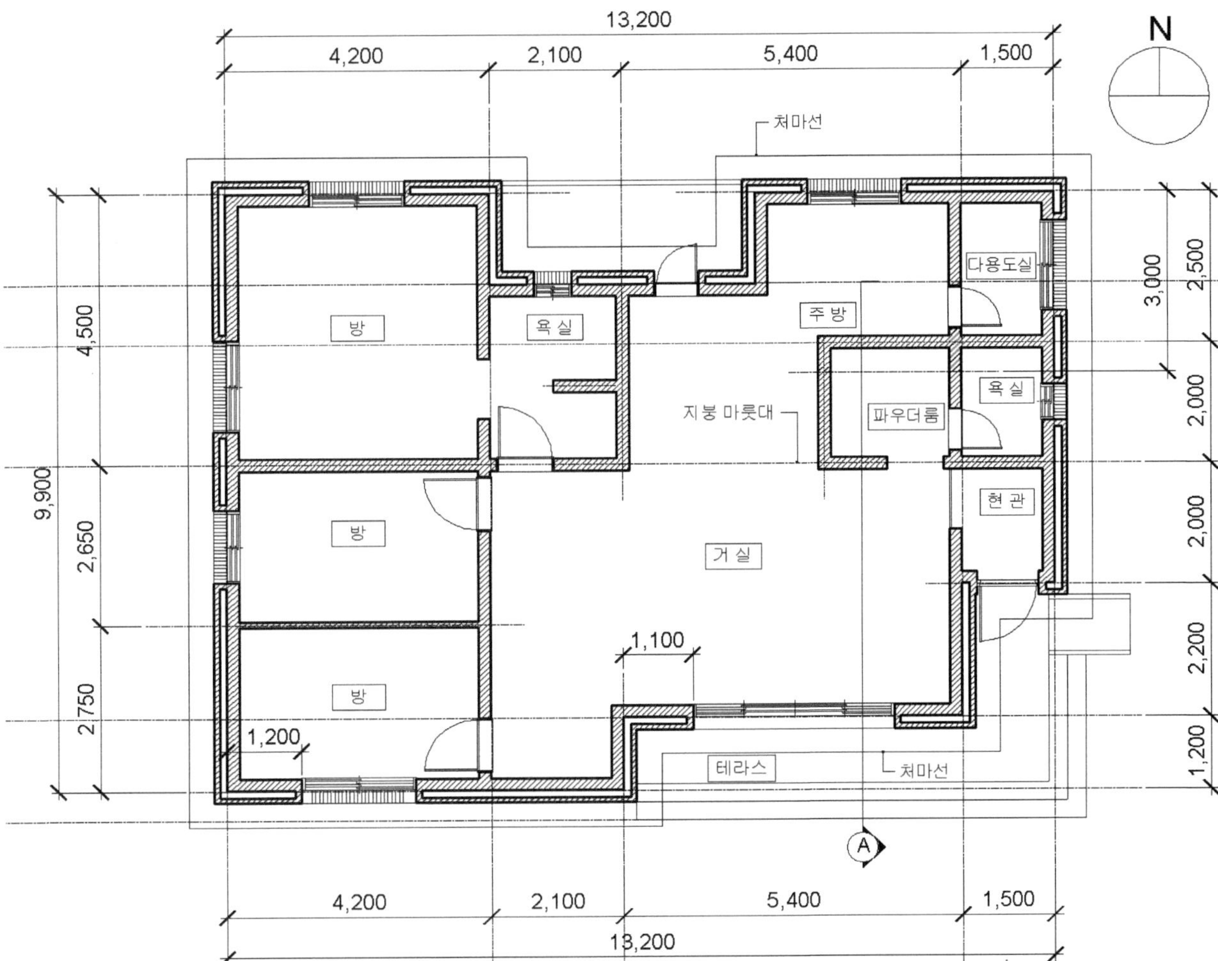

평 면 도
축척: 1/100

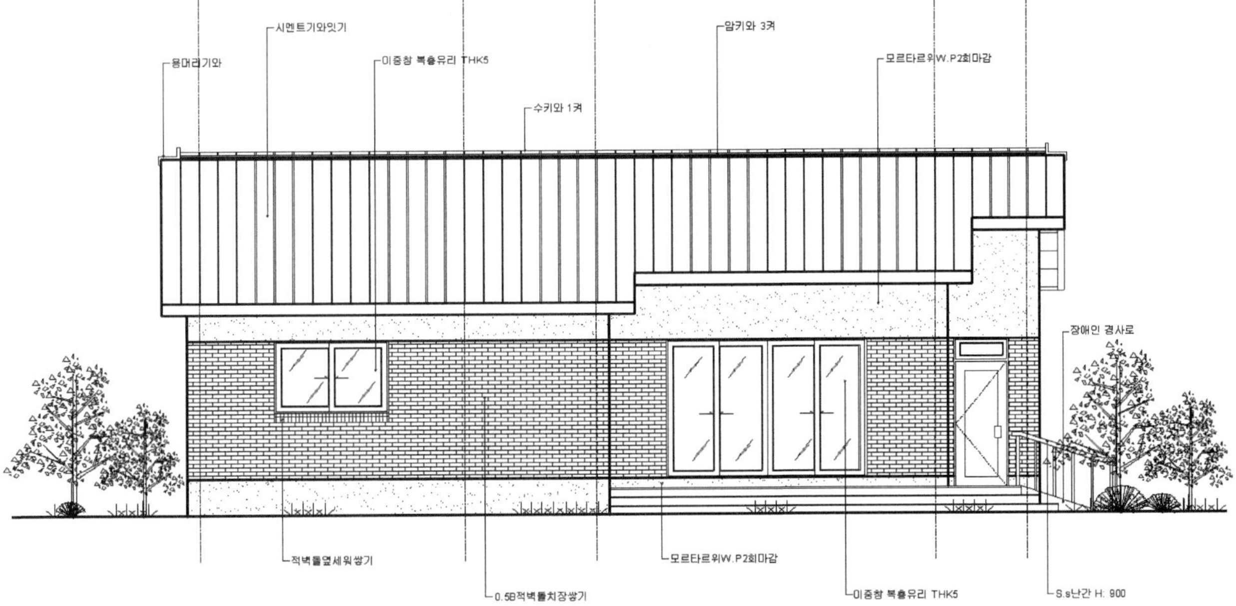

남 측 입 면 도
S: 1/50

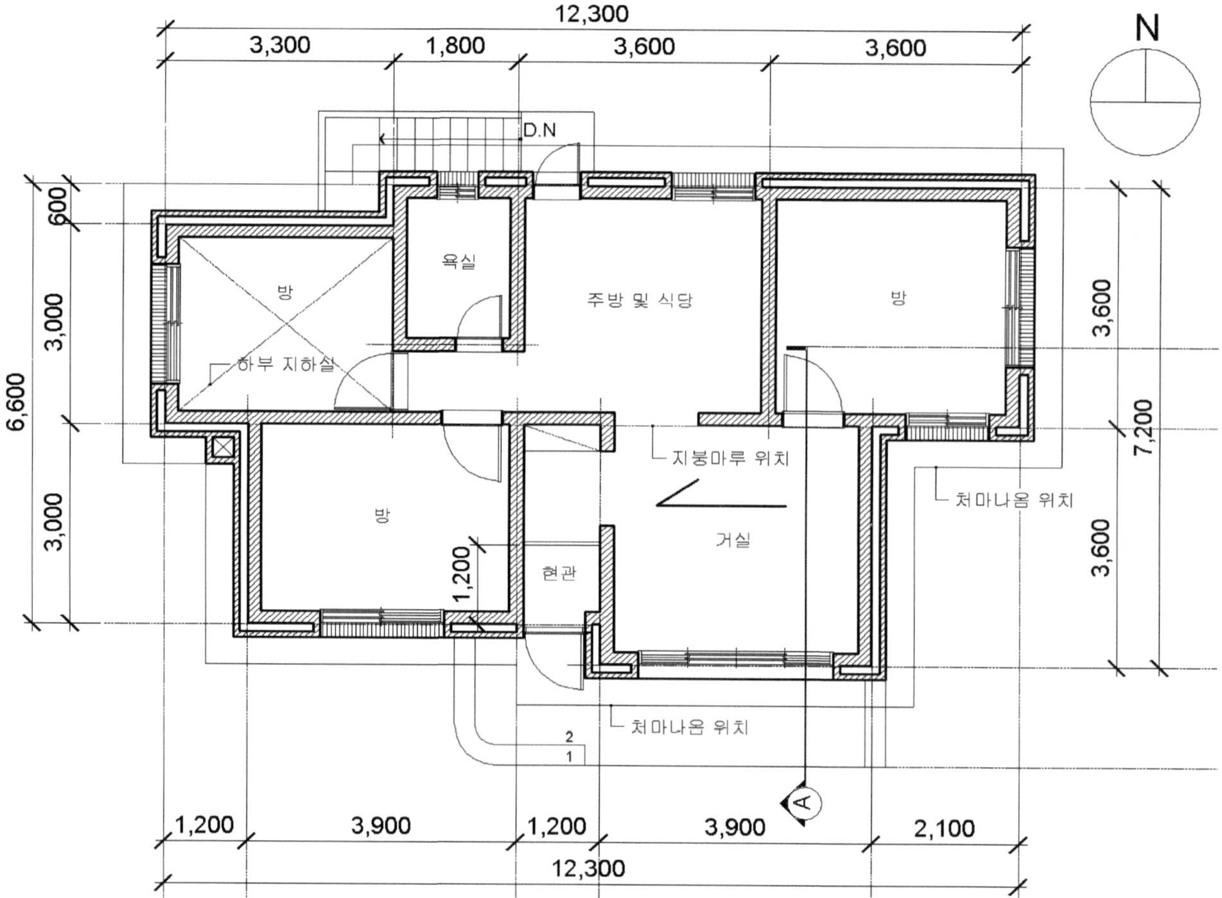

평 면 도
축척: 1/100

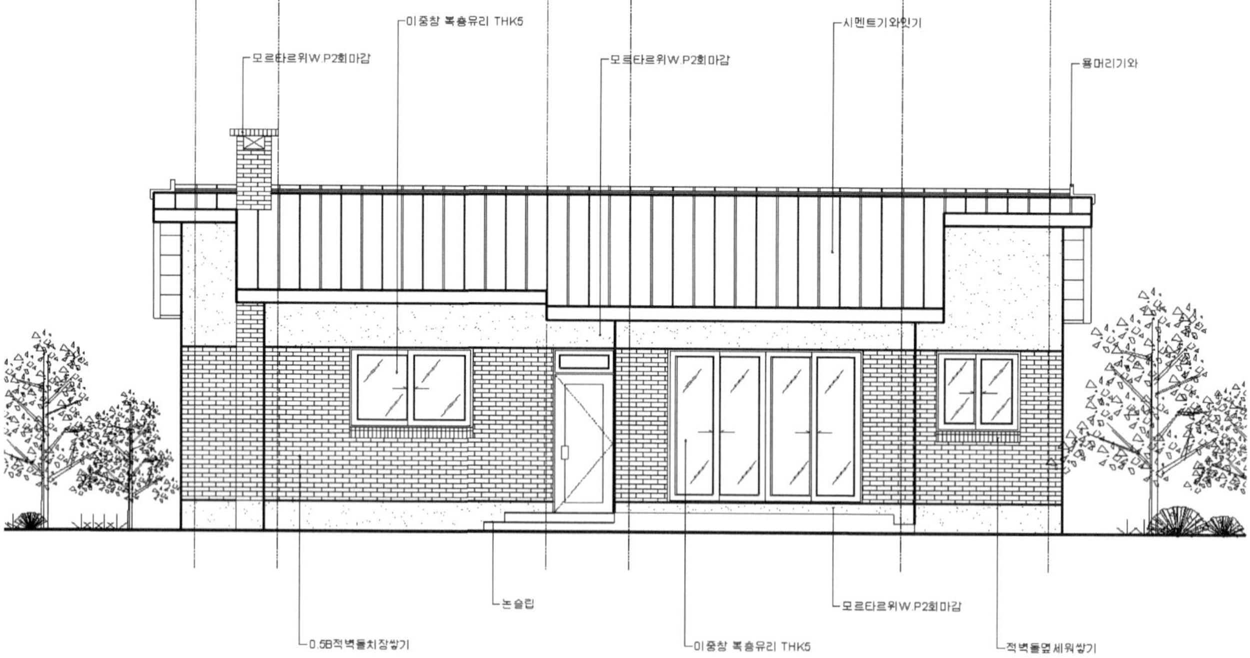

남 측 입 면 도
S: 1/50

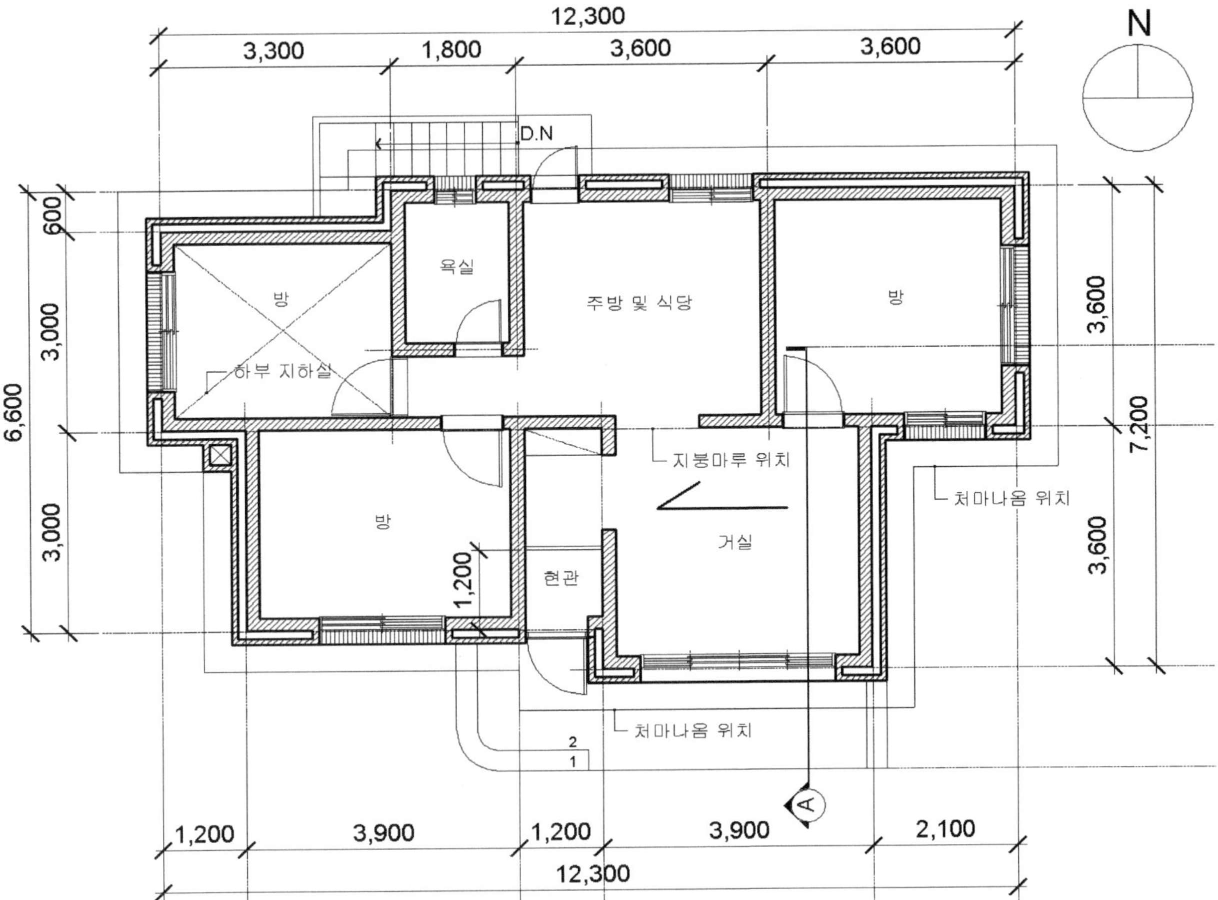

평 면 도

축척: 1/100

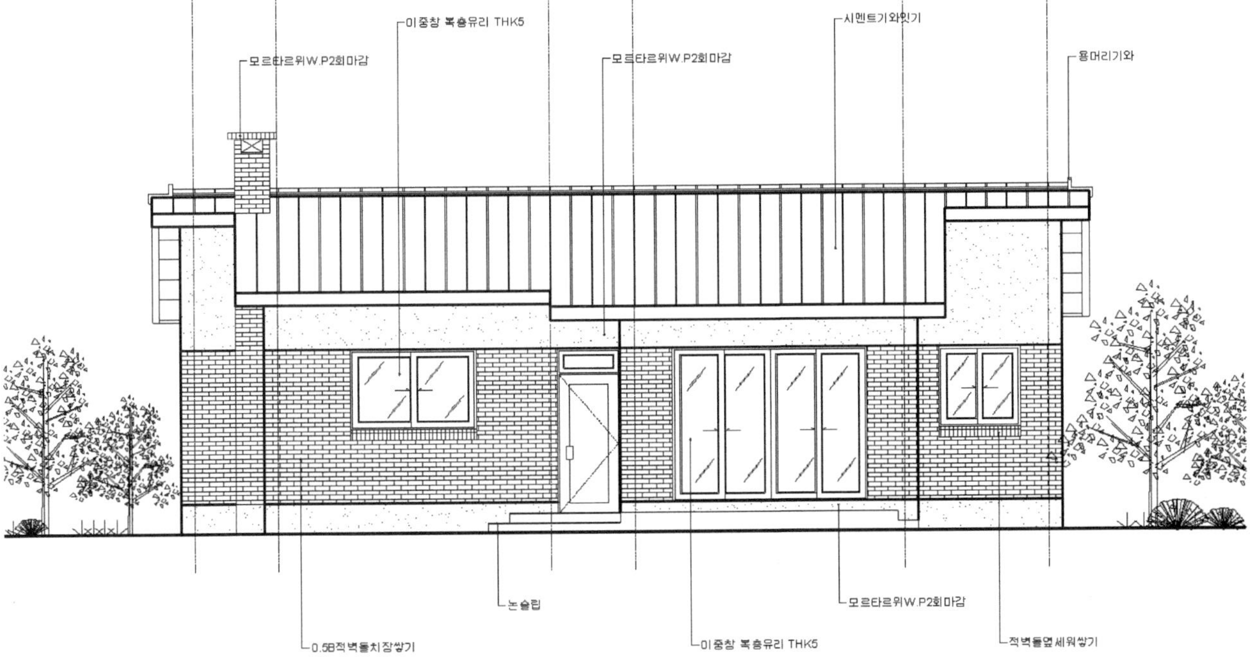

남 측 입 면 도

S: 1/50

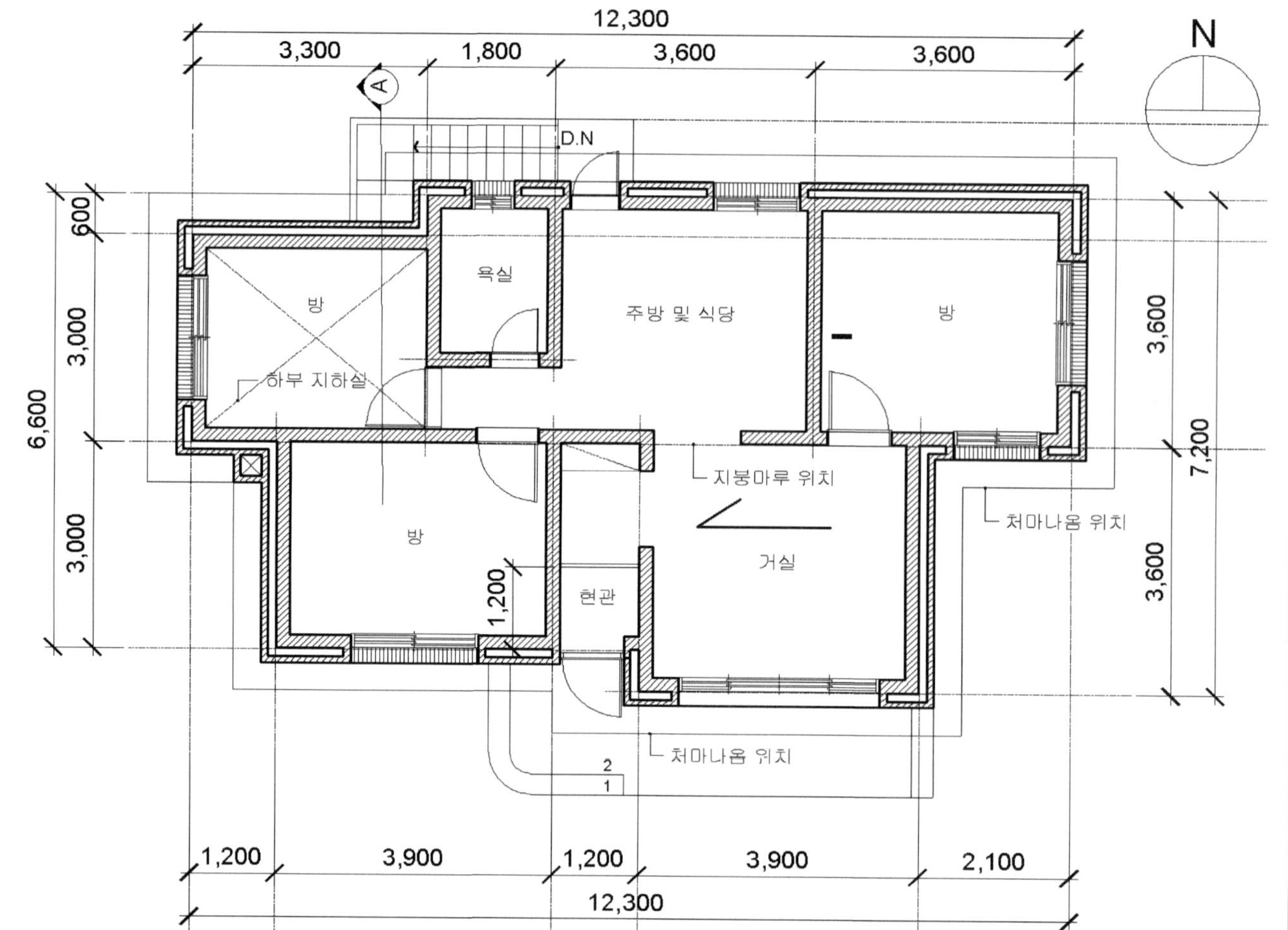

평 면 도

축척: 1/100

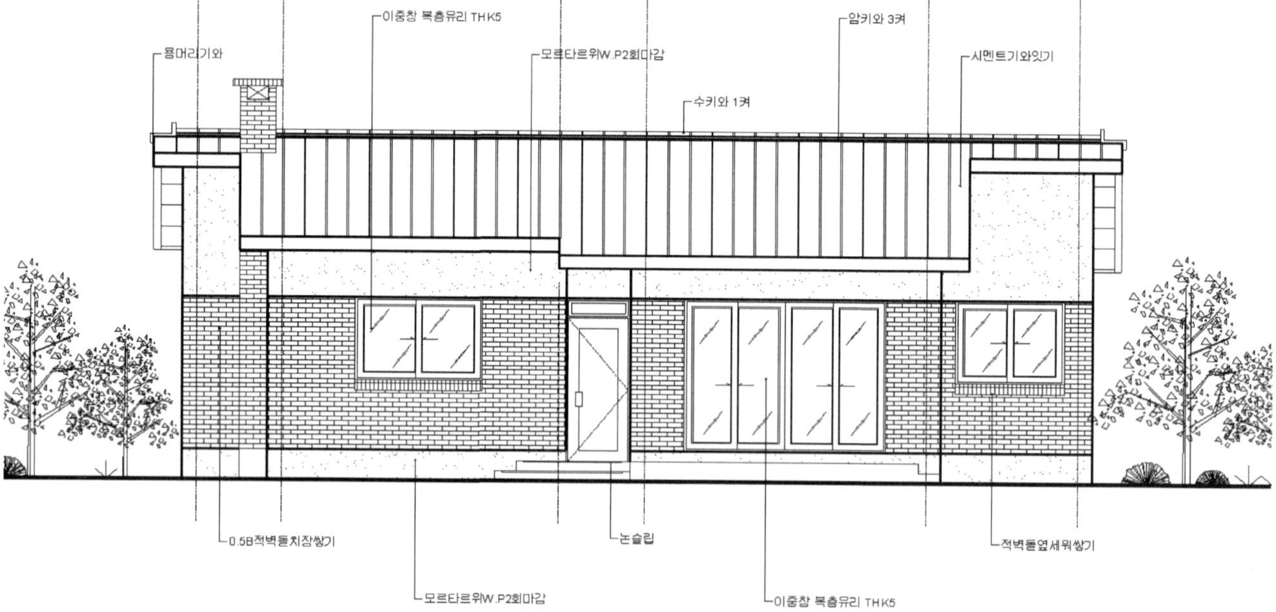

남 측 입 면 도

S: 1/50

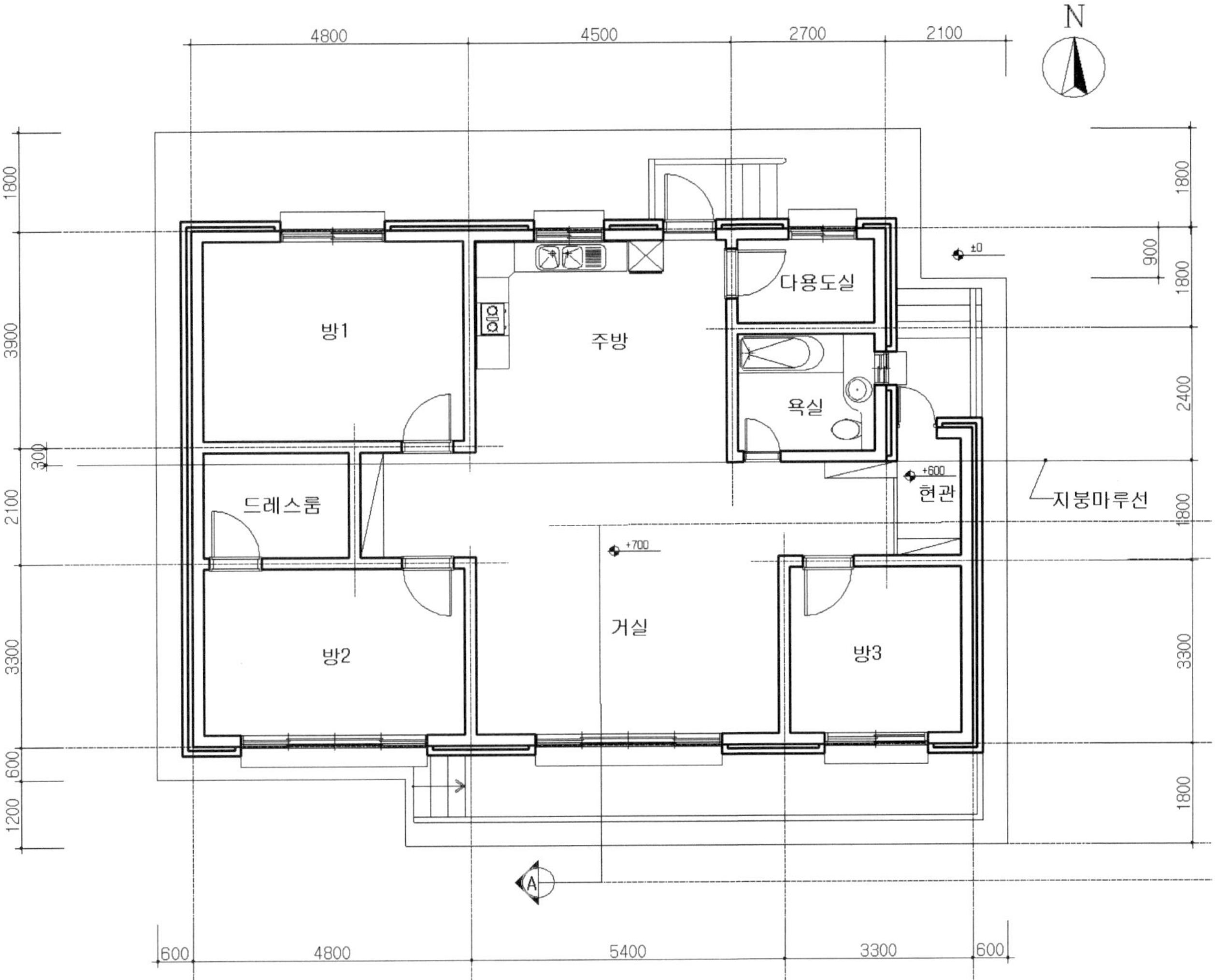

평면도

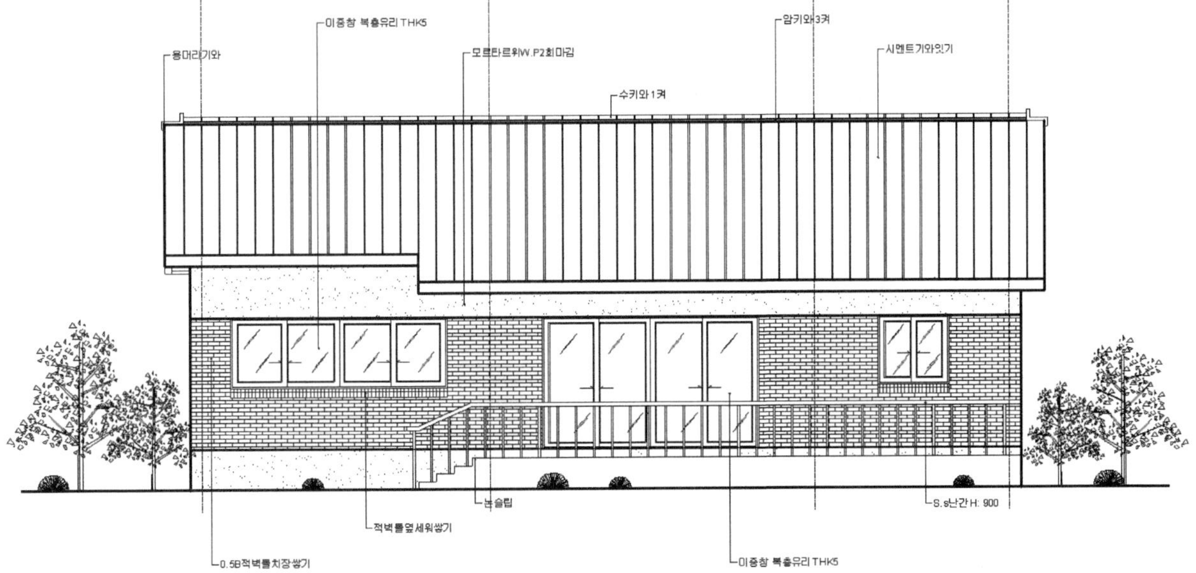

남측입면도

S: 1/50

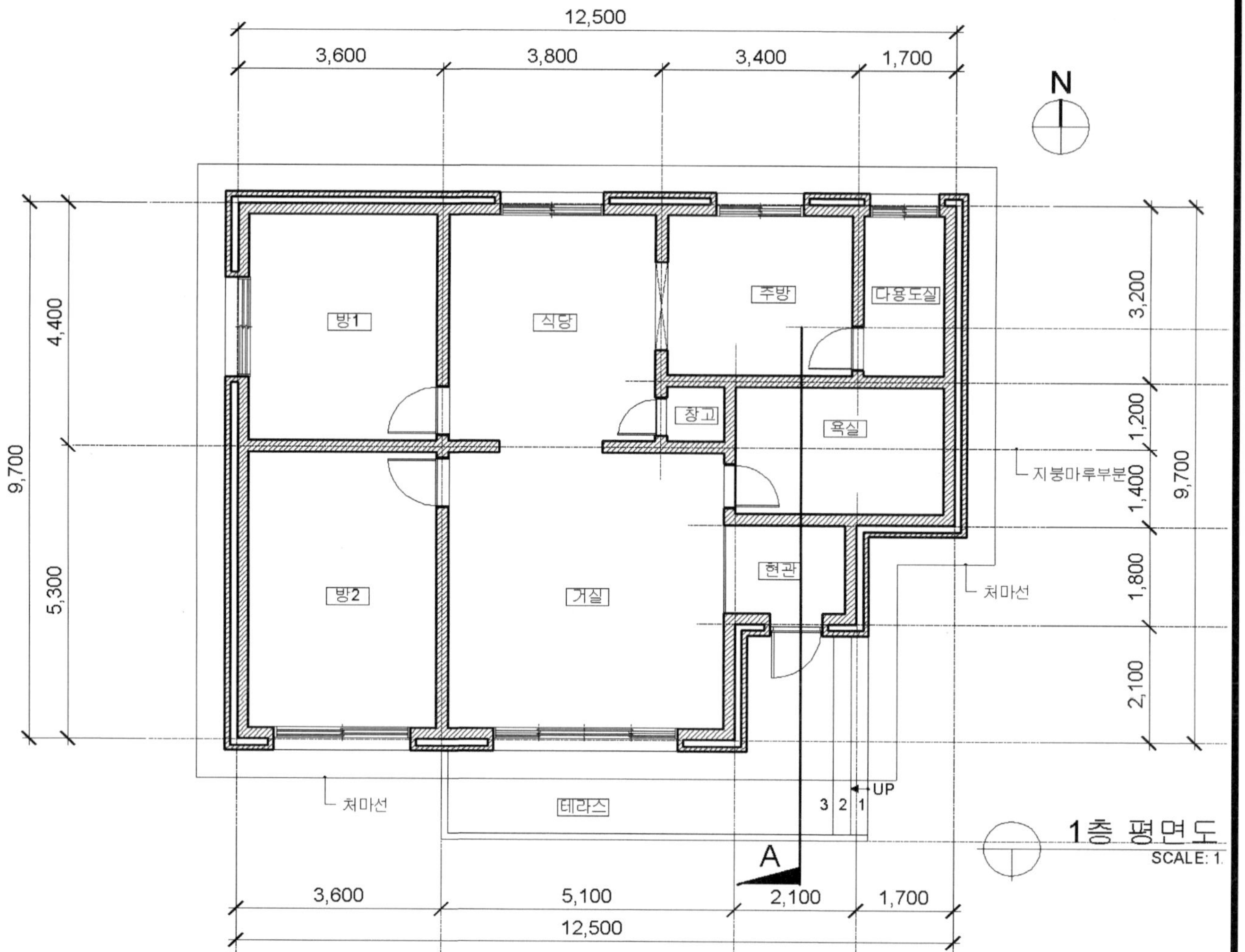

12,500
3,600
3,800
3,400
1,700
N
방1
식당
주방
다용도실
창고
욕실
방2
거실
현관
지붕마루부분
처마선
처마선
테라스
UP
3 2 1
1층 평면도
SCALE: 1.
A
3,600
5,100
2,100
1,700
12,500
4,400
5,300
9,700
3,200
1,200
1,400
1,800
2,100
9,700

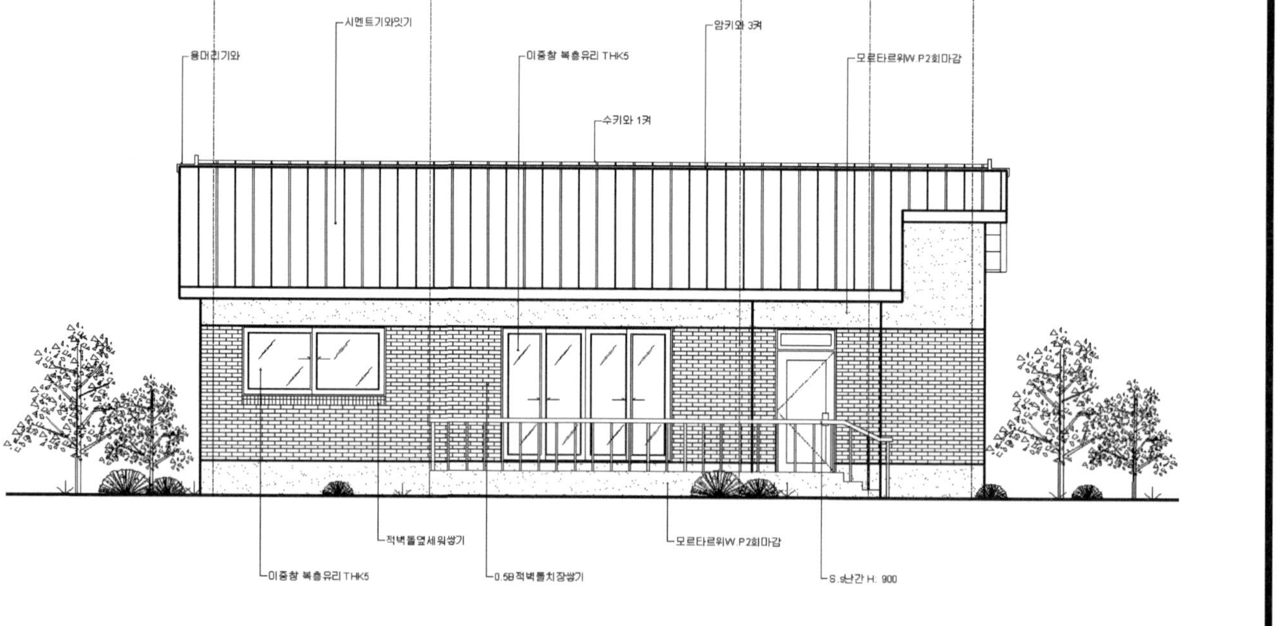

남 측 입 면 도
S: 1/50

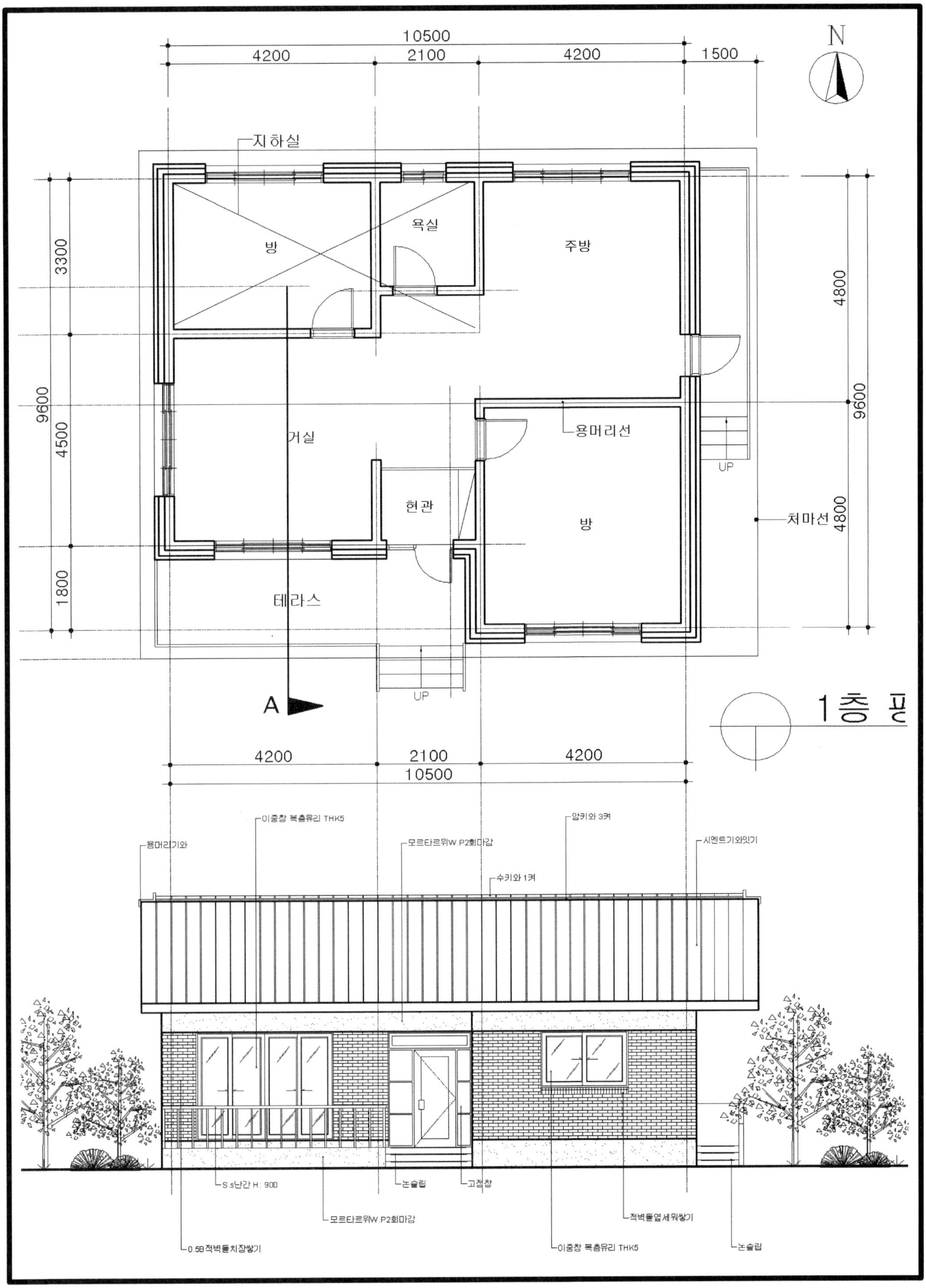
10500
4200
2100
4200
1500
N
지하실
방
욕실
주방
3300
4800
9600
4500
거실
용머리선
UP
9600
현관
방
처마선
4800
1800
테라스
UP
A
1층 평
4200
2100
4200
10500
이중창 복층유리 THK5
암키와 3켜
용머리기와
모르타르위W.P2회마감
시멘트기와잇기
수키와 1켜
S.s난간 H: 900
논슬립
고정창
모르타르위W.P2회마감
적벽돌옆세워쌓기
0.5B적벽돌치장쌓기
이중창 복층유리 THK5
논슬립

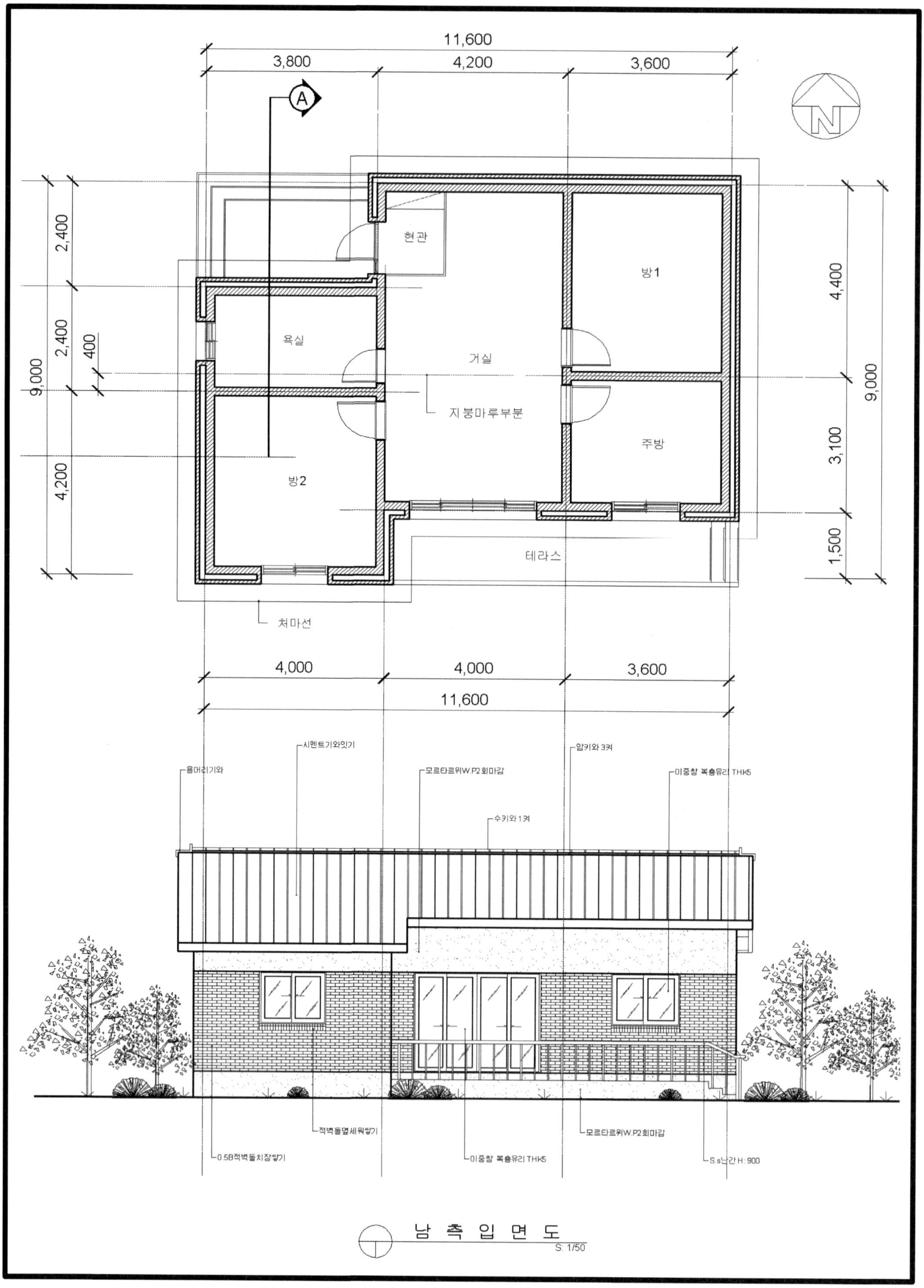

11,600
3,800
4,200
3,600
A
N
2,400
2,400
400
9,000
4,200
4,400
9,000
3,100
1,500
현관
방1
욕실
거실
지붕마루부분
주방
방2
테라스
처마선
4,000
4,000
3,600
11,600
시멘트기와잇기
암키와 3켜
용머리기와
모르타르위W.P2회마감
이중창 복층유리 THK5
수키와 1켜
적벽돌엽세워쌓기
모르타르위W.P2회마감
0.5B적벽돌치장쌓기
이중창 복층유리 THK5
S.s난간 H: 900
남 측 입 면 도
S: 1/50

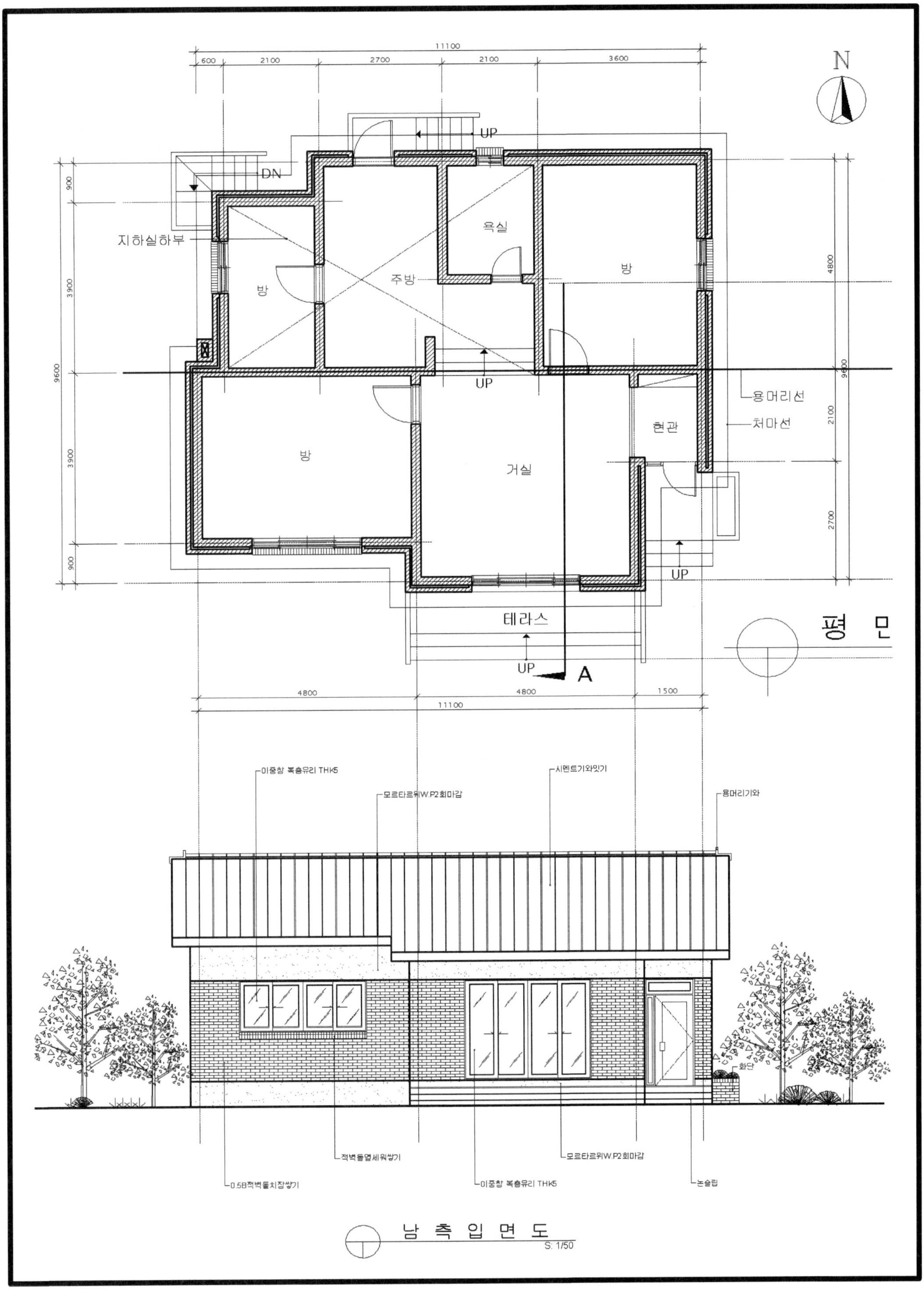
11100
600
2100
2700
2100
3600
N
UP
DN
욕실
지하실하부
방
주방
방
9600
900
3900
3900
900
4800
9600
2100
2700
UP
용머리선
처마선
현관
방
거실
UP
테라스
평 면
UP
A
4800
4800
1500
11100
이중창 복층유리 THK5
시멘트기와잇기
모르타르위W.P2회마감
용머리기와
화단
적벽돌엽세워쌓기
모르타르위W.P2회마감
0.5B적벽돌치장쌓기
이중창 복층유리 THK5
논슬립
남 측 입 면 도
S: 1/50

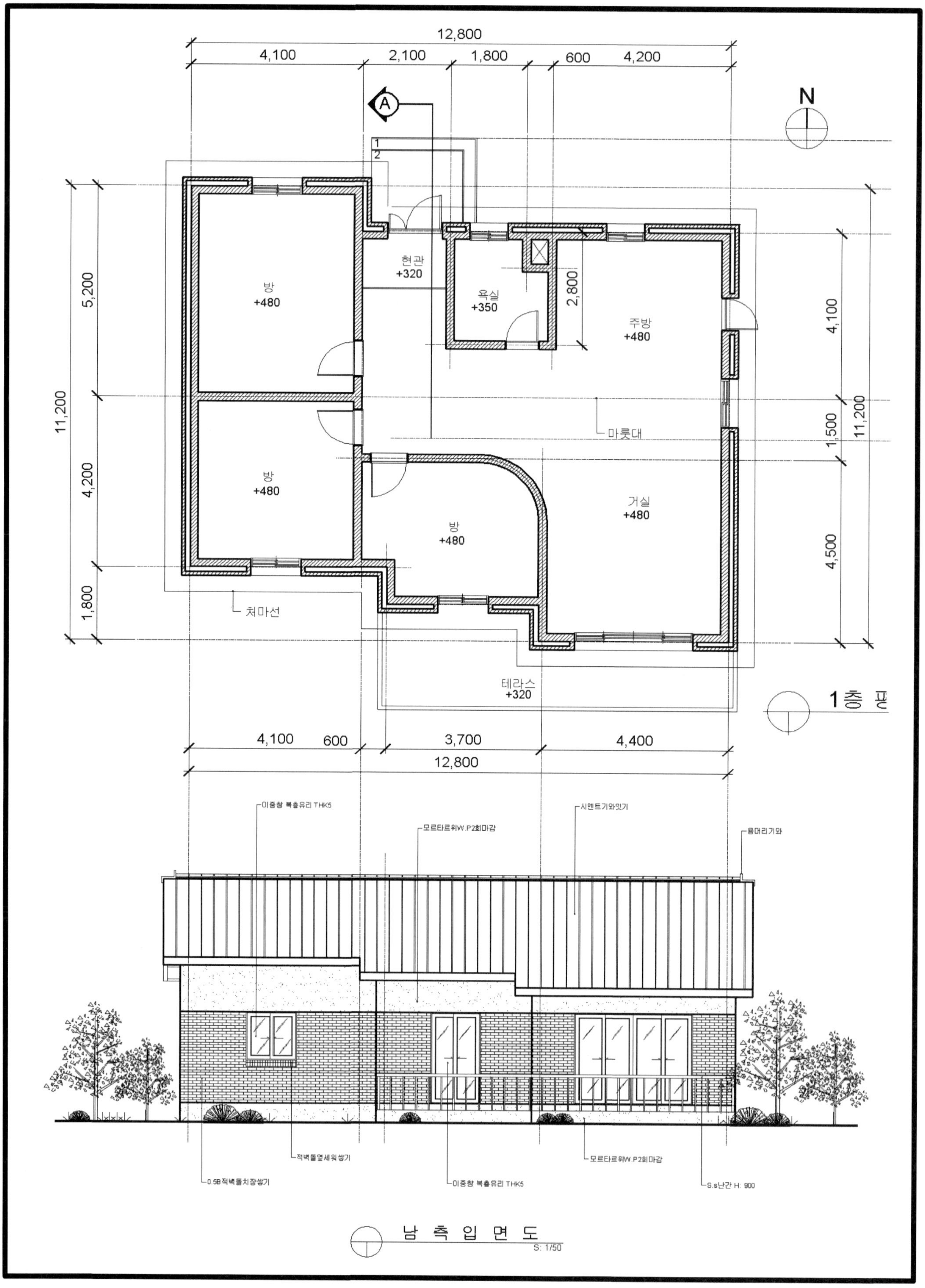

12,800
4,100
2,100
1,800
600
4,200
A
N
1
2
현관
+320
방
+480
욕실
+350
2,800
주방
+480
5,200
11,200
4,100
1,500
11,200
마룻대
방
+480
4,200
방
+480
거실
+480
4,500
1,800
처마선
테라스
+320
1층
4,100
600
3,700
4,400
12,800
이중창 복층유리 THK5
모르타르위W.P2회마감
시멘트기와잇기
용머리기와
적벽돌엽세워쌓기
0.5B적벽돌치장쌓기
이중창 복층유리 THK5
모르타르위W.P2회마감
S.S난간 H: 900
남 측 입 면 도
S: 1/50

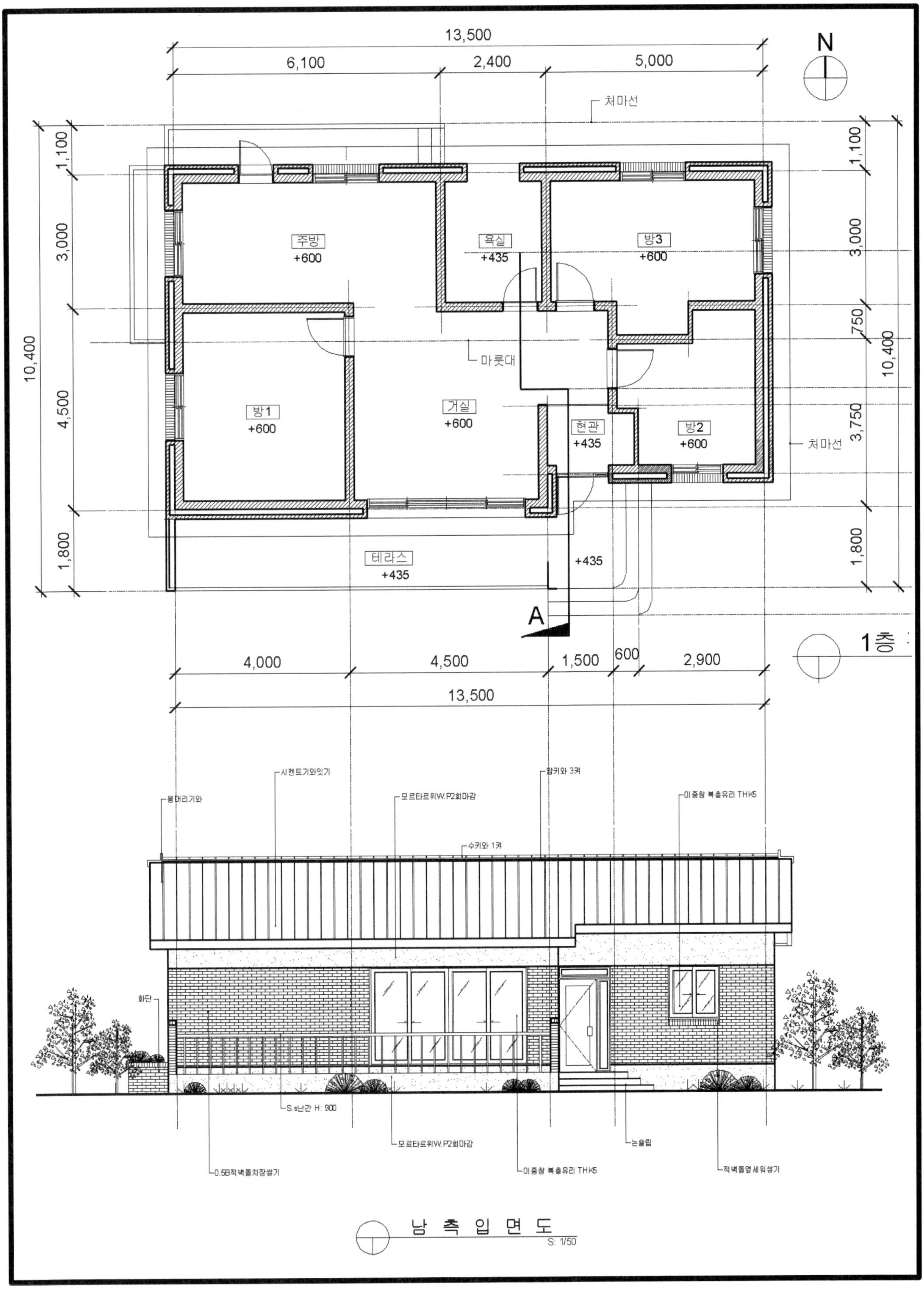

13,500
6,100
2,400
5,000
N
처마선
1,100
3,000
750
4,500
1,800
10,400
3,750
주방
+600
욕실
+435
방3
+600
마룻대
방1
+600
거실
+600
현관
+435
방2
+600
테라스
+435
A
1층
4,000
4,500
1,500
600
2,900
시멘트기와잇기
용머리기와
모르타르위W.P2회마감
암키와 3겹
이중창 복층유리 THK5
수키와 1겹
화단
S.s난간 H: 900
모르타르위W.P2회마감
논슬립
0.5B적벽돌치장쌓기
이중창 복층유리 THK5
적벽돌옆세워쌓기
남 측 입 면 도
S: 1/50

저자 소개

김태곤

경북전문대학교 건축인테리어과 교수

실무 CAD 입면도, 단면도 그리기

초판인쇄 | 2023년 5월 16일
초판발행 | 2023년 5월 25일

지 은 이 | 김태곤
발 행 인 | 이성범
발 행 처 | 문운당
주　　소 | 서울시 종로구 혜화로5길 16 (명륜1가 45-3)
출판등록 | 1962년 7월 4일 제 1-139
전　　화 | (02)762-6010
팩　　스 | 영업 (02)745-0265 / 편집 (02)762-8758
홈페이지 | http://munundang.co.kr
이 메 일 | munun2@chol.com

ISBN 979-11-5692-664-1 93540

정가 32,000원